国家出版基金项目
"十四五"国家重点出版物出版规划项目

信息融合技术丛书

何 友 陆 军 丛书主编 熊 伟 丛书执行主编

多源导航融合与应用

王小旭 梁文超 高兵兵 张国强
王 根 崔皓然 麻争娅 编著

電子工業出版社
Publishing House of Electronics Industry
北京 · BEIJING

内 容 简 介

本书分为基础篇、航空篇、航天篇，共 9 章。本书侧重于讲述多种导航信源的相互融合，取长补短，实现多源融合下的航空航天飞行器稳定、高精度导航。书中着重介绍了不同导航信源的发展及现状、基本原理、工作特性与优缺点等；不同的多源融合导航算法及其基本原理；基于数学方法的无人机集群协同导航算法；地磁导航技术及其与传统惯性导航系统的融合算法，并通过实例及仿真验证，对比各种算法、模型及系统的优劣，具有较强的实用性。

本书可供从事多源融合导航理论研究和工程应用的专业技术人员参考，也可作为高等院校相关专业、研究生的参考书籍。

图书在版编目（CIP）数据

多源导航融合与应用 / 王小旭等编著. -- 北京 : 电子工业出版社, 2025. 2. -- (信息融合技术丛书).
ISBN 978-7-121-49832-9

Ⅰ. P228

中国国家版本馆 CIP 数据核字第 20253PB331 号

责任编辑：张正梅
印　　刷：涿州市京南印刷厂
装　　订：涿州市京南印刷厂
出版发行：电子工业出版社
　　　　　北京市海淀区万寿路 173 信箱　邮编：100036
开　　本：720×1000　1/16　印张：24.5　字数：494 千字
版　　次：2025 年 2 月第 1 版
印　　次：2025 年 2 月第 1 次印刷
定　　价：136.00 元

凡所购买电子工业出版社图书有缺损问题，请向购买书店调换。若书店售缺，请与本社发行部联系，联系及邮购电话：（010）88254888，88258888。

质量投诉请发邮件至 zlts@phei.com.cn，盗版侵权举报请发邮件至 dbqq@phei.com.cn。

本书咨询联系方式：zhangzm@phei.com.cn。

“信息融合技术丛书”
编委会名单

丛书序

信息融合是一门新兴的交叉领域技术，其本质是模拟人类认识事物的信息处理过程，现已成为各类信息系统的关键技术，广泛应用于无人系统、工业制造、自动控制、无人驾驶、智慧城市、医疗诊断、导航定位、预警探测、指挥控制、作战决策等领域。在当今信息社会中，“信息融合”无处不在。

信息融合技术始于 20 世纪 70 年代，早期来自军事需求，也被称为数据融合，其目的是进行多传感器数据的融合，以便及时、准确地获得运动目标的状态估计，完成对运动目标的连续跟踪。随着人工智能及大数据时代的到来，数据的来源和表现形式都发生了很大变化，不再局限于传统的雷达、声呐等传感器，数据呈现出多源、异构、自治、多样、复杂、快速演化等特性，信息表示形式的多样性、海量信息处理的困难性、数据关联的复杂性都是前所未有的，这就需要更加有效且可靠的推理和决策方法来提高融合能力，消除多源信息之间可能存在的冗余和矛盾。

我国的信息融合技术经过几十年的发展，已经被各行各业广泛应用，理论方法与实践的广度、深度均取得了较大进展，具备了归纳提炼丛书的基础。在中国航空学会信息融合分会的大力支持下，组织国内二十几位信息融合领域专家和知名学者联合撰写“信息融合技术丛书”，系统总结了我国信息融合技术发展的研究成果及经过实践检验的应用，同时紧紧把握信息融合技术发展前沿。本丛书按照检测、定位、跟踪、识别、高层融合等方向进行分册，各分册之间既具有较好的衔接性，又保持了各自的独立性，读者可按需读取其中一册或数册。希望本丛书能对信息融合领域的设计人员、开发人员、研制人员、管理人员和使用人员，以及高校相关专业的师生有所帮助，能进一步推动信息融合技术在各行各业的普及和应用。

“信息融合技术丛书”是从事信息融合技术领域各项工作专家们集体智慧的结晶，是他们长期工作成果的总结与展示。专家们既要完成繁重的科研任务，又要在百忙之中抽出时间保质保量地完成书稿，工作十分辛苦，在此，我代表丛书编委会向各分册作者和审稿专家表示深深的敬意！

本丛书的出版，得到了电子工业出版社领导和参与编辑们的积极推动，得到了丛书编委会各位同志的热情帮助，借此机会，一并表示衷心的感谢！

何友

中国工程院院士

2023 年 7 月

前 言

当今时代，无人机、高速飞行器等航空航天装备高速发展，其应用范围从原来单一、开阔的飞行场景逐渐扩展到遮挡、干扰、恶劣天气并存等更加复杂的飞行环境，因此对航空航天装备的导航系统精度、稳定性等指标均提出了更高的要求。虽然除了传统的惯性导航与卫星导航，目前已经发展出了天文、地磁、重力、仿生等多种导航方式，但至今仍没有一种单一导航方式能够集多种优势于一身，实现复杂飞行环境下单一导航信源的稳定、精确导航。因此，本书侧重于多种导航信源相互融合，取长补短，实现多源融合下的航空航天飞行器稳定、高精度导航。本书分为基础篇、航空篇、航天篇，共 9 章。

基础篇包括第 1～3 章。

第 1 章介绍了航空篇与航天篇主要针对的导航对象，并且阐述了多源融合导航的基本概念、不同融合结构的优缺点等。为了便于非专业读者阅读，第 1 章还详细介绍了多源融合导航所涉及的基本理论，包括贝叶斯递归滤波、高斯滤波、线性卡尔曼滤波与非线性卡尔曼滤波等。

第 2 章主要阐述了不同导航信源的发展及现状、基本原理、工作特性与优缺点等，包括惯性导航系统、卫星导航系统、天文导航系统、地磁导航系统、多普勒导航系统、重力导航系统、仿生导航系统。

第 3 章主要介绍了不同的多源融合导航算法及其基本原理，包括卡尔曼滤波融合导航、因子图融合导航、交互多模型融合导航。

航空篇包括第 4～6 章。

第 4 章主要介绍了无人机及其集群的发展现状与关键技术，并且阐述了无人机中多种导航信源如惯性导航系统、天文导航系统、卫星导航系统等相互融合的独特优势，以及无人机集群协同导航的结构与技术分类。

第 5 章系统地介绍了以单无人机为导航对象的多源融合导航算法，针对量测异常时精度降低、动力学模型误差问题，分别详细阐述了基于马氏距离判据的抗差容积卡尔曼滤波算法与基于容积准则的分布式最优融合算法，经过仿真分析验证了这两种算法对解决模型误差、量测异常问题的有效性。

第6章介绍了基于传感器类型与基于数学方法的无人机集群协同导航算法，针对噪声协方差矩阵非正定、相对导航传感器故障的问题，分别推导了基于联邦容积卡尔曼滤波的协同导航算法与基于联邦扩展卡尔曼滤波的协同导航算法，并且通过仿真验证了这两种算法的优势。

航天篇包括第 7 ~ 9 章。

第 7 章介绍了不同国家高速飞行器的发展现状，并从高速飞行器导航算法、导航系统、导航特点三方面进行了系统的阐述与对比。

第 8 章首先介绍了高速飞行器常用的坐标系及误差方程等基础知识，然后从导航系统简介、导航算法推导、导航仿真分析三方面分别对捷联式惯性导航系统、天文导航系统、北斗卫星导航系统的融合进行了阐述。

第 9 章首先介绍了基本的地磁导航技术及其与传统惯性导航系统的融合算法，进而对基于地磁轮廓匹配技术、基于迭代最近轮廓点匹配技术、基于桑迪亚地磁辅助技术、基于多地磁分量辅助定位技术的四种惯性/地磁融合导航算法从原理、流程、仿真三方面进行了介绍，最后系统地对比了这四种融合导航算法的优劣。

希望本书能够成为导航领域科技工作人员、国内外学者的一本可读性较强的参考书，并为导航相关专业的研究生奠定一定的理论基础。

本书的部分研究工作得到了国家自然科学基金（62373303）以及西北工业大学精品学术著作培育项目的资助，在此表示感谢。由于作者水平有限，本书不足之处在所难免，恳请广大读者提出宝贵的意见和建议。

王小旭

2024 年 10 月

目　录

第 1 部分　基础篇

第 2 部分　航空篇

第 3 部分　航天篇

第 1 部分　基础篇

第 1 章

绪　论

1.1 导航对象概述

本书针对飞行器多源融合导航的具体阐述分为航空篇与航天篇两部分，其中航空篇的主要研究对象是以无人机为代表的无人作战飞行器。

首先，无人机在民用方面的应用日益广泛。“低空经济”在 2024 年“两会”期间首次被写入政府工作报告。工业和信息化部、科学技术部、财政部、中国民用航空局印发的《通用航空装备创新应用实施方案（2024—2030 年）》提出，到 2030 年，通用航空装备全面融入人民生产生活各领域，成为低空经济增长的强大推动力，形成万亿级市场规模。低空经济是指以各种有人驾驶航空器和无人驾驶航空器的各类低空飞行活动为牵引，辐射带动相关领域融合发展的综合性经济形态，其相关产品主要包括无人机、电动垂直起降飞行器、直升飞机、传统固定翼飞机等，涉及居民消费和工业应用两大场景，其中应用最广泛的是多功能无人机。这主要是因为无人机在民用方面已经深度渗透到各行各业，发挥的作用日益凸显，如无人机实时摄影测量[1]、无人机快递物流[2]、无人机农业播种[3]、无人机建筑工程质量检测[4]、无人机森林防火[5]、无人机应急通信[6]、无人机排爆[7]、无人机搜救作业[8]等。不难看出，无人机在民用方面的现有应用效果显著，应用范围广而深，其未来应用前景也被国家认可，从而得到大力发展。

其次，无人机在军用方面更是取得了巨大的成功。无人机具备使用限制少、敏捷性强及性价比高等优异的特性，成为各国军用航空领域发展的重点。无人机作为重要的装备力量深入参与到现代战争中，在情报侦察、作战群体通信、火力分配与打击、电子干扰等方面均展现出奇效，强势成为影响战争进程甚至决定战争成败的关键要素。近年来，美国、英国等国家均开展了人工智能在无人机军事应用领域的战略研究与部署。美国通过制定一系列专项规划，为其无人机的军事应用发展提供了长远、全面和持续的指导。美国陆军提出新版《机器人与自主系统战略》，旨在实现无人机系统蜂群作战；美国国防部发布《无人系统综合路线图（2017—2042）》，提出了无人机智能作战的系统规划。英国发布新版《机器人与自主系统战略》，旨在尽快将无人作战系统与有人作战系统高度集成，快速形成作战打击能力。无人飞行器是集侦察、监视、诱导、预警、攻击等多功能于一体的高性能武器装备，将作为一种面临复杂作战环境、远离操控基站的无人化平台，成为未来空天战场的主要作战力量。在复杂严苛的军事领域，为了应对瞬息万变的复杂战场环境，无人飞行器必须具备智能自主飞行这一核心能力。

同时，随着无人飞行器造价的降低与数量的增多，无人机集群的研究进展越发迅猛，越来越多的高校、科研机构、私营企业投入无人集群的编队、控制、分群、合群等路径规划、资源调度与任务执行策略研究之中，而实现集群执行任务的关键能力之一依然是智能自主飞行。因此，无论是在军用方面还是在民用方面，也无论是单一的无人机还是无人机集群，智能自主飞行都是充分发挥无人机优势的核心能力之一。而实现智能自主飞行最核心的底层理论与技术支撑是无人机精确的导航系统，这也是无人机完成既定任务、实现其军用与民用价值的根本保证。

因此，本书航空篇主要以无人机及其集群为研究对象，介绍其中涉及的不同导航方法，主要包括单无人机多源融合导航与无人机集群协同导航两大类，系统地阐述不同导航方法的原理、实现、优劣势，让读者在学习与使用时能得到更加明确的指导，获得更加清晰的认知。

在航天篇，本书主要的研究对象是临近空间的高速飞行器。首先，无论是在军事领域还是在民用领域，临近空间都是各个大国、私人科技企业必争的“黄金地带”，具有极其重要的开发应用价值。在军事领域，临近空间开发和利用是“陆海空天电”五维一体化战场的重要组成部分。运行在空间范围内的飞行器成本高、部署周期长、损失后不易补充，而运行在航空范围内的飞行器易受打击、生存能力差、安全性低，因此临近空间设备装备的部署成为最优的选择，有助于进一步实现军事信息获取，显著提高国家安全体系的抗摧毁能力和抗干扰能力。在民用领域，临近空间的飞行器能够长时间停留在城市上空，可以为建筑、交通、污染、气象等方面提供相关数据，还可以满足反恐维稳、持久监视等需求。相对于卫星，临近空间受到的干扰相对较小，可以进一步发展临近空间的通信设备建设服务，为偏远地区、灾害地区提供通信便利。此外，临近空间飞行器平台搭载可见光、微波、激光雷达等遥感器，可以获取高分辨率遥感影像数据，从而实现国土资源的精细化普查，并实时对国家的农作物、草原和森林等观测任务提供长势、病虫害、火警预警等信息。

因此，针对临近空间的开发和利用必将成为各个国家军事战力新的增长点，同时给民用领域带来新的创业创新机遇与挑战。而开发和利用临近空间的核心是临近空间飞行器的研制与发展。按照飞行速度不同，临近空间飞行器大致可以分为低动态临近空间飞行器（马赫数大于 1.0）和高动态临近空间飞行器（马赫数小于 1.0）两大类。低动态临近空间飞行器主要包括平流层飞艇、高空气球、高空长航时无人机等。在民用方面，其可用于气象监测、大气研究、大气环境保护、地面遥感等。在军用方面，其可用于军事侦察，提高战场信息感知能力，但攻击性不足。而高动态临近空间飞行器主要用于军事目的，包括高速巡航飞行器、亚轨道飞行器等，具有航速快、航距远、机动能力强、生存能力强、可适载荷种类多等特点，具有远程快速到达、高速精确打击、可重复使用、远程快速投送等优势；既可以携载核弹头替代弹道导弹实施战略威慑，又可以携载远程精确弹药攻击高价值目标或敏感目标，还可以携带信息传感器作为战略快速侦察手段，对全球重要目标实施快速侦察，具有强攻击威慑能力。

相较而言，高动态临近空间飞行器对于提高我国国防安全性与外敌威慑力作用更大。而高动态临近空间飞行器实现上述重要民用功能和军用功能的关键前提之一便是拥有精确的导航系统，因此本书航天篇的主要研究对象为临近空间高速飞行器。首先介绍高速飞行器的发展现状及其导航特点；其次阐述应用最广泛的捷联式惯性导航系统与北斗导航系统、天文导航系统融合的多源融合导航系统的原理，展示相应导航系统的实现与仿真分析；最后基于地磁导航与惯性导航的原理，通过研究地磁轮廓匹配、迭代最近轮廓点匹配、桑迪亚地磁辅助、多地磁分量辅助定位四大理论，分别推导对应的地磁导航系统与惯性导航系统融合的算法或其改进形式，进而给出对应算法的特点分析。本书航空篇与航天篇旨在让读者对不同导航信源及其融合特点有充分、清晰的了解，在今后的研究或使用中能够有所借鉴，使具有不同特点的多源融合导航算法扬长避短，充分发挥其性能。

1.2 多源融合导航概述

随着科技的发展，导航定位技术在民事领域（如汽车导航、紧急救援、移动位置服务等）和军事领域（如单兵作战、制导武器、军用无人机等）起到了无可替代的支撑作用[9-11]。导航定位的本质是依据载体与目的地的位置信息，寻找到达目的地的路线[12]。随着民事领域和军事领域使用飞行器的场景越来越复杂，飞行器导航的用途早已不再局限于开阔的室外，还包括复杂的室内、高强度对抗的战场环境、主动/被动遮挡等复杂场景，从而对飞行器导航的准确性、稳定性、灵活性都提出了更高的要求。因此，除了传统的惯性导航与卫星导航，新兴的天文导航、地磁导航、多普勒导航、重力导航、仿生导航等相继被提出并应用。虽然多种不同的新兴导航方式具有各自得天独厚的优势，但同时具有各自的限制或缺点。例如，地磁导航属于无源自主导航方式，具有抗干扰能力强、无积累误差的优点，且不需要与外界通信；但是地磁场模型包含的全球地磁场模型和局部地磁场模型仅描述了主磁场部分，精度有限且无法反映出复杂的地磁异常信息，变化的磁场对地磁匹配的干扰、地磁场随高度和时间变化的规律、地磁场起伏规律等因素都会影响地磁导航的最终效果。又如，天文导航以已知准确空间位置的自然天体为基准，通过天体测量仪器被动探测天体位置，经解算确定测量点所在载体的导航信息。其优势在于不需要其他地面设备的支持，也不受人工或自然形成的电磁场的干扰，不向外辐射电磁波从而隐蔽性好，定位、定向的精度比较高，定位误差不随时间积累，但是存在输出信息不连续、受极端天气等恶劣气候影响严重等缺点。

可以看出，任何单一传感器或导航系统，由于自身存在鲜明的优缺点，均无法满足导航对象面临的日益复杂的导航环境及复杂应用场景对导航定位的严苛需求。因此，需要利用多种传感器、多类信源同时为载体提供定位信息，并对所有已获得的信息进行集成处理（包括信息监测、结合、识别和估计），提升集成系统的性能。

对多种导航信源进行综合处理的技术就是多源融合导航技术[13]，其体系架构如图 1-1 所示。首先收集可用的导航信源作为初始融合源，对导航信源按照其定位原理进行数据分类，得到多组数据源。然后对多组数据源进行优化选择。接着针对经过优化的数据源，根据其属性特点选择相应的融合算法进行融合处理。最后输出融合结果，同时将数据反馈至数据源分类与融合算法中[14]。

本质上，多源融合导航系统是一个多传感器的导航信息优化处理系统，因此如何将各个不同导航信源的信息进行有效融合是实现多源融合导航的关键。根据多传感器系统的信息流方向及融合中心形式的不同，融合结构可以分为集中式、分布式和混合式 3 种[15-16]。

集中式融合结构[17]又称量测级融合结构，指不同导航信源对应的传感器将所有量测信息送至同一个融合中心进行状态估计，合并为单一量测值，而后将扩维后的导航信息用于标准滤波器得到估计结果[18-19]。由于利用了所有原始导航信息，因此集中式融合结构可以得到线性最小方差意义下的全局最优估计，理论上导航信息损失少，可以得到最佳导航结果[20-21]。但是，集中式融合结构有通信开销大、对计算机容量和信息处理速度要求高的缺点[22]。也就是说，随着局部导航信源数据的增加，集中式融合结构会出现巨大的计算负担，严重影响导航系统的实时性[23]。尤其是在本书航天篇的研究对象高速飞行器中，由于其运动速度过快，因此由实时性较差导致导航精度大幅降低的负面影响更加突出。同时，由于传感器数据是集中处理的，任意传感器发生故障，都将污染整个系统的状态估计，容错性较差[24]。

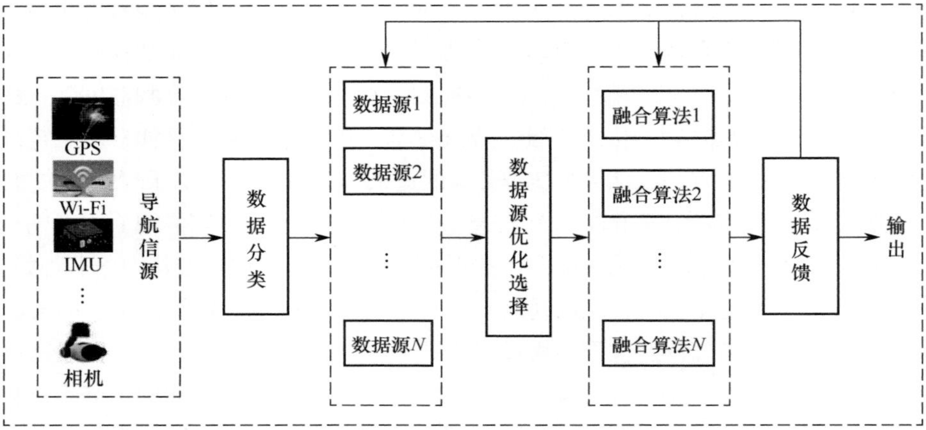

图 1-1 多源融合导航技术体系架构[14]

分布式融合结构[25-26]又称传感器级融合结构，指每个导航信源均具有独立的处理能力，可进行预处理并将处理结果传送到融合中心，融合中心再进行信息融合，即由每个传感器分别进行局部导航解算，然后将局部导航解算输出送至融合中心，给出全局融合结果。如此则要求网络处于全连接状态，但是每个节点都是一个局部解算中心，构成了两级数据处理结构，用一个主滤波器和若干局部滤波器代替集中式融合结构[27]。例如，本书航空篇以无人机为导航对象、基于误差预测与协方差控制的分布式融合导航算法就采用了分布式融合结构，其容错性好、可靠性高[28]，当局部传感器出现故障时，整个系统仍能正常工作，避免了集中式融合结构中将传感器数据统一传输至一个解算中心带来的计算量大与容错率低的问题[29-30]。此外，由于采用了多处理器并行结构，因而分布式融合结构的计算量小，实时性高。分布式融合方法主要分为平均融合方法[31-32]与协方差交叉融合方法[33]。平均融合方法的核心思想是每个节点首先基于其观测值通过贝叶斯滤波获得局部后验分布，然后采用通信协议在舰、机构成的网络中传播，并通过几何平均或算术平均等计算方法[34-35]获得后验分布融合结果。虽然平均融合方法对后验分布形式没有限制[36]，但是其对后验进行稀释后再融合，导致对非公共部分的信任程度降低，因此融合结果较为保守[37]。协方差交叉融合方法分为普通协方差交叉融合方法[38]和序贯协方差交叉融合方法[39]，其基于忽略局部估计之间的相互关系提出。然而，由于忽略了局部估计之间的相互关系，协方差交叉融合方法得到的融合后协方差大于实际的融合协方差[40]，这也说明了协方差交叉融合方法过于保守的本质是缩小了误差协方差矩阵的上界，即在最坏的情况下获得最好的精度。

混合式融合结构[41-42]是集中式融合结构和分布式融合结构的综合，每个导航信源具有独立的导航解算能力，但不会全部进行解算，因此局部融合中心得到的可能是原始量测数据，也可能是局部解算过的导航信息。每个节点与其邻居节点进行直接通信，且每个节点都可以被视为局部解算与融合中心，从而避免了单一解算中心带来的容错率低问题，同时仅与相邻节点通信的模式减轻了网络传输的带宽压力[15]，但也会因融合后不同局部融合中心的融合结果有差异而导致全局融合结果不一致。

综上可以给出集中式、分布式和混合式 3 种融合结构的优劣势比较，如表 1-1 所示。本书航空篇与航天篇针对无人机与高速飞行器等不同研究对象，分别给出了一种或多种融合结构对应的多元融合导航方法的理论推导与仿真验证，让读者能够更直观地理解不同导航对象基于不同导航信源使用不同融合策略带来的性能差异，从而在使用现有多源融合导航算法时能够扬长避短，发挥算法本身的最佳性能。

表 1-1　3 种融合结构的优劣势比较

融合结构	优　势	劣　势
集中式	利用了所有原始信息，理论上信息损失最少，可以得到最佳融合结果	通信负担重，对融合中心信息处理速度要求高，单一融合中心容错性差
分布式	对系统的通信带宽要求低，多融合中心容错性好、可靠性高，对子融合中心算力要求低	不能利用全部原始量测信息，有一定的信息损失，融合精度不如集中式融合结构
混合式	避免了单一解算中心带来的容错率低问题，同时仅与相邻节点通信的模式减轻了网络传输的带宽压力	融合后不同局部融合中心的融合结果有差异，存在全局融合结果不一致的风险

1.3　多源融合导航基本理论

1.3.1　贝叶斯递归滤波

无论是单一信源的导航方法还是多源融合的导航方法，其本质都是利用导航信源数据求解导航对象状态，因此状态估计理论是多源融合导航中最重要的基本理论。下面首先介绍普遍意义上状态估计问题的理论解决方法——贝叶斯估计理论。

贝叶斯估计理论于 1970 年提出[43]，从概率角度评价、表达系统状态，其中状态的概率密度函数包含绝大部分数理统计信息。贝叶斯估计理论的思想是用所有已知信息构造系统状态变量的后验概率密度函数，即依据系统状态演化模型预测状态的先验概率密度函数，然后用最新的观测数据根据贝叶斯规则进行修正，得到后验概率密度函数。

在进一步阐述贝叶斯估计理论之前，首先介绍贝叶斯定理：假设 $\boldsymbol{z}$ 为可量测的随机变量，根据贝叶斯公式，则未知参数 $\boldsymbol{x}$ 的后验概率密度函数为

$$p(\boldsymbol{x}\mid\boldsymbol{z})=\frac{p(\boldsymbol{z}\mid\boldsymbol{x})p(\boldsymbol{x})}{p(\boldsymbol{z})}=\frac{p(\boldsymbol{z}\mid\boldsymbol{x})p(\boldsymbol{x})}{\int p(\boldsymbol{z}\mid\boldsymbol{x})p(\boldsymbol{x})\mathrm{d}\boldsymbol{x}} \tag{1-1}$$

式中，$p(\boldsymbol{z}\mid\boldsymbol{x})$ 为似然函数，其相对于 $\boldsymbol{x}$ 来说是唯一的；$p(\boldsymbol{x})$ 是参数 $\boldsymbol{x}$ 的先验概率密度函数，它是根据已有的实践经验和认知在量测之前就已知的。由式（1-1）可以看出，分母可以看成与 $\boldsymbol{x}$ 无关的常数，从而贝叶斯定理可等价描述为

$$p(\boldsymbol{x}\mid\boldsymbol{z})\propto p(\boldsymbol{z}\mid\boldsymbol{x})p(\boldsymbol{x}) \tag{1-2}$$

在导航系统中，贝叶斯定理中的未知参数 $\boldsymbol{x}$ 代表导航对象状态，$p(\boldsymbol{x})$ 是状态对应的先验分布。当没有导航信源传来的量测信息时，只能根据先验信息对导航对象状态 $\boldsymbol{x}$ 做出评估，即先验分布 $p(\boldsymbol{x})$；当获得导航信源量测后，可根据贝叶斯定理对导航对象状态进行校正，即后验分布 $p(\boldsymbol{x}\mid\boldsymbol{z})$。后验分布充分利用了导航对象先验知识和实际导航信源量测信息，因此，其对未知参数的估计较先验分布更具合理性，相应的估计误差也较小。贝叶斯定理通过量测信息更新参数值的先验分布，进而得到参数值的后验分布，这是一个将先验知识与量测信息进行综合的过程，也是贝叶斯定理的优越性所在。

基于贝叶斯定理，下面将介绍贝叶斯递归滤波框架，其主要目的是计算导航对象状态的后验概率密度函数。对于包括导航系统在内的诸多随机动态系统，可以采用如下概率模型来表示系统内部的状态发展演化及传感器量测与状态之间的关系，即状态空间模型马尔可夫模型的概率描述为

$$\begin{cases}\boldsymbol{X}_k\sim p(\boldsymbol{X}_k\mid\boldsymbol{X}_{k-1})\\ \boldsymbol{Z}_k\sim p(\boldsymbol{Z}_k\mid\boldsymbol{X}_k)\end{cases} \tag{1-3}$$

式中，k 是时间指标；$\boldsymbol{X}_k\in\mathbf{R}^n$ 和 $\boldsymbol{Z}_k\in\mathbf{R}^m$ 分别是 k 时刻导航对象状态向量与导航传感器量测向量；$p(\boldsymbol{X}_k\mid\boldsymbol{X}_{k-1})$ 是导航对象状态转移概率密度函数；$p(\boldsymbol{Z}_k\mid\boldsymbol{X}_k)$ 是传感器量测似然概率密度函数。

为了计算状态后验概率密度函数，可以将贝叶斯递归滤波算法分为两个阶段的递归迭代。假设上一时刻的状态后验概率密度函数 $p(\boldsymbol{X}_{k-1}\mid\boldsymbol{Z}_1^{k-1})$ 已知，通

过递归地运行一步预测公式和一步校正公式，可以计算出当前时刻的状态后验分布。贝叶斯递归滤波具体流程如下。

（1）一步预测。已知 $k-1$ 时刻的状态后验概率密度函数，根据查普曼–柯尔莫哥洛夫方程（以下简称“CK 方程”）预测 k 时刻的状态概率密度函数为

$$p(\boldsymbol{X}_k \mid \boldsymbol{Z}_1^{k-1}) = \int p(\boldsymbol{X}_k \mid \boldsymbol{X}_{k-1}) p(\boldsymbol{X}_{k-1} \mid \boldsymbol{Z}_1^{k-1}) \mathrm{d}\boldsymbol{X}_{k-1} \tag{1-4}$$

（2）一步校正。已知 k 时刻预测的状态概率密度函数，通过接收的新量测结合贝叶斯公式校正预测的结果，从而得到滤波后的状态后验概率密度函数为

$$p(\boldsymbol{X}_k \mid \boldsymbol{Z}_1^k) = \frac{p(\boldsymbol{Z}_k \mid \boldsymbol{X}_k) p(\boldsymbol{X}_k \mid \boldsymbol{Z}_1^{k-1})}{p(\boldsymbol{Z}_k \mid \boldsymbol{Z}_1^{k-1})} \tag{1-5}$$

$$p(\boldsymbol{Z}_k \mid \boldsymbol{Z}_1^{k-1}) = \int p(\boldsymbol{Z}_k \mid \boldsymbol{Z}_k) p(\boldsymbol{X}_k \mid \boldsymbol{Z}_1^{k-1}) \mathrm{d}\boldsymbol{X}_k \tag{1-6}$$

本质上，贝叶斯递归滤波是基于一步预测得到的先验状态信息和当前量测信息，在一步校正中解算出状态后验概率密度函数。封装了所有有效先验信息之后，状态后验概率密度函数就是滤波问题的通解形式。得到状态后验概率密度函数后，有多种方法可以计算出理论最优的状态估计值，如最小均方误差（Minimum Mean Square Error，MMSE）估计

$$\hat{\boldsymbol{X}}_{k|k}^{\mathrm{MMSE}} = \int \boldsymbol{X}_k p(\boldsymbol{X}_k | \boldsymbol{Z}_1^k) \mathrm{d}\boldsymbol{X}_k \tag{1-7}$$

或极大后验（Maximum a Posteriori，MAP）估计

$$\hat{\boldsymbol{X}}_{k|k}^{\mathrm{MAP}} = \arg\max_{\boldsymbol{X}_k} p(\boldsymbol{X}_k | \boldsymbol{Z}_1^k) \tag{1-8}$$

由以上计算流程可以看出，贝叶斯递归滤波算法可以分为两个步骤：时间更新与量测更新。具体算法框架如图 1-2 所示。上述计算过程必须符合两个前提假设：①系统状态转移服从一阶马尔可夫过程；②已知当前系统状态，时刻间量测条件独立。

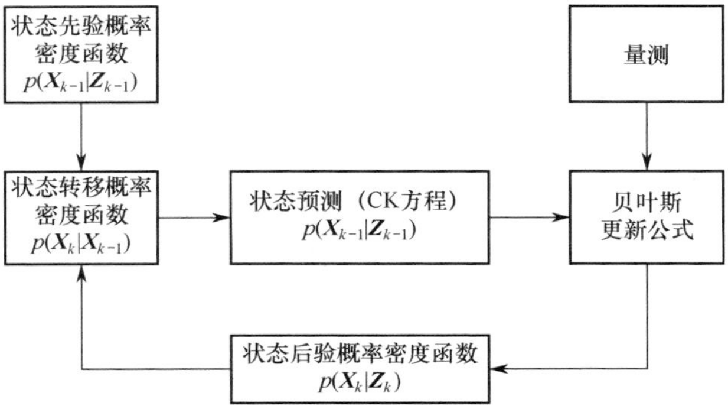

图 1-2　贝叶斯递归滤波算法框架[44]

可以将贝叶斯估计理解为，以概率密度函数为载体，根据贝叶斯定理递推

计算状态后验概率密度函数。上述贝叶斯递归滤波中全程对动态系统的线性特性或非线性特性不做约束，因此贝叶斯估计理论可以被视为适用于线性动态系统和非线性动态系统的统一框架，是形式上的最佳解决方案，但也只是概念上和理论上的解决方法。因为贝叶斯递归滤波算法是基于一般的概率模型推导得到的，没有要求具体的系统特性，也没有考虑后验概率密度函数的性质，所以难以解析计算与实际实施。

在线性系统中，系统状态演变模型与量测模型均是线性模型，并且噪声都是加性高斯噪声，因此可以解析计算贝叶斯递归滤波，得到的状态后验概率密度函数包含系统状态所有的统计信息。对于非线性高斯系统，由于状态函数和量测函数的非线性特征，贝叶斯估计中的积分几乎不可能被解析计算[45]，从而需要引入非线性近似，从贝叶斯估计理论发展而来的非线性估计的各种近似解决方案也应运而生。

为了进一步将状态估计理论解决方案落地，下文引入高斯系统的假设，即式（1-3）中的系统状态与量测模型均服从高斯分布，得到可执行程度更高的高斯滤波算法框架。

1.3.2 高斯滤波

1.3.1 节介绍的贝叶斯递归滤波框架没有对系统状态与量测模型的分布形式加以限制，使贝叶斯估计仅能给出理论上最优的形式解，而无法实际执行。针对这种情况，目前广泛采用的一种方法是：假设状态的后验概率密度函数服从高斯分布，此时贝叶斯递归滤波自然就发展为高斯滤波[46-47]。一方面，由于高斯分布的统计特性可由其均值和协方差完全表征，高斯分布计算较简便，在非线性情况下也能得到某些解析解，便于算法的工程应用；另一方面，由于混合高斯分布能够充分近似任意分布，合理选择高斯分项的个数能够平衡算法的精度和计算量，而且各高斯分项之间耦合较弱，可并行计算，从而提高了计算效率。

在噪声均服从高斯分布的假设下，状态的先验概率密度函数和量测似然概率密度函数也均服从高斯分布，即状态变量和量测变量服从联合高斯分布

$$p(\boldsymbol{X}_k,\boldsymbol{Z}_k \mid \boldsymbol{Z}_1^{k-1}) \sim \mathcal{N}\left(\begin{bmatrix}\boldsymbol{X}_k\\ \boldsymbol{Z}_k\end{bmatrix}\begin{bmatrix}\boldsymbol{\mu}_x\\ \boldsymbol{\mu}_z\end{bmatrix},\begin{bmatrix}\boldsymbol{\Sigma}_{xx} & \boldsymbol{\Sigma}_{xz}\\ \boldsymbol{\Sigma}_{zx} & \boldsymbol{\Sigma}_{zz}\end{bmatrix}\right) \tag{1-9}$$

从而自然地将状态后验概率密度函数也转化为高斯分布。式中，$\mathcal{N}$ 表示高斯分布；$\boldsymbol{\Sigma}_{xz}$ 是状态与量测的互协方差；$\boldsymbol{\Sigma}_{zx}$ 是状态与量测的互协方差的转置；$\boldsymbol{\mu}_x$ 与 $\boldsymbol{\Sigma}_{xx}$ 分别是状态预测概率的均值和协方差；$\boldsymbol{\mu}_z$ 与 $\boldsymbol{\Sigma}_{zz}$ 分别是量测预测概率的均值和协方差，即

$$\begin{cases} p(\boldsymbol{X}_k \mid \boldsymbol{Z}_1^{k-1}) \sim \mathcal{N}(\boldsymbol{X}_k | \boldsymbol{\mu}_x, \boldsymbol{\Sigma}_{xx}) \\ p(\boldsymbol{Z}_k \mid \boldsymbol{Z}_1^{k-1}) \sim \mathcal{N}(\boldsymbol{Z}_k | \boldsymbol{\mu}_z, \boldsymbol{\Sigma}_{zz}) \end{cases} \tag{1-10}$$

基于以上假设，从贝叶斯递归滤波进一步发展得到高斯滤波。其本质改变是将贝叶斯递归滤波中的状态统计信息计算通过高斯分布的假设转化为条件概率密度函数一阶矩和二阶矩的代数计算。高斯滤波过程可以分为两个阶段，即时间更新与量测更新。

（1）时间更新。在时间更新阶段，基于最小均方误差准则，计算状态先验概率的均值（一阶矩）与协方差（二阶矩）如下。

$$\begin{aligned} \boldsymbol{\mu}_x &= E[\boldsymbol{X}_k \mid \boldsymbol{Z}_1^{k-1}] \\ &= \int \boldsymbol{X}_k p(\boldsymbol{X}_k \mid \boldsymbol{Z}_1^{k-1}) \mathrm{d}\boldsymbol{X}_k = \int f(\boldsymbol{X}_{k-1}) p(\boldsymbol{X}_{k-1} \mid \boldsymbol{Z}_1^{k-1}) \mathrm{d}\boldsymbol{X}_{k-1} \end{aligned} \tag{1-11}$$

$$\begin{aligned} \boldsymbol{\Sigma}_{xx} &= E\{(\boldsymbol{X}_k - \boldsymbol{\mu}_x)(\boldsymbol{X}_k - \boldsymbol{\mu}_x)^{\mathrm{T}} \mid \boldsymbol{Z}_1^{k-1}\} \\ &= \int (\boldsymbol{X}_k - \boldsymbol{\mu}_x)(\boldsymbol{X}_k - \boldsymbol{\mu}_x)^{\mathrm{T}} p(\boldsymbol{X}_k \mid \boldsymbol{Z}_1^{k-1}) \mathrm{d}\boldsymbol{X}_k \\ &= \int f(\boldsymbol{X}_{k-1}) f(\boldsymbol{X}_{k-1})^{\mathrm{T}} p(\boldsymbol{X}_{k-1} \mid \boldsymbol{Z}_1^{k-1}) \mathrm{d}\boldsymbol{X}_{k-1} - \boldsymbol{\mu}_x \boldsymbol{\mu}_x^{\mathrm{T}} + \boldsymbol{Q}_k \end{aligned} \tag{1-12}$$

式中，f 为系统状态方程；$\boldsymbol{Q}_k$ 为系统噪声协方差矩阵。

事实上，高斯滤波会使状态后验概率密度函数服从高斯分布，所以基于式（1-10），式（1-11）和式（1-12）的积分运算可以写作如下形式。

$$\begin{cases} \boldsymbol{\mu}_x = \int f(\boldsymbol{X}_{k-1}) \mathcal{N}(\boldsymbol{X}_{k-1} | \boldsymbol{\mu}_{x|z}, \boldsymbol{\Sigma}_{x|z}) \mathrm{d}\boldsymbol{X}_k \\ \boldsymbol{\Sigma}_{xx} = \int f(\boldsymbol{X}_{k-1}) f(\boldsymbol{X}_{k-1})^{\mathrm{T}} \mathcal{N}(\boldsymbol{X}_{k-1} | \boldsymbol{\mu}_{x|z}, \boldsymbol{\Sigma}_{x|z}) \mathrm{d}\boldsymbol{X}_k - \boldsymbol{\mu}_x \boldsymbol{\mu}_x^{\mathrm{T}} + \boldsymbol{Q}_k \end{cases} \tag{1-13}$$

（2）量测更新。由于先验量测中的误差是零均值高斯白噪声，所以用高斯分布近似表达量测预测概率是合理的。在量测更新阶段，基于最小均方误差准则计算量测预测概率的均值、协方差及状态与量测的互协方差，即

$$\begin{cases} \boldsymbol{\mu}_z = \int h(\boldsymbol{X}_k) \mathcal{N}(\boldsymbol{X}_k | \boldsymbol{\mu}_x, \boldsymbol{\Sigma}_{xx}) \mathrm{d}\boldsymbol{X}_k \\ \boldsymbol{\Sigma}_{zz} = \int h(\boldsymbol{X}_k) h(\boldsymbol{X}_k)^{\mathrm{T}} \mathcal{N}(\boldsymbol{X}_k | \boldsymbol{\mu}_x, \boldsymbol{\Sigma}_{xx}) \mathrm{d}\boldsymbol{X}_k - \boldsymbol{\mu}_z \boldsymbol{\mu}_z^{\mathrm{T}} + \boldsymbol{R}_k \\ \boldsymbol{\Sigma}_{xz} = \int \boldsymbol{X}_k h(\boldsymbol{X}_k) \mathcal{N}(\boldsymbol{X}_k | \boldsymbol{\mu}_x, \boldsymbol{\Sigma}_{xx}) \mathrm{d}\boldsymbol{X}_k - \boldsymbol{\mu}_z \boldsymbol{\mu}_z^{\mathrm{T}} \end{cases} \tag{1-14}$$

式中，h 为传感器量测方程；$\boldsymbol{R}_k$ 为量测噪声协方差矩阵。

得到状态预测与量测预测的一、二阶矩之后，根据新接收的量测 $\boldsymbol{Z}_k$ 计算状态后验概率密度，即

$$p(\boldsymbol{X}_k \mid \boldsymbol{Z}_1^{k}) \sim \mathcal{N}(\boldsymbol{X}_k | \boldsymbol{\mu}_{x|z}, \boldsymbol{\Sigma}_{x|z}) \tag{1-15}$$

$$\begin{cases} \boldsymbol{\mu}_{x|z} = \boldsymbol{\mu}_x + \boldsymbol{\Sigma}_{xz} \boldsymbol{\Sigma}_{zz}^{-1} (\boldsymbol{Z}_k - \boldsymbol{\mu}_z) \\ \boldsymbol{\Sigma}_{x|z} = \boldsymbol{\Sigma}_{xx} - \boldsymbol{\Sigma}_{xz} \boldsymbol{\Sigma}_{zz}^{-1} \boldsymbol{\Sigma}_{zx} \end{cases} \tag{1-16}$$

高斯滤波算法框架如图 1-3 所示。首先，在时间更新阶段，根据上一时刻

的滤波结果和状态转移概率密度函数预测当前时刻状态。然后，在量测更新阶段，根据状态预测概率密度函数预测当前时刻量测信息。最后，结合状态与量测的预测信息，根据接收的实际量测校正预测值得到状态后验概率密度函数。

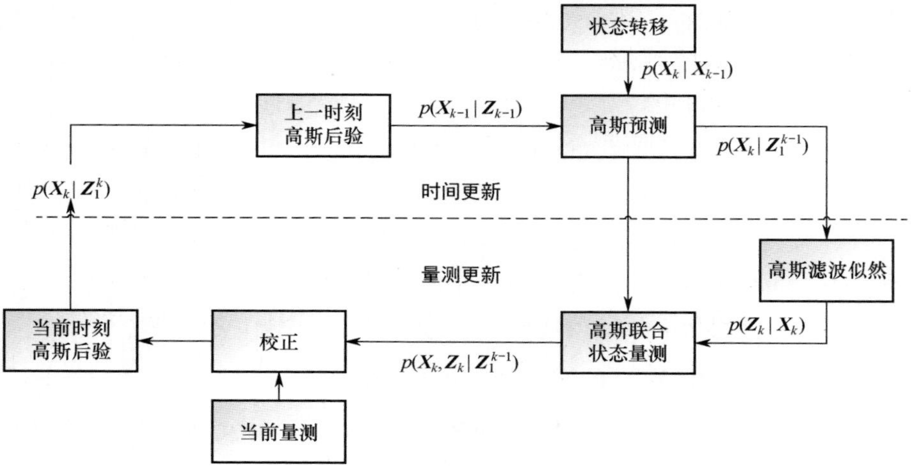

图 1-3　高斯滤波算法框架[44]

可以发现，高斯滤波算法框架相较于贝叶斯递归滤波算法框架，仅加入了高斯分布的假设，而没有针对系统的线性和非线性特性进行说明，因此高斯滤波算法框架虽然比贝叶斯递归滤波算法框架更进一步，但仍无法落地。因此，下文将基于高斯滤波算法框架，分别针对线性与非线性系统介绍可以落地使用的线性和非线性滤波方法。

1.3.3　线性卡尔曼滤波

对线性系统来说，高斯滤波算法框架需要计算的复杂积分均可以解析计算出来，得到显式的解析解，即使用线性卡尔曼滤波方法[13]。下面将借鉴递推最小二乘法的表示形式，采用更加直观的方法进行线性卡尔曼滤波方程的推导。

首先给定线性系统状态空间模型为

$$\boldsymbol{X}_k = \boldsymbol{\Phi}_{k|k-1}\boldsymbol{X}_{k-1} + \boldsymbol{\Gamma}_{k-1}\boldsymbol{W}_{k-1} \tag{1-17}$$

$$\boldsymbol{Z}_k = \boldsymbol{H}_k\boldsymbol{X}_k + \boldsymbol{V}_k \tag{1-18}$$

式中，$k \in \mathbf{N}$ 是时间指标；$\boldsymbol{X}_k \in \mathbf{R}^n$ 和 $\boldsymbol{Z}_k \in \mathbf{R}^m$ 分别是 $n\times1$ 维的系统状态向量与 $m\times1$ 维的系统量测向量；$\boldsymbol{\Phi}_{k|k-1}$ 是 $n\times n$ 维的系统状态转移矩阵；$\boldsymbol{H}_k$ 是 $m\times n$ 维的系统量测矩阵；$\boldsymbol{W}_{k-1} \in \mathbf{R}^l$ 和 $\boldsymbol{V}_k \in \mathbf{R}^m$ 分别是系统状态方程的零均值高斯白噪声与系统量测噪声；$\boldsymbol{\Gamma}_{k-1}$ 是 $n\times l$ 维的系统噪声分配矩阵。显然，该线性系统可以看作式（1-3）中模型的一个特例。对该线性系统做如下两个假设。

假设 1：$\boldsymbol{W}_k$ 和 $\boldsymbol{V}_k$ 是互不相关或相关的零均值高斯白噪声序列，且 $\boldsymbol{W}_k \sim \mathcal{N}(\boldsymbol{W}_k;\boldsymbol{0},\boldsymbol{Q}_k)$，$\boldsymbol{V}_k \sim \mathcal{N}(\boldsymbol{V}_k;\boldsymbol{0},\boldsymbol{R}_k)$，$E(\boldsymbol{W}_k\boldsymbol{V}_j^{\mathrm{T}})=\boldsymbol{0}(k \neq j)$。

假设 2：系统初始状态 $\boldsymbol{X}_0$ 是正态分布的随机向量，即 $\boldsymbol{X}_0 \sim \mathcal{N}(\boldsymbol{X}_0;\hat{\boldsymbol{X}}_0,\boldsymbol{P}_0)$，而且初始状态 $\boldsymbol{X}_0$ 与过程噪声 $\boldsymbol{W}_k$ 和量测噪声 $\boldsymbol{V}_k$ 互不相关。

记 $k-1$ 时刻（前一时刻）的状态估计为 $\hat{\boldsymbol{X}}_{k-1}$，状态估计误差为 $\tilde{\boldsymbol{X}}_{k-1}$，状态估计误差的均方误差矩阵为 $\boldsymbol{P}_{k-1}$，有

$$\tilde{\boldsymbol{X}}_{k-1}=\boldsymbol{X}_{k-1}-\hat{\boldsymbol{X}}_{k-1} \tag{1-19}$$

$$\boldsymbol{P}_{k-1}=E[\tilde{\boldsymbol{X}}_{k-1}\tilde{\boldsymbol{X}}_{k-1}^{\mathrm{T}}]=E[(\boldsymbol{X}_{k-1}-\hat{\boldsymbol{X}}_{k-1})(\boldsymbol{X}_{k-1}-\hat{\boldsymbol{X}}_{k-1})^{\mathrm{T}}] \tag{1-20}$$

假设已知前一时刻的状态估计 $\hat{\boldsymbol{X}}_{k-1}$ 及其均方误差矩阵 $\boldsymbol{P}_{k-1}$。根据 $\hat{\boldsymbol{X}}_{k-1}$ 和系统状态方程可对 k 时刻（当前时刻）的状态 $\boldsymbol{X}_k$ 进行预测。由于系统状态方程的零均值高斯白噪声 $\boldsymbol{W}_{k-1}$ 对预测不会有任何贡献，所以对 $\boldsymbol{X}_k$ 的状态一步预测为

$$\hat{\boldsymbol{X}}_{k|k-1}=E\left[\boldsymbol{\Phi}_{k|k-1}\hat{\boldsymbol{X}}_{k-1}+\boldsymbol{\Gamma}_{k-1}\boldsymbol{W}_{k-1}\right]=\boldsymbol{\Phi}_{k|k-1}\hat{\boldsymbol{X}}_{k-1} \tag{1-21}$$

记状态一步预测误差为

$$\tilde{\boldsymbol{X}}_{k|k-1}=\boldsymbol{X}_k-\hat{\boldsymbol{X}}_{k|k-1} \tag{1-22}$$

将系统状态方程代入式（1-22）得

$$\begin{aligned}\tilde{\boldsymbol{X}}_{k|k-1}&=(\boldsymbol{\Phi}_{k|k-1}\boldsymbol{X}_{k-1}+\boldsymbol{\Gamma}_{k-1}\boldsymbol{W}_{k-1})-\boldsymbol{\Phi}_{k|k-1}\hat{\boldsymbol{X}}_{k-1}\\&=\boldsymbol{\Phi}_{k|k-1}(\boldsymbol{X}_{k-1}-\hat{\boldsymbol{X}}_{k-1})+\boldsymbol{\Gamma}_{k-1}\boldsymbol{W}_{k-1}=\boldsymbol{\Phi}_{k|k-1}\tilde{\boldsymbol{X}}_{k-1}+\boldsymbol{\Gamma}_{k-1}\boldsymbol{W}_{k-1}\end{aligned} \tag{1-23}$$

从状态方程时序上可以看出，$k-1$ 时刻的零均值高斯白噪声 $\boldsymbol{W}_{k-1}$ 只影响 k 时刻及其之后时刻的状态，即 $\boldsymbol{W}_{k-1}$ 与 k 时刻之前的系统状态 $\boldsymbol{X}_i(i \leqslant k-1)$ 不相关。因此，$\tilde{\boldsymbol{X}}_{k-1}=\boldsymbol{X}_{k-1}-\hat{\boldsymbol{X}}_{k-1}$ 与 $\boldsymbol{W}_{k-1}$ 不相关，即有 $E[\tilde{\boldsymbol{X}}_{k-1}\boldsymbol{W}_{k-1}^{\mathrm{T}}]=\boldsymbol{0}$ 和 $E[\boldsymbol{W}_{k-1}\tilde{\boldsymbol{X}}_{k-1}^{\mathrm{T}}]=\boldsymbol{0}$。可得状态一步预测均方误差矩阵为

$$\begin{aligned}\boldsymbol{P}_{k|k-1}&=E[\tilde{\boldsymbol{X}}_{k|k-1}\tilde{\boldsymbol{X}}_{k|k-1}^{\mathrm{T}}]\\&=E[(\boldsymbol{\Phi}_{k|k-1}\tilde{\boldsymbol{X}}_{k-1}+\boldsymbol{\Gamma}_{k-1}\boldsymbol{W}_{k-1})(\boldsymbol{\Phi}_{k|k-1}\tilde{\boldsymbol{X}}_{k-1}+\boldsymbol{\Gamma}_{k-1}\boldsymbol{W}_{k-1})^{\mathrm{T}}]\\&=\boldsymbol{\Phi}_{k|k-1}E[\tilde{\boldsymbol{X}}_{k-1}\tilde{\boldsymbol{X}}_{k-1}^{\mathrm{T}}]\boldsymbol{\Phi}_{k|k-1}^{\mathrm{T}}+\boldsymbol{\Gamma}_{k-1}E[\boldsymbol{W}_{k-1}\boldsymbol{W}_{k-1}^{\mathrm{T}}]\boldsymbol{\Gamma}_{k-1}^{\mathrm{T}}\\&=\boldsymbol{\Phi}_{k|k-1}\boldsymbol{P}_{k-1}\boldsymbol{\Phi}_{k|k-1}^{\mathrm{T}}+\boldsymbol{\Gamma}_{k-1}\boldsymbol{Q}_{k-1}\boldsymbol{\Gamma}_{k-1}^{\mathrm{T}}\end{aligned} \tag{1-24}$$

同理，通过状态一步预测 $\hat{\boldsymbol{X}}_{k|k-1}$ 和系统量测方程可对 k 时刻的量测做一步预测，即

$$\hat{\boldsymbol{Z}}_{k|k-1}=E[\boldsymbol{H}_k\hat{\boldsymbol{X}}_{k|k-1}+\boldsymbol{V}_k]=\boldsymbol{H}_k\hat{\boldsymbol{X}}_{k|k-1} \tag{1-25}$$

但是，当 k 时刻真实的量测 $\boldsymbol{Z}_k$ 到来时，它与量测一步预测 $\hat{\boldsymbol{Z}}_{k|k-1}$ 之间存在误差，即量测一步预测误差，记为

$$\tilde{\boldsymbol{Z}}_{k|k-1}=\boldsymbol{Z}_k-\hat{\boldsymbol{Z}}_{k|k-1} \tag{1-26}$$

将系统量测方程代入式（1-26），得

$$\begin{aligned}\tilde{\boldsymbol{Z}}_{k|k-1} &= (\boldsymbol{H}_k\boldsymbol{X}_k + \boldsymbol{V}_k) - \boldsymbol{H}_k\hat{\boldsymbol{X}}_{k|k-1} \\ &= \boldsymbol{H}_k\tilde{\boldsymbol{X}}_{k|k-1} + \boldsymbol{V}_k\end{aligned} \tag{1-27}$$

同样，根据时序先后关系易知 $\boldsymbol{V}_k$ 与 $\tilde{\boldsymbol{X}}_{k|k-1}$ 不相关，即有 $E[\tilde{\boldsymbol{X}}_{k|k-1}\boldsymbol{V}_k^{\mathrm{T}}] = \boldsymbol{0}$ 和 $E[\boldsymbol{V}_k\tilde{\boldsymbol{X}}_{k|k-1}^{\mathrm{T}}] = \boldsymbol{0}$。记量测一步预测均方误差矩阵为 $\boldsymbol{P}_{ZZ,k|k-1}$、状态一步预测与量测一步预测之间的协方差矩阵为 $\boldsymbol{P}_{XZ,k|k-1}$，则有

$$\begin{aligned}\boldsymbol{P}_{ZZ,k|k-1} &= E[\tilde{\boldsymbol{Z}}_{k|k-1}\tilde{\boldsymbol{Z}}_{k|k-1}^{\mathrm{T}}] \\ &= E\left[(\boldsymbol{H}_k\tilde{\boldsymbol{X}}_{k|k-1} + \boldsymbol{V}_k)(\boldsymbol{H}_k\tilde{\boldsymbol{X}}_{k|k-1} + \boldsymbol{V}_k)^{\mathrm{T}}\right] \\ &= \boldsymbol{H}_k E[\tilde{\boldsymbol{X}}_{k|k-1}\tilde{\boldsymbol{X}}_{k|k-1}^{\mathrm{T}}]\boldsymbol{H}_k^{\mathrm{T}} + E[\boldsymbol{V}_k\boldsymbol{V}_k^{\mathrm{T}}] \\ &= \boldsymbol{H}_k\boldsymbol{P}_{k|k-1}\boldsymbol{H}_k^{\mathrm{T}} + \boldsymbol{R}_k\end{aligned} \tag{1-28}$$

$$\begin{aligned}\boldsymbol{P}_{XZ,k|k-1} &= E[\tilde{\boldsymbol{X}}_{k|k-1}\tilde{\boldsymbol{Z}}_{k|k-1}^{\mathrm{T}}] \\ &= E[\tilde{\boldsymbol{X}}_{k|k-1}(\boldsymbol{H}_k\tilde{\boldsymbol{X}}_{k|k-1} + \boldsymbol{V}_k)^{\mathrm{T}}] \\ &= \boldsymbol{P}_{k|k-1}\boldsymbol{H}_k^{\mathrm{T}}\end{aligned} \tag{1-29}$$

如果仅使用系统状态方程的状态一步预测 $\hat{\boldsymbol{X}}_{k|k-1}$ 估计 $\boldsymbol{X}_k$，由于没有利用量测信息，状态估计精度不高。此外，从式（1-27）可以看出，在使用系统量测方程计算的量测一步预测误差 $\tilde{\boldsymbol{Z}}_{k|k-1}$ 中也包含状态一步预测 $\hat{\boldsymbol{X}}_{k|k-1}$ 的信息。可见，上述两种渠道中都含有状态信息，一种很自然的想法是综合考虑系统状态方程和系统量测方程的影响，先利用 $\tilde{\boldsymbol{Z}}_{k|k-1}$ 修正 $\hat{\boldsymbol{X}}_{k|k-1}$，再将其作为 $\boldsymbol{X}_k$ 的估计，这样有助于提高状态估计精度。因此，可令 $\boldsymbol{X}_k$ 的估计为

$$\hat{\boldsymbol{X}}_k = \hat{\boldsymbol{X}}_{k|k-1} + \boldsymbol{K}_k\tilde{\boldsymbol{Z}}_{k|k-1} \tag{1-30}$$

式中，$\boldsymbol{K}_k$ 为待定修正系数矩阵。该式体现出 $\hat{\boldsymbol{X}}_k$ 综合利用了状态一步预测 $\hat{\boldsymbol{X}}_{k|k-1}$ 与量测一步预测误差 $\tilde{\boldsymbol{Z}}_{k|k-1}$ 中的信息。

将式（1-26）代入式（1-30），可得

$$\begin{aligned}\hat{\boldsymbol{X}}_k &= \hat{\boldsymbol{X}}_{k|k-1} + \boldsymbol{K}_k(\boldsymbol{Z}_k - \boldsymbol{H}_k\hat{\boldsymbol{X}}_{k|k-1}) \\ &= (\boldsymbol{I} - \boldsymbol{K}_k\boldsymbol{H}_k)\hat{\boldsymbol{X}}_{k|k-1} + \boldsymbol{K}_k\boldsymbol{Z}_k \\ &= (\boldsymbol{I} - \boldsymbol{K}_k\boldsymbol{H}_k)\boldsymbol{\Phi}_{k|k-1}\hat{\boldsymbol{X}}_{k-1} + \boldsymbol{K}_k\boldsymbol{Z}_k\end{aligned} \tag{1-31}$$

式中，$\boldsymbol{I}$ 为单位矩阵。该式说明当前状态估计 $\hat{\boldsymbol{X}}_k$ 是前一时刻状态估计 $\hat{\boldsymbol{X}}_{k-1}$ 和当前量测 $\boldsymbol{Z}_k$ 的线性组合（加权估计）。从该式的构造方式上看，它综合考虑了状态方程结构参数 $\boldsymbol{\Phi}_{k|k-1}$ 和量测方程结构参数 $\boldsymbol{H}_k$ 的影响。此外，利用新息理论也可以证明，式（1-30）正是最优的“预测+修正”状态估计表示形式。在卡尔曼滤波理论中，一般将量测一步预测误差 $\tilde{\boldsymbol{Z}}_{k|k-1}$ 称为新息，它表示量测预测误差中携带与状态估计有关的新信息；将系数矩阵 $\boldsymbol{K}_k$ 称为滤波增益；将状态一步预测 $\hat{\boldsymbol{X}}_{k|k-1}$ 和状态估计 $\hat{\boldsymbol{X}}_k$ 分别称为状态 $\boldsymbol{X}_k$ 的先验估计与后验估计。因此，式（1-30）

的直观含义是利用新息 $\tilde{\boldsymbol{Z}}_{k|k-1}$ 对先验估计 $\hat{\boldsymbol{X}}_{k|k-1}$ 进行修正以得到后验估计 $\hat{\boldsymbol{X}}_k$，后验估计应当比先验估计更加精确。

知道了系统状态估计 $\hat{\boldsymbol{X}}_k$ 的表示形式之后，下面求取待定修正系数矩阵 $\boldsymbol{K}_k$ 以使 $\hat{\boldsymbol{X}}_k$ 的估计误差最小。

记当前 k 时刻的状态估计误差为

$$\tilde{\boldsymbol{X}}_k = \boldsymbol{X}_k - \hat{\boldsymbol{X}}_k \tag{1-32}$$

将式（1-31）代入式（1-32）可得

$$\begin{aligned}\tilde{\boldsymbol{X}}_k &= \boldsymbol{X}_k - [\hat{\boldsymbol{X}}_{k|k-1} + \boldsymbol{K}_k(\boldsymbol{Z}_k - \boldsymbol{H}_k\hat{\boldsymbol{X}}_{k|k-1})] \\ &= \tilde{\boldsymbol{X}}_{k|k-1} - \boldsymbol{K}_k(\boldsymbol{H}_k\boldsymbol{X}_k + \boldsymbol{V}_k - \boldsymbol{H}_k\hat{\boldsymbol{X}}_{k|k-1}) \\ &= (\boldsymbol{I} - \boldsymbol{K}_k\boldsymbol{H}_k)\tilde{\boldsymbol{X}}_{k|k-1} - \boldsymbol{K}_k\boldsymbol{V}_k\end{aligned} \tag{1-33}$$

上述 k 时刻状态估计的均方误差矩阵为

$$\begin{aligned}\boldsymbol{P}_k &= E[\tilde{\boldsymbol{X}}_k\tilde{\boldsymbol{X}}_k^{\mathrm{T}}] \\ &= E\{[(\boldsymbol{I} - \boldsymbol{K}_k\boldsymbol{H}_k)\tilde{\boldsymbol{X}}_{k|k-1} - \boldsymbol{K}_k\boldsymbol{V}_k][(\boldsymbol{I} - \boldsymbol{K}_k\boldsymbol{H}_k)\tilde{\boldsymbol{X}}_{k|k-1} - \boldsymbol{K}_k\boldsymbol{V}_k]^{\mathrm{T}}\} \\ &= (\boldsymbol{I} - \boldsymbol{K}_k\boldsymbol{H}_k)E[\tilde{\boldsymbol{X}}_{k|k-1}\tilde{\boldsymbol{X}}_{k|k-1}^{\mathrm{T}}](\boldsymbol{I} - \boldsymbol{K}_k\boldsymbol{H}_k)^{\mathrm{T}} + \boldsymbol{K}_kE[\boldsymbol{V}_k\boldsymbol{V}_k^{\mathrm{T}}]\boldsymbol{K}_k^{\mathrm{T}} \\ &= (\boldsymbol{I} - \boldsymbol{K}_k\boldsymbol{H}_k)\boldsymbol{P}_{k|k-1}(\boldsymbol{I} - \boldsymbol{K}_k\boldsymbol{H}_k)^{\mathrm{T}} + \boldsymbol{K}_k\boldsymbol{R}_{k-1}\boldsymbol{K}_k^{\mathrm{T}}\end{aligned} \tag{1-34}$$

状态估计误差 $\tilde{\boldsymbol{X}}_k$ 是随机向量，令其“误差最小”的含义为使各分量的均方误差之和最小，即

$$E[(\tilde{X}_k^{(1)})^2] + E[(\tilde{X}_k^{(2)})^2] + \cdots + E[(\tilde{X}_k^{(n)})^2] = \min \tag{1-35}$$

这等价于

$$E[\tilde{\boldsymbol{X}}_k^{\mathrm{T}}\tilde{\boldsymbol{X}}_k] = \min \tag{1-36}$$

式中，$\tilde{X}_k^{(i)}(i = 1,2,\cdots,n)$ 为 $\tilde{\boldsymbol{X}}_k$ 的第 i 个分量。

若将 $E[\tilde{\boldsymbol{X}}_k\tilde{\boldsymbol{X}}_k^{\mathrm{T}}]$ 展开，可得

$$E[\tilde{\boldsymbol{X}}_k\tilde{\boldsymbol{X}}_k^{\mathrm{T}}] = \begin{bmatrix} E[(\tilde{X}_k^{(1)})^2] & E[\tilde{X}_k^{(1)}\tilde{X}_k^{(2)}] & \cdots & E[\tilde{X}_k^{(1)}\tilde{X}_k^{(n)}] \\ E[\tilde{X}_k^{(2)}\tilde{X}_k^{(1)}] & E[(\tilde{X}_k^{(2)})^2] & \cdots & E[\tilde{X}_k^{(2)}\tilde{X}_k^{(n)}] \\ \vdots & \vdots & \ddots & \vdots \\ E[\tilde{X}_k^{(n)}\tilde{X}_k^{(1)}] & E[\tilde{X}_k^{(n)}\tilde{X}_k^{(2)}] & \cdots & E[(\tilde{X}_k^{(n)})^2] \end{bmatrix} \tag{1-37}$$

式（1-35）等价于

$$\mathrm{tr}(\boldsymbol{P}_k) = \mathrm{tr}(E[\tilde{\boldsymbol{X}}_k\tilde{\boldsymbol{X}}_k^{\mathrm{T}}]) = \min \tag{1-38}$$

式中，$\mathrm{tr}(\cdot)$ 表示方阵的求迹运算，即方阵的所有主对角线元素之和，其结果为一标量函数。考虑到方差矩阵 $\boldsymbol{P}_{k|k-1}$ 必定是对称阵，因此式（1-34）可展开为

$$\boldsymbol{P}_k = \boldsymbol{P}_{k|k-1} - \boldsymbol{K}_k\boldsymbol{H}_k\boldsymbol{P}_{k|k-1} - (\boldsymbol{K}_k\boldsymbol{H}_k\boldsymbol{P}_{k|k-1})^{\mathrm{T}} + \boldsymbol{K}_k(\boldsymbol{H}_k\boldsymbol{P}_{k|k-1}\boldsymbol{H}_k^{\mathrm{T}} + \boldsymbol{R}_{k-1})\boldsymbol{K}_k^{\mathrm{T}} \tag{1-39}$$

对式（1-39）等号两边同时求迹运算，得

$$\mathrm{tr}(\boldsymbol{P}_k) = \mathrm{tr}(\boldsymbol{P}_{k|k-1}) - \mathrm{tr}(\boldsymbol{K}_k\boldsymbol{H}_k\boldsymbol{P}_{k|k-1}) - \mathrm{tr}((\boldsymbol{K}_k\boldsymbol{H}_k\boldsymbol{P}_{k|k-1})^{\mathrm{T}}) + \mathrm{tr}(\boldsymbol{K}_k(\boldsymbol{H}_k\boldsymbol{P}_{k|k-1}\boldsymbol{H}_k^{\mathrm{T}} + \boldsymbol{R}_{k-1})\boldsymbol{K}_k^{\mathrm{T}}) \tag{1-40}$$

式（1-40）是关于待定修正系数矩阵 $\boldsymbol{K}_k$ 的二次函数，所以 $\mathrm{tr}(\boldsymbol{P}_k)$ 必定存在极值。

为了利用求导方法求取极值，引入方阵的迹对矩阵求导的两个等式，分别为

$$\frac{\mathrm{d}}{\mathrm{d}\boldsymbol{X}}[\mathrm{tr}(\boldsymbol{XB})]=\frac{\mathrm{d}}{\mathrm{d}\boldsymbol{X}}[\mathrm{tr}((\boldsymbol{XB})^{\mathrm{T}})]=\boldsymbol{B}^{\mathrm{T}} \tag{1-41}$$

$$\frac{\mathrm{d}}{\mathrm{d}\boldsymbol{X}}[\mathrm{tr}(\boldsymbol{XAX}^{\mathrm{T}})]=2\boldsymbol{XA} \tag{1-42}$$

式中，$\boldsymbol{X}$ 表示 $n\times m$ 维的矩阵变量；$\boldsymbol{A}$、$\boldsymbol{B}$ 分别表示 $m\times m$ 维和 $m\times n$ 维的常值矩阵，且 $\boldsymbol{A}$ 是对称矩阵。实际上，只需采用矩阵分量表示并直接展开即可验证式（1-41）成立。

有了式（1-41）之后，将式（1-40）两边同时对 $\boldsymbol{K}_k$ 求导，可得

$$\begin{aligned}\frac{\mathrm{d}}{\mathrm{d}\boldsymbol{K}_k}[\mathrm{tr}(\boldsymbol{P}_k)]&=\boldsymbol{0}-(\boldsymbol{H}_k\boldsymbol{P}_{k|k-1})^{\mathrm{T}}-(\boldsymbol{H}_k\boldsymbol{P}_{k|k-1})^{\mathrm{T}}+2\boldsymbol{K}_k(\boldsymbol{H}_k\boldsymbol{P}_{k|k-1}\boldsymbol{H}_k^{\mathrm{T}}+\boldsymbol{R}_k)\\&=2[\boldsymbol{K}_k(\boldsymbol{H}_k\boldsymbol{P}_{k|k-1}\boldsymbol{H}_k^{\mathrm{T}}+\boldsymbol{R}_k)-\boldsymbol{P}_{k|k-1}\boldsymbol{H}_k^{\mathrm{T}}]\end{aligned} \tag{1-43}$$

根据函数极值原理，令式（1-43）等号右边等于零，可解得

$$\boldsymbol{P}_{k|k-1}\boldsymbol{H}_k^{\mathrm{T}}=\boldsymbol{K}_k(\boldsymbol{H}_k\boldsymbol{P}_{k|k-1}\boldsymbol{H}_k^{\mathrm{T}}+\boldsymbol{R}_k) \tag{1-44}$$

由于 $\boldsymbol{H}_k\boldsymbol{P}_{k|k-1}\boldsymbol{H}_k^{\mathrm{T}}$ 是半正定的且 $\boldsymbol{R}_k$ 是正定的，所以 $(\boldsymbol{H}_k\boldsymbol{P}_{k|k-1}\boldsymbol{H}_k^{\mathrm{T}}+\boldsymbol{R}_k)$ 必然是正定可逆的，从式（1-44）可进一步解得

$$\boldsymbol{K}_k=\boldsymbol{P}_{k|k-1}\boldsymbol{H}_k^{\mathrm{T}}(\boldsymbol{H}_k\boldsymbol{P}_{k|k-1}\boldsymbol{H}_k^{\mathrm{T}}+\boldsymbol{R}_k)^{-1} \tag{1-45}$$

这便是满足极值条件的待定修正系数矩阵 $\boldsymbol{K}_k$ 的取值，此时状态估计误差 $\tilde{\boldsymbol{X}}_k$ 达到最小，或者说 $\hat{\boldsymbol{X}}_k$ 是 $\boldsymbol{X}_k$ 在最小均方误差指标下的最优估计。

将式（1-44）代入式（1-39），求得 $\boldsymbol{P}_k=(\boldsymbol{I}-\boldsymbol{K}_k\boldsymbol{H}_k)\boldsymbol{P}_{k|k-1}$。至此，获得卡尔曼滤波全套算法。具体可分为 5 个基本公式，如下所示。

（1）状态一步预测。

$$\hat{\boldsymbol{X}}_{k|k-1}=\boldsymbol{\Phi}_{k|k-1}\hat{\boldsymbol{X}}_{k-1} \tag{1-46}$$

（2）状态一步预测均方误差矩阵。

$$\boldsymbol{P}_{k|k-1}=\boldsymbol{\Phi}_{k|k-1}\boldsymbol{P}_{k-1}\boldsymbol{\Phi}_{k|k-1}^{\mathrm{T}}+\boldsymbol{\Gamma}_{k-1}\boldsymbol{Q}_{k-1}\boldsymbol{\Gamma}_{k-1}^{\mathrm{T}} \tag{1-47}$$

（3）滤波增益矩阵。

$$\boldsymbol{K}_k=\boldsymbol{P}_{k|k-1}\boldsymbol{H}_k^{\mathrm{T}}(\boldsymbol{H}_k\boldsymbol{P}_{k|k-1}\boldsymbol{H}_k^{\mathrm{T}}+\boldsymbol{R}_k)^{-1} \tag{1-48}$$

（4）状态估计矩阵。

$$\hat{\boldsymbol{X}}_k=\hat{\boldsymbol{X}}_{k|k-1}+\boldsymbol{K}_k(\boldsymbol{Z}_k-\boldsymbol{H}_k\hat{\boldsymbol{X}}_{k|k-1}) \tag{1-49}$$

（5）状态估计均方误差矩阵。

$$\boldsymbol{P}_k=(\boldsymbol{I}-\boldsymbol{K}_k\boldsymbol{H}_k)\boldsymbol{P}_{k|k-1} \tag{1-50}$$

1.3.4 非线性卡尔曼滤波

1.3.3 节详细推导了线性系统状态估计方法——线性卡尔曼滤波。在包括导航在内的多种实际应用中，虽然假设系统状态服从高斯分布，但大多数系统均存在非线性特性。在非线性高斯系统中，由于状态方程与量测方程的非线性，高斯滤波算法框架式（1-11）～式（1-14）中的状态预测与量测预测矩匹配积分无法解析计算。因此，在非线性系统中，高斯滤波面临的关键问题是如何解决复杂的非线性积分运算问题。

总结高斯滤波算法框架式（1-11）～式（1-14）中状态预测与量测预测矩匹配积分的形式，不难发现，不同的非线性矩匹配积分都有固定的形式，即

$$I[g]=\int g(\boldsymbol{x})\mathcal{N}(\boldsymbol{x};\hat{\boldsymbol{x}},\boldsymbol{P})\mathrm{d}\boldsymbol{x} \tag{1-51}$$

式中，$I[g]$ 表示积分运算；$\boldsymbol{x}$ 表示多维随机变量，$g(\boldsymbol{x})$ 表示非线性函数；$\hat{\boldsymbol{x}}$ 表示 $\boldsymbol{x}$ 的均值；$\boldsymbol{P}$ 表示协方差。

为了解决式（1-51）中的非线性积分问题，不可避免地会用到数值或线性化等近似方法。因此，基于高斯滤波算法框架，引入不同的近似计算矩匹配积分方法，从而发展出多种非线性卡尔曼滤波算法，如扩展卡尔曼滤波（Extended Kalman Filter，EKF）、无迹卡尔曼滤波（Unscented Kalman Filter，UKF）、容积卡尔曼滤波（Cubature Kalman Filter，CKF）等。基于高斯滤波算法框架发展出来的非线性卡尔曼滤波算法的框架与前者完全一致，唯一的区别在于两者近似计算非线性积分的方式不同。

在具体介绍各种非线性卡尔曼滤波算法前，首先考虑非线性动态系统，具体表达式为

$$\begin{cases}\boldsymbol{X}_k=f_{k-1}(\boldsymbol{X}_{k-1})+\boldsymbol{W}_k\\ \boldsymbol{Z}_k=h_k(\boldsymbol{X}_k)+\boldsymbol{V}_k\end{cases} \tag{1-52}$$

式中，$k\in\mathbf{N}$ 是时间指标；$f(\cdot)$ 和 $h(\cdot)$ 分别是系统状态方程与系统量测方程；$\boldsymbol{X}_k\in\mathbf{R}^n$ 和 $\boldsymbol{Z}_k\in\mathbf{R}^m$ 分别是系统状态向量与系统量测向量；$\boldsymbol{W}_k\in\mathbf{R}^n$ 和 $\boldsymbol{V}_k\in\mathbf{R}^m$ 分别是系统过程噪声与 m 维量测噪声。显然，该非线性系统可以看作式（1-3）所示模型的一个特例。对该非线性动态系统做如下两个假设。

假设 1：$\boldsymbol{W}_k$ 和 $\boldsymbol{V}_k$ 是互不相关或相关的零均值高斯白噪声序列，且 $\boldsymbol{W}_k\sim\mathcal{N}(\boldsymbol{W}_k;\boldsymbol{0},\boldsymbol{Q}_k)$，$\boldsymbol{V}_k\sim\mathcal{N}(\boldsymbol{V}_k;\boldsymbol{0},\boldsymbol{R}_k)$，$E(\boldsymbol{W}_k\boldsymbol{V}_j^{\mathrm{T}})=\boldsymbol{0}(k\neq j)$。

假设 2：系统初始状态 $\boldsymbol{X}_0$ 是正态分布的随机向量，即 $\boldsymbol{X}_0\sim\mathcal{N}(\boldsymbol{X}_0;\hat{\boldsymbol{X}}_0,\boldsymbol{P}_0)$，而且初始状态 $\boldsymbol{X}_0$ 与过程噪声 $\boldsymbol{W}_k$ 和量测噪声 $\boldsymbol{V}_k$ 互不相关。

1.3.4.1 扩展卡尔曼滤波

扩展卡尔曼滤波（EKF）[46]是利用线性化方法求解递归非线性估计问题最常用的高斯方法，即用一阶泰勒展开近似非线性函数进而求解非线性积分。但一阶线性化在近似非线性函数时误差较大，并且对初始值较为敏感。

首先对状态函数和量测函数进行一阶线性化，即将非线性状态函数 $f_{k-1}(\cdot)$ 围绕上一时刻的后验估计结果 $\hat{\boldsymbol{X}}_{k-1}$ 展开成泰勒级数，并略去二阶以上项，得到

$$\boldsymbol{X}_k \approx f_{k-1}(\hat{\boldsymbol{X}}_{k-1}) + \frac{\partial f}{\partial \hat{\boldsymbol{X}}_{k-1}}(\boldsymbol{X}_{k-1} - \hat{\boldsymbol{X}}_{k-1}) + \boldsymbol{W}_{k-1} \tag{1-53}$$

式中，$\frac{\partial f}{\partial \hat{\boldsymbol{X}}_{k-1}} = \left.\frac{\partial f_{k-1}(\boldsymbol{X}_{k-1})}{\partial \boldsymbol{X}_{k-1}}\right|_{\boldsymbol{X}_{k-1}=\hat{\boldsymbol{X}}_{k-1}}$ 表示状态函数的雅可比矩阵。令

$$\begin{cases} \frac{\partial f}{\partial \hat{\boldsymbol{X}}_{k-1}} = \bar{\boldsymbol{\Phi}}_{k|k-1} \\ f_{k-1}(\hat{\boldsymbol{X}}_{k-1}) - \frac{\partial f}{\partial \hat{\boldsymbol{X}}_{k-1}}\hat{\boldsymbol{X}}_{k-1} = \boldsymbol{U}_{k-1} \end{cases} \tag{1-54}$$

则非线性状态函数一阶线性化后状态方程为

$$\boldsymbol{X}_k \approx \bar{\boldsymbol{\Phi}}_{k|k-1}\boldsymbol{X}_{k-1} + \boldsymbol{U}_{k-1} + \boldsymbol{W}_{k-1} \tag{1-55}$$

同理，将非线性量测函数 $h_k(\cdot)$ 围绕滤波值 $\hat{\boldsymbol{X}}_{k|k-1}$ 展开成泰勒级数，并略去二阶以上项，得到

$$\boldsymbol{Z}_k \approx h_k(\hat{\boldsymbol{X}}_{k|k-1}) + \frac{\partial h}{\partial \hat{\boldsymbol{X}}_{k|k-1}}(\boldsymbol{X}_k - \hat{\boldsymbol{X}}_{k|k-1}) + \boldsymbol{V}_k \tag{1-56}$$

式中，$\frac{\partial h}{\partial \hat{\boldsymbol{X}}_{k|k-1}} = \left.\frac{\partial h_k(\boldsymbol{X}_k)}{\partial \boldsymbol{X}_k}\right|_{\boldsymbol{X}_k=\hat{\boldsymbol{X}}_{k|k-1}}$ 表示量测函数的雅可比矩阵。令

$$\begin{cases} \frac{\partial h}{\partial \hat{\boldsymbol{X}}_{k|k-1}} = \bar{\boldsymbol{H}}_k \\ h_k(\hat{\boldsymbol{X}}_{k|k-1}) - \frac{\partial h}{\partial \hat{\boldsymbol{X}}_{k|k-1}}\hat{\boldsymbol{X}}_{k|k-1} = \boldsymbol{Y}_k \end{cases} \tag{1-57}$$

则非线性量测函数一阶线性化后量测方程为

$$\boldsymbol{Z}_k \approx \bar{\boldsymbol{H}}_k\boldsymbol{X}_k + \boldsymbol{Y}_k + \boldsymbol{V}_k \tag{1-58}$$

将上述状态方程和量测方程的线性化结果代入 1.3.2 节所述高斯滤波算法框架的非线性积分中，得到 EKF 的递推公式如下。

（1）非线性积分部分的一阶近似。

$$\begin{cases} \hat{\boldsymbol{X}}_{k|k-1} \approx \bar{\boldsymbol{\Phi}}_{k|k-1}\hat{\boldsymbol{X}}_{k-1} + \boldsymbol{U}_{k-1} = f_{k-1}(\hat{\boldsymbol{X}}_{k-1}) \\ \boldsymbol{P}_{k|k-1} \approx \bar{\boldsymbol{\Phi}}_{k|k-1}\boldsymbol{P}_{k-1}\bar{\boldsymbol{\Phi}}_{k|k-1}^{\mathrm{T}} + \boldsymbol{Q}_{k-1} \end{cases} \tag{1-59}$$

$$\begin{cases}\hat{\boldsymbol{Z}}_{k|k-1} \approx \bar{\boldsymbol{H}}_k \hat{\boldsymbol{X}}_{k|k-1} + \boldsymbol{Y}_k = h_k(\hat{\boldsymbol{X}}_{k|k-1}) \\ \boldsymbol{P}_{k|k-1}^{zz} \approx \bar{\boldsymbol{H}}_k \boldsymbol{P}_{k|k-1} \bar{\boldsymbol{H}}_k^{\mathrm{T}} + \boldsymbol{R}_k \end{cases} \tag{1-60}$$

$$\boldsymbol{P}_{k|k-1}^{xz} \approx \boldsymbol{P}_{k|k-1} \bar{\boldsymbol{H}}_k^{\mathrm{T}} \tag{1-61}$$

（2）解析部分。

$$\hat{\boldsymbol{X}}_k = \hat{\boldsymbol{X}}_{k|k-1} + \boldsymbol{K}_k(\boldsymbol{Z}_k - \hat{\boldsymbol{Z}}_{k|k-1}) \tag{1-62}$$

$$\boldsymbol{K}_k = \boldsymbol{P}_{k|k-1} \bar{\boldsymbol{H}}_k^{\mathrm{T}} (\bar{\boldsymbol{H}}_k \boldsymbol{P}_{k|k-1} \bar{\boldsymbol{H}}_k^{\mathrm{T}} + \boldsymbol{R}_k)^{-1} \tag{1-63}$$

$$\boldsymbol{P}_k = (\boldsymbol{I} - \boldsymbol{K}_k \bar{\boldsymbol{H}}_k) \boldsymbol{P}_{k|k-1} \tag{1-64}$$

显然，EKF 仅能达到一阶近似精度，且需要计算函数的雅可比矩阵。为了更精确地逼近非线性积分并避免计算雅可比矩阵，人们提出了无迹卡尔曼滤波（UKF）。其核心思想是基于一组在个数、空间位置分布方式及权值方面确定的加权采样点来逼近非线性高斯加权积分，利用这些采样点直接通过非线性函数的传播结果来逼近非线性函数积分，这些采样点被称为 Sigma 点。下面将详细介绍 UKF。

1.3.4.2　无迹卡尔曼滤波

利用确定性采样方法近似实现高斯滤波算法框架，其核心在于近似式（1-51）的非线性积分，主要利用的数值近似公式为

$$\begin{aligned} I[g] &= \int g(\boldsymbol{x}) \mathcal{N}(\boldsymbol{x}; \hat{\boldsymbol{x}}, \boldsymbol{P}) \mathrm{d}\boldsymbol{x} \\ &\approx \sum_{i=1}^{L} \omega_i g(\boldsymbol{\xi}_i) \end{aligned} \tag{1-65}$$

式中，$\boldsymbol{x}$ 是多维随机变量；$g(\boldsymbol{x})$ 是非线性函数；$\boldsymbol{\xi}_i$ 是选择的 Sigma 点；ω_i 是 Sigma 点对应的权重。可以看出，基于式（1-65）的非线性积分近似方法，可以发展出多种不同的非线性卡尔曼滤波，其区别仅在于 Sigma 点及其对应权重的选择方式不同。

UKF[48]算法使用无迹变换策略来生成 Sigma 点和权重，计算随机变量经非线性函数传播后的统计特性。首先通过一个 Sigma 点集对概率分布的均值和协方差进行参数化，其次经非线性函数传播所有 Sigma 点，最后通过变换后的 Sigma 点计算出递推后的均值和协方差信息。下面介绍选择 Sigma 点及其对应权重的方法。

无迹变换是基于加权统计线性回归计算随机变量后验分布的。首先根据随机变量先验统计 $\mathcal{N}(\boldsymbol{x}; \bar{\boldsymbol{x}}, \boldsymbol{P}_x)$，基于采样策略设计一系列 Sigma 点 $\boldsymbol{\xi}_i (i = 0, 1, \cdots, L)$。然后对设定的 Sigma 点计算其经过 $g(\cdot)$ 传播所得的结果 $\boldsymbol{\gamma}_i (i = 0, 1, \cdots, L)$。最后基于 $\boldsymbol{\gamma}_i$ 计算随机变量的后验统计。无迹变换实现过程描述如下。

对称采样取 $L=2n$，n 表示系统状态维数，故 Sigma 点的数量为 $2n+1$ 个，则对称采样 Sigma 点及其权重可以表示为

$$\begin{cases}\boldsymbol{\xi}_0=\bar{\boldsymbol{x}} \\ \boldsymbol{\xi}_i=\bar{\boldsymbol{x}}+(\sqrt{(n+\varpi)\boldsymbol{P}_x})_i & ,i=1,2,\cdots,n \\ \boldsymbol{\xi}_{i+n}=\bar{\boldsymbol{x}}-(\sqrt{(n+\varpi)\boldsymbol{P}_x})_i\end{cases} \tag{1-66}$$

式中，$(\sqrt{(n+\varpi)\boldsymbol{P}_x})_i$ 为 $(n+\varpi)\boldsymbol{P}_x$ 的平方根矩阵的第 i 行或列。对应于 $\boldsymbol{\xi}_i(i=0,1,\cdots,2n)$ 的权重为

$$\omega_i^{\mathrm{m}}=\omega_i^{\mathrm{c}}=\begin{cases}\varpi/(n+\varpi), & i=0 \\ 1/[2(n+\varpi)], & i\neq 0\end{cases} \tag{1-67}$$

式中，ω_i^{m} 为均值预测权重；ω_i^{c} 为协方差预测权重；$\boldsymbol{\varpi}$ 为比例系数，可用于调节 Sigma 点和 $\bar{\boldsymbol{x}}$ 之间的距离，仅影响二阶之后的高阶矩带来的偏差。

采用无迹变换计算非线性最优高斯滤波中的非线性积分部分，即可得 UKF，具体实现步骤如下。

（1）状态预测。根据上一时刻状态后验分布计算 Sigma 点 $\boldsymbol{\xi}_{i,k-1}(i=0,1,\cdots,L)$，通过非线性状态函数 $f_{k-1}(\cdot)$ 传播为 $\boldsymbol{\gamma}_{i,k|k-1}$，由 $\boldsymbol{\gamma}_{i,k|k-1}$ 可得一步状态预测概率的均值 $\boldsymbol{\mu}_x$ 及误差协方差矩阵 $\boldsymbol{\Sigma}_{xx}$，即

$$\boldsymbol{\gamma}_{i,k|k-1}=f_{k-1}(\boldsymbol{\xi}_{i,k-1}) \tag{1-68}$$

$$\boldsymbol{\mu}_x=\sum_{i=0}^{L}\omega_i^{\mathrm{m}}\boldsymbol{\gamma}_{i,k|k-1}=\sum_{i=0}^{L}\omega_i^{\mathrm{m}}f_{k-1}(\boldsymbol{\xi}_{i,k-1}) \tag{1-69}$$

$$\boldsymbol{\Sigma}_{xx}=\sum_{i=0}^{L}\omega_i^{\mathrm{c}}(\boldsymbol{\gamma}_{i,k|k-1}-\boldsymbol{\mu}_x)(\boldsymbol{\gamma}_{i,k|k-1}-\boldsymbol{\mu}_x)^{\mathrm{T}}+\boldsymbol{Q}_{k-1} \tag{1-70}$$

（2）量测更新。同理，基于状态一步预测和误差协方差矩阵计算量测预测 Sigma 点 $\boldsymbol{\xi}_{i,k|k-1}(i=0,1,\cdots,L)$，通过非线性量测函数 $h_k(\cdot)$ 传播为 $\boldsymbol{\chi}_{i,k|k-1}$，由 $\boldsymbol{\chi}_{i,k|k-1}$ 可得量测预测概率的均值 $\boldsymbol{\mu}_z$、协方差矩阵 $\boldsymbol{\Sigma}_{zz}$ 和互协方差矩阵 $\boldsymbol{\Sigma}_{xz}$，即

$$\boldsymbol{\chi}_{i,k|k-1}=h_k(\boldsymbol{\xi}_{i,k|k-1}) \tag{1-71}$$

$$\boldsymbol{\mu}_z=\sum_{i=0}^{L}\omega_i^{\mathrm{m}}\boldsymbol{\chi}_{i,k|k-1}=\sum_{i=0}^{L}\omega_i^{\mathrm{m}}h_k(\boldsymbol{\xi}_{i,k|k-1}) \tag{1-72}$$

$$\boldsymbol{\Sigma}_{zz}=\sum_{i=0}^{L}\omega_i^{\mathrm{c}}(\boldsymbol{\chi}_{i,k|k-1}-\boldsymbol{\mu}_z)(\boldsymbol{\chi}_{i,k|k-1}-\boldsymbol{\mu}_z)^{\mathrm{T}}+\boldsymbol{R}_k \tag{1-73}$$

$$\boldsymbol{\Sigma}_{xz}=\sum_{i=0}^{L}\omega_i^{\mathrm{c}}(\boldsymbol{\xi}_{i,k|k-1}-\boldsymbol{\mu}_x)(\boldsymbol{\chi}_{i,k|k-1}-\boldsymbol{\mu}_z)^{\mathrm{T}} \tag{1-74}$$

获得新的量测后，进行滤波量测更新，可得

$$p(\boldsymbol{X}_k\mid\boldsymbol{Z}_1^k)\sim\mathcal{N}(\boldsymbol{X}_k\big|\boldsymbol{\mu}_{x|z},\boldsymbol{\Sigma}_{x|z}) \tag{1-75}$$

$$\boldsymbol{\mu}_{x|z}=\boldsymbol{\mu}_x+\boldsymbol{\Sigma}_{xz}\boldsymbol{\Sigma}_{zz}^{-1}(\boldsymbol{Z}_k-\boldsymbol{\mu}_z) \tag{1-76}$$

$$\boldsymbol{\Sigma}_{x|z}=\boldsymbol{\Sigma}_{xx}-\boldsymbol{\Sigma}_{xz}\boldsymbol{\Sigma}_{zz}^{-1}\boldsymbol{\Sigma}_{zx} \tag{1-77}$$

无迹变换生成的 Sigma 点经非线性函数传播后捕获的预测和协方差能够达到非线性函数真实值的三阶精度。容积卡尔曼滤波（CKF）[49]算法与 UKF 算法的更新过程类似，采用容积准则通过 $2n$ 个相同权重的求积点经非线性函数传播。

实际上，CKF 可以看成当比例系数 $\varpi=0$ 时 UKF 的一个特例，即 CKF 可以看成舍去了中心采样点的 UKF，并且 CKF 对后验分布的近似精度至少可以达到 UKF 的二阶。更重要的是，由于 CKF 直接舍去了 UKF 的中心采样点，因此避免了 UKF 在面向高维非线性动态系统时因参数取负值而引起协方差不正定的固有缺点。故 CKF 适用于解决从低维到高维的非线性状态估计问题，具有应用范围广的优点。

1.3.5　非线性滤波的发展

可以看出，UCK 与 CKF 都存在 Sigma 点的数量与系统维数相关的问题，若系统维数过多，会带来维数灾难问题。为了进一步提高精度，避免维数灾难，学者们基于稀疏网格容积准则提出了稀疏网格滤波[50]，并已经从理论上证明稀疏网格滤波可以达到三阶近似精度，而且二阶近似精度的稀疏网格滤波与 UKF 完全等价，同时采样点的数量不会随着维数的增加而呈指数级增加。

以上非线性滤波算法都可以归纳为基于确定性 Sigma 点的滤波算法，与 EKF 相比都是免微分的滤波算法，并且对算法初值的鲁棒性更好。理论上可以证明，在任何应用背景和非线性系统下，基于确定性 Sigma 点的滤波算法至少可以达到二阶近似精度，均高于 EKF 的一阶近似精度。

以上非线性滤波算方法除了针对非线性函数的近似，对分布的近似均基于确定性 Sigma 点，且均在高斯滤波算法框架下执行，状态一步预测与量测更新结构均相同。唯一的不同点在于近似更新框架的非线性积分时，Sigma 点的选取方式不同。它们都属于非迭代滤波算法。

为了进一步提高高斯滤波器的状态估计精度，学者们相继提出了许多迭代滤波算法，其中应用最广泛的是迭代扩展卡尔曼滤波（Iterative Extended Kalman Filter，IEKF）算法[51]。其主要思想是基于高斯滤波算法框架中状态一步预测的结果，迭代运行量测更新步骤，等价于每次迭代都在更准确地进行线性化，试图通过迭代的思想找回 EKF 一阶泰勒展开带来的近似误差。相比之下，其精度高于 EKF。然而，IEKF 本质上依赖先验状态信息（一步预测）进行线性化近似，即在计算雅可比矩阵时，使用一步预测结果。当先验信息距离真实状态较远时，近似误差难免增大，迭代难以找回。为此，学者们提出了迭代后验线性化滤波（Iterative Posterior Linearization Filter，IPLF）算法[52]，其优势在于使用后验状态信息构建参数化统计线性回归模型，基于更准确的后验状态信息近似非线性函数，通过迭代更新后验状态信息进一步得到更准确的近似结果与状态估计结果。但在最小化相对熵过程中包含的非线性积分依旧需要使用上述基于确定性 Sigma 点的滤波算法进行近似计算。此外，许多基于梯度的迭代滤波算法也相继被提出[53-56]。

在迭代滤波算法中，除了传统高斯滤波算法框架迭代与梯度迭代，变分贝叶斯（Variational Bayes，VB）作为一种变量后验概率迭代推断框架，也逐渐用于非线性高斯系统状态估计[57]。非线性高斯系统状态估计优化的实质是多维后验概率分布的不断近似，并且其近似程度不能简单地采用欧氏距离进行度量。因此，选取合理的度量准则将有利于提高后验概率分布的近似程度，而 VB 选择相对熵作为对分布之间距离的度量，在后验概率分布近似性衡量中具有天然优势[58]。但由于相对熵的不对称性质，文献[59]基于 VB 框架提出了将正向、反向两种散度作为状态估计的度量目标函数，以优化散度对应的下界，从而近似真实的状态后验概率密度。但是，计算散度对应下界的微分时，令其一阶导数为 0 无法获得解析解，必须使用蒙特卡罗方法的重要性采样逼近计算下界中的复杂期望。由于估计精度与采样点个数密切相关，因此在实际应用中，该方法难以在精度与实时性上做出期望的平衡，有待进一步的发展与应用。

参考文献

[1] 闫肃，张国维，朱国庆，等. 基于无人机的三维消防辅助救援系统构建[J]. 消防科学与技术，2020，39（5）：659-662.

[2] 王飞，杨清平. 面向多无人机物流配送的双层任务规划方法[J]. 北京航空航天大学学报，2023：1-14.

[3] 李江涛，李国亮，杨晓炼，等. 无人机播种的研究现状与发展趋势[J]. 现代农机，2023（6）：3-5.

[4] 樊日红. 无人机在建筑工程质量检测中的应用与发展[J]. 山西建筑，2023，49（22）：185-188.

[5] 傅晓峰. 无人机系统在森林防火方面的应用及发展[J]. 新农业，2023（20）：30-31.

[6] 林丽梅，苏忠斌. 基于无人机技术的消防可视化应急通信指挥体系构建[J]. 中国新通信，2020，22（21）：40-41.

[7] 薛奇，曹凤红. 警用无人机在安检排爆工作中的应用现状及发展趋势[J]. 中国设备工程，2023（15）：33-35.

[8] 刘子昂. 小型无人机在海上搜救活动中的应用研究[J]. 水上安全，2024（3）：13-15.

[9] 杨元喜. 导航与定位若干注记[J]. 导航定位学报，2015，3（3）：1-4.

[10] 蒋晨. GNSS/INS 组合导航滤波算法及可靠性分析[D]. 徐州：中国矿业大学，2018.
[11] 余航. 超宽带/GNSS/SINS 融合定位模型与方法研究[D]. 徐州：中国矿业大学，2020.
[12] 袁信，郑锷. 捷联式惯性导航原理[M]. 南京：南京航空学院出版社，1985.
[13] 严恭敏，翁浚. 捷联惯导算法与组合导航原理（第 2 版）[M]. 西安：西北工业大学出版社，2023.
[14] 赵万龙，孟维晓，韩帅. 多源融合导航技术综述[J]. 遥测遥控，2016，37（6）：54-60.
[15] 鹿瑶，张佳琦，赵旺. 一种新的混合式数据融合方法及其在雷达组网中的应用[J]. 现代导航，2020，11（4）：277-282.
[16] SUN S L. Distributed optimal linear fusion estimators[J]. Information Fusion, 2020 (63):56-73.
[17] GUIMARAES D A. Pietra-ricci index detector for centralized data fusion cooperative spectrum sensing[J]. IEEE Transactions on Vehicular Technology, 2020, 69(10): 12354-12358.
[18] CHAWLA A, KUMAR P S, SRIVASTAVA S, et al. Centralized and distributed millimeter wave massive MIMO-based data fusion with perfect and bayesian learning (BL)-based imperfect CSI[J]. IEEE Transactions on Communications, 2022, 70(3): 1777-1791.
[19] 陶贵丽，李爽，刘文强. 网络化不确定系统集中式融合鲁棒稳态估值器[J]. 控制理论与应用，2023，40（8）：1466-1478.
[20] GOSTAR A K, RATHNAYAKE T, TENNAKOON R B, et al. Centralized cooperative sensor fusion for dynamic sensor network with limited field-of-view via labeled multi-bernoulli filter[J]. IEEE Transactions on Signal Processing, 2021, 69:878-891.
[21] NASSO I, SANTI F. A centralized ship localization strategy for passive multistatic radar based on navigation satellites[J]. IEEE Geoscience and Remote Sensing Letters, 2022(19): 1-5.
[22] LIN H, SUN S. Optimal sequential estimation for asynchronous sampling discrete time systems[J]. IEEE Transactions on Signal Processing, 2020, 68:6117-6127.
[23] GAO X B, CHEN J G, TAO D C, et al. Multi-sensor centralized fusion without measurementnoise covariance by variational Bayesian approximation[J]. IEEE Transactions on Aerospace and Electronic Systems, 2011, 47(1): 718-727.
[24] MA J, SUN S L. Centralized fusion estimators formulti-sensor systems with random sensor delays, multiple packet dropouts and uncertain observations[J]. IEEE Sensors Journal, 2013, 13(4): 1228-1235.
[25] 曾雅俊，王俊，魏少明，等. 分布式多传感器多目标跟踪方法综述[J]. 雷达学报，2023，12（1）：197-213.
[26] WANG S M, GUAY M. Distributed state estimation for jointly observable linear systems

over time-varying networks[J]. Automatica, 2024, 163:111564.

[27] CHEN W, WANG Z D, ZOU L. A regularized least-squares approach to event-based distributed robust filtering over sensor networks[J]. Automatica, 2024, 163:111604.

[28] SUN S L. Distributed optimal linear fusion predictors and filters for systems with random parameter matrices and correlated noises[J]. IEEE Transactions on Signal Processing, 2020(68):1064-1074.

[29] MOHAMMADI A, ASIF A. Distributed particle filter implementation with intermittent/irregular consensus convergence[J]. IEEE Transactions on Signal Processing, 2013, 61(10): 2572-2587.

[30] ÜNEY M, CLARK D E, JULIER S J. Distributed fusion of PHD filters via exponential mixture densities [J]. IEEE Journal of Selected Topics in Signal Processing, 2013, 7(3): 521-531.

[31] 刘金钢，郝钢. 快速对角阵权系数协方差交叉融合容积卡尔曼滤波器[J]. 控制理论与应用，2023，40（2）：313-321.

[32] AJGL J, STRAKA O. Covariance intersection fusion with element-wise partial knowledge of correlation[J]. Automatica, 2022, 139: 110168.

[33] LI T, SONG Y, SONG E, et al. Arithmetic average density fusion-part I: some statistic and information-theoretic results[J]. Information Fusion, 2024, 104:102199.

[34] LI T. Arithmetic average density fusion-part II: unified derivation for unlabeled and labeled RFS fusion[J]. IEEE Transactions on Aerospace and Electronic Systems, 2024, early access.

[35] LI T, YAN R, DA K, et al. Arithmetic average density fusion-part Ⅲ: heterogeneous unlabeled and labeled RFS filter fusion[J] IEEE Transactions on Aerospace and Electronic Systems, 2024, 60(1): 1023-1034.

[36] HE S, SHIN H S, XU S, et al. Distributed estimation over a low-cost sensor network: a review of state-of-the-art[J]. Information Fusion, 2020, 54: 21-43.

[37] BAILEY T, JULIER S, AGAMENNONI G. On conservative fusion of information with unknown non-Gaussian dependence[C]//The 15th International Conference on Information Fusion. NewYork: IEEE, 2012: 1876-1883.

[38] JULIER S, UHLMANN J K. A non-divergent estimation algorithm in the presence of unknown correlations[C]//Proceeding of the 1997 IEEE American Control Conference. Albuquerque: IEEE 1997: 2369-2373.

[39] HU Z, CHEN B, ZHANG W, et al. Enhanced hierarchical and sequential covariance intersection fusion[J]. IEEE Transactions on Systems, Man, and Cybernetics: Systems, 2023, 53(12): 7888-7893.

[40] NOACK B, SIJS J, REINHARDT M, et al. Decentralized data fusion with inverse covariance intersection[J]. Automatica, 2017, 79: 35-41.

[41] YAN Z, YEARY M B, HAVLICEK P J, et al. A new centralized sensor fusion tracking methodology based on particle filtering for power aware systems [J]. IEEE Transactions on Instrumentation and Measurement, 2008, 57(10): 2377-2387.

[42] 余建军，刘维国，李博. 多传感器混合式融合结构设计及算法研究[J]. 舰船电子对抗，2011，34（3）：58-62.

[43] JAZWINSKI A H. Stochastic processing and filtering Theory[M]. New York: Academic Press, 1970.

[44] 崔皓然. 基于变分学习的非线性滤波算法研究[D]. 西安：西北工业大学，2019.

[45] BUDHIRAJA A, CHEN L, LEE C. A survey of numerical methods for nonlinear filtering problems[J]. Physica D: Nonlinear Phenomena, 2007, 230(1-2):27-36.

[46] ARTHUR G. Applied optimal estimation[M]. Cambridge: MIT Press, 1974.

[47] KALMAN R E. A new approach to linear filtering and prediction problems[J]. Journal of Basic Engineering Transactions, 1960, 82(1): 35-45.

[48] JULIER S, UHLMANN J, DURRANT-WHYTE H F. A new method for the nonlinear transformation of means and covariances in filters and estimators[J]. IEEE Transactions on Automatic Control, 2000, 45(3): 477-482.

[49] ARASARATNAM I, HAYKIN S. Cubature Kalman filters[J]. IEEE Transactions on Automatic Control, 2009, 54(6): 1254-1269.

[50] JIA B, XIN M, CHENG Y. Sparse-grid quadrature nonlinear filtering[J]. Automatica, 2012, 48(2):327-341.

[51] 曲志昱，王超然，孙萌. 基于改进迭代扩展卡尔曼滤波的 3 星时频差测向融合动目标跟踪方法[J]. 电子与信息学报，2021，43（10）：2871-2877.

[52] GARCÍA-FERNÁNDEZ Á F, SVENSSON L, MORELANDE M R, et al. Posterior linearization filter: principles and implementation using sigma points[J]. IEEE Transactions on Signal Processing, 2015, 63(20): 5561-5573.

[53] TRONARP F, GARCIA-FERNANDEZ A F, SÄRKKÄ S. Iterative filtering and smoothing in nonlinear and non-Gaussian systems using conditional moments[J]. IEEE Signal Processing Letters, 2018, 25(3): 408-412.

[54] HUMPHERYS J, WEST J. Kalman filtering with Newton's method [lecture notes][J]. IEEE Control Systems Magazine, 2010, 30(6): 101-106.

[55] ALESSANDRI A, GAGGERO M. Moving-horizon estimation for discrete-time linear and nonlinear systems using the gradient and Newton methods[C]//2016 IEEE 55th Conference on Decision and Control (CDC). Las Vegas: IEEE, 2016: 2906-2911.

[56] AKYILDIZ Ö D, CHOUZENOUX E, ELVIRA V, et al. A probabilistic incremental proximal gradient method[J]. IEEE Signal Processing Letters, 2019, 26(8): 1257-1261.

[57] SMIDL V, QUINN A. Variational Bayesian filtering[J]. IEEE Transactions on Signal Processing, 2008, 56(10): 5020-5030.

[58] HU Y, WANG X, HUA L, et al. An iterative nonlinear filter using variational Bayesian optimization[J]. Sensors, 2018, 18(12): 4222.

[59] GULTEKIN S, PAISLEY J. Nonlinear Kalman filtering with divergence minimization[J]. IEEE Transactions on Signal Processing, 2017, 65(23): 6319-6331.

第 2 章

导航信源

2.1 惯性导航系统

2.1.1 惯性导航技术的发展及现状

惯性导航（以下简称“惯导”）系统是 20 世纪初发展起来的导航定位系统。第二次世界大战末期德国著名火箭专家沃纳·冯·布劳恩（Wernher Von Braun）和他的团队研制的 V-2 火箭搭载了世界上第一套惯导系统。惯导系统是利用惯性测量单元提供的测量数据，根据本身机械编排计算并确定运载体位置的导航系统。惯性测量单元主要指陀螺仪和加速度计。陀螺仪是一种对角度敏感的传感器，按其敏感元件构成可分为转子陀螺仪（如滚珠轴承自由陀螺仪、液浮陀螺仪、静电陀螺仪）、挠性陀螺仪、光学陀螺仪（如光纤陀螺仪、激光陀螺仪）、微机械陀螺仪（Micro Electro Mechanical System，MEMS）、半球谐振陀螺仪、原子干涉自旋陀螺仪等。加速度计可分为振弦式加速度计、振梁式加速度计和摆式积分陀螺加速度计等。从惯性器件的发展状况来看，惯性测量单元正朝着更高精度、更小体积、更低造价的方向发展[1]。惯性测量单元等级与分类如表 2-1 所示。

根据惯性测量单元的安装方法，惯导系统可以分为平台式惯导系统和捷联式惯导系统。平台式惯导系统基于稳定平台技术，是惯导技术发展早期采用的系统。在这种系统中，惯性测量单元被安装在一个稳定的平台上，以与运载体隔离。平台式惯导系统目前被普遍使用，特别是在需要精确估算导航参数的应用中。1950 年，麻省理工学院实验室完成了关于平台式惯导系统的飞行测试和飞船的飞行测试。20 世纪 50 年代，单自由度液浮陀螺仪制造成功，为提高平台定位精度提供了新思路。为了减少陀螺仪与支架之间的摩擦和干扰，挠性、液浮、气浮、磁悬浮和静电悬浮等技术都被应用到平台中[2]。这种平台被广泛应用于军事领域，如核潜艇、战略导弹等领域。这种平台定位精度高，但是由于其制造工艺复杂、制造成本高等，在民用方面未能得到大量的普及。

表 2-1　惯性测量单元等级与分类

等　级	加速度计		陀螺仪	
	常值偏置/$\times10^{-6}g$	随机游走系数/($\times10^{-6}g/\sqrt{Hz}$)	常值漂移/(°/h)	随机游走系数/(°/$\sqrt{h}$)
导航级	5～10	5～10	0.002～0.01	0.002～0.005
中等精度	50～100	50	0.1～1	0.005～0.2
战术级	200～500	200～400	1～100	0.2～0.5

随着计算机科学技术的飞速发展，具有数字高速、测速范围大、过载能力强、可靠性高、启动速度快等特点的高精度光学陀螺仪（如激光陀螺仪、光纤陀螺仪）出现，并被应用在捷联式惯导系统、卫星、海洋运载器和其他民用产品及军事导弹武器上，逐渐取代了平台式惯导系统。自 20 世纪 80 年代开始，捷联式惯导系统得到了广泛的应用，其精度不断提高。20 世纪 90 年代，捷联式惯导系统的导航精度达到了很高的水平。相关信息显示，美国军用导航系统、战略导航系统和民用航空导航系统已经逐步被捷联式惯导系统取代[3]。进入 21 世纪，捷联式惯导技术被广泛应用于各个领域，如军事领域、民用领域、航空航天领域等，其导航精度和系统智能化水平不断提高。

现阶段，国内外对于惯导算法的研究主要集中在高精度捷联式惯导技术等领域。捷联式惯导算法利用陀螺仪和加速度计测量载体相对于惯性坐标系的角速度信息与比力信息，通过矢量积分算法计算载体的位置、速度和姿态，实现导航信息的获取。捷联式惯导解算过程中的矢量积分会使量测误差引起不可交换性误差及其累积误差，因此捷联式惯导算法的发展就是一个不断寻求高精度数值积分算法的过程[4]。捷联式惯导算法的步骤包括姿态更新、速度更新和位置更新。

国外研究者在姿态解算回路中常采用在计算效率和精度提升两方面均有优势的、采用两种计算频率的双速结构方案[5-6]，同时对圆锥误差的补偿进行了研究，如旋转矢量算法[7]、3 子样圆锥优化算法[8]，以及优化改进的增强 3 子样、4 子样和多子样圆锥算法[9-10]等。Savage 对各种旋转矢量算法和多子样圆锥算法进行了系统的分析对比[11]，并提出了普遍适用的陀螺仪动态特性的圆锥误差补偿方法[12-13]。关于速度解算和位置解算的研究虽然不多[14-15]，但仍有研究者不断完善捷联式惯导系统的速度/位置解算算法和误差分析方法[16]，特别是对偶四元数形式的应用在补偿圆锥误差的同时补偿了划桨误差，使捷联式惯导系统在复杂的高动态环境下更具性能优势[17]。

国内研究者在姿态解算中常用的编排方案有采用统一计算频率的单速结构方案和采用两种计算频率的双速结构方案[18]。自 21 世纪以来，北京航空航天大学等国内高校及相关科研院所相继开展了一系列关于姿态圆锥误差补偿算法的研究工作。例如，对圆锥/伪圆锥运动及其误差的产生机理进行了相关研究[19-20]；对基于频域展开和重构的旋转矢量圆锥算法进行了研究[21-22]；针对光纤陀螺仪，对角速率圆锥算法进行了深入研究[23-28]。同时，各高校和科研院所对速度／位置更新误差分析及四元数算法也开展了大量研究[29-32]。相关学者与科研人员的研究成果为我国惯导技术的发展奠定了坚实的基础。

2.1.2　惯性导航系统的基本原理

惯导系统的理论基础[33]是牛顿经典力学，其工作原理是利用惯性测量单元（如陀螺仪、加速度计）测量载体相对惯性空间的角运动参数和线运动参数，在给定运动初始条件下，经导航解算得到载体的速度、位置、姿态和航向，从而进行导航。无论是平台式惯导系统还是捷联式惯导系统，其基本原理都是相同的，只不过实现这一基本原理所采用的手段有所不同。接下来将分别介绍平台式惯导系统和捷联式惯导系统的基本原理。

2.1.2.1　平台式惯导系统基本原理

本节以应用于战略导弹的平台式惯导系统[34]为例介绍其组成与工作原理。

1. 平台式惯导系统的组成

应用于战略导弹的平台式惯导系统主要由以下几部分组成。

（1）由轴和轴承连接、可以相对旋转的 3 个框架，从外向内依次为外框架（外环）、内框架（内环）和平台台体。

（2）3 个力矩电机，用来提供输出力矩以平衡干扰力矩，保持平台台体相对惯性坐标系的稳定，或者使框架根据指令转动。

（3）3 个角度传感器，用来测量平台台体相对于内环、内环相对于外环、外环相对于基座的转角，进而解算出战略导弹的姿态角。

（4）3 个液浮陀螺仪，用来测量平台台体的角速度，经过积分可得到角度。

（5）3 个石英加速度计，用来测量平台台体的加速度。

（6）3 套平台伺服放大器。

（7）在框架轴上装有一个或多个坐标变换器。

应用于战略导弹的平台式惯导系统结构如图 2-1 所示。平台式惯导系统中的平台台体为核心部件，被稳定回路或修正回路稳定在惯性坐标系或所跟踪的坐标系内。在台体上装有 3 个单自由度液浮陀螺仪，它们分别测量平台台体绕 3 个轴的角速度。因此，这 3 个液浮陀螺仪的输入轴需要分别平行于平台的 3 个轴。图中 T_x 、T_y 、T_z 分别为外环轴、内环轴和台体轴的力矩电机，A_x 、A_y 、A_z 分别为对应轴的伺服放大器，S_x 、S_y 、S_z 分别为对应液浮陀螺仪上的角度传感器。

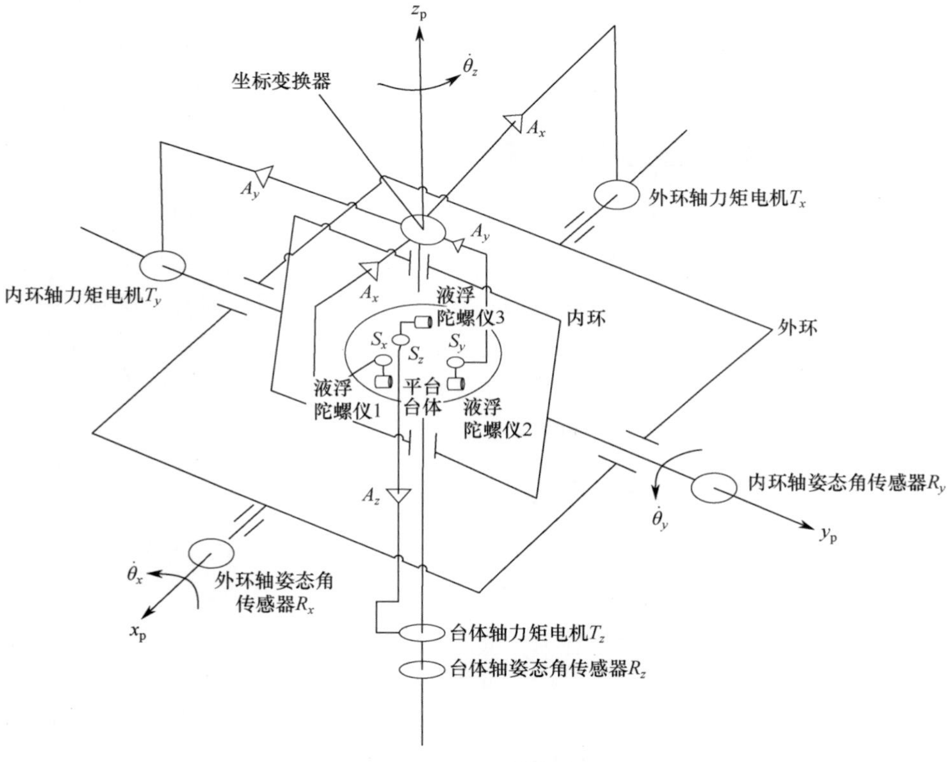

图 2-1　应用于战略导弹的平台式惯导系统结构[34]

三轴稳定平台有 3 条稳定回路，分别由液浮陀螺仪的角度传感器、伺服放大器和力矩电机组成。R_x 、R_y 、R_z 分别为外环轴、内环轴和台体轴的姿态角传感器，其作用是测量平台基座绕各框架轴旋转的角度信号。此外，当绕 z_p 轴旋转角度较大时，另两条稳定回路将产生交叉干扰，需要进行坐标变换，此时 z_p

轴上需要安装坐标变换器。

除了以上重要部件，平台式惯导系统中还装有保证惯性仪表和惯导平台正常使用的温度控制系统、安装在内框架上供测试使用的光学六面体、由两个相互垂直的电磁铁组成的锁紧装置及隔离平台与战略导弹震动的减震装置。

2. 平台式惯导系统的工作原理

平台式惯导系统主要有两种工作状态：相对惯性坐标系保持稳定的几何稳定状态和接收指令运行工作的指令跟踪状态。其工作原理分别如下。

1）几何稳定状态的工作原理

平台式惯导系统的伺服系统中每个稳定回路的工作过程基本相同。以 x 稳定回路为例，当有干扰力矩作用在 Ox_p 轴时，外环将带动内环和平台台体一起绕 Ox_p 轴转动，台体产生相对于惯性坐标系的角运动。此时，液浮陀螺仪 1 敏感地捕捉到这一角运动，其浮子将绕输出轴进动，产生进动角速度。这样，根据陀螺仪的进动原理，液浮陀螺仪 1 将产生的陀螺仪力矩作用在 Ox_p 轴上，方向与干扰力矩的方向相反，可以平衡一部分干扰力矩。与此同时，当液浮陀螺仪 1 绕输出轴进动时，陀螺仪的角度传感器将输出与转动角度成正比的电压信号，该信号经放大和变换施加到力矩电机 T_x 上，此时力矩电机产生反馈力矩，方向也与干扰力矩的方向相反，可以平衡一部分干扰力矩。以上两部分反馈力矩可以消除外部施加的干扰力矩对平台式惯导系统的影响。其他两条稳定回路的工作过程与此类似，都依靠陀螺仪进动产生的陀螺仪力矩和力矩电机产生的力矩来平衡干扰力矩。这样，在 3 条稳定回路的共同作用下，平台式惯导系统在惯性坐标系上的稳定性得到保证。

2）指令跟踪状态的工作原理

当平台式惯导系统按照工作指令跟踪某一参考坐标系时，需要对系统中的液浮陀螺仪施加控制力矩，改变液浮陀螺仪的动量矩方向。同时，液浮陀螺仪上的角度传感器输出的电信号经过伺服控制回路传送到相应的力矩电机，使平台台体跟踪液浮陀螺仪，做出相应的转动。这样，液浮陀螺仪连同平台式惯导系统一起按照工作指令进行跟踪运动。例如，要使平台式惯导系统始终跟踪东北天地理坐标系，可以利用平台台体上 x 轴和 y 轴的石英加速度计及液浮陀螺仪上的力矩器，并额外配置两个调平放大器 x 通道和 y 通道，组成调平系统，使其跟踪当地水平面运动。此外，利用陀螺罗经测量地球自转角速度，结合 x 轴的液浮陀螺仪的力矩器和一个方位对准放大器，可以构成方位对准系统。以上这两个系统可以实现平台式惯导系统相对于地理坐标系的对准。由于地球的自转和导弹相对于地球的运动，地理坐标系将以角速度分量 x 、y 和 z 在惯性坐标系中转动，导弹的地平面和方位也随之改变。要使平台式惯导系统始终跟踪东北天地理坐标系，液浮陀螺仪和平台台体需要以相同的角速度在惯性坐标系下转动。因此，需要对液浮陀螺仪施加控制力矩，使其按式（2-1）～式（2-3）所示的角速度进动，即

$$\omega_{\mathrm{E}} = \omega_x = -V_{\mathrm{N}} / R_{\mathrm{M}} \tag{2-1}$$

$$\omega_{\mathrm{N}} = \omega_y = \omega_{\mathrm{ie}} \cos\phi + V_{\mathrm{E}} / R_{\mathrm{N}} \tag{2-2}$$

$$\omega_{\mathrm{U}} = \omega_z = \omega_{\mathrm{ie}} \sin\phi + V_{\mathrm{E}} \tan\phi / R_{\mathrm{N}} \tag{2-3}$$

式中，ω_{E}、ω_{N}、ω_{U}分别表示东、北、天 3 个方向的角速度进动；ω_{ie}为地球自转角速度；ϕ为当地纬度；V_{E}和V_{N}分别为导弹东向与北向的飞行速度；R_{M}和R_{N}分别为子午圈与卯酉圈的曲率半径。

当液浮陀螺仪按照上述角速度进动时，通过修正回路使平台台体也以上述角速度在惯性坐标系下转动。这样，平台式惯导系统就会始终跟踪东北天地理坐标系。

2.1.2.2 捷联式惯导系统基本原理

1. 捷联式惯导系统的常用坐标系及坐标系之间的转换

1）地心惯性坐标系（i 系）

根据牛顿定律，地球在自转的同时绕着太阳公转，与此同时，太阳绕着银河系转动，而银河系也同样是运动着的。在近地惯性导航应用中，一般不考虑太阳系的转动影响，把太阳系当作惯性参考坐标系。惯性坐标系的原点 O 位于地球的中心，z_{i}轴指向地球极轴，x_{i}轴和y_{i}轴在地球赤道平面内，x_{i}轴指向春分点。由此构成的右手直角坐标系$Ox_{\mathrm{i}}y_{\mathrm{i}}z_{\mathrm{i}}$为地心惯性坐标系，简称 i 系。

2）地球坐标系（e 系）

地球坐标系的原点 O 位于地球中心，z_{e}轴指向地球极轴，x_{e}轴和y_{e}轴位于赤道平面，且x_{e}轴通过零子午线。由此构成的右手直角坐标系$Ox_{\mathrm{e}}y_{\mathrm{e}}z_{\mathrm{e}}$为地球坐标系，简称 e 系。

3）地理坐标系（g 系）

地理坐标系是在载体上用来表示载体所在位置的东向、北向和天向的坐标系。地理坐标系的原点 O 取在载体的重心，沿当地地理东向 E、北向 N 和天向 U 构成的右手直角坐标系 OENU 为东北天坐标系。

4）导航坐标系（n 系）

导航坐标系是导航系统根据导航的需要而选取的作为导航基准的坐标系，简称 n 系。对捷联式惯导系统来说，导航参数并不一定在载体坐标系内求解，可将加速度计的信号分解到某个求解导航参数较方便的坐标系内进行计算，则

该坐标系为导航坐标系。对于工作在非极区的捷联式惯导系统，为了简化计算，导航坐标系一般选取地理坐标系。

5）载体坐标系（b 系）

载体坐标系是固联在运载体上的坐标系，简称 b 系。它的原点 O 取在载体的重心，Ox_b 沿载体的横轴指向右，Oy_b 沿载体的纵轴指向前，Oz_b 与 Ox_bOy_b 形成右手直角坐标系指向天。

6）计算坐标系（c 系）

计算坐标系是为了便于研究惯导系统，人为引进的一种虚拟坐标系，是以计算所得的经纬度（ λ_c 、L_c ）为原点 O 建立的地理坐标系 $Ox_cy_cz_c$ ，简称 c 系，其与在载体实际位置 O 点建立的地理坐标系 $Ox_gy_gz_g$ 不一致。

7）载体坐标系与地理坐标系之间的转换

地理坐标系取东—北—天轴向，设 ψ 为载体的航向角（北偏东为正），θ 为俯仰角，γ 为滚转角。地理坐标系绕负 z_n 轴转动 ψ 角度，绕 x' 轴转动 θ 角度，再绕 y_b 轴转动 γ 角度，则得载体坐标系，如图 2-2 所示。它们之间的转换矩阵为

$$\boldsymbol{C}_g^b = \boldsymbol{C}_\gamma \boldsymbol{C}_\theta \boldsymbol{C}_\psi = \begin{bmatrix} \cos\gamma & 0 & -\sin\gamma \\ 0 & 1 & 0 \\ \sin\gamma & 0 & \cos\gamma \end{bmatrix} \begin{bmatrix} 1 & 0 & 0 \\ 0 & \cos\theta & \sin\theta \\ 0 & -\sin\theta & \cos\theta \end{bmatrix} \begin{bmatrix} \cos\psi & -\sin\psi & 0 \\ \sin\psi & \cos\psi & 0 \\ 0 & 0 & 1 \end{bmatrix}$$

$$= \begin{bmatrix} \cos\psi\cos\gamma + \sin\psi\sin\theta\sin\gamma & \sin\gamma\cos\theta & \cos\psi\sin\gamma - \sin\psi\sin\theta\cos\gamma \\ -\sin\psi\cos\gamma + \cos\psi\sin\theta\sin\gamma & \cos\psi\cos\theta & -\sin\psi\sin\gamma - \cos\psi\sin\theta\cos\gamma \\ -\sin\gamma\cos\theta & \sin\theta & \cos\theta\cos\gamma \end{bmatrix} \tag{2-4}$$

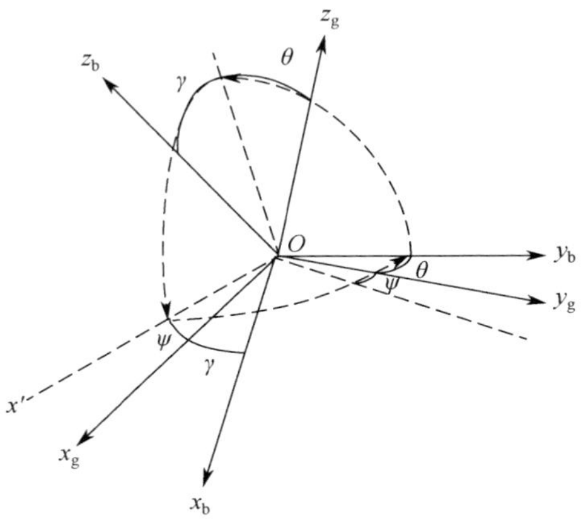

图 2-2　载体坐标系与地理坐标系之间的方位关系[35]

以地理坐标系作为导航坐标系，则有

$$
\boldsymbol{C}_{\mathrm{b}}^{\mathrm{n}}=\boldsymbol{C}_{\mathrm{g}}^{\mathrm{b}}=(\boldsymbol{C}_{\mathrm{b}}^{\mathrm{g}})^{\mathrm{T}}
=\begin{bmatrix}
\cos\psi\cos\gamma+\sin\psi\sin\theta\sin\gamma & \sin\gamma\cos\theta & \cos\psi\sin\gamma-\sin\psi\sin\theta\cos\gamma \\
-\sin\psi\cos\gamma+\cos\psi\sin\theta\sin\gamma & \cos\psi\cos\theta & -\sin\psi\sin\gamma-\cos\psi\sin\theta\cos\gamma \\
-\sin\gamma\cos\theta & \sin\theta & \cos\theta\cos\gamma
\end{bmatrix}
\tag{2-5}
$$

式中，$\boldsymbol{C}_{\mathrm{b}}^{\mathrm{n}}$ 为方向余弦矩阵，是载体姿态的一种数学表达形式。

8）地球坐标系与地理坐标系之间的转换

设 D 为地球表面一点，D 点的经纬度分别为 λ 和 L，则 D 点的地理坐标系可由地球坐标系做 3 次旋转确定，旋转的次序为：绕 z_{e} 轴转动 λ 角度，绕 y_{e}' 轴转动 $90°-L$ 角度，最后绕 z_{e}' 轴旋转 90°。它们之间的转换矩阵为

$$
\begin{aligned}
\boldsymbol{C}_{\mathrm{e}}^{\mathrm{g}}=\boldsymbol{C}_{\mathrm{e}''}^{\mathrm{g}}\boldsymbol{C}_{\mathrm{e}'}^{\mathrm{e}''}\boldsymbol{C}_{\mathrm{e}}^{\mathrm{e}'}&=\begin{bmatrix}0&1&0\\-1&0&0\\0&0&1\end{bmatrix}\begin{bmatrix}\sin L&0&-\cos L\\0&1&0\\\cos L&0&\sin L\end{bmatrix}\begin{bmatrix}\cos\lambda&\sin\lambda&0\\-\sin\lambda&\cos\lambda&0\\0&0&1\end{bmatrix}\\
&=\begin{bmatrix}-\sin\lambda&\cos\lambda&0\\-\sin L\cos\lambda&-\sin L\sin\lambda&\cos L\\\cos L\cos\lambda&\cos L\sin\lambda&\sin L\end{bmatrix}
\end{aligned}
\tag{2-6}
$$

则捷联式惯导系统的位置矩阵为

$$
\boldsymbol{C}_{\mathrm{n}}^{\mathrm{e}}=\boldsymbol{C}_{\mathrm{e}}^{\mathrm{g}}=(\boldsymbol{C}_{\mathrm{g}}^{\mathrm{e}})^{\mathrm{T}}=\begin{bmatrix}-\sin\lambda&-\sin L\cos\lambda&\cos L\cos\lambda\\\cos\lambda&-\sin L\sin\lambda&\cos L\sin\lambda\\0&\cos L&\sin L\end{bmatrix}
\tag{2-7}
$$

9）导航坐标系与计算坐标系之间的转换

用 $\boldsymbol{\phi}=[\phi_x \quad \phi_y \quad \phi_z]^{\mathrm{T}}$ 表示导航坐标系与计算坐标系之间的变换矩阵对应的一组欧拉角，则

$$
\boldsymbol{C}_{\mathrm{c}}^{\mathrm{n}}=
\begin{bmatrix}
\cos\phi_y\cos\phi_z-\sin\phi_x\sin\phi_y\sin\phi_z & -\cos\phi_x\sin\phi_z & \sin\phi_y\cos\phi_z+\cos\phi_y\sin\phi_x\sin\phi_z \\
\cos\phi_y\sin\phi_z+\sin\phi_x\sin\phi_y\cos\phi_z & \cos\phi_x\cos\phi_z & \sin\phi_y\sin\phi_z-\cos\phi_y\sin\phi_x\cos\phi_z \\
-\sin\phi_y\cos\phi_x & \sin\phi_x & \cos\phi_y\cos\phi_x
\end{bmatrix}
\tag{2-8}
$$

2. 捷联式惯导系统的工作原理

捷联式惯导系统[35]主要由惯性测量单元（Inertial Measurement Unit，IMU，包括陀螺仪组件和加速度计组件）、导航计算机和控制显示器等组成。陀螺仪组件测量沿载体坐标系 3 个轴的角速度信号，并送入导航计算机，经误差补偿计算后进行姿态矩阵计算得到姿态信息；加速度计组件测量沿载体坐标系 3 个轴的加速度信号，经误差补偿计算后，进行由载体坐标系到导航坐标系的坐标变

换计算，从而积分得到速度、位置等导航参数。一方面利用姿态矩阵 $\boldsymbol{C}_{\mathrm{b}}^{\mathrm{n}}$ 进行坐标变换，即把沿载体坐标系的加速度信号变成导航坐标系各轴的加速度信号，以便进行导航参数计算；另一方面利用姿态矩阵的元素提取姿态和方位的信息。捷联式惯导系统的工作原理如图 2-3 所示。图中，$\tilde{f}^{\mathrm{b}}$ 为加速度计测量的比力；$\tilde{f}^{\mathrm{n}}$ 为经坐标变换后 n 系的比力；$\tilde{\omega}_{\mathrm{ib}}^{\mathrm{b}}$ 为陀螺仪输出的角速度（b 系相对于 i 系的角速度）；$\tilde{\omega}_{\mathrm{in}}^{\mathrm{b}}$ 为 n 系相对于 i 系的角速度；$\hat{\omega}_{\mathrm{nb}}^{\mathrm{b}}$ 为 $\tilde{\omega}_{\mathrm{ib}}^{\mathrm{b}}$ 与 $\tilde{\omega}_{\mathrm{in}}^{\mathrm{b}}$ 之差。

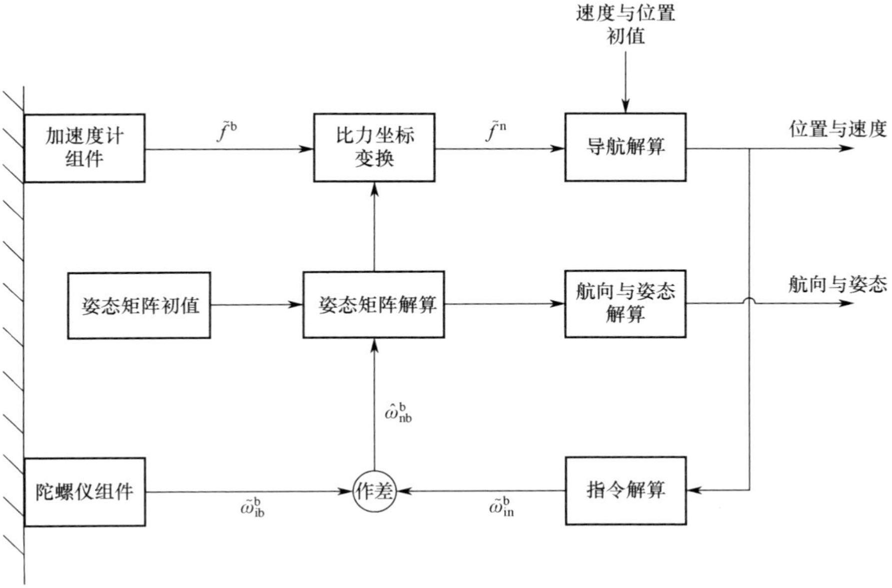

图 2-3　捷联式惯导系统的工作原理[35]

3. 捷联式惯导系统的更新算法

1）速度更新

速度更新的递推算法为

$$\boldsymbol{V}_m^{\mathrm{n}} = \boldsymbol{V}_{m-1}^{\mathrm{n}} + \Delta\boldsymbol{V}_{\mathrm{sf}(m)}^{\mathrm{n}} + \Delta\boldsymbol{V}_{\mathrm{g/cor}(m)}^{\mathrm{n}} \tag{2-9}$$

式中，$\boldsymbol{V}_m^{\mathrm{n}}$ 和 $\boldsymbol{V}_{m-1}^{\mathrm{n}}$ 分别是 t_m 、t_{m-1} 时刻的速度在 n 系下的投影；$\Delta\boldsymbol{V}_{\mathrm{sf}(m)}^{\mathrm{n}}$ 是比力速度增量在 n 系下的投影；$\Delta\boldsymbol{V}_{\mathrm{g/cor}(m)}^{\mathrm{n}}$ 是重力/哥氏速度补偿量。

计算速度旋转效应补偿，即

$$\Delta\boldsymbol{V}_{\mathrm{rot}(m)} = \frac{1}{2}\Delta\boldsymbol{\theta}_m \times \Delta\boldsymbol{V}_m \tag{2-10}$$

式中，$\Delta\boldsymbol{\theta}_m$ 为 $[t_{m-1}, t_m]$ 时间段陀螺仪输出的角增量；$\Delta\boldsymbol{V}_m$ 为 $[t_{m-1}, t_m]$ 时间段加速度计输出的速度增量。

用四元数计算速度划桨误差补偿，即

$$\Delta \boldsymbol{V}_{\mathrm{scul}(m)} = \left(\frac{54}{105}\Delta \boldsymbol{V}_m(1) + \frac{92}{105}\Delta \boldsymbol{V}_m(2) + \frac{214}{105}\Delta \boldsymbol{V}_m(3)\right) \times \boldsymbol{\theta}_m(4) \tag{2-11}$$

计算比力速度增量在 b(m−1)系下的值，即

$$\Delta \boldsymbol{V}_{\mathrm{sf}(m)}^{\mathrm{b}(m-1)} = \Delta \boldsymbol{V}_m + \Delta \boldsymbol{V}_{\mathrm{rot}(m)} + \Delta \boldsymbol{V}_{\mathrm{scull}(m)} \tag{2-12}$$

计算比力速度增量在 n(m)系下的值，即

$$\begin{cases} \Delta \boldsymbol{V}_{\mathrm{sf}(m)}^{\mathrm{n}(m-1)} = \boldsymbol{C}_{\mathrm{b}(m-1)}^{\mathrm{n}(m-1)} \Delta \boldsymbol{V}_{\mathrm{sf}(m)}^{\mathrm{b}(m-1)} \\ \Delta \boldsymbol{V}_{\mathrm{sf}(m)}^{\mathrm{n}} = \dfrac{1}{2}(\boldsymbol{C}_{\mathrm{n}(m-1)}^{\mathrm{n}(m)} + \boldsymbol{I}) \Delta \boldsymbol{V}_{\mathrm{sf}(m)}^{\mathrm{n}(m-1)} \end{cases} \tag{2-13}$$

式中，$\boldsymbol{C}_{\mathrm{n}(m-1)}^{\mathrm{n}(m)} = \boldsymbol{I} - T_m \boldsymbol{\omega}_{\mathrm{in}(m-1)}^{\mathrm{n}}$，$T_m = t_m - t_{m-1}$，$\boldsymbol{\omega}_{\mathrm{in}(m-1)}^{\mathrm{n}}$ 表示 n 系相对于 i 系的旋转角速度。

使用外推法[36]计算重力/哥氏速度增量 $\Delta \boldsymbol{V}_{\mathrm{g/cor}(m)}^{\mathrm{n}}$，即

$$\Delta \boldsymbol{V}_{\mathrm{g/cor}(m)}^{\mathrm{n}} \approx \{\boldsymbol{g}_{m-1/2}^{\mathrm{n}} - (2\boldsymbol{\omega}_{\mathrm{ie}(m-1/2)}^{\mathrm{n}} + \boldsymbol{\omega}_{\mathrm{en}(m-1/2)}^{\mathrm{n}}) \times \boldsymbol{V}_{m-1/2}^{\mathrm{n}}\} T_m \tag{2-14}$$

式中，$(x)_{(m-1/2)}$ 是利用外推法得到的数值，具体为 $(x)_{(m-1/2)} = (x)_{(m-1)} + \frac{1}{2}((x)_{(m-1)} - (x)_{(m-2)}) = \frac{3}{2}(x)_{(m-1)} - \frac{1}{2}(x)_{(m-2)}$。

2）姿态更新

用四元数表示姿态更新的递推算法为

$$\boldsymbol{q}_{\mathrm{b}(m)}^{\mathrm{n}(m)} = \boldsymbol{q}_{\mathrm{n}(m-1)}^{\mathrm{n}(m)} \boldsymbol{q}_{\mathrm{b}(m-1)}^{\mathrm{n}(m-1)} \boldsymbol{q}_{\mathrm{b}(m)}^{\mathrm{b}(m-1)} \tag{2-15}$$

式中，$\boldsymbol{q}_{\mathrm{b}(m)}^{\mathrm{n}(m)}$ 是 t_m 时刻的姿态四元数；$\boldsymbol{q}_{\mathrm{b}(m-1)}^{\mathrm{n}(m-1)}$ 是 t_{m-1} 时刻的姿态四元数；$\boldsymbol{q}_{\mathrm{n}(m-1)}^{\mathrm{n}(m)}$ 和 $\boldsymbol{q}_{\mathrm{b}(m)}^{\mathrm{b}(m-1)}$ 分别是 n 系、b 系 t_{m-1} 时刻至 t_m 时刻的姿态变化四元数。

（1）载体坐标系更新。利用 4 子样圆锥算法计算 b 系旋转矢量，即

$$\boldsymbol{\phi}_m = \Delta \boldsymbol{\theta}_m + \left(\frac{54}{105}\Delta \boldsymbol{\theta}_m(1) + \frac{92}{105}\Delta \boldsymbol{\theta}_m(2) + \frac{214}{105}\Delta \boldsymbol{\theta}_m(3)\right) \times \Delta \boldsymbol{\theta}_m(4) \tag{2-16}$$

则 $\boldsymbol{q}_{\mathrm{b}(m)}^{\mathrm{b}(m-1)} = \cos\frac{|\boldsymbol{\phi}_m|}{2} + \frac{\boldsymbol{\phi}_m}{|\boldsymbol{\phi}_m|}\sin\frac{|\boldsymbol{\phi}_m|}{2}$。

（2）导航坐标系更新。由于导航坐标系的变化十分缓慢，在工程实践中可以利用导航坐标系相对惯性坐标系的转动角速度 $\boldsymbol{\omega}_{\mathrm{in}}^{\mathrm{n}}(t)$ 进行求解，记导航坐标系从 t_{m-1} 时刻到 t_m 时刻的转动等效旋转矢量为 $\boldsymbol{\zeta}_m$，则有

$$\boldsymbol{\zeta}_m = \int_{m-1}^{m} \boldsymbol{\omega}_{\mathrm{in}}^{\mathrm{n}}(t)\mathrm{d}t \approx \boldsymbol{\omega}_{\mathrm{in}(m-1/2)}^{\mathrm{n}} T_m \tag{2-17}$$

式中，$\boldsymbol{\omega}_{\mathrm{in}(m-1/2)}^{\mathrm{n}} = \frac{3}{2}\boldsymbol{\omega}_{\mathrm{in}(m-1)}^{\mathrm{n}} - \frac{1}{2}\boldsymbol{\omega}_{\mathrm{in}(m-2)}^{\mathrm{n}}$，则 $\boldsymbol{q}_{\mathrm{n}(m-1)}^{\mathrm{n}(m)} = \cos\frac{|\boldsymbol{\zeta}_m|}{2} + \frac{\boldsymbol{\zeta}_m}{|\boldsymbol{\zeta}_m|}\sin\frac{|\boldsymbol{\zeta}_m|}{2}$。

3）位置更新

采用梯形积分法更新位置能够满足大多数情况下陆用惯导系统的精度要求。

（1）纬度更新。

$$L_m = L_{m-1} + \frac{T_m(V_{N(m-1)}^n + V_{N(m)}^n)}{2(R_{M(m-1)} + h_{m-1})} \tag{2-18}$$

式中，$R_M \approx R_e(1-2e+3e\sin^2 L)$，$R_e$为地球（考虑椭球）的长半轴，$e$为旋转椭球的扁率；$h_{m-1}$表示$t_{m-1}$时刻的高度。

（2）经度更新。

$$\lambda_m = \lambda_{m-1} + \frac{T_m(V_{E(m-1)}^n + V_{E(m)}^n)}{2(R_{N(m-1)} + h_{m-1})}\sec L_{m-1} \tag{2-19}$$

式中，$R_N \approx R_e(1+e\sin^2 L)$。

2.1.3　两种惯性导航系统对比

依据惯导系统的工作原理，其具有以下几个优点。①自主性强，可以不依赖任何外界系统的支持，单独进行导航；②不受环境、载体机动和无线电干扰的影响，可以连续输出包括基准在内的全部导航参数，实时导航数据更新率高。③具备很好的短期精度和稳定性。惯导系统的主要缺点是导航定位误差随时间增大，因此难以长时间独立工作。一般不会将惯导系统单独应用到高精度、长航时的导航任务中。

平台式惯导系统与捷联式惯导系统在本质上是相同的，但在系统的具体实现上存在明显的不同。

2.1.3.1　陀螺仪动态范围要求不同

平台式惯导系统的陀螺仪安装在平台台体上，用来感测台体偏离导航坐标系的偏差，平台通过稳定回路消除这种偏差，其作用原理是隔离运载体的角运动，使陀螺仪的工作环境不受运载体角运动的影响。同时，平台通过修正回路使陀螺仪按一定要求进动，控制平台跟踪导航坐标系的旋转运动。而导航坐标系的旋转仅由运载体相对地球的线运动及地球的自转引起，这些旋转角速度都十分微小，所以对陀螺仪的指令施矩电流是很小的。这就是说，平台式惯导系统陀螺仪的动态范围可以设计得较小。而捷联式惯导系统的陀螺仪直接安装在运载体上，陀螺仪必须跟随运载体的角运动，施矩电流远比仅跟踪导航坐标系的施矩电流大，即捷联式惯导系统所采用陀螺仪的动态范围远比平台式惯导系统所采用的大。

2.1.3.2 惯性器件的工作环境不同，惯性器件动态误差和静态误差的补偿要求也不同

在平台式惯导系统中，平台对运载体的角运动起隔离作用，安装在平台上的惯性器件只需要对线加速度引起的静态误差做补偿。而捷联式惯导系统中的惯性器件除需要补偿静态误差外，还需要对角速度和角加速度引起的动态误差做补偿。因此，必须在实验室条件下对捷联式陀螺惯导系统中陀螺仪和加速度计的动、静态误差系数做严格的测试与标定。

2.1.3.3 捷联式惯导系统必须对 3 种算法误差做补偿

在实际系统中，为了降低捷联式惯导系统中陀螺仪和加速度计的输出噪声对系统解算精度的影响，并完全利用输出信息，陀螺仪和加速度计的输出全部采用增批形式，即陀螺仪输出为角增量（液浮陀螺仪或挠性陀螺仪及加速度计输出采用 I-F 或 V-F 转换成脉冲输出，激光陀螺仪本身就是脉冲输出），加速度计输出为速度增量。在此情况下，姿态解算和导航解算只能通过求解差分方程的方式完成，而当运载体存在线振动和角振动，或者运载体做机动运动时，在姿态解算中会引起圆锥误差，在速度解算中会引起划桨误差，在位置解算中会引起涡卷误差。在这些误差中，圆锥误差对捷联式惯导系统精度的影响最严重，划桨误差次之，涡卷误差最轻，在相应的算法中应视需要做严格补偿。

2.1.3.4 计算量不同

平台式惯导系统中的平台以物理实体的形式存在，平台模拟了导航坐标系，运载体的姿态角和航向角可以直接从平台框架上拾取或仅通过少量计算获得。但在捷联式惯导系统中，平台并不是以物理实体的形式存在的，而是以数学平台的形式存在的，姿态角和航向角都必须通过计算获得，计算量庞大。

尽管在惯性器件、计算量等方面捷联式惯导系统远比平台式惯导系统要求苛刻，但其省去了复杂的机电平台，结构简单、体积小、质量轻、成本低、维护简单、可靠性高，还可以通过余度技术提高其容错能力。随着激光陀螺仪、光纤陀螺仪、半球谐振陀螺仪等惯性器件的出现，以及计算机技术的快速发展和计算理论的日益完善，捷联式惯导系统的优越性日趋凸显。20 世纪 90 年代，美国利登公司停止了平台式惯导系统 LTN-72 的批量生产，转向激光捷联式惯导系统 LTN-92、LTN-101 等的生产。在研发激光捷联式惯导系统方面，霍尼韦尔公司和利登公司走在世界前列，其产品广泛应用于波音 757、波音 767 和 A320、A330 等最新的商用飞机上。

2.2 卫星导航系统

2.2.1 卫星导航技术的发展及现状

卫星导航系统是为地面用户或近地飞行器的用户提供位置、速度及时间信息的系统，其应用范围涉及海洋测绘、智能导航、灾情预警、精密农业和导弹制导等民用领域和军用领域的多个方面[37-40]。卫星导航系统给人类文明的发展带来了很多便利，同时在各个领域创造了巨大的经济和社会效益。考虑到军民两用的广泛性，各个国家及组织逐步投入越来越多的资源来发展新的全球卫星导航系统（Global Navigation Satellite System，GNSS）。

目前世界上共存在 4 套全球卫星导航系统和两套区域扩增辅助卫星导航系统，分别是美国的全球定位系统（Global Positioning System，GPS）[41-42]、俄罗斯全球卫星导航系统（Globalnaya Navigatsionnaya Sputnikovaya Sistema in Russian，GLONASS）[43]、欧盟的伽利略卫星导航系统[44]、中国的北斗卫星导航系统（BeiDou Navigation Satellite System，BDS）[45]、日本的准天顶卫星系统（Quasi-Zenith Satellite System，QZSS）及印度区域导航卫星系统（Indian Regional Navigation Satellite System，IRNSS）。美国的 GPS 是建设时间最早、技术发展最完善且在军用和民用领域应用最广泛的卫星导航系统。它能够为地面用户或近地飞行器的 GPS 接收机提供定位、导航和授时服务[46]。美国政府拥有对 GPS 的绝对话语权与控制权，它不仅可随时降低 GPS 的服务质量，甚至在必要时可使 GPS 停止服务[47]。GLONASS 在苏联时期就已经开始开发，后由俄罗斯独自建立。与其他卫星导航系统所使用的码分多址技术不同，GLONASS 采用了频分多址技术进行导航信息传输。伽利略卫星导航系统是由欧盟研制和建立的全球卫星导航定位系统，目前还没有完全投入使用，仍在建设当中。BDS 是第三套成熟的全球卫星导航系统。2020 年 7 月 31 日，“北斗三号”全球卫星导航系统正式开通，它是我国完全自主可控的全球导航系统。QZSS 是日本以 3 颗人造卫星通过时间转移完成全球定位系统区域性功能的区域扩增辅助卫星导航系统，通过与 GPS 互通，其可提升 GPS 信号的可用性，改善 GPS 的准确度和可靠性。IRNSS 是由印度空间研究组织发展的区域扩增辅助卫星导航系统，该系统由印度政府掌握，能够为印度及其周边地区提供精确的定位、导航和授时服务。

GPS 采用分布在 6 个轨道平面内、高度为 20200km 的 24 颗卫星，参考坐标系为 WGS-84，采用码分多址方式，是当前军用和民用领域应用最广泛、最成熟的全球卫星导航系统。资料显示，基于军码的 GPS 卫星接收机定位精度可达 3.8m（1σ）。GLONASS 采用分布在 3 个轨道平面、高度为 19100km 的 24 颗卫星，参考坐标系为 SGS-90，采用频分多址方式，精度与 GPS 类似。由欧洲空间局和欧盟负责，加拿大和中国参加，原计划 2005 年组建完成的伽利略卫星导航系统，其空间卫星部分由 30 颗分布在 3 个中地球轨道的卫星组成，采用码分多址方式，工作模式和精度均与 GPS 相当，目前计划进展并不顺利。

BDS 是我国具有完全自主知识产权的全球卫星导航系统。BDS 按照“先区域、后全球”的总体思路，分三步建设推进[39]。“北斗一代”开始于 1994 年，并在 2000 年建成了区域有源的定位系统。2004 年，“北斗二代”的建设开始稳步推进，并在 2012 年年底开始为中国全境及亚太大部分地区提供无源导航定位服务。2015 年，“北斗三代”开始建设，覆盖范围由亚太大部分地区转向全球，在 2018 年年底完成了“北斗三代”基本系统的空间星座建设，并在 2020 年开始向全球导航定位用户提供相关服务[48]。目前，BDS 已经在智能交通、海洋测绘、水文监测、灾情预报和时频通信等方面发挥了重要作用[49-51]，并成为第三套面向全球用户提供定位、导航和授时服务的卫星导航系统。这也意味着在全球的卫星导航市场上，BDS 将面临与其他国家卫星导航系统的多重竞争，其各项服务性能将在竞争中起决定作用[47]。

2.2.2 卫星导航系统的定位原理

卫星导航系统的基本定位原理是利用卫星与用户之间的测距信息，结合三球交会原理实现接收机位置解算。本节以应用最成熟的 GPS 为例，介绍卫星导航系统的基本定位原理。

GPS 的卫星系统主要由空间星座、地面监控和用户设备 3 部分组成。

（1）空间星座。这部分包括太空中的 24 颗人造卫星，其中 3 颗为备用卫星，平均运行周期为 11 小时 58 分。这些人造卫星分布在 6 个轨道平面内，每个轨道平面分布 4 颗。

（2）地面监控。这部分由 6 个分布在全球的主控站、注入站、监测站组成。主控站负责协调和管理所有地面监控系统的工作。注入站的主要任务是在主控站的控制下，每 12 小时将来自主控站的数据更新到卫星的存储系统中，数据包括钟差、卫星星历、导航电文和其他控制指令。监测站是数据自动采集中心，根据通过卫星的 L 波段双频信号来评估卫星的运转状态。

（3）用户设备。这部分由接收设备、计算设备、交互显示设备等组成。其任务是根据所获得的 GPS 信号来计算并获取用户需要的位置、导航等信息。如图 2-4 所示，GPS 定位的基本原理是以星地空间距离为半径的三球交会，根据卫星瞬时坐标，以用户设备与 GPS 卫星之间的距离观测量为基准来确定用户设备的位置，因此在一个观测站上至少需要 3 个独立的距离观测量。GPS 采用的是单程测距原理，要实现精确定位，需要同步观测至少 4 颗卫星，原因在于：用户设备与卫星时钟之间不可能完全同步，并且受各自时钟的影响，实际上用户设备与卫星之间的真实距离是有差获得的，这样有差的距离也称为伪距。对于卫星时钟误差，可用卫星导航电文中的钟差参数对其进行补偿修正。而用户设备的钟差由于随机性强、精度差，难以预先进行准确的计算，所以一种方案是将该钟差作为一个未知参数与观测站坐标在计算中联合解出，具体方法为：根据 4 个时间差常数 Δt 、4 颗卫星 $i(i=1,2,3,4)$ 的瞬时位置（ x_i, y_i, z_i ）和 4 个观测到的伪距 $\rho(\rho=1,2,3,4)$ 得到如下方程组。

$$\begin{cases} \rho_1 = \sqrt{(x-x_1)^2+(y-y_1)^2+(z-z_1)^2} + c\Delta t \\ \rho_2 = \sqrt{(x-x_2)^2+(y-y_2)^2+(z-z_2)^2} + c\Delta t \\ \rho_3 = \sqrt{(x-x_3)^2+(y-y_3)^2+(z-z_3)^2} + c\Delta t \\ \rho_4 = \sqrt{(x-x_4)^2+(y-y_4)^2+(z-z_4)^2} + c\Delta t \end{cases} \tag{2-20}$$

式中，c 为光速。这样就可以解算出接收机的位置 (x,y,z) 。

GPS 除了为用户提供 3 个位置坐标和精密的时间，还可以提供 3 个速度分量，一般可以通过多普勒频移测速法求取用户的运动速度。由于 GPS 卫星和载体用户接收机之间存在相对运动，因此载体用户接收机接收的 GPS 卫星发射的载波信号频率 f_r 与卫星实际发射的载波信号频率 f_s 是不同的，它们之间的频率差 f_d 称为多普勒频移。通过测量载波的多普勒频移可以测得卫星和载体用户之间伪距的变化率，即伪距率，从而获得载体的速度。伪距率和卫星、用户之间的位置及速度的关系方程为

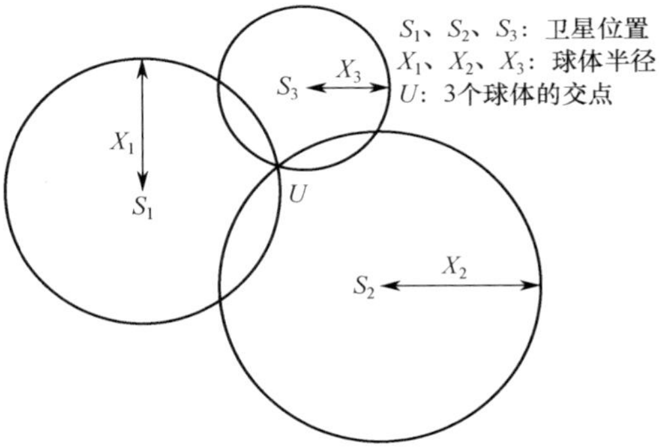

图 2-4　GPS 定位的基本原理

$$\dot{\rho}_i = \frac{(x-x_{si})(\dot{x}-\dot{x}_{si})+(y-y_{si})(\dot{y}-\dot{y}_{si})+(z-z_{si})(\dot{z}-\dot{z}_{si})}{\sqrt{(x-x_{si})^2+(y-y_{si})^2+(z-z_{si})^2}} + c\Delta\dot{t} \tag{2-21}$$

式中，$\dot{x}_{si}, \dot{y}_{si}, \dot{z}_{si}$ 表示卫星的速度，由导航电文可得；x_{si}, y_{si}, z_{si} 表示卫星的位置，由导航电文可得；$\dot{\rho}_i$ 表示伪距率，可由多普勒频移 f_d 算出；$\dot{x}, \dot{y}, \dot{z}$ 表示待求的载体的速度；$\Delta\dot{t}$ 表示钟差变化率，在测量时间很短的情况下，可以认为 Δt 是一个常值，即 $\Delta\dot{t}=0$ 。

由此可见，同时观测 4 颗卫星就可以获得载体的运动速度。

2.2.3 卫星导航系统的定位特点

卫星导航系统的优点有：能够全天候工作，工作时不受环境条件限制，作用距离远，定位精度高。凭借这些优点，卫星导航系统多年来在各种导航系统中一直占据统治地位。

卫星导航系统的缺点有：①各国竞相发展卫星导航技术，使空间运行的卫星数目快速增加，导致信息传输量急剧增加。由于只依靠地面站测控，因此会导致测控系统信息堵塞，使地面站的负担过重。②在军事应用方面，由于卫星导航系统过分依赖地面站，一旦地面站受到攻击，就会导致整个系统的瘫痪，使其失去信号传输和定位能力。同时各国竞相发展电子对抗技术，这就使卫星导航系统的劣势逐渐体现出来。③地面站受限。随着卫星数目的增多，有限的地面站将满足不了卫星导航的要求。④无法满足远距离航天和深空探测系统的高精度、高可靠性要求。

上文详细分析了各个国家卫星导航系统的特点。下面将详细介绍中国独有的北斗卫星导航系统。

2.2.4 北斗卫星导航系统

北斗卫星导航系统是我国着眼于国家安全和经济社会发展的需要，自主建设、独立运行的卫星导航系统，是为全球用户提供全天候、全天时、高精度的定位、导航和授时服务的国家重要空间基础设施。北斗卫星导航系统主要由空间星座、地面监控和用户设备 3 部分组成。

空间星座部分由 5 颗地球静止轨道（Geostationary Orbit，GEO）卫星和 30 颗非地球静止轨道（Non-geostationary Orbit，Non-GEO）卫星组成。5 颗 GEO 卫星分别定点于东经 58.75°、80°、110.5°、140° 和 160°。30 颗 Non-GEO 卫星由 27 颗中地球轨道（Medium Earth Orbit，MEO）卫星和 3 颗倾斜地球同步轨道（Inclined GeoSynchronous Orbit，IGSO）卫星组成。其中，MEO 卫星轨道高度 21500km，轨道倾角 55°，均匀分布在 3 个轨道面上；IGSO 卫星轨道高度 36000km，均匀分布在 3 个倾斜同步轨道面上，轨道倾角 55°。3 颗 IGSO 卫星星下点轨迹重合，交叉点经度为东经 118°，相位差 120°。

地面监控部分由若干主控站、时间同步/注入站和监测站组成。主控站的主要任务包括收集各时间同步/注入站、监测站的观测数据，进行数据处理，生成卫星导航电文，向卫星注入导航电文参数，监测卫星有效载荷，完成任务规划与调度，实现系统运行控制与管理等；时间同步/注入站主要负责在主控站的统一调度下，完成卫星导航电文参数注入、与主控站的数据交换、时间同步测量等任务；监测站对导航卫星进行连续跟踪监测，接收导航信号并发送给主控站，为生成导航电文提供观测数据。

用户设备部分是指各类北斗卫星导航系统用户终端，包括与其他卫星导航系统兼容的终端，以满足不同领域和行业的应用需求。

北斗卫星导航系统的时间基准为北斗时（BeiDou Navigation Satellite System Time，BDT）。BDT 采用国际单位制中的秒（s）为基本单位连续累计，不闰秒，起始历元为 2006 年 1 月 1 日协调世界时（Coordinated Universal Time，UTC）00 时 00 分 00 秒。BDT 通过中国科学院国家授时中心保持的 UTC 与国际 UTC 建立联系，BDT 与 UTC 的偏差保持在 100ns 以内（模 1s）。BDT 与 UTC 之间的闰秒信息在导航电文中播报。北斗卫星导航系统的坐标框架采用中国 2000 大地坐标系统。

2.2.4.1 系统服务

北斗卫星导航系统自 2012 年 12 月 27 日起正式提供卫星导航服务，现服务范围已经基本覆盖全球。该系统提供开放服务和授权服务两种服务。开放服务指在服务区免费提供定位、测速和授时服务，定位精度 10m，授时精度 20ns，测速精度 0.2m/s；授权服务是向全球用户提供更高性能的定位、测速和授时服务，以及为亚太地区提供广域差分和短报文通信服务，广域差分定位精度为 1m，短报文通信最多为 120 个汉字。与其他卫星导航系统相比，北斗卫星导航系统具有以下 5 个特点。

（1）同时具备定位和通信功能，无须其他通信系统的支持。

（2）覆盖亚太大部分地区，提供 24 小时全天候服务，无通信盲区。

（3）特别适合集团用户实现大范围监控与管理、数据采集、数据传输等应用。

（4）融合北斗导航定位系统和卫星增强系统两大资源，提供更丰富的增值服务。

（5）自主系统、高强度加密设计，安全、可靠、稳定，适合关键部门使用。

2.2.4.2 系统应用

北斗卫星导航系统是我国重要的基础设施，也是全球卫星导航系统的重要组成部分。北斗卫星导航系统具有快速定位、短报文通信和精密授时三大功能，在军用领域和民用领域发挥着重要作用。

1. 军用领域

北斗卫星导航系统建成后，可在我国的大陆、台湾、南沙群岛及其他岛屿，以及日本海、太平洋部分海域及其周边部分地区，为我国各个兵种的低动态及静态用户提供快速定位、简短数字报文通信和授时服务，将极大地改善我军长期缺乏自主有效的高精度实时定位手段的局面，使我军可以实现“看得见”的指挥、胸有成竹的机动和卓有成效的协同，从而大幅增强我军快速反应、快速机动和协同作战的能力，初步满足我军在执行练习、演习、边海防巡逻和抢险救灾等任务中对导航定位的需求。

2. 民用领域

北斗卫星导航系统的民用领域范围广泛，是服务国家经济建设、社会发展和公共安全的重要空间基础设施。北斗卫星导航系统自建成以来，在国家的重大工程和重点行业中发挥着重要作用，主要体现在交通运输、防灾减灾、农林水利、气象、国土资源、环境保护和公安警务等领域。

2.2.4.3 系统发展原则

北斗卫星导航系统的发展原则如下。

（1）开放性。北斗卫星导航系统对全世界开放，为全球用户提供高质量的免费服务。

（2）自主性。北斗卫星导航系统在同时考虑国家安全和用户利益的基础上，独立向用户提供服务。未来系统的建设、运行和发展均是独立自主的。

（3）兼容性。北斗卫星导航系统在全球卫星导航系统国际委员会和国际电信联盟的框架下，与其他卫星导航系统实现兼容与互操作，使所有用户都能享受到卫星导航技术发展的成果。

（4）渐进性。北斗卫星导航系统依据国家技术和经济发展实际，遵循循序渐进的发展模式，积极稳妥地推进系统建设，不断完善服务，并实现各阶段的无缝对接。

目前国家一直在推进北斗卫星导航系统与其他国家的全球卫星导航系统合作，以实现多导航卫星系统资源利用与共享，主要体现在推进发展导航系统的兼容性与互操作性两个方面。兼容性是指分别或综合使用多个全球卫星导航系统及区域增强卫星导航系统，不会引起不可接受的干扰，也不会伤害其他单一卫星导航系统及其服务，主要包括无线电频率兼容、坐标系统兼容、时间系统兼容、发射功率兼容等。互操作性是指综合利用多个全球卫星导航系统、区域卫星导航系统、增强卫星导航系统及相应的服务，能够在用户层面获得比单独使用一种服务更好的能力，使用户享受更可靠、更丰富的定位、导航、授时服务，主要包括：①同时处理不同卫星导航系统信号并不显著地提高用户接收机的成本和复杂性；②多卫星星座播发公用互操作信号将改善观测卫星的几何结构，缩小卫星信号受遮挡范围，提高卫星的可用性和可观性；③坐标框架的实现和时间系统极大限度地与国际现有同一标准固连；④鼓励任何其他能够改善互操作的决策。

总之，建设和发展北斗卫星导航系统是我国的一项重大国家战略。可以预期，随着北斗卫星导航系统的不断完善，其必将在国防建设和国民经济发展的各个领域发挥越来越重要的作用。卫星导航系统是全球性公共资源，多系统兼容与互操作已成为发展趋势。我国始终秉持和践行“中国的北斗，世界的北斗，一流的北斗”发展理念，服务“一带一路”建设发展，积极推进北斗卫星导航系统的国际合作，与其他卫星导航系统携手，与各个国家、地区和国际组织一起，共同推动全球卫星导航事业的发展，让北斗卫星导航系统更好地服务全球、造福人类。

2.3 天文导航系统

2.3.1 天文导航技术的发展及现状

天文导航系统（Celestial Navigation System，CNS）又称星光导航系统，是以太阳、月亮、恒星等自然天体作为参照物得到载体位置或姿态的一种导航系统，是现代高科技战争中不可或缺的一种重要的导航方式。

早期，天文导航技术主要应用于航海。18 世纪，欧洲发明了可以精确计时的航海天文钟和测角六分仪，天文导航精度明显提高。1837 年，美国船长萨姆纳发明了位置等高线法，是计算航船经纬度的方法。1875 年，法国海军圣·希勒尔中校在位置等高线法的基础上，创立了高度差法，天文导航理论开始走向成熟。新型陀螺六分仪、气泡六分仪的出现，保证了天文观测的水平基准精度；夜视六分仪、微观电子照相六分仪和射电六分仪的出现，解决了天文导航的白天观星问题，并实现了天文昼夜导航和全天候导航。但是，到目前为止，尽管天文导航技术拥有众多创新，高度差法仍然是天文导航定位的核心算法，没有根本性的进步和变革[52]。

计算机和微电子技术的突破性进展给传统的天文导航带来了巨大变革。第一代电荷耦合器件（Charge Coupled Device，CCD）星敏感器的研制成功，推动天文导航技术从原来单纯的导航定位技术开始向姿态确定技术方向发展，应用领域也从原来的舰船导航发展到机载、弹载及星载等领域。美国、俄罗斯、法国、德国、日本等国先后实现了基于星敏感器的航天器天文定姿技术[53-57]。20 世纪 80 年代，我国也开始了星敏感器的研制工作，目前基于星敏感器的航天器天文定姿技术已经成为实现航天器姿态确定的主要手段之一[58-60]。

根据天体敏感器测星原理的不同，天文导航系统可以分为多种类型，并有不同的工作方式。不同的类型和工作方式又决定了适用于各类型的不同天文导航算法，从而使天文导航技术有不同的应用领域和应用模式。根据天文导航系统测星设备的视场、观测星光的性质，天文导航系统可以分为小视场天文导航系统、大视场天文导航系统和射电天文导航系统，如表 2-2 所示。

表 2-2　天文导航系统的分类

对　比　项	小视场天文导航系统	大视场天文导航系统	射电天文导航系统
敏感设备	六分仪、星体跟踪器	星敏感器	射电六分仪
导航信息	位置信息	姿态信息	位置信息
应用领域	航海、机载、航天	弹载、机载、航天	航海、机载
安装及使用	安装在伺服机构、平台基准上	捷联安装	安装在伺服机构、平台基准上
精度	几十米	1 角秒	—

小视场天文导航系统的天体敏感器视场小，视场内一般一次观测一颗导航星，如六分仪、星体跟踪器等。由于天体敏感器视场小，天空中的入射杂散光线较少，单星测量信噪比高，观测效果好。为了准确地获得导航星的星光信息，小视场天文导航系统一般由天体敏感器、伺服系统、导航解算这几个部分构成。而伺服系统的质量和体积较大，使其在机载应用方面受到一定限制，如果采取有效的技术手段减小伺服系统的质量和体积，小视场天文导航系统将可用于机载天文导航。小视场天文导航系统通过跟踪和观测导航星，获得表征导航星星光信息的高度角和方位角，对应的天文导航算法主要有单星导航、双星导航、高度差法 [61-64]等。

大视场天文导航系统的星光测量设备为星敏感器，星敏感器观测的星空的视场较大（8°×8°～50°×50°）。其工作原理为首先通过 CCD 相机对星空某一区域进行拍摄，获取这一区域的星图信息。然后通过星图数据匹配、星光识别和恒星提取等方法[65-69]，获得两颗或多颗导航星的信息，从而根据导航星在星敏感器坐标系下的星光方向矢量，再结合相应的导航算法确定载体在惯性坐标系下的姿态。

无论是小视场天文导航系统还是大视场天文导航系统，其天体敏感器只能敏感可见的星光（可见光谱），而星体无论是自身发出的光线还是反射的光线，除包含可见光外，还包含大量不可见的电磁波谱。射电天文导航系统的出现有效地弥补了只能敏感可见光谱的天文导航系统，使天文导航系统全天候导航、昼夜导航和导航信息连续成为可能。射电天文导航系统仍然使用传统的天文导航算法，如高度差法，不同的是敏感可见光的天体敏感器被射电敏感设备所取代。早期研制的射电天文导航系统一般体积较大，适用于对导航设备体积、质量等要求不高的应用领域，如舰船、潜艇等的导航。例如，美国科林公司研制的用于观测太阳和月球的 AN/SAN-1 型射电天文导航设备，其工作波段为 1.8～3.2cm；俄罗斯装载于 DⅠ级、DⅢ级等多型核潜艇上的“鳕鱼眼”“鲤鱼眼”射电六分仪 A 型。随着射电天文导航技术的发展，适用于机载的小型射电望远镜也逐渐得到发展，如美国 Radio Sextant 小型射电望远镜，它工作在微波频段，通过跟踪太阳、卫星和月球进行定位解算，可输出飞机的地理位置信息。

随着 X 射线脉冲星技术的发展，利用 X 射线脉冲星实现导航的新型天文导航系统获得重视和快速发展。这种新型天文导航系统通过捕获并记录脉冲星发出的 X 频段高能光子，利用脉冲星高能光子相对载体的脉冲相位和参考位置的脉冲相位之间的关系[70]，采用相关计算方法，确定载体在地心惯性坐标系下的三维绝对位置矢量。目前 X 射线脉冲星天文导航技术已成为国际上航天器天文导航技术研究的主要方向之一[71-73]。

2.3.2　星敏感器的结构及其工作原理

天文导航系统适用于地球卫星、轨道转移中的月球探测器、月球卫星等符合轨道动力学方程的载体[74]，主要基于轨道动力学方程结合星敏感器量测信息建立系统模型来估计载体的导航信息，因此星敏感器的精度会直接影响导航精度。

2.3.2.1　星敏感器的组成

星敏感器的组成如图 2-5 所示，主要包括光学系统、基准镜、遮光罩、主体结构、探头电路、数据处理器（Data Processing Unit，DPU）电路、应用软件、星表软件等。各部件按结构不同可划分为光学组件、机械结构、硬件电路、软件 4 个部分。其中，光学组件用于星图成像；机械结构用于支撑和固定各个组件；硬件电路用于光电转换、采集星图、传输和处理信号；软件用于实现星图识别，计算姿态。各部件的功能如下。

（1）光学系统：用来对星空照相，应保证视场角、焦距、相对孔径等性能指标，同时保证倍率色差、色畸变、弥散斑等成像质量。

（2）基准镜：用于光学基准标定和整星安装精测。

（3）遮光罩：能消除大部分外部杂散光，降低所拍摄星图的背景噪声。直接来自太阳的光进入镜头，同时遮挡地球、月球及卫星本体表面和部件反射太阳的光。

（4）主体结构：用来支撑和固定光学敏感头、电路板、光学系统。

（5）探头电路：用来采集恒星图像，应保证较高的信噪比和较小的暗电流，

（6）DPU 电路：包括处理器和外围配置电路，用于对星图数据进行滤波、星点提取、星图匹配、姿态确定等。

（7）应用软件：用于星敏感器控制、星图提取、星图匹配、遥测和姿态计算。

（8）星表软件：可以提供高精度的导航星数据库，并具有快速检索能力。

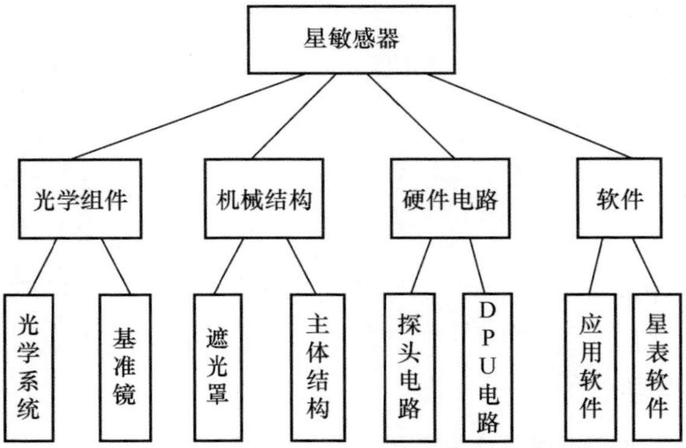

图 2-5　星敏感器的组成

2.3.2.2　星敏感器的工作原理

星敏感器的工作原理如图 2-6 所示。首先，星光经过遮光罩去除大部分外部杂散光，通过镜头在探测器平面上成像，星图像经过平面阵列探测器光电采样后形成数字化星图送入信号处理电路。然后，对拍摄的星图通过星点提取得到恒星图像在星敏感器坐标系下的位置矢量和探测器平面的位置坐标及亮度信息。接着，提取星图中最亮的几个星点位置坐标，通过星图识别算法在导航星数据库中找到与观测星对应的星，得到其在天球惯性坐标系下的位置矢量。最后，根据星对匹配的方向矢量信息计算出当前星敏感器的三轴姿态，确定导航对象的空间姿态。

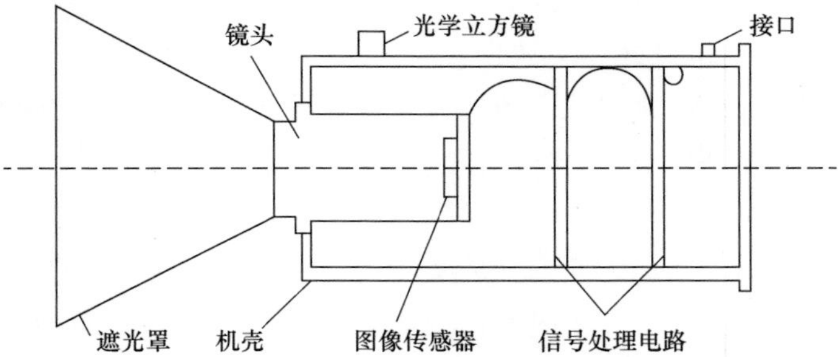

图 2-6　星敏感器的工作原理

星敏感器硬件采集星光，通过图像传感器进行光电转换，将采集的星图输出为电信号。信号处理电路收到图像传感器传来的星图后，通过星图处理软件进行星图识别和惯性姿态解算。星表软件、星图处理软件都烧写在信号处理电路中。

2.3.3　天文导航系统的基本原理

2.3.3.1　定位原理

基于星敏感器，在星图识别成功后可以得到导航星的星光在星敏感器坐标系下的方向。由于星敏感器的安装矩阵已知，利用坐标变换原理可以得到星光在卫星本体坐标系下的方向，如图 2-7 所示。图中 O 为地心，$\boldsymbol{r}$ 为卫星的位置矢量，R_e 为地球半径，β 为星光角距，代表恒星视线方向与地心矢量方向之间的夹角。利用红外地球敏感器或空间六分仪测量卫星垂线方向或卫星到地球边缘的切线方向，之后计算得到地心矢量在卫星本体坐标系下的方向，据此得到星光角距 β。根据导航恒星与地球之间的几何关系、轨道动力学方程和滤波方法可以得到卫星的位置、速度等导航信息。

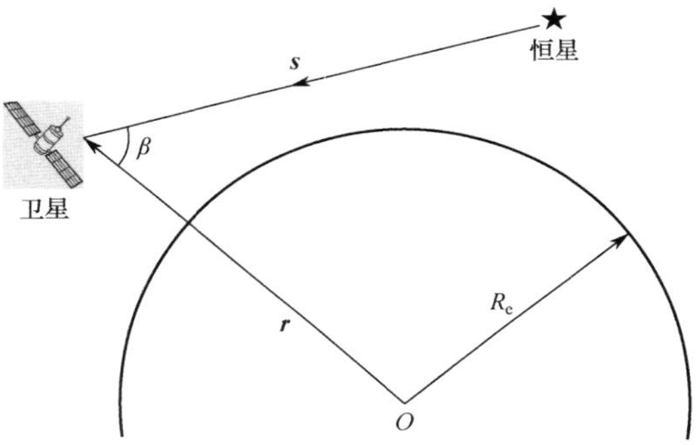

图 2-7　天文导航系统的定位原理

地球卫星自主天文导航系统的状态模型即卫星的轨道动力学方程，可分为直角坐标表示、摄动运动方程和牛顿受摄运动方程等多种形式[75-76]。其直角坐标表示为

$$\begin{cases}\dfrac{\mathrm{d}x}{\mathrm{d}t}=v_x\\ \dfrac{\mathrm{d}y}{\mathrm{d}t}=v_y\\ \dfrac{\mathrm{d}z}{\mathrm{d}t}=v_z\\ \dfrac{\mathrm{d}v_x}{\mathrm{d}t}=-\mu\dfrac{x}{\boldsymbol{r}^3}\left[1-J_2\left(\dfrac{R_e}{\boldsymbol{r}}\right)7.5\dfrac{z^3}{\boldsymbol{r}^3}-1.5\right]+\Delta F_x\\ \dfrac{\mathrm{d}v_y}{\mathrm{d}t}=-\mu\dfrac{y}{\boldsymbol{r}^3}\left[1-J_2\left(\dfrac{R_e}{\boldsymbol{r}}\right)7.5\dfrac{z^3}{\boldsymbol{r}^3}-1.5\right]+\Delta F_y\\ \dfrac{\mathrm{d}v_z}{\mathrm{d}t}=-\mu\dfrac{z}{\boldsymbol{r}^3}\left[1-J_2\left(\dfrac{R_e}{\boldsymbol{r}}\right)7.5\dfrac{z^3}{\boldsymbol{r}^3}-1.5\right]+\Delta F_z\\ \boldsymbol{r}=\sqrt{x^2+y^2+z^2}\end{cases}\tag{2-22}$$

式中，J_2 为地球引力场的扁率。一般地，在卫星自主天文导航的研究中选取历元为 J2000.0 地心赤道坐标系。在式（2-22）中，状态矢量 $\boldsymbol{X}=[x \quad y \quad z \quad v_x \quad v_y \quad v_z]^{\mathrm{T}}$ 为卫星在 x、y、z 3 个方向的位置和速度；$\mu=3.986\times10^{14}\,\mathrm{m}^3/\mathrm{s}^2$ 为地心引力常数；$\boldsymbol{r}$ 为卫星的位置矢量；$\Delta F_x,\Delta F_y,\Delta F_z$ 为地球非球形摄动的高阶摄动项及日摄动、月摄动、太阳光压摄动和大气摄动等摄动力的影响。星光角距是最常用的一种观测量，由图 2-7 可得

$$\beta=\arccos\left(-\frac{\boldsymbol{r}\cdot\boldsymbol{s}}{\|\boldsymbol{r}\|}\right) \tag{2-23}$$

将星光角距作为量测量，可以得到量测方程

$$\boldsymbol{Z}=\beta+\boldsymbol{v}=\arccos\left(-\frac{\boldsymbol{r}_{\mathrm{d}}\cdot\boldsymbol{s}}{\|\boldsymbol{r}_{\mathrm{d}}\|}\right)+\boldsymbol{v} \tag{2-24}$$

式中，$\boldsymbol{r}_{\mathrm{d}}$ 为卫星在地心惯性坐标系下的位置矢量，可以由地平敏感器获得；$\boldsymbol{s}$ 为星光的方向矢量，由星敏感器得到；$\boldsymbol{v}$ 为量测误差。利用式（2-24）结合滤波方法就可以估计出卫星的导航信息。

2.3.3.2 定姿原理

基于星敏感器的导航对象定姿由星图处理软件实现，主要包括星表筛选、星图预处理、星图识别、姿态计算 4 部分。具体而言，星表筛选指在星图识别前建立星表，在星图中选择数颗星作为导航星并与星表对应；星图预处理指利用不同的方法对星图进行除噪声和星点质心提取；星图识别主要指星图中星的匹配，常用方法包括三角形算法、凸多边形算法、匹配组算法、神经网络算法等；姿态计算主要指基于每颗星的星光观测矢量和导航星的惯性矢量，计算出星敏感器三轴在惯性空间的姿态矩阵，最终确定姿态。第 8 章将详细介绍这 4 部分。

2.3.4 天文导航系统的特点

天文导航系统建立在天体惯性坐标系框架基础之上，具有直接、自然、可靠、精确等优点，拥有其他导航方式无法比拟的独特优越性[77]，主要体现在以下几个方面。

（1）自主性强，无误差积累。天文导航系统以天体作为导航基准，被动地接收天体自身的辐射信号，进而获取导航信息，是一种完全自主的导航系统，而且其定位误差和航向误差不随时间的增加而积累，也不会随航行距离的增大而增大，因此非常适合长时间自主运行和对导航定位精度要求较高的领域。

（2）隐蔽性好，可靠性高。作为天文导航基准的天体，其空间运动规律不

受人为破坏，不怕外界电磁波的干扰，具有安全、隐蔽、生命力强等特点，从根本上保证了天文导航系统的可靠性。此外，天体辐射覆盖了 X 射线、紫外、可见光、红外整个电磁波谱，从而具有极强的抗干扰能力。

（3）设备简单，便于推广应用。天文导航系统不需要设立陆基台站，更不必向空中发射轨道运行体，设备简单，工作可靠，不受他人制约，便于建成独立自主的导航体制，在特殊情况下将是一种难得的精确导航定位与校准手段。

（4）导航时间短，发展空间广阔。天文导航系统采用星空成像设备完成一次天文定位，定向过程一般不超过 2s，随着处理速度的提高，也可以实现实时天文导航。相关技术进一步成熟后可实现全球、全天候、全自动天文导航，发展空间非常广阔。

然而，虽然天文导航系统具有上述独特的优越性，但也存在一些不足。例如，天文导航系统受到天文观测的影响，输出具有间断性，数据输出率较低，单一应用时定位精度不高。

2.4 地磁导航系统

2.4.1 地磁导航技术的发展及现状

利用地磁信息进行导航在国内外均具有悠久的历史。我国古代四大发明中的指南针，就利用地磁场的南北指向特性来辨别方向和指引道路。在大航海时代，欧洲人利用磁罗盘进行远洋探索，为人类航海技术的发展乃至新大陆的发现做出了重大贡献。现代地磁导航技术的研究始于 20 世纪 60 年代。随着磁场测量仪器的发展和地磁场研究的深入，地磁导航理论逐渐完善，并开始实际应用。

2.4.1.1 国外发展

美国、法国、俄罗斯等军事强国早在 20 世纪 60 年代中期便开始了地磁导航研究，并在相关领域进行了实际应用。美国 E-systems 公司首次验证了地磁导航在水上定位的应用能力，受限于当时地磁测量设备的发展水平，该公司在约 10 年后才完成了以精确测量为基础的离线验证[78]。美国在认识到地磁导航的军事价值后，累计投入了数十亿美元的研究经费，并对地磁测量与导航技术的研究成果实施了严密的知识封锁。美国利用 E-2 飞机在空气稀薄的高空实现了航空磁测，获得了较为精确的高空地磁数据。2003 年，美国在国防会议中宣布所开发的地磁导航系统地空导航误差为 30m，水下导航误差为 500m，并已成功制备完整的地磁数据参考导航系统，计划将地磁技术应用到中近程导弹与鱼雷导航系统之中[79]。目前美国波音公司生产的飞机在起降过程中也会利用地磁匹配导航系统进行定位。1989 年，美国的 Psiaki 等第一次将地磁导航应用于卫星定轨，为低轨卫星定轨提供了一种新方法，并进行了大量研究[80]。目前地磁定轨技术已趋于成熟。2003 年，Psiaki 科研小组根据“动态探索者 2”卫星地磁传感器的实测数据，综合利用地磁传感器信息和太阳敏感器信息进行卫星定轨，最大误差达到 4.48km[81]。

法国从 1997 开始研制应用地磁导航制导的新型炮弹，并进行了大量实验。相比于传统的激光、红外、惯导与 GPS 导航，地磁导航成本更加低廉，而制导结果精度相当。在进行计划性量产后，地磁测量仪的成本仅在 10 欧元以内，而同精度惯导或 GPS 传感器的价格为地磁测量仪的 1000 倍左右。法国于 2001 年验证了在炮弹上装备地磁测量仪得到的信号强度足够进行制导；2002 年验证了在炮弹飞行过程中 GPS 信号强度不足且受到干扰的情况下，地磁场基本保持恒定，对发射加速度的敏感度低；2004 年发射试验了配备卡尔曼滤波器的炮弹，能瞬时匹配大量地磁数据，传感器测量结果相当精确[82]。

1974—1976 年，俄罗斯完成了名为“MAGNET”的项目研究，通过磁通门磁力仪对地磁场的强度进行了观测，在 15000km^2 的实验地建立了地磁基准图，并将基准图向上延拓了 8km。由于受到当时计算平台的算力限制，该项目对地磁场轮廓匹配制导技术进行了离线实验验证[83]。俄罗斯的主要研究方向是地磁匹配制导，并建立了地磁导航专业研究所。在 2004 年的安全演习中，俄罗斯试射了为应对美国弹道导弹防御系统而研制的 SS-19 导弹。该导弹利用新兴的地磁轮廓导航技术，与正常导弹抛物线轨迹不同，在大气边缘沿着近乎水平的地磁轮廓飞行，使拦截系统无法预测导弹轨迹[84]。俄罗斯制成了一种装配有 8 对共 16 个磁通门地磁传感器的空中拦截导弹，传感器能测得导弹周围空间的地磁梯度变化。当导弹到达目标周围时，地磁传感器会检测到因目标造成的地磁梯度异常，从而立即引爆，摧毁目标[85]。

英国利兹大学的 Hemant 团队提出了一种简单实用的方法，系统地结合海洋、地面、航磁和卫星平台的不同规格的磁测量，将磁异常图与 CHAMP 卫星导出的磁异常图相结合，得到初步的全球磁异常图[86]。日本大阪大学的 Kato 等对中等深度的自动水下航行器的远程导航方法进行了评估，实验使用了日本海岸警卫队发布的数字地磁图和水深图，仿真结果表明：使用数字地磁图和水深图进行导航的方法优于其他方法[87]。

土耳其海军和海岸警卫队配备了装备有地磁异常检测系统的海上巡逻机[88]。地磁异常检测系统能够鉴别和确认各种地磁变化与异常现象。例如，由于潜艇的存在会造成地磁异常现象，故将地磁异常检测系统安装在机尾，用于海上巡逻与监视。

2.4.1.2 国内发展

地磁导航在国内正逐步成为研究的热点。近 10 年来，随着我国微电子、新材料、新工艺和计算机等技术的迅猛发展，地磁测量技术和地磁导航技术也发展到了一个新阶段。

在磁场测量方面，由中国地质调查局自然资源航空物探遥感中心研制成功的 HC-90 氦光泵磁力仪，其灵敏度达 0.0025nT，采样率 2～10Hz，仪器的工作跨度可以适应世界任何地区（包括跨越地磁赤道地区），可以连续 24 小时工作。对于反应速度要求不高的场合（如潜艇、舰船、地质勘探等），该仪器可以满足要求。而对于飞机、导弹等高速飞行的载体，该仪器的响应速度则稍显不足[88]。中国船舶集团有限公司第七一五研究所也有自主研制的磁力仪，包括：GB-6A 型海洋氦光泵磁探仪，可以应用于海洋磁测勘探、海洋地磁背景场调查和数据库建立，测量范围为 35000～70000nT；CSCC-1 型船载三分量地磁测量系统，能够利用航船对地磁场矢量进行测量，广泛应用于水中磁场探测；GB-10 型航空磁测系统，通过氦光泵探头和数字磁补偿器对飞行器上的磁干扰进行自动补偿，适合应用于大范围磁测场景。而对于拥有高分辨率、高响应速度的基于非晶材料的地磁传感器的相关研究，国内还处于起步阶段，仍落后于欧美、日本等发达国家和地区。

在磁图测绘与磁场模型研究方面，20 世纪 50 年代至 2000 年，原中国科学院地球物理研究所（1999 年与中国科学院地质研究所整合为中国科学院地质与地球物理研究所）每 10 年研制一版《中国地磁图》和地磁场模型。从 2005 年开始，由中国地震局地球物理研究所继续负责该项目，现在每 5 年我国就新推出一版《中国地磁图》，广泛应用于石油定向、钻井勘探等领域。2017 年 9 月 29 日、11 月 25 日、12 月 26 日，我国分 3 次将对地球磁场环境进行探测的科学实验卫星遥感 30 号 01 组、02 组、03 组以一箭多星的方式搭载于“长征二号”丙运载火箭上成功送入太空。2018 年 2 月 2 日，我国在酒泉发射基地成功将“张衡一号”地球物理场测量卫星发射升空，该卫星携带的高精度地磁传感器可为地球磁场研究提供重要的数据支持[89]。

在地磁匹配导航研究方面，中国航天科工集团第三研究院研究了地磁场的组成和特性，提出只要在地磁场特性变化剧烈的区域就可以稳定地进行地磁匹配导航，并且使用不同大小的网格进行了地磁匹配定位的静态实验，验证了地磁匹配的可行性[90]。2010 年，北京大学的 Lin 研究了水下地磁导航技术，使用地磁相关匹配算法进行定位导航，并在实际海域进行了实验，定位精度可达

400m[91]。2011 年，中国人民解放军国防科技大学的王鹏针对地磁图适配性问题，提出了一种多属性决策方法，该方法综合考虑了若干个地磁图特征参数，避免了用传统评价方法采用单一特征的缺点，对地磁图适配性的评价更加全面，并且研究了高可靠性的地磁适配方向和适配区的选取方法，为应用于自主式水下航行器（Autonomous Underwater Vehicle，AUV）的地磁导航系统提供了技术基础[92]。2013 年，中国人民解放军国防科技大学的穆华等提出了一种基于模标定的磁力仪标定技术，并在水下进行了 AUV 搭载实验，通过对磁力仪进行载体内部量测误差补偿，并通过两级滤波方法进行地磁/惯性组合导航，实现了定位精度小于 300m[93]。2014 年，中国人民解放军火箭军工程大学的吕志峰等设计了地磁匹配导航半实物仿真系统，并进行了相关试验[94]。

2015 年，哈尔滨工程大学的万盛伟设计了一个基于迭代最近轮廓点地磁导航算法的现场可编程逻辑门阵列（Field Programmable Gate Array，FPGA）的系统，通过实测松花湖的地磁数据并进行插值处理形成地磁图，之后利用 FPGA 进行匹配解算，能够提供较为精确的定位信息[95]。

2016 年，吉林大学的赵塔等对载体周围的磁场种类和空间分布进行了详细分析，针对干扰磁场的特点建立了空间差分模型，提高了干扰磁场对磁力仪量测的抗干扰能力，并通过了地面实验验证。其使用的算法与传统算法相比能进一步降低量测误差[96-97]。2019 年，南京理工大学的王成玉对地磁导航的关键技术进行了研究，包括地磁传感器误差补偿技术、地磁图构建技术、基于约束粒子群优化的地磁匹配算法，并且设计了离线地磁匹配系统跑车实验，对以上技术和算法的有效性进行验证[98]。

2.4.2 地磁导航系统的基本原理

地磁场是重要的地球物理场，其空间分布和位置分布有对应关系。因此，可以通过测量载体周围的磁场，然后将匹配算法与已知地磁分布图进行比对，得到载体自身的位置和导航信息。本节将阐述地磁导航系统的基本原理。

2.4.2.1 地磁场概述

地磁场就像一道从地球内部延伸到太空的牢固屏障，它与太空中含有能够剥离臭氧层的带电粒子的太阳风相互作用，使大部分太阳风偏转，从而保护地球免受有害紫外线的伤害。从理论上讲，任何一点的地磁场信息与近地空间中的位置都能一一对应。换言之，地磁场是自然界的天然路标，这是地磁导航的理论基础。因此，近地卫星、地面移动载体和 AUV 可以通过测量地磁场信息实现自主导航。

1. 地磁场的组成

地磁场实际上是多种地磁源产生的几种磁场的组合。这些磁场是叠加的，地磁源和磁场通过感应过程相互作用。这些地磁源中最重要的有以下几个。

（1）地核场，B_{core}，产生于地球导电的流体外核。

（2）地壳场，B_{crust}，来自地壳/上地幔。

（3）复合扰动场，$B_{\text{disturbance}}$，产生于高层大气和磁层中流动的电流（包括海洋和地面产生的电流）。

B_{core} 在各个地磁场组成成分中占主导地位，占地球表面磁场强度的 95%以上。地磁场模型中的长期变化项就是用来描述 B_{core} 在时间上的缓慢变化的。B_{crust} 在空间尺度上是变化的，但在时间尺度上几乎是恒定的。在大多数地区，B_{crust} 的模比 B_{core} 的模小得多，但仍然会对地磁场测量装置产生重大的影响。$B_{\text{disturbance}}$ 随位置和时间而变化。

B_{crust} 的空间变化从数米到几千千米，不能完全用低阶球谐模型来模拟。因此，地磁场模型只包括 B_{crust} 中波长很长的成分。B_{crust} 在海上通常比在陆地上小，并且随着海拔的增加而减小，这种衰减特性与地核场 B_{core} 的衰减特性相似，不同点在于，B_{crust} 随着海拔的增加而减小的速度要更快，这是因为 B_{crust} 的辐射源靠近地球表面，并且它的能量包含广泛的空间尺度。岩石磁化产生的 B_{crust} 可能是由地核磁场或其形成时的残余物引起的，也可能是两者的结合。

2. 地磁场要素和球谐函数

在描述地磁场矢量之前，首先对地磁场矢量所在的坐标系做一个说明。理论上，地磁场矢量可以被分解到任意坐标系来描述。后文将用到球谐函数形式的地磁场模型，一般球谐函数形式的地磁场模型将地磁场矢量的分量描述在当地地理坐标系或当地地心坐标系下，它们之间相差一个绕东向坐标轴的旋转变换。

这里选当地地心坐标系。地磁场矢量由 7 个元素描述，分别是北向分量 B_{N}（沿当地地心纬线指向北）、东向分量 B_{E}（沿当地经线指向东）、地心方向分量 B_{C}（指向地心，并与 B_{N} 和 B_{E} 组成右手坐标系），以及由 B_{N}、B_{E} 和 B_{C} 导出的下列量：水平强度 H、总强度 F（为了表述方便，本文中地磁场总强度也用地磁场模表示）、磁倾角 I（从水平面到地磁场矢量，向下为正）和磁偏角 D（从正北到地磁场矢量水平分量，顺时针为正），旋转方向由俯视图确定，如图 2-8 所示。已

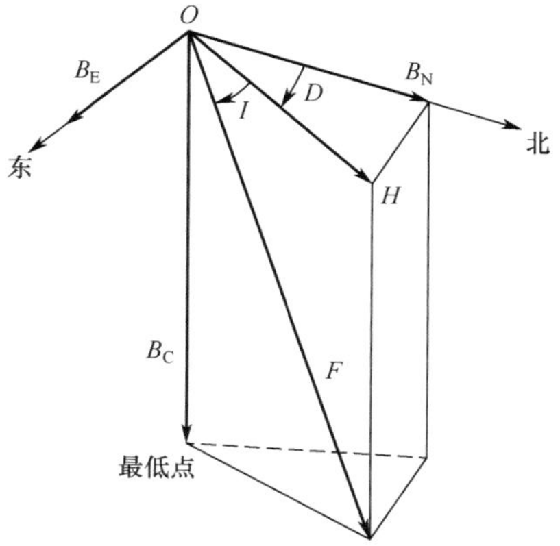

图 2-8　地磁场矢量的 7 个要素[99]

知 7 个元素中的任意 3 个，即可推导出其他 4 个。它们之间的转换关系为

$$\begin{cases} H = \sqrt{B_{\mathrm{N}}^2 + B_{\mathrm{E}}^2} \\ F = \sqrt{B_{\mathrm{N}}^2 + B_{\mathrm{E}}^2 + B_{\mathrm{C}}^2} \\ \sin D = B_{\mathrm{E}} / H \\ \sin I = B_{\mathrm{C}} / F \\ \tan D = B_{\mathrm{E}} / B_{\mathrm{N}} \\ \tan I = B_{\mathrm{C}} / H \end{cases} \tag{2-25}$$

这 7 个元素的具体信息如表 2-3 所示。

表 2-3 地磁场矢量 7 个元素的具体信息[99]

元素	名称	别名	地球表面取值范围			正向定义
			最小值	最大值	单位	
B_{N}	北向分量	北向强度	−17000	43000	nT	北
B_{E}	东向分量	东向强度	−18000	17000	nT	东
B_{C}	地心分量	垂直强度	−67000	62000	nT	下
H	水平强度	总磁场	0	43000	nT	—
F	总强度	—	23000	67000	nT	—
I	磁倾角	磁倾斜	−90	90	(°)	下
D	磁偏角	磁场变化	−180	180	(°)	东

一般情况下，地磁场矢量的 7 个元素是在当地地理坐标系下描述的，这里的定义只是为了方便后文描述问题。后文会用到当地地心坐标系下的地磁场矢量，而不会用到当地地理坐标系下的地磁场矢量。

2.4.2.2 地磁场的描述方法

描述地磁场的方法有很多，表示地磁场分布的常用方法有图解方法和数学方法[100]。这两种方法都有其优点与缺点。当地磁场分布比较复杂且观测资料比较多时，使用图解方法更加简便，它不仅能够详细反映区域内磁场的变化，还是进一步进行地磁场反演及延拓研究的基础。但是图解方法也有其不可忽视的缺点，就是不仅线性内插和绘制地磁图带有一定程度的主观性，选择不同的插值计算方法对最终的结果有较大影响，而且探讨其物理机制比较困难。

在数学方法中，高斯的球谐分析（Spherical Harmonic Analysis，SHA）是一种适用于全球范围内地磁观测资料的处理方法，有利于地磁内、外源场的分离。但由于测量点数和计算的限制，球谐级数所能反映的磁场最短空间波长有限制。例如，国际地磁参考场（International Geomagnetic Reference Field，IGRF）通常取 8～12 阶，包含 80～160 个球谐系数，相应的最短空间波长为 3000～5000km。

至于只有局部观测值的情况，球谐分析方法得到的结果既不稳定，又不可靠。因此，表示局部地磁场的数学方法只能求助于其他途径，到目前为止，先后有泰勒多项式方法、矩谐分析（Rectangular Harmonic Analysis，RHA）方法、冠谐分析（Spherical Cap Harmonic Analysis，SCHA）方法及嵌套式或联合式模型等。其中泰勒多项式方法的优点是计算简单和使用方便，但有不符合地磁场位势理论的物理限制；RHA 方法和 SCHA 方法均具有符合地磁场位势理论的优点，且能给出地磁场的三维结构，特别是结合 IGRF 形成嵌套式或联合式模型，更具合理性与发展优势。近年来，人们又提出了新的方法，如地磁压缩恢复法，该方法更适合建立高分辨率地磁模型。

为了探矿和导航，国内外对地磁场都曾开展了广泛的测量，使用的主要方式有卫星磁测、海洋磁测、地面磁测、航空磁测和地磁台站的长期监测等，积累了宝贵的数据，建立了多种地磁模型。据统计，目前有 70 多种主磁场模型。我国自 1952 年起，先后编制了 1950.0、1960.0、1970.0、1980.0、1990.0 和 2000.0 版《中国地磁图》。2001 年和 2002 年，科学技术部基础和公益性专项设立“现代地球磁场监测与地磁基本数据积累”项目，同时中国地震局的“中国数字化地震监测网络工程”设立了“流动地磁监测网络子工程”，联合资助《中国地磁图》的制作平台和社会共享平台建设及 2005.0 版《中国地磁图》的编制。同时，为了满足海上应用，国家海洋局组织多家单位开展了海域重磁普查 420 专项，积累了大量高精度地磁数据。目前，我国已经在国内建立了多个地磁观测台站，能够高精度地记录地磁场的变化。这些地磁数据的积累为地磁导航的研究和实验奠定了坚实的基础。

2.4.2.3 地磁导航的工作原理

地球表面及近地空间每个区域的磁场分布都有其独有的特征。地磁场有总场、三分量等丰富的参数信息，能够为地磁导航提供多种量测信息。地磁导航的主要工作原理就是利用这些信息与已知地磁图进行匹配从而确定载体的位置。

地磁导航的前提是绘制载体运行经过区域的地磁基准图，首先需要根据模型解算或实测规划好的航迹上的地磁场特征量，然后将其处理成网格化的地磁基准图，存储在载体的导航计算机中。当载体运行经过匹配区时，其搭载的磁场测量仪器可以实时测量出地磁场特征量。这些测量得到的地磁场特征量构成了实时测量序列，导航计算机将其与地磁基准图通过某种算法进行匹配，就可以得到载体的精确位置，从而达到精确导航的目的。图 2-9 显示了地磁导航的工作原理[100]。

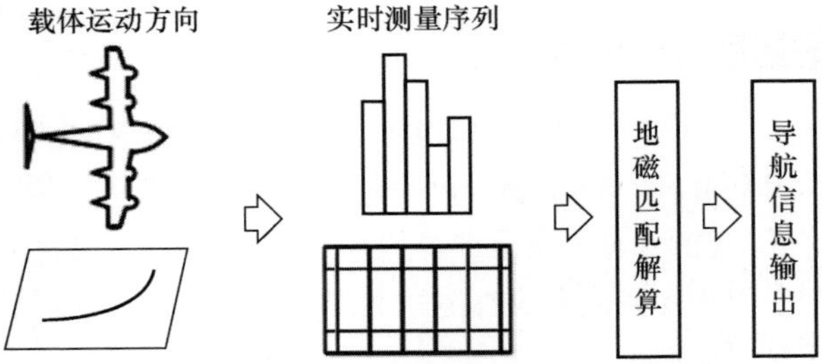

图 2-9 地磁导航的工作原理[100]

对跨洋和跨沙漠等远距离航行来说，整个航迹对应的地磁异常场数据量大，并且不可能整条航迹都位于地磁异常场内，导航计算机很难满足要求。因此，一般根据地磁异常场把飞行的路线分成许多匹配区域，再将各区域分成许多网格。把地磁场测量数据网格化以后就得到了一个网格化的数字地磁图，将其存入导航计算机。当载体经过第一个匹配区域时进行地磁匹配定位，从而确定载体的轨迹误差，并对惯导误差进行修正。当载体经过下一个匹配区域时再次进行地磁匹配定位。如此不断往复，就能连续不断地对载体进行精确定位。

2.4.3 地磁导航系统的特点

2.4.3.1 地磁导航系统的优点

地磁导航系统具有以下优点[91,101]。

（1）无源、无辐射、全天候、自主性强、可靠性高，具有很强的隐蔽性。

（2）没有随时间累积的导航误差。

（3）结构简单、质量轻、体积小，可进行批量生产。

（4）地磁导航能够减弱卫星对地面测控系统和应用系统的依赖，大幅节省卫星的运行成本。

2.4.3.2 地磁导航系统的缺点

地磁导航系统存在以下缺点。

（1）地磁场信息不断缓慢变化，将影响导航精度。

（2）数据输出率不高，影响实时性。

（3）易受外界磁场的干扰，影响定位精度。

2.5 多普勒导航系统

2.5.1 多普勒导航技术的发展及现状

最早的多普勒导航系统由 McMahon 在 1957 年提出，他设计了一种型号为 AN/APN-81 的多普勒导航系统原型机，其中测速雷达采用了简单连续波的雷达体制[102]。Clegg 和 Thorne 于 1958 年发表文章，对多普勒导航系统的质量、体积、功率和性能优势进行了进一步的阐述[103]。AN/APN-81 于 1959 年投入使用，系统中的多普勒测速雷达质量约 132kg，平均发射功率为 50W，相应的导航计算机总质量约 318kg[104]。到 20 世纪 90 年代，多普勒导航系统的基本功能保持不变，质量逐渐减小，代表型号为加拿大微电子公司推出的 CMA 系列导航系统，目前该系列导航系统的最新型号为 CMA-2012[105]。CMA-2012 采用调频连续波雷达体制，它是一个完全独立的多普勒导航系统，不容易受到干扰、欺骗或双点故障的影响。它还提供了用于火力控制的准确姿态信息。由于性能好、质量轻，CMA-2012 被选为虎式攻击直升机、加拿大陆军的贝尔直升机等直升机的机载导航设备。20 世纪 90 年代，BAE 公司推出 AN/ASN-157 多普勒导航仪[106]。该产品采用调频连续波雷达体制，调制频率为 30kHz，系统质量为 5.5kg，系统测速精确度为总速度的 0.15%，平均故障时间间隔超过 7300h，广泛用于美国陆军和荷兰皇家空军的直升机。随着数字信号处理技术的不断成熟，多普勒导航设备逐渐由军用转向军民两用的新方向。例如，CMA-2012 和 AN/ANS-157 都做了民用化改良，推出了专门的民用型号，去除了一些军用功能，降低了售价，并在全球多普勒导航系统市场上占据大部分份额。

国内多普勒导航系统起步较晚，技术积累相对薄弱，陕西长岭电子科技有限公司推出的军用多普勒导航系统能连续、准确地提供载机的瞬时飞行速度，在航姿系统的支持下可实现自动导航和自动驾驶，能引导载机按设定好的航线自动飞抵目标点[107]。此外，中国船舶集团有限公司第七〇七研究所研制了 SDP-2 型多普勒计程仪。它可以测量船舶相对海底的纵向速度和横向速度，还可以实时向航迹控制系统发送船舶的航速信息。由于具有较高精度的测量速度，SDP-2 型多普勒计程仪的输出信号常作为惯导系统的阻尼。但是，高性能军用多普勒导航设备由于成本、功率等原因，很难进行民用拓展。因此，多普勒导航设备有小体积、高性能、低功率、低成本的发展趋势。

2.5.2 多普勒导航系统的基本原理

多普勒导航系统的基本原理是利用多普勒效应来测定物体的速度和位置。这里主要介绍专注于水下航行器速度和航程测量的设备——多普勒计程仪。多普勒计程仪通过向海底发射超声波产生多普勒效应并回收返回的声波完成量测工作。

2.5.2.1 多普勒计程仪的组成

从功能角度看，多普勒计程仪主要由以下几部分组成。

1. 发射机

发射机能够生成功率很大的特定波长的电信号。在接收到电信号之后，发射换能器向外发射超声波。

2. 换能器阵列

换能器阵列由压电陶瓷器件构成。发射机生成的电信号能够触发发射换能器阵列进行机械振荡，从而产生超声波并发射出去。接收换能器阵列能够捕捉到测量对地速度时海底的漫反射，或者捕捉到测量对水速度时体积混响返回的回波，并将捕捉到的声波信息转化为电信号再传递给接收机进行预处理。

3. 接收机

接收机将接收换能器阵列捕捉到的回波信号进行放大处理并检测每个波束的频率，通过自动增益放大器和时变增益放大器达到削弱体积混响和旁瓣干扰的效果，并使输出电压保持足够的稳定。

4. 信号处理机

信号处理机把接收机输出的频率信息进行处理得到每个方向上的多普勒频移，再加上陀螺仪提供的航向信息，通过坐标变换的方法得到深度信息和速度信息。信号处理机会分析接收的信息和输出的信息，然后决定如何切换发射频率、如何切换换能器阵列及使用什么样的跟踪模式。信号处理机中设有智能故障检测与诊断器，能够通过检测有限的点在线预估多普勒计程仪的工作状况，并且能够将故障预报信息或发生故障的信息传递给显示器。

5. 显示器

显示器可以输出多普勒计程仪测量得到的深度信息、速度信息、已发生的故障信息、故障预报信息及系统的参数信息等。

6. 陀螺罗经

多普勒计程仪需要利用航向信息建立地理坐标系，航向信息由陀螺罗经提供且精确度很高。信号处理机还会通过陀螺罗经的速度补偿变换器修正陀螺罗经的速度误差。

2.5.2.2 多普勒效应

在声源与观测者之间存在相对运动的情况下，观测者接收的回波频率与声源发出的频率并不一样，从而出现频率差，这一现象就是多普勒效应。当声源和观测者沿着两条确定的直线运动时，会出现 4 种不同的多普勒效应。设置以下参数：声源频率表示为 f_s，声源在介质（大多数情况下指水）中的运动速度表示为 v_s，声波在介质中的传播速度表示为 c，观测者在介质中的运动速度表示为 v_0。

情况 1：声源与观测者都静止不动，$v_s=v_0=0$。此时观测者接收的回波频率 $f=f_s$。

情况 2：声源静止，观测者运动。在这种情况下，波阵面是等距的同心圆。当观测者的运动速度 $v_0=0$ 时，在时间 t 内观测者将接收 ct/λ 个回波。当观测者的运动速度 $v_0\neq 0$ 时，在相同的时间 t 内观测者接收的回波数量将不再是 ct/λ，而是 $ct/\lambda \pm v_0 t/\lambda$，观测者接收的回波频率 f 并不是原来的声源频率，即

$$f=\frac{ct\pm v_0 t}{\lambda t}=\left(1\pm\frac{v_0}{c}\right)f_s \tag{2-26}$$

式中的+代表观测者向声源方向运动；−代表观测者向声源方向的相反方向运动。

情况 3：观测者静止，声源运动。在这种情况下，因为声源是朝向或远离观测者运动的，所以声源的波峰会更加聚集或更加松弛，波阵面不再是同心圆。在振动发生过程中，声源移近或移远一个距离 v_s/f_0，每个波长会减小或增大 v_s/f_s，波长就变成了 $\lambda'=v_s/f_s\pm c/f_s$，观测者接收的回波频率也变为

$$f=\frac{c}{\lambda'}=\left(\frac{c}{c\pm v_s}\right)f_s \tag{2-27}$$

式中的+代表观测者向声源方向运动；−代表观测者向声源方向的相反方向运动。

情况 4：声源和观测者均运动。在这种情况下，观察者接收的回波频率是

$$f=\frac{c\pm v_0}{c\mp v_s}f_s \tag{2-28}$$

式中第一项分子中的+和分母中的−代表观测者与声源相向运动；分子中的−和分母中的+代表观测者与声源反向运动。

2.5.2.3 速度计算

1. 单波束情况

单波束情况下的测速原理如图 2-10 所示。设发射信号频率为 f_0，航行器的速度为 v_x。根据多普勒效应，在 P 点接收的频率是 $f_1=\dfrac{c}{c-v_x\cos\alpha}f_0$，$\alpha$ 为 P

点在 O 点接收信号频率时形成的夹角。P 点在 O' 点接收的频率是

$$f_2 = \frac{c + v_x \cos\alpha'}{c} f_1 = \frac{c + v_x \cos\alpha'}{c - v_x \cos\alpha'} f_0 \tag{2-29}$$

多普勒频移为 $f_d = f_2 - f_1$，则有

$$f_d = \frac{v_x (\cos\alpha + \cos\alpha')}{c - v_x \cos\alpha} f_0 \tag{2-30}$$

式中，α' 为 P 点在 O' 点接收信号频率时形成的夹角。

在水中，航行器水平方向的速度要远远小于声速，所以 $\alpha \approx \alpha'$，则式（2-30）可以简化为

$$f_d = \frac{2 v_x \cos\alpha}{c - v_x \cos\alpha} f_0 \tag{2-31}$$

将式（2-31）进行泰勒展开，去掉高阶项可以得到

$$f_d = \frac{2 v_x \cos\alpha}{c} f_0 \tag{2-32}$$

f_0、c 和 α 都是已知量，只要通过测量得到 f_d，再将其代入式（2-32）中进行计算，就可以得到航行器水平方向的速度。

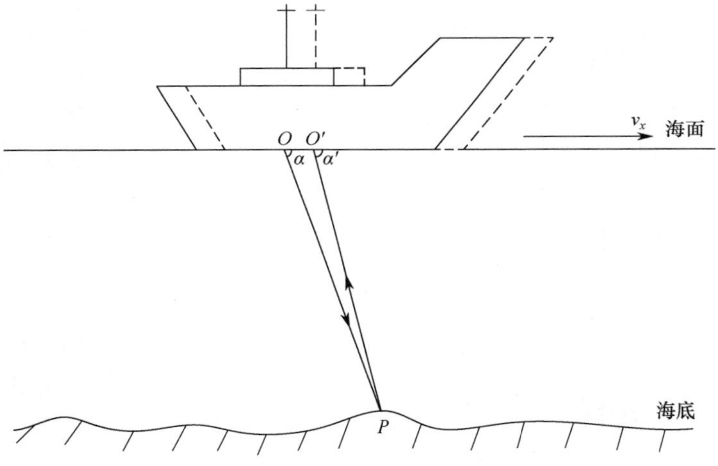

图 2-10 单波束情况下的测速原理 [108]

2. 双波束情况

双波束的发射频率都是相同的，波束的倾角也是一样的。由上文的单波束情况可以得到沿着航行器首向发射的波束频率，可以表示为

$$f_{r1} = \frac{2 v_x \cos\alpha}{c} f_0 \tag{2-33}$$

向航行器尾向发射的波束和航行器的运动方向相反，所以速度 v 前面的符号是负的，因此向航行器尾向发射的波束频率可以表示为

$$f_{r2} = \frac{-2v_x \cos\alpha}{c} f_0 \tag{2-34}$$

f_{r1}、f_{r2} 分别是多普勒计程仪在航行器首向和尾向接收的频率，所以多普勒频移可以表示为

$$f_d = f_{r1} - f_{r2} = \frac{4v_x \cos\alpha}{c} f_0 \tag{2-35}$$

航行器的速度为

$$v_x = \frac{cf_d}{4f_0 \cos\alpha} \tag{2-36}$$

3. 四波束情况

四波束的发射频率都是相同的，波束的倾角也是一样的。由上文的双波束情况可以得到航行器的速度为

$$v_x = \frac{cf_{d13}}{4f_0 \cos\alpha} \tag{2-37}$$

$$v_y = \frac{cf_{d24}}{4f_0 \cos\alpha} \tag{2-38}$$

式中，v_x 和 v_y 分别表示航行器在 x、y 方向的速度；f_{d13}、f_{d24} 分别表示前进方向和横向方向的多普勒频移。航行器的速度也可以表示为

$$v = \sqrt{v_x^2 + v_y^2} = \frac{c}{4f_0 \cos\alpha}\sqrt{f_{d13}^2 + f_{d24}^2} \tag{2-39}$$

根据多普勒频移 f_{d13} 和 f_{d24} 计算得到航行器的偏流角为

$$\beta_d = \arctan\frac{v_y}{v_x} = \mathrm{atctan}\frac{f_{d24}}{f_{d13}} \tag{2-40}$$

2.5.3　多普勒导航系统的特点

多普勒导航系统利用多普勒效应，通过测取多普勒频移获得运载体的运动速度，同时利用陀螺罗经或磁通门等测航向仪器得到航向，利用倾斜仪等得到航行体姿态等，最后通过递推计算定位。多普勒导航系统完全依靠自身的作用，不依赖其他辅助设备，故称为自主式导航系统。因此，多普勒导航系统不需要外部设备的支持，反应速度快，由于发射波束很窄，且波束以很陡的角度发射到海底，所以隐蔽性和抗干扰性好，测得的平均速度精度很高。不过，多普勒计程仪需要外部的航向和垂直基准信息，定位误差随时间积累。

2.6 重力导航系统

2.6.1 重力导航技术的发展及现状

重力导航是一种利用载体重力传感器/重力梯度传感器实时测量载体所在重力场，并通过重力图匹配实现导航定位的技术手段。美国海军于 20 世纪 70 年代进行了一项军事研究计划，该计划首次提出重力辅助导航的理论研究，目的是提高某军用潜艇的水下航行能力[109]。20 世纪 80 年代中期以前，重力导航研究主要集中在运动基座重力梯度仪、重力辅助导航原理和匹配理论上。美国海军于 1998 年和 1999 年分别在水面舰船与潜艇上对通用重力模块进行了演示验证。验证结果表明，采用重力图匹配技术，可以将导航系统误差降低至导航系统标称误差的 10%。20 世纪 90 年代后期，洛克希德・马丁公司成功研制了通用重力模块，其提供无源重力导航和地形估计，可直接应用于现有导航系统。洛克希德・马丁公司最近开始广泛向勘探行业提供两种类型的重力梯度仪：全张量重力梯度仪（Full Tensor Gradiometry，FTG）系统和部分张量重力梯度仪系统。该公司新推出的增强型 FTG 是世界领先的动基座重力梯度仪，其本底噪声是 FTG 的 1/3，这意味着增强型 FTG 具有更高的准确性和空间分辨率。近年来，国内也开始了对无源导航技术的研究。哈尔滨工程大学、东南大学、中国船舶集团有限公司第七〇七研究所等高校和科研院所也在开展这方面的研究工作。重力导航的发展趋势是重力传感器向高精度、小体积和轻质化方向发展，系统向通用化方向发展，应用领域从最初的弹道导弹核潜艇逐渐扩展到航空、陆地车辆和地质勘探等。

2.6.1.1 重力图构建研究现状

重力导航是在研究重力扰动及垂线偏差对惯导系统精度的影响的基础上发展起来的，早期的工作是利用三维解析重力模型求解当地的重力异常和重力梯度，并作为观测量限制惯导误差的积累，当时没有适合导航的重力图，因此重力场的统计特性决定了系统的精度。近年来，随着卫星大地测量技术的发展，特别是随着“数字地球”概念的提出，占地球表面积 71%的海洋的重力情况引起了各发达国家的重视。与陆地重力测量相比，海洋重力测量存在诸多困难，因此，在充分研究地球重力场特性的基础上构建海洋重力异常图的算法显得格外重要。目前采用较多的推值算法有两类[110]：一类是解析推值算法，具有代表性的有早期的线性内插、几何图形内插和加权中数法，以及近代的最小二乘推估法、从应用数学引进的函数插值和逼近法等；另一类是统计推值算法，即利用重力异常的统计特性来推估未测量点的重力异常值，其主要利用重力异常的协方差函数，根据有限的重力异常测量数据来推估未测量点的重力异常值。解析推值算法和统计推值算法的计算模型在形式上完全相同，可以认为协方差函数是解析推值算法中基函数的一种取法，最小二乘推估公式是函数插值模型的一种表现形式。但是，解析推值算法和统计推值算法本质上还是有区别的，协方差函数不同于一般的基函数，它代表不同点的重力异常的相关程度，理论上必须具有对称性、规则性和正定性，同时在地球外部必须是调和函数，所以基函数的选择范围要大于协方差函数。而正是由于协方差函数要求知道推估信号的统计特性，才有可能将解析推值算法发展成为针对不同类型的数据引入不同类型的协方差函数，从而推估未测量点的重力异常值的算法。

目前，有学者将地质统计学中的克里格算法引入重力图的构建中。重力测量点大多是线网状布置的，测线网格之间的距离较大（一般为 1～2 nmile），因此该算法的缺点表现为小范围内已知点分布不理想、大范围内相关性较差。采用克里格算法进行插值，可以由散布的、低密度的重力测量点数据获得规则网格化的、高密度的重力测量点数据，从而得到导航用重力图。

2.6.1.2 匹配解算算法研究现状

重力导航的匹配解算算法主要分为两类：相关极值匹配算法和滤波算法[111]。Boozer 和 Fellerho 提出了 AFTI/SITAN 算法，可以以 3Hz 的频率持续估计航空飞行器的位置，估计的圆概率误差小于 926m（0.5 nmile）。在航空飞行器缓慢旋转的情况下，如果使用制图基础数字地形高程数据进行导航，可以获得 100m 的平均导航定位精度。Hollowell 提出了 HELI/SITAN 算法，其使用一套单状态卡尔曼滤波器，即使在初始误差较大的情况下也可以获得良好的定位精度，位置的平均径向误差小于 50m。Flament 等在“有限资源实现最优性能”的原则下，通过在贝叶斯框架下采用粒子滤波器和高斯混合滤波器实现了地形辅助导航。Metzger 等利用 Sigma 点滤波器进行了地形参考导航，该滤波器在地形参考导航系统中表现出了更好的性能和更高的鲁棒性。Yoo 等提出了一种改进的 TERCOM 匹配算法，其采用线性卡尔曼滤波器修正惯导系统的速度误差。

国内关于重力场辅助导航的研究主要集中在匹配算法上。国防科技大学的冯庆堂等提出了一种基于贝叶斯方法的地形辅助导航算法。西北工业大学的柴霖等研究了不同量测值对 SITAN 算法匹配结果的影响。武汉大学的赵建虎等提出了将 Hausdorff 距离的匹配准则引入 TERCOM 匹配算法中、增加旋转变化、自适应确定最佳旋转角及实现适配序列精匹配的思想。中国人民解放军信息工程大学的李姗姗研究了基于斐波那契数列优化的迭代最近轮廓点（Iterated Closest Contour Point，ICCP）算法。中国科学院测量与地球物理研究所的许大欣等研究了将重力异常数据和重力梯度数据作为观测值对 SITAN 算法匹配结果的影响，结果表明重力梯度数据更适合用来匹配导航。哈尔滨工程大学的侯慧娟提出了两种改进的 ICCP 算法，并对滤波算法进行了初步研究。北京航空航天大学提出了一种三角匹配算法，其包含初始匹配阶段和跟踪匹配阶段，可以在 0.05°～0.002°的初始误差范围内工作。哈尔滨工程大学的张红伟提出了一种轮廓改进方法，其利用概率神经网络算法对初始匹配位置进行优化，主要解决了概率神经网络匹配算法比较依赖航迹的问题。哈尔滨工程大学的高伟等将人工蜂群算法用于重力匹配的位置搜索过程中，并利用多普勒测速仪测量速度以约束蜂群搜索过程，然后利用平均 Hausdorff 距离对匹配结果进行筛选，结果表明在一定的重力异常数据精度条件下可以提高匹配成功率。其他学者也研究了利用不同的数据源（如重力梯度、重力熵等）进行导航定位的算法。在基于相关极值的匹配算法中，很多算法的实时性存在一定的问题；而在滤波算法中，则存在稳健性差或过于复杂的问题。

2.6.2 重力导航系统的基本原理

2.6.2.1 重力匹配定位系统

重力匹配定位系统由惯导系统、重力仪、组合导航计算机等硬件和重力图数据库、重力匹配算法等软件构成。其结构如图 2-11 所示。

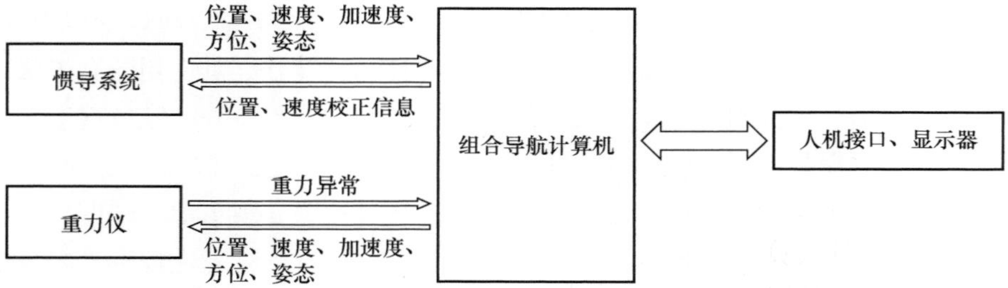

图 2-11 重力匹配定位系统的结构[110]

各部分的主要功能如下。

（1）惯导系统：完成常规的导航任务，为组合导航计算机提供完整的导航参数信息。

（2）重力仪：测量当地的重力异常值，并接收来自组合导航计算机校正后的位置、速度、加速度、方位、姿态信息，将经误差校正的重力异常值送入组合导航计算机。

（3）组合导航计算机：接收来自惯导系统的位置、速度、加速度、方位、姿态信息，利用来自重力仪的实测重力异常值，结合数字化重力图进行重力匹配定位，估计位置、速度；向惯导系统提供位置、速度校正信息；向重力仪提供校正后的速度、加速度、方位、姿态信息。

（4）重力图数据库：存放数字化重力图，为重力匹配算法提供数据来源。

（5）重力匹配算法：该算法是实现重力匹配定位的核心。

重力匹配定位的基本思想是：将重力测量值与惯导系统提供的位置信息相结合，利用重力图进行匹配算法处理，估计实际位置，进而修正或限制惯导系统的误差。

2.6.2.2　重力导航匹配算法

匹配算法对定位的精度和效率有巨大影响，是重力匹配定位的核心。本节主要介绍经典的 ICCP 算法。

1. ICCP 算法的基本原理

记测量数据点集合为 $\{x_n\}_{n=1}^{N}$，真实航迹点集合为 $\{y_n\}$，重力测量值集合为 $\{f_n\}$。由于导航误差，数据点坐标相对重力图存在误差，为求得载体的真实位置，将数据点与存储的重力图进行匹配，即确定刚性变换 T（旋转和平移），该变换使图上的数据点和测量数据点之间距离最小。航迹点集合 $\{y_n\}$ 是需要确定的。而数据点 x_n 一定在重力值为 f_n 的轮廓 C_n 上。找到刚性变换 T，使下式表示的距离最小。

$$M(C,TX)=\sum_{n=1}^{N} w_n d(C_n,Tx_n) \tag{2-41}$$

式中，$X=\{x_n\}_{n=1}^{N}$ 是数据点集合；$C=\{C_n\}$ 是重力测量值轮廓集合；$d(C_n,x_n)$ 是数据点 x_n 与轮廓 C_n 之间的距离；在距离度量中引入权系数 w_n，以考虑第 n 个量测的相对重要程度。

采用下列迭代算法求取使距离最小的刚性变换。

（1）对每个数据点 x_n，在其轮廓上寻找最近点，记这些点为 y_n。假设 y_n 是 x_n 的相应轮廓点。

（2）寻找刚性变换 T，使集合 $Y=\{y_n\}$ 与集合 $X=\{x_n\}$ 之间距离最小。

$$M(C,TX)=M(Y,TX)=\sum_{n=1}^{N} w_n \left\| y_n - Tx_n \right\|^2 \tag{2-42}$$

（3）将集合 X 变换到集合 TX，将新的集合 TX 作为起始集合进行下一步迭代，重复该过程直至收敛，即 T 停止显著变化。

迭代算法的收敛性非常明显，从起始集合 $X^{(0)}$ 开始算，生成集合序列

$X^{(1)}, X^{(2)}, \cdots X^{(F)}$，每次迭代都会使距离缩小，即

$$M(C, X^{(i+1)}) = M(C, T^{(i+1)} X^{(i+1)}) \leqslant M(C, X^{(i)}) \tag{2-43}$$

且由于距离有下界（正值，最好是 0），因此迭代算法是收敛的。

2. 刚性变换

有两个对应数据点集合 $X=\{x_n\}$ 和 $Y=\{y_n\}$，要找到一个刚性变换 T（旋转和平移），使这两个集合之间的距离最小。先旋转后平移，记对 X 旋转的矩阵为 $\boldsymbol{R}$，平移矢量为 $\boldsymbol{t}$，于是有 $Tx_n = \boldsymbol{t} + \boldsymbol{R}x_n$，这里两个集合的质心为

$$\begin{cases} \tilde{y} = \dfrac{1}{w}\displaystyle\sum_{n=1}^{N} w_n y_n \\ \tilde{x} = \dfrac{1}{w}\displaystyle\sum_{n=1}^{N} w_n x_n \\ w = \displaystyle\sum_{n=1}^{N} w_n \end{cases} \tag{2-44}$$

旋转矩阵可以用单位四元数 $\boldsymbol{q} = (q_0, q_1, q_2, q_3)^{\mathrm{T}}$ 表示，且有 $\sum_i q_i^2 = 1$。

四元数方法最初用于三维情况，其中，旋转角度 η 和旋转轴 $\hat{\boldsymbol{v}}$ 与四元数的元有如下关系：$q_0 = \cos(\eta/2), (q_1, q_2, q_3)^{\mathrm{T}} = \sin(\eta/2)\hat{\boldsymbol{v}}$。这里处理的问题是二维的，旋转轴为 $\hat{\boldsymbol{v}}=(0,0,1)^{\mathrm{T}}$，四元数简化为：$\boldsymbol{q}=(\cos(\eta/2), 0, 0, \sin(\eta/2))$。

于是根据 ICCP 数学原理可得

$$\boldsymbol{R} = \begin{bmatrix} \cos\eta & -\sin\eta \\ \sin\eta & \cos\eta \end{bmatrix} \tag{2-45}$$

$$\boldsymbol{S} = \sum_{n=1}^{N} w_n (y_n - \tilde{y})(x_n - \tilde{x})^{\mathrm{T}} = \begin{pmatrix} S_{11} & S_{12} & S_{13} \\ S_{21} & S_{22} & S_{23} \\ S_{31} & S_{32} & S_{33} \end{pmatrix} \tag{2-46}$$

$$\boldsymbol{W} = \begin{bmatrix} S_{11}+S_{22} & 0 & 0 & S_{21}-S_{12} \\ 0 & S_{11}-S_{22} & S_{21}+S_{12} & 0 \\ 0 & S_{21}+S_{12} & S_{22}-S_{11} & 0 \\ S_{21}-S_{12} & 0 & 0 & -S_{11}-S_{22} \end{bmatrix} \tag{2-47}$$

式中，$\boldsymbol{S}$ 为尺度变换矩阵；矩阵 $\boldsymbol{W}$ 的 4 个特征值是实数，由下式给出。

$$\kappa = \pm[(S_{11}+S_{22})^2 + (S_{21}-S_{12})^2]^{1/2}, \pm[(S_{11}-S_{22})^2 + (S_{21}+S_{12})^2]^{1/2} \tag{2-48}$$

记最大的特征值为 κ_{m}，则特征向量可由下式给出。

$$(S_{11}+S_{22}-\kappa_{\mathrm{m}})q_0 + (S_{21}-S_{12})q_3 = 0 \tag{2-49}$$

由此给出旋转角 $\tan(\eta/2) = (S_{11}+S_{22}-\kappa_{\mathrm{m}})/(S_{21}-S_{12})$。

旋转矩阵确定后，平移矢量为

$$\boldsymbol{t} = \tilde{y} - \boldsymbol{R}\tilde{x} \tag{2-50}$$

在上述计算最优变换的算法中，首先计算旋转矩阵，然后计算平移矢量，

即先旋转集合 X，使其对准集合 Y 的方向，然后平移集合 X，使其质心与集合 Y 的质心重合。

3. 寻找最近轮廓点

寻找最近轮廓点是 ICCP 算法的关键。它首先基于这样一个假设：惯导系统的相对误差不大，真实位置就在惯导系统给定位置的附近。寻找最近轮廓点的方法要考虑到重力图的形式。在这里，向轮廓（多边弧）做垂线，垂足为最近轮廓点。然而，真正的重力图是以离散数据的形式存放在计算机中的，同时获得惯导系统的位置和重力值，这就需要根据惯导系统的位置在不大的范围内（依据假设）寻找与该重力值相等的距离最近的值点，从而得到最近轮廓点位置，进行下一次迭代计算。

2.7 仿生导航系统

2.7.1 仿生导航技术的发展及现状

仿生导航属于新型现代导航技术，具有很强的学科交叉性，主要涉及导航学、仿生学、生物细胞学、信息学和动物行为学等学科，是解决卫星拒止情况下无人作战平台高精度长航时自主导航难题的有效技术途径之一。仿生导航是当前导航领域的研究前沿和热点，国外研究机构高度重视对该技术方向的研究，相关研究主要集中在哺乳动物大脑海马区导航定位细胞及作用机理和仿生导航模型等方面，并取得了阶段性的研究成果，为进一步研究仿生导航技术提供了理论支持[112]。

近年来，对啮齿类动物的研究是成为们探索动物导航行为的热点之一，其中海马体成为研究的重点。海马体被认为是大脑学习和记忆的重要区域。1971 年，美国科学家 Keefe 在研究鼠类导航时发现，小白鼠在运动过程中，其海马体中的一类神经细胞会随着运动区域的变化而呈现出明显的激活状态。这些与位置相关的细胞被称为位置细胞。1984 年，大脑中负责方向的方向细胞被 Ranck 发现，随后 Ranck 的学生 Taube 在 1990 年发表了相关论文。研究表明，当动物的头朝向某个方向时，一些方向细胞被激活，且一直维持同样的状态，直到动物把头转向另一个方向。2005 年，瑞典科学家夫妇 Edvard Moser 和 May-Britt Moser 发现了大脑定位机制中的另一个关键组成部分，即网格细胞，该细胞能够在特定位置的外部环境下被触发，并呈现均匀的、有规则的六边形网格状响应结构，具有离散化、多尺度和重叠性的特点，在大脑中映射形成对外部环境的拓扑网格地图。这一发现让精确定位与路径搜索成为可能。这些与导航相关的神经细胞共同组成了动物大脑内的 GPS，Keefe 和 Moser 夫妇分别因发现位置细胞与网格细胞而获得了 2014 年诺贝尔生理学或医学奖。

受哺乳动物大脑海马区导航定位细胞及作用的启发，澳大利亚学者 Milford 等利用视觉传感器模拟鼠类感知环境的机制，并提出了 RatSLAM 算法。该算法使用连续吸引子网络对位置细胞与方向细胞的激活状态进行建模，结合视觉图像得到自身的旋转与速度信息，较好地实现了对外部环境的定位与识别，并成功在城市环境中进行了 66km 的实时构图与定位车载实验。与传统基于概率统计的视觉导航算法相比，RatSLAM 算法不需要精确的环境描述，具有计算实时性高、环境适应性强等优势。但该算法仅利用视觉特征扫描线强度剖面估算载体的速度和转向，由于此视觉特征对环境的描述能力有限，且对图像的旋转和缩放等变换较为敏感，因此该算法需要大量的闭环才能实现较为准确的构图与定位结果。

网格细胞的生物激活特性与动物导航行为密切相关，其离散的、多尺度的表达结构有助于构建更加准确的仿生导航模型。2012 年，Kubie 等提出了基于线性预测模型的路径规划与导航方法，通过使用相邻网格细胞之间的相位偏移量表征相似的方位信息，实现了长距离、多尺度的自主导航。2014 年，Erdem 等根据网格细胞的多空间尺度特性，提出了 HiLAM 仿生导航模型，该模型利用不同距离尺度的探测器在不同方向进行检测，获取目标所处的大致方位后，再选择在一个更加精细的空间尺度上进行目标方位的精确探测，从而确定前往目标的最佳路径。该模型的缺点是没有考虑环境中的障碍物和运动边界。

上述仿生模型主要利用了视觉信息，而研究表明动物具有较强的环境感知能力，能够感知并利用偏振光、地磁场、距离及经验知识等信息进行导航。1999 年，Roy 等设计了基于相机/激光雷达组合的仿生导航系统，通过测量运动环境的图像信息和距离信息，使载体的最大导航误差概率最小，从而实现自主导航。2000 年，Lambrinos 等将沙漠蚂蚁的导航策略应用到地面机器人导航中，建立了基于偏振敏感神经元的仿生导航模型，通过 3 个不同方向的偏振敏感神经元模型传感器测量载体的方位信息，结合轮式里程计实现航位推算。2008 年，Dayoub 等面向地面机器人提出了一种基于人脑记忆机制的导航方法，通过提前获取外部运动环境的图像外观特征，再对比当前图像与之前提取的特征来获取载体的位置，并且实时更新固定区域所对应的图像特征，使该区域的离线图像总是能够充分描述实际环境。2012 年，Furgale 等通过训练将离线信息进行经验化表达，然后通过在线比对，对导航路径进行规划和评估，采用拓扑空间与几何空间相结合的策略，实现机器人的远距离导航。2013 年，Steckel 等借鉴蝙蝠的导航机理，提出了基于声呐的 BatSLAM 仿生导航算法，将声呐传感器安装在机器人上，使其感知周围的运动环境，仿照蝙蝠的导航本领实现对外部空间的构图与定位。

在仿生导航技术应用方面，国外军方特别是美军已经开始尝试将部分研究成果应用于无人机等装备，并开展了原理验证和实验测试。2004 年，美国航空航天局的 Thakoor 等研究了偏振导航在未来火星探测中的应用方案。2015 年，美国国防部高级研究计划局（Defense Advanced Research Projects Agency，DARPA）正式启动了快速轻量级自主飞行项目。该项目通过研究鸟和飞行昆虫机动能力的仿生机能，力图使小型及微型无人机系统能够在强干扰环境中，在没有 GPS 导航和通信链路支持的条件下，具备自主飞行能力。

总之，仿生导航已经成为导航领域发展的新方向，技术研究进展迅速，而且国外军方已积极跟踪与关注该方向，部分成果开始转入无人机等应用领域，但相比动物导航能力还有一定差距，具有较大的提升空间。

2.7.2　仿生偏振光导航系统的基本原理

本节主要介绍仿生偏振光导航系统[113]，包括大气偏振模式和基于偏振成像的天空偏振模式测量原理。

2.7.2.1　大气偏振模式

在晴朗无云的天气条件下，大气层内的散射体主要是大气分子，而大气分子的半径恰好满足瑞利（Rayleigh）散射的条件，因此可以根据单散射粒子的瑞利散射模型建立全天空在晴朗无云条件下的理想大气偏振模式。

天空偏振光是由太阳光通过地球大气分子时的散射现象产生的，因此，只要地球与太阳的相对位置不变，整个天空的 $\boldsymbol{E}$ 矢量分布模式就是固定不变的。而在晴朗无云的天气条件下，天空偏振光的分布模式符合瑞利散射模型[105]，因此，天空中 P 点的偏振状态可以由图 2-12 描述。图中，Z 为天顶，A_S 为太阳方位角，h_P 为太阳高度，A_P 为观测方位角，h_S 为太阳高度角。当观测者处于天球中心 O 点时，天空中 P 点的偏振光的振动矢量方向垂直于由太阳 S、观测者 O 和天空中 P 点所构成的平面。其中，偏振方位角 φ 为球面三角形 ZPS 过 P 点的垂线与通过 P 点的球面三角形的弧在点 P 处的切线之间的夹角。

当考虑全天空中各点的散射时，就获得了大气偏振模式，如图 2-13 所示。当观测者位于天球中心 O 点时，大气偏振模式是一簇以太阳为圆心的同心圆，且对称于过天顶的太阳子午线（SM）和反太阳子午线（ASM）。对一个同心圆上的各点来说，其偏振度大小相等，但方向各不相同，某个点在同心圆上的切线方向为该点的偏振方向。对不同同心圆上的点来说，越远离太阳，偏振度越大；越靠近太阳，偏振度越小。

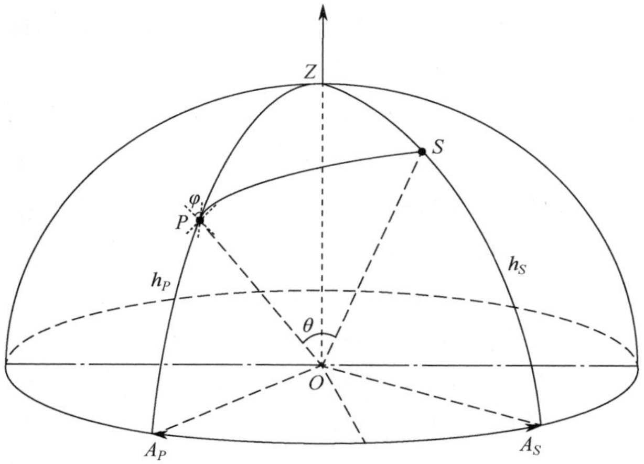

图 2-12　天空中 P 点的偏振状态[113]

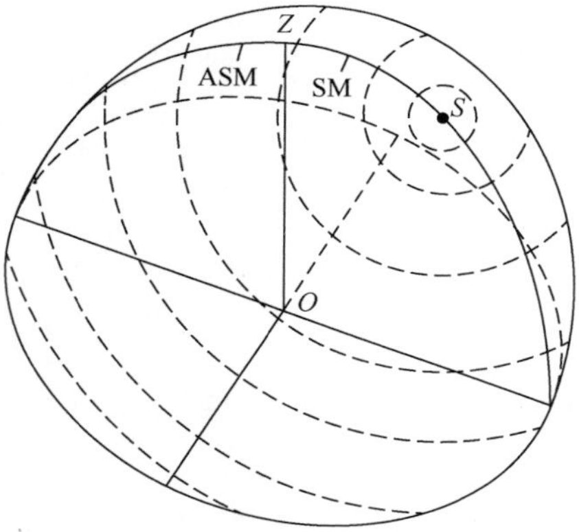

图 2-13　大气偏振模式[113]

1999 年，匈牙利科学家和瑞士科学家经过长期观测，获得了在不同天气条件下的大气偏振模式，并发现在晴朗的天气条件下，大气偏振模式与瑞利散射一致；而在多云的天气条件下，随着云层的逐渐加厚，天空偏振光的偏振度会逐渐降低，但对偏振方位角的影响相对较小；当太阳被完全遮挡，天空偏振度低于 0.05 时，偏振方位角受到的影响较大，不能作为导航的参考方向。

2.7.2.2　基于偏振成像的天空偏振模式测量原理

基于偏振成像的天空偏振模式的测量原理是利用 CCD 相机对天空进行拍摄，获取包含天空各点光强信息的图像，再通过计算机对获取的图像中的各个像素点进行处理，最终得到图像中天空区域的天空偏振模式。对天空中某部分区域进行拍摄以获取该部分天空偏振模式的，称为局部偏振成像；对整个天空区域进行拍摄以获取整个天空偏振模式的，称为全局偏振成像。基于偏振成像的测量方法与基于光电模型的测量方法相比，前者检测的范围更大，获取的信息更多。

英国物理学家 Stokes 于 1952 年提出了 Stokes 矢量，其不仅可以描述完全偏振光，也可以描述部分偏振光。基于偏振成像的天空偏振模式测量系统就是将

Stokes 矢量定义成 $\boldsymbol{S}=(I,Q,U,V)^{\mathrm{T}}$，用 Stokes 矢量对大气偏振光进行描述。其中，I 表示入射光线的总光强，Q,U 表示两个相互正交的线偏振光，V 表示圆偏振光。

假设在任意一束光线中，线偏振光的光强为 I_{l}，圆偏振光的光强为 I_{r}，偏振度为 P，偏振方位角为 χ，椭圆率为 ε，那么该束光线的 Stokes 矢量中各参数可以表示为

$$\begin{cases} I=I_{\mathrm{l}}+I_{\mathrm{r}} \\ Q=I_{\mathrm{l}}-I_{\mathrm{r}}=IP\cos 2\chi\cos 2\varepsilon \\ U=IP\sin 2\chi\cos 2\varepsilon \\ V=IP\sin 2\varepsilon \end{cases} \tag{2-51}$$

偏振度 P 和偏振方位角 χ 表示为

$$\begin{cases} P=\dfrac{\sqrt{Q^2+U^2+V^2}}{I} \\ \chi=\dfrac{1}{2}\arctan\dfrac{U}{Q} \end{cases} \tag{2-52}$$

通过式（2-51）和式（2-52），可以用 Stokes 矢量完全描述一束光线中的偏振信息。当一束光线通过偏振器件时，出射光线和入射光线的关系可以通过状态转移矩阵——Mueller 矩阵来描述。

假设一束入射光线的 Stokes 矢量为 $\boldsymbol{S}$，偏振器件的状态转移矩阵为 $\boldsymbol{M}$，通过偏振器件后出射光线的 Stokes 矢量为 $\boldsymbol{S}'$，那么

$$\boldsymbol{S}'=\boldsymbol{MS} \tag{2-53}$$

即

$$\begin{bmatrix} I' \\ Q' \\ U' \\ V' \end{bmatrix}=\begin{bmatrix} m_{00} & m_{01} & m_{02} & m_{03} \\ m_{10} & m_{11} & m_{12} & m_{13} \\ m_{20} & m_{21} & m_{22} & m_{23} \\ m_{30} & m_{31} & m_{32} & m_{33} \end{bmatrix}\begin{bmatrix} I \\ Q \\ U \\ V \end{bmatrix} \tag{2-54}$$

当使用线性偏振片作为偏振器件，且偏振器件与选定光的参考方向成夹角 ρ 时，Mueller 矩阵为

$$\boldsymbol{M}=\frac{1}{2}\begin{bmatrix} 1 & \cos 2\rho & \sin 2\rho & 0 \\ \cos 2\rho & \cos^2 2\rho & \cos 2\rho\sin 2\rho & 0 \\ \sin 2\rho & \cos 2\rho\sin 2\rho & \sin^2 2\rho & 0 \\ 0 & 0 & 0 & 0 \end{bmatrix} \tag{2-55}$$

因此，易得出射光线的总光强 I' 为

$$I'=\frac{1}{2}(I+Q\cos 2\rho+U\sin 2\rho) \tag{2-56}$$

由于在测量大气偏振时，圆偏振分量很小，即仅研究大气偏振光的线偏振

特性，因此在多数情况下 $V=0$ 。而根据式（2-52），要想获得偏振度 P 和偏振方位角 χ 的值，必须求解出 I,Q,U 。因此，可取 3 个不同 ρ 值下测得的出射光强，组成关于 I,Q,U 的方程组。为了方便计算，ρ 值可分别取 0°、45° 和 90°。那么

$$\begin{cases} I'(0^\circ)=\dfrac{1}{2}(I+Q) \\ I'(45^\circ)=\dfrac{1}{2}(I+U) \\ I'(90^\circ)=\dfrac{1}{2}(I-Q) \end{cases} \tag{2-57}$$

解方程组式（2-57）可得

$$\begin{cases} I=I'(0^\circ)+I'(90^\circ) \\ Q=I'(0^\circ)-I'(90^\circ) \\ U=2I'(45^\circ)-I'(0^\circ)-I'(90^\circ) \end{cases} \tag{2-58}$$

将式（2-58）代入式（2-52），即可求得入射光线的偏振度 P 和偏振方位角 χ 。

然而，由于天空偏振光的偏振化方向是相对于测量系统的 0° 参考方向而言的，因此若要获得天空中某区域的偏振化方向分布，并将测得的偏振化方向分布与理论模型进行比较，且保证每次测量结果的统一性，可以将测量系统的 0° 参考方向与正北方向保持一致。此外，在实际测量过程中，还需要根据测量时太阳光强的变化实时调节相机光圈的大小，避免产生过曝或欠曝现象，导致拍摄的图片信息无法被提取。

参考文献

[1] 王巍. 惯性技术研究现状及发展趋势[J]. 自动化学报，2013，39（6）：723-729.

[2] 高钟毓. 静电陀螺仪技术[M]. 北京：清华大学出版，2004.

[3] 张帆. 捷联惯性导航与卫星导航紧组合系统关键技术研究[D]. 哈尔滨：哈尔滨工程大学，2021.

[4] 邢丽. GNSS 拒止条件下捷联惯性导航系统性能增强关键技术研究[D]. 南京：南京航空航天大学，2018.

[5] XU Z, XIE J, ZHOU Z, et al. Accurate direct strapdown direction cosine algorithm[J]. IEEE Transactions on Aerospace and Electronic Systems, 2018, 55(4): 2045-2053.

[6] BORTZ J E. A new mathematical formulation for strapdown inertial navigation[J]. IEEE Transactions on Aerospace and Electronic Systems, 1971(1): 61-66.

[7] BORTZ J E. A new concept in strapdown inertial navigation[M]. Washington, D.C.: National Aeronautics and Space Administration, 1970.

[8] MILLER R B. A new strapdown attitude algorithm[J]. Journal of Guidance, Control, and

Dynamics, 1983, 6(4): 287-291.

[9] LEE J G, YOON Y J, MARK J G, et al. Extension of strapdown attitude algorithm for high-frequency base motion[J]. Journal of Guidance, Control, and Dynamics, 1990, 13(4): 738-743.

[10] IGNAGNI M B. Efficient class of optimized coning compensation algorithms[J]. Journal of Guidance, Control, and Dynamics, 1996, 19(2): 424-429.

[11] SAVAGE P G. A unified mathematical framework for strapdown algorithm design[J]. Journal of Guidance, Control, and Dynamics, 2006, 29(2): 237-249.

[12] SAVAGE P G. Coning algorithm design by explicit frequency shaping[J]. Journal of Guidance, Control, and Dynamics, 2010, 33(4): 1123-1132.

[13] SAVAGE P G. Explicit frequency-shaped coning algorithms for pseudoconing environments[J]. Journal of Guidance, Control, and Dynamics, 2011, 34(3): 774-782.

[14] SAVAGE P G. Strapdown inertial navigation integration algorithm design part 2：velocity and position algorithms[J]. Journal of Guidance, Control, and Dynamics, 1998, 21(2): 208-221.

[15] LITMANOVICH Y A, LESYUCHEVSKY V M, GUSINSKY V Z. Two new classes of strapdown navigation algorithms[J]. Journal of Guidance, Control, and Dynamics, 2000, 23(1): 34-44.

[16] SONG M, WU W Q, YU H P, et al. Error analysis and optimization of velocity numerical integration algorithms for triad rate-biased RLG system[J]. Journal of Chinese Inertial Technology, 2012, 20(2): 152-156.

[17] BRANETS V N, SHMYGLEVSKII I P. Introduction to the theory of strapdown inertial navigation systems[M]. Moscow: Nauka, 1992.

[18] 刘建业，曾庆化，赵伟，等. 导航系统理论与应用[M]. 西安：西北工业大学出版社，2010.

[19] 余杨，张洪钺. 捷联惯导系统中的圆锥和伪圆锥运动研究[J]. 中国惯性技术学报，2006，14（5）：1-4.

[20] 薛祖瑞. 关于捷联惯导系统圆锥误差的诠释[J]. 中国惯性技术学报，2000，8（4）：46-50.

[21] 曾鸣，冯建鑫，于志伟. 基于角速度频域重构的旋转矢量解算[J]. 中国惯性技术学报，2008，16（2）：144-147，153.

[22] 张长亮，雷虎民. 捷联惯导系统姿态算法误差的频域分析[J]. 广西民族学院学报（自然科学版），2006，12（2）：97-100，112.

[23] 魏小莹，林玉荣，邓正隆. 光纤陀螺捷联姿态算法的改进研究[J]. 中国惯性技术学报，2005（2）：70-74.

[24] 魏晓虹，张春熹，朱奎宝.一种高精度角速率圆锥补偿算法[J]. 北京航空航天大学学报，2005（12）：1312-1316.
[25] 陈建锋，陈熙源，祝雪芬.硬件增强角速率圆锥优化算法的姿态解算精度分析及改进[J]. 东南大学学报（自然科学版），2012，42（4）：632-636.
[26] TANG C, CHEN X. A class of coning algorithms based on a half-compressed structure[J]. Sensors, 2014, 14(8): 14289-14301.
[27] 曾庆化，刘建业，祝燕华，等. 滤波角速率输入的圆锥误差补偿[J]. 应用科学学报，2007（5）：505-509.
[28] BEN Y, SUN F, GAO W, et al. Generalized method for improved coning algorithms using angular rate[J]. IEEE Transactions on Aerospace and Electronic Systems, 2009, 45(4): 1565-1572.
[29] 李安，覃方君，许江宁. 单陀螺多加速度计捷联惯性导航解算方法[J]. 中国惯性技术学报，2012，20（4）：391-394.
[30] 林玉荣，陈亮，付振宪. 捷联惯导系统两种速度更新算法的比较研究[J]. 兵工学报，2012，33（10）：1185-1193.
[31] 刘忠，梁晓庚，贾晓洪，等. 基于四元数的导弹全方位姿态运动误差研究[J]. 弹道学报，2006（2）：5-8，14.
[32] 穆朝絮，孙长银，钱承山. 基于干扰观测器的卫星姿态误差四元数模糊滑模控制[J]. 东南大学学报（自然科学版），2012，42（5）：886-891.
[33] TITTERTON D H, WESTON J L. Strapdown inertial navigation technology[M]. London: IEE, 2004.
[34] 刘庆博. 平台惯导系统的误差测试与标定方法研究[D]. 哈尔滨：哈尔滨工业大学，2021.
[35] 毛玉良. 激光陀螺捷联惯导系统误差辨识与修正技术研究[D]. 北京：北京理工大学，2014.
[36] 严恭敏，翁浚. 捷联惯导算法与组合导航原理（第 2 版）[M]. 西安：西北工业大学出版社，2023.
[37] 谢钢. 全球导航卫星系统原理[M]. 北京：电子工业出版社，2013.
[38] 冉承其. 北斗卫星导航系统建设与发展[J]. 卫星应用，2019（7）：8-11.
[39] 李阳，董涛. “北斗”卫星导航系统的概述与应用[J]. 国防科技，2018，39（3）：74-80.
[40] 秦新梅. 北斗卫星导航系统及其在民航导航中的应用[J]. 通信电源术，2019，36（3）：169-170.
[41] 钱天爵，瞿学林. GPS 全球定位系统及其应用[M]. 北京：海潮出版社，1993.
[42] 王晓海. GPS 迈向现代化[J]. 中国航天，2006（9）：40-43.
[43] 高星伟. 全球导航卫星系统（GLONASS）[J]. 测绘通报，2001（3）：6.

[44] 过静珺，卢建刚，吴卫峰，等. 欧洲伽利略导航系统的发展[J]. 测绘通报，2002（2）：51-52.

[45] 中国卫星导航系统管理办公室. 北斗卫星导航系统发展报告（蓝皮书）2.0[R]. 北京：中国卫星导肮系统管理办公室，2011.

[46] U.S. Department of Defense. Global positioning system standard positioning service performance standard[S]. Washington, D. C: U.S. Department of Defense, 2008.

[47] 冯帅. 北斗空间信号误差统计特征及描述方法研究[D]. 哈尔滨：哈尔滨工程大学，2019.

[48] CSNO. BeiDou navigation satellite system signal in space interface control document[S]. Beijing：China Satellite Navigation Office, 2016.

[49] 张永丽，陈卫东，孟婷婷. 北斗导航系统应用前景初探[J]. 价值工程，2018，37（36）：203-205.

[50] 倪肖晨.浅析北斗卫星导航系统的发展及通航应用[J]. 电子世界，2019（1）：123-124，127.

[51] 刘伟平. 北斗卫星导航系统精密轨道确定方法研究[D]. 郑州：中国人民解放军信息工程大学，2014.

[52] 王振华.天文导航技术与装备的发展现状及对策[J]. 光学与光电技术，2005，3（5）：7-13.

[53] SUNGKOO B. GLAS spacecraft attitude determination using CCD star tracker and 3-axis gyros[D]. Texas: University of Texas, 1998.

[54] ARMSTRONG R W,STALEY D A. A survey of current solid-state star tracker technology[J]. Journal of the Astronautical Sciences,1985,33(12): 341-352.

[55] SHUSTER M D. A survey of attitude representations[J]. Journal of the Astronautical Sciences, 1993, 41(4): 439-517.

[56] MARK E P. Everything is relative in spacecraft system alignment calibration[J]. Journal of Spacecraft and Rocket,2002,39(3): 460-466.

[57] BAR-ITZHACK I Y, HARMAN R R. Optimized TRAID algorithm for attitude determination[J]. Journal of Guidance, Control,and Dynamics, 1997, 20(1): 208-211.

[58] 孙才红. 轻小型星敏感器研制方法与研制技术[D]. 北京：中国科学院，2002.

[59] 郁丰，刘建业，熊智，等. 微小卫星姿态确定系统多信息融合滤波技术[J]. 上海交通大学学报，2008, 42（5）：831-835.

[60] 张晨. 基于星敏感器的航天器姿态确定方法[D]. 武汉：华中科技大学，2005.

[61] PARISH J J, PARISH A S, SWANZY M，et al. Stellar positioning system (part I): applying ancient theory to a modern world[C]//Proceedings of AIAA/AAS Astrodynamics Specialist Conference and Exhibit. Honolulu: AIAA, 2008:18-21.

[62] 林雪原，刘建业，汪叔华. 双星定位／SINS 组合导航系统研究[J]. 中国空间科学技术，2003，23（2）：34-38.
[63] 夏坚白，陈永龄，王之卓. 实用天文学[M]. 武汉：武汉大学出版社，2007.
[64] 郁丰，熊智，屈蔷. 基于多圆交汇的天文定位与组合导航方法[J]. 宇航学报，2011，32（1）：88-92.
[65] LIEBE C C.Pattern recognition of star constellation for spacecraft applications[J]. IEEE Transactions on Aerospace and Electronic Systems, 1993,8(1): 31-39.
[66] HYLAND D C, JUNKINS J L. Active control technology for large space structures[J]. Journal of Guidance, Control, and Dynamics, 1993, 16(5): 801-821.
[67] JUANG J N, KIM H Y, JUNKINS J L. An efficient and robust singular value method for star pattern recognition and attitude determination[J]. Journal of the Astronautical Sciences, 2004, 52(1): 211-220.
[68] ROBERT B. Distribution of points on a sphere with application to star catalogs[J]. Journal of Guidance, Control, and Dynamics,2000,20(1): 130-13.
[69] ALI J, ZHANG C Y , FANG J C. An algorithm for astro-inertial navigation using CCD star sensors[J]. Aerospace Science and Technology, 2006(10): 449-454.
[70] 杨廷高，南仁东，吴一帆. X 射线脉冲星导航原理[J]. 天文学进展，2007，25（3）：249-261.
[71] QIAO L, LIU J Y, ZHENG G L, et al. Novel celestial navigation for satellite using X-ray pulse[J]. Transactions of Nanjing University of Aeronautics&Astronautic, 2008, 25(2): 101-105.
[72] 帅平，陈绍龙，吴一帆. X 射线脉冲星导航原理[J]. 宇航学报，2007，28（6）：1538-1543.
[73] SHEIKH S I, HANSON J E, GRAVEN P. et al. Spacecraft navigation and timing using X-ray pulsars[J]. Navigation-Journal of the Institute of Navigation, 2011,58(2): 165-186.
[74] 张承，熊智，王融，等. 直接敏感地平的空天飞行器惯性/天文组合导航方法[J]. 中国空间科学技术，2013（3）：64-71P.
[75] 赵钧. 航天器轨道动力学[M]. 哈尔滨：哈尔滨工程大学出版社，2011.
[76] COLOMBO C, MCLNNES C. Oribt design for future spacechip swarm missions in a planetary atmosphere[J]. Acta Astronautica, 2012(75): 25-41.
[77] 李崇辉. 基于鱼眼相机的舰船天文导航技术研究[D]. 郑州：中国人民解放军信息工程大学，2013.
[78] GOLDENBERG F. Geomagnetic navigation beyond the magnetic compass[C]//IEEE Position, Location, and Navigation Symposium,San Diego：IEEE, 2006: 684-694.
[79] 郭才发，胡正东，张士峰. 地磁导航综述[J]. 宇航学报，2009，30（4）：1314-1319.

[80] FOX S M, PAL P K, PSIAKI M L. Magnetometer-based autonomous satellite navigation (MAGNAV) [C]//Proceedings of the Annual Rocky Mountain Guidance and Control Conference. Keystone: Univelt, Inc., 1990: 369-382.
[81] JUNG H , PSIAKI M L. Tests of magnetometer/sun-sensor orbit determination using flight data[J]. Journal of Guidance, Control, and Dynamics, 2002, 25(3): 582-590.
[82] 知愚. 法国研究磁场制导技术[J]. 应用光学，2006，27（2）：162.
[83] 刘雪君. 基于水下机器人的磁干扰补偿算法研究 [D]. 哈尔滨：哈尔滨工程大学，2018.
[84] 乔玉坤，王仕成，张琪. 地磁匹配制导技术应用于导弹武器系统的制约因素分析[J]. 飞航导弹，2006（8）：39-41.
[85] 黄黎平. 惯性/地磁组合导航匹配算法研究[D]. 哈尔滨：哈尔滨工业大学，2017.
[86] HEMANT K, THÉBAULT E, MANDEA M, et al. Magnetic anomaly map of the world：merging satellite, airborne, marine and ground-based magnetic data sets [J]. Earth and Planetary Science Letters, 2007, 260(1-2): 56-71.
[87] KATO N, SHIGETOMI T. Underwater navigation for long-range autonomous underwater vehicles using geomagnetic and bathymetric information [J]. Advanced Robotics, 2009, 23(7-8):787-803.
[88] 寇义民. 地磁导航关键技术研究[D]. 哈尔滨：哈尔滨工业大学，2010.
[89] 欧超. 惯性/地磁组合导航方法研究[D]. 哈尔滨：哈尔滨工业大学，2020.
[90] 李素敏，张万清.地磁场资源在匹配制导中的应用研究[J]. 制导与引信，2004（3）：21-23.
[91] LIN Y. Hausdorff-based RC and IESIL combined positioning algorithm for underwater geomagnetic navigation[J]. EURASIP Journal on Advances in Signal Processing, 2010(1): 593238.
[92] 王鹏，吴美平，阮晴，等. 多属性决策方法在地磁图适配性分析中的应用[J]. 兵工自动化，2011，30（8）：65-68.
[93] 穆华，吴志添，吴美平. 水下地磁/惯性组合导航试验分析[J]. 中国惯性技术学报，2013（3）：386-391.
[94] 吕志峰，孙渊，张金生，等. 地磁匹配导航半实物仿真方案设计及关键技术分析[J]. 电光与控制，2015（2）：59-64.
[95] 万胜伟. 基于 ICCP 地磁导航算法的 FPGA 实现[D]. 哈尔滨：哈尔滨工程大学，2015.
[96] 赵塔，陈雨薇，周志坚，等. 一种水下载体干扰磁场的空间差分补偿方法[J]. 电机与控制学报，2016，20（3）：71-76.
[97] 赵塔，朱小宁，程德福，等. 水下地磁导航技术中的地磁场空间差分测量方法[J]. 吉林大学学报（工学版），2017，47（1）：316-322.

[98] 王成玉. 地磁信息处理与匹配导航算法研究[D]. 南京：南京理工大学，2019.
[99] 崔峰. 基于量测差分与模型重构和补偿的地磁导航方法研究[D]. 北京：中国科学院大学（中国科学院国家空间科学中心），2021.
[100] 高久翔. 惯性/地磁组合导航算法仿真及系统关键模块设计[D]. 西安：西安理工大学，2018.
[101] 刘睿. 飞行器惯性/地磁/天文组合导航系统研究[D]. 哈尔滨：哈尔滨工业大学，2011.
[102] MCMAHON, FRANK A. The AN/APN-81 Doppler navigation system[J]. IRE Transactions on Aeronautical and Navigational Electronics, 1957, 4(4): 202-211.
[103] CLEGG J E , THORNE T G. Doppler navigation[J]. Proceedings of the IEE-Part B：Radio and Electronic Engineering, 1958, 105(9S): 235-247.
[104] 张伟.导航定位装备[M]. 北京：航空工业出版社，2010.
[105] CMA-2012 Doppler velocity sensor and navigation system[EB/OL]. Québec: CMC Electronics, 2012.
[106] Doppler/GPS navigation set AN/ASN-157[EB/OL]. Hampshire: BAE System, 2017.
[107] 高猛. 机载多普勒测速雷达信号处理系统的设计与实现[D]. 南京：南京理工大学，2020.
[108] 张鹏. 捷联惯导与多普勒组合导航的研究[D]. 哈尔滨：哈尔滨工程大学，2018.
[109] 段国文，何庆顺，刘伟.国外导航系统发展现状与趋势[J]. 电子技术与软件工程，2021（19）：29-31.
[110] 魏东.重力匹配定位方法研究[D]. 哈尔滨：哈尔滨工程大学，2004.
[111] 董翠军.水下重力场辅助惯性导航匹配算法与适配区选择研究[D]. 武汉：武汉大学，2017.
[112] 范晨. 基于导航拓扑图的仿生导航方法研究[D]. 长沙：国防科技大学，2018.
[113] 程珍. 基于偏振光的仿生自主定位方法的研究[D]. 合肥：中国科学技术大学，2015.

第 3 章

多源融合导航算法框架

3.1 卡尔曼滤波融合导航

3.1.1 集中式序贯卡尔曼滤波融合导航

集中式卡尔曼滤波融合导航是一种典型的集中式信息融合算法[1]，在包括导航在内的许多领域都有丰富的应用。其主要思想是将多个子系统的观测信息在集中式卡尔曼滤波器中同时处理，所有涉及的状态量在同一个全局滤波器中处理，最后得到多种导航参数的最优估计解。

假设传感器的数量为 N，与待求解的导航对象状态变量 $\boldsymbol{X}$ 相关的量测方程为

$$\boldsymbol{Z}_k^{(i)}=\boldsymbol{H}_k^{(i)}\boldsymbol{X}_k^{(i)}+\boldsymbol{V}_k^{(i)},i=1,2,\cdots,N \tag{3-1}$$

式中，$\boldsymbol{H}_k^{(i)}$ 为 k 时刻第 i 个量测矩阵；$\boldsymbol{V}_k^{(i)}$ 为 k 时刻第 i 个量测的高斯噪声，其均值为 0，协方差矩阵为 $\boldsymbol{R}_k^{(i)}$；$\boldsymbol{Z}_k^{(1)},\boldsymbol{Z}_k^{(2)},\cdots,\boldsymbol{Z}_k^{(N)}$ 之间相互独立。通过通信网络将量测传入融合中心，集中后的量测方程可表示为

$$\begin{bmatrix}\boldsymbol{Z}_k^{(1)}\\ \boldsymbol{Z}_k^{(2)}\\ \vdots\\ \boldsymbol{Z}_k^{(N)}\end{bmatrix}=\begin{bmatrix}\boldsymbol{H}_k^{(1)}\\ \boldsymbol{H}_k^{(2)}\\ \vdots\\ \boldsymbol{H}_k^{(N)}\end{bmatrix}\boldsymbol{X}_k+\begin{bmatrix}\boldsymbol{V}_k^{(1)}\\ \boldsymbol{V}_k^{(2)}\\ \vdots\\ \boldsymbol{V}_k^{(N)}\end{bmatrix}=\boldsymbol{H}_k\boldsymbol{X}_k+\boldsymbol{V}_k \tag{3-2}$$

且噪声 $\boldsymbol{V}_k^{(i)}$ 与 $\boldsymbol{V}_k^{(j)}$（$i\neq j$）之间互不相关，因此量测噪声协方差矩阵可写为分块对角阵形式，即

$$
\boldsymbol{R}_k = \begin{bmatrix} \boldsymbol{R}_k^{(1)} & & & \\ & \boldsymbol{R}_k^{(2)} & & \\ & & \ddots & \\ & & & \boldsymbol{R}_k^{(N)} \end{bmatrix} \tag{3-3}
$$

进而可得到多传感器信息集中后在融合中心组成的状态空间模型，即

$$
\begin{cases} \boldsymbol{X}_k = \boldsymbol{\varPhi}_{k|k-1}\boldsymbol{X}_{k-1} + \boldsymbol{\varGamma}_{k-1}\boldsymbol{W}_{k-1} \\ \boldsymbol{Z}_k = \boldsymbol{H}_k\boldsymbol{X}_k + \boldsymbol{V}_k \end{cases} \tag{3-4}
$$

式中，$\boldsymbol{X}_k$ 为 $n\times1$ 维的系统状态向量；$\boldsymbol{Z}_k$ 为 $m\times1$ 维的系统量测向量；$\boldsymbol{\varPhi}_{k|k-1}$ 为 $n\times n$ 维的系统状态转移矩阵；$\boldsymbol{\varGamma}_{k-1}$ 为 $n\times l$ 维的系统噪声分配矩阵；$\boldsymbol{H}_k$ 为 $m\times n$ 维的系统量测矩阵；$\boldsymbol{W}_{k-1}$ 为 $l\times1$ 维的系统过程噪声向量；$\boldsymbol{V}_k$ 为 $m\times1$ 维的系统量测噪声向量。另有

$$
\begin{cases} E[\boldsymbol{W}_k] = \boldsymbol{0},\ E[\boldsymbol{W}_k\boldsymbol{W}_j^{\mathrm{T}}] = \boldsymbol{Q}_k\delta_{kj} \\ E[\boldsymbol{V}_k] = \boldsymbol{0},\ E[\boldsymbol{V}_k\boldsymbol{V}_j^{\mathrm{T}}] = \boldsymbol{R}_k\delta_{kj} \\ E[\boldsymbol{W}_k\boldsymbol{V}_j^{\mathrm{T}}] = \boldsymbol{0} \end{cases} \tag{3-5}
$$

式中，δ_{kj} 表示狄克拉函数，当 $k=j$ 时，函数值为 1；否则函数值为 0。

此时状态空间模型与标准卡尔曼滤波所用模型完全一致，因此可以直接使用线性卡尔曼滤波框架得到融合结果。如果系统具有非线性特性，则可以使用第 1 章介绍的 EKF、UKF 等计算导航对象的状态后验概率。

集中式卡尔曼滤波考虑了全部传感器的量测信息，根据最优估计准则，理论上可以给出状态量的最优估计，即可以提供精确的导航参数解。同时，系统中仅含有一个滤波器，结构简单，容易实现。但是，集中式卡尔曼滤波有如下几个缺点[2]。

（1）计算量大。在每个周期内，计算量正比于 n^3+n^2N，其中 n 为状态维数，N 为传感器数目，传感器越多，计算量越大。

（2）容错性差。集中式卡尔曼滤波包含全部传感器的观测信息，当一个传感器出现故障时，整个导航系统解算过程都会受到影响。

（3）数据易丢失。不同传感器的更新频率不同，当它们利用集中式卡尔曼滤波进行解算时，以更新频率最低的传感器为依据，导致其他传感器的部分数据流失，没有得到充分利用。

为了缓解由于传感器数目增多、量测维数过大导致的增益计算涉及的矩阵求逆运算量过大问题，可以采用序贯的方式进行滤波。集中式序贯卡尔曼滤波是一种将高维数量测更新降低为多个低维数量测更新的方法，能有效地减少矩阵的求逆计算量[3]。集中式序贯卡尔曼滤波流程如图 3-1 所示。

与标准卡尔曼滤波相比，集中式序贯卡尔曼滤波主要的不同之处在于量测

更新，即将量测更新分解为 N 个子量测更新，k 时刻的所有子量测更新等价于在初值 $\hat{\boldsymbol{X}}_k^{(0)}=\hat{\boldsymbol{X}}_{k|k-1}$ 和 $\boldsymbol{P}_k^{(0)}=\boldsymbol{P}_{k|k-1}$ 条件下进行了 N 次递推最小二乘估计，最后的结果作为集中式序贯卡尔曼滤波的估计输出。理论证明，集中式序贯卡尔曼滤波的输出结果与标准卡尔曼滤波的输出结果等价。

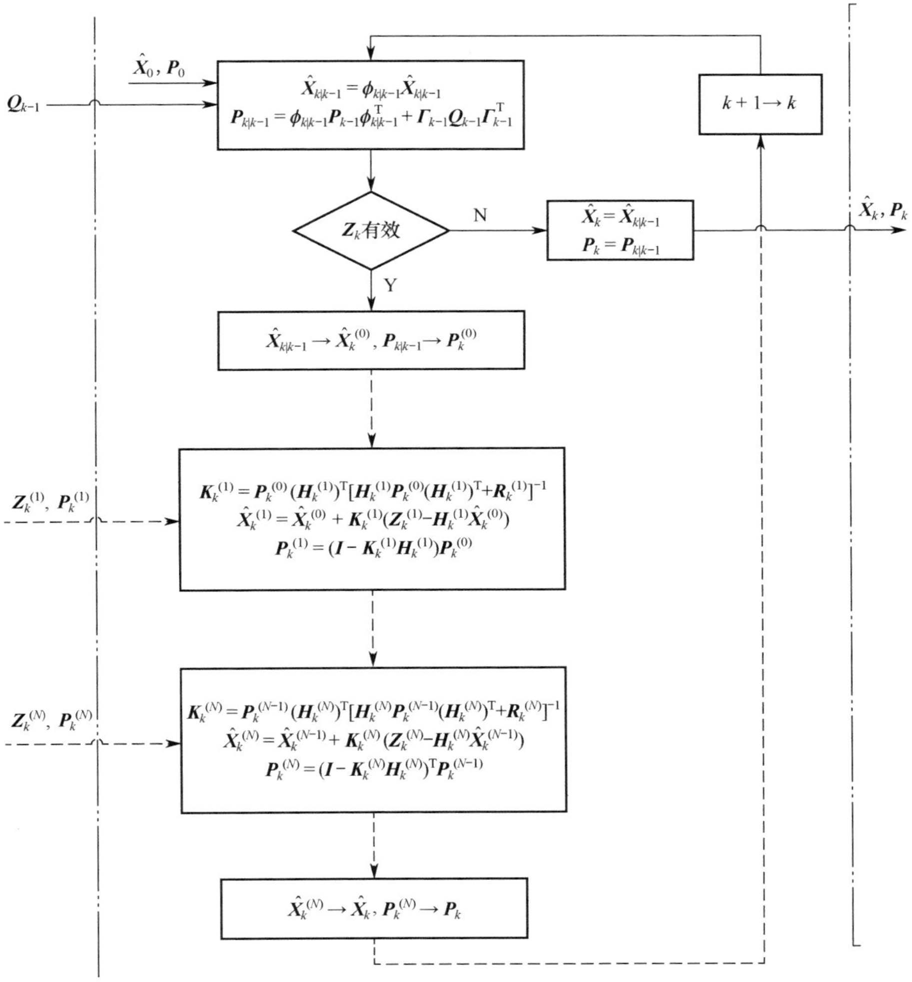

图 3-1　集中式序贯卡尔曼滤波流程[4]

当然，如果量测噪声协方差矩阵 $\boldsymbol{R}_k$ 不是对角矩阵，则可以通过下面介绍的变换方法实现对角化处理。由于 $\boldsymbol{R}_k$ 是正定对称矩阵，它总可以进行如下三角分解。

$$\boldsymbol{R}_k=\boldsymbol{L}_k\boldsymbol{L}_k^{\mathrm{T}} \tag{3-6}$$

式中，$\boldsymbol{L}_k$ 为非奇异的上（或下）三角矩阵。在量测方程中，以 $\boldsymbol{L}_k^{-1}$ 同时左乘两边得

$$L_k^{-1}Z_k = L_k^{-1}H_kX_k + L_k^{-1}V_k \tag{3-7}$$

将式（3-7）简记为

$$Z_k^* = H_k^*X_k + V_k^* \tag{3-8}$$

式中，

$$Z_k^* = L_k^{-1}Z_k, \quad H_k^* = L_k^{-1}H_k, \quad V_k^* = L_k^{-1}V_k \tag{3-9}$$

则新的量测噪声协方差矩阵为

$$\begin{aligned} R_k^* &= E[V_k^*(V_k^*)^{\mathrm{T}}] = E[(L_k^{-1}V_k)(L_k^{-1}V_k)^{\mathrm{T}}] \\ &= L_k^{-1}E[V_kV_k^{\mathrm{T}}](L_k^{-1})^{\mathrm{T}} = L_k^{-1}R_k(L_k^{-1})^{\mathrm{T}} = I \end{aligned} \tag{3-10}$$

可见，新的量测噪声协方差矩阵为对角矩阵（且为单位矩阵），之后便可采用集中式序贯卡尔曼滤波方法，此处不再赘述。当然，该方法的代价是必须对 R_k 做三角分解，即在量测信息之间进行相关（解耦）处理，这会增加一些矩阵分解的计算量。特别地，如果量测噪声协方差矩阵 R_k 是常值阵，则只需在滤波初始化时做一次三角分解即可。

3.1.2 分布式联邦卡尔曼滤波融合导航

虽然集中式序贯卡尔曼滤波融合导航的序贯执行形式可以缓解维数过高带来的计算负担，但是其单一融合中心的容错性差，对故障率敏感，因此本节将介绍分布式联邦卡尔曼滤波融合导航。

3.1.2.1 分布式联邦卡尔曼滤波融合导航的优势

分布式联邦卡尔曼滤波是一种著名的分布式融合算法，它是由 Carlson 在传统卡尔曼滤波算法的基础上提出的[5]，该算法基于信息分配原则，将系统中的信息根据某种指标函数进行分配，取长补短实现最佳的性能结合，从而满足不同的技术要求。其利用“分布–汇总”的思路在理论验证与工程实践两方面都成功地实现了多传感器信息之间的融合，且已经应用于多种多源融合导航方法中，均取得了较为理想的融合结果。发展成熟的分布式联邦卡尔曼滤波融合导航已成为工程中解决导航系统的估计融合问题的首选方法。其主要优势有以下几个。

（1）滤波精度相对较高。

（2）拥有良好的容错性能，如果某个导航子系统发生故障，在故障子系统的滤波信息进入全局融合器之前，将对其进行必要的故障检测和隔离，其余正常的导航子系统重新进行融合，得出全局的状态估计。

（3）全局信息融合所采用的融合算法简单，计算量相对较小。

在分布式联邦卡尔曼滤波融合导航中，假设有 N 个子滤波器对应 N 个传感器量测，状态空间模型为

$$\begin{cases} \boldsymbol{X}_k^{(i)} = \boldsymbol{\Phi}_{k|k-1}^{(i)} \boldsymbol{X}_{k-1}^{(i)} + \boldsymbol{\Gamma}_{k-1}^{(i)} \boldsymbol{W}_{k-1} \\ \boldsymbol{Z}_k^{(i)} = \boldsymbol{H}_k^{(i)} \boldsymbol{X}_k^{(i)} + \boldsymbol{V}_k^{(i)} \end{cases} \tag{3-11}$$

式中，

$$\begin{cases} E[\boldsymbol{W}_k] = \boldsymbol{0},\ E[\boldsymbol{W}_k \boldsymbol{W}_j^{\mathrm{T}}] = \boldsymbol{Q}_k \delta_{kj} \\ E[\boldsymbol{V}_k^{(i)}] = \boldsymbol{0},\ E[\boldsymbol{V}_k^{(i)} (\boldsymbol{V}_j^{(i)})^{\mathrm{T}}] = \boldsymbol{R}_k^{(i)} \delta_{kj} \\ E[\boldsymbol{W}_k (\boldsymbol{V}_j^{(i)})^{\mathrm{T}}] = \boldsymbol{0} \end{cases} \tag{3-12}$$

3.1.2.2　分布式联邦卡尔曼滤波融合导航的步骤

假设各个子系统的估计互不相关，分布式联邦卡尔曼滤波融合导航的具体执行流程包括下面 5 个步骤。

（1）设置滤波的初始值。初始的状态变量误差协方差矩阵 $\boldsymbol{P}_0^{(i)}$ 和系统噪声协方差矩阵 $\boldsymbol{Q}_0^{(i)}$ 可由系统初始值来确定，即

$$\boldsymbol{X}_0^{(i)} = \hat{\boldsymbol{X}}_0^{\mathrm{g}}, \boldsymbol{P}_0^{(i)} = \beta_i^{-1} \boldsymbol{P}_0^{\mathrm{g}}, \boldsymbol{Q}_0^{(i)} = \beta_i^{-1} \boldsymbol{Q}_0^{\mathrm{g}}, i = 1,2,\cdots,N,m \tag{3-13}$$

式中，上标 g 仅用于区分不同的量。

（2）一步预测。将子系统的状态估计与状态估计的协方差基于系统的状态方程进行时间预测，完成卡尔曼滤波的一步状态预测过程。一步预测时各子滤波器与主滤波器独立进行。在各子滤波器之间分别单独进行一步状态预测。

$$\boldsymbol{P}_{k|k-1}^{(i)} = \boldsymbol{\Phi}_{k|k-1}^{(i)} \boldsymbol{P}_{k-1}^{(i)} (\boldsymbol{\Phi}_{k|k-1}^{(i)})^{\mathrm{T}} + \boldsymbol{\Gamma}_{k-1}^{(i)} \boldsymbol{Q}_{k-1}^{(i)} (\boldsymbol{\Gamma}_{k-1}^{(i)})^{\mathrm{T}} \tag{3-14}$$

$$\boldsymbol{X}_{k|k-1}^{(i)} = \boldsymbol{\Phi}_{k|k-1}^{(i)} \boldsymbol{X}_{k-1}^{(i)} + \boldsymbol{\Gamma}_{k-1}^{(i)} \boldsymbol{W}_{k-1} \tag{3-15}$$

（3）量测更新。根据不同导航信源子系统的量测信息，各子滤波器完成对一步预测得到的状态估计值和估计协方差的校正。

$$\boldsymbol{K}_k^{(i)} = \boldsymbol{P}_{k|k-1}^{(i)} (\boldsymbol{H}_k^{(i)})^{\mathrm{T}} (\boldsymbol{H}_k^{(i)} \boldsymbol{P}_{k|k-1}^{(i)} (\boldsymbol{H}_k^{(i)})^{\mathrm{T}} + \boldsymbol{R}_k^{(i)})^{-1} \tag{3-16}$$

$$\boldsymbol{X}_k^{(i)} = \boldsymbol{X}_{k|k-1}^{(i)} + \boldsymbol{K}_k^{(i)} (\boldsymbol{Z}_k^{(i)} - \boldsymbol{H}_k^{(i)} \boldsymbol{X}_{k|k-1}^{(i)}) \tag{3-17}$$

$$\boldsymbol{P}_k^{(i)} = (\boldsymbol{I} - \boldsymbol{K}_k^{(i)} \boldsymbol{H}_k^{(i)}) \boldsymbol{P}_{k|k-1}^{(i)} \tag{3-18}$$

因为主滤波器不存在对应的量测信息，所以主滤波器不需要进行量测更新。

（4）信息融合。分布式联邦卡尔曼滤波融合导航的核心算法为：将子滤波器的局部最优解进行融合，获得融合后的全局最优解。融合方程可以表述为

$$\boldsymbol{P}_k^{\mathrm{g}} = (\sum (\boldsymbol{P}_k^{(i)})^{-1} + (\boldsymbol{P}_k^{(m)})^{-1})^{-1} \tag{3-19}$$

$$\hat{\boldsymbol{X}}_k^{\mathrm{g}} = \boldsymbol{P}_k^{\mathrm{g}} [\sum (\boldsymbol{P}_k^{(i)})^{-1} \boldsymbol{X}_k^{(i)} + (\boldsymbol{P}_k^{(m)})^{-1} \boldsymbol{X}_k^{(m)}] \tag{3-20}$$

（5）信息分配和反馈。将全局最优估计值、误差协方差矩阵、系统噪声协方差矩阵反馈到子滤波器中，可以表述为

$$\hat{\boldsymbol{X}}_k^{(i)} = \hat{\boldsymbol{X}}_k^{\mathrm{g}},\ \boldsymbol{P}_k^{(i)} = \beta_i^{-1} \boldsymbol{P}_k^{\mathrm{g}},\ \boldsymbol{Q}_k^{(i)} = \beta_i^{-1} \boldsymbol{Q}_k^{\mathrm{g}}, i = 1,2,\cdots,N,m \tag{3-21}$$

这种特殊的反馈结构是分布式联邦卡尔曼滤波与其他分散化滤波不同的地

方。β_i 表示信息分配系数，$\beta_i > 0$，满足如下方程。

$$\beta_m + \sum_{i=1}^{N} \beta_i = 1 \tag{3-22}$$

3.1.2.3 联邦卡尔曼滤波器的基本结构及其变种形式

联邦卡尔曼滤波器的基本结构如图 3-2 所示，其由若干个局部滤波器和主滤波器构成，具有两层结构。每个局部滤波器都由一个子系统和一个公共参考系统组成，各局部滤波器之间相互独立，同时工作。子系统分别将量测信息送入局部滤波器中进行更新迭代，各个局部滤波器输出状态更新值和误差协方差矩阵作为输入信息传递给主滤波器。主滤波器将自身状态估计值和各个局部滤波器的输入信息一起融合，最后输出全局状态估计值和全局误差协方差矩阵。图中的虚线部分是指以主滤波器的输出为参考，对各个局部滤波器进行反馈重置，以提高局部滤波器的状态估计精度。但是，当某个子系统出现问题时，故障信息会在主滤波器中参与融合并通过反馈重置污染其他正常运行的局部滤波器，进而导致联邦滤波器整体容错性能下降。对此，可以通过改进结构降低这种污染的影响。$\beta_i\ (i=1,2,\cdots,N)$ 和 β_m 分别是局部滤波器与主滤波器的信息分配系数，信息分配系数的大小将影响联邦卡尔曼滤波器的结构和特性。

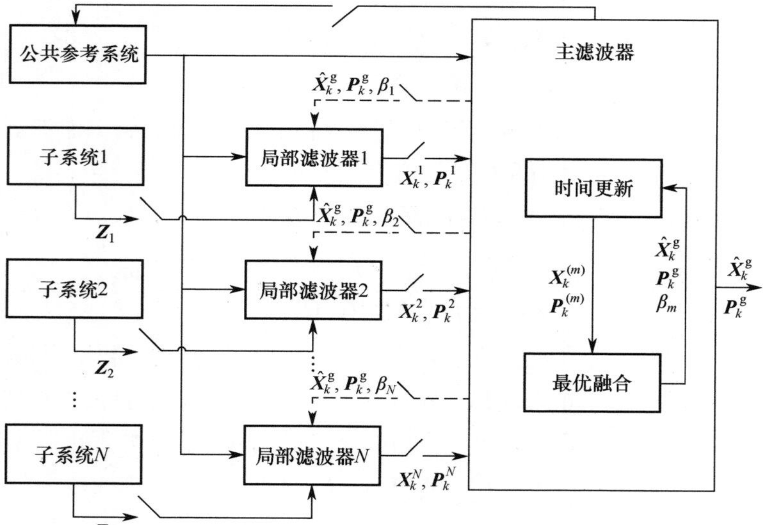

图 3-2 联邦卡尔曼滤波器的基本结构[2]

根据信息分配系数的不同，滤波结构有以下 4 种[2,6]。

1. 零化式重置联邦卡尔曼滤波结构（$\beta_i = 0, \beta_m = 1$）

这种结构如图 3-3 所示。在这种结构中，主滤波器的信息分配系数 $\beta_m = 1$，由主滤波器进行卡尔曼滤波，完成相应的线性最小方差估计。由于局部滤波器的信息分配系数 $\beta_i = 0$，所以不使用子滤波器的状态，只用量测方程完成相应的最小二乘估计，将估计结果作为量测信息送入主滤波器，完成相应的量测更新。由于只有在将局部滤波器的结果送入主滤波器时，主滤波器才进行量测更新，所以主滤波器的工作频率相对较低。由于主滤波器的状态包含所有的系统运动状态信息，所以可以进行故障检测，但是无法对故障进行辨识。

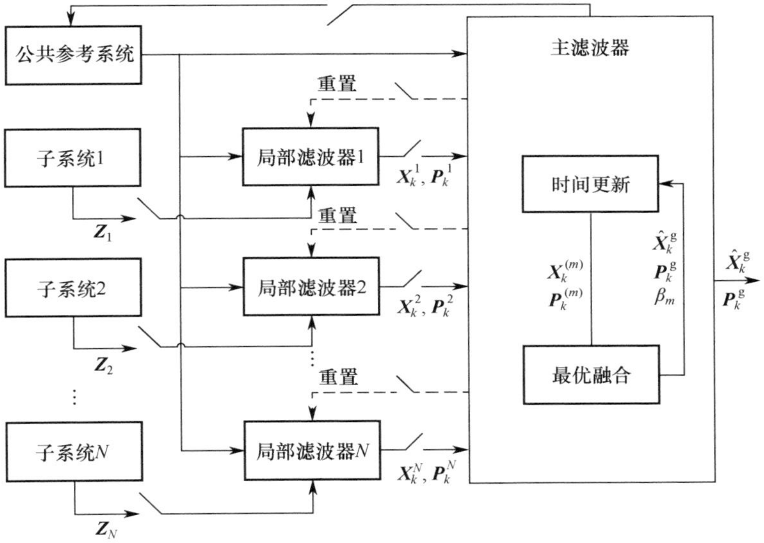

图 3-3　零化式重置联邦卡尔曼滤波结构（$\beta_i = 0, \beta_m = 1$）[2]

2. 有重置联邦卡尔曼滤波结构（$\beta_i = \beta_m = (N+1)^{-1}$）

这种结构如图 3-4 所示。在这种结构中，主滤波器与各局部滤波器之间采用平均分配信息的方法进行融合，最后可以得出具有较高精度的导航输出参数信息。由于全局状态估计是最优的，在对局部滤波器进行重置后，会提高局部滤波器的状态估计精度，进而提高导航系统整体的状态估计精度。但同时由于信息反馈的原因，一个子系统发生故障会影响其他子系统的运行。故障被隔离后，子系统需要经过一段时间的重新初始化才可以使用，因此故障恢复能力比较弱。

3. 有重置联邦卡尔曼滤波结构（$\beta_i = N^{-1}$，$\beta_m = 0$）

这种结构如图 3-5 所示。在这种结构中，主滤波器不参与信息分配，主滤波器对局部滤波器起到修正作用，但由于信息反馈的原因，一个子系统发生故障会影响其他子系统的运行，导致容错性能下降。

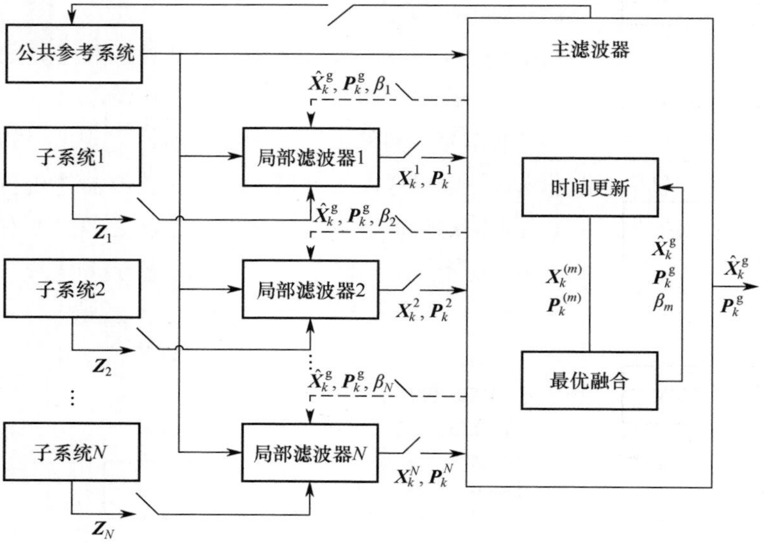

图 3-4　有重置联邦卡尔曼滤波结构（$\beta_i = \beta_m = (N+1)^{-1}$）[2]

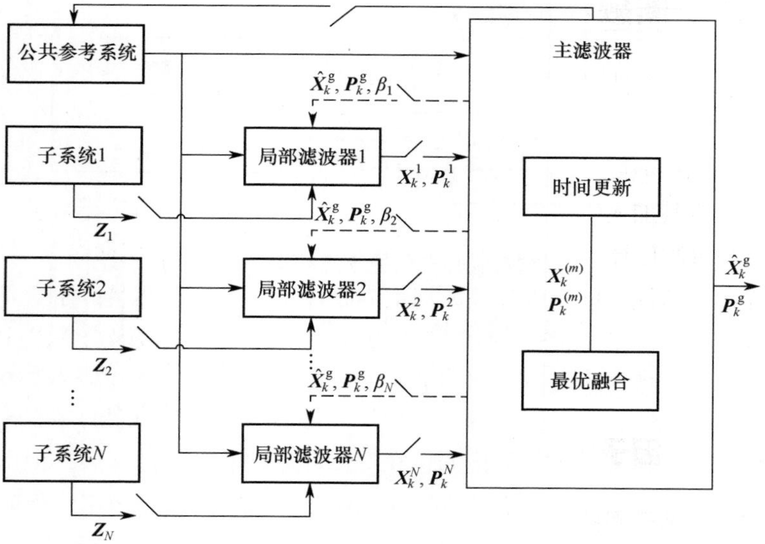

图 3-5　有重置联邦卡尔曼滤波结构（$\beta_i = N^{-1}$，$\beta_m = 0$）[2]

4. 无重置联邦卡尔曼滤波结构（$\beta_i = N^{-1}$，$\beta_m = 0$）

这种结构如图 3-6 所示。在这种结构中，主滤波器不参与信息分配。由于各子滤波器独立进行滤波，所以某个子系统发生故障不会使其他子系统受到污染，即容错性能好。

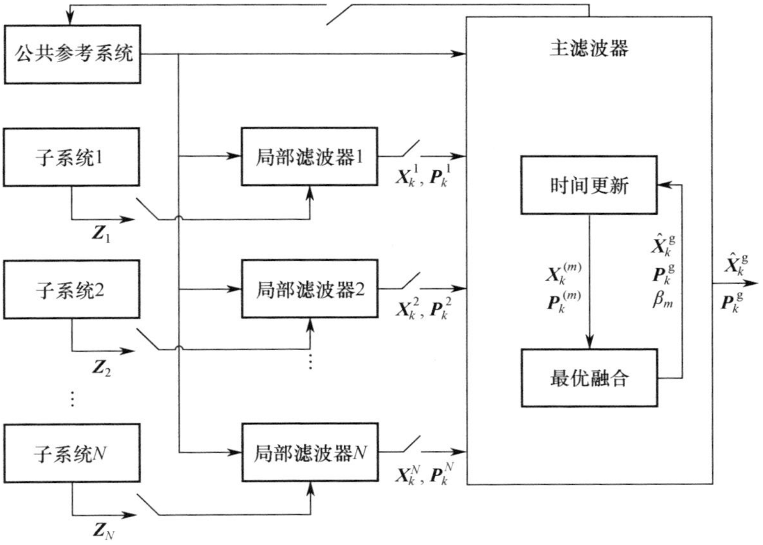

图 3-6　无重置联邦卡尔曼滤波结构（$\beta_i = N^{-1}$，$\beta_m = 0$）[2]

3.2 因子图融合导航

联邦卡尔曼滤波虽然应用广泛，但其在处理异步异质非周期数据融合和非线性问题时显得力不从心，近年来越来越多的研究人员将目光聚集在因子图算法上。在因子图框架下[7]，每个传感器的测量值被编码成为一个因子，只需在产生测量值时将其加入组成框架，对这些连接起来的因子使用贝叶斯推理，完成数据融合和参数估计。这种方法显然适用于处理异质异构非周期数据融合问题，具有很强的灵活性，能够以即插即用的方式配置、组合传感器，如果有传感器失效，也可以从因子图框架中将其及时删除。因此，在多源融合导航中，因子图的身影出现得越来越频繁。

3.2.1 因子图理论

3.2.1.1 因子图的结构

因子图[8]是一种双向图模型，它表征了全局函数和局部函数之间的关系，同时表征了各个变量与局部函数之间的关系。因子图模型可以将复杂的系统进行简化，有利于处理复杂的概率问题。

假设函数 $f(x_1, x_2, x_3, x_4)$ 可以被分解为

$$f(x_1, x_2, x_3, x_4) = f_1(x_1, x_2) f_2(x_2, x_3, x_4) f_3(x_4) \tag{3-23}$$

与其对应的因子图结构如图 3-7 所示。可以看出，因子图由节点、边缘、半边缘（只与一个节点相连）组成。因子图的定义规则如下。

（1）每个因子对应唯一的节点。

（2）每个变量对应唯一的边缘或半边缘；

（3）代表因子 f 的节点与代表变量 x 的边缘（或半边缘）相连，当且仅当 f 是关于 x 的函数时。

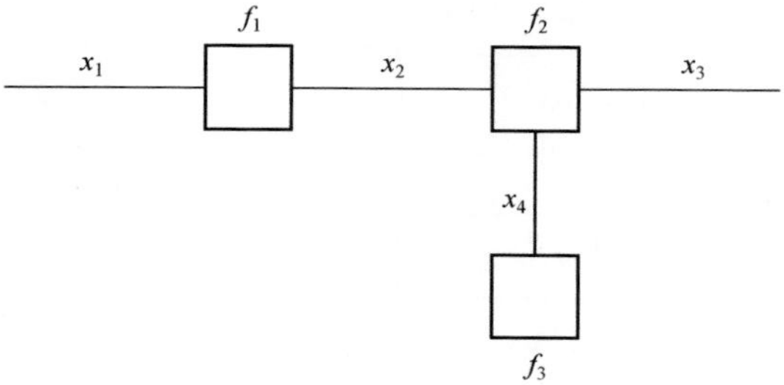

图 3-7　因子图结构 1[9]

上述假设暗含了一个限制，即没有一个变量可以同时连接 3 个及以上因子，因此需要引入等式约束因子。例如，x 是一个实数随机变量，y_1 和 y_2 是关于 x 的两个独立实数带噪声观测量。则这些变量的联合概率密度函数是

$$f(x,y_1,y_2)=f(x)f(y_1|x)f(y_2|x) \tag{3-24}$$

可以看出，变量 x 与 3 个因子同时连接，与其对应的因子图结构如图 3-8 示，其联合概率密度函数为

$$f(x,x',x'',y_1,y_2)=f(x)f(y_1|x')f(y_2|x'')f_=(x,x',x'') \tag{3-25}$$

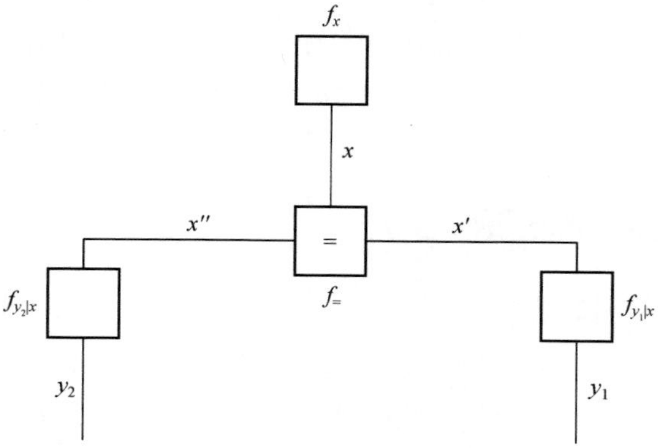

图 3-8　因子图结构 2[9]

其中的等式约束函数为

$$f_=(x,x',x'')=\delta(x-x')\delta(x-x'') \tag{3-26}$$

$$p(x = x') = p(x = x'') = 1 \tag{3-27}$$

等式约束因子本质上是一个分支，它允许两个以上的因子使用同一个变量。假如 y_1 和 y_2 是观测量，需要求取它们的后验概率密度。对于固定的 y_1 和 y_2，可以得到

$$f(x \mid y_1, y_2) = \frac{f(x, y_1, y_2)}{f(y_1, y_2)} \propto f(x, y_1, y_2) \tag{3-28}$$

这里的符号$\propto$表示正比于一个比例因子，而且 $f(x \mid y_1, y_2)$ 可以用图 3-8 所示的因子图来表示（正比于一个比例因子）。这里可以知道，从一个先验模型到一个后验模型（基于某个变量的确定值）并不会改变因子图。在图 3-8 所示的因子图中，对其中的变量 y_1 和 y_2 进一步细化，可以得到图 3-9。

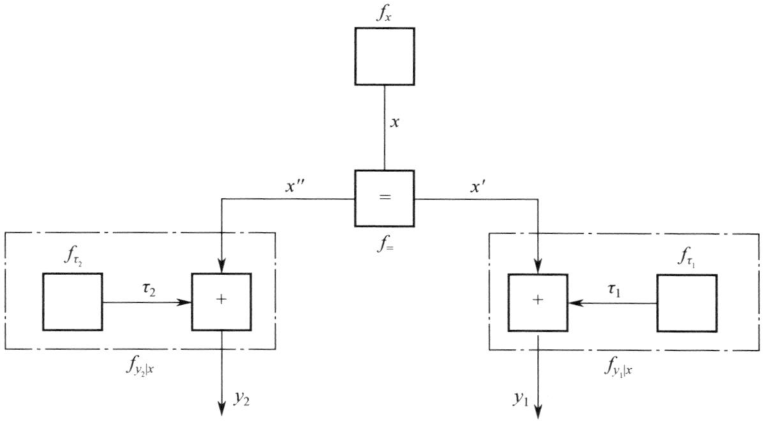

图 3-9　细化的因子图结构 [9]

具体而言，假设变量 y_1 和 y_2 的生成形式为

$$\begin{cases} y_1 = x + \tau_1 \\ y_2 = x + \tau_2 \end{cases} \tag{3-29}$$

式中，随机变量 τ_1 和 τ_2 相互独立，与 x 也相互独立。两个新增的节点+分别表示因子 $\delta(x + \tau_1 - y_1)$ 和因子 $\delta(x + \tau_2 - y_2)$。通过这个例子可以看出因子图支持模块化和层次化系统建模。

假设一个因子图中的所有变量为 $x_1, x_2, \cdots, x_{K_c}$，共 K_c 个，进而所有的局部函数为 $f_1(x_1), f_2(x_2), \cdots, f_{K_c}(x_{K_c})$。其中，$\boldsymbol{X}_{k_c} \subseteq \{x_1, x_2, \cdots, x_{K_c}\}, 1 \leqslant k_c \leqslant K_c$ 表示第 k_c 个局部函数的自变量点集，K_c 表示局部函数的总数。则因子图指定的联合概率分布函数为

$$p(x_1, x_2, \cdots, x_{K_c}) = \frac{1}{C_\mathrm{s}} \prod_{k_c=1}^{K_c} f_{k_c}(x_{k_c}) \tag{3-30}$$

式中，$f_{k_c}(\cdot)$ 为非负有限函数；C_s 为归一化因子。联合概率分布函数可表示为如下因子分解形式。

$$p(x_1,x_2,x_3,x_4)=\frac{1}{C_s}f_1(x_1,x_2)f_2(x_2,x_3,x_4)f_3(x_4) \tag{3-31}$$

3.2.1.2 消息传递算法

消息传递算法主要用于计算因子图中的边缘概率，主要包括和–积算法、最大值–积算法[10]。

1. 和–积算法

给定一个函数 $f(x_1,x_2,\cdots,x_{K_c})$，计算

$$p(x_{k_c})=\sum_{\substack{x_1,x_2,\cdots,x_{K_c}\\ \text{except}\ x_{k_c}}} f(x_1,x_2,\cdots,x_{K_c}) \tag{3-32}$$

式中，$f(x_1,x_2,\cdots,x_{K_c})$ 是关于离散随机变量 $x_1,x_2,\cdots,x_{K_c}$ 的概率质量函数。如果 $f(x_1,x_2,\cdots,x_{K_c})$ 能够被分解为一系列局部函数相乘的形式，则式（3-32）可以利用和–积算法进行计算。

具体而言，假设概率质量函数 $f(x_1,x_2,\cdots,x_8)$ 可以被分解为

$$\begin{aligned}&f(x_1,x_2,\cdots,x_8)\\&=f_1(x_1)f_2(x_2)f_3(x_1,x_2,x_3,x_4)f_4(x_4,x_5,x_6)f_5(x_5,x_7,x_8)f_6(x_6)f_7(x_8)\end{aligned} \tag{3-33}$$

则因子图中的消息传递及信息汇总如图 3-10 所示。

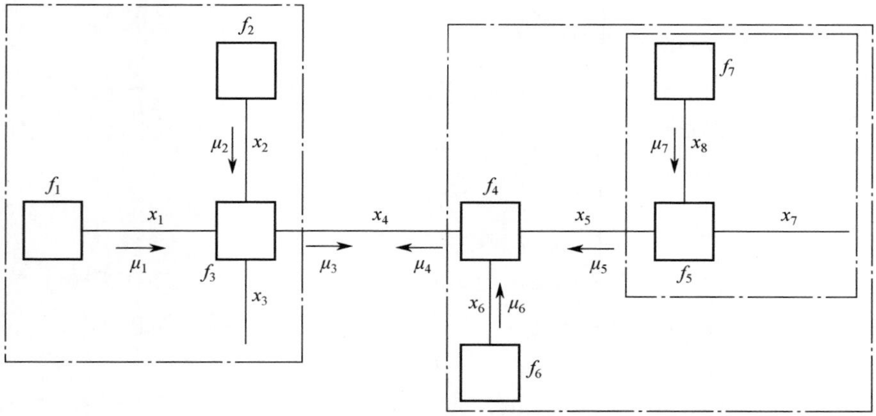

图 3-10 因子图中的消息传递及信息汇总[9]

如果需要计算 $p(x_4)$，可得

$$\begin{aligned}p(x_4)&=\sum_{\sim\{x_4\}} f(x_1,x_2,\cdots,x_8)\\&=\sum_{\sim\{x_4\}} f_1(x_1)f_2(x_2)f_3(x_1,x_2,x_3,x_4)f_4(x_4,x_5,x_6)f_5(x_5,x_7,x_8)f_6(x_6)f_7(x_8)\end{aligned}$$

$$
\begin{aligned}
&=\left(\sum_{x_1,x_2,x_3} f_1(x_1)f_2(x_2)f_3(x_1,x_2,x_3,x_4)\right)\times \\
&\left(\sum_{x_5,x_6} f_4(x_4,x_5,x_6)f_6(x_6)\left(\sum_{x_7,x_8} f_5(x_5,x_7,x_8)f_7(x_8)\right)\right)
\end{aligned}
\tag{3-34}
$$

图 3-10 中虚线框内的消息汇总可以用 μ_3,μ_4,μ_5 表示，即

$$
\begin{cases}
\mu_3=\sum\limits_{x_1,x_2,x_3} f_1(x_1)f_2(x_2)f_3(x_1,x_2,x_3,x_4) \\
\mu_4=\sum\limits_{x_5,x_6} f_4(x_4,x_5,x_6)f_6(x_6)\mu_5 \\
\mu_5=\sum\limits_{x_7,x_8} f_5(x_5,x_7,x_8)f_7(x_8)
\end{cases}
\tag{3-35}
$$

对于简单的消息可以表示为 $\mu_1=f_1(x_1)$，$\mu_2=f_2(x_2)$，代入式（3-35）可得

$$
\begin{cases}
\mu_3=\sum\limits_{x_1,x_2,x_3} \mu_1\mu_2 f_3(x_1,x_2,x_3,x_4) \\
\mu_4=\sum\limits_{x_5,x_6} f_4(x_4,x_5,x_6)\mu_6\mu_5 \\
\mu_5=\sum\limits_{x_7,x_8} f_5(x_5,x_7,x_8)\mu_7 \\
p(x_4)=\mu_3\mu_4
\end{cases}
\tag{3-36}
$$

至此得到和–积算法规则：沿着边缘 x 从节点（因子）f_{k_c} 传递出的信息是 f_{k_c} 和沿着除 x 外其余所有边缘传入的信息相乘，然后对除 x 外其余所有相关变量进行求和的结果。从这个例子中可以明显看到，边缘概率 $p(x)$ 可以通过同时计算两个消息获得，而这两个消息是通过计算因子图中每个边缘每个方向上的消息获得的。而边缘概率 $p(x)$ 就是这两个消息的乘积，如 $p(x_4)=\mu_3\mu_4$。

2. 最大值–积算法

如果要最大化某个概率质量函数 $f(x_1,x_2,\cdots,x_{K_c})$，则需要计算

$$
\hat{x}_1,\hat{x}_2,\cdots,\hat{x}_{K_c}=\underset{x_1,x_2,\cdots,x_{K_c}}{\arg\max} f(x_1,x_2,\cdots,x_{K_c})
\tag{3-37}
$$

这里假设 f 有最大值，且

$$
\begin{cases}
\hat{x}_{k_c}=\underset{x_{k_c}}{\arg\max}\,\hat{f}_{k_c}(x_{k_c}) \\
\hat{f}_{k_c}(x_{k_c})=\max\limits_{\substack{x_1,x_2,\cdots,x_{K_c} \\ \text{except}\ x_{k_c}}} f(x_1,x_2,\cdots,x_{K_c})
\end{cases}
\tag{3-38}
$$

如果 $f(x_1,x_2,\cdots,x_{K_c})$ 对应的是一个自由循环因子图，那式（3-38）就可以用最大值–积算法进行计算。与和–积算法相比，该算法仅消息计算规则不同。

最大值–积算法规则：沿着边缘 x 从节点（因子）f_{k_c} 传递出的信息是 f_{k_c} 和

沿着除 x 外其余所有边缘传入的信息相乘，然后对除 x 外其余所有相关变量进行最大化的结果。

3.2.1.3 箭头及消息表示

为更加方便地表示消息，消息的命名规则如下：假设变量 x 表示一个带方向的边缘，那么 $\vec{\mu}_x$ 表示与边缘同向的消息，而 $\overleftarrow{\mu}_x$ 表示与边缘反向的消息。下面以图 3-11 所示的消息传递结构为例，利用和–积算法求取后验概率分布 $f(x \mid y_1, y_2)$。

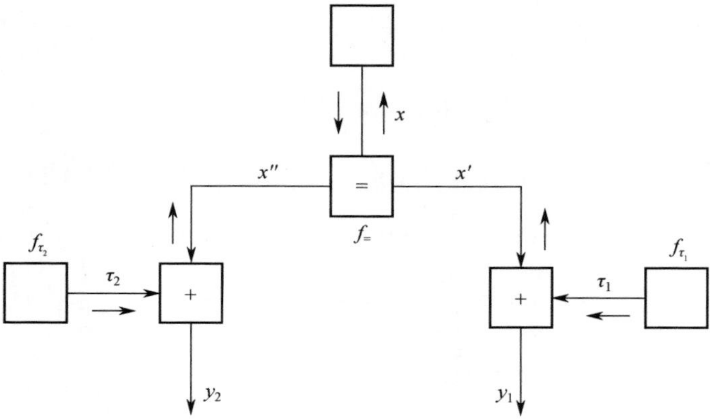

图 3-11 消息传递结构[9]

由前文可知

$$f(x \mid y_1, y_2) = \frac{f(x, y_1, y_2)}{f(y_1, y_2)} \propto f(x, y_1, y_2) = \overleftarrow{\mu}_x \vec{\mu}_x \tag{3-39}$$

根据和–积算法可知

$$\vec{\mu}_{\tau_1} = f_{\tau_1}(\tau_1), \vec{\mu}_{\tau_2}(\tau_2) = f_{\tau_2}(\tau_2) \tag{3-40}$$

$$\overleftarrow{\mu}_{x'}(x') = \int_{\tau_1} \delta(x' + \tau_1 - y_1) \vec{\mu}_{\tau_1}(\tau_1) \mathrm{d}\tau_1 = f_{\tau_1}(y_1 - x') \tag{3-41}$$

$$\overleftarrow{\mu}_{x'}(x'') = \int_{\tau_2} \delta(x'' + \tau_2 - y_2) \vec{\mu}_{\tau_2}(\tau_2) \mathrm{d}\tau_2 = f_{\tau_2}(y_2 - x'') \tag{3-42}$$

$$\begin{aligned} \overleftarrow{\mu}_x(x) &= \iint \delta(x' - x) \delta(x'' - x) \overleftarrow{\mu}_{x'}(x') \overleftarrow{\mu}_{x''}(x'') \mathrm{d}x' \mathrm{d}x'' \\ &= f_{\tau_1}(y_1 - x) f_{\tau_2}(y_2 - x) \end{aligned} \tag{3-43}$$

3.2.2 基于因子图的导航系统建模

线性状态空间模型在导航等很多应用中被广泛使用，本节结合前文提到的因子图理论，用因子图框架构建导航中的线性状态空间模型。线性状态空间模型为

$$
\begin{cases} \boldsymbol{X}_k = \boldsymbol{\Phi}_{k|k-1}\boldsymbol{X}_{k-1} + \boldsymbol{\Gamma}_{k-1}\boldsymbol{W}_{k-1} \\ \boldsymbol{Z}_k = \boldsymbol{H}_k\boldsymbol{X}_k + \boldsymbol{V}_k \end{cases} \tag{3-44}
$$

式中，$k \in \mathbf{N}$ 是时间指标；$\boldsymbol{X}_k \in \mathbf{R}^n$ 和 $\boldsymbol{Z}_k \in \mathbf{R}^m$ 分别是系统状态向量与量测向量；$\boldsymbol{\Phi}_{k|k-1}$ 是系统状态转移矩阵；$\boldsymbol{H}_k$ 是量测矩阵；$\boldsymbol{W}_{k-1} \in \mathbf{R}^n$ 和 $\boldsymbol{V}_k \in \mathbf{R}^m$ 分别是系统过程噪声与量测噪声；$\boldsymbol{\Gamma}_{k-1}$ 是 $n \times l$ 维的系统噪声分配矩阵。根据因子图绘制规则，线性状态空间模型对应的因子图如图 3-12 所示。

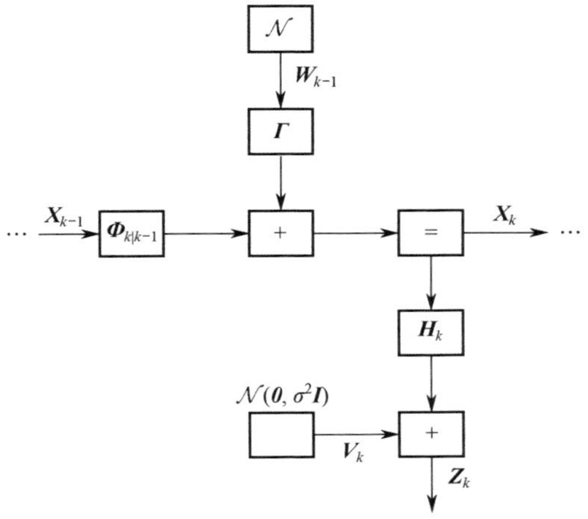

图 3-12　线性状态空间模型对应的因子图[9]

在卡尔曼滤波中，因子和消息的形式分别为

$$
f(\boldsymbol{x}) = \mathrm{e}^{-q(x)} \tag{3-45}
$$

$$
q(\boldsymbol{x}) \triangleq (\boldsymbol{x} - \boldsymbol{m}_x)^{\mathrm{H}} \boldsymbol{W}_x (\boldsymbol{x} - \boldsymbol{m}_x) + c_x \tag{3-46}
$$

式中，$\boldsymbol{x}$ 为实数向量；$\boldsymbol{m}_x$ 为均值向量；$\boldsymbol{W}_x$ 为正定矩阵；c_x 为一常数。

基于和–积算法规则可得

$$
\begin{aligned} \mu_{f \to x_k}(x_k) = &\sum_{x_1}\sum_{x_2}\cdots\sum_{x_{k-1}}\sum_{x_{k+1}}\cdots\sum_{x_n} f(x_1, x_2, \cdots, x_n)\mu_{x_1 \to f}(x_1)\mu_{x_2 \to f}(x_2)\cdots \\ &\mu_{x_{k-1} \to f}(x_{k-1})\mu_{x_{k+1} \to f}(x_{k+1})\cdots\mu_{x_n \to f}(x_n) \end{aligned} \tag{3-47}
$$

在将式（3-47)映射到对数域时，和–积算法就自然转化为最小值–和算法，即最大值–积算法，可得

$$
\begin{aligned} q_{f \to x_k}(x_k) = {}& \min\nolimits_{x_1} \min\nolimits_{x_2} \cdots \min\nolimits_{x_{k-1}} \min\nolimits_{x_{k+1}} \cdots \min\nolimits_{x_n} (\varphi(x_1, x_2, \cdots, x_n) + q_{x_1 \to f}(x_1) + \\ & q_{x_2 \to f}(x_2) \cdots + q_{x_{k-1} \to f}(x_{k-1}) + q_{x_{k+1} \to f}(x_{k+1}) + \cdots + q_{x_n \to f}(x_n)) + c \end{aligned} \tag{3-48}
$$

卡尔曼滤波仅是图 3-13（a）所示的前向和–积迭代计算，并且根据给定的观测信息得到状态的后验概率分布。同时，基于所有观测信息，可以计算如图 3-13（b）所示的后向消息，即所求变量的后验概率分布。

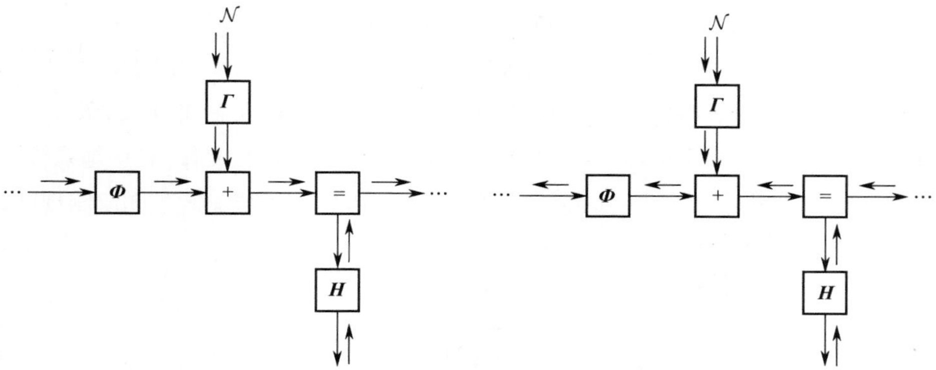

(a) 前向和-积迭代计算　　(b) 后向消息计算

图 3-13　线性状态空间模型在因子图中的消息传递[9]

3.2.3　多源信息融合因子图算法

因子图模型具有的即插即用特性能有效解决观测量时间不同步问题，而且相比传统卡尔曼滤波观测矩阵维数更低，计算复杂度更低，数值稳定性更高[9]。图 3-14 是融合了各种信源的因子图框架，其中涉及 GPS、磁力计、气压高度计、光流传感器等。图中的 f_{GPS}、f_{mag}、f_{baro}、f_{flow}、f_{IMU} 分别表示 GPS、磁力计、气压高度计、光流传感器、惯性测量单元的信息。

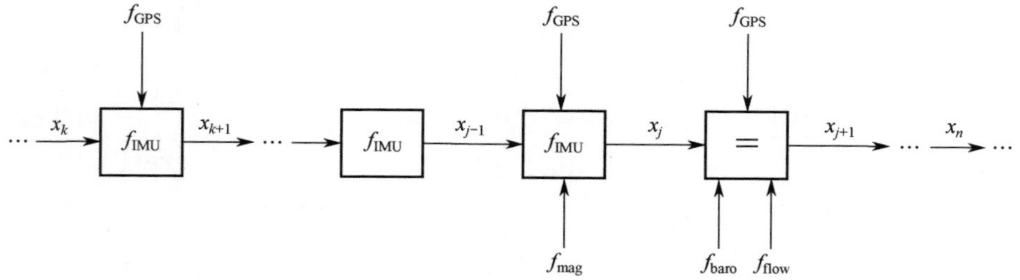

图 3-14　多源信息融合因子图框架[9]

内部变量定义如下。

$$\boldsymbol{X}=[\phi_x\ \phi_y\ \phi_z\ \delta v_x\ \delta v_y\ \delta v_z\ \delta L\ \delta\lambda\ \delta h\ \varepsilon_x^{\text{b}}\ \varepsilon_y^{\text{b}}\ \varepsilon_z^{\text{b}}\ \nabla_x^{\text{b}}\ \nabla_y^{\text{b}}\ \nabla_z^{\text{b}}\ \nabla_z^{\text{b}}]^{\text{T}} \tag{3-49}$$

在多源信息融合因子图框架中，定义量测模型 $h(x)$，可以根据已知的上一时刻状态估计来预测传感器的观测信息。因子节点定义为量测预测信息和实际量测信息的差值，建立相应的指标函数从而获取状态变量的估计，基于高斯白噪声模型假设，一个量测因子节点可表示为

$$f_i(\boldsymbol{X}_i)=d[h_i(\boldsymbol{X}_i)-\boldsymbol{Z}_i] \tag{3-50}$$

式中，$h(\cdot)$ 表示量测模型，是与状态变量相关的函数；$\boldsymbol{Z}_i$ 表示实际的观测信息；

$d(\cdot)$ 表示代价函数。

接收来自惯性测量单元的观测信息后，定义因子节点连接不同时刻两个变量的边缘，即导航状态。根据系统的状态方程进行状态更新和节点扩增。在 j 时刻接收到 GPS 的观测信息后，定义因子节点与变量边缘连接。GPS 的量测方程为

$$\boldsymbol{Z}_{\text{GPS}} = h_{\text{GPS}}(\boldsymbol{X}_j) + v_{\text{GPS}} \tag{3-51}$$

式中，$\boldsymbol{Z}_{\text{GPS}}$ 是 GPS 观测信息；$h_{\text{GPS}}(\cdot)$ 是 GPS 观测函数；v_{GPS} 是 GPS 观测噪声。因此，节点 f_{GPS} 可以表示为

$$f_{\text{GPS}}(\boldsymbol{X}_i) = d[\boldsymbol{Z}_{\text{GPS}} - h_{\text{GPS}}(\boldsymbol{X}_i)] \tag{3-52}$$

同理，在其他时刻接收到气压高度计、磁力计、光流传感器、偏振光传感器等的观测信息后，定义因子节点拓展因子图，根据传感器的观测方程及相应的代价函数进行变量边缘的状态更新。基于因子图的多传感器信息融合方法可以有效解决多传感器观测数据异步问题。接收到传感器的输出数据后，对因子图节点进行扩充，根据系统的状态方程和量测方程快速有效地进行系统状态的更新，实现多传感器的数据综合处理。

导航系统信息融合算法包括两部分，即轨迹生成与信息滤波。在轨迹生成中，通过设置不同的加速度、角加速度及时间生成一条飞行轨迹，通过解算同时生成三轴陀螺仪数据和三轴加速度计数据作为导航解算的原始数据。信息滤波主要包括因子图结构的实时构建和消息处理，其流程如图 3-15 所示。其中前 6 步介绍如下。

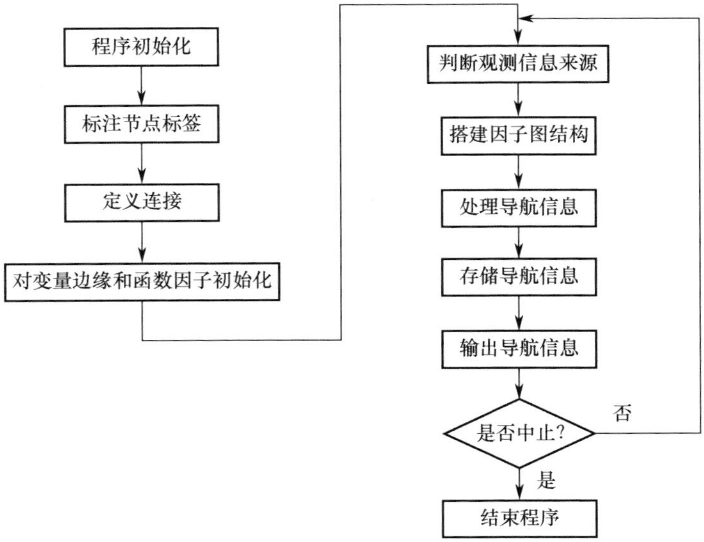

图 3-15　信息滤波流程[9]

（1）程序初始化，主要包括系统噪声方差矩阵初始化、观测噪声方差矩阵初始化、观测矩阵设置、状态变量方差矩阵初始化、初始状态变量设置，以及

初始姿态、速度、位置设置。

（2）标注节点标签，即让每个节点拥有唯一的标签。

（3）定义连接，由特定的函数将不同的因子连接成因子图。

（4）对变量边缘和函数因子初始化，把之前的初始化信息输入因子图中。

（5）判断观测信息来源，主要目的是为搭建因子图结构做准备，针对不同的观测信息搭建不同的因子图结构。

（6）搭建因子图结构，利用特定的函数将观测信息插入因子图中，用以校正导航信息。

3.2.4 自适应因子图融合导航

为了克服传统因子图理论无法解决传感器输出信息频率与系统状态更新频率不一致且存在偶发性延迟的问题，人们提出了自适应因子图模型[11]，如图 3-16 所示。其中，f_x^{Prior}、f_α^{Prior} 分别为导航状态量和惯性器件偏差变量先验信息构成的因子节点；f_i^{Bias} 为偏差因子节点；$f_1^{P_{\text{GNSS}}}$、$f_1^{v_{\text{GNSS}}}$ 分别为 GNSS 的位置测量值对应的因子节点和 GNSS 的速度测量值对应的因子节点；f_i^{IMU}、f_i^{INS} 分别为 IMU 和 INS 的测量值对应的因子节点。图中给出了不同导航信源的信息。在多源信息融合因子图框架的构建过程中可以明显看出，多源融合导航系统的各个导航信源对应的子滤波系统（因子图模型中的因子节点）是相互独立的。因此，当遇到隧道等有遮挡的复杂导航情况时，如果 GNSS 失效，无法输出有效、可靠的导航信息，只需要切断 GNSS 因子节点的消息传递过程，系统就会自动转换为惯导系统（Inertial Navigation System，INS）、里程计（Odometer，OD）等其他导航信源对应的因子图模型。当导航对象离开复杂导航环境、GNSS 恢复工作输出导航信息时，只需要恢复 GNSS 因子节点的消息传递过程，系统就会自动切换为 GNSS/INS/OD 等导航信源对应的因子图模型。因此，基于因子图理论刻画多源融合导航框架时，能够完成自适应的导航信源切换、删除、添加等操作，极大地提高多源融合导航系统在复杂导航环境下的工作精度、鲁棒性与稳定性。

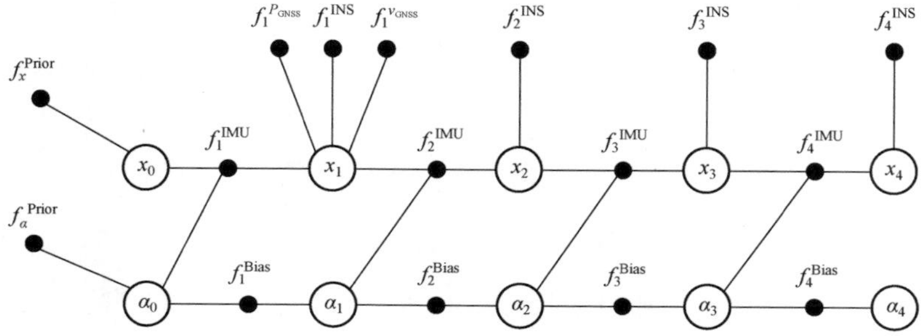

图 3-16 GNSS/INS/OD 存在时延时的自适应因子图模型[7]

在因子图算法中，也可以利用变分贝叶斯推断的强推理能力来计算整个因子图模型的状态后验分布。但是，如果在时间维遍历整个庞大的因子图模型来计算导航状态变量的后验分布，会极大地增加算法的计算负担，并且由于参与的历史量测信息过多，难免会削弱最重要的当前量测在导航状态变量后验估计中的参与程度，即与最有价值的当前量测竞争权重的历史量测过多，从而增加了计算量，但精度没有显著提高。因此，对因子图中导航状态变量的后验估计进行加窗处理，即限制参与导航状态变量后验估计的因子节点时间维范围，能够在一定程度上降低计算量，同时保证精度不变甚至提高[7]。滑动窗口的引入让传统因子图的全局节点优化转化为当前几个时刻内节点的优化，这样不仅保留了信息量最丰富的节点，也减少了计算量，提高了融合与后验估计速度。基于滑动窗口的因子图模型如图 3-17 所示，它意味着参与优化的因子节点范围仅包含全部因子节点中的一部分。图中给出了不同传感器的量测向量。

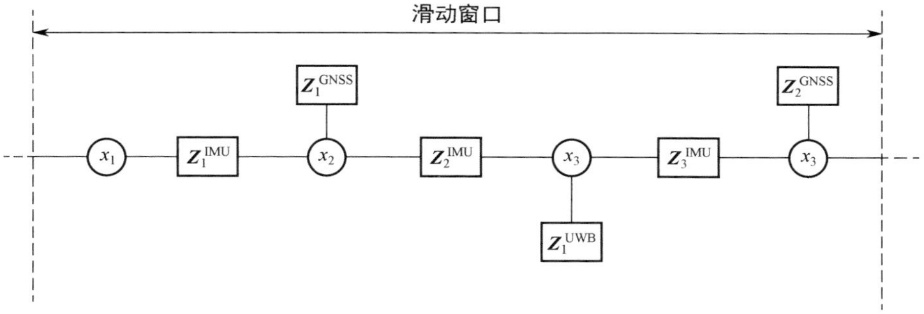

图 3-17　基于滑动窗口的因子图模型[7]

与现有线性平滑器相比，基于滑动窗口的因子图模型可以利用增量平滑算法的优势，对于每个时刻不同导航信源产生的新的量测数据，仅对正交三角分解后的雅可比矩阵进行更新，而不需要像传统方法那样重新计算雅可比矩阵整体，从而提高了计算效率。此外，在基于滑动窗口的因子图模型中，在对变分贝叶斯推断使用的信息量进行限制时，涉及的规则有定步长、变步长、定窗长和变窗长等，具体的规则选择通常与实际的导航场景复杂程度、导航环境的变化等密切相关。例如，当导航对象飞行速度较快且频繁进行机动动作时，导航环境变化较为剧烈，剧烈的导航环境变化会导致历史量测的参考价值越来越小，因此可采用定步长、变窗长的滑动规则来减少历史信息量的使用，从而保证算法能够根据载体的动态性自适应地调整估计值输出速率等。

同时，在求解导航状态变量的后验估计时，除了观测量，导航信源的先验信息也会对导航结果产生明显的影响。当导航系统先验信息不准确时，如果在滤波过程中先验信息所占权重较大，则会大幅降低导航对象后验估计精度。在典型的因子图理论中，系统初始化时的初始值根据专家的先验知识确定，并且在之后的导航过程中不再更新。但是在实际应用中，由于导航对象自身存在大机动、高速飞行等内在因素，加上多源融合导航各子系统受到电磁环境、主动干扰等多种外界因素的影响，导航信源的量测分布与导航对象的状态分布会产生无法预测的变化。因此，本节基于传统后验估计框架提出了基于因子图理论的迭代型均值向量和协方差矩阵的后验估计算法[12]，其核心思想是在导航对象飞行过程中，在每个迭代周期内基于最小二乘法求解得到内在因素和外在因素导致的变化值，通过与当前周期值相加对其进行更新，并且将更新后的参数传递到下一迭代周期。此时针对协方差矩阵的动态估计本质上是一个动态加权的过程，即当某一时刻量测值的残差较大时，估计得到的协方差矩阵也会相应增大，从而在下一次迭代周期中起到降低权重的作用。随着迭代的不断进行，算法对该量测值的信任会不断下降，从而提高算法对内在因素和外在因素导致的野值点干扰的鲁棒性。

3.3 交互多模型融合导航

多模型估计理论是对传统自适应估计理论的一种发展和延伸，其核心思想是在系统数学模型不能完全确定或部分参数未知的情况下，通过多个模型逼近近似得出系统的真实情况。该理论适用于结构或参数容易发生变化的系统中，广泛应用于导航目标跟踪及图像处理等领域。

但基本多模型估计理论的不足之处在于各模型之间没有交互作用。因此，本节在泛化伪贝叶斯的基础上引入马尔可夫链，提出了交互多模型（Interacting Multiple Model，IMM）算法。该算法的核心思想是用多个模型来近似逼近不确定参数的系统模型，在模型精确度一定的情况下提高滤波精度和抗干扰性能。在 IMM 算法中，各模型之间有交互作用，能够充分利用各模型的估计信息，而且将模型之间的转换看作马尔可夫过程更加符合实际情况，因此 IMM 算法被广泛应用于人工智能、控制、导航等领域。

3.3.1 交互多模型的原理

在使用 IMM 算法[13]进行融合状态估计时，任何模型滤波器都可能成为当前系统有效的模型滤波器，每个滤波器的初始条件都是前一时刻条件模型滤波结果通过转移概率交互得到的。一般使用两个或多个模型来趋近系统状态，然后通过各个模型之间有效的加权融合算法进行状态估计，从而很好地克服了单模型估计中系统模型不准确的缺点。IMM 算法在形式上采用多个滤波器进行并行估计，每个滤波器对应不同的系统模型，因此每个滤波器对系统状态估计的结果也不同。

IMM 算法的基本步骤如下。首先基于提前建立的完备模型库，通过对前一时刻所有模型对应滤波器的估计值进行加权，得到与模型库中某一特定模型匹配的滤波初始条件，即每个滤波器的初始值都是基于前一时刻条件模型滤波的融合结果。接着对每个模型独立进行滤波估计。最后以模型匹配似然函数为基础来更新模型，并交互融合所有滤波器修正后的状态估计值，得到最终的状态估计。因此，IMM 算法的估计结果是对不同模型所得估计结果的混合交互，而不仅是根据某一时刻被认为完全正确的模型来估计的。

IMM 时序图如图 3-18 所示，其中 m_i 表示模型库中的第 i 个模型，N_m 表示模型总数，$\hat{X}_{k|k}^{i}$ 表示 k 时刻滤波器 i 的状态后验估计，基于模型转移概率将所有 N_m 个滤波器 k 时刻的状态后验分布进行交互，则可以得到 $k+1$ 时刻滤波器 j 的初始状态后验估计 $\hat{X}_{k|k}^{0j}$。

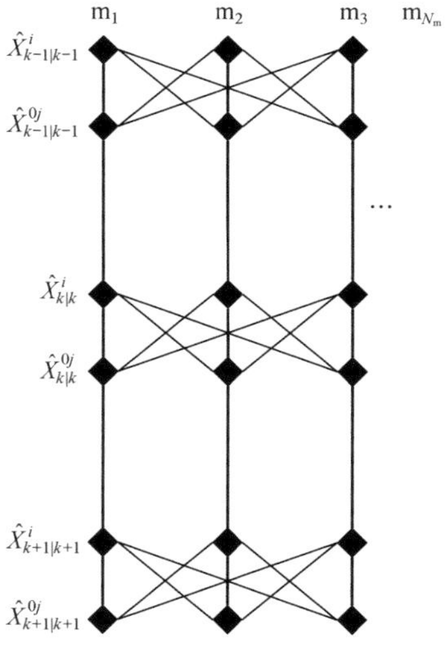

图 3-18　IMM 时序图[14]

模型转换过程符合马尔可夫链，如图 3-19 所示[14]，以两个系统状态模型为例，$\mu^{1,1}$ 和 $\mu^{2,2}$ 分别是模型 1、模型 2 进行混合交互时转移到自身的概率，即模型不变的概率，$p_{1,2}$ 和 $p_{2,1}$ 分别是模型 1、模型 2 之间相互转移的概率。获得系统量测信息后，模型自身概率 μ^i 基于量测似然归一化计算得到。在马尔可夫链中，模型自身概率 μ^i、模型交互混合概率 $\mu^{i,j}$、模型之间的转移概率 $p_{i,j}$ 的总和为 1，模型转移概率总和为 1。这也充分体现出了多模型理论的核心思想就是利用概率转移来修正滤波器的输入和输出。

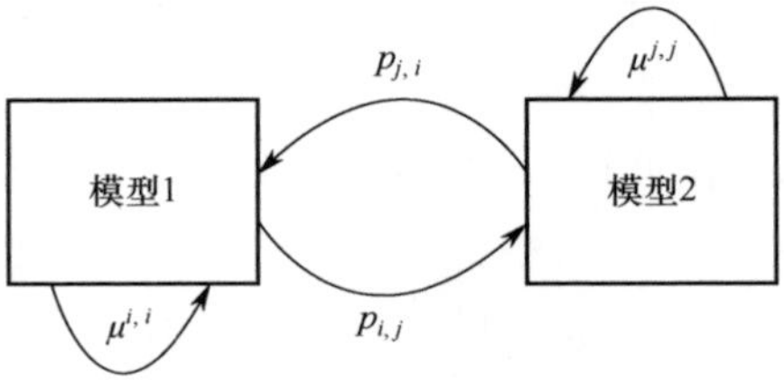

图 3-19 马尔可夫链[14]

IMM 算法的优势主要有以下几个[15]。

（1）扩展性强。因为在 IMM 算法中，各子滤波器相互独立运行，所以可以根据实际导航信源的种类和数量调整模型的个数与种类，不需要改变 IMM 算法的结构。

（2）兼容性强。IMM 算法中的不同子滤波器可以根据所用导航信源的不同分别使用不同的线性或非线性滤波器，使各子滤波器达到最佳估计精度。

（3）鲁棒性强。IMM 算法作为多模型算法的一种，其基于模型切换概率的更新，可以满足不同环境下导航对象对不同传感器的使用与切换需求，因此鲁棒性强。

（4）可解释性强。在 IMM 算法中，可以根据不同的导航信源从不同的角度对导航对象进行建模，每个子滤波器的结构和输入、输出可以被赋予明确的物理含义，具有很强的可解释性。

IMM 算法也存在一些劣势，具体如下[15]。

（1）IMM 算法的性能与模型的选择是否合适、建模是否准确密切相关。虽然通过扩大模型库的规模能尽可能准确地描述不同导航信源与导航对象的模型，但随之而来的是模型之间竞争的加剧和计算量的增加，从而可能影响最终的导航性能。

（2）当马尔可夫矩阵不能准确地匹配导航对象的运动状态时，会导致较大的模型误差和预测误差。

（3）由于噪声和环境等随机干扰常常是不可预知的，因此会人为设置噪声的参数，从而影响导航系统的性能。

3.3.2 基于交互多模型的多源融合导航算法

基于交互多模型的多源融合导航算法[16]原理如图 3-20 所示。以惯性导航和卫星导航两大经典信源融合为例，该算法主要包括输入交互、滤波计算（模型滤波器）、模型概率更新和输出融合 4 个步骤。

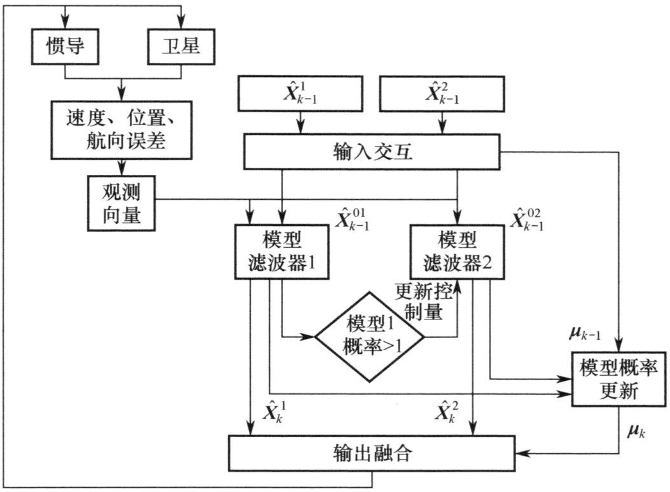

图 3-20　基于交互多模型的多源融合导航算法原理[16]

3.3.2.1　输入交互

已知模型在 $k-1$ 时刻的状态最优均值和估计协方差的后验估计结果，则交互后各模型的初始滤波条件分别为

$$\hat{\boldsymbol{X}}_{k-1}^{0j}=\sum_{i=1}^{2}\hat{\boldsymbol{X}}_{k-1}^{j}\boldsymbol{\mu}_{k-1}^{i,j},\ j=1,2 \tag{3-53}$$

$$\boldsymbol{P}_{k-1}^{0j}=\sum_{i=1}^{2}\boldsymbol{\mu}_{k-1}^{i,j}\times[\boldsymbol{P}_{k-1}^{j}+(\hat{\boldsymbol{X}}_{k-1}^{j}-\hat{\boldsymbol{X}}_{k-1}^{0j})(\hat{\boldsymbol{X}}_{k-1}^{j}-\hat{\boldsymbol{X}}_{k-1}^{0j})^{\mathrm{T}}] \tag{3-54}$$

式中，$\boldsymbol{\mu}_{k-1}^{i,j}=p_{i,j}\boldsymbol{\mu}_{k-1}^{i}(\overline{c}_j)^{-1}$，$p_{i,j}$ 为模型之间的转移概率，$\overline{c}_j=\sum_{i=1}^{2}p_{i,j}\boldsymbol{\mu}_{k-1}^{i}$ 为归一化常数。

3.3.2.2　滤波计算

对模型并行进行卡尔曼滤波估计，滤波过程包括两部分：一次预测方程和预测协方差矩阵计算。每个子滤波器的初始状态均值与协方差分别为 $\hat{\boldsymbol{X}}_{k-1}^{0j}$ 和 $\boldsymbol{P}_{k-1}^{0j}$。基于不同的导航信源模型，使用不同的滤波算法得到状态的后验均值 $\hat{\boldsymbol{X}}_{k}^{j}$ 与协方差 $\boldsymbol{P}_{k}^{j}$。例如，基于线性模型，可以使用线性卡尔曼滤波算法进行子滤波器导航对象的状态后验计算；基于非线性模型，可以使用非线性卡尔曼滤波算法进行计算，如 EKF、UKF 等。具体滤波过程与第 1 章完全一致，此处不再赘述。

3.3.2.3 模型概率更新

采用极大似然函数对模型概率进行更新，通过计算当前模型和当前运动状态的相似度得到当前各模型的权重。在 k 时刻与模型 j 最匹配的极大似然函数定义为

$$\Lambda_k^j = \mathcal{N}(\tilde{\boldsymbol{Z}}^j; \boldsymbol{0}, \boldsymbol{\Sigma}_{zz}^j) \tag{3-55}$$

式中，$\mathcal{N}(\cdot)$ 表示高斯概率密度函数；$\tilde{\boldsymbol{Z}}^j$ 表示量测残差；$\boldsymbol{\Sigma}_{zz}^j$ 表示量测一步预测协方差。进而可以得到更新后的模型 j 概率为

$$\boldsymbol{\mu}_k^j = \frac{1}{c_q} \Lambda_k^j \overline{c}_j \tag{3-56}$$

式中，归一化常数 c_q 为

$$c_q = \sum_{j=1}^{2} \Lambda_k^j \overline{c}_j \tag{3-57}$$

3.3.2.4 输出融合

输出融合通过更新的模型概率对每个模型的滤波结果进行加权，得到 k 时刻的最优估计结果，即

$$\hat{\boldsymbol{X}}_k = \sum_{j=1}^{2} \hat{\boldsymbol{X}}_k^j \boldsymbol{\mu}_k^j \tag{3-58}$$

总体协方差为

$$\boldsymbol{P}_k = \sum_{j=1}^{2} \boldsymbol{\mu}_k^j \{\boldsymbol{P}_k^j + (\hat{\boldsymbol{X}}_k - \hat{\boldsymbol{X}}_k^j)(\hat{\boldsymbol{X}}_k - \hat{\boldsymbol{X}}_k^j)^{\mathrm{T}}\} \tag{3-59}$$

通过上述更新过程可以看出，在基于 IMM 的多源融合导航算法中，各子滤波器的后验更新数据相互独立，因此该算法适用于多种不同类型的导航信源数据融合，并且不需要再次改变融合结构。导航对象在执行任务时，会面临多种不同的复杂环境，当需要进行导航信源切换时，利用该算法，通过对模型库中的模型进行删减、替换、增加等操作，可以实现多种导航信源的频繁切换且无须繁杂的操作。

参 考 文 献

[1] LEE T G. Centralized Kalman filter with adaptive measurement fusion: its application to a GPS/SDINS integration system with an additional sensor[J]. International Journal of Control, Automation, and Systems, 2003, 1(4): 444-452.

[2] 王峰. 基于联邦卡尔曼滤波的车载组合导航算法研究[D]. 哈尔滨：哈尔滨工程大学，2019.

[3] RANGEGOWDA P H, VALLURU J, PATWARDHAN S C, et al. Simultaneous and

sequential state and parameter estimation using receding-horizon nonlinear Kalman filter[J]. Journal of Process Control, 2022(109):13-31.

[4] 严恭敏，翁浚. 捷联惯导算法与组合导航原理（第 2 版）[M]. 西安：西北工业大学出版社，2023.

[5] CARLSON N A. Federated square root filter for decentralized parallel processes[J]. IEEE Transactions on Aerospace and Electronic Systems, 1990, 26(3):517-525.

[6] CARLSON N A, BERARDUCCI M P. Federated Kalman filter simulation results[J]. Navigation-Journal of the Institute of Navigation, 1994, 41(3):297-322.

[7] 罗子岩，陈帅，王国栋，等. 多源融合导航系统的因子图算法综述[J]. 导航与控制，2021，20（3）：1-16.

[8] KOETTER R. Factor graphs and iterative algorithms[C]. Information Theory & Networking Workshop. IEEE, 1999.

[9] 张兴学. 基于因子图的多传感器信息融合导航算法研究[D]. 哈尔滨：哈尔滨工业大学，2018.

[10] KSCHISCHANG F R, FREY B J, LOELIGER H A. Factor graphs and the sum-product algorithm[J]. IEEE Transactions on Information Theory, 2001, 47(2):498-519.

[11] 高军强，汤霞清，张环，等. 基于因子图的车载 INS/GNSS/OD 组合导航算法[J]. 系统工程与电子技术，2018，40（11）：2547-2553.

[12] 徐昊玮，廉保旺，刘尚波. 基于滑动窗迭代最大后验估计的多源组合导航因子图融合算法[J]. 兵工学报，2019，40（4）：807-819.

[13] BLOM H, BAR-SHALOM Y. The interacting multiple model algorithm for systems with Markovian switching coefficients[J]. IEEE Transactions on Automatic Control, 1988, 33(8):780-783.

[14] 马陈飞. AUV 多源组合导航数据融合方法研究[D]. 哈尔滨：哈尔滨工程大学，2021.

[15] 于淼. 基于模糊逻辑的交互多模型算法研究[D]. 大连：大连海事大学，2023.

[16] 田易，阎跃鹏，钟燕清，等. 组合导航系统中一种基于 IMM-Kalman 的数据融合方法[J]. 哈尔滨工程大学学报，2022（7）：1-6.

第 2 部分　航空篇

第 4 章

无人机及其集群

4.1 无人机发展概述

无人机（Unmanned Aerial Vehicle，UAV）是一种可重复使用的无人驾驶飞行器。其具有悠久的发展历史，最早可以追溯到第一次世界大战期间。英国的卡德尔和皮切尔两位将军提出了研制无人驾驶空中炸弹的设想，虽然实验最终以失败告终，但这一想法为无人机的诞生积累了宝贵的经验[1]。1917 年，英国成功发射了世界上第一架在无线电控制下飞行的动力无人机。同年，美国发明了自动陀螺稳定仪，并配置在无人飞行器“斯佩里空中鱼雷”号上，这为无人机的发展奠定了基础。1935 年，“蜂王号”无人机的出现标志着无人机时代的真正开始。在接下来的几十年，无人机技术不断取得突破，应用领域逐渐拓宽。

进入 21 世纪，无人机技术得到了更加迅猛的发展。随着 5G 通信、人工智能（Artifical Intelligence，AI）技术的不断突破，无人机在载荷能力、续航性能、机动性等方面都得到了显著提升，能够执行更加复杂和精细的任务，因此无人机技术在军事领域、工业领域和民用生活领域受到了广泛的关注并发挥了至关重要的作用，也成为各行各业迅速发展的有力支撑[2]。

4.1.1 军用无人机

军用无人机依据不同的军事目的可分为无人靶机、侦察/监视无人机、战斗无人机、诱饵无人机、电子对抗无人机、通信中继无人机等[3]。其中，无人靶机主要用于防空训练；侦察/监视无人机主要用于战略和战役级别的侦察/监视，为作战提供情报支持；战斗无人机主要用于攻击和拦截地面目标与空中目标；诱饵无人机用于吸引敌方的火力，掩护己方机群突防；电子对抗无人机用于对敌方的指挥通信系统、地面雷达等实施侦察与干扰；通信中继无人机作为移动的通信中继站，为地面部队提供临时通信支持。

4.1.1.1 无人靶机

无人靶机是早期的军用无人机，一次性使用，功能相对单一，主要用于防空训练和轰炸等任务，如 1917 年研发的“斯佩里空中鱼雷”号[3]。当时美国的彼得·库柏（Peter Cooper）和埃尔默·A. 斯佩里（Elmer A. Sperry）发明了第一台自动陀螺稳定仪，这项发明使飞机可以保持平衡向前飞行。美国海军随后将这项技术成果应用于改造寇蒂斯公司研发的 N-9 型教练机，最终成功改造出首架无线电控制的无人飞行器，即“斯佩里空中鱼雷”号，其可搭载约 136kg 的炸弹飞行 80km，但从未参与实战。

4.1.1.2 侦察/监视无人机

随着第二次世界大战的爆发，无人机在战场上的需求急剧增加，各国纷纷加大投入力度，研制出了各种新型无人机，用于侦察、监视、通信中继、目标打击等任务。侦察/监视无人机可以在不暴露己方人员的情况下进行情报收集、侦察和监视任务，极大地提高了军事行动的效率和安全性。美国于 2001 年开始研发的“全球鹰”项目是航空历史上的重大里程碑，其中 RQ-4“全球鹰”具有出色的侦察和监视能力[4]，飞行高度可达 18km，最大航程可达 26000km，拥有长达 40h 的续航能力，具有长航程、长时间、全区域的动态监视能力，是当时世界上飞行时间最长、距离最远、飞行高度最高的无人机。

4.1.1.3 战斗无人机

战斗无人机具有较高的作战效能，可以替代人员执行高风险任务，降低人员伤亡风险，因此各国都在竞相研发战斗无人机。美国在 21 世纪初期研制出的 MQ-9“死神”无人机是一款经典的察打一体战斗无人机[5]，它作为 MQ-1“捕食者”的升级版，搭载了更先进的传感器，配备了 7 个外挂弹药挂架，具备长航程、高精度侦察和打击能力，可执行高强度的作战任务。中国的“彩虹-7”无人机是一款高空长航时隐身战斗无人机，具备全向隐身能力，可在高危环境下执行持续侦察、警戒探测、防空压制和作战支援等任务，能有效压缩敌方雷达的探测距离并持续压制敌方防空火力，对于夺取制空权非常有利。

4.1.1.4 诱饵无人机

诱饵无人机通过迷惑敌方防空系统，为主要的军事行动提供掩护和支持，在战场上发挥重要作用。例如，著名的 ADM-20 诱饵无人机是一种亚音速、喷气动力、空射诱饵巡航无人机，敌方对其扫描出的雷达图像与战略轰炸机基本一致，从而可使敌方防空系统受到严重干扰。

4.1.1.5　电子对抗无人机

电子对抗无人机通过干扰和破坏敌方电子系统，为军事行动提供有力支持[6]。以色列于 20 世纪 90 年代研发的“哈比”无人机在接收到敌方的雷达信号后，可自主对敌方雷达进行攻击，因而被称为“雷达杀手”。中国研发的“无侦-10”无人机是一款专业的大型电子对抗无人机，配备有电子干扰机、电子侦察机和反辐射导弹，能够干扰和破坏敌方雷达通信与制导系统等电子设备，具有极强的电子对抗能力。

4.1.1.6　通信中继无人机

通信中继无人机可以扩展通信覆盖范围，增强通信稳定性，为军事行动提供关键的通信保障。很多大型军事无人机均具有一定的通信中继能力。例如，美国的“全球鹰”无人机不仅可以执行长时间的侦察任务，而且具备出色的通信中继能力，为地面部队提供稳定的通信中继服务，确保战场信息的实时传输[4]。

4.1.2　工业级无人机

进入 21 世纪，无人机技术得到了广泛的传播和应用，无人机成本也在不断降低，美国、日本、中国等国家纷纷探索无人机在工业领域的应用。工业级无人机按照不同的专业领域主要分为消防无人机、红外热成像无人机、测绘无人机、货运无人机、农业植保无人机等。

4.1.2.1　消防无人机

消防无人机可以有效地处理城市高层建筑和山林等复杂地形下的火情，及时准确地获取火情信息，从而协助消防人员更好、更快地进行决策与判断。例如，北京航景创新科技有限公司研发的 FWH-300 和 FWH-1500 无人直升机可以挂载灭火弹进行森林灭火。FWH-1500 有效载荷 300kg，续航时间 5h 以上。无人直升机森林灭火系统具有快速展开、及时到达、智能识别、精准投弹、高效灭火等特点，单次可挂载多枚灭火弹，覆盖广泛的火情范围[7]。

4.1.2.2　红外热成像无人机

红外热成像无人机通过搭载红外热成像摄像头，能够在各种环境下实现高效的温度检测和热成像。例如，深圳市大疆创新科技有限公司（以下简称“大疆”）的“御 2”行业进阶版无人机支持点测温和区域测温，可实现 640×512 像素的热成像分辨率，并具备 16 倍变焦功能。其测温精度在±2℃范围内，可快速定位目标，为农业、电力巡检、森林防火等领域提供了高效、准确的温度检测手段。

4.1.2.3 测绘无人机

测绘无人机通过无人机载荷（如测量仪器、相机等）获取地面目标或空中目标的信息，并通过数据处理和分析技术获取地理空间数据。例如，大疆的“经纬 M300 RTK”能够捕捉高清图像，拥有 15km 的图像传输距离，可实现三通道 1080P 图像传输，最长飞行时间 55min，为各种应用场景提供精确的测绘数据。美国波音公司和英国因斯特公司联合开发的“扫描鹰”无人机全重 15kg，最快飞行速度 70 节（约 130km/h），续航时间 15～48h，最高飞行高度 4900m，其搭载一台可自由转动的光电或红外摄像机，将图像实时传回地面控制站，具有全景、倾角和放大功能，能准确跟踪和拍摄测绘目标[8]。

4.1.2.4 货运无人机

在物流领域，货运无人机凭借其高效率、低成本的独特优势不断发展。2017 年 10 月，中国科学院工程热物理研究所联合其他机构共同研发了全球首款吨位级货运无人机，它的货仓容积为 10m^3，有效载荷达 1.5t。

4.1.2.5 农业植保无人机

近年来农业科技迅速发展，农业植保无人机开始发挥重要作用，其通过无人机平台实现农田作物保护、病虫草害防控及施肥等农业生产环节的自动化和智能化[9]。其中，日本的雅马哈无人直升机是 20 世纪 90 年代开发的高度通用的无人直升机，可对作物实现精确的空中喷洒，在精准农业领域证明了其可靠性和高性能。到 2014 年，每年有 2600 架雅马哈无人直升机在全球范围内运营，仅在日本就有 1400 多万亩农田应用其进行农业植保并取得了不错的成效。

4.1.3 消费级无人机

消费级无人机是大众最熟悉的一种无人机，具有价格低廉、操作简单、体积小等优点，但续航能力、飞行距离、可靠性与功能等还有待提高[10]。消费级无人机的需求近年来呈现出显著增长的趋势，这主要得益于无人机技术的不断成熟、相关法规政策的支持，以及无人机在各个领域的广泛应用。

在消费级无人机市场，中国的大疆无人机以其卓越的技术性能和创新功能而著称。大疆无人机采用了高精度的定位技术，能够实现精确的定位和导航，而且配备了高效稳定的动力系统、强大的图像传输能力、灵活易用的操作软件及强大的数据处理能力，为用户提供出色的飞行体验。法国的 Parrot 无人机注重娱乐消费级市场，产品具有小巧轻便、安全易学、极具娱乐性的特点，其设计注重用户体验和趣味性，还具备一些独特的功能，如加农炮和机械爪等，增强了其娱乐性。美国的 Skydio 无人机以其先进的自主飞行技术和智能避障系统而闻名，其采用了突破性的 AI 软件引擎，能够自主规划航线、躲避障碍物，实现更安全、更智能的飞行。该无人机还配备了高清摄像头和先进的图像捕获技术，能够拍摄出高质量的影像，适合对飞行安全和拍摄质量有较高要求的用户，如专业航拍师等。

大疆作为顶级消费级无人机制造商之一，其 Mavic、Air 及 Mini 系列无人机广受欢迎。Mavic 系列无人机以其紧凑的设计和出色的性能而受到用户的喜爱，并且具备较高的智能性，如拥有智能跟随、手势控制等功能，使操作更加便捷。初代 Mavic Pro 起飞质量 734g，图像传输距离 7km，续航时间最长 30min，最高起飞海拔 5km，配备双向（前、下）避障感知系统。Mavic 系列最新款 Mavic3 Pro 起飞质量 958g，续航时间最长 43min，最高起飞海拔 6km，配备全向双目视觉系统，辅以机身底部三维红外传感器。但是，相较于 Air 系列，Mavic 系列无人机的画质和拍摄功能稍逊一筹。

Air 系列无人机以其高清的画质和出色的影像系统而著称，并且具备较长的续航时间和较高的避障性能，为航拍提供了更多的可能性。初代“御”Air 起飞质量 430g，续航时间最长 21min，最高起飞海拔 5km，配备三向（前、后、下）避障感知系统。Air 系列最新款 Air3 起飞质量 720g，续航时间最长 46min，最高起飞海拔 6km，配备全向双目视觉系统，辅以机身底部三维红外传感器。相较于其他系列，Air 系列无人机可能略显笨重，不太适合对便携性要求较高的应用场景。

Mini 系列无人机以其轻巧的设计和优秀的便携性而著称，初代 Mini SE 质量只有 249g，续航时间最长 30min，配备下方避障感知系统。Mini 系列最新款 Mini4 Pro 标准质量低于 249g，续航时间最长 45min，配备全向双目视觉系统，辅以机身底部三维红外传感器。Mini 系列无人机在不断扩展功能的同时，始终保持其小巧轻便的特点，因此广受消费者青睐。然而，由于其轻量化的设计，Mini 系列无人机的载荷和续航能力可能相对有限，不太适合需要长时间、高负荷航拍的任务。

4.2 无人机多源融合导航概述

随着无人机在众多领域的广泛应用和任务复杂性的不断提升，智能自主飞行成为无人机必须具备的核心能力之一，而这一核心能力的重要支撑就是自主导航技术。因此，精确、稳定、高效的导航技术是无人机在复杂环境下安全完成任务的根本保障，也是制约其快速发展和广泛应用的关键问题之一，并将成为未来航空领域的研究重点[11]。目前，针对战场等复杂环境，应用于无人机的导航系统主要有惯导系统、卫星导航系统和天文导航系统，然而这些单一的导航系统应用在复杂的战场飞行环境中都有一定的局限性，所提供的数据容易失去参考价值。在工程实践中，为了解决单一导航系统存在的缺陷，往往利用两种或两种以上导航系统优势互补的特性构成无人机多源融合导航系统。常见的多源融合导航系统有惯性/卫星融合导航系统、惯性/天文融合导航系统、惯性/卫星/天文融合导航系统等[12]。

4.2.1 惯性/卫星融合导航系统

惯导系统利用惯性测量单元测量无人机的加速度和角速度。其中，加速度通过一次积分可得到无人机的速度信息，通过二次积分可得到无人机的位置信息；角速度通过一次积分可得到无人机的姿态角信息。惯导系统具有较高的工作频率，能够提供实时的速度、位置和姿态角信息。然而，惯导系统通常通过积分递推状态，导致误差迅速累积，定位结果发散。卫星导航系统由卫星、地面测控站和用户设备 3 部分组成，用户通过接收机接收卫星信号进行实时定位与导航。但是，由于卫星信号传输距离较远，信号非常微弱且极易受到干扰，在室内等复杂环境中信号容易出现跳变甚至中断的情况。惯导系统和卫星导航系统之间具有很好的互补性，通过惯性/卫星融合导航可以充分发挥两种系统的优点[13]。

惯性/卫星融合导航系统作为一种常见的导航手段，发展相当成熟。一方面，卫星导航系统能够协助惯导系统有效抑制其误差的快速累积。另一方面，惯导系统提供的导航参数可以用于检验和修复卫星导航系统的量测量，甚至辅助卫星导航系统接收机捕获和跟踪卫星信号，从而显著提高卫星导航系统接收机的抗干扰性能。自从 Cox 等于 1978 年提出惯性/卫星融合导航系统的基本框架以来，这种导航系统取得了长足的进步。目前，惯性/卫星融合导航系统发展出了 3 种融合模式：松耦合、紧耦合和深耦合。这些融合模式仍没有跳出 Cox 等提出的基本框架。

松耦合是一种常见的融合模式，一般以惯导系统和卫星导航系统各自解算的位置与速度之差作为观测量，估计惯导系统参数的误差及惯性器件的误差参数。紧耦合一般基于惯导系统推算的位置和速度对卫星导航系统的观测量进行推测，并与卫星导航系统的原始观测量做差作为滤波器的观测量，用于估计惯导系统的导航参数误差、惯性器件的误差参数及卫星导航系统接收机的钟差。深耦合在紧耦合的基础上进一步将惯导系统的信息反馈到卫星导航系统接收机跟踪环路从而辅助信号跟踪，大幅提高了卫星信号跟踪环路的抗干扰性能和高动态跟踪能力[14]。

对惯性/卫星融合导航系统的研究始于 20 世纪 80 年代，从全世界范围来看，此类融合导航系统开始向低成本、高动态能力、弱信号跟踪能力和强抗干扰能力方向发展。目前，GPS 共启用了 32 颗在轨卫星。2020 年，美国成功发射了 4 颗第三代 GPS 卫星，进一步优化了现有卫星导航载荷，极大地提高了卫星导航系统的抗干扰能力和精度。美国的 Draper 实验室、斯坦福大学和明尼苏达大学等科研机构对惯导系统辅助 GPS 接收机载波跟踪环路进行了深入研究，对低成本惯导系统和接收机捕获跟踪性能提升进行了论证分析。同时，加拿大卡尔加里大学利用先进的融合技术提高 GPS 接收机的灵敏度，以应对衰减信号环境下的卫星捕获能力。此外，美国俄亥俄大学、韩国首尔国立大学等也对惯性/卫星融合技术进行了理论研究和探讨[15]。在应用方面，韩国航空研究所研制的一套微型无人机导航系统以较低精度的惯性传感器和一个 GPS 接收机为基础，通过卡尔曼滤波提高了导航精度，实验证明该系统可以获取较好质量的姿态信息和位置信息。澳大利亚悉尼大学在无人机飞行中应用低成本惯性/卫星融合技术实现了实时导航[16]。

4.2.2　惯性/天文融合导航系统

惯导系统精度高、输出连续，但误差随时间积累；天文导航系统通过天文导航传感器测量天体的空间位置，计算载体的瞬时矢量方向，以提供载体的姿态信息，具有精度高、自主能力强、可靠性高的优点[12]。天文导航传感器最常用的是星敏感器，它通过观测周围的星体，并利用内置的星图数据库进行星体识别来确定载体的姿态。飞行器上的星敏感器分为两种：带有伺服机构的小视场星敏感器和大视场成像星敏感器。小视场星敏感器的视场相对较小，仅涵盖部分星空领域，只需观测和识别少数几颗星体便可解算载体的姿态信息，且入射的天空背景杂散光较少，通过对单颗星光的测量可得到较高的信噪比。因此，它不仅在高空能够发挥作用，在中低空等光线复杂的环境中也能表现出较好的性能。但是，小视场星敏感器在遮挡环境下会由于星体数量不足而导致天文导航系统无法有效解算载体的姿态信息。大视场成像星敏感器相较于小视场星敏感器具有更广阔的视场范围，可以覆盖更大的星空区域，通常具有几十到几百千米的视场直径，且具有成像功能，能够获取图像数据。但大视场成像星敏感器在低空易受杂散光的影响，测星信噪比较差[17]。综上所述，天文导航系统存在易受环境影响、输出信息不连续等不足。因此，常采用将惯导系统和天文导航系统相结合的方式实现优势互补，获得高精度的惯性/天文融合导航系统。

惯性/天文融合导航系统常采用全捷联工作模式，即惯导系统与星敏感器均采用捷联方式安装，与平台系统相比，这种工作模式成本低、可靠性高，但对于器件的动态性能要求更高[18]。惯性/天文融合导航系统的融合模式一般分为 3

种：简单融合模式、基于最优估计的导航模式和全面最优校正模式。简单融合模式的工作方式相对简单，在这种工作模式下，惯导系统和星敏感器均独立工作，惯导系统提供载体的姿态、速度、位置等导航信息，星敏感器通过输出高精度姿态信息，对惯导系统的数据进行校正，但是这种融合模式的导航精度较低。基于最优估计的导航模式的工作原理是天文导航系统利用星敏感器对星空中的恒星进行星图识别，输出高精度姿态信息，惯导系统利用惯性测量单元积分获得姿态、速度和位置信息，通过星敏感器和惯导系统的输出构成卡尔曼滤波器，经过滤波后反馈到惯导系统，对其进行误差补偿，从而达到提高系统精度的目的。全面最优校正模式通过获取高精度自主水平基准，补偿姿态误差和位置误差，但是该融合模式只适用于飞行高度在30km以上的高空飞行器，在此高度下飞行器通过星光折射间接获取自主水平基准。

惯性/天文融合导航系统在临近空间飞行器中有着广泛的应用。临近空间飞行器的飞行高度为 20～100km，这一高度范围克服了天文导航系统受低空气候明暗条件限制而无法全天候工作的缺陷，使惯性/天文融合导航系统可以实现姿态的长航时高精度和高可靠性。其中比较有代表性的临近空间飞行器是 SR-71“黑鸟”侦察机，该型号无人侦察机上搭载的惯性/天文融合导航系统将星敏感器进行了平台式安装，用于减少陀螺仪漂移和导航系统的位置误差，在未校正加速度计常值偏置且不连续跟踪星的情况下，导航系统 10h 内的导航精度可达556m[19]。此外，美国的“全球鹰”系列无人机也采用了惯性/天文融合导航系统以保证长航时导航精度。

国内对惯性/天文融合导航系统的研究起步相对较晚，该融合导航系统最初主要用于舰船或潜艇平台。然而，随着现代战争的需求不断演变，国内也加大了该融合导航系统在机载平台上的开发与应用。目前，以北京航空航天大学、哈尔滨工业大学等高校为主的研究机构在惯性/天文融合导航系统的数字仿真和半实物仿真方面取得了丰硕的成果，这些研究成果为该融合导航系统的实际应用奠定了基础。在中远程轰炸机、远程无人机、预警机等领域，惯性/天文融合导航系统的使用还在试验阶段，一些核心技术尚待突破和完善[20]。

4.2.3 惯性/卫星/天文融合导航系统

如上所述，卫星导航系统无法实现对惯导系统姿态误差的快速修正，而天文导航系统可用于补偿惯导系统的姿态误差，并且卫星导航系统和天文导航系统均存在自身的缺陷和一定的适用范围，无法对惯导系统进行持续的误差补偿。因此，将惯导系统、卫星导航系统和天文导航系统进行有机结合，构成惯性/卫星/天文融合导航系统，可以实现对惯导系统姿态误差的全面修正，并且当卫星导航系统或天文导航系统失效时，融合导航系统仍能引导无人机顺利到达目的地。惯性/卫星/天文融合导航系统是惯性/卫星融合导航系统和惯性/天文融合导航系统的进一步改进，可极大地满足无人机等运动载体的高性能导航要求，是实现航空飞行器高性能导航最有效的手段[12]。

惯性/卫星/天文融合导航系统以惯导系统作为主传感器，通过惯性器件测量数据的积分运算求解无人机的姿态、速度和位置信息，再利用卫星导航系统输出的高精度位置和速度信息及天文导航系统输出的高精度姿态信息，将惯导系统输出的姿态、速度、位置与卫星导航系统和天文导航系统输出的姿态、速度、位置做差，应用最优滤波算法对惯导系统的姿态误差、速度误差和位置误差进行全面估计，并将估计结果反馈至惯导系统，用于修正惯导系统的误差，从而实现高精度的融合导航。

国内外专家和学者一直积极探索惯性/卫星/天文融合导航技术。20 世纪 80 年代，美国、英国和法国等国家的军方对整合惯导系统、卫星导航系统和天文导航系统产生了浓厚的兴趣。研究发现，对远程飞行器来说，惯性/卫星/天文融合导航系统展现出了巨大的潜力，它能够提供精确的姿态、速度和位置信息。目前这种融合导航技术大量应用于高空长航时无人机等领域，成为最有效的导航方案之一[21]。

国外在惯性/卫星/天文融合导航技术方面已经取得了一系列的创新成果，美国 RC-135 无人侦察机搭载的 LN-120d 导航系统是一种典型的惯性/卫星/天文融合导航系统。该导航系统采用 GPS 增强技术，兼容 24h 工作的恒星敏感器和最新的 GPS 接收机，可在昼夜间跟踪星体，其定位精度达到 15m，速度精度达到 0.02m/s，姿态精度中航向优于 20″，俯仰/横滚精度小于 70″[12]。另外，惯性/天文/卫星融合导航系统在执行天地往返任务的临近空间高速飞行器中有着广泛的应用，美国的 X-37B 无人空天飞机、德国的 SHEFEX-2 无人飞行器及中国某型号无人飞行器均装备了惯性/天文/卫星融合导航系统，其中星敏感器提供姿态信息，卫星导航系统提供位置信息，有效提高了临近空间高速飞行器再入返回时的导航精度。同时，我国也逐渐加大了对惯性/卫星/天文融合导航技术的研究力度。进入 21 世纪以来，国内惯性/卫星/天文融合导航技术的研究呈现出跨越式发展的趋势，北京航空航天大学、西北工业大学、哈尔滨工业大学等高校在导航误差传播理论、各系统时间空间对准、容错机制等方面做了大量研究工作，但与国外仍存在差距[22]。随着现代微电子技术、计算机技术及控制技术的不断发展，惯性/卫星/天文融合导航系统将朝着小型化、高精度和一体化的方向迈进，这对融合导航技术提出了新的挑战。因此，必须密切关注国际新技术、新思路，不断推进我国惯性/卫星/天文融合导航技术的发展。

4.3 无人机集群概述

4.3.1 无人机集群编队的重要性

无人机凭借其低成本、无人员伤亡、操作方便和灵活可靠等优点[23]，目前在军事领域和民用领域都得到了广泛的应用与发展，特别是在危险、偏远或恶劣的环境下已经逐渐替代有人机系统。在近年来的几次局部战争中，无人机有效地执行了视觉侦察、情报搜集、战场评估等多项军事任务，其放大军队战斗力的重要作用受到了各国军方的普遍关注，并成为科学研究的热点。

然而，随着作战任务的多样化、作战范围的扩大化，在未知复杂环境（如动态战场环境、障碍物众多的城市环境等）下，尤其是在日趋复杂的电磁干扰环境下，单无人机的任务执行能力受到载荷、机动性能等因素的限制，无法满足复杂的实际应用中对感知范围、任务复杂度的要求。与无人机集群相比，单无人机在作战范围、杀伤半径、对目标毁伤效果等方面的能力也比较有限。单无人机与无人机集群作战范围对比如图 4-1 所示。此外，单无人机在执行任务时一旦出现故障，只能立即中止任务返回，很可能造成无法估量的损失[24]。

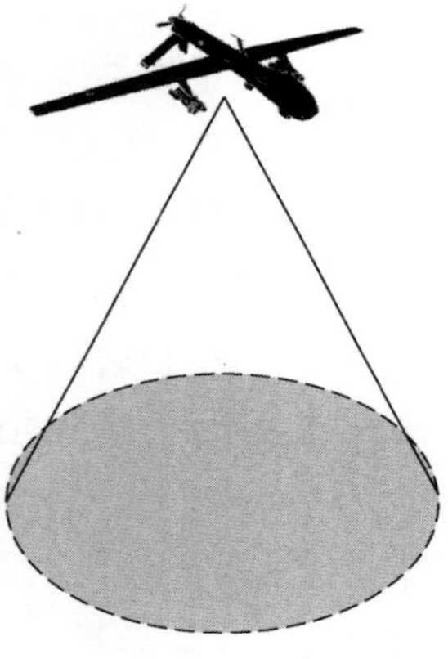

(a) 单无人机作战范围

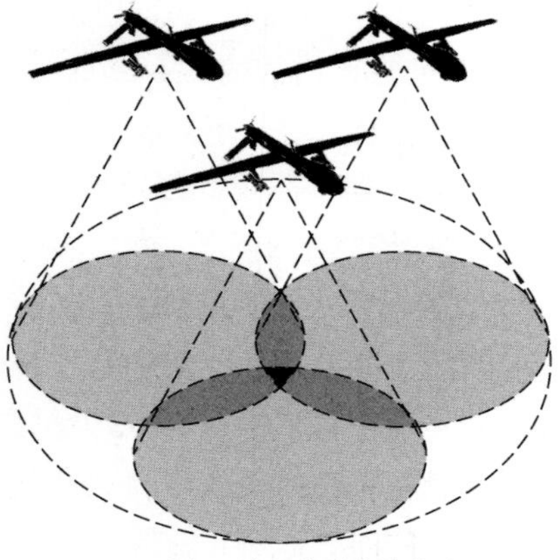

(b) 无人机集群作战范围

图 4-1 单无人机与无人机集群作战范围对比

针对上述问题，研究人员从蜂群、鸟类等具有较低智能的生物在迁徙、巡游或躲避敌害过程中呈现出来的集群行为中获得灵感，提出了多无人机“集群作战”的概念[25]。群居生物无中心性、共识主动性和自组织性等“散而不乱”的群体智能特点恰好与无人机集群所需不谋而合，为无人机集群的发展提供了参考与启发。所谓集群作战，是指依靠大量低成本、适应能力强、易于携带和投射的无人机形成规模优势，从而获得战争的主动权。从外部表现形式来看，无人机集群协同编队就是将多架具有自主功能的无人机按照一定的结构形式进行三维空间排列，使其在飞行过程中保持稳定的队形，并能根据外部情况和任务需求进行动态调整。从内部运行机制来看，无人机集群协同编队就是多架功能互补的无人机通过合作的方式共同完成作战任务[26]。相比单无人机，无人机集群可通过相互协作扩展任务执行的能力和范围，缩短任务完成时间，提高任务完成质量，并且部分无人机损毁不会影响任务的完成[27]。因此，作为无人机集群化的核心技术，集群协同技术受到了越来越多的关注，并成为航空领域的研究热点之一。

单无人机与无人机集群协同的对比如表 4-1 所示。相比于单无人机，无人机集群协同具有一系列优点，具体如下[28]。

表 4-1　单无人机与无人机集群协同的对比

单无人机的局限性	无人机集群协同的优势	无人机集群协同举例
容错率低	处理故障能力强，应对复杂环境与突发情况能力强	某架无人机出现故障时，故障无人机退出，其他无人机继续执行任务
能力单一	能力互补，行动协调	执行多种类型的任务时，不同功能的无人机相互合作协调，能够完成复杂的任务
攻击能力有限	协同作战可提高整体效率	执行攻击任务时，多机协同可实现对敌的有效、精确打击，提高作战成功率
侦察范围有限	扩大侦察范围和搜索半径	执行对地观测任务时，多机协同可实现大范围、广角度侦察，提高侦察效率

（1）具有分布并行感知、计算和执行能力，以及更高的容错性和鲁棒性。集群中的多架无人机可以通过异质传感器的互补搭配，实现传感器的并行响应；通过执行器同时执行子任务，实现总任务的分布执行。如果受到外部因素干扰造成自身通信设备故障或遭到敌军偷袭导致机身损坏，对单无人机来说意味着任务失败，但对无人机集群来说，只有个别无人机受到影响，整个编队仍可按照原计划继续执行任务，有些编队无人机专门配备后备无人机，当执行任务的无人机出现故障时，后备无人机能够及时补上，不影响整个编队的作战计划，使集群系统具有较高的容错性和鲁棒性。

（2）可提高任务执行能力，完成单无人机难以完成的任务。协作的无人机集群系统能够实现超过单无人机叠加的功能和效率，具备良好的包容性和扩展性。例如，在大地测量和气象观测等领域，无人机集群携带分布载荷，可以完成单无人机无法完成的多点测量任务；在环境监测等领域，无人机集群可以组成移动传感器网络，有效监测大范围的空气质量；在军事侦察感知任务中，无人机集群可以对目标进行全方位、多角度侦察，提高感知与识别精度；在战场打击任务中，无人机集群可以从不同的角度对同一重要目标同时发动全方位饱和攻击，提高杀伤力和命中率。

（3）具有更高的经济效益。基于小型化、集成化、模块化的设计理念，通过合理的布局和协同技术进行组合及分散的低成本无人机集群系统，可以代替成本高昂的单个复杂系统，极大地降低生产、运输、维护、保障等使用成本，获得更高的经济效益。一个1000架规模的无人机集群系统，其成本低于一颗侦察卫星或一架有人机，但其综合效能有望超越一颗侦察卫星或一架有人机。

当前，无人机集群协同的应用有很多。例如，无人机集群执行对目标区域协同搜索任务时，无人机集群系统以单位时间的搜索面积最大化为性能指标，综合考虑无人机燃料耗费、转弯半径及环境因素等影响，给出协同搜索路径，可以缩短搜索时间，提高无人机生存能力。无人机集群执行对目标协同定位任务时，协同任务规划系统根据战场态势给出参与协同定位任务的无人机编队数目、队形等信息，可以减少定位所需时间，提高对目标定位的精度。无人机集群还可以实现应急救援、协同侦察监视、协同电子干扰、对敌防空压制和对敌攻击，从而提高每架无人机的工作效能，更重要的是提高无人机集群的整体效能。除此之外，让大规模、低成本的小型无人机系统通过机间通信组网，可以实现集群侦察、打击、干扰等功能，以应用于未来反恐维稳、远程突防、战机护航等作战任务。无人机集群作战概念图如图4-2所示。集群编队被普遍认为是无人机系统发展的重要方向，其基础理论和工程实现的突破可能带来无人机使用模式的颠覆性变革。

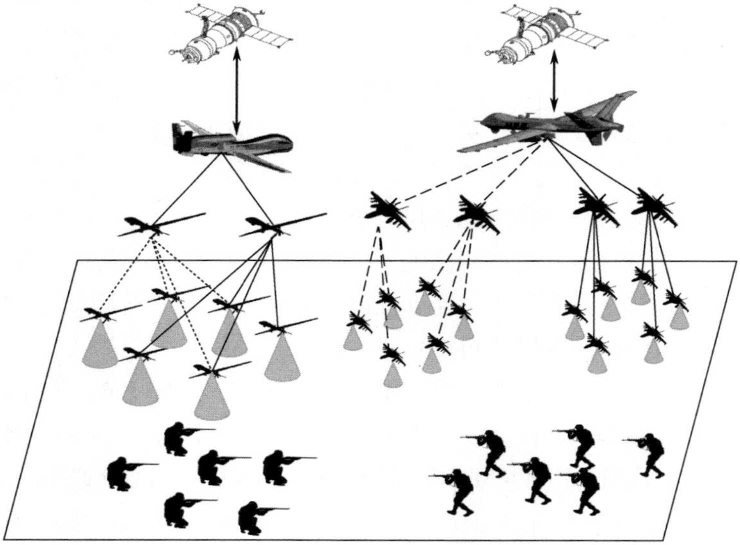

图4-2 无人机集群作战概念图

4.3.2 无人机集群发展现状

在强大的作战需求牵引下，美国军方率先展开了对无人机集群的研究。近年来，美国通过不断加强该领域的顶层设计，从多个角度、多个层次同步开展了多个研究项目。自 2014 年起，美国国防部战略能力办公室、美国海军、美国国防高级研究计划局（DARPA）陆续启动了“小精灵”“郊狼”“灰山鹑”“蝉”等项目[29]。这些项目涵盖了尺寸由米级到厘米级、质量由数十千克到数十克、飞行速度和航程梯次搭配、功能组合多样、有潜力满足不同类型作战任务需求的智能无人机集群。

2015 年，DARPA 宣布启动“小精灵”项目，该项目旨在开发搭载各类载荷的小型空射无人机，以及多架无人机的空中发射与回收技术。2021 年 10 月，该项目完成了第四次飞行试验，首次成功在空中回收“小精灵”无人机，迈出了实现无人机蜂群韧性灵活作战的关键一步。2022—2024 年，“小精灵”项目进入第四阶段，整合了机载自动辅助决策系统、编队自主协同系统和任务载荷，进一步提高了无人机的作战能力。“小精灵”无人机最高飞行高度为 12000m，作战半径可达 826km，续航时间为 3h，有效最大载荷为 54.5kg，可重复使用 20 次，在 30min 内可回收 4 架以上无人机，单次回收数量达 8 架以上。

“郊狼”无人机项目由美国海军研究实验室研制，是“郊狼”项目的主要成果。该项目使用雷神公司的“郊狼”小型无人机，通过构建智能无人机集群自适应网络，利用集群战术对敌方进行压制，协同实施侦察监视或对陆、对海攻击等作战任务，具备一定的自主和协同能力。“郊狼”无人机质量为 5.9kg，最高飞行高度为 6096m，续航时间为 1.5h。2016 年 4 月，该项目在 30s 内完成了 30 架“郊狼”无人机的投放和编组飞行，验证了无人机集群的编队飞行、队形变换和协同机动能力。

“灰山鹑”无人机是一种可利用战斗机的干扰弹发射装置投放，飞往低空执行侦察任务的微型无人机。“灰山鹑”无人机长约 16.5cm，翼展 30cm，有效载荷约为 0.3kg，成本低廉，一次性使用。2016 年，美国海军和麻省理工学院成功完成了由 3 架 F/A-18 战斗机空投 103 架“灰山鹑”无人机的集群飞行测试，创下无人机集群最大规模飞行纪录。此次飞行测试未预先编写飞行程序，而是在地面站的指挥下自主实现协同，展现了空中投放、集体决策和自适应分组编队的协同飞行能力。

“蝉”无人机即“近战隐蔽自主无人一次性飞机”，由美海军研究实验室研制，是一款自主的 GPS 控制无人机。与其他嘈杂的无人机不同，“蝉”无人机非常安静，没有电机，在空中无声无息，几乎无法被检测。该无人机仅有手掌般大小，质量约 35g，最快飞行速度 120km/h，价格低廉，一次性使用。2015 年 5 月，美国海军展示了可用于集群作战的“蝉”无人机。在 2017 年 4 月的无人机集群测试中，美国海军从 P-3“猎户座”侦察机中一次性投放了 32 架“蝉”无人机。最新的“蝉”原型机具有扁平的机翼和机身设计，可以轻松堆叠，从而能够进行大量部署。迄今为止，美国海军已向美国国家航空航天局交付了 150 架“蝉”无人机。

2016 年 9 月，英国国防部发起了无人机蜂群竞赛，旨在加速相关集群技术的突破。同年 11 月，欧洲防务局正式发起了“欧洲群蜂”项目，旨在推进无人机集群任务自主决策和协同导航等关键技术的发展。同时，俄罗斯也开始了集群无人机协同作战模式的研究。2017 年，韩国陆军宣布将大力发展无人机集群技术，以支持各种任务，包括侦察任务和打击任务。2019 年 10 月，芬兰提出了一个旨在抑制防空无人机集群的项目，作为加强欧盟成员国之间合作的一部分，以作备战行动之用。

与其他军事大国相比，我国在无人机集群领域的研究起步较晚。然而，在过去几年，随着多场局部冲突的发生，以及受国际无人机系统发展趋势的影响，国内各研究机构已经充分认识到无人机集群作战的重要性，并将其视为技术和装备前沿研究的重要课题。2016 年 11 月，中国电子科技集团、清华大学等单位联合完成了一项涉及 67 架弹射固定翼无人机的室外集群飞行试验。次年又组织了一次试验，这次集群由 119 架小型固定翼无人机组成，演示了密集弹射起飞、空中集结、多目标分组、编队合围和集群行动等动作。2017 年，我国完成了涉及 200 架固定翼无人机的集群测试，连续两次刷新了世界无人机集群飞行规模的纪录。然而，无人机集群技术依然面临诸多挑战，相关研究仍处于起步阶段[30]。

4.3.3 无人机集群关键技术

作为无人机集群的关键技术，协同编队是指无人机集群相互配合完成“观测—判断—决策—执行”（Observation-Orientation-Decesion-Action，OODA）循环的全任务回路，使各无人机能够在正确的时间到达正确的地点，执行正确的任务，获得 $1+1+\cdots+1>n$ 的集群作战效能[23]。图 4-3 给出了无人机集群协同编队涉及的关键技术，主要包括任务分配、航迹规划、编队控制、协同导航等。

4.3.3.1 任务分配

无人机集群任务分配是指系统根据各种设备提供的环境信息，结合无人机自身对工作状态的响应能力，对多架无人机进行任务分配，并且能够随着环境的变化进行任务的实时调整，如图 4-4 所示。任务分配的目的是充分发挥各无人机的优势，从而提高系统的整体工作能力，达到理想的应用效果。例如，异构型无人机集群在执行任务时，首先由侦察无人机获取目标的位置、状态等信息，并进行目标识别和态势分析，随后系统做出任务分配以便合理高效地执行任务，然后由攻击无人机对目标实施攻击。如果在执行任务时出现突发情况，如突然遇到新的威胁、无人机被敌方击落被迫退出任务、新增或取消任务等，则需要对任务分配方案做出调整，否则会导致系统资源的浪费和系统整体作战能力的下降。

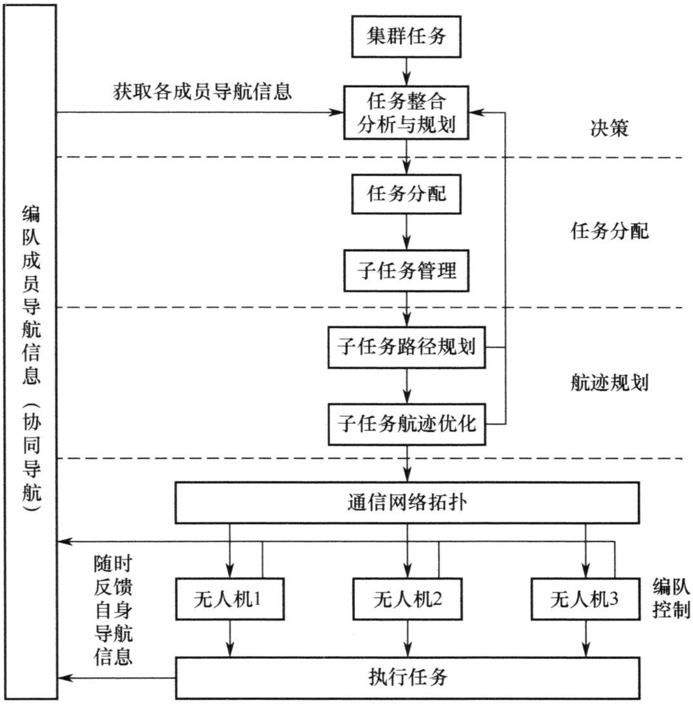

图 4-3　无人机集群协同编队涉及的关键技术

由于无人机技术的快速发展，任务分配问题变得日益复杂，研究人员提出了许多任务分配方法来应对新的挑战，目前主要有集中式和分布式两类任务分配方法。集中式任务分配方法是指在任务分配过程中，无人机不具有自主分配能力，而是由系统进行统一调度，其计算效果好，但是过度依赖系统控制中心，扩展性差；分布式任务分配方法是指将需要处理的信息分配到各无人机上并行处理，可以解决大规模的任务分配问题，但是对系统的通信性能要求很高，可能导致分配结果与实际最优结果存在较大偏差。具体的任务分配方法包括数学规划法、协商法、智能算法等[31]。

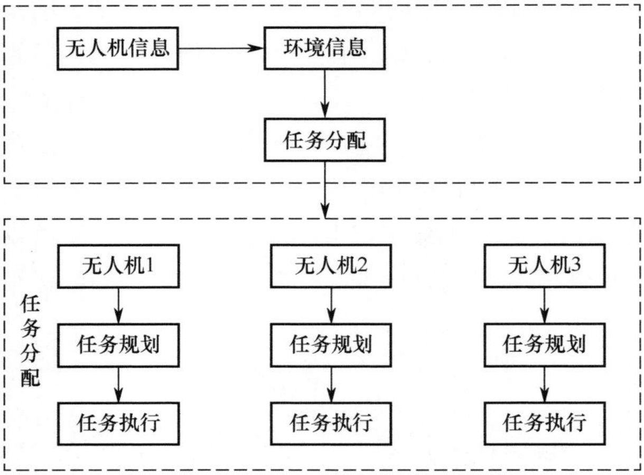

图 4-4　无人机集群任务分配

数学规划法是一种典型的集中式任务分配方法，其针对无人机的任务分配问题，基于整数规划方法进行建模，通过增加对无人机性能和外界环境需求等的约束，求解无人机任务分配线性目标函数的最优值，最终得到任务分配结果。该方法能将无人机集群任务分配问题通过线性模型表示，并充分考虑多种约束，但其需要计算所有满足约束条件的分配结果的排列组合，运算量大，不适用于无人机集群的实时任务分配。

基于合同网的协商法是一种典型的分布式任务分配方法，其将无人机执行任务时付出的代价和获得的效益等效于网络流的代价，把无人机看作供应商，把任务与网络中的物流进行对应，通过对总代价的优化实现无人机集群之间的任务分配。

智能算法具有启发性、自适应性、灵活性特点，且易实现、计算复杂度低，可以有效求解任务分配问题。例如，应用遗传算法可以对任务和可选的航迹进行组合编码，在实现任务分配的同时对航迹进行选优。但该方法获得的可行解的范围比较小，导致系统稳定性较差，不适用于大规模无人机的任务分配。

4.3.3.2　航迹规划

航迹规划是指在确定无人机任务之后，为其设计飞行路线的过程。航迹规划包含路径规划和航迹优化两个分支。通常来说，路径规划是指为无人机设计一些可飞的路径点。路径规划是一个几何学问题，因为它不考虑无人机动力学问题和时间因素。而航迹优化是指为无人机寻求最优的控制航迹，需要满足无人机的动力学和运动学特性约束。

为实现无人机的航迹规划，需要按照某种规则对战场或飞行环境进行空间划分，将问题转换为该划分空间内最优航迹的优化搜索问题。代表性方法有 A*（A Star）方法和概率路线图（Probabilistic Roadmap，PRM）方法等。其中，A* 方法是将规划环境划分为离散的栅格，从而求解最短路径的直接搜索方法；PRM 方法则通过选择一些随机样本，形成搜索树或路线图，如图 4-5 所示，最后在路线图上进行规划。PRM 方法速度较快，但是生成路径的代价较高，一般被广泛运用在高维度的规划问题中[32]。

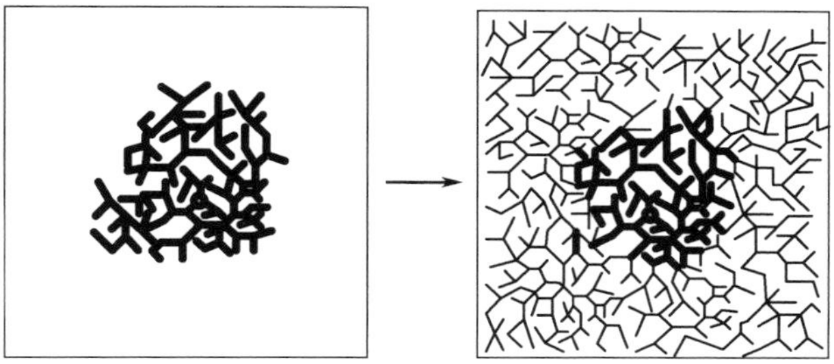

图 4-5　搜索树形成过程

4.3.3.3　编队控制

编队控制是指无人机集群在向特定目标运动或执行任务的过程中，需要根据任务类型与数量、环境约束条件、无人机性质与数量等信息采取不同的控制结构，同时需要适应环境约束（如避开障碍）。编队控制根据结构不同可以分为集中式控制、分布式控制、分层式控制和混合式控制 4 种[33,34]。

如图 4-6 所示，集中式控制是指将多架无人机的控制任务集中在一个中心节点上，由中心节点负责控制和指挥所有无人机的飞行行为。集中式控制可以获取无人机系统的全局信息，控制能力强、协调效率高，但该结构对控制中心依赖程度较高，系统鲁棒性较差。

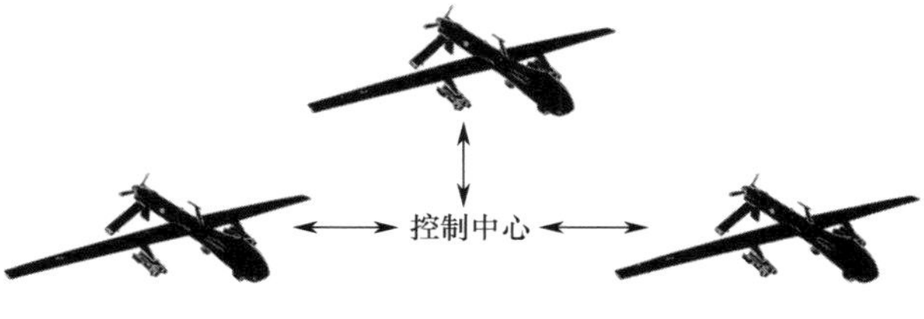

图 4-6　集中式控制

如图 4-7 所示，分布式控制是指将控制任务分配给每架无人机。该结构没有一个确定的控制中心，各无人机均有控制能力且处于同等地位，并与其他无人机协同完成任务。分布式控制的优点是具有较强的可扩展性和灵活性，容错性强，鲁棒性强，适用于实时性强、动态性强的任务场景。然而，由于分布式控制基于局部信息控制的特性，对全局性欠缺考虑，因此难以获得全局最优方案。

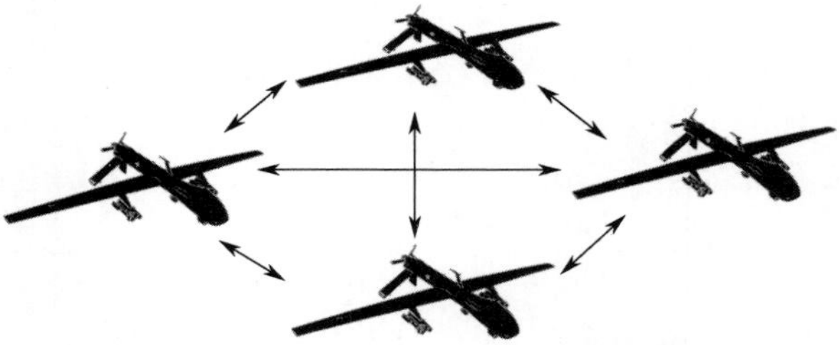

图 4-7　分布式控制

如图 4-8 所示，分层式控制采用部分分布式控制的结构，结合了集中式控制和分布式控制的优点，适用于无人机数量较多的情况。相比于分布式控制，分层式控制具有局部集中的特性，系统按照一定的规则将多无人机划分为多个编队，再由地面控制站或长机预先分配任务给各组无人机，各组无人机执行任务时可根据情况进行动态调整。

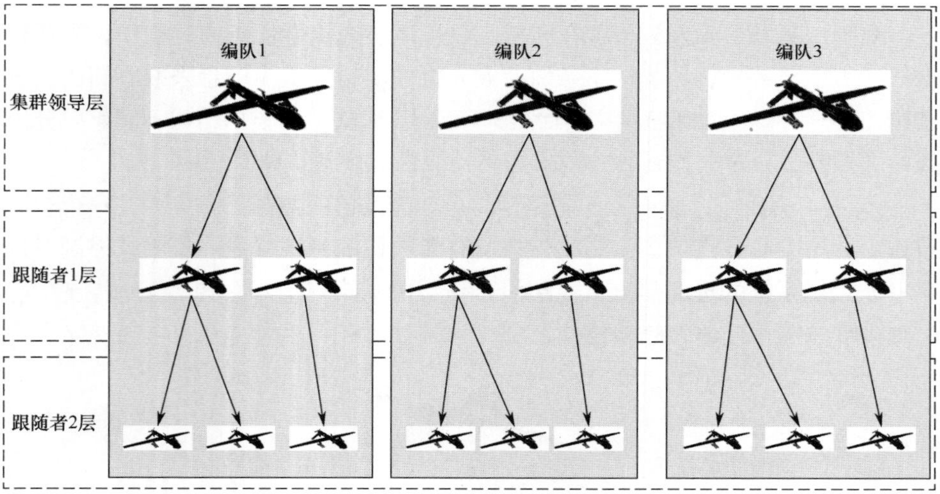

图 4-8　分层式控制

由于作战环境的复杂性和作战任务的多样性，有时需要整合多种控制结构以满足无人机集群控制决策需求，这种方式称为混合式控制。混合式控制由上述几种控制结构混合组成，融合了不同控制结构的特点。

4.3.3.4　协同导航

随着无人机集群所执行任务复杂性的不断提高，高效、精确的导航定位成为成功执行集群任务分配、编队控制、自主规划等高级任务的关键，无人机集群协同导航问题随之被推到了无人机集群应用领域的前沿位置，具有重要的研究价值与战略意义，也必将是无人机领域未来研究的重点。

具体来说，无人机集群协同导航的重要性体现在以下几个方面。

（1）任务分配的合理性。在向无人机分配任务之前，需要对各载体进行精确的定位，以实现无人机集群的任务规划。导航系统可以提供无人机的姿态、位置和速度信息，以便高效地向各无人机分配所需要执行的任务，从而达到合理并高效地执行任务的目的。

（2）实时性。无人机编队控制需要高效的实时数据传输和处理能力，以保证无人机之间的实时协同控制。导航系统需要提供实时的无人机姿态、速度和位置信息，以满足实时控制的需求。

（3）安全性。无人机编队控制需要保证无人机之间的安全距离和安全高度，以避免无人机之间发生碰撞和其他安全问题。导航系统可以提供无人机的位置等信息，以保证无人机的安全飞行。

综上所述，无人机编队控制、航迹规划、智能飞行等高级任务需要高效、精确的导航系统来实现。此外，导航系统还需要具备实时性和安全性等特点，以保证无人机编队安全、顺利地执行任务。

4.4　无人机集群协同导航概述

4.4.1　无人机集群协同导航的结构

要实现无人机集群协同导航，首要的是协同导航结构的设计。常见的无人机集群协同导航主要分为平行式结构和主从式结构[35]，如图 4-9 所示。在平行式结构中，每架无人机的功能和结构都相同，都通过自身搭载的高精度导航设备进行导航定位，通过机间通信获得机间位置信息，通过一定的信息融合算法对自身的导航定位进行校正。对于平行式结构，集群系统内的无人机可以相互传递信息，各无人机的定位精度差别不大，但是要提高系统的可靠性，集群系统内的每架无人机都需要搭载高精度导航设备，对于集群编队中无人机较多的情况，这种结构增加了硬件成本，实用性和效能较差[36]。

相比之下，主从式结构相对简单，由于成本的限制与载荷的约束，集群系统内通常只需要其中一架无人机搭载高精度导航设备，这架无人机称为长机。为了使整个集群系统协调统一，使无人机可以准确地估计自身的位置，除长机外的其余无人机通常使用机间测距、测角雷达等能测出机间相对位置、方位等导航信息的传感器进行相对导航，从而校正自身的状态，进行协同导航定位，以提高自身导航精度，这些无人机称为僚机。在主从式结构下，长机构建多源融合导航系统以获取高精度导航信息，而僚机构建较低精度的相对导航系统以获取自身导航信息，两者相互配合，使无人机集群中高精度、高可靠性协同导航的实现成为可能。综上所述，主从式结构以其灵活方便、经济实惠等优势受到了学者们的关注，并得到了广泛的研究和探索。对集群协同导航来说，主从式结构的成本较低，配置更加灵活，结构相对简单，但是如果长机出现故障，整个协同导航系统就不能使用，因此系统的容错性和可靠性较低[37]。

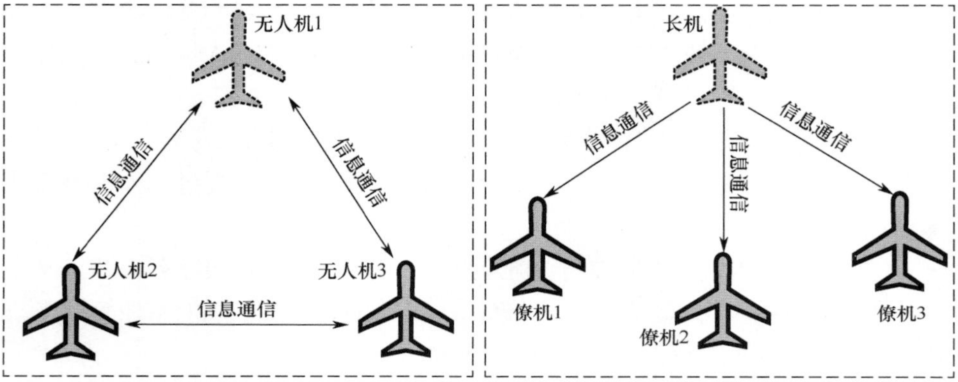

(a) 平行式结构　　(b) 主从式结构

图 4-9　无人机集群协同导航的结构

针对上述平行式结构和主从式结构各自存在的缺陷，本节进一步设计了一种无人机集群分层式协同导航结构，可以较好地解决现有无人机集群协同导航结构存在的问题，同时提高集群导航系统的经济性和可靠性。如图 4-10 所示，以 6 架无人机为例，按照参与任务的无人机在该结构中导航精度的不同，将其分为高精度层无人机和低精度层无人机。其中，高精度层选取两架无人机作为长机（实际应用中可增加长机数量），低精度层选取 4 架无人机作为僚机。

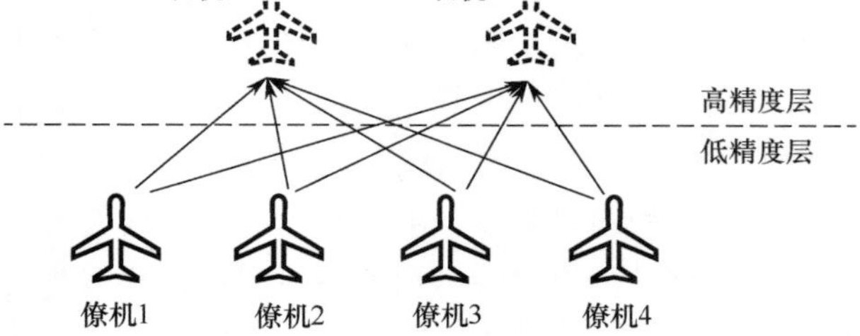

图 4-10　分层式协同导航结构

根据设计的无人机集群分层式协同导航结构，本节给出了无人机集群编队队形空间，如图 4-11 所示。将每架无人机视为一个质点，僚机在同一个高度排成一条直线飞行，长机飞行的高度高于僚机，两架长机的飞行高度相同。图 4-12 给出了无人机集群编队队形俯视图，长机两侧分别有两架僚机，在空间中长机所排列的连线与僚机所排列的连线垂直，编队飞行队形固定。

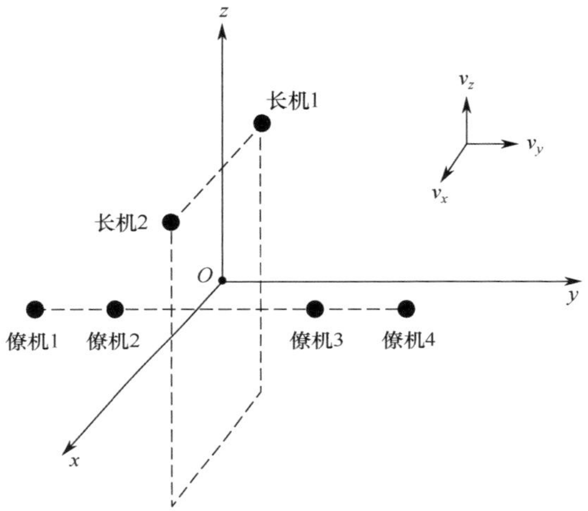

图 4-11　无人机集群编队队形空间

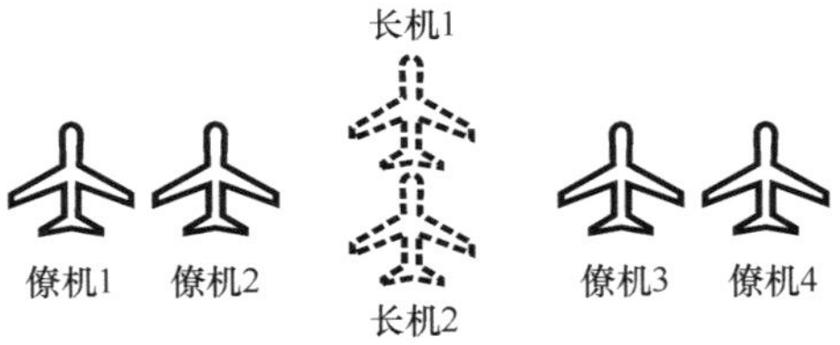

图 4-12　无人机集群编队队形俯视图

本节设计的无人机集群协同导航结构整合了平行式结构和主从式结构的优点，在一定程度上避免了两者的缺陷，长机通过高精度导航传感器构建导航系统获取高精度导航信息，僚机通过相对导航传感器测量与长机之间的距离、角度，从而实现了长机与僚机相互配合的高精度无人机集群导航系统，降低了导航系统的硬件成本，提高了整体的导航精度。此外，如图 4-11 和图 4-12 所示，若长机 1 被击落，4 架僚机仍然可以从长机 2 中获取相对导航信息，整个导航系统仍然可以工作，从而提高了系统的容错性。

4.4.2　无人机集群协同导航技术

根据无人机集群协同导航信息类型不同，无人机集群协同导航技术一般分为两大类：一类是基于绝对位置信息的协同导航技术，通过传感器直接获取自身的位置信息；另一类是基于相对位置信息的协同导航技术，通过测角、测距等相对导航传感器主动获取与相邻成员之间的位置关系，从而确定自身的位置信息[38]。

4.4.2.1 基于绝对位置信息的协同导航技术

基于绝对位置信息的协同导航技术最常应用于惯性/卫星融合导航系统中。惯导系统适应性强，不会受到天气等外部因素的干扰，但是惯导系统属于推算导航系统，而无人机集群需要在高机动性的复杂飞行轨迹中顺利完成任务，其导航误差必然会随时间快速累积。卫星导航系统具有良好的精度，但更新频率较低，在无人机集群高动态的飞行需求下导致卫星信号跟踪失锁，无法提供定位信息。此外，无人机在飞行过程中还面临复杂多变的气候环境，容易存在云层遮挡等情况，导致卫星导航失效。因此，在无人机集群编队中，惯导系统与卫星导航系统相互补充得到绝对位置信息，然后通过成员绝对位置之间的运算得到相对位置信息。

Williamson 等[39]研究了基于惯性/卫星融合的相对导航方法，该方法中两架飞机均搭载惯导系统和卫星导航系统，采用扩展卡尔曼滤波器估计自身的绝对状态，并由数据链将绝对状态传送给另一架飞机，通过绝对状态的差分求得两架飞机之间的相对状态。然而，惯性/卫星融合导航系统的精度与可靠性存在一定的局限性：在精度上，融合系统的定位精度非常依赖卫星导航系统的定位精度，而卫星导航系统的定位精度受卫星几何位置、钟差等多方面因素的影响，很难满足密集多无人机相对定位的精度需求；在可靠性上，卫星导航信号存在易失锁、易受干扰等问题，特别是在城市高楼、峡谷等复杂的环境中，接收到的卫星信号强度通常非常微弱，导致其定位结果存在较大的偏差。

4.4.2.2 基于相对位置信息的协同导航技术

由于绝对位置信息的获取需要使用惯导系统和卫星导航系统等高精度导航系统，大幅增加了硬件成本，因此不宜配备给集群中所有的无人机。随着传感器技术的不断发展，相对导航传感器能够主动对自身及周围成员之间的距离、角度等信息进行精确的测量，从而提升传统的相对导航方法的性能。

无人机集群相对导航测量方式如图 4-13 所示，一般包括数据链测量、超宽带（Ultra Wide Band，UWB）测量和视觉测量 3 个模块[40]。数据链测量可实现测向、测距等功能，能够适应较大空域范围集群编队飞行的需要；UWB 测量一般用于测距，要求集群内飞行器之间距离较近，适用于无人机小范围密集编队飞行；视觉测量一般应用于小范围区域无人机协同定位，如空中加油机和受油机之间的相对定位[41]、室内外无缝定位等。上述相对导航测量方式可归类为基于视觉传感器的相对导航测量方式和基于无线电传感器的相对导航测量方式。

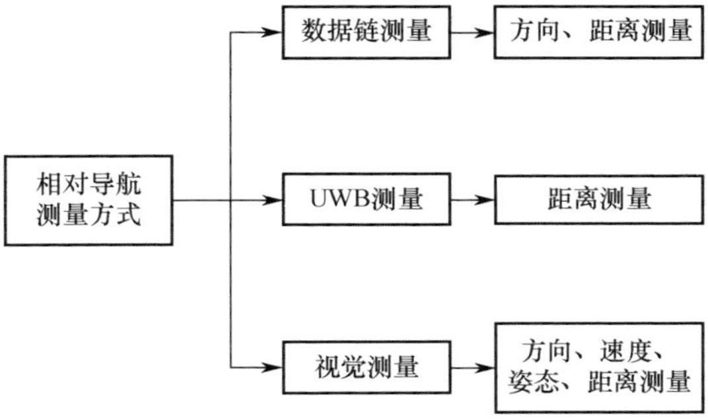

图 4-13　无人机集群相对导航测量方式

1. 基于视觉传感器的相对导航测量方式

视觉导航是无人机集群编队相对测量的关键手段之一，特别是在多架无人机近距离飞行的情况下。利用视觉系统可以实时提取无人机之间的相对位置和姿态[28]。研究者们针对不同的应用环境提出了相应的视觉导航模型。Park 等研究了基于单目摄像头的相对导航算法，通过设计位置姿态滤波器和相对导航滤波器，提高了非线性最小二乘算法在无人机姿态估计中的准确性和鲁棒性[42]。针对 GPS 拒止的环境，Hardy 和 Leishman 分别提出了一种全新的视觉导航模型，用于估计无人机集群的相对姿态。Hardy 采用分层统计模型以确定两台相机获取的图像中哪些帧有重叠覆盖，对重叠帧进行对齐，之后将两架无人机的惯导数据与来自无线电测距、磁力计和计算机视觉估计的量测数据相结合用以估计相对姿态[43]。Leishman 则将乘法扩展卡尔曼滤波（Multiplicative Extended Kalman Filter，MEKF）和视觉同步定位与地图构建（Visual-Simultaneous Localization and Mapping，V-SLAM）相结合，并对地图边界和协方差进行了直观的定义，在需要时使用全局一致地图的设计，使模型更具灵活性[44]。Khansari-Zadeh 等设计了基于神经网络的视觉估计和导航算法，建立了飞行器非线性动力学仿真模型和完整的虚拟环境，验证了所提算法的准确性和鲁棒性[45]。针对多机协同空中加油问题，Meng 等设计了一种基于视觉的空中加油机与无人机的相对姿态估计方法[46]。该方法包括定位参数初始化、估计旋转矩阵与转换向量最优解的正交迭代算法，并讨论了在使用该方法时特征点的数量和配置对估计结果准确性的影响。针对长机与僚机之间没有信息交流的情况，Seung 等设计了一款基于视觉的导航系统，其使用无迹卡尔曼滤波对目标方位角、目标仰角等视觉信息进行融合，得到相对运动估计，实现了长机与僚机之间的相对导航[47]。

视觉传感器作为协同导航位姿测量最直接的传感器，为无人机编队提供了可靠的相对位置信息，且视觉导航不需要无人机之间的相互通信，是复杂环境下协同导航的重要手段。

2. 基于无线电传感器的相对导航测量方式

无线电导航是现代航空中最基本、最核心的协同导航手段。无线电导航可以全天候实现相对位姿测量，而且具有定位精度高、定位速度快等优点，因此无线电导航被优先应用于相对导航测量方式中。例如，利用无线电测距技术可以进行无人机间测距，具体测距方法分为 3 种：单向单程测距法、双向双程测距法和双向单程测距法[48]。其中，单向单程测距法以全局时钟同步为基础，在测距过程中，无人机向其他无人机发射测距信号，其他无人机接收信号，并通过发射信号和接收信号之间的时间差进行机间伪距的测量；双向双程测距法不需要全部无人机时钟同步，各无人机有各自的时钟，具体测距方式为通过计算无人机之间测距信号的往返时间计算机间伪距值；在双向单程测距法中，每架无人机均搭载信号发射终端与接收终端，通过伪码和载波相位测量进行机间测距，其中发射信号和接收信号为方向相反、路径相同的测距信号。

基于无线电传感器的相对导航测量方式利用所携带的导航设备发射无线电波实现无人机集群之间的相对定位，所用技术主要包括卫星导航、雷达传感器、超宽带技术等。

卫星导航利用多颗卫星对目标进行定位，是目前最常用的导航定位手段之一，但是由于其误差通常在米级，低成本接收器在射频环境中可能会出现数十米甚至更大的误差，无法适用于紧密的无人机集群编队和对精度要求较高的队形变换，因此需要采用合适的方法提高其导航精度以满足无人机编队相对导航的要求。针对卫星相对导航存在的问题，Hedgecock 等提出了 GPS 相对跟踪法，传感器网络中的无人机节点通过分享它们的原始卫星测量数据并利用这些数据追踪邻近无人机节点的相对运动，推导出接收机的相对位置信息[49]。Gross 等提出了一种将全新载波相位差分 GPS、点对点无线电测距传感器和低成本惯导系统进行融合的无人机相对导航方法。该方法通过紧耦合 INS/GPS 融合导航，将每架无人机的状态估计送入相对导航滤波器中，从而得到相对导航信息[50]。

雷达传感器是无线电导航传感器的又一代表，其利用电磁波在介质中沿直线传播的特性，通过测量无线电信号幅度、频率和相位，根据角测量原理或距离测量原理测得无人机之间的相对角度和距离，进一步解算出姿态和位置信息，最终实现相对导航。雷达测角测距原理如图 4-14 所示。图 4-14（a）通过利用相位计比较两列天线所接收信号的相位差实现雷达测角；图 4-14（b）通过测量发射脉冲和回波之间的时间差实现雷达测距。在利用雷达进行相对导航方面，潘礼规等提出了以载波相位为量测量的相对定位方法，设计了一种具有三角几何关系的天线构型，并建立了无人机之间的相对量测模型，利用扩展卡尔曼滤波估计无人机的位置、速度参数，从而解算出无人机的姿态角及其角速率参数[51]。Strader 等针对在同一高度下的两架无人机，提出了一种无须机间相对姿态的先验信息，仅利用测距雷达设备和机载导航系统的噪声量测即可估计出一对无人机的相对位姿的方法[52]。

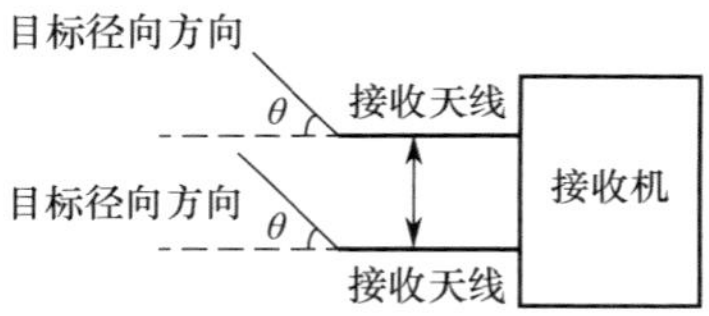

(a) 雷达测角原理

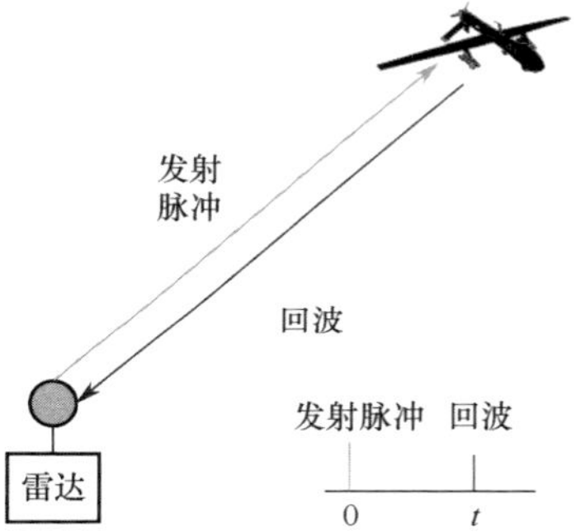

(b) 雷达测距原理

图 4-14　雷达测角测距原理

超宽带技术是一种无线载波通信技术，通过发送纳秒级的非正弦窄波脉冲传输数据，然后基于飞行时间（Time of Flight，ToF）测距法计算无线电波返回设备的时间，进而测算设备之间的距离，测距精度极高，可以达到厘米级。超宽带系统与传统的窄带系统相比，具有收发时间短、抗多径效果好、系统安全性高、整体功耗低等优点。因此，超宽带技术非常适用于无人机集群之间的距离测量。在利用超宽带技术进行相对导航方面，Shule 等在卫星导航拒止环境下首次采用超宽带技术解决无人机集群系统的定位问题，并且指出了超宽带技术的优越性和实用性使其有可能进一步成为标准技术，扩大无人机集群的应用领域[53]。王念曾等[54]提出了将超宽带测距获得的相对距离信息与惯导系统和卫星导航系统获得的绝对位置估计的差值一同作为滤波器的量测，利用无迹卡尔曼滤波进行融合估计，从而得到精度更高的相对位置信息。超宽带测距原理如图 4-15 所示。

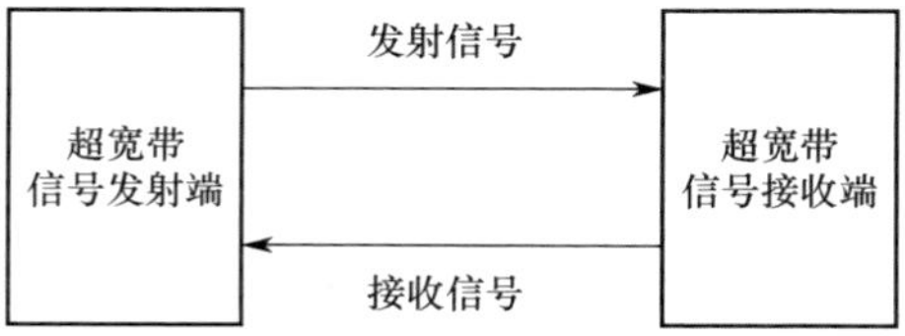

图 4-15　超宽带测距原理

参 考 文 献

[1] 沈海军. 无人机的发展与应用[J]. 科学新闻，2023，25（1）：42-45.

[2] 孙海波. 5G 通信技术促进军用无人机发展探究[J]. 中国信息化，2020（7）：70-71.

[3] 周斌. 无人机原理、应用与防控[M]. 北京：清华大学出版社，2023.

[4] 吴俊峰，刘传辉，马冰韬，等. 全球鹰无人机作战模式的分析[J]. 集成电路应用，2023，40（3）：58-60.

[5] 金钰，谷全祥. 2023 年国外军用无人机装备技术发展综述[J]. 战术导弹技术，2024（1）：33-47.

[6] 沙林炎. 无人机在电子对抗中的应用研究[J]. 数字通信世界，2019（10）：164.

[7] 王文君. 无人机在灭火救援中的实战应用探析[J]. 中国设备工程，2024（6）：40-42.

[8] 高尚. 无人机平台及测量技术综述[J]. 河南科技，2017（5）：55-56.

[9] 苏杭，马晓蕾. 日本智慧农业的发展及启示[J]. 日本问题研究，2020，34（3）：29-36.

[10] 红瓷，张通. 冲上云霄的中国无人机[J]. 中国工业和信息化，2021（10）：76-81.

[11] 王巍，邢朝洋，冯文帅. 自主导航技术发展现状与趋势[J]. 航空学报，2021，42（11）：18-36.

[12] 魏伟，武云云. 惯性/天文/卫星组合导航技术的现状与展望[J]. 现代导航，2014，5（1）：62-65.

[13] 徐开俊，徐照宇，赵津晨，等. GNSS/INS 组合导航系统发展综述[J]. 现代计算机，2022，28（20）：1-8.

[14] 王蓉. GNSS/INS 组合导航性能仿真研究[D]. 上海：上海交通大学，2019.

[15] 曲蕴杰. 小型无人机惯性/卫星/视觉组合导航技术研究[D]. 哈尔滨：哈尔滨工业大学，2021.

[16] 智奇楠，李枭楠，刘鹏飞，等. GNSS/INS 组合导航系统综述[J]. 数字通信世界，2019（8）：21-22.

[17] 石春凤. 惯性/天文组合导航关键算法研究[D]. 南京：东南大学，2022.

[18] 乐晋，杨龙河. 全固态捷联式惯性/天文组合导航技术[J]. 光学与光电技术，2021，19（3）：67-74.

[19] 孙洪驰. 临近空间高超声速飞行器惯性/天文/北斗多源导航方法研究[D]. 哈尔滨：哈尔滨工业大学，2021.

[20] 崔少华. 捷联惯性/天文组合导航算法研究[D]. 哈尔滨：哈尔滨工业大学，2019.

[21] 公惟强. 基于信息融合的惯性/卫星/天文组合导航研究[D]. 长沙：国防科技大学，2018.

[22] 张科，刘海鹏，李恒年，等. SINS/GPS/CNS 组合导航联邦滤波算法[J]. 中国惯性技术学报，2013，21（2）：226-230.

[23] 陈浩. 复杂条件下固定翼无人机集群编队控制研究[D]. 长沙：国防科技大学，2022.
[24] 金红新，杨涛，王小刚，等. 多传感器信息融合理论在无人机相对导航中的应用[J]. 国防科技大学学报，2017，39（5）：90-95.
[25] 张旭东，李少波，李传江，等. 无人机集群综述：技术、挑战与未来[J]. 无线电工程，2023，53（7）：1487-1501.
[26] 王念曾. 基于惯性/GNSS/UWB 信息融合的小型无人机编队相对导航技术研究[D]. 南京：南京航空航天大学，2019.
[27] 朱云峰. 基于多源信息融合的无人机相对导航技术研究[D]. 南京：南京航空航天大学，2019.
[28] 王祥科，刘志宏，丛一睿，等. 小型固定翼无人机集群综述和未来发展[J]. 航空学报，2020，41（4）：20-45.
[29] 贾永楠，田似营，李擎. 无人机集群研究进展综述[J]. 航空学报，2020，41（S01）：4-14.
[30] 陈士涛，李大喜，孙鹏，等. 美军智能无人机集群作战样式及影响分析[J]. 中国电子科学研究院学报，2021，16（11）：1113-1118.
[31] 谢鹏飞. 多无人机协同时差定位任务规划方法[D]. 西安：西安电子科技大学，2020.
[32] 牛轶峰，刘天晴，李杰，等. 密集环境中无人机协同机动飞行运动规划方法综述[J]. 国防科技大学学报，2022，44（4）：1-12.
[33] 胡嘉薇，贾泽群，孙延涛，等. 多约束条件下多无人机协同任务规划问题分析及求解方法综述[J]. 计算机科学，2023，50（7）：176-193.
[34] 武成锋，程进，郭晓云，等.飞行器集群协同定位与导航对抗技术发展与展望[J]. 宇航学报，2022，43（2）：131-142.
[35] 郭鹏军，张睿，高关根，等. 基于相对速度和位置辅助的无人机编队协同导航[J]. 上海交通大学学报，2022，56（11）：1438-1446.
[36] 徐亮. 基于改进 UKF 算法的多 AUV 协同导航方法研究[D]. 太原：中北大学，2020.
[37] 张福斌，马朋，刘书强. 基于距离测量的双领航 AUV 间协同导航算法[J]. 系统工程理论与实践，2016，36（7）：1898-1904.
[38] 谷旭平，唐大全，唐管政. 无人机集群关键技术研究综述[J]. 自动化与仪器仪表，2021（4）：21-26.
[39] WILLIAMSON W, MIN J, SPEYER J, et al. A comparison of state space, range space, and carrier phase differential GPS/INS relative navigation[C]//Proceedings of the American Control Conference.New York: IEEE, 2000: 2932-2938.
[40] 刘涛. GNSS 拒止环境下的多无人机协同导航方法研究[D]. 哈尔滨：哈尔滨工业大学，2021.
[41] NALEPKA J, HINCHMAN J. Automated aerial refueling: extending the effectiveness of unmanned air vehicles[C]//AIAA Modeling and Simulation Technologies Conference and

Exhibit. San Francisco: AIAA, 2005: 1-8.

[42] PARK J, LEE D, JEON B, et al. Robust vision-based pose estimation for relative navigation of unmanned aerial vehicles[C]//13th International Conference on Control, Automation and Systems. Gwangju: IEEE, 2013: 386-390.

[43] HARDY J, STRADER J, GROSS J, et al. Unmanned aerial vehicle relative navigation in GPS denied environments[C]//2016 IEEE/ION Position, Location and Navigation Symposium. Savannah: IEEE, 2016: 344-352.

[44] LEISHMAN R, MCLAIN T, BEARD R. Relative navigation approach for vision-based aerial GPS-denied navigation[J]. Journal of Intelligent & Robotic Systems, 2014(74): 97-111.

[45] KHANSARI-ZADEH S, SAGHAFI F. Vision-based navigation in autonomous close proximity operations using neural networks[J]. IEEE Transactions on Aerospace and Electronic Systems, 2011, 47(2): 864-883.

[46] MENG D, LI W, BANG W. Vision-based estimation of relative pose in autonomous aerial refueling[J]. Chinese Journal of Aeronautics, 2011, 24(6): 807-815.

[47] SEUNG O, JOHNSON E N. Relative motion estimation for vision-based formation flight using unscented Kalman filter[C]//AIAA Guidance, Navigation and Control Conference and Exhibit. Hilton Head: AIAA, 2007: 20-23.

[48] 郝菁. 基于惯导/数据链协同的无人机集群导航定位算法研究[D]. 北京：中国电子科技集团有限公司电子科学研究院，2019.

[49] HEDGECOCK W, MAROTI M, SALLAI J, et al. High-accuracy differential tracking of low-cost GPS receivers[C]//Proceeding of the 11th Annual International Conference on Mobile Systems, Applications, and Services. New York: Machinery, 2013: 221-234.

[50] GROSS J, GU Y, RHUDY M. Robust UAV relative navigation with DGPS, INS, and peer-to-peer radio ranging[J]. IEEE Transactions on Automation Science and Engineering, 2015, 12(3): 935-944.

[51] 潘礼规，尹佳琪，徐春光. 基于载波相位观测的无人机集群相对定位方法[J]. 中山大学学报（自然科学版）（中英文），2023，62（3）：125-136.

[52] STRADER J, GU Y, GROSS J, et al. Cooperative relative localization for moving UAVs with single link range measurements[C]//2016 IEEE/ION Position, Location and Navigation Symposium. Savannah: IEEE, 2016: 336-343.

[53] SHULE W, ALMANSA C, QUERALTA J, et al. UWB-based localization for multi-UAV systems and collaborative heterogeneous multi-robot systems[J]. Procedia Computer Science, 2020, 175(2019): 357-364.

[54] 王念曾，李荣冰，韩志凤，等. 基于惯性/GNSS/UWB 的小型无人机相对导航算法研究[J]. 电子测量技术，2019，42（16）：94-100.

第5章

无人机多源融合导航算法

5.1 无人机多源融合导航算法概述

对应用于作战、侦察等复杂环境的无人机来说，其导航系统需要具有一定的可靠性、较高的定位精度及全球全天候等特性。但是单一的导航系统各有局限性，无法满足无人机在复杂环境下长航时、远距离、精确可靠导航的需求。因此，多源融合导航是无人机导航系统发展的一个必然趋势[1]。多源融合导航即通过相应的方式将两种或两种以上导航系统的信息进行融合，实现无人机长航时、高精度可靠定位。

卫星导航系统与惯导系统融合是多数无人机所采用的主流融合导航技术[2]，其利用卫星导航系统的信息对惯导系统的位置误差和速度误差进行修正。目前，惯性传感器朝着微型化、便携化方向不断迈进，微惯性测量单元（MEMS Inertial Measurement Unit，MIMU）以其体积小、功耗低、成本低、可靠性高等优点成为惯性器件未来的发展方向，非常适用于无人机的应用需求。此外，北斗卫星导航系统（BDS）作为我国自主研发的卫星导航系统，以较高的精度和稳定性在军民领域取得了较好的定位效果，也得到了国际组织的认可。因此，将 MIMU 与 BDS 进行融合，已经成为国内无人机应用的主要趋势。一方面，MIMU 利用 BDS 的输出结果对自身导航信息进行估计和校正，克服了惯性器件随时间累积误差的缺点；另一方面，当短时间内北斗卫星信号减弱、中断或被遮挡时，MIMU 可以进行递推导航，从而保证了融合导航系统的连续导航能力，提高了导航系统的抗干扰性，并且 MIMU 可以在高动态环境中弥补 BDS 定位频率低的问题，因此两者的导航性能互补，相互融合可以提高系统的整体导航性能[3]。

然而，MIMU/BDS 融合导航在战场高机动环境下无法提供高精度的无人机姿态信息[4]，于是，MIMU/BDS/CNS 融合导航系统应运而生。它是对 MIMU/BDS 融合导航系统的进一步扩展，其利用天文导航测量得到的高精度姿态信息在线修正惯性器件的姿态误差和陀螺仪漂移，克服了 BDS 无法提供无人机姿态信息的缺点。应用完全自主的 MIMU、高精度的 BDS 和高度自主的 CNS 构建的 MIMU/BDS/CNS 融合导航系统，可以同时实现 MIMU 的速度误差、位置误差和姿态误差的修正，不仅精度高，而且自主性强[5]，目前已成为长航时无人机实现高性能导航的最有效手段。

信息融合算法是实现无人机多源融合导航的关键技术。目前，在无人机多源融合导航实现算法中，滤波融合算法得到了广泛的应用。卡尔曼滤波是导航系统最常用的滤波融合算法[6]，其根据当前时刻的量测值与上一时刻的状态协方差和均值推导出当前时刻的状态。卡尔曼滤波的特点是稳定性好、运算量小、存储量小。然而，无人机多源融合导航系统本质上是非线性系统[4]，有时为了减少计算量和提高系统实时性，在某些假设条件下融合导航系统的非线性因素可以忽略，能够用线性数学模型来近似描述。但当假设条件未被满足时，融合导航系统必须采用能反映自身实际特性的非线性模型来描述。在这种情况下，需要应用非线性滤波方法来解决系统中的状态估计、参数辨识等问题。

由于非线性系统的状态估计难以得到期望值的解析解，因此学者们提出了许多近似非线性滤波器。常用的非线性滤波方法根据概率密度分布的不同可分为两大类：非线性高斯滤波方法和非线性非高斯滤波方法。

非线性高斯滤波方法的代表是扩展卡尔曼滤波、无迹卡尔曼滤波和容积卡尔曼滤波 [7-10]。此类方法通常假设系统状态后验概率密度函数服从高斯分布，然后采用函数线性化近似、确定性采样或求积近似的手段得到卡尔曼滤波框架下的非线性滤波器。

非线性非高斯滤波方法的代表是粒子滤波（Particle Filter，PF）、高斯和滤波（Gaussian Sum Filter，GSF）。此类方法通过随机采样对系统状态后验概率密度进行全局逼近，不受限于高斯分布的假设，理论上适用于任何非线性系统的滤波问题。然而，全局逼近所需的计算量较大，很难应用于工程实际[11-13]。

与非线性非高斯滤波方法相比，非线性高斯滤波方法具有如下优势[8,14]。

（1）系统状态估计通常仅需要求取后验概率的一、二阶矩，而高斯分布恰好能够满足这一要求。因此，非线性高斯滤波方法既保证了状态估计中的信息完整性，又能够得到状态更新的解析形式，便于计算机递推运算。

（2）非线性高斯滤波方法对后验概率密度的近似简单，计算量远小于非线性非高斯滤波方法，实时性更强。

综上所述，对有较高的实时性要求的多源融合导航系统，非线性高斯滤波方法是首选。扩展卡尔曼滤波和无迹卡尔曼滤波是最常用的非线性高斯滤波方法。然而，由于系统模型线性化，扩展卡尔曼滤波对于强非线性系统存在较大的估计误差，而无迹卡尔曼滤波由于在无迹变换中出现负权值而导致滤波不稳定[15]，尤其是对于高维（3 维以上）非线性系统，如 MIMU/BDS 融合导航系统和 MIMU/BDS/CNS 融合导航系统。

容积卡尔曼滤波是一种新兴的非线性滤波方法，其根据三阶球面径向-容积准则，通过偶数个同等权值的容积点经非线性方程变换后产生新的点，并计算系统状态的后验概率密度函数[16]。理论上已经证明，容积卡尔曼滤波至少能以二阶精度逼近任何非线性系统状态的后验均值和协方差，具有和无迹卡尔曼滤波中无迹变换相同的近似精度，但其采样点更少，且不存在选定采样策略和参数问题，在高维模型中具备更高的逼近精度和稳定性[16-17]。此外，与扩展卡尔曼滤波相比，容积卡尔曼滤波的估计精度更高，且无须对非线性模型进行线性化，避免了计算非线性函数的雅可比矩阵，计算量小。

对于融合了 3 个或 3 个以上信源的多源融合导航系统，如 MIMU/BDS/CNS 融合导航系统，应用滤波算法实现多传感器数据融合时主要有两种融合结构：一种是集中式融合结构，另一种是分布式融合结构。集中式融合结构是将各个传感器测量得到的数据或信息直接传递到融合中心进行综合处理[18]。集中式融合结构是线性最小方差意义下的全局最优估计，但随着局部量测数据的增加，集中式融合结构会出现巨大的计算负担，严重影响系统的实时性。同时，由于传感器数据的集中处理，任一传感器发生故障都将污染整个系统的状态估计，容错性能较差。分布式融合结构采用两级数据处理结构，用一个主滤波器和若干局部滤波器代替集中式融合结构[19]。分布式融合结构的容错性能好、可靠性高，当局部传感器出现故障时，整个系统仍能正常工作。此外，由于采用了多处理器并行结构，因而计算量小、实时性高。联邦卡尔曼滤波（Federal Kalman Filter，FKF）[20]作为最具代表性的分布式融合结构，其设计灵活、计算量小、容错性能好，被广泛应用于多源融合导航系统中。它是一种两级滤波器，有一个主滤波器和若干局部滤波器，为了避免局部状态估计相互影响，将方差上界技术引入联邦卡尔曼滤波，从而使融合中心能够用简单的算法将局部滤波器的结果进行融合。这种结构的容错性能好、计算量小，在局部传感器失效的情况下，整个系统仍可以运行。

5.2 MIMU/BDS 融合导航算法

5.2.1 基于加性四元数的 MIMU 误差方程

惯导系统的误差源有很多，考虑不同的误差源可以获得不同的误差方程。本节主要介绍惯导系统的惯性器件误差及由该误差引起的系统误差，建立基于加性四元数的 MIMU 误差方程，包括姿态误差方程、速度误差方程和位置误差方程。

5.2.1.1 惯性器件误差方程

由于制造原理和加工工艺不完善等原因，惯性器件的测量输出存在误差，这些误差会给导航系统带来较大的误差。惯性器件误差主要包括刻度因数误差、安装误差和随机漂移误差。其中，惯性器件的刻度因数误差和安装误差可以通过惯性器件的标定进行补偿，而随机漂移误差无法用此方法进行补偿。因此，本节对惯性器件（陀螺仪和加速度计）的随机漂移误差进行分析。

1. 陀螺仪误差方程

陀螺仪是一种角运动测量器件，可以测量载体的角运动信息，通过计算得到载体的姿态信息。因此，陀螺仪的误差对 MIMU 系统的姿态误差有直接影响。陀螺仪的随机漂移误差主要包括逐次启动漂移、快变漂移和慢变漂移。其中，逐次启动漂移 $\varepsilon_i^{\mathrm{b}}$ 取决于启动时刻的环境和陀螺仪的电气参数，在系统启动之后是一个固定值，通常被描述为随机常数；快变漂移 w_i^{g} 表现为杂乱无章的高频跳跃，通常被描述为白噪声过程；慢变漂移 $\varepsilon_i^{\mathrm{r}}$ 在随机常数的基础上，根据前一时刻的漂移值变化，通常被描述为一阶马尔可夫过程。因此，陀螺仪的误差 ε_i 可表示为

$$\varepsilon_i=\varepsilon_i^{\mathrm{b}}+\varepsilon_i^{\mathrm{r}}+w_i^{\mathrm{g}},\ i=x,y,z \tag{5-1}$$

式中，$\varepsilon_i^{\mathrm{b}}$ 是随机常数；$\varepsilon_i^{\mathrm{r}}$ 是一阶马尔可夫过程；w_i^{g} 是方差强度为 σ_{g}^2 的白噪声。

假定 3 个轴向的误差方程相同，则 $\varepsilon_i^{\mathrm{b}}$ 和 $\varepsilon_i^{\mathrm{r}}$ 的微分形式为

$$\begin{cases}\dot{\varepsilon}_i^{\mathrm{b}}=0\\ \dot{\varepsilon}_i^{\mathrm{r}}=-\dfrac{1}{T_{\mathrm{r}}}\varepsilon_i^{\mathrm{r}}+w_i^{\mathrm{r}}\end{cases},\quad i=x,y,z \tag{5-2}$$

式中，T_{r} 是相关时间；w_i^{r} 是方差强度为 σ_{r}^2 的白噪声。

慢变漂移的分量相对较小，为了降低融合导航滤波器的维数，在融合导航系统设计中一般只考虑逐次启动漂移和快变漂移，因此陀螺仪的误差 ε_i 可表示为

$$\varepsilon_i = \varepsilon_i^{\mathrm{b}} + w_i^{\mathrm{g}},\ i = x, y, z \tag{5-3}$$

2. 加速度计误差方程

加速度计是一种线运动测量器件，可以测量载体的线运动信息。加速度计的随机误差具体包括随机常值偏置、相关误差和白噪声。由于相关误差较小，同时为了降低滤波器的维数，在融合导航设计中一般不考虑相关误差，则加速度计的误差∇_i可表示为

$$\nabla_i = \nabla_i^{\mathrm{b}} + w_i^{\mathrm{a}},\ i = x, y, z \tag{5-4}$$

且

$$\dot{\nabla}_i^{\mathrm{b}} = 0,\ i = x, y, z \tag{5-5}$$

式中，∇_i^{b}是加速度计在i轴的常值偏置；w_i^{a}是方差强度为σ_{a}^2的白噪声。

5.2.1.2　MIMU 系统误差方程

传统的 MIMU 系统误差方程是在假设姿态误差角为小角度的情况下进行推导获得的线性误差方程，当姿态误差角为大角度时会引起较大的模型误差。本节采用四元数定义姿态误差角，介绍一种基于加性四元数的系统误差方程，该方程不需要假设姿态误差角为小角度，能很好地适用于大误差角的情况。

1. 姿态误差方程

首先对用到的坐标系进行定义，选择东北天坐标系作为无人机理想导航坐标系（n 系）；将机体坐标系表示为 b 系，惯性坐标系表示为 i 系，地球坐标系表示为 e 系。

由于存在惯性器件误差、导航解算误差等，理想的导航坐标系 n 与实际的导航坐标系 n′ 之间存在偏差角$\boldsymbol{\varPsi}$，使用四元数$\boldsymbol{Q}_{\mathrm{n'}}^{\mathrm{n}} = [q_0, q_1, q_2, q_3]^{\mathrm{T}}$表示 n′ 系到 n 系的变换关系，则 n′ 系到 n 系的变换矩阵$\boldsymbol{C}_{\mathrm{n'}}^{\mathrm{n}}$可以表示为

$$\boldsymbol{C}_{\mathrm{n'}}^{\mathrm{n}} = \begin{bmatrix} q_0^2 + q_1^2 - q_2^2 - q_3^2 & 2(q_1q_2 - q_0q_3) & 2(q_1q_3 + q_0q_2) \\ 2(q_1q_2 + q_0q_3) & q_0^2 - q_1^2 + q_2^2 - q_3^2 & 2(q_2q_3 - q_0q_1) \\ 2(q_1q_3 - q_0q_2) & 2(q_2q_3 + q_0q_1) & q_0^2 - q_1^2 - q_2^2 + q_3^2 \end{bmatrix} \tag{5-6}$$

设四元数$\boldsymbol{Q}_{\mathrm{b}}^{\mathrm{n'}} = [p_0, p_1, p_2, p_3]^{\mathrm{T}}$表示 b 系到 n′ 系的变换关系，则 b 系到 n′ 系的变换矩阵$\boldsymbol{C}_{\mathrm{b}}^{\mathrm{n'}}$可以表示为

$$\boldsymbol{C}_{\mathrm{b}}^{\mathrm{n'}} = \begin{bmatrix} p_0^2 + p_1^2 - p_2^2 - p_3^2 & 2(p_1p_2 - p_0p_3) & 2(p_1p_3 + p_0p_2) \\ 2(p_1p_2 + p_0p_3) & p_0^2 - p_1^2 + p_2^2 - p_3^2 & 2(p_2p_3 - p_0p_1) \\ 2(p_1p_3 - p_0p_2) & 2(p_2p_3 + p_0p_1) & p_0^2 - p_1^2 - p_2^2 + p_3^2 \end{bmatrix} \tag{5-7}$$

四元数$\boldsymbol{Q}_{\mathrm{n'}}^{\mathrm{n}}$描述了 n′ 系到 n 系的姿态误差，其微分方程可表示为[21]

$$\dot{\boldsymbol{Q}}_{\mathrm{n'}}^{\mathrm{n}} = \frac{1}{2}\boldsymbol{Q}_{\mathrm{n'}}^{\mathrm{n}} \otimes \boldsymbol{\omega}_{\mathrm{nn'}}^{\mathrm{n'}} = \frac{1}{2}\boldsymbol{M}(\boldsymbol{Q}_{\mathrm{n'}}^{\mathrm{n}})\boldsymbol{\omega}_{\mathrm{nn'}}^{\mathrm{n'}} \tag{5-8}$$

式中，$\boldsymbol{\omega}_{\mathrm{nn'}}^{\mathrm{n'}}=[\omega_{\mathrm{nn'}x}^{\mathrm{n'}},\omega_{\mathrm{nn'}y}^{\mathrm{n'}},\omega_{\mathrm{nn'}z}^{\mathrm{n'}}]^{\mathrm{T}}$ 为 n′ 系到 n 系的旋转角速度在 n′ 系上的投影；$\boldsymbol{M}(\cdot)$ 为四元数运算矩阵。因为 n′ 系到 n 系的偏差角为 $\boldsymbol{\varPsi}$ ，所以

$$\boldsymbol{\omega}_{\mathrm{nn'}}^{\mathrm{n'}}=\dot{\boldsymbol{\varPsi}}=[\dot{\varPsi}_x,\dot{\varPsi}_y,\dot{\varPsi}_z]^{\mathrm{T}} \tag{5-9}$$

式中，$\dot{\boldsymbol{\varPsi}}$ 为偏差角 $\boldsymbol{\varPsi}$ 的微分形式。

$$\boldsymbol{M}(\boldsymbol{Q}_{\mathrm{n'}}^{\mathrm{n}})=\begin{bmatrix} q_0 & -q_1 & -q_2 & -q_3 \\ q_1 & q_0 & -q_3 & q_2 \\ q_2 & q_3 & q_0 & -q_1 \\ q_3 & -q_2 & q_1 & q_0 \end{bmatrix} \tag{5-10}$$

将式（5-9）和式（5-10）代入式（5-8），可得

$$\dot{\boldsymbol{Q}}_{\mathrm{n'}}^{\mathrm{n}}=\frac{1}{2}\begin{bmatrix} q_0 & -q_1 & -q_2 & -q_3 \\ q_1 & q_0 & -q_3 & q_2 \\ q_2 & q_3 & q_0 & -q_1 \\ q_3 & -q_2 & q_1 & q_0 \end{bmatrix}\begin{bmatrix} 0 \\ \omega_{\mathrm{nn'}x}^{\mathrm{n'}} \\ \omega_{\mathrm{nn'}y}^{\mathrm{n'}} \\ \omega_{\mathrm{nn'}z}^{\mathrm{n'}} \end{bmatrix}=\frac{1}{2}\begin{bmatrix} -q_1 & -q_2 & -q_3 \\ q_0 & -q_3 & q_2 \\ q_3 & q_0 & -q_1 \\ -q_2 & q_1 & q_0 \end{bmatrix}\begin{bmatrix} \dot{\varPsi}_x \\ \dot{\varPsi}_y \\ \dot{\varPsi}_z \end{bmatrix} \tag{5-11}$$

记

$$\boldsymbol{B}=\frac{1}{2}\begin{bmatrix} -q_1 & -q_2 & -q_3 \\ q_0 & -q_3 & q_2 \\ q_3 & q_0 & -q_1 \\ -q_2 & q_1 & q_0 \end{bmatrix} \tag{5-12}$$

则式（5-11）可表示为

$$\dot{\boldsymbol{Q}}_{\mathrm{n'}}^{\mathrm{n}}=\boldsymbol{B}\dot{\boldsymbol{\varPsi}} \tag{5-13}$$

根据 $\boldsymbol{\varPsi}$ 偏差角误差方程与四元数误差方程的关系可得

$$\dot{\boldsymbol{\varPsi}}=(\boldsymbol{I}-\boldsymbol{C}_{\mathrm{n}}^{\mathrm{n'}})\boldsymbol{\omega}_{\mathrm{in}}^{\mathrm{n}}-\boldsymbol{\varepsilon}^{\mathrm{n'}} \tag{5-14}$$

式中，$\boldsymbol{C}_{\mathrm{n}}^{\mathrm{n'}}=(\boldsymbol{C}_{\mathrm{n'}}^{\mathrm{n}})^{\mathrm{T}}$ 为 n 系到 n′ 系的旋转矩阵；$\boldsymbol{\varepsilon}^{\mathrm{n'}}$ 为陀螺仪误差在 n′ 系中的投影；$\boldsymbol{\omega}_{\mathrm{in}}^{\mathrm{n}}$ 为 n 系相对于 i 系的旋转角速度在 n 系上的投影，其计算方法为

$$\boldsymbol{\omega}_{\mathrm{in}}^{\mathrm{n}}=\boldsymbol{\omega}_{\mathrm{ie}}^{\mathrm{n}}+\boldsymbol{\omega}_{\mathrm{en}}^{\mathrm{n}}=\begin{bmatrix} 0 \\ \omega_{\mathrm{ie}}\cos L \\ \omega_{\mathrm{ie}}\sin L \end{bmatrix}+\begin{bmatrix} -\dfrac{V_{\mathrm{N}}}{R_{\mathrm{M}}+h} \\ \dfrac{V_{\mathrm{E}}}{R_{\mathrm{N}}+h} \\ \dfrac{V_{\mathrm{E}}\tan L}{R_{\mathrm{N}}+h} \end{bmatrix}=\begin{bmatrix} -\dfrac{V_{\mathrm{N}}}{R_{\mathrm{M}}+h} \\ \omega_{\mathrm{ie}}\cos L+\dfrac{V_{\mathrm{E}}}{R_{\mathrm{N}}+h} \\ \omega_{\mathrm{ie}}\sin L+\dfrac{V_{\mathrm{E}}\tan L}{R_{\mathrm{N}}+h} \end{bmatrix} \tag{5-15}$$

式中，$\boldsymbol{\omega}_{\mathrm{ie}}^{\mathrm{n}}$ 为 e 系相对于 i 系的旋转角速度在 n 系上的投影；$\boldsymbol{\omega}_{\mathrm{en}}^{\mathrm{n}}$ 为 n 系相对于 e 系的旋转角速度在 n 系上的投影。

将式（5-14）代入式（5-13）可得

$$\begin{aligned}\dot{\boldsymbol{Q}}_{\mathrm{n'}}^{\mathrm{n}}&=\boldsymbol{B}(\boldsymbol{I}-\boldsymbol{C}_{\mathrm{n}}^{\mathrm{n'}})\boldsymbol{\omega}_{\mathrm{in}}^{\mathrm{n}}-\boldsymbol{B}\boldsymbol{\varepsilon}^{\mathrm{n'}}\\&=\boldsymbol{B}(\boldsymbol{I}-\boldsymbol{C}_{\mathrm{n}}^{\mathrm{n'}})\boldsymbol{\omega}_{\mathrm{in}}^{\mathrm{n}}-\boldsymbol{B}\boldsymbol{C}_{\mathrm{b}}^{\mathrm{n'}}\boldsymbol{\varepsilon}^{\mathrm{b}}\end{aligned} \tag{5-16}$$

式中，$\boldsymbol{\varepsilon}^{\mathrm{b}}$ 为陀螺仪常值漂移。

将式（5-6）、式（5-7）和式（5-15）代入式（5-16），经过整理可得姿态四元数误差方程为

$$\dot{\boldsymbol{Q}}_{\mathrm{n'}}^{\mathrm{n}}=\begin{bmatrix}-q_1 & -q_2 & -q_3\\ q_0 & -q_3 & q_2\\ q_3 & q_0 & -q_1\\ -q_2 & q_1 & q_0\end{bmatrix}\begin{bmatrix}q_2^2+q_3^2 & -(q_1q_2+q_0q_3) & -(q_1q_3-q_0q_2)\\ -(q_1q_2-q_0q_3) & q_1^2+q_3^2 & -(q_2q_3+q_0q_1)\\ -(q_1q_3+q_0q_2) & -(q_2q_3-q_0q_1) & q_1^2+q_2^2\end{bmatrix}$$

$$\begin{bmatrix}-\dfrac{V_{\mathrm{N}}}{R_{\mathrm{M}}+h}\\ \omega_{\mathrm{ie}}\cos L+\dfrac{V_{\mathrm{E}}}{R_{\mathrm{N}}+h}\\ \omega_{\mathrm{ie}}\sin L+\dfrac{V_{\mathrm{E}}\tan L}{R_{\mathrm{N}}+h}\end{bmatrix}-\frac{1}{2}\begin{bmatrix}-q_1 & -q_2 & -q_3\\ q_0 & -q_3 & q_2\\ q_3 & q_0 & -q_1\\ -q_2 & q_1 & q_0\end{bmatrix} \tag{5-17}$$

$$\begin{bmatrix}p_0^2+p_1^2-p_2^2-p_3^2 & 2(p_1p_2-p_0p_3) & 2(p_1p_3+p_0p_2)\\ 2(p_1p_2+p_0p_3) & p_0^2-p_1^2+p_2^2-p_3^2 & 2(p_2p_3-p_0p_1)\\ 2(p_1p_3-p_0p_2) & 2(p_2p_3+p_0p_1) & p_0^2-p_1^2-p_2^2+p_3^2\end{bmatrix}\begin{bmatrix}\varepsilon^x\\ \varepsilon^y\\ \varepsilon^z\end{bmatrix}$$

2. 速度误差方程

在系统没有误差的情况下，根据比力方程可得速度的理想值为

$$\dot{\boldsymbol{V}}^{\mathrm{n}}=\boldsymbol{f}^{\mathrm{n}}-(2\boldsymbol{\omega}_{\mathrm{ie}}^{\mathrm{n}}+\boldsymbol{\omega}_{\mathrm{en}}^{\mathrm{n}})\times\boldsymbol{V}^{\mathrm{n}}+\boldsymbol{g}^{\mathrm{n}} \tag{5-18}$$

式中，$\boldsymbol{f}^{\mathrm{n}}$ 为 n 系下的比力值；$\boldsymbol{V}^{\mathrm{n}}$ 为 n 系下的速度向量；$\boldsymbol{g}^{\mathrm{n}}$ 为重力加速度。

然而，实际的系统存在各种误差，因此计算出来的速度也存在误差，实际的速度计算公式记为

$$\dot{\boldsymbol{V}}^{\mathrm{c}}=\boldsymbol{f}^{\mathrm{c}}-(2\boldsymbol{\omega}_{\mathrm{ie}}^{\mathrm{c}}+\boldsymbol{\omega}_{\mathrm{en}}^{\mathrm{c}})\times\boldsymbol{V}^{\mathrm{c}}+\boldsymbol{g}^{\mathrm{c}} \tag{5-19}$$

式中，$\boldsymbol{V}^{\mathrm{c}}=\boldsymbol{V}^{\mathrm{n}}+\delta\boldsymbol{V}^{\mathrm{n}}$ 表示实际速度向量；$\boldsymbol{f}^{\mathrm{c}}=\boldsymbol{C}_{\mathrm{b}}^{\mathrm{n'}}(\boldsymbol{f}^{\mathrm{b}}+\boldsymbol{\nabla}^{\mathrm{b}})$ 表示加速度计实际输出的比力测量值，$\boldsymbol{f}^{\mathrm{b}}$ 表示 b 系下的理想比力值；$\boldsymbol{\omega}_{\mathrm{ie}}^{\mathrm{c}}=\boldsymbol{\omega}_{\mathrm{ie}}^{\mathrm{n}}+\delta\boldsymbol{\omega}_{\mathrm{ie}}^{\mathrm{n}}$；$\boldsymbol{\omega}_{\mathrm{en}}^{\mathrm{c}}=\boldsymbol{\omega}_{\mathrm{en}}^{\mathrm{n}}+\delta\boldsymbol{\omega}_{\mathrm{en}}^{\mathrm{n}}$，$\boldsymbol{g}^{\mathrm{c}}=\boldsymbol{g}^{\mathrm{n}}+\delta\boldsymbol{g}^{\mathrm{n}}$，$\boldsymbol{\nabla}^{\mathrm{b}}$ 为加速度计常值偏置。

用式（5-19）减去式（5-18），忽略 $\delta\boldsymbol{g}^{\mathrm{n}}$ 的影响，整理可得速度误差方程为

$$\begin{aligned}\delta\dot{\boldsymbol{V}}^{\mathrm{n}}&=\dot{\boldsymbol{V}}^{\mathrm{c}}-\dot{\boldsymbol{V}}^{\mathrm{n}}\\ &=\boldsymbol{C}_{\mathrm{b}}^{\mathrm{n'}}(\boldsymbol{f}^{\mathrm{b}}+\boldsymbol{\nabla}^{\mathrm{b}})-\boldsymbol{f}^{\mathrm{n}}-(2\boldsymbol{\omega}_{\mathrm{ie}}^{\mathrm{n}}+\boldsymbol{\omega}_{\mathrm{en}}^{\mathrm{n}})\times\delta\boldsymbol{V}^{\mathrm{n}}-(2\delta\boldsymbol{\omega}_{\mathrm{ie}}^{\mathrm{n}}+\delta\boldsymbol{\omega}_{\mathrm{en}}^{\mathrm{n}})\times\boldsymbol{V}^{\mathrm{n}}-\\ &\quad(2\delta\boldsymbol{\omega}_{\mathrm{ie}}^{\mathrm{n}}+\delta\boldsymbol{\omega}_{\mathrm{en}}^{\mathrm{n}})\times\delta\boldsymbol{V}^{\mathrm{n}}\\ &=\boldsymbol{C}_{\mathrm{b}}^{\mathrm{n'}}\boldsymbol{f}^{\mathrm{b}}-\boldsymbol{C}_{\mathrm{b}}^{\mathrm{n}}\boldsymbol{f}^{\mathrm{b}}-(2\boldsymbol{\omega}_{\mathrm{ie}}^{\mathrm{n}}+\boldsymbol{\omega}_{\mathrm{en}}^{\mathrm{n}})\times\delta\boldsymbol{V}^{\mathrm{n}}-(2\delta\boldsymbol{\omega}_{\mathrm{ie}}^{\mathrm{n}}+\delta\boldsymbol{\omega}_{\mathrm{en}}^{\mathrm{n}})\times\boldsymbol{V}^{\mathrm{n}}-\\ &\quad(2\delta\boldsymbol{\omega}_{\mathrm{ie}}^{\mathrm{n}}+\delta\boldsymbol{\omega}_{\mathrm{en}}^{\mathrm{n}})\times\delta\boldsymbol{V}^{\mathrm{n}}+\boldsymbol{\nabla}^{\mathrm{n'}}\\ &=(\boldsymbol{I}-\boldsymbol{C}_{\mathrm{n'}}^{\mathrm{n}})\boldsymbol{C}_{\mathrm{b}}^{\mathrm{n'}}\boldsymbol{f}^{\mathrm{b}}-(2\boldsymbol{\omega}_{\mathrm{ie}}^{\mathrm{n}}+\boldsymbol{\omega}_{\mathrm{en}}^{\mathrm{n}})\times\delta\boldsymbol{V}^{\mathrm{n}}-(2\delta\boldsymbol{\omega}_{\mathrm{ie}}^{\mathrm{n}}+\delta\boldsymbol{\omega}_{\mathrm{en}}^{\mathrm{n}})\times\boldsymbol{V}^{\mathrm{n}}-\\ &\quad(2\delta\boldsymbol{\omega}_{\mathrm{ie}}^{\mathrm{n}}+\delta\boldsymbol{\omega}_{\mathrm{en}}^{\mathrm{n}})\times\delta\boldsymbol{V}^{\mathrm{n}}+\boldsymbol{C}_{\mathrm{b}}^{\mathrm{n'}}\boldsymbol{\nabla}^{\mathrm{b}}\end{aligned} \tag{5-20}$$

式中，$\boldsymbol{\nabla}^{n'}$ 为加速度计误差在 n′ 系中的投影。忽略式（5-20）中的二阶小量，进一步整理速度误差方程可得

$$\delta\dot{\boldsymbol{V}}^{n}=\begin{bmatrix}\delta\dot{V}_{E}^{n}\\ \delta\dot{V}_{N}^{n}\\ \delta\dot{V}_{U}^{n}\end{bmatrix}=(\boldsymbol{I}-\boldsymbol{C}_{n'}^{n})\boldsymbol{f}^{n'}-(2\boldsymbol{\omega}_{ie}^{n}+\boldsymbol{\omega}_{en}^{n})\times\delta\boldsymbol{V}^{n}-(2\delta\boldsymbol{\omega}_{ie}^{n}+\delta\boldsymbol{\omega}_{en}^{n})\times\boldsymbol{V}^{n}+\boldsymbol{\nabla}^{n'} \tag{5-21}$$

式中，矩阵 $\boldsymbol{C}_{n'}^{n}$ 和矩阵 $\boldsymbol{C}_{b}^{n'}$ 可分别通过式（5-6）与式（5-7）求得，$\boldsymbol{\omega}_{ie}^{n}$、$\delta\boldsymbol{\omega}_{ie}^{n}$、$\boldsymbol{\omega}_{en}^{n}$、$\delta\boldsymbol{\omega}_{en}^{n}$ 可分别通过式（5-22）～式（5-25）求得。

$$\boldsymbol{\omega}_{ie}^{n}=\begin{bmatrix}0\\ \omega_{ie}\cos L\\ \omega_{ie}\sin L\end{bmatrix} \tag{5-22}$$

$$\delta\boldsymbol{\omega}_{ie}^{n}=\begin{bmatrix}0\\ -\delta L\omega_{ie}\sin L\\ \delta L\omega_{ie}\cos L\end{bmatrix} \tag{5-23}$$

$$\boldsymbol{\omega}_{en}^{n}=\begin{bmatrix}-\dfrac{V_{N}}{R_{M}+h}\\ \dfrac{V_{E}}{R_{N}+h}\\ \dfrac{V_{E}\tan L}{R_{N}+h}\end{bmatrix} \tag{5-24}$$

$$\delta\boldsymbol{\omega}_{en}^{n}=\begin{bmatrix}-\dfrac{\delta V_{N}}{R_{M}+h}+\delta h\dfrac{V_{N}}{(R_{M}+h)^{2}}\\ \dfrac{\delta V_{E}}{R_{N}+h}-\delta h\dfrac{V_{E}}{(R_{N}+h)^{2}}\\ \dfrac{\delta V_{E}}{R_{N}+h}\tan L+\delta L\dfrac{V_{E}}{R_{N}+h}\sec^{2}L-\delta h\dfrac{V_{E}}{(R_{N}+h)^{2}}\tan L\end{bmatrix} \tag{5-25}$$

3. 位置误差方程

MIMU 系统的位置误差方程可表示为

$$\begin{aligned}\delta\dot{\boldsymbol{P}}^{n}=\begin{bmatrix}\delta\dot{L}\\ \delta\dot{\lambda}\\ \delta\dot{h}\end{bmatrix}&=\begin{bmatrix}0 & \dfrac{1}{R_{M}+h} & 0\\ \dfrac{\sec L}{R_{N}+h} & 0 & 0\\ 0 & 0 & 1\end{bmatrix}\begin{bmatrix}\delta V_{E}\\ \delta V_{N}\\ \delta V_{U}\end{bmatrix}+\begin{bmatrix}0 & 0 & -\dfrac{V_{N}}{(R_{M}+h)^{2}}\\ \dfrac{V_{E}\tan L\sec L}{R_{N}+h} & 0 & -\dfrac{V_{E}\sec L}{(R_{M}+h)^{2}}\\ 0 & 0 & 0\end{bmatrix}\begin{bmatrix}\delta L\\ \delta\lambda\\ \delta h\end{bmatrix}\\ &=\boldsymbol{M}\delta\boldsymbol{V}^{n}+\boldsymbol{N}\delta\boldsymbol{P}^{n}\end{aligned} \tag{5-26}$$

式中，$\boldsymbol{M}$ 表示矩阵 $\begin{bmatrix} 0 & \dfrac{1}{R_{\mathrm{M}}+h} & 0 \\ \dfrac{\sec L}{R_{\mathrm{N}}+h} & 0 & 0 \\ 0 & 0 & 1 \end{bmatrix}$；$\delta\boldsymbol{V}^{\mathrm{n}}$ 表示 n 系下的速度误差；$\boldsymbol{N}$ 表示矩阵 $\begin{bmatrix} 0 & 0 & -\dfrac{V_{\mathrm{N}}}{(R_{\mathrm{M}}+h)^2} \\ \dfrac{V_{\mathrm{E}}\tan L\sec L}{R_{\mathrm{N}}+h} & 0 & -\dfrac{V_{\mathrm{E}}\sec L}{(R_{\mathrm{M}}+h)^2} \\ 0 & 0 & 0 \end{bmatrix}$；$\boldsymbol{M}$ 和 $\boldsymbol{N}$ 均为系数矩阵；$\delta\boldsymbol{P}^{\mathrm{n}}$ 表示 n 系下的位置误差。

5.2.2　MIMU/BDS 融合导航实现方式

5.2.2.1　松耦合方式

1. 实现原理

松耦合是最简单的 MIMU/BDS 耦合方式，在这种方式下，MIMU 系统和 BDS 均独立工作，融合导航系统结合两者的数据给出最优的估计结果，最后反馈到 MIMU 系统对其进行校正，经过校正的惯导系统的参数构成融合导航系统的输出。该耦合方式可以提供比使用单一导航系统更好的导航结果，但需要使用高精度的惯性器件才能发挥较佳的性能。若使用较低精度的惯性器件，当卫星不能锁定定位时，融合导航系统将被完全破坏，其整体性能将因为无法对惯导系统的误差进行校正而迅速恶化[22]。

MIMU/BDS 松耦合系统采用的量测信息是位置和速度，直接将 BDS 接收机得到的位置、速度与 MIMU 系统解算出来的位置、速度分别做差作为滤波器的输入，滤波器的输出采用反馈校正，直接对 MIMU 系统解算出来的位置、速度进行校正，而陀螺仪和加速度计的漂移误差校正则在惯导系统解算中进行。这种耦合方式结构简单，且易于实现。MIMU/BDS 松耦合系统结构如图 5-1 所示。

2. 系统模型

1）动力学模型

MIMU/BDS 松耦合系统利用 BDS 输出的位置和速度信息修正 MIMU 系统解算的导航误差，采用最优滤波技术实现对误差的最优估计。首先选取 MIMU/BDS 松耦合系统的状态为

$$\boldsymbol{X}(t)=[q_0 \quad q_1 \quad q_2 \quad q_3 \quad \delta V_\mathrm{E} \quad \delta V_\mathrm{N} \quad \delta V_\mathrm{U} \quad \delta L \quad \delta\lambda \quad \delta h \quad \varepsilon_x^\mathrm{b} \quad \varepsilon_y^\mathrm{b} \quad \varepsilon_z^\mathrm{b} \quad \nabla_x^\mathrm{b} \quad \nabla_y^\mathrm{b} \quad \nabla_z^\mathrm{b}]^\mathrm{T} \tag{5-27}$$

式中，$[q_0 \quad q_1 \quad q_2 \quad q_3]^\mathrm{T}$ 表示 MIMU 的姿态误差四元数；$[\delta V_\mathrm{E} \quad \delta V_\mathrm{N} \quad \delta V_\mathrm{U}]^\mathrm{T}$ 表示 MIMU 系统的速度误差；$[\delta L \quad \delta\lambda \quad \delta h]^\mathrm{T}$ 表示 MIMU 系统的位置误差；$[\varepsilon_x^\mathrm{b} \quad \varepsilon_y^\mathrm{b} \quad \varepsilon_z^\mathrm{b}]^\mathrm{T}$ 表示陀螺仪常值漂移；$[\nabla_x^\mathrm{b} \quad \nabla_y^\mathrm{b} \quad \nabla_z^\mathrm{b}]^\mathrm{T}$ 表示加速度计常值偏置。

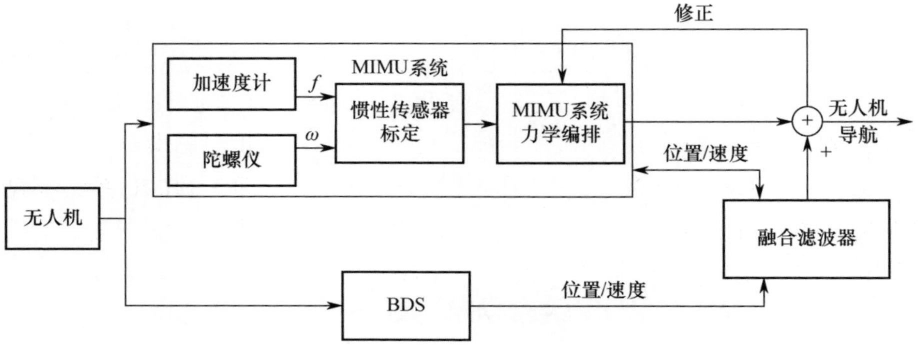

图 5-1　MIMU/BDS 松耦合系统结构

根据式（5-27）及 5.2.1 节介绍的 MIMU 系统误差方程[式（5-17）、式（5-21）和式（5-26）]，可得 MIMU/BDS 松耦合系统的动力学模型为

$$\dot{\boldsymbol{X}}(t)=\bar{f}(\boldsymbol{X}(t))+\boldsymbol{W}(t) \tag{5-28}$$

式中，$\bar{f}(\cdot)$ 为连续形式的非线性动力学函数；$\boldsymbol{W}(t)$ 为系统动力学噪声。

进一步对式（5-28）进行离散化处理，可得 MIMU/BDS 松耦合系统的动力学模型为

$$\boldsymbol{X}_k=f(\boldsymbol{X}_{k-1})+\boldsymbol{W}_k \tag{5-29}$$

式中，$\boldsymbol{X}_k$ 为 k 时刻离散形式的系统状态；$f(\cdot)$ 为离散形式的非线性动力学函数；$\boldsymbol{W}_k$ 为 k 时刻的系统动力学噪声。

2）量测模型

MIMU/BDS 松耦合系统的量测方程是基于 MIMU 系统解算的和 BDS 输出的速度与位置信息的差值建立的。假设无人机在导航坐标系下的真实速度为 $\boldsymbol{V}=[V_\mathrm{E} \ V_\mathrm{N} \ V_\mathrm{U}]^\mathrm{T}$，MIMU 系统解算出来的速度信息为 $\boldsymbol{V}_\mathrm{M}=[V_\mathrm{EM} \quad V_\mathrm{NM} \quad V_\mathrm{UM}]^\mathrm{T}$，BDS 输出的速度信息为 $\boldsymbol{V}_\mathrm{B}=[V_\mathrm{EB} \quad V_\mathrm{NB} \quad V_\mathrm{UB}]^\mathrm{T}$。

相较于无人机的真实速度，MIMU 系统解算的速度信息可以表示为

$$\begin{cases} V_\mathrm{EM}=V_\mathrm{E}+\delta V_\mathrm{E} \\ V_\mathrm{NM}=V_\mathrm{N}+\delta V_\mathrm{N} \\ V_\mathrm{UM}=V_\mathrm{U}+\delta V_\mathrm{U} \end{cases} \tag{5-30}$$

同理，BDS 输出的速度信息可以表示为

$$\begin{cases} V_{\mathrm{EB}} = V_{\mathrm{E}} - \delta V_{\mathrm{EB}} \\ V_{\mathrm{NB}} = V_{\mathrm{N}} - \delta V_{\mathrm{NB}} \\ V_{\mathrm{UB}} = V_{\mathrm{U}} - \delta V_{\mathrm{UB}} \end{cases} \tag{5-31}$$

将 MIMU 系统解算的速度和 BDS 输出的速度做差，可得融合导航系统的速度量测方程，具体表示为

$$\boldsymbol{Z}_{\mathrm{k}}^{V} = \boldsymbol{V}_{\mathrm{M}} - \boldsymbol{V}_{\mathrm{B}} = \begin{bmatrix} V_{\mathrm{EM}} - V_{\mathrm{EB}} \\ V_{\mathrm{NM}} - V_{\mathrm{NB}} \\ V_{\mathrm{UM}} - V_{\mathrm{UB}} \end{bmatrix} = \begin{bmatrix} \delta V_{\mathrm{E}} + \delta V_{\mathrm{EB}} \\ \delta V_{\mathrm{N}} + \delta V_{\mathrm{NB}} \\ \delta V_{\mathrm{U}} + \delta V_{\mathrm{UB}} \end{bmatrix} = \boldsymbol{H}_k^V \boldsymbol{X}_k + \boldsymbol{V}_k^V \tag{5-32}$$

式中，$\boldsymbol{H}_k^V$ 为速度量测方程的量测矩阵；$\boldsymbol{V}_k^V$ 为 BDS 的速度量测噪声。

假设无人机在导航坐标系下的真实位置为 $\boldsymbol{P} = [L\ \ \lambda\ \ h]^{\mathrm{T}}$，通过 MIMU 系统解算出来的位置信息为 $\boldsymbol{P}_{\mathrm{M}} = [L_{\mathrm{M}}\ \ \ \lambda_{\mathrm{M}}\ \ \ h_{\mathrm{M}}]^{\mathrm{T}}$，BDS 输出的位置信息为 $\boldsymbol{P}_{\mathrm{B}} = [L_{\mathrm{B}}\ \ \ \lambda_{\mathrm{B}}\ \ \ h_{\mathrm{B}}]^{\mathrm{T}}$。

相较于无人机的真实位置，MIMU 系统解算的位置信息可以表示为

$$\begin{cases} L_{\mathrm{M}} = L + \delta L \\ \lambda_{\mathrm{M}} = \lambda + \delta\lambda \\ h_{\mathrm{M}} = h + \delta h \end{cases} \tag{5-33}$$

同理，BDS 输出的位置信息可以表示为

$$\begin{cases} L_{\mathrm{B}} = L - \delta L_{\mathrm{B}} \\ \lambda_{\mathrm{B}} = \lambda - \delta\lambda_{\mathrm{B}} \\ h_{\mathrm{B}} = h - \delta h_{\mathrm{B}} \end{cases} \tag{5-34}$$

将 MIMU 系统解算的位置和 BDS 输出的位置做差可得融合导航系统的位置量测方程，具体表示为

$$\boldsymbol{Z}_k^P = \boldsymbol{P}_{\mathrm{M}} - \boldsymbol{P}_{\mathrm{B}} = \begin{bmatrix} L_{\mathrm{M}} - L_{\mathrm{B}} \\ \lambda_{\mathrm{M}} - \lambda_{\mathrm{B}} \\ h_{\mathrm{M}} - h_{\mathrm{B}} \end{bmatrix} = \begin{bmatrix} \delta L + \delta L_{\mathrm{B}} \\ \delta\lambda + \delta\lambda_{\mathrm{B}} \\ \delta h + \delta h_{\mathrm{B}} \end{bmatrix} = \boldsymbol{H}_k^P \boldsymbol{X}_k + \boldsymbol{V}_k^P \tag{5-35}$$

式中，$\boldsymbol{H}_k^P$ 为位置量测方程的量测矩阵；$\boldsymbol{V}_k^P$ 为 BDS 的位置量测噪声。

根据式（5-32）的速度量测方程和式（5-35）的位置量测方程，得到基于速度/位置的 MIMU/BDS 松耦合系统的量测方程为

$$\begin{aligned} \boldsymbol{Z}_k &= \begin{bmatrix} \boldsymbol{Z}_k^V \\ \boldsymbol{Z}_k^P \end{bmatrix} = \begin{bmatrix} \boldsymbol{H}_k^V \\ \boldsymbol{H}_k^P \end{bmatrix} \boldsymbol{X}_k + \begin{bmatrix} \boldsymbol{V}_k^V \\ \boldsymbol{V}_k^P \end{bmatrix} \\ &= \boldsymbol{H}_k \boldsymbol{X}_k + \boldsymbol{V}_k \end{aligned} \tag{5-36}$$

式中，量测矩阵 $\boldsymbol{H}_k$ 和量测噪声向量 $\boldsymbol{V}_k$ 分别为

$$\boldsymbol{H}_k = \begin{bmatrix} \boldsymbol{0}_{3\times4} & \boldsymbol{I}_{3\times3} & \boldsymbol{0}_{3\times9} \\ \boldsymbol{0}_{3\times7} & \mathrm{diag}(R_{\mathrm{M}}, R_{\mathrm{N}}\cos L, 1) & \boldsymbol{0}_{3\times6} \end{bmatrix} \tag{5-37}$$

$$\boldsymbol{V}_k = [\delta V_{\mathrm{EB}}\ \ \ \delta V_{\mathrm{NB}}\ \ \ \delta V_{\mathrm{UB}}\ \ \ \delta L_{\mathrm{B}}\ \ \ \delta\lambda_{\mathrm{B}}\ \ \ \delta h_{\mathrm{B}}]^{\mathrm{T}} \tag{5-38}$$

显然，MIMU/BDS 松耦合系统结构相对简单，计算量小。两个子系统相互独立，保证了系统整体的可靠性。但 MIMU/BDS 松耦合系统也存在抗干扰能力差的缺点，且当可见卫星数目少于 4 颗时，无法利用北斗卫星数据进行导航解算，当卫星长时间失锁时，融合导航系统会出现误差发散的现象，导致最终定位精度不准。

5.2.2.2 紧耦合方式

1. 实现原理

紧耦合方式相对复杂。在 MIMU/BDS 紧耦合系统中，BDS 提供用于定位的原始信息，即伪距信息，然后将这些信息提供给滤波器进行融合。在该耦合方式下，接收机提供的伪距信号的误差相互独立、互不相关。另外，将伪距作为量测量，可以大幅提高融合导航系统的可观测性，融合效果理论上比采用位置、速度信息作为量测量的松耦合方式要好[23]。

MIMU/BDS 紧耦合系统结构如图 5-2 所示，该系统将 BDS 提供的原始伪矩信息直接考虑到融合系统量测量中，通过滤波技术修正 MIMU 系统的导航误差。MIMU/BDS 紧耦合系统选择 MIMU 系统和 BDS 的误差作为系统状态量，动力学模型由 MIMU 系统误差方程和 BDS 误差方程组成，而量测模型将 BDS 的实测伪距信息直接作为系统量测量，通过滤波技术获得系统状态量的估计值。随后，将状态估计值中的陀螺仪常值漂移和加速度计常值偏置反馈给 MIMU 系统进行校正。同时，利用状态估计值中的位置误差和速度误差对 MIMU 系统解算后的位置与速度信息进行校正，最终得到 MIMU/BDS 紧耦合系统的导航结果。

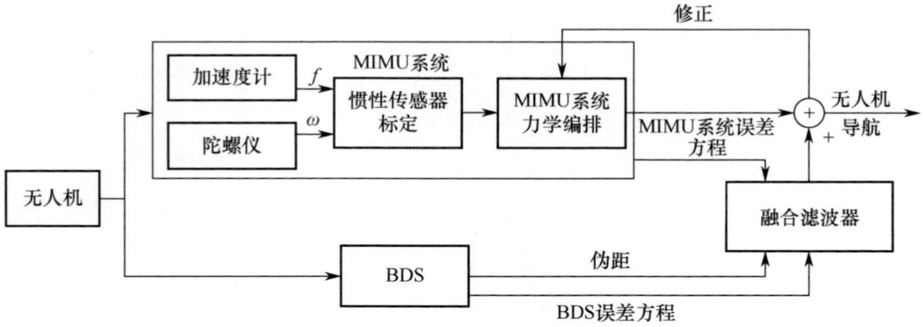

图 5-2 MIMU/BDS 紧耦合系统结构

2. 系统模型

1）动力学模型

MIMU/BDS 紧耦合系统的动力学模型由 MIMU 系统误差方程和 BDS 误差方程组成，其中 MIMU 系统误差方程仍采用基于加性四元数建立的非线性误差

方程，BDS 误差方程考虑与 BDS 接收机时钟相关的测距误差 b_p 和测距漂移 b_f，其通常可描述为

$$\dot{b}_p = b_f + w_p \,, \dot{b}_f = w_f \tag{5-39}$$

式中，$\dot{b}_p$ 和 $\dot{b}_f$ 分别为测距误差与测距漂移的微分形式；w_p 和 w_f 为高斯白噪声序列。

因此，选取 MIMU/BDS 紧耦合系统的状态向量为

$$\boldsymbol{X}(t) = [q_0 \quad q_1 \quad q_2 \quad q_3 \quad \delta V_{\mathrm{E}} \quad \delta V_{\mathrm{N}} \quad \delta V_{\mathrm{U}} \quad \delta L \quad \delta\lambda \quad \delta h \quad \varepsilon_x^{\mathrm{b}} \quad \varepsilon_y^{\mathrm{b}} \quad \varepsilon_z^{\mathrm{b}} \quad \nabla_x^{\mathrm{b}} \quad \nabla_y^{\mathrm{b}} \quad \nabla_z^{\mathrm{b}} \quad b_p \quad b_f]^{\mathrm{T}} \tag{5-40}$$

进一步，结合式（5-1）、式（5-4）、式（5-17）、式（5-21）、式（5-26）和式（5-39），MIMU/BDS 紧耦合系统的动力学模型可写为

$$\dot{\boldsymbol{X}}(t) = \overline{f}(\boldsymbol{X}(t)) + \boldsymbol{W}(t) \tag{5-41}$$

对式（5-41）进行离散化处理，可得 MIMU/BDS 紧耦合系统的动力学模型为

$$\boldsymbol{X}_{k-1} = f(\boldsymbol{X}_k) + \boldsymbol{W}_k \tag{5-42}$$

2）量测模型

MIMU/BDS 紧耦合系统的量测模型建立在地心地固坐标系（地球坐标系）的基础之上。令无人机的真实位置为 $[x \quad y \quad z]^{\mathrm{T}}$，由星历计算得到第 u 个北斗卫星的位置为 $[x_{\mathrm{s}}^u \quad y_{\mathrm{s}}^u \quad z_{\mathrm{s}}^u]^{\mathrm{T}}$，因此，从无人机到第 u 颗北斗卫星的实际几何距离表示为

$$r^u = \sqrt{(x - x_{\mathrm{s}}^u)^2 + (y - y_{\mathrm{s}}^u)^2 + (z - z_{\mathrm{s}}^u)^2}, \ u = 1, 2, 3, 4 \tag{5-43}$$

BDS 的伪距量测可以表示为

$$\rho_{\mathrm{B}}^u = r^u + b_p + v_\rho^u, \ \ u = 1, 2, 3, 4 \tag{5-44}$$

式中，v_ρ^u 为量测误差。根据地球坐标系和导航坐标系（地理坐标系）的转换关系可得

$$\begin{cases} x = (R_{\mathrm{N}} + h)\cos L \cos\lambda \\ y = (R_{\mathrm{N}} + h)\cos L \sin\lambda \\ z = [R_{\mathrm{N}}(1 - f^2) + h]\sin L \end{cases} \tag{5-45}$$

式中，$[L \ \lambda \ \ h]^{\mathrm{T}}$ 为无人机在导航坐标系内的真实位置；f 为椭球曲率。

假设 MIMU 系统解算的无人机在导航坐标系内的位置为 $[\hat{L} \ \hat{\lambda} \ \ \hat{h}]^{\mathrm{T}}$，则有

$$\begin{cases} \hat{L} = L + \delta L \\ \hat{\lambda} = \lambda + \delta\lambda \\ \hat{h} = h + \delta h \end{cases} \tag{5-46}$$

因此，将式（5-46）代入式（5-45），可得

$$\begin{cases} x_{\mathrm{M}} = (R_{\mathrm{N}} + \hat{h})\cos\hat{L}\cos\hat{\lambda} \\ y_{\mathrm{M}} = (R_{\mathrm{N}} + \hat{h})\cos\hat{L}\sin\hat{\lambda} \\ z_{\mathrm{M}} = [R_{\mathrm{N}}(1-f^2) + \hat{h}]\sin\hat{L} \end{cases} \tag{5-47}$$

式中，$[x_{\mathrm{M}} \quad y_{\mathrm{M}} \quad z_{\mathrm{M}}]^{\mathrm{T}}$ 为 MIMU 系统解算的无人机在地球坐标系内的位置信息。

然后将式（5-46）和式（5-47）代入式（5-43），可得

$$\begin{aligned} r^u = \{&[(R_{\mathrm{N}} + (\hat{h} - \delta h))\cos(\hat{L} - \delta L)\cos(\hat{\lambda} - \delta\lambda) - x_{\mathrm{s}}^u]^2 + \\ &[(R_{\mathrm{N}} + (\hat{h} - \delta h))\cos(\hat{L} - \delta L)\sin(\hat{\lambda} - \delta\lambda) - y_{\mathrm{s}}^u]^2 + \\ &[[R_{\mathrm{N}}(1-f^2) + (\hat{h} - \delta h)]\sin(\hat{L} - \delta L) - z_{\mathrm{s}}^u]^2\}^{1/2} \end{aligned} \tag{5-48}$$

接下来将式（5-48）代入式（5-44），MIMU/BDS 紧耦合系统的量测模型可表示为

$$\boldsymbol{Z}_k = h(\delta L, \delta\lambda, \delta h) + \boldsymbol{V}_k = h_k(\boldsymbol{X}_k) + \boldsymbol{V}_k \tag{5-49}$$

式中，$\boldsymbol{Z}_k = (\rho_{\mathrm{B}}^1, \rho_{\mathrm{B}}^2, \rho_{\mathrm{B}}^3, \rho_{\mathrm{B}}^4)^{\mathrm{T}}$ 为 k 时刻的系统量测向量；$h(\cdot)$ 为描述量测模型的非线性函数；$\boldsymbol{V}_k$ 为量测噪声。

基于伪距量测的 MIMU/BDS 紧耦合系统比 MIMU/BDS 松耦合系统的导航精度更高，抗干扰能力更强，且当 BDS 的可见星数目少于 4 颗时，通过接收机量测的星历数据，MIMU/BDS 紧耦合系统仍然可以工作。但是，MIMU/BDS 紧耦合系统的结构更加复杂，还需要考虑 BDS 接收机的测距误差和测距漂移，滤波器的状态维数更多，模型也更复杂。

5.2.3 基于容积卡尔曼滤波的 MIMU/BDS 融合导航实现方式

在 MIMU/BDS 融合导航系统中，由于无人机的高机动性导致系统模型通常具有很强的非线性，此时无法直接使用卡尔曼滤波进行状态估计。为了解决非线性系统的滤波问题，研究人员在卡尔曼滤波的基础上提出了许多非线性滤波方法，包括扩展卡尔曼滤波、无迹卡尔曼滤波和容积卡尔曼滤波等[24]。

扩展卡尔曼滤波采用泰勒级数展开对非线性系统函数进行线性化，不可避免地引入了线性化误差，因此其并不适合处理强非线性系统的状态估计问题。此外，该滤波还需要计算复杂的雅可比矩阵，导致其在非线性系统中的应用受到限制[25]。无迹卡尔曼滤波利用无迹变换来近似非线性系统概率密度分布的前两阶矩，避免了雅可比矩阵的计算，并且相对于扩展卡尔曼滤波能够获得更高的估计精度[26]。然而，在高维系统中，无迹卡尔曼滤波的数值稳定性难以得到保证。容积卡尔曼滤波是一种新兴的非线性滤波算法，它具有和无迹卡尔曼滤波相同的近似精度，但其采样点更少，且不存在选定采样策略和参数问题，在

高维模型中具备更高的逼近精度和稳定性。此外，与扩展卡尔曼滤波相比，容积卡尔曼滤波的估计精度更高，且无须对非线性模型进行线性化，避免了计算非线性函数的雅可比矩阵，计算量小[27-28]。因此，本节重点介绍基于容积卡尔曼滤波的 MIMU/BDS 融合导航实现方式。

5.2.3.1　容积准则

1. 积分变换

在 n 维笛卡儿坐标系下，非线性高斯变换可以简化成高斯密度乘积与被积函数的积分，即

$$I(f)=\int_{\mathbf{R}^n} f(\boldsymbol{x})\exp(-\boldsymbol{x}^{\mathrm{T}}\boldsymbol{x})\mathrm{d}\boldsymbol{x} \tag{5-50}$$

式中，$I(\cdot)$ 为非线性高斯变换；$f(\boldsymbol{x})$ 为被积函数；$\boldsymbol{x}\in\mathbf{R}^n$ 是笛卡儿坐标系下的向量。

式（5-50）在球面–径向坐标系下可写成

$$I(f)=\int_0^{\infty}\int_{U_n} f(r\boldsymbol{y})r^{n-1}\mathrm{e}^{-r^2}\mathrm{d}\sigma(\boldsymbol{y})\mathrm{d}r \tag{5-51}$$

式中，$\boldsymbol{x}=r\boldsymbol{y}(\boldsymbol{y}^{\mathrm{T}}\boldsymbol{y}=1,r\in[0,\infty))$；$U_n=\{\boldsymbol{y}\in\mathbf{R}^n,\boldsymbol{y}^{\mathrm{T}}\boldsymbol{y}=1\}$；$\sigma(\cdot)$ 为 U_n 上的元素。

因此，积分 $I(f)$ 分离为球面积分和径向积分，分别表示为

$$S(r)=\int_{U_n} f(r\boldsymbol{y})\mathrm{d}\sigma(\boldsymbol{y}) \tag{5-52}$$

$$R=\int_0^{\infty} S(r)r^{n-1}\mathrm{e}^{-r^2}\mathrm{d}r \tag{5-53}$$

2. 球面–容积准则

根据容积准则的对称性，式（5-52）可近似为

$$S(r)=\omega_i\sum_{i=1}^{2n} f(\boldsymbol{y}_i) \tag{5-54}$$

式中，ω_i 为球面积分的权重。

根据容积准则的对称性可知，积分点 $\boldsymbol{y}_i$ 是完全对称的，通过 f 生成的点集在转置后不变且权重相等，仅符号改变。单项式集 $\{\boldsymbol{y}_1^{\mathrm{d}_1},\boldsymbol{y}_2^{\mathrm{d}_2},\cdots,\boldsymbol{y}_3^{\mathrm{d}_3}\}$ 为奇数集，因此只需考虑 $f(\boldsymbol{y})=1$ 和 $f(\boldsymbol{y})=y_1^2$ 这两种情况，那么

$$f(\boldsymbol{y})=1:2n\omega_i=\int_{U_n}\mathrm{d}\sigma(\boldsymbol{y})=A_n \tag{5-55}$$

$$f(\boldsymbol{y})=y_1^2:2\omega_i u^2=\int_{U_n}\boldsymbol{y}_1^2\mathrm{d}\sigma(\boldsymbol{y})=\frac{A_n}{n} \tag{5-56}$$

联立式（5-55）和式（5-56）可以求得权重 ω_i 和参数 u，其中单位圆的面积为 $A_n=\dfrac{2\sqrt{\pi^n}}{\Gamma(n/2)}$，$\Gamma(n)=\int_0^{\infty}x^{n-1}\mathrm{e}^{-x}\mathrm{d}x$，解得

$$\begin{cases}\omega_i = \dfrac{1}{2n}\dfrac{2\sqrt{\pi^n}}{\Gamma(n/2)} \\ u^2 = 1\end{cases} \tag{5-57}$$

因此，$2n$ 个容积点分布在 n 维单位圆与坐标轴的交汇点。

3. 径向–容积准则

根据高斯–拉格朗日公式计算径向积分，令 $t = r^2$，式（5-53）可转换为广义高斯–拉格朗日积分，即

$$R = \int_0^{\infty} S(r) r^{n-1} \mathrm{e}^{-r^2} \mathrm{d}r = \frac{1}{2} S(\sqrt{t}) t^{\frac{n}{2}-1} \mathrm{e}^{-t} \mathrm{d}r \tag{5-58}$$

由一阶拉格朗日规则可知，当 $S(r) = 1$ 或 r^2 时，式（5-58）可以得出准确的积分值。当积分点为 $\sqrt{n/2}$，权值为 $\frac{1}{2}\Gamma\left(\frac{n}{2}\right)$ 时，精确的积分为

$$R = \frac{1}{2}\Gamma\left(\frac{n}{2}\right) S\left(\sqrt{\frac{n}{2}}\right) \tag{5-59}$$

进一步，根据广义高斯–拉格朗日积分规则，式（5-59）可近似表示为

$$R \approx \sum_{j=1}^{m} \alpha_j S(r_j) \tag{5-60}$$

式中，α_j 为广义高斯–拉格朗日积分权重。

4. 三阶球面–径向容积准则

结合式（5-54）和式（5-60），可以得到三阶球面–径向容积准则，即

$$I(f) \approx \sum_{i=1}^{2n} \sum_{j=1}^{m} \omega_i \alpha_j S(r_j) \tag{5-61}$$

当 $m = 1$ 时，满足三阶球面–径向容积准则，联立式（5-59）和式（5-60），解得 $r_j = \sqrt{n/2}$，式（5-51）中的 $I(f)$ 可近似表示为

$$I(f) \approx \frac{\sqrt{\pi^n}}{2n} \sum_{i=1}^{2n} f\left(\sqrt{\frac{n}{2}}[\mathbf{1}]_i\right) \tag{5-62}$$

对于满足标准高斯分布 $\mathcal{N}(\boldsymbol{x};\mathbf{0},\boldsymbol{I})$ 的非线性函数 $f(\boldsymbol{x})$，有

$$I_{\mathcal{N}}(f) = \int_{\mathbf{R}^n} f(\boldsymbol{x}) \mathcal{N}(\boldsymbol{x};\mathbf{0},\boldsymbol{I}) \mathrm{d}\boldsymbol{x} = \frac{1}{\sqrt{\pi^n}} \int_{\mathbf{R}^n} f(\sqrt{2}\boldsymbol{x}) \mathrm{e}^{-x^2} \mathrm{d}\boldsymbol{x} \tag{5-63}$$

结合式（5-62）和式（5-63），有

$$I_{\mathcal{N}}(f) = \frac{1}{\sqrt{\pi^n}} \frac{\sqrt{\pi^n}}{2n} \sum_{i=1}^{2n} f\left(\sqrt{2}\sqrt{\frac{n}{2}}[\mathbf{1}]_i\right) \approx \sum_{i=1}^{2n} \omega_i f(\xi_i) \tag{5-64}$$

式中，$[\mathbf{1}]_i$ 表示 $n \times n$ 单位矩阵的第 i 列；$\{\xi_i\}$ 为 $2n$ 个容积点的集合，ξ_i 为下面矩阵的第 i 列。

$$\{\xi_i\}=\sqrt{n}\left[\begin{pmatrix}1\\0\\\vdots\\0\end{pmatrix},\begin{pmatrix}0\\1\\\vdots\\0\end{pmatrix},\cdots,\begin{pmatrix}0\\\vdots\\0\\1\end{pmatrix},\begin{pmatrix}-1\\0\\\vdots\\0\end{pmatrix},\begin{pmatrix}0\\-1\\\vdots\\0\end{pmatrix},\cdots,\begin{pmatrix}0\\\vdots\\0\\-1\end{pmatrix}\right]_{n\times 2n} \tag{5-65}$$

其对应的权值为 $\omega_i=1/(2n)$。

对于正定矩阵 $\boldsymbol{\Sigma}$，可将其分解为 $\boldsymbol{\Sigma}=\sqrt{\boldsymbol{\Sigma}}\sqrt{\boldsymbol{\Sigma}}^{\mathrm{T}}$，对于满足高斯分布 $\mathcal{N}(\boldsymbol{x};\boldsymbol{\mu},\boldsymbol{\Sigma})$ 的非线性函数 $f(\cdot)$，其积分近似为

$$\int_{\mathbf{R}^n} f(\boldsymbol{x})\mathcal{N}(\boldsymbol{x};\boldsymbol{\mu},\boldsymbol{\Sigma})\mathrm{d}\boldsymbol{x}=\sum_{i=1}^{2n} f(\sqrt{\boldsymbol{\Sigma}}\boldsymbol{\xi}_i+\boldsymbol{\mu})\omega_i \tag{5-66}$$

综上所述，将三阶球面–径向容积准则即式（5-66）应用在非线性滤波中，可以解决高斯加权积分的计算问题，进而得到三阶容积卡尔曼滤波算法。

5.2.3.2　标准容积卡尔曼滤波

由于卡尔曼滤波无法满足无人机在复杂任务环境下的导航滤波需求，因此本节研究以容积卡尔曼滤波为基础的非线性滤波算法。下面将在三阶球面–径向容积准则的基础上重点介绍容积卡尔曼滤波算法的步骤。

考虑非线性系统状态空间模型

$$\begin{cases}\boldsymbol{X}_k=f(\boldsymbol{X}_{k-1})+\boldsymbol{W}_{k-1}\\ \boldsymbol{Z}_k=h(\boldsymbol{X}_k)+\boldsymbol{V}_k\end{cases} \tag{5-67}$$

式中，$\boldsymbol{X}_k\in\mathbf{R}^n$ 和 $\boldsymbol{Z}_k\in\mathbf{R}^m$ 分别为 k 时刻的系统状态向量与系统量测向量；$f(\cdot)$ 和 $h(\cdot)$ 分别为非线性动力学函数与非线性量测函数；$\boldsymbol{W}_k$ 和 $\boldsymbol{V}_k$ 都是服从正态分布的零均值高斯白噪声，且它们之间互不相关，假设其噪声为

$$\begin{cases}E(\boldsymbol{W}_k)=0,\ E(\boldsymbol{W}_k\boldsymbol{W}_k^{\mathrm{T}})=\boldsymbol{Q}_k\delta_{kj}\\ E(\boldsymbol{V}_k)=0,\ E(\boldsymbol{V}_k\boldsymbol{V}_k^{\mathrm{T}})=\boldsymbol{R}_k\delta_{kj}\quad,\boldsymbol{Q}_k>0,\boldsymbol{R}_k\geqslant 0\\ E(\boldsymbol{W}_k\boldsymbol{V}_k^{\mathrm{T}})=0\end{cases} \tag{5-68}$$

式中，$\boldsymbol{Q}_k$ 为动力学噪声方差矩阵；$\boldsymbol{R}_k$ 为量测噪声方差矩阵；δ_{kj} 为 Kronecker $-\delta$ 函数。

容积卡尔曼滤波算法流程如下。

（1）初始化。给定初始状态估计 $\hat{\boldsymbol{X}}_0$ 及其误差协方差矩阵 $\boldsymbol{P}_0$。

$$\begin{cases}\hat{\boldsymbol{X}}_0=E(\boldsymbol{X}_0)\\ \boldsymbol{P}_0=E(\boldsymbol{X}_0-\hat{\boldsymbol{X}}_0)(\boldsymbol{X}_0-\hat{\boldsymbol{X}}_0)^{\mathrm{T}}\end{cases} \tag{5-69}$$

（2）时间更新。根据最小方差估计原理推导状态预测及其误差协方差矩阵为

$$\begin{aligned}\hat{\boldsymbol{X}}_{k|k-1} &= E[\boldsymbol{X}_k \mid \widehat{\boldsymbol{Z}}_{k-1}] = E[f(\boldsymbol{X}_{k-1}) + \boldsymbol{W}_{k-1} \mid \widehat{\boldsymbol{Z}}_{k-1}] \\ &= E[f(\boldsymbol{X}_{k-1}) \mid \widehat{\boldsymbol{Z}}_{k-1}] = \int f(\boldsymbol{X}_{k-1}) p(\boldsymbol{X}_{k-1} \mid \widehat{\boldsymbol{Z}}_{k-1}) \mathrm{d}\boldsymbol{X}_{k-1} \\ &= \int f(\boldsymbol{X}_{k-1}) \mathcal{N}(\boldsymbol{X}_{k-1}; \hat{\boldsymbol{X}}_{k-1}, \boldsymbol{P}_{k-1}) \mathrm{d}\boldsymbol{X}_{k-1}\end{aligned} \tag{5-70}$$

$$\begin{aligned}\boldsymbol{P}_{k|k-1} &= E[\tilde{\boldsymbol{X}}_{k|k-1} \tilde{\boldsymbol{X}}_{k|k-1}^{\mathrm{T}}] = E[(\boldsymbol{X}_k - \hat{\boldsymbol{X}}_{k|k-1})(\boldsymbol{X}_k - \hat{\boldsymbol{X}}_{k|k-1})^{\mathrm{T}}] \\ &= \int (f(\boldsymbol{X}_{k-1}) - \hat{\boldsymbol{X}}_{k|k-1})(f(\boldsymbol{X}_{k-1}) - \hat{\boldsymbol{X}}_{k|k-1})^{\mathrm{T}} \mathcal{N}(\boldsymbol{X}_{k-1}; \hat{\boldsymbol{X}}_{k-1}, \boldsymbol{P}_{k-1}) \mathrm{d}\boldsymbol{X}_{k-1} + \boldsymbol{Q}_{k-1}\end{aligned} \tag{5-71}$$

式中，$\widehat{\boldsymbol{Z}}_{k-1} = \{\boldsymbol{Z}_i\}_{i=1}^{k-1}$ 为从初始时刻到 $k-1$ 时刻的量测信息集合；$\mathcal{N}(\boldsymbol{X}_{k-1}; \hat{\boldsymbol{X}}_{k-1}, \boldsymbol{P}_{k-1})$ 代表状态估计和状态误差协方差矩阵分别为 $\hat{\boldsymbol{X}}_{k-1}$、$\boldsymbol{P}_{k-1}$ 的多元正态分布。

利用三阶球面–径向容积准则求解上述数值积分，将状态误差协方差矩阵 $\boldsymbol{P}_{k-1}$ 做 Cholesky 分解，即

$$\boldsymbol{P}_{k-1} = \boldsymbol{S}_{k-1} \boldsymbol{S}_{k-1}^{\mathrm{T}} \tag{5-72}$$

式中，$\boldsymbol{S}_{k-1}$ 是 $\boldsymbol{P}_{k-1}$ 的 Cholesky 分解。

根据 $\hat{\boldsymbol{X}}_{k-1}$ 和 $\boldsymbol{P}_{k-1}$ 选取一组时间更新容积点，即

$$\boldsymbol{\chi}_{i,k-1} = \hat{\boldsymbol{X}}_{k-1} + \boldsymbol{S}_{k-1} \xi_i, \quad i = 1, 2, \cdots, 2n \tag{5-73}$$

通过非线性动力学函数 $f(\cdot)$ 传播式（5-73）选取的时间更新容积点，即

$$\boldsymbol{\chi}_{i,k-1}^{*} = f(\boldsymbol{\chi}_{i,k-1}), \quad i = 1, 2, \cdots, 2n \tag{5-74}$$

根据三阶球面–径向容积准则，利用式（5-70）和式（5-71）得到 k 时刻的状态预测及其误差协方差矩阵分别为

$$\hat{\boldsymbol{X}}_{k|k-1} = \sum_{i=1}^{2n} \omega_i f(\boldsymbol{\chi}_{i,k-1}) = \frac{1}{2n} \sum_{i=1}^{2n} \boldsymbol{\chi}_{i,k-1}^{*\mathrm{T}} \tag{5-75}$$

$$\boldsymbol{P}_{k|k-1} = \frac{1}{2n} \sum_{i=1}^{2n} \boldsymbol{\chi}_{i,k-1}^{*} \boldsymbol{\chi}_{i,k-1}^{*\mathrm{T}} - \hat{\boldsymbol{X}}_{k|k-1} \hat{\boldsymbol{X}}_{k|k-1}^{\mathrm{T}} + \boldsymbol{Q}_{k-1} \tag{5-76}$$

（3）量测更新。根据非线性系统高斯滤波框架，量测的预测值可表示为

$$\begin{aligned}\widehat{\boldsymbol{Z}}_{k|k-1} &= E[\boldsymbol{Z}_k \mid \widehat{\boldsymbol{Z}}_{k-1}] = E[h(\boldsymbol{X}_k) + \boldsymbol{V}_k \mid \widehat{\boldsymbol{Z}}_{k-1}] = E[h(\boldsymbol{X}_k) \mid \widehat{\boldsymbol{Z}}_{k-1}] \\ &= \int h(\boldsymbol{X}_k) \mathcal{N}(\boldsymbol{X}_k; \hat{\boldsymbol{X}}_{k|k-1}, \boldsymbol{P}_{k|k-1}) \mathrm{d}\boldsymbol{X}_k\end{aligned} \tag{5-77}$$

与时间更新类似，先将状态预测误差协方差矩阵 $\boldsymbol{P}_{k|k-1}$ 做 Cholesky 分解，即

$$\boldsymbol{P}_{k|k-1} = \boldsymbol{S}_{k|k-1} \boldsymbol{S}_{k|k-1}^{\mathrm{T}} \tag{5-78}$$

式中，$\boldsymbol{S}_{k|k-1}$ 是 $\boldsymbol{P}_{k|k-1}$ 的 Cholesky 分解。

根据 $\hat{\boldsymbol{X}}_{k|k-1}$ 和 $\boldsymbol{P}_{k|k-1}$ 选取一组量测更新容积点，即

$$\boldsymbol{\chi}_{i,k|k-1} = \hat{\boldsymbol{X}}_{k|k-1} + \boldsymbol{S}_{k|k-1} \xi_i, \quad i = 1, 2, \cdots, 2n \tag{5-79}$$

通过非线性量测函数 $h(\cdot)$ 传播式（5-79）选取的量测更新容积点，即

$$\boldsymbol{\chi}_{i,k|k-1}^{*} = h(\boldsymbol{\chi}_{i,k|k-1}), \quad i = 1, 2, \cdots, 2n \tag{5-80}$$

因此，式（5-77）可表示为

$$\hat{\boldsymbol{Z}}_{k|k-1}=\sum_{i=1}^{2n}\omega_i h(\boldsymbol{\chi}_{i,k|k-1})=\frac{1}{2n}\sum_{i=1}^{2n}\boldsymbol{\chi}_{i,k|k-1}^{*} \tag{5-81}$$

量测预测的误差协方差矩阵为

$$\begin{aligned}\boldsymbol{P}_{ZZ,k|k-1}&=E[(\boldsymbol{Z}_k-\hat{\boldsymbol{Z}}_{k|k-1})(\boldsymbol{Z}_k-\hat{\boldsymbol{Z}}_{k|k-1})^{\mathrm{T}}\mid \boldsymbol{Z}_{k-1}]\\&=E[(h(\boldsymbol{X}_k)-\hat{\boldsymbol{Z}}_{k|k-1})(h(\boldsymbol{X}_k)-\hat{\boldsymbol{Z}}_{k|k-1})^{\mathrm{T}}]+\boldsymbol{R}_k\\&=\int(h(\boldsymbol{X}_k)-\hat{\boldsymbol{Z}}_{k|k-1})(h(\boldsymbol{X}_k)-\hat{\boldsymbol{Z}}_{k|k-1})^{\mathrm{T}}\mathcal{N}(\boldsymbol{X}_k;\hat{\boldsymbol{X}}_{k|k-1},\boldsymbol{P}_{k|k-1})\mathrm{d}\boldsymbol{X}_k+\boldsymbol{R}_k\end{aligned} \tag{5-82}$$

状态预测和量测预测之间的互协方差矩阵为

$$\begin{aligned}\boldsymbol{P}_{XZ,k|k-1}&=E[(\boldsymbol{X}_k-\hat{\boldsymbol{X}}_{k|k-1})(\boldsymbol{Z}_k-\hat{\boldsymbol{Z}}_{k|k-1})^{\mathrm{T}}\mid \boldsymbol{Z}_{k-1}]\\&=E[(\boldsymbol{X}_k-\hat{\boldsymbol{X}}_{k|k-1})(h(\boldsymbol{X}_k)-\hat{\boldsymbol{Z}}_{k|k-1})^{\mathrm{T}}\mid \boldsymbol{Z}_{k-1}]\\&=\int(\boldsymbol{X}_k-\hat{\boldsymbol{X}}_{k|k-1})(h(\boldsymbol{X}_k)-\hat{\boldsymbol{Z}}_{k|k-1})^{\mathrm{T}}\mathcal{N}(\boldsymbol{X}_k;\hat{\boldsymbol{X}}_{k|k-1},\boldsymbol{P}_{k|k-1})\mathrm{d}\boldsymbol{X}_k\end{aligned} \tag{5-83}$$

同理，根据三阶球面–径向容积准则，$\boldsymbol{P}_{ZZ,k|k-1}$ 和 $\boldsymbol{P}_{XZ,k|k-1}$ 可分别计算为

$$\boldsymbol{P}_{ZZ,k|k-1}=\frac{1}{2n}\sum_{i=1}^{2n}(\boldsymbol{\chi}_{i,k|k-1}^{*}-\hat{\boldsymbol{Z}}_{k|k-1})(\boldsymbol{\chi}_{i,k|k-1}^{*}-\hat{\boldsymbol{Z}}_{k|k-1})^{\mathrm{T}}+\boldsymbol{R}_k \tag{5-84}$$

$$\boldsymbol{P}_{XZ,k|k-1}=\frac{1}{2n}\sum_{i=1}^{2n}(\boldsymbol{\chi}_{i,k-1}^{*}-\hat{\boldsymbol{X}}_{k|k-1})(\boldsymbol{\chi}_{i,k|k-1}^{*}-\hat{\boldsymbol{Z}}_{k|k-1})^{\mathrm{T}} \tag{5-85}$$

确定滤波增益矩阵为

$$\boldsymbol{K}_k=\boldsymbol{P}_{XZ,k|k-1}\boldsymbol{P}_{ZZ,k|k-1}^{-1} \tag{5-86}$$

得到新的量测后，对系统状态估计及其误差协方差矩阵进行更新，分别为

$$\hat{\boldsymbol{X}}_k=\hat{\boldsymbol{X}}_{k|k-1}+\boldsymbol{K}_k(\boldsymbol{Z}_k-\hat{\boldsymbol{Z}}_{k|k-1}) \tag{5-87}$$

$$\boldsymbol{P}_k=\boldsymbol{P}_{k|k-1}-\boldsymbol{K}_k\boldsymbol{P}_{ZZ,k|k-1}\boldsymbol{K}_k^{\mathrm{T}} \tag{5-88}$$

（4）重复步骤（2）和（3），直到处理完所有样本。

5.2.4　MIMU/BDS 融合导航算法存在的问题及解决方法

5.2.4.1　主要问题

MIMU/BDS 融合导航系统是国内无人机单机应用的主流。然而，在丛林遮挡、城市高楼、军事干扰等复杂应用环境下，信号中断、多路径效应等情况使 BDS 容易出现较大的量测粗差,无法对 MIMU 系统解算的数据进行有效的修正。此外，与卡尔曼滤波类似，容积卡尔曼滤波对异常量测的鲁棒性较差。当 BDS 因出现异常而产生伪距粗差时，将导致滤波器估计精度严重恶化，影响系统的导航性能。这也使容积卡尔曼滤波在 MIMU/BDS 融合导航系统中的应用受到了一定的限制[27,29]。

针对上述问题，现有研究大多采用噪声统计量估计和调节因子等方式提高

容积卡尔曼滤波对异常量测的鲁棒性。Liu 等针对列车组合定位中非线性和鲁棒性的融合估计问题，将 H∞理论与容积卡尔曼滤波相结合，提出了一种新的鲁棒滤波算法。然而，该算法不适用于随机异常量测的情况[30]。黄玉等将传统的 Huber M 估计理论与容积卡尔曼滤波相结合，提出了基于 Huber M 估计的鲁棒算法。然而，如果 Huber 假设的参数与真实分布偏离过大，滤波器仍然会有较大误差，甚至会引起滤波发散[31]。丁家琳等基于极大后验估计的原理，将容积卡尔曼滤波与 Sage-Husa 噪声统计估计相结合，设计了一种自适应算法。然而，该算法的遗忘因子需要根据经验选择，因此是次优的[32]。Lin 等提出了一种基于协方差匹配的自适应方法用于在线估计量测噪声统计量，然而其稳态估计误差的存在限制了容积卡尔曼滤波精度的进一步提高[33]。可以看出，现有抗差滤波算法均存在一定的缺陷和局限性，难以满足复杂应用环境下对 MIMU/BDS 融合导航系统的性能需求。

5.2.4.2 解决方法

本节针对上述抗差滤波算法的缺陷，给出一种基于马氏距离判据的抗差容积卡尔曼滤波（Mahalanobis Distance Cirterion-based Robust Cubature Kalman Filter，MDC-RCKF）算法，以解决 MIMU/BDS 融合导航系统在 BDS 量测异常时精度降低的问题。在该算法中，首先根据马氏距离的思想，建立一种量测模型误差的检测方法，在此基础上以容积卡尔曼滤波为框架，严格推导出一种具有比例因子调节功能的抗差容积卡尔曼滤波算法，通过对新息向量协方差矩阵进行调节，实现对量测异常的抑制。

1. 量测模型误差检测

马氏距离作为一种检测多元数据样本异常值的判别准则，在统计学中被广泛应用。首先定义多维向量 $\boldsymbol{x}=(x_1,x_2,\cdots,x_p)^{\mathrm{T}}$ 的马氏距离为[34]

$$D(\boldsymbol{x})=\sqrt{(\boldsymbol{x}-\boldsymbol{\mu})^{\mathrm{T}}\boldsymbol{\Sigma}^{-1}(\boldsymbol{x}-\boldsymbol{\mu})} \tag{5-89}$$

式中，$\boldsymbol{\mu}=(\mu_1,\mu_2,\cdots,\mu_p)^{\mathrm{T}}$ 为 $\boldsymbol{x}$ 的均值；$\boldsymbol{\Sigma}$ 为 $\boldsymbol{x}$ 的协方差矩阵。

为了应用马氏距离判据检测 MIMU/BDS 融合导航系统中的异常量测，首先定义无人机导航滤波器新息向量为

$$\tilde{\boldsymbol{Z}}_{k|k-1}=\boldsymbol{Z}_k-\hat{\boldsymbol{Z}}_{k|k-1} \tag{5-90}$$

式中，$\tilde{\boldsymbol{Z}}_{k|k-1}$ 为滤波器的新息向量；$\boldsymbol{Z}_k$ 为量测量；$\hat{\boldsymbol{Z}}_{k|k-1}$ 为量测预测。

在没有模型误差的情况下，新息向量 $\tilde{\boldsymbol{Z}}_{k|k-1}$ 服从均值为 0 的多元高斯分布 $(\boldsymbol{0},\boldsymbol{P}_{ZZ,k|k-1})$，其中 $\boldsymbol{P}_{ZZ,k|k-1}$ 为新息向量协方差矩阵，具体形式为

$$\boldsymbol{P}_{ZZ,k|k-1}=\frac{1}{2n}\sum_{i=1}^{2n}(\boldsymbol{\chi}^{*}_{i,k|k-1}-\hat{\boldsymbol{Z}}_{k|k-1})(\boldsymbol{\chi}^{*}_{i,k|k-1}-\hat{\boldsymbol{Z}}_{k|k-1})^{\mathrm{T}}+\boldsymbol{R}_k \tag{5-91}$$

因此，根据式（5-89）所描述的马氏距离的定义，有

$$\gamma_k = D(\tilde{\boldsymbol{Z}}_{k|k-1}) = \sqrt{\tilde{\boldsymbol{Z}}_{k|k-1}^{\mathrm{T}}(\boldsymbol{P}_{ZZ,k|k-1})^{-1}\tilde{\boldsymbol{Z}}_{k|k-1}} \tag{5-92}$$

由统计知识可知，$D^2(\tilde{\boldsymbol{Z}}_{k|k-1})$服从自由度为 m 的卡方分布，即

$$(\gamma_k)^2 = D^2(\tilde{\boldsymbol{Z}}_{k|k-1}) \sim \chi_m^2 \tag{5-93}$$

根据卡方检验理论，给定显著性水平 $\alpha(0<\alpha<1)$，存在临界值 $\chi_{m,\alpha}^2$ 使

$$P\{(\gamma_k)^2 > \chi_{m,\alpha}^2\} = \alpha \tag{5-94}$$

所以可建立如下判别准则。

$$\begin{cases} H_0 : (\gamma_k)^2 \leqslant \chi_{m,\alpha}^2, & \text{无异常量测} \\ H_1 : (\gamma_k)^2 > \chi_{m,\alpha}^2, & \text{存在异常量测} \end{cases} \tag{5-95}$$

式中，$\chi_{m,\alpha}^2$ 是预先设置的检验阈值，表示当显著性水平取 α 时对应的 χ^2 检验临界值，该值可在 χ^2 分布表中查询得到。

2. 抗差比例因子的确定

在完成量测模型误差检测后，可使用 MDC-RCKF 算法对异常量测进行有效抑制，提高 MIMU/BDS 融合导航系统的鲁棒性。该算法通过抗差比例因子对量测噪声方差矩阵进行加权修正，从而影响新息向量协方差矩阵，减小系统增益矩阵，以削弱异常量测对状态估计的影响。由此可见，抗差容积卡尔曼滤波算法的核心问题是如何求解抗差比例因子。

将抗差比例因子 κ_k 引入标准容积卡尔曼滤波算法的新息向量协方差矩阵中，则构造的抗差容积卡尔曼滤波算法新息向量协方差矩阵可表示为

$$\boldsymbol{P}_{ZZ,k|k-1}^{*} = \frac{1}{2n}\sum_{i=1}^{2n}(\boldsymbol{\chi}_{i,k|k-1}^{*} - \hat{\boldsymbol{Z}}_{k|k-1})(\boldsymbol{\chi}_{i,k|k-1}^{*} - \hat{\boldsymbol{Z}}_{k|k-1})^{\mathrm{T}} + \kappa_k \boldsymbol{R}_k \tag{5-96}$$

构造如下非线性函数。

$$g(\kappa_k) = (\gamma_k)^2 - \chi_{m,\alpha}^2 = \tilde{\boldsymbol{Z}}_{k|k-1}^{\mathrm{T}}(\boldsymbol{P}_{ZZ,k|k-1}^{*})^{-1}\tilde{\boldsymbol{Z}}_{k|k-1} - \chi_{m,\alpha}^2 \tag{5-97}$$

令 $g(\kappa_k)=0$，则抗差比例因子 κ_k 的确定变为求解非线性方程问题。采用收敛性能好的牛顿迭代法[35]对该非线性方程求解，得到如下迭代表达式。

$$\kappa_k(l+1) = \kappa_k(l) - \frac{g[\kappa_k(l)]}{g'[\kappa_k(l)]} \tag{5-98}$$

式中，l 表示第 l 次迭代。

将式（5-97）代入式（5-98），可得

$$\kappa_k(l+1) = \kappa_k(l) - \frac{\tilde{\boldsymbol{Z}}_{k|k-1}^{\mathrm{T}}(\boldsymbol{P}_{ZZ,k|k-1}^{*})^{-1}\tilde{\boldsymbol{Z}}_{k|k-1} - \chi_{m,\alpha}^2}{\tilde{\boldsymbol{Z}}_{k|k-1}^{\mathrm{T}}[(\boldsymbol{P}_{ZZ,k|k-1}^{*}(l))^{-1}]'\tilde{\boldsymbol{Z}}_{k|k-1}} \tag{5-99}$$

根据矩阵求逆公式

$$\frac{\mathrm{d}}{\mathrm{d}t}(\boldsymbol{M}^{-1}) = -\boldsymbol{M}^{-1}\frac{\mathrm{d}\boldsymbol{M}}{\mathrm{d}t}\boldsymbol{M}^{-1} \tag{5-100}$$

容易得到

$$\kappa_k(l+1)=\kappa_k(l)+\frac{\tilde{\boldsymbol{Z}}_{k|k-1}^{\mathrm{T}}(\boldsymbol{P}_{ZZ,k|k-1}^{*}(l))^{-1}\tilde{\boldsymbol{Z}}_{k|k-1}-\chi_{m,\alpha}^2}{\tilde{\boldsymbol{Z}}_{k|k-1}^{\mathrm{T}}[(\boldsymbol{P}_{ZZ,k|k-1}^{*}(l))^{-1}\boldsymbol{R}_k(\boldsymbol{P}_{ZZ,k|k-1}^{*}(l))^{-1}]\tilde{\boldsymbol{Z}}_{k|k-1}}\quad(l=0,1,2,\cdots)\tag{5-101}$$

式中，$\boldsymbol{M}$ 为关于 t 的可逆矩阵。

在利用式（5-101）进行迭代计算时，设置迭代初始值 $\kappa_k(0)=1$，并将每步的迭代结果代入式（5-92）中计算 γ_k，当 $(\gamma_k)^2\leqslant\chi_{m,\alpha}^2$ 时，迭代结束，最后一次的迭代结果为所确定的抗差比例因子。

在实际应用中，可考虑采用一种简化的抗差比例因子确定方法以提高计算效率。由于量测噪声方差矩阵的增大会引起新息向量协方差矩阵的增大，因此可以直接使用抗差比例因子来调整新息向量协方差矩阵以提高滤波的鲁棒性，即

$$\boldsymbol{P}_{ZZ,k|k-1}^{*}=\kappa_k\boldsymbol{P}_{ZZ,k|k-1}\tag{5-102}$$

在这种情况下，抗差比例因子可以解析求解，而不是像式（5-101）那样迭代求解，其可以直接计算为

$$\kappa_k=\frac{\gamma_k^2}{\chi_{\alpha,m}^2}\tag{5-103}$$

抗差容积卡尔曼滤波算法中的判断指标和抗差比例因子仅利用当前时刻的信息进行计算，而现有其他算法中的鲁棒因子均是通过当前信息和历史信息确定的。因此，该算法计算量小，对当前时刻的异常量测更加敏感，能够有效响应动态变化的异常量测。

3. 算法实现

在 MDC-RCKF 算法中，当 $(\gamma_k)^2\leqslant\chi_{m,\alpha}^2$ 时，执行标准容积卡尔曼滤波算法；否则，将抗差比例因子 κ_k 引入标准容积卡尔曼滤波算法的新息协方差矩阵中，以抑制异常量测信息对当前状态估计的影响。MDC-RCKF 算法流程如图 5-3 所示，其算法步骤可总结如下。

（1）初始化。设置滤波器的初始状态估计及其协方差矩阵，如式（5-69）所示。

（2）时间更新。执行标准容积卡尔曼滤波算法，如式（5-70）和式（5-71）所示。

（3）量测更新。

① 通过式（5-90）和式（5-91）计算滤波器新息向量 $\tilde{\boldsymbol{Z}}_{k|k-1}$ 及其误差协方差矩阵 $\boldsymbol{P}_{ZZ,k|k-1}$。

② 设置 $\kappa_k(0)=1$ 并计算判据 $(\gamma_k)^2$。

③ 进行假设检验：若 $(\gamma_k)^2\leqslant\chi_{m,\alpha}^2$，执行标准容积卡尔曼滤波算法，如

式（5-72）～式（5-88）所示，获得系统状态估计 $\hat{\boldsymbol{X}}_k$ 及其误差协方差矩阵 $\boldsymbol{P}_k$；否则，通过式（5-101）迭代求解抗差因子 κ_k，直到满足 $(\gamma_k)^2 \leqslant \chi^2_{m,\alpha}$，根据式（5-96）更新新息向量协方差矩阵 $\boldsymbol{P}^*_{ZZ,k|k-1}$，通过式（5-83）获得 $\boldsymbol{P}_{XZ,k|k-1}$，则滤波增益矩阵计算为

$$\boldsymbol{K}_k = \boldsymbol{P}_{XZ,k|k-1}(\boldsymbol{P}^*_{ZZ,k|k-1})^{-1} \tag{5-104}$$

更新系统状态估计及其误差协方差矩阵分别为

$$\hat{\boldsymbol{X}}_k = \hat{\boldsymbol{X}}_{k|k-1} + \boldsymbol{K}_k \tilde{\boldsymbol{Z}}_{k|k-1} \tag{5-105}$$

$$\boldsymbol{P}_k = \boldsymbol{P}_{k|k-1} - \boldsymbol{K}_k \boldsymbol{P}^*_{ZZ,k|k-1} \boldsymbol{K}_k^{\mathrm{T}} \tag{5-106}$$

（4）重复步骤（2）和（3），执行下一时刻的滤波解算，直至处理完全部样本。

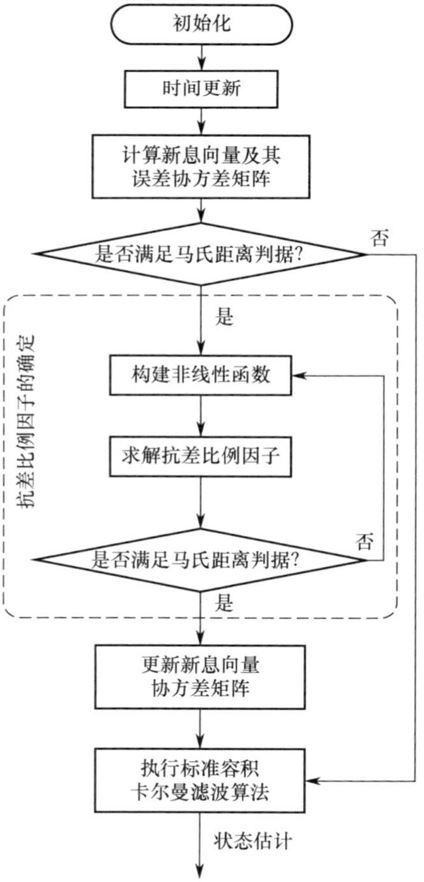

图 5-3　MDC-RCKF 算法流程

5.2.4.3 仿真分析

以 MIMU/BDS 紧耦合系统为例，将 MDC-RCKF 算法应用于无人机融合导航系统中进行仿真验证，并与标准容积卡尔曼滤波（标准 CKF）算法和基于 H∞ 策略的容积卡尔曼滤波（H∞ Strategy based Cubature Kalman Filter，HSCKF）算法进行对比分析，以评估验证 MDC-RCKF 算法在存在系统异常量测时的改进性能。

无人机飞行轨迹如图 5-4 所示，包括起飞、爬升、转弯、加速、下降等典型机动动作，主要飞行过程如图 5-5 所示。无人机的初始姿态（俯仰角、滚转角、航向角）分别为 0°、0° 和 0°；初始速度（东、北、天）分别为 0m/s、0m/s 和 0m/s；初始位置（经度、纬度、高度）分别为 108.911°、34.247° 和 102m。模拟的 MIMU/BDS 融合导航系统传感器参数如表 5-1 所示。仿真时间为 1000s，滤波周期为 1s。假设可同时观测 4 颗北斗卫星，对于抗差容积卡尔曼滤波，α 分位数 $\chi^2_{m,\alpha}$ 为 9.488。

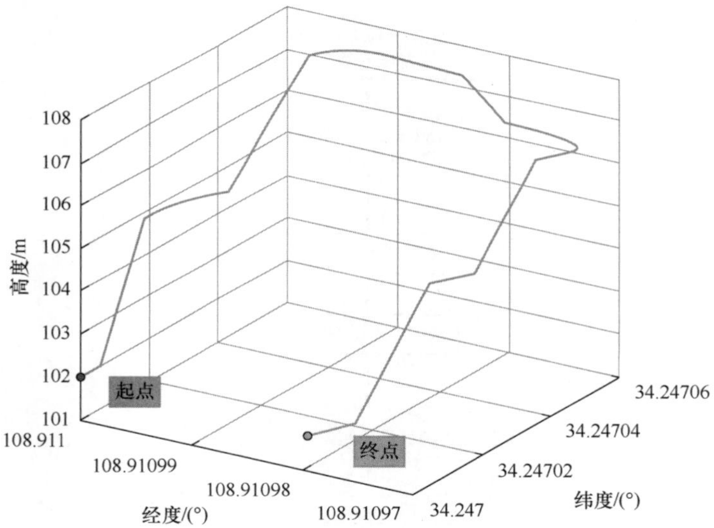

图 5-4 无人机飞行轨迹

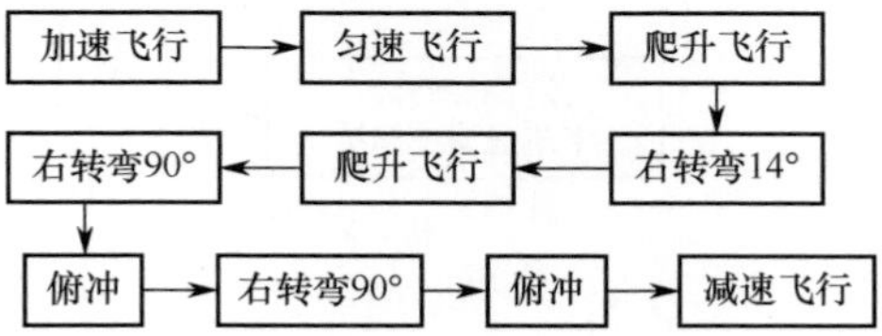

图 5-5 无人机主要飞行过程

表 5-1　模拟的 MIMU/BDS 融合导航系统传感器参数

传感器		参数	取值
MIMU	陀螺仪	常值漂移	0.1°/h
		随机游走系数	$0.01°/\sqrt{\text{h}}$
	加速度计	常值偏置	$1\times10^{-3}g$
		随机游走系数	$1\times10^{-4}g\cdot\sqrt{\text{s}}$
	采样频率	50Hz	
BDS 接收机		伪距量测误差	15m
		采样频率	1Hz

初始状态协方差矩阵设置为

$$\begin{aligned}\boldsymbol{P}_0=\operatorname{diag}[&(1')^2,(1')^2,(1.5')^2,(0.3\text{m}/\text{s})^2\boldsymbol{I}_{3\times3},(10\text{m})^2,(10\text{m})^2,(15\text{m})^2,\\&(0.1°/\text{h})^2\boldsymbol{I}_{3\times3},(1\times10^{-3}g)^2\boldsymbol{I}_{3\times3},(10\text{m})^2,(0.1\text{m}/\text{s})^2]\end{aligned}\tag{5-107}$$

动力学噪声方差和量测噪声方差为

$$\boldsymbol{Q}=\operatorname{diag}[(0.01°/\sqrt{\text{h}})^2\boldsymbol{I}_{3\times3},(1\times10^{-4}g\cdot\sqrt{\text{s}})^2\boldsymbol{I}_{3\times3},0_{9\times9},10\text{m}/\sqrt{\text{s}},5\text{m}/\text{s}/\sqrt{\text{s}}]\tag{5-108}$$

$$\boldsymbol{R}=(15\text{m})^2\boldsymbol{I}_{4\times4}\tag{5-109}$$

为了评估 MDC-RCKF 算法在存在异常量测时的改进性能，本节考虑两种典型情形：量测出现异常突变和非高斯量测噪声，具体如下。

情形 1：量测出现异常突变。MIMU/BDS 融合导航系统量测中存在异常突变值。在模拟中，每 300s 人为地在式（5-49）所描述的量测中加入 80m 的伪距误差。

情形 2：非高斯量测噪声。MIMU/BDS 融合导航系统中量测噪声的原始高斯分布受到另一个高斯分布噪声的污染，产生非高斯量测噪声，即

$$\boldsymbol{V}_k\sim(1-\mu)\mathcal{N}(\boldsymbol{V}_{1,k}|\boldsymbol{0},\boldsymbol{R}_k)+\mu\mathcal{N}(\boldsymbol{V}_{2,k}|\boldsymbol{0},\bar{\boldsymbol{R}}_k)\tag{5-110}$$

式中，$\mathcal{N}(\boldsymbol{V}_{1,k}|\boldsymbol{0},\boldsymbol{R}_k)$ 表示原始高斯分布；$\mathcal{N}(\boldsymbol{V}_{2,k}|\boldsymbol{0},\bar{\boldsymbol{R}}_k)$ 表示标准差为原始分布 5 倍的扰动分布；$0<\mu\leqslant0.5$ 是描述噪声污染的扰动参数，在本情形中选取为 0.2。

此外，分别进行 50 次蒙特卡罗数值仿真，利用下式给出的均方根误差（Root Mean Square Error，RMSE）评估上述 3 种滤波算法的性能。

$$\text{RMSE}_k=\sqrt{\sum_{i=1}^{N_{\text{MC}}}\|\boldsymbol{A}_k\|^2\Big/N_{\text{MC}}}\tag{5-111}$$

式中，N_{MC} 为总蒙特卡罗运行次数；$\boldsymbol{A}_k$ 为进行第 i 次蒙特卡罗时无人机的导航参数误差向量。

1. 导航精度分析

1）情形 1：量测出现异常突变

图 5-6 描绘了在量测出现异常突变的情况下，3 种滤波算法得到的无人机位

置 RMSE 曲线。对于不存在量测异常突变的时间段，3 种滤波算法均能够对无人机的位置信息进行准确估计。然而，HSCKF 算法的导航精度略低于其他两种滤波算法，这是因为该滤波算法在执行过程中未对异常量测进行检测和识别，即在量测准确的情况下，只能得到导航解算的次优结果。

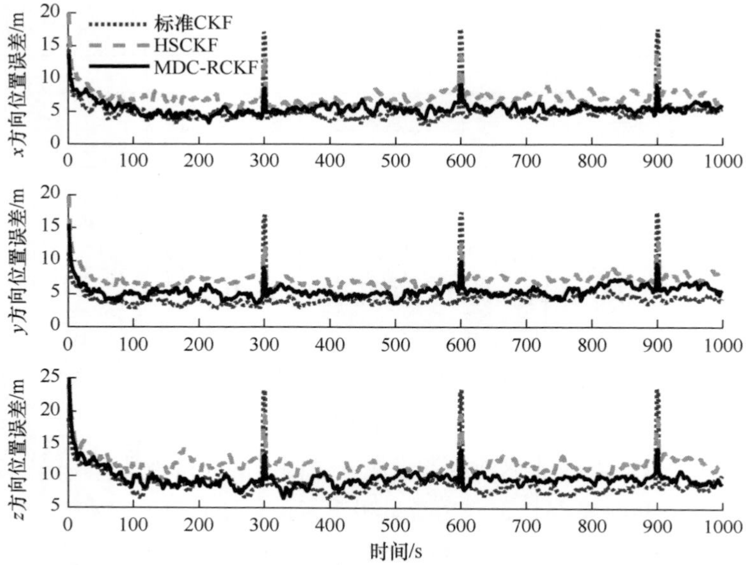

图 5-6　量测出现异常突变的情况下 3 种滤波算法得到的无人机位置 RMSE 曲线

此外，对于 300s、600s 和 900s 的时间点，量测出现异常突变，标准 CKF 算法的导航精度因受到严重影响而明显下降。HSCKF 算法通过 H∞ 策略可以在一定程度上削弱异常值的影响，得到的无人机位置 RMSE 比标准 CKF 至少小 20.64%。然而，该滤波算法在导航解算中仍然存在明显的误差。作为对比，设计 MDC-RCKF 算法通过马氏距离判据调节抗差比例因子，在量测出现异常突变时可以获得最高的导航精度，其得到的无人机位置 RMSE 比 HSCKF 算法至少小 25.75%。

当量测出现异常突变时，上述 3 种滤波算法得到的无人机位置 RMSE 均值比较如图 5-7 所示。由图可知，与其他两种滤波算法相比，MDC-RCKF 算法能够更好地抑制量测异常值，具有更好的鲁棒性。因此，该滤波算法具有较好的 MIMU/BDS 融合导航解算性能。

2）情形 2：非高斯量测噪声

图 5-8 给出了非高斯量测噪声情况下 3 种滤波算法得到的无人机位置 RMSE 曲线。在这种情况下，将无人机位置 RMSE 均值进行直观的比较，如图 5-9 所

示。图 5-8 和图 5-9 呈现出与情形 1 相似的现象。当量测噪声受到另一个高斯分布噪声的污染时，在 3 种滤波算法中，标准 CKF 算法得到的无人机位置 RMSE 是最大的，其位置 RMSE 均值最小为 12.15m。HSCKF 算法的精度较优，这是由于其具有抑制受污染的量测噪声分布的能力，得到的位置 RMSE 均值最小为 9.81m。与其他两种算法相比，MDC-RCKF 算法具有更高的导航精度，得到的位置 RMSE 均值最小，为 7.56m。

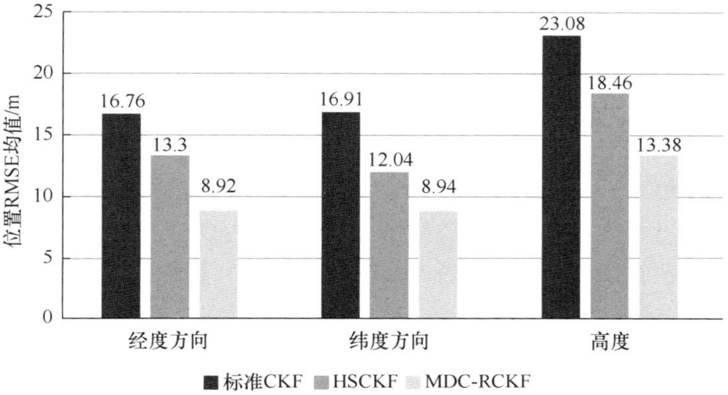

图 5-7　量测出现异常突变时 3 种滤波算法得到的无人机位置 RMSE 均值比较

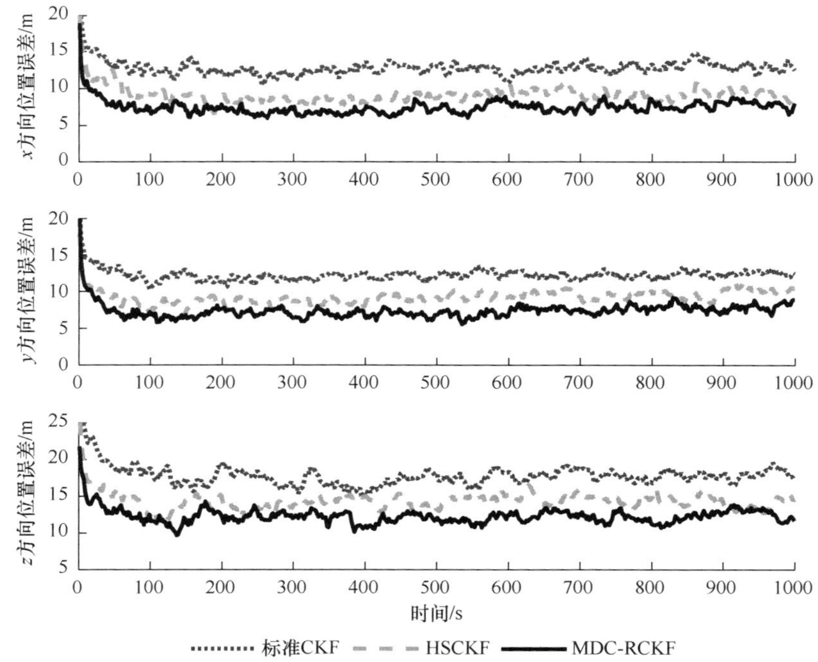

图 5-8　非高斯量测噪声情况下 3 种滤波算法得到的无人机位置 RMSE 曲线

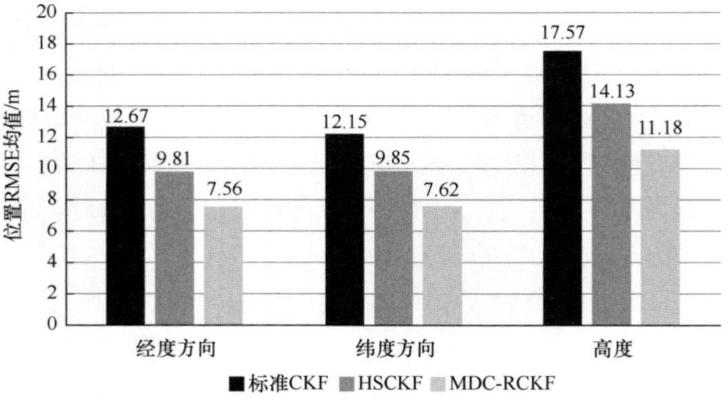

图 5-9 非高斯量测噪声情况下 3 种滤波算法得到的无人机位置 RMSE 均值比较

2. 计算性能分析

针对上述两种典型情形，通过蒙特卡罗仿真实验评估 MDC-RCKF 算法的计算性能。实验平台为 MATLAB 平台，计算机配置为英特尔酷睿 i5-9400F，主频 2.9GHz，内存 8GB。为了消除计算机差异带来的影响，图 5-10 给出了 3 种滤波算法的相对计算效率（相对于标准 CKF）。

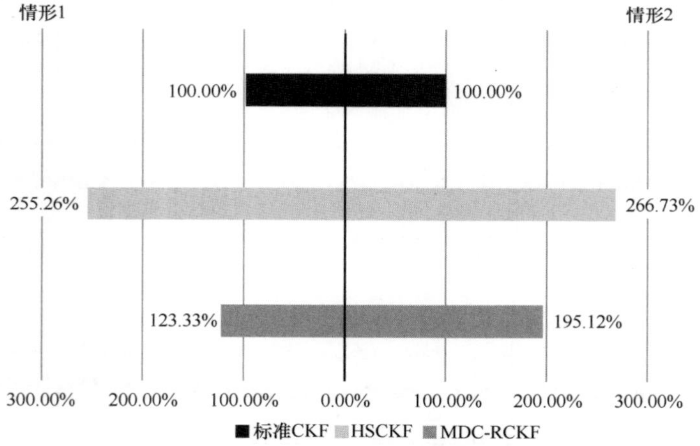

图 5-10 3 种滤波算法的相对计算效率

从图 5-10 中可以看出，在 3 种滤波算法中，标准 CKF 算法计算时间最短（100%），HSCKF 算法的计算时间比标准 CKF 至少长 155.26%。这是因为在该算法的滤波过程中，使用 H∞ 策略抑制异常量测的影响，会在每一时刻引入大量的计算负担。相比之下，MDC-RCKF 算法的计算性能更优。对于量测出现异常突变的情形，由于具有异常量测检测过程，MDC-RCKF 算法的计算时间比 HSCKF 算法缩短了 131.93%。对于非高斯量测噪声的情形，尽管在滤波过程中每一时刻都涉及抗差比例因子的确定，MDC-RCKF 算法的计算时间仍比 HSCKF

缩短了 71.61%。此外，由于具有抗差比例因子的确定过程，MDC-RCKF 算法的计算时间略长于标准 CKF。

上述仿真分析结果表明，MDC-RCKF 算法能够有效检测异常量测数据，并进一步抑制异常量测数据对导航解算的影响，得到的无人机导航误差小于其他两种滤波算法，从而提高了 MIMU/BDS 紧耦合系统的鲁棒性。

5.3 MIMU/BDS/CNS 融合导航算法

MIMU/BDS 融合导航能够在一定程度上提高导航系统的精度和性能。然而，BDS 只能对 MIMU 系统的速度和位置信息进行修正，在无人机高机动环境下无法提供高精度的姿态信息，无法满足精确导航的需求，因此需要引入其他导航方式来弥补这一不足。天文导航系统（CNS）能解算高精度的姿态信息，尤其是在无人机长时间航行或大范围移动时，其累积误差相对较小，同时具有高度的自主性和独立性。相较于 MIMH 系统，CNS 不依赖地面或空中的信号发射设施，不存在被欺骗或电磁干扰的问题，在现代导航技术中具有独特的价值。因此，将上述 3 种导航系统进行有机结合，构成 MIMU/BDS/CNS 融合导航系统，可以实现对 MIMU 系统误差的全面修正，并且当 BDS 或 CNS 失效时，融合系统仍能引导无人机顺利到达目的地。MIMU/BDS/CNS 融合导航系统是 MIMU/BDS 和 MIMU/CNS 融合导航系统的进一步改进，已经成为长航时无人机高性能导航的最有效手段[36-38]。

根据融合结构的不同，MIMU/BDS/CNS 融合导航算法主要分为集中式融合导航算法和分布式融合导航算法[39]。接下来将对这两种融合导航算法的原理与模型进行详细介绍。

5.3.1 MIMU/BDS/CNS 集中式融合导航算法

5.3.1.1 集中式融合原理

MIMU/BDS/CNS 集中式融合导航算法是将各个子传感器测量得到的数据或信息直接传递到融合中心进行综合处理，并将处理结果反馈给主传感器，用于修正主传感器的输出信息，得到基于全局测量信息的最优融合估计[40]。MIMU/BDS/CNS 集中式融合导航系统处理框架如图 5-11 所示。在 MIMU/BDS/CNS 融合导航系统中，MIMU 系统是主传感器，其输出的比力和角加速度经过解算处理得到姿态、速度、位置信息，但含有一定的误差；BDS 和 CNS 是子传感器，分别提供高精度位置、速度、姿态信息。将 MIMU 系统得到的姿态、速度、位置分别与 BDS 和 CNS 得到的高精度姿态、速度、位置做差，将结果直接输入集中式滤波器中，通过容积卡尔曼滤波算法进行滤波估计，得到姿态误差、速度误差和位置误差的最优估计，再将估计值返回 MIMU 系统中，用于修正惯性器件误差，从而得到更加精确的姿态、速度和位置估计。

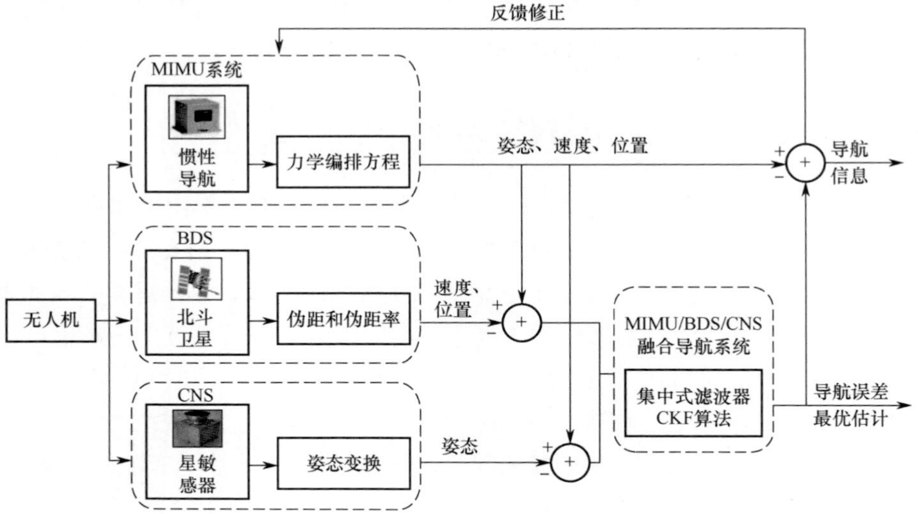

图 5-11　MIMU/BDS/CNS 集中式融合导航系统处理框架

5.3.1.2　系统模型

1. 动力学模型

MIMU/BDS/CNS 融合导航系统模型的建立采用松耦合模式，状态如式（5-27）所示，其动力学模型与 MIMU/BDS 松耦合系统一致，如式（5-29）所示。

2. 量测模型

BDS 可以提供高精度的速度和位置信息，将它们分别与 MIMU 系统解算的速度和位置信息做差作为量测量，则

$$\boldsymbol{Z}_k^{(1)} = \boldsymbol{H}_k^{(1)}\boldsymbol{X}_k + \boldsymbol{V}_k^{(1)} \tag{5-112}$$

式中，$\boldsymbol{Z}_k^{(1)} = [V_{\rm EM}-V_{\rm EB}\ \ V_{\rm NM}-V_{\rm NB}\ \ V_{\rm UM}-V_{\rm UB}\ \ L_{\rm M}-L_{\rm B}\ \ \lambda_{\rm M}-\lambda_{\rm B}\ \ h_{\rm M}-h_{\rm B}]^{\rm T}$，量测矩阵和量测噪声向量分别为

$$\boldsymbol{H}_k^{(1)} = \begin{bmatrix} \boldsymbol{0}_{3\times4} & \boldsymbol{I}_{3\times3} & \boldsymbol{0}_{3\times9} \\ \boldsymbol{0}_{3\times7} & {\rm diag}(R_{\rm M}, R_{\rm N}\cos L, 1) & \boldsymbol{0}_{3\times6} \end{bmatrix} \tag{5-113}$$

$$\boldsymbol{V}_k^{(1)} = [\delta V_{\rm EB}\ \ \delta V_{\rm NB}\ \ \delta V_{\rm UB}\ \ \delta L_{\rm B}\ \ \delta\lambda_{\rm B}\ \ \delta h_{\rm B}]^{\rm T} \tag{5-114}$$

CNS 可以提供高精度的姿态信息，将其与 MIMU 系统解算的姿态信息做差作为量测量，则

$$\boldsymbol{Z}_k^{(2)} = [\delta\psi\ \ \ \delta\theta\ \ \ \delta\gamma]^{\rm T} = [\psi_{\rm M}-\psi_{\rm C}\ \ \ \theta_{\rm M}-\theta_{\rm C}\ \ \ \gamma_{\rm M}-\gamma_{\rm C}]^{\rm T} \tag{5-115}$$

式中，$[\psi_{\rm M}\ \ \theta_{\rm M}\ \ \gamma_{\rm M}]^{\rm T}$ 是 MIMU 系统获取的无人机姿态信息，$[\psi_{\rm C}\ \ \theta_{\rm C}\ \ \gamma_{\rm C}]^{\rm T}$ 是

CNS 获取的无人机高精度姿态信息。

进一步将量测模型描述为

$$\boldsymbol{Z}_k^{(2)} = h^2(\boldsymbol{X}_k) + \boldsymbol{V}_k^{(2)} \tag{5-116}$$

式中，$\boldsymbol{V}_k^{(2)}$ 表示对应于星敏感器误差的量测噪声；$h^2(\boldsymbol{X}_k)$ 为非线性量测函数，可表示为

$$h^2(\boldsymbol{X}_k)=\begin{bmatrix} \arctan\left(\dfrac{2(q_1q_2-q_0q_3)}{q_0^2-q_1^2+q_2^2-q_3^2}\right) \\ \arcsin(2(q_2q_3+q_0q_1)) \\ \arctan\left(\dfrac{2(q_0q_2-q_1q_3)}{q_0^2-q_1^2-q_2^2+q_3^2}\right) \end{bmatrix} \tag{5-117}$$

综合式（5-112）和式（5-116），可得 MIMU/BDS/CNS 融合导航系统的量测模型为

$$\boldsymbol{Z}_k = h(\boldsymbol{X}_k) + \boldsymbol{V}_k \tag{5-118}$$

式中，$\boldsymbol{Z}_k=\begin{bmatrix}\boldsymbol{Z}_k^{(1)}\\ \boldsymbol{Z}_k^{(2)}\end{bmatrix}$ 为量测量；$h(\boldsymbol{X}_k)=\begin{bmatrix}\boldsymbol{H}_k^{(1)}\boldsymbol{X}_k\\ h^2(\boldsymbol{X}_k)\end{bmatrix}$ 为非线性量测函数；$\boldsymbol{V}_k=\begin{bmatrix}\boldsymbol{V}_k^{(1)}\\ \boldsymbol{V}_k^{(2)}\end{bmatrix}$ 为量测噪声向量。

集中式融合导航算法可以实现线性最小方差意义下的全局最优估计，随着局部量测数据的增加，集中式融合导航算法会出现巨大的计算负担，严重影响系统的实时性。同时，由于传感器数据的集中处理，任一传感器发生故障都将污染整个系统的状态估计，因此容错性较差。

5.3.2　MIMU/BDS/CNS 分布式融合导航算法

5.3.2.1　分布式融合原理

MIMU/BDS/CNS 分布式融合导航算法由主滤波器和若干局部滤波器两级数据处理结构组成，该结构可以保证系统具有较好的容错性和可靠性，当子滤波器出现故障时，整个系统仍能正常运行。此外，由于采用了多处理器并行结构，因此 MIMU/BDS/CNS 分布式融合导航算法计算量小，实时性高。联邦卡尔曼滤波（KFK）是典型的分布式融合导航算法，包含主滤波器和若干局部滤波器，为了避免局部状态估计之间相互影响，引入方差上界技术，从而使融合中心能够用简单的算法将局部滤波器的结果进行融合。这种融合导航算法设计灵活、计算量小、容错性强，很好地弥补了集中式融合导航算法的缺陷，因此被广泛应用于多传感器融合领域。

MIMU/BDS/CNS 分布式融合导航系统处理框架如图 5-12 所示，包含主滤波器和两个局部滤波器，局部滤波器通过容积卡尔曼滤波（CKF）算法对 MIMU/BDS

和 MIMU/CNS 两个融合导航子系统进行并行处理，得到局部状态估计，随后将各局部状态估计结果输入主滤波器中进行融合以进一步得到全局估计，最后将全局估计反馈给 MIMU 系统，用于修正 MIMU 系统输出的导航参数。

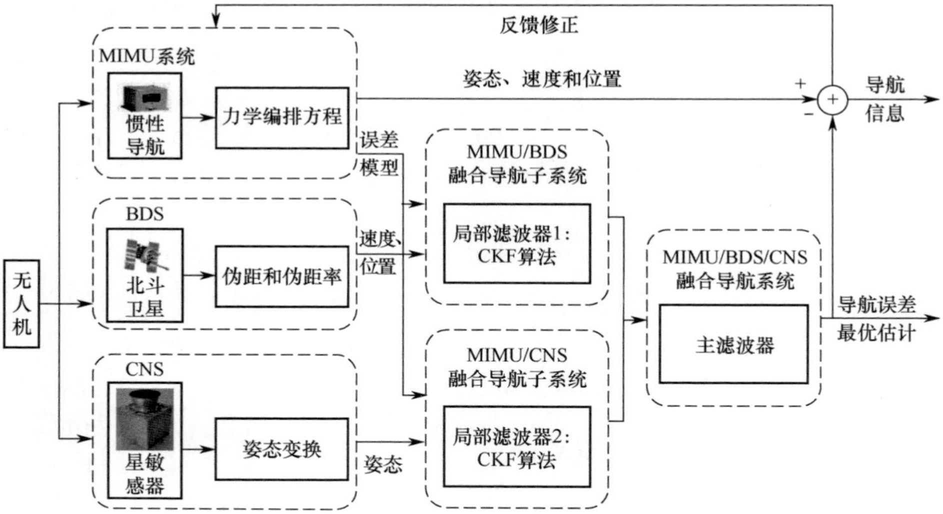

图 5-12　MIMU/BDS/CNS 分布式融合导航系统处理框架

对于 MIMU/BDS/CNS 融合导航系统，首先建立系统动力学模型和量测模型。其中，将 BDS 提供的速度、位置信息与 MIMU 系统解算的速度、位置信息做差作为局部滤波器 1 的量测 $\boldsymbol{Z}_k^{(1)}$，根据 $\boldsymbol{Z}_k^{(1)}$ 与状态 $\boldsymbol{X}_k$ 的关系构建 MIMU/BDS 融合导航子系统量测模型，如式（5-112）所示。将 CNS 提供的姿态信息与 MIMU 系统解算的姿态信息做差作为局部滤波器 2 的量测 $\boldsymbol{Z}_k^{(2)}$，根据 $\boldsymbol{Z}_k^{(2)}$ 与状态 $\boldsymbol{X}_k$ 的关系构建 MIMU/CNS 融合导航子系统量测模型，如式（5-116）所示。将两个融合导航子系统进行局部滤波，得到的状态估计分别为 $\hat{\boldsymbol{X}}_k^{(1)}$ 和 $\hat{\boldsymbol{X}}_k^{(2)}$，相应的误差协方差矩阵分别为 $\boldsymbol{P}_k^{(1)}$ 和 $\boldsymbol{P}_k^{(2)}$，采用无重置联邦卡尔曼滤波结构将两个局部滤波器的状态估计进行融合，得到全局状态估计，以进一步对 MIMU 系统解算的导航信息进行修正。全局融合状态估计过程如下。

$$\boldsymbol{P}_k^{\mathrm{g}} = [(\boldsymbol{P}_k^{(1)})^{-1} + (\boldsymbol{P}_k^{(2)})^{-1}]^{-1} \tag{5-119}$$

$$\hat{\boldsymbol{X}}_k^{\mathrm{g}} = \boldsymbol{P}_k^{\mathrm{g}}[(\boldsymbol{P}_k^{(1)})^{-1}\hat{\boldsymbol{X}}_k^{(1)} + (\boldsymbol{P}_k^{(2)})^{-1}\hat{\boldsymbol{X}}_k^{(2)}] \tag{5-120}$$

式中，$\boldsymbol{P}_k^{\mathrm{g}}$ 为全局融合误差协方差矩阵；$\hat{\boldsymbol{X}}_k^{\mathrm{g}}$ 为全局融合状态估计。

5.3.2.2　基于容积准则的分布式最优融合算法

联邦卡尔曼滤波通过方差上界技术消除局部滤波器状态估计之间的相互联系，然后应用信息分配准则对各子滤波器和主滤波器的信息进行融合，从而获得系统全局状态估计。然而，联邦卡尔曼滤波仅适用于处理多传感器线性系统的数据融合问题。此外，方差上界技术将导致联邦卡尔曼滤波的融合精度不高[41]，具有次优性，其原因在于：①子滤波器在解算时，采用动力学噪声的上界以消除局部状态估计之间的相互联系，降低了多源导航系统的融合性能；②在使用方差上界技术时，必须保证各子系统的初始时刻状态估计误差不相关，这在工程应用中是很难实现的。

本节介绍一种基于容积准则的分布式最优融合算法，假设 MIMU/BDS 和 MIMU/CNS 融合导航子系统的局部估计分别为 $\hat{\boldsymbol{X}}_k^{(1)}$、$\hat{\boldsymbol{X}}_k^{(2)}$，采用以下线性加权方式融合局部估计值。

$$\hat{\boldsymbol{X}}_k^* = \sum_{i=1}^{2} \boldsymbol{\beta}_i \hat{\boldsymbol{X}}_k^{(i)}, \quad \sum_{i=1}^{2} \boldsymbol{\beta}_i = \boldsymbol{I}_{2\times 2} \tag{5-121}$$

式中，$\hat{\boldsymbol{X}}_k^*$ 为全局最优状态估计；$\boldsymbol{\beta}_i\,(i=1,2)$为 $n\times n$ 维的时变权值矩阵，其可由均方误差的定义确定。

引理：当局部滤波器的协方差矩阵 $\boldsymbol{P}_k^{(ij)}$（$i,j=1,2$）非奇异时，式（5-122）所描述的最小均方误差意义下的二次优化问题具有唯一解[14]。

$$\boldsymbol{J}_k = \min_{\beta_1+\beta_2=\boldsymbol{I}_{n\times n}} E\left(\left\|\boldsymbol{X}_k - \sum_{i=1}^{2} \boldsymbol{\beta}_i \hat{\boldsymbol{X}}_k^{(i)}\right\|^2\right) \tag{5-122}$$

定理 5-1：时变权值矩阵 $\boldsymbol{\beta}_i\,(i=1,2)$、全局最优状态估计及其误差协方差矩阵可通过如下方式获得。

（1）时变权值矩阵 $\boldsymbol{\beta}_i\,(i=1,2)$满足线性代数方程

$$\sum_{i=1}^{2} \boldsymbol{\beta}_i [\boldsymbol{P}_k^{(i1)} - \boldsymbol{P}_k^{(i2)}] = 0, \quad \sum_{i=1}^{2} \boldsymbol{\beta}_i = \boldsymbol{I}_{2\times 2} \tag{5-123}$$

且 $\boldsymbol{\beta}_i\,(i=1,2)$可以精确地确定为

$$\boldsymbol{\beta}_i = \sum_{j=1}^{2} \boldsymbol{D}_k^{(ij)} \left(\sum_{l,q=1}^{2} \boldsymbol{D}_k^{(lq)}\right)^{-1}, \quad i=1,2 \tag{5-124}$$

式中，$\boldsymbol{D}_k^{(ij)}$ 为块矩阵 $\bar{\boldsymbol{P}}_k^{-1}$ 的第 ij 个 $n\times n$ 阶子矩阵，$\bar{\boldsymbol{P}}_k$ 描述为

$$\bar{\boldsymbol{P}}_k = \begin{bmatrix} \boldsymbol{P}_k^{(11)} & \boldsymbol{P}_k^{(12)} \\ \boldsymbol{P}_k^{(21)} & \boldsymbol{P}_k^{(22)} \end{bmatrix} \tag{5-125}$$

一旦确定了时变权值矩阵 $\boldsymbol{\beta}_i\,(i=1,2)$，即可通过式（5-121）计算出全局最优状态估计。

（2）在式（5-125）中，局部滤波器的 $\boldsymbol{P}_k^{(ii)}\,(i=1,2)$可以根据式（5-88）直接计算得到。对于线性系统，容易得到 $\boldsymbol{P}_k^{(ij)}$（$i\neq j; i,j=1,2$）的解析形式。而对于非线性系统，$\boldsymbol{P}_k^{(ij)}$ 的计算十分困难。因此，必须使用近似手段来计算

$\boldsymbol{P}_k^{(ij)}$（$i \neq j; i, j = 1,2$）。考虑到容积准则的优点，这里采用容积准则构建 $\boldsymbol{P}_k^{(ij)}$（$i \neq j; i, j = 1,2$）的近似逼近。

$$\boldsymbol{P}_k^{(ij)} \approx \left(\frac{1}{2n}\sum_{s=1}^{2n}\boldsymbol{\chi}_{s,k-1}^{(i*)}\boldsymbol{\chi}_{s,k-1}^{(j*)\mathrm{T}} - \hat{\boldsymbol{X}}_{k|k-1}^{(i)}\hat{\boldsymbol{X}}_{k|k-1}^{(j)\mathrm{T}} + \boldsymbol{Q}_{k-1}\right) - \left(\frac{1}{2n}\sum_{s=1}^{2n}\boldsymbol{\chi}_{s,k-1}^{(i*)}\boldsymbol{\chi}_{s,k|k-1}^{(j*)\mathrm{T}} - \hat{\boldsymbol{X}}_{k|k-1}^{(i)}\hat{\boldsymbol{Z}}_{k|k-1}^{(j)\mathrm{T}}\right)\boldsymbol{K}_k^{(j)\mathrm{T}} - \boldsymbol{K}_k^{(i)}\left(\frac{1}{2n}\sum_{s=1}^{2n}\boldsymbol{\chi}_{s,k|k-1}^{(i*)}\boldsymbol{\chi}_{s,k-1}^{(j*)\mathrm{T}} - \hat{\boldsymbol{Z}}_{k|k-1}^{(i)}\hat{\boldsymbol{X}}_{k|k-1}^{(j)\mathrm{T}}\right) + \boldsymbol{K}_k^{(i)}\left(\frac{1}{2n}\sum_{s=1}^{2n}\boldsymbol{\chi}_{s,k|k-1}^{(i*)}\boldsymbol{\chi}_{s,k|k-1}^{(j*)\mathrm{T}} - \hat{\boldsymbol{Z}}_{k|k-1}^{(i)}\hat{\boldsymbol{Z}}_{k|k-1}^{(j)\mathrm{T}}\right)\boldsymbol{K}_k^{(j)\mathrm{T}} \tag{5-126}$$

式中，$\boldsymbol{\chi}_{s,k-1}^{(i*)}$ 和 $\boldsymbol{\chi}_{s,k|k-1}^{(i*)}$ 表示第 i 个局部滤波器中的容积点；$\boldsymbol{\chi}_{s,k-1}^{(j*)\mathrm{T}}$ 和 $\boldsymbol{\chi}_{s,k|k-1}^{(j*)\mathrm{T}}$ 是第 j 个局部滤波器中的容积点；$s = 1,2,\cdots,2n$ 为容积点顺序。

（3）全局最优状态估计的误差协方差矩阵 $\boldsymbol{P}_k^*$ 为

$$\boldsymbol{P}_k^* = \sum_{i,j=1}^{2}\boldsymbol{\beta}_i\boldsymbol{P}_k^{(ij)}\boldsymbol{\beta}_j^{\mathrm{T}} \tag{5-127}$$

定理 5-1 证明：

系统全局最优状态估计误差可写为

$$\begin{aligned}\boldsymbol{X}_k - \sum_{i=1}^{2}\boldsymbol{\beta}_i\hat{\boldsymbol{X}}_k^{(i)} &= \sum_{i=1}^{2}\boldsymbol{\beta}_i(\boldsymbol{X}_k - \hat{\boldsymbol{X}}_k^{(i)}) \\ &= \boldsymbol{\beta}_1(\boldsymbol{X}_k - \hat{\boldsymbol{X}}_k^{(1)}) + (\boldsymbol{I}_{2\times2} - \boldsymbol{\beta}_1)(\boldsymbol{X}_k - \hat{\boldsymbol{X}}_k^{(2)}) \\ &= (\boldsymbol{I}_{2\times2} - \boldsymbol{\beta}_2)(\boldsymbol{X}_k - \hat{\boldsymbol{X}}_k^{(1)}) + \boldsymbol{\beta}_2(\boldsymbol{X}_k - \hat{\boldsymbol{X}}_k^{(2)})\end{aligned} \tag{5-128}$$

将式（5-128）代入式（5-122），并令 $\dfrac{\partial \boldsymbol{J}_k}{\partial \boldsymbol{\beta}_i} = 0$（$i = 1,2$），定理 5-1（1）得证。

定义第 i 个局部滤波器的估计误差为

$$\begin{aligned}\boldsymbol{X}_k - \hat{\boldsymbol{X}}_k^{(i)} &= \boldsymbol{X}_k - [\hat{\boldsymbol{X}}_{k|k-1}^{(i)} + \boldsymbol{K}_k^{(i)}(\boldsymbol{Z}_k^{(i)} - \hat{\boldsymbol{Z}}_{k|k-1}^{(i)})] \\ &= (\boldsymbol{X}_k - \hat{\boldsymbol{X}}_{k|k-1}^{(i)}) - \boldsymbol{K}_k^{(i)}(\boldsymbol{Z}_k^{(i)} - \hat{\boldsymbol{Z}}_{k|k-1}^{(i)})\end{aligned} \tag{5-129}$$

有

$$\begin{aligned}\boldsymbol{P}_k^{(ij)} &= E\{[\boldsymbol{X}_k - \hat{\boldsymbol{X}}_k^{(i)}][\boldsymbol{X}_k - \hat{\boldsymbol{X}}_k^{(j)}]^{\mathrm{T}}\} \\ &= E\{[(\boldsymbol{X}_k - \hat{\boldsymbol{X}}_{k|k-1}^{(i)}) - \boldsymbol{K}_k^{(i)}(\boldsymbol{Z}_k^{(i)} - \hat{\boldsymbol{Z}}_{k|k-1}^{(i)})][(\boldsymbol{X}_k - \hat{\boldsymbol{X}}_{k|k-1}^{(j)}) - \boldsymbol{K}_k^{(j)}(\boldsymbol{Z}_k^{(j)} - \hat{\boldsymbol{Z}}_{k|k-1}^{(j)})]^{\mathrm{T}}\} \\ &= E\{[(\boldsymbol{X}_k - \hat{\boldsymbol{X}}_{k|k-1}^{(i)})][(\boldsymbol{X}_k - \hat{\boldsymbol{X}}_{k|k-1}^{(j)}))]^{\mathrm{T}}\} - E\{[(\boldsymbol{X}_k - \hat{\boldsymbol{X}}_{k|k-1}^{(i)})][(\boldsymbol{Z}_k^{(j)} - \hat{\boldsymbol{Z}}_{k|k-1}^{(j)})]^{\mathrm{T}}\}\boldsymbol{K}_k^{(j)\mathrm{T}} - \\ &\quad \boldsymbol{K}_k^{(i)}E\{[(\boldsymbol{Z}_k^{(i)} - \hat{\boldsymbol{Z}}_{k|k-1}^{(i)})][(\boldsymbol{X}_k - \hat{\boldsymbol{X}}_{k|k-1}^{(j)})]^{\mathrm{T}}\} + \boldsymbol{K}_k^{(i)}E\{[\boldsymbol{Z}_k^{(i)} - \hat{\boldsymbol{Z}}_{k|k-1}^{(i)}][(\boldsymbol{Z}_k^{(j)} - \hat{\boldsymbol{Z}}_{k|k-1}^{(j)})]^{\mathrm{T}}\} \\ &\quad \boldsymbol{K}_k^{(j)\mathrm{T}}\end{aligned} \tag{5-130}$$

考虑到当 $i \neq j$ 时，$\boldsymbol{X}_k - \hat{\boldsymbol{X}}_k^{(i)}$、$\boldsymbol{V}_k^{(i)}$ 和 $\boldsymbol{V}_k^{(j)}$ 互不相关，应用容积准则近似上述期望值，定理 5-1（2）得证。

最后，全局最优状态估计的误差协方差矩阵 $\boldsymbol{P}_k^*$ 可以表示为

$$
\begin{aligned}
\boldsymbol{P}_k^* &= E\left[(\boldsymbol{X}_k-\hat{\boldsymbol{X}}_k^*)(\boldsymbol{X}_k-\hat{\boldsymbol{X}}_k^*)^{\mathrm{T}}\right] \\
&= E\left[(\boldsymbol{X}_k-\sum_{i=1}^{2}\boldsymbol{\beta}_i\hat{\boldsymbol{X}}_k^{(i)})(\boldsymbol{X}_k-\sum_{i=1}^{2}\boldsymbol{\beta}_i\hat{\boldsymbol{X}}_k^{(i)})^{\mathrm{T}}\right] \\
&= E[(\boldsymbol{\beta}_1(\boldsymbol{X}_k-\hat{\boldsymbol{X}}_k^{(1)})+\boldsymbol{\beta}_2(\boldsymbol{X}_k-\hat{\boldsymbol{X}}_k^{(2)}))(\boldsymbol{\beta}_1(\boldsymbol{X}_k-\hat{\boldsymbol{X}}_k^{(1)})+\boldsymbol{\beta}_2(\boldsymbol{X}_k-\hat{\boldsymbol{X}}_k^{(2)}))^{\mathrm{T}}] \\
&= \sum_{i,j=1}^{2}\boldsymbol{\beta}_i\boldsymbol{P}_k^{(ij)}\boldsymbol{\beta}_j^{\mathrm{T}}
\end{aligned} \tag{5-131}
$$

定理 5-1（3）得证。

定理 5-1 得证。

该算法利用容积准则建立了一种最优融合导航策略，将各子系统的结果在均方误差意义下进行融合，以实现全局最优状态估计。

5.3.3　MIMU/BDS/CNS 融合导航算法存在的问题及解决方法

5.3.3.1　主要问题

除了上述次优性问题，在无人机高动态飞行的情况下，MIMU/BDS/CNS 融合导航系统的动力学模型仅是对真实动态系统的理论近似，因此不可避免地会引入误差，而量测模型可以通过高精度的观测设备或抗差容积卡尔曼滤波算法进行处理。此外，与扩展卡尔曼滤波类似，容积卡尔曼滤波的性能依赖事先定义好的系统模型，如果存在系统模型误差，会导致滤波精度变差甚至发散[10,42]。因此，动力学模型误差是 MIMU/BDS/CNS 融合导航系统应用于无人机高动态飞行时必须解决的问题。

为了处理动力学模型误差对滤波估计的影响，学者们提出了各种自适应算法以提高滤波性能。Li 等提出了一种基于交互多模型估计的容积卡尔曼滤波算法，以提高移动站定位的估计精度[43]。然而，由于使用了多滤波器结构，该算法的计算负担相对较大，难以实现工程应用。Zhou 等将最大似然准则与期望最大化原理相结合，在线估计和调整动力学模型的噪声方差，从而建立了一种新的自适应容积滤波算法[44]。然而，该算法在高维非线性系统的噪声统计估计中可能会出现“秩亏”问题，导致滤波输出不稳定。同样，基于 Sage-Husa 噪声统计估计的概念，Cui 等推导出了一种具有噪声统计估计功能的迭代容积卡尔曼滤波（Iterated Cubature Kalman Filter，ICKF）算法，以提高对动力学模型误差的自适应性[45]。但在处理时变噪声统计时，该算法中使用的遗忘因子完全凭经验选取，因此无法从根本上解决上述问题。

5.3.3.2　解决方法

本节将建立一种动力学模型误差辨识预测策略，并结合基于容积准则的分布式最优融合算法来解决 MIMU/BDS/CNS 融合导航系统用于无人机高动态飞行时所涉及的问题。该算法采用分布式结构同时处理 MIMU/BDS 和 MIMU/CNS 融合导航子系统的量测结果，以用于后续的全局融合。首先将标准容积卡尔曼滤波与模型预测滤波（Model Predict Filter，MPF）相结合，作为 MIMU/BDS 和 MIMU/CNS 融合导航子系统的局部滤波器，以抑制动力学模型误差的影响。然后基于容积准则的分布式最优融合算法给出一种最优融合框架，通过容积准则融合各子系统的滤波结果，以实现在最小均方误差意义下的最优状态融合。

1．*动力学模型误差的预测*

模型预测滤波提供了一种动力学模型误差预测方法以实现非线性系统状态的最优估计。考虑如下以连续形式表示的非线性系统。

$$\dot{\boldsymbol{X}}(t)=\bar{f}(\boldsymbol{X}(t))+\boldsymbol{D}(t) \tag{5-132}$$

$$\boldsymbol{Z}(t)=h(\boldsymbol{X}(t))+\boldsymbol{V}(t) \tag{5-133}$$

式中，$\boldsymbol{X}(t)\in\mathbf{R}^n$ 为系统状态向量；$\boldsymbol{Z}(t)\in\mathbf{R}^m$ 为量测向量；$\bar{f}(\boldsymbol{X}(t))\in\mathbf{R}^n$ 为非线性动力学函数；$\boldsymbol{D}(t)\in\mathbf{R}^n$ 为动力学模型误差；$h(\boldsymbol{X}(t))\in\mathbf{R}^m$ 为非线性量测函数；$\boldsymbol{V}(t)$ 为量测噪声向量，其服从均值为零、方差为 $E[\boldsymbol{V}(t)\boldsymbol{V}^{\mathrm{T}}(t)]=\boldsymbol{R}$ 的高斯分布。

需要注意的是，式（5-132）中的动力学模型误差 $\boldsymbol{D}(t)$ 可以分为函数模型误差和随机模型误差两类。函数模型误差是由系统状态突变或动力学模型中的未知偏差引起的，而随机模型误差是由动力学模型中有偏或未知的噪声统计量引起的。

定理 5-2：假设一个较小的采样间隔 Δt，通过使用模型预测滤波概念预测动力学模型（5-132）中所涉及的模型误差。

$$\boldsymbol{D}(t)=-\boldsymbol{M}(t)[\boldsymbol{Y}(\hat{\boldsymbol{X}}(t),\Delta t)+\hat{\boldsymbol{Z}}(t)-\boldsymbol{Z}(t+\Delta t)] \tag{5-134}$$

式中，$\boldsymbol{Y}(\hat{\boldsymbol{X}}(t),\Delta t)$ 为 m 维列向量，其第 i 个分量为

$$\boldsymbol{Y}_i(\hat{\boldsymbol{X}}(t),\Delta t)=\sum_{l=1}^{p_i}\frac{\Delta t^q}{l!}L^q(h_i)\qquad i=1,2,\cdots,m \tag{5-135}$$

式中，$L^q(h_i)$ 为 $h(\hat{\boldsymbol{X}}(t))$ 的第 i 个分量的 q 阶李导数，其定义为

$$\begin{cases}L^0(h_i)=h_i\\ L^q(h_i)=\dfrac{\partial L_f^{q-1}(h_i)}{\partial\hat{\boldsymbol{X}}}f(\hat{\boldsymbol{X}}(t)),\quad q\geqslant 1\end{cases} \tag{5-136}$$

矩阵 $\boldsymbol{M}(t)$ 可表示为

$$\begin{aligned}\boldsymbol{M}(t)=\boldsymbol{W}^{-1}(\boldsymbol{I}-[\boldsymbol{\lambda}(\Delta t)\boldsymbol{G}(\hat{\boldsymbol{X}}(t))]^{\mathrm{T}}\{\boldsymbol{\lambda}(\Delta t)\boldsymbol{G}(\hat{\boldsymbol{X}}(t))\boldsymbol{W}^{-1}[\boldsymbol{\lambda}(\Delta t)\boldsymbol{G}(\hat{\boldsymbol{X}}(t))]^{\mathrm{T}}+\boldsymbol{R}\}^{-1}\\ [\boldsymbol{\lambda}(\Delta t)\boldsymbol{G}(\hat{\boldsymbol{X}}(t))]\boldsymbol{W}^{-1})\times[\boldsymbol{\lambda}(\Delta t)\boldsymbol{G}(\hat{\boldsymbol{X}}(t))]^{\mathrm{T}}\boldsymbol{R}^{-1}\end{aligned} \tag{5-137}$$

式中，$\boldsymbol{W}\in\mathbf{R}^{n\times n}$ 为模型误差的加权矩阵，其通常为半正定矩阵；$\boldsymbol{R}$ 为量测噪声方差矩阵；$\boldsymbol{\lambda}(\Delta t)\in\mathbf{R}^{m\times m}$ 为对角矩阵，其元素为

$$\lambda_{ii}=\frac{\Delta t^{p_i}}{p_i\,!},\ i=1,2,\cdots,m \tag{5-138}$$

$\boldsymbol{G}(\hat{\boldsymbol{X}}(t))\in\mathbf{R}^{m\times m}$ 表示一个灵敏度矩阵，可描述为

$$\boldsymbol{G}(\hat{\boldsymbol{X}}(t))=\begin{bmatrix} L_f^{p_1-1}(h_i) & L_f^{p_1-1}(h_i) & \cdots & L_f^{p_1-1}(h_i) \\ L_f^{p_2-1}(h_i) & L_f^{p_2-1}(h_i) & \cdots & L_f^{p_2-1}(h_i) \\ \vdots & \vdots & \vdots & \vdots \\ L_f^{p_m-1}(h_i) & L_f^{p_m-1}(h_i) & \cdots & L_f^{p_m-1}(h_i) \end{bmatrix}_{m\times m} \tag{5-139}$$

定理 5-2 证明：

对于式（5-132）和式（5-133）所描述的非线性系统，状态估计和量测估计分别满足

$$\dot{\hat{\boldsymbol{X}}}(t)=\overline{f}(\hat{\boldsymbol{X}}(t))+\boldsymbol{D}(t) \tag{5-140}$$

$$\hat{\boldsymbol{Z}}(t)=h(\hat{\boldsymbol{X}}(t)) \tag{5-141}$$

式中，$\dot{\hat{\boldsymbol{X}}}(t)$ 为 $\hat{\boldsymbol{X}}(t)$ 的微分形式；$\hat{\boldsymbol{X}}(t)$ 为状态估计值；$\hat{\boldsymbol{Z}}(t)$ 为量测估计值。

通过泰勒级数展开，并忽略高阶项，将式（5-141）中 $\hat{\boldsymbol{Z}}(t)$ 的第 i 个分量 $\hat{\boldsymbol{Z}}_i(t)$（$i=1,2,\cdots,m$）展开至 p_i 阶泰勒级数。

$$\begin{aligned}\hat{\boldsymbol{Z}}_i(t+\Delta t)&\approx\hat{\boldsymbol{Z}}_i(t)+\Delta t\frac{\partial\hat{\boldsymbol{Z}}_i(t)}{\partial t}+\frac{\Delta t^2}{2!}\frac{\partial^2\hat{\boldsymbol{Z}}_i(t)}{\partial t^2}+\cdots+\frac{\Delta t^{p_i}}{p_i\,!}\frac{\partial^{p_i}\hat{\boldsymbol{Z}}_i(t)}{\partial t^{p_i}}\\&=\hat{\boldsymbol{Z}}_i(t)+\Delta t\frac{\partial h_i}{\partial\hat{\boldsymbol{X}}}\frac{\partial\hat{\boldsymbol{X}}}{\partial t}+\frac{\Delta t^2}{2!}\frac{\partial}{\partial t}\left(\frac{\partial h_i}{\partial t}\right)+\frac{\Delta t^{p_i}}{p_i\,!}\frac{\partial}{\partial t}\left(\frac{\partial^{p_i-1}h_i}{\partial t^{p_i-1}}\right)\end{aligned} \tag{5-142}$$

式中，$h_i\ (i=1,2,\cdots,m)$ 表示 $h(\hat{\boldsymbol{X}}(t))$ 的第 i 个分量；$p_i(i=1,2,\cdots,m)$ 表示 $\boldsymbol{D}(t)$ 中的任何分量出现在 h_i 微分中的最低阶数。

定义 q 阶李导数 $L^q(h_i)$ 为

$$\begin{cases}L^0(h_i)=h_i\\ L^q(h_i)=\dfrac{\partial L_f^{q-1}(h_i)}{\partial\hat{\boldsymbol{X}}}f(\hat{\boldsymbol{X}}(t)),\quad q\geqslant1\end{cases} \tag{5-143}$$

由 p_i 的定义可知，当微分阶数小于 p_i 时，可建立如下关系。

$$\frac{\partial h_i}{\partial\hat{\boldsymbol{X}}}\boldsymbol{D}(t)=0 \tag{5-144}$$

式（5-142）可重写为

$$\hat{\boldsymbol{Z}}_i(t+\Delta t)\approx\hat{\boldsymbol{Z}}_i(t)+\Delta tL^1(h_i)+\frac{\Delta t^2}{2!}L^2(h_i)+\cdots+\frac{\Delta t^{p_i}}{p_i\,!}L^{p_i}(h_i)+\frac{\Delta t^{p_i}}{p_i\,!}\frac{\partial L^{p_i-1}(h_i)}{\partial\hat{\boldsymbol{X}}}\boldsymbol{D}(t) \tag{5-145}$$

将 $\hat{\boldsymbol{Z}}(t)$ 的所有分量组合成一个矩阵形式，得到

$$\hat{\boldsymbol{Z}}(t+\Delta t)\approx\hat{\boldsymbol{Z}}(t)+\boldsymbol{Y}(\hat{\boldsymbol{X}}(t),\Delta t)+\boldsymbol{\lambda}(\Delta t)\boldsymbol{G}(\hat{\boldsymbol{X}}(t))\boldsymbol{D}(t) \tag{5-146}$$

根据模型预测滤波的概念，通过将量测–估计残差的加权平方和与模型修正项的加权平方和相加，构造如下代价函数。

$$J(\boldsymbol{D}(t))=\frac{1}{2}[\boldsymbol{Z}(t+\Delta t)-\hat{\boldsymbol{Z}}(t+\Delta t)]^{\mathrm{T}}\boldsymbol{R}^{-1}[\boldsymbol{Z}(t+\Delta t)-\hat{\boldsymbol{Z}}(t+\Delta t)]+\frac{1}{2}\boldsymbol{D}^{\mathrm{T}}(t)\boldsymbol{W}\boldsymbol{D}(t) \tag{5-147}$$

将式（5-142）代入式（5-147），并使式（5-147）关于 $\boldsymbol{D}(t)$ 最小化，即令 $\dfrac{\partial J(\boldsymbol{D}(t))}{\partial \boldsymbol{D}(t)}=0$，即可得到动力学模型误差的解为

$$\begin{aligned}\boldsymbol{D}(t)=&-\{[\boldsymbol{\lambda}(\Delta t)\boldsymbol{G}(\hat{\boldsymbol{X}}(t))]^{\mathrm{T}}\boldsymbol{R}^{-1}[\boldsymbol{\lambda}(\Delta t)\boldsymbol{G}(\hat{\boldsymbol{X}}(t))]+\boldsymbol{W}\}^{-1}[\boldsymbol{\lambda}(\Delta t)\boldsymbol{G}(\hat{\boldsymbol{X}}(t))]^{\mathrm{T}}\boldsymbol{R}^{-1}\\&[\mathrm{Y}(\hat{\boldsymbol{X}}(t),\Delta t)-\boldsymbol{Z}(t+\Delta t)+\hat{\boldsymbol{Z}}(t)]\end{aligned} \tag{5-148}$$

利用矩阵反演引理[46]，式（5-148）中的动力学模型误差可以改写为

$$\boldsymbol{D}(t)=-\boldsymbol{M}(t)[\boldsymbol{Y}(\hat{\boldsymbol{X}}(t),\Delta t)+\hat{\boldsymbol{Z}}(t)-\boldsymbol{Z}(t+\Delta t)] \tag{5-149}$$

式中，

$$\begin{aligned}\boldsymbol{M}(t)=&\boldsymbol{W}^{-1}(\boldsymbol{I}-[\boldsymbol{\lambda}(\Delta t)\boldsymbol{G}(\hat{\boldsymbol{X}}(t))]^{\mathrm{T}}\{\boldsymbol{\lambda}(\Delta t)\boldsymbol{G}(\hat{\boldsymbol{X}}(t))\boldsymbol{W}^{-1}[\boldsymbol{\lambda}(\Delta t)\boldsymbol{G}(\hat{\boldsymbol{X}}(t))]^{\mathrm{T}}+\\&\boldsymbol{R}\}^{-1}[\boldsymbol{\lambda}(\Delta t)\boldsymbol{G}(\hat{\boldsymbol{X}}(t))]\boldsymbol{W}^{-1})\times[\boldsymbol{\lambda}(\Delta t)\boldsymbol{G}(\hat{\boldsymbol{X}}(t))]^{\mathrm{T}}\boldsymbol{R}^{-1}\end{aligned} \tag{5-150}$$

定理 5-2 得证。

由于 MIMU/BDS/CNS 融合导航系统和容积卡尔曼滤波均以离散时间的形式表示，因此需要将上述动力学模型误差预测表示为离散形式。假设采样间隔为常数并有 $\boldsymbol{Z}(t_k)=\boldsymbol{Z}_k$ 和 $\boldsymbol{Z}(t_k+\Delta t)=\boldsymbol{Z}_{k+1}$。根据式（5-134），离散形式的动力学模型误差预测可写为

$$\boldsymbol{D}_k=-\boldsymbol{M}_k[\boldsymbol{Y}(\hat{\boldsymbol{X}}_k,\Delta t)+\hat{\boldsymbol{Z}}_k-\boldsymbol{Z}_{k+1}] \tag{5-151}$$

式中，$\boldsymbol{M}_k$ 为 $\boldsymbol{M}(t)$ 的离散形式，表示为

$$\begin{aligned}\boldsymbol{M}_k=&\boldsymbol{W}^{-1}(\boldsymbol{I}-[\boldsymbol{\lambda}(\Delta t)\boldsymbol{G}(\hat{\boldsymbol{X}}_k)]^{\mathrm{T}}\{\boldsymbol{\lambda}(\Delta t)\boldsymbol{G}(\hat{\boldsymbol{X}}_k)\boldsymbol{W}^{-1}[\boldsymbol{\lambda}(\Delta t)\boldsymbol{G}(\hat{\boldsymbol{X}}_k)]^{\mathrm{T}}+\boldsymbol{R}_k\}^{-1}\\&[\boldsymbol{\lambda}(\Delta t)\boldsymbol{G}(\hat{\boldsymbol{X}}_k)]\boldsymbol{W}^{-1})\times[\boldsymbol{\lambda}(\Delta t)\boldsymbol{G}(\hat{\boldsymbol{X}}_k)]^{\mathrm{T}}\boldsymbol{R}_k^{-1}\end{aligned} \tag{5-152}$$

式中，$\boldsymbol{W}$ 为一个加权矩阵，可通过协方差约束技术确定[46]。

可以看出，根据时间 t_{k+1} 时刻的量测值 $\boldsymbol{Z}_{k+1}$，应用式（5-151）可以预测时间间隔 $[t_k,t_{k+1}]$ 内的动力学模型误差 $\boldsymbol{D}_k$，并将其用于标准容积卡尔曼滤波中的误差补偿，以提高滤波器的自适应能力。

2. 算法实现

详细算法步骤如下。

（1）初始化。设置初始状态估计 $\hat{\boldsymbol{X}}_0$ 及其误差协方差矩阵 $\boldsymbol{P}_0$，如式（5-69）所示。

（2）预测。通过式（5-70）和式（5-71）计算状态预测 $\hat{\boldsymbol{X}}_{k|k-1}$ 及其误差协方差矩阵 $\boldsymbol{P}_{k|k-1}$。

（3）更新。

利用式（5-90）和式（5-91）计算新息向量 $\tilde{\boldsymbol{Z}}_{k|k-1}$ 及其误差协方差矩阵 $\boldsymbol{P}_{ZZ,k|k-1}$。

根据马氏距离的概念建立动力学模型误差辨识标准。

$$\begin{cases} H_0:(\gamma_k)^2 \leqslant \chi^2_{m,\alpha}, & \text{不存在动力学模型误差} \\ H_1:(\gamma_k)^2 > \chi^2_{m,\alpha}, & \text{存在动力学模型误差} \end{cases} \tag{5-153}$$

计算并判断指标 $(\gamma_k)^2$。如果 $(\gamma_k)^2 \leqslant \chi^2_{m,\alpha}$，表明不存在动力学模型误差，则执行标准容积卡尔曼滤波算法中的式（5-84）～式（5-88），以计算状态估计 $\hat{\boldsymbol{X}}_k$ 及其误差协方差矩阵 $\boldsymbol{P}_k$；否则，计算时间间隔 $[t_{k-1},t_k]$ 内的运动学模型误差 $\boldsymbol{D}_{k-1}$，并将其引入标准容积卡尔曼滤波计算步骤，具体如下。

① 应用前一时刻的状态估计 $\hat{\boldsymbol{X}}_{k-1}$，通过式（5-135）～式（5-139）计算 $\boldsymbol{\lambda}(\Delta t)$、$\boldsymbol{G}(\hat{\boldsymbol{X}}_{k-1})$ 和 $\boldsymbol{Y}(\hat{\boldsymbol{X}}_{k-1},\Delta t)$。

② 应用当前时刻的量测值 $\boldsymbol{Z}_k$，预测在时间区间 $[t_{k-1},t_k]$ 内的运动学模型误差 $\boldsymbol{D}_{k-1}$。

③ 利用动力学模型误差 $\boldsymbol{D}_{k-1}$，修正式（5-70）中的系统状态预测为

$$\hat{\boldsymbol{X}}_{k|k-1} = \frac{1}{2n}\sum_{s=1}^{2n}\boldsymbol{\chi}^*_{s,k-1} + \Delta t \cdot \boldsymbol{D}_{k-1} \tag{5-154}$$

④ 执行标准容积卡尔曼滤波算法中的式（5-77）～式（5-88），计算系统状态估计 $\hat{\boldsymbol{X}}_k$ 及其误差协方差矩阵 $\boldsymbol{P}_k$。

（4）返回步骤（2），直到所有样本处理完毕。

5.3.3.3　仿真分析

下面针对 MIMU/BDS/CNS 融合导航系统进行仿真模拟，以评估基于模型预测容积卡尔曼滤波的分布式最优融合（Model Predictive CKF-based Distributed Optimal Fusion，MPCKF-DOF）算法的性能，并与 FKF 算法、基于无迹卡尔曼滤波的多传感器最优数据融合（UKF-based Multi-Sensor Optimal Data Fusion，UKF-MODF）算法和基于容积卡尔曼滤波的分布式最优融合（CKF-based Distributed Optimal Fusion，CKF-DOF）算法进行比较对比分析。

无人机飞行轨迹如图 5-13 所示。首先根据无人机的飞行过程设计一条飞行轨迹曲线。飞行仿真时间为 1000s，局部滤波和全局融合的周期均设置为 1s，MIMU/BDS/CNS 融合导航系统的其他仿真参数如表 5-2 所示。为了辨识动力学模型误差，MPCKF-DOF 算法中的 $\chi^2_{m_1,\alpha}$、$\chi^2_{m_2,\alpha}$ 在 MIMU/BDS 融合导航子系统和 MIMU/CNS 融合导航子系统中分别设置为 12.592、7.815，对应于 χ^2 分布表中 $\alpha=0.05$，自由度分别为 6 和 3。

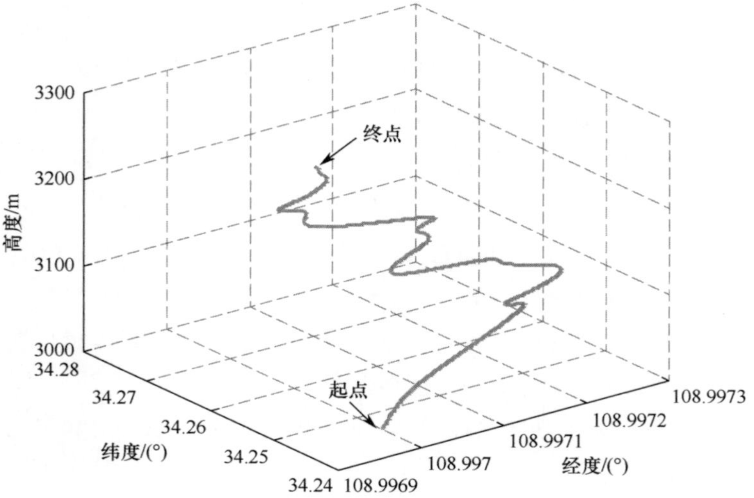

图 5-13　无人机飞行轨迹

表 5-2　仿真参数

仿真参数	取　值
初始姿态（俯仰角，滚转角，航向角）	(0°,0°,0°)
初始速度（东向，北向，天向）	(0m/s, 150m/s, 0m/s)
初始位置（经度，纬度，高度）	(108.997°,34.246°,3000m)
初始姿态误差（俯仰角，滚转角，航向角）	(1′,1′,1.5′)
初始速度误差（东向，北向，天向）	(0.5m/s,0.5m/s,0.5m/s)
初始位置误差（经度方向，纬度方向，高度）	(8m, 8m,15m)
陀螺仪常值漂移	0.1°/h
陀螺仪随机游走系数	$0.05°/\sqrt{h}$
加速度计常值偏置	$1\times10^{-3}g$
加速度计随机游走系数	$1\times10^{-4}g\cdot\sqrt{s}$
MIMU 采样率	20Hz
BDS 水平位置误差	5m
BDS 高度误差	8m
BDS 速度误差	0.05m/s
BDS 采样率	1Hz
CNS 姿态误差	5″
CNS 采样率	1Hz

1. 估计精度评估

为了评估 MPCKF-DOF 算法对动力学模型误差的处理性能，仿真分析中考虑了多种类型的动力学模型误差，包括初始状态估计误差、未知的动力学函数误差和有偏的动力学噪声统计。针对上述两种情形，分别进行了 50 次蒙特卡罗仿真，并使用均方根误差量化评估上述 4 种数据融合算法的性能。

对于 FKF，在局部滤波器中首先对非线性动力学模型进行线性化，并将 $\boldsymbol{P}_0^{(i)}$ (i=1,2)和 $\boldsymbol{Q}_k$ 扩大至其初始值的 2 倍，以使用方差上界技术消除两个局部状态估计之间的相关性。

1）情形 1：初始状态估计误差

为了验证初始状态估计存在误差的情形，将 4 种数据融合算法中局部滤波器的初始状态估计设置为其实际值的 100 倍。其他仿真参数的取值同表 5-2。

4 种数据融合算法得到的姿态均方根误差曲线和位置均方根误差曲线分别如图 5-14、图 5-15 所示。可以看出，在存在初始状态误差的情况下，MPCKF-DOF 算法的收敛速度高于其他 3 种数据融合算法。这是因为 MPCKF-DOF 算法可以通过对动力学模型误差的辨识预测，有效地抑制初始状态估计误差的干扰，而其他 3 种数据融合算法都因受初始状态估计误差的影响而导致性能下降。图 5-16 和图 5-17 给出了 1～50s 内，4 种数据融合算法的姿态均方根误差比率和位置均方根误差比率（以 FKF 算法为基准）。可以看出，MPCKF-DOF 算法得到的姿态均方根误差比率和位置均方根误差比率远小于其他 3 种数据融合算法，这也充分验证了上述结论。

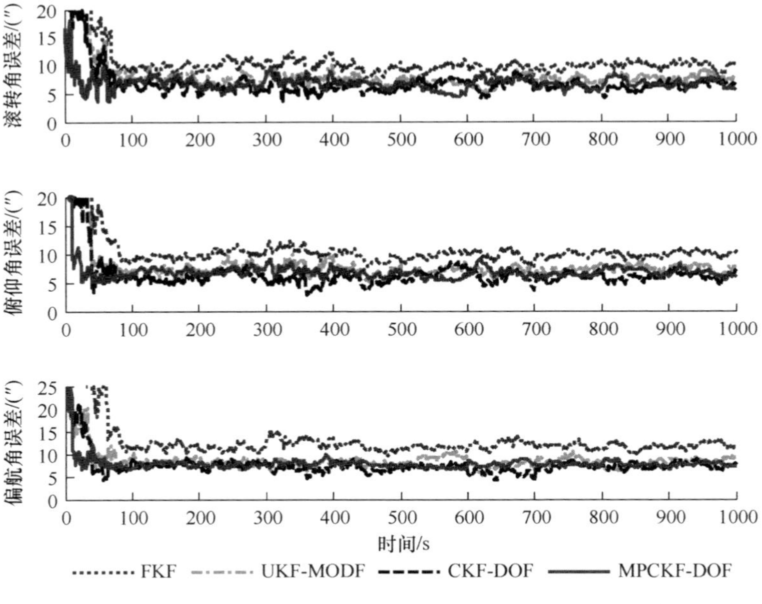

图 5-14　4 种数据融合算法得到的姿态均方根误差曲线（情形 1）

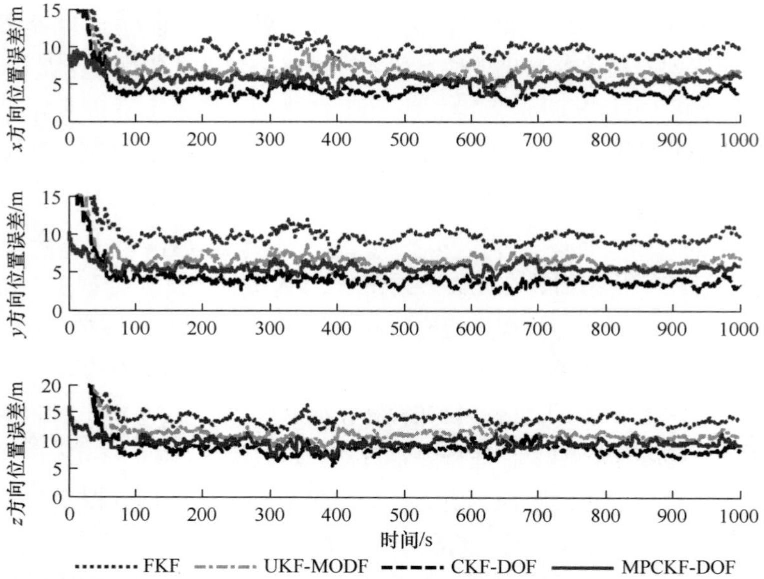

图 5-15　4 种数据融合算法得到的位置均方根误差曲线（情形 1）

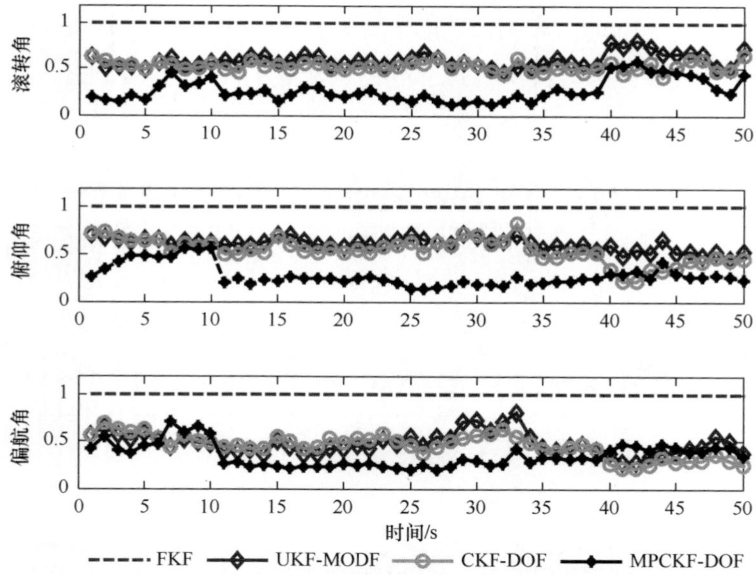

图 5-16　4 种数据融合算法得到的 1～50s 内的姿态均方根误差

从图 5-14 和图 5-15 中还可以看到，在 100s 后，FKF 估计得到的无人机姿态均方根误差和位置均方根误差最大。这是由于其使用方差上界技术和动力学模型的线性化产生了次优的融合结果。UKF-MODF 算法使用无迹卡尔曼滤波作为局部滤波器，并基于线性最小方差原理，通过无迹变换建立最优数据融合算法，从而提高了融合性能。然而，由于无迹变换应用于高维非线性系统会出现不稳定的现象，因此 UKF-MODF 算法的改进是有限的。相比之下，CKF-DOF 算法和 MPCKF-DOF 算法依靠容积准则及容积卡尔曼滤波更好的稳定性，可以获得更高的导航精度。

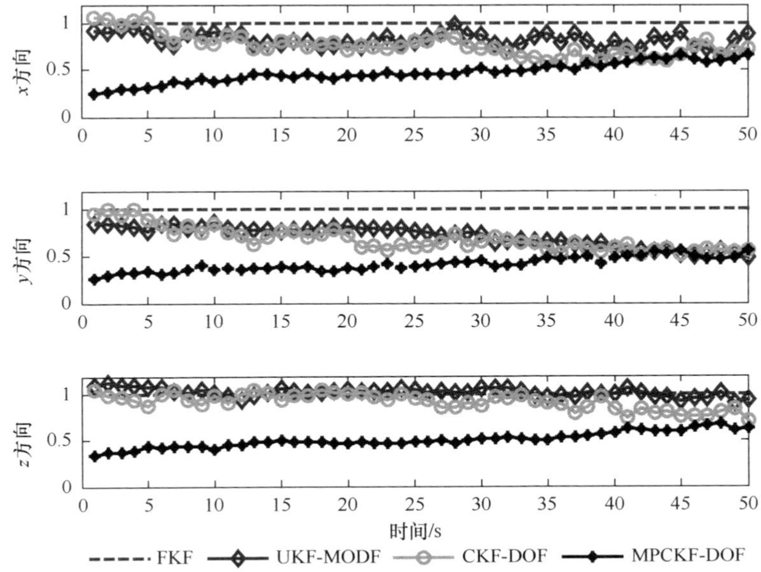

图 5-17　4 种数据融合算法得到的 1～50s 内的位置均方根误差

2）情形 2：未知的动力学函数误差和有偏的动力学噪声统计

该情形考虑了两类动力学模型误差，即未知的动力学函数误差和有偏的动力学噪声统计，以评估 MPCKF-DOF 算法在 MIMU/BDS/CNS 融合导航系统中的应用性能。首先，在（300s, 400s）内，在融合导航系统的动力学模型中引入以下常值函数误差。

$$\Delta \boldsymbol{X} = [\boldsymbol{0}_{1\times 4}, 0.02\text{m/s}, 0.02\text{m/s}, 0.02\text{m/s}, 2\times 10^{-6}\text{rad}, 2\times 10^{-6}\text{rad}, 8\text{m}, \boldsymbol{0}_{1\times 6}]^{\mathrm{T}} \quad (5\text{-}155)$$

局部滤波器中使用的动力学模型可表示为

$$\begin{cases} \boldsymbol{X}_k = (\boldsymbol{f}(\boldsymbol{X}_k) + \Delta \boldsymbol{X}) + \boldsymbol{W}_{k-1}, & k \in (300\text{s}, 400\text{s}) \\ \boldsymbol{X}_k = \boldsymbol{f}(\boldsymbol{X}_{k-1}) + \boldsymbol{W}_{k-1}, & \text{其他} \end{cases} \quad (5\text{-}156)$$

此外，在（600s, 700s）内，将动力学噪声协方差矩阵 $\boldsymbol{Q}_{k-1}$ 扩大至其实际值的 9 倍，因此，局部滤波器中使用的动力学噪声协方差矩阵表示为

$$\bar{\boldsymbol{Q}}_{k-1} = \begin{cases} 9\boldsymbol{Q}_{k-1}, & k \in (600\text{s}, 700\text{s}) \\ \boldsymbol{Q}_{k-1}, & \text{其他} \end{cases} \quad (5\text{-}157)$$

图 5-18 和图 5-19 分别给出了 4 种数据融合算法得到的姿态均方根误差曲线和位置均方根误差曲线。

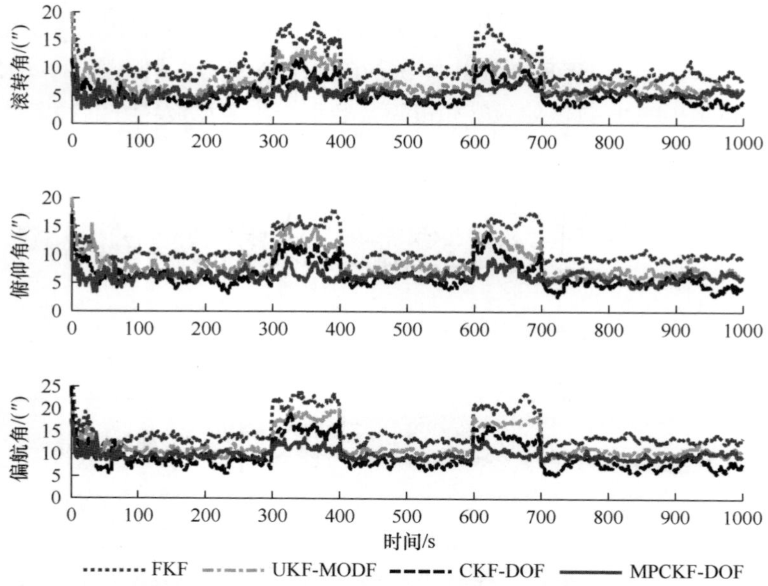

图 5-18　4 种数据融合算法得到的姿态均方根误差曲线（情形 2）

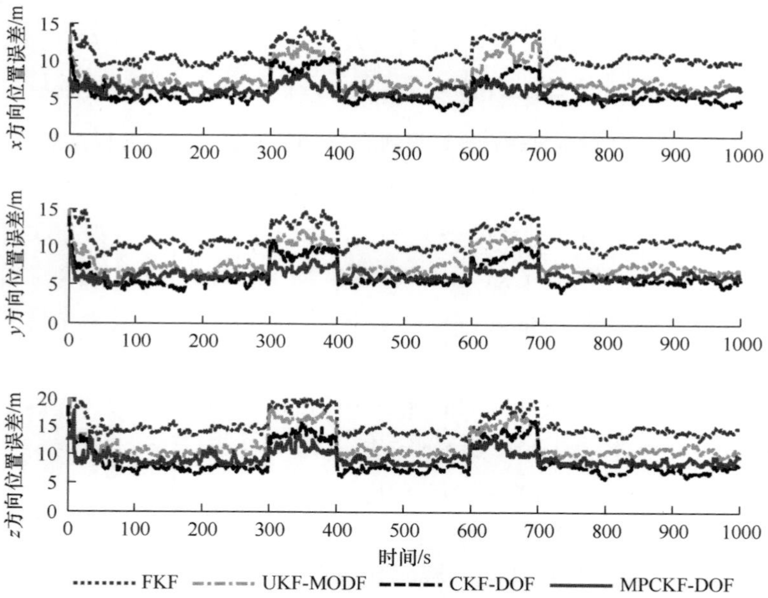

图 5-19　4 种数据融合算法得到的位置均方根误差曲线（情形 2）

可以看出，在(300s, 400s)内，由于受到未知的动力学函数误差的影响，FKF 算法、UKF-MODF 算法和 CKF-DOF 算法的导航精度均严重下降，这是由于它们不具备辨识和预测动力学模型误差的能力，导致存在动力学函数误差时估计性能较差。然而，MPCKF-DOF 算法可以辨识和预测动力学模型误差，并进一步抑制误差干扰。因此，在此时间段内，MPCKF-DOF 算法得到的导航参数均方根误差明显小于其他 3 种数据融合算法，表明 MPCKF-DOF 算法具有较强的抑制动力学函数误差干扰的能力。

在(600s, 700s)内，由于动力学噪声统计设置有偏，无人机导航的姿态均方根误差曲线和位置均方根误差曲线显示出与(300s, 400s)内相同的趋势，MPCKF-DOF 算法的导航精度明显高于其他 3 种数据融合算法。图 5-20、图 5-21 直观地比较了 4 种数据融合算法在(300s, 400s)内和(600s, 700s)内得到的姿态均方根误差均值与位置均方根误差均值，进一步验证了相比于其他 3 种数据融合算法，MPCKF-DOF 算法在存在动力学模型误差的情况下，可以获得更优越的无人机导航性能。

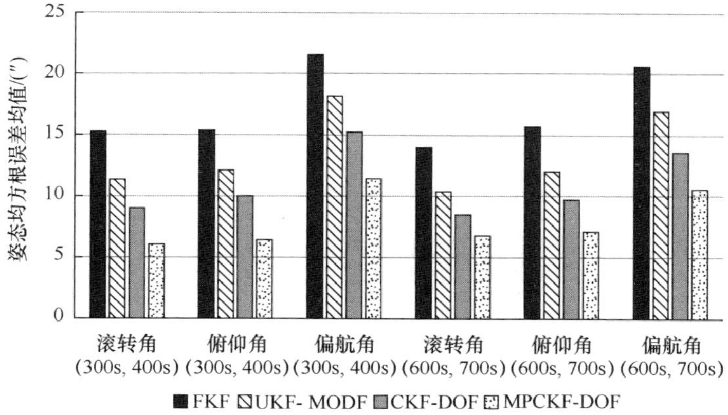

图 5-20　(300s, 400s)内和(600s, 700s)内 4 种数据融合算法得到的姿态均方根误差均值比较

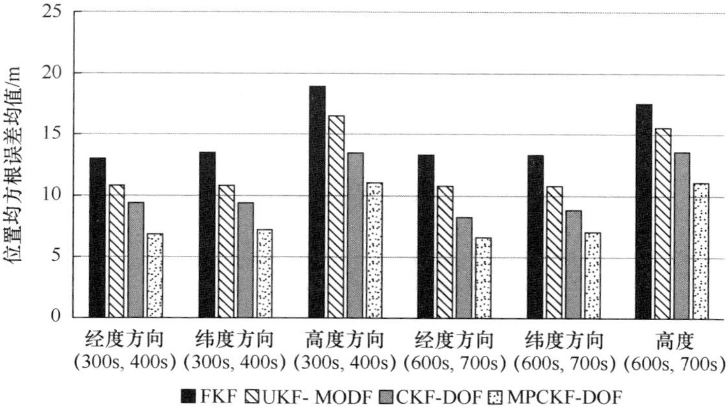

图 5-21　(300s, 400s)内和(600s, 700s)内 4 种数据融合算法得到的位置均方根误差均值比较

2. 计算性能评估

在仿真分析的基础上，本节进一步研究了上述 4 种数据融合算法的计算性能。蒙特卡罗仿真平台为 MATLAB 平台，计算机配置为英特尔酷睿 i5-9400F，主频 2.9GHz，内存 16GB。本节记录了 4 种数据融合算法的平均计算耗时（每次蒙特卡罗仿真的运行时间），并分别标记为 t_1 、t_2 、t_3 和 t_4 。为了排除不同计算机性能的影响，计算每种数据融合算法的相对计算耗时，即

$$t_i^{\mathrm{R}} = t_i / t_1,\ i = 1,2,3,4 \tag{5-158}$$

图 5-22 描绘了 4 种数据融合算法的相对计算耗时比较。可以看出，在上述 4 种数据融合算法中，FKF 算法的计算耗时最短（100%）。UKF-MODF 算法的计算耗时比 FKF 算法多 27.06%，这是由于其在数据融合过程中使用了无迹变换技术。由于 MPCKF-DOF 算法具有对动力学模型误差的辨识和预测过程，因此其计算耗时比 FKF 算法和 UKF-MODF 算法分别长 52.78%和 25.72%。CKF-DOF 算法的计算耗时比 UKF-MODF 算法短 10.75%。这是因为容积准则只包含 $2n$ 个容积点，而在无迹变换中包含 $2n+1$ 个 Sigma 点。这表明使用容积准则构建分布式最优融合算法可以为无人机融合导航带来更快的融合解算速度。

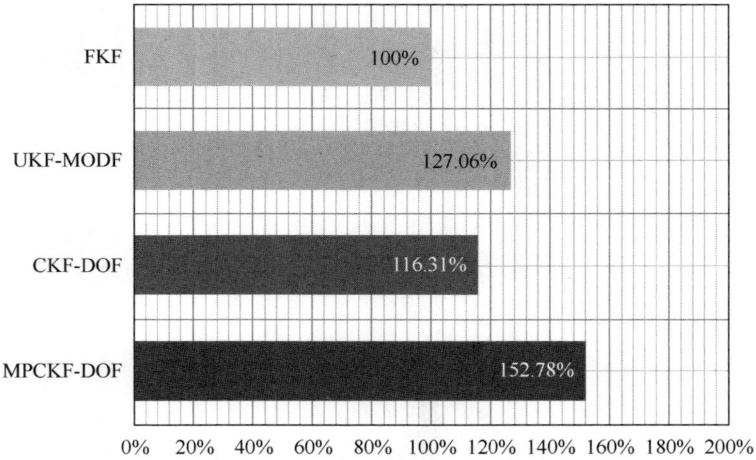

图 5-22 4 种数据融合算法的相对计算耗时比较

上述仿真实验结果表明，MPCKF-DOF 算法能够有效辨识和预测动力学模型误差，并进一步补偿其对导航计算的影响，实现了 MIMU/BDS/CNS 融合导航系统的全局最优状态估计。同时，使用容积准则构建的分布式最优融合算法可以提高导航系统的精度和性能。

参考文献

[1] 郭镇净. 无人机多源信息融合导航技术及应用研究[D]. 北京：中国运载火箭技术研究院，2023.

[2] GAO B, GAO S, HU G, et al. Maximum likelihood principle and moving horizon estimation based adaptive unscented Kalman filter[J]. Aerospace Science and Technology, 2018, 73(1): 184-196.

[3] 唐康华. GPS/MIMU 嵌入式组合导航关键技术研究[D]. 长沙：国防科学技术大学，2008.

[4] 刘健，曹冲. 全球卫星导航系统发展现状与趋势[J]. 导航定位学报，2020，8（1）: 1-8.

[5] 孙洪驰. 临近空间高超声速飞行器惯性/天文/北斗多源导航方法研究[D]. 哈尔滨：哈尔滨工业大学，2021.

[6] JULIER S, UHLMANN J. A new extension of the Kalman filter to nonlinear systems[J]. Proceedings of SPIE,The International Society for Optical Engineering, 1999(3068): 182-193.

[7] GOODARZI F, LEE T. Global formulation of an extended Kalman filter on SE (3) for geometric control of a quadrotor UAV[J]. Journal of Intelligent & Robotic Systems, 2017(88): 395-413.

[8] 梁浩. 非线性高斯滤波方法研究及其在 CNS/SAR/SINS 组合导航中的应用[D]. 哈尔滨：哈尔滨工业大学，2015.

[9] HU G, GAO S, ZHONG Y, et al. Stochastic stability of the derivative unscented Kalman filter[J]. Chinese Physics B, 2015, 24(7): 070202.

[10] 张连仲，王宝宝，张辉. 基于雷达/红外测量的期望最大化容积卡尔曼滤波[J]. 南京理工大学学报，2020，44（5）: 624-630.

[11] YIN S, ZHU X. Intelligent particle filter and its application to fault detection of nonlinear system[J]. IEEE Transactions on Industrial Electronics, 2015, 62(6): 3852-3861.

[12] CHOI H, PAK J, LIM M, et al. A Gaussian distributed resampling algorithm for mitigation of sample impoverishment in particle filters[J]. International Journal of Control, Automation and Systems, 2015, 13(4): 1032-1036.

[13] WANG L, LIANG Y, WANG X, et al. Gaussian sum filter of Markov jump non-linear systems[J]. IET Signal Processing, 2015, 9(4): 335-340.

[14] 于浛. 一类非理想条件下非线性系统的高斯滤波算法及其应用研究[D]. 哈尔滨：哈尔滨工业大学，2015.

[15] WAN E, MERWE R V D. The unscented Kalman filter for nonlinear estimation[C]//IEEE

Adaptive Systems for Signal Processing, Communications, and Control Symposium 2000. Alberta: IEEE, 2000: 153-158.

[16] ARASARATNAM I, HAYKIN S. Cubature Kalman filters[J]. IEEE Transactions on Automatic Control, 2009, 54(6): 1254-1269.

[17] 孙枫，唐李军. Cubature 卡尔曼滤波与 Unscented 卡尔曼滤波估计精度比较[J]. 控制与决策，2013，28（2）：303-308.

[18] SUN S. Multi-sensor information fusion white noise filter weighted by scalars based on Kalman predictor[J]. Automatica, 2004, 40(8): 1447-1453.

[19] CARLSON N. Federated square root filter for decentralized parallel processors[J]. IEEE Transactions on Aerospace and Electronic Systems, 1990, 26(3): 517-525.

[20] 温尊旺，王尧尧，陈柏，等. 基于自适应联邦滤波的 AGV 定位研究[J]. 机械制造与自动化，2022，51（5）：247-251.

[21] LIU M, LAI J, LI Z, et al. An adaptive cubature Kalman filter algorithm for inertial and land-based navigation system[J]. Aerospace Science and Technology, 2016(51): 52-60.

[22] 王新龙，李亚峰，纪新春，等. SINS/GPS 组合导航技术[M]. 北京：北京航空航天大学出版社，2015.

[23] 郑辛，付梦印. SINS/GPS 紧耦合组合导航[J]. 中国惯性技术学报，2011，19（1）：33-37.

[24] HONG D, SHAO D, YUAN C, et al. Performance comparison of EKF/UKF/CKF for the tracking of ballistic target[J]. Indonesian Journal of Electrical Engineering, 2012, 10(7): 1692-1699.

[25] YE W, CHENG J, CHEN L, et al. Iterative noise estimation-based cubature Kalman filtering for distributed pos in aerial earth observation imaging[J]. IEEE Sensors Journal, 2021, 21(24): 27718-27727.

[26] HU G, WANG W, ZHONG Y, et al. A new direct filtering approach to INS/GNSS integration[J]. Aerospace Science and Technology, 2018(77): 755-764.

[27] GAO B, HU G, ZHONG Y, et al. Cubature rule-based distributed optimal fusion with identification and prediction of kinematic model error for integrated UAV navigation[J]. Aerospace Science and Technology, 2021(109): 106447.

[28] ZHOU G, LI K, KIRUBARAJAN T, et al. State estimation with trajectory shape constraints using pseudomeasurements[J]. IEEE Transactions on Aerospace and Electronic Systems, 2018, 55(5): 2395-2407.

[29] CHANG G. Kalman filter with both adaptivity and robustness[J]. Journal of Process Control, 2014, 24(3): 81-87.

[30] LIU J, CAI B, TANG T, et al. CKF-based robust filtering algorithm for GNSS/INS

integrated train positioning[J]. Journal of Traffic and Transportation Engineering, 2010, 10(5): 102-107.

[31] 黄玉，武立华，孙枫. 基于 Huber M 估计的鲁棒 Cubature 卡尔曼滤波算法[J]. 控制与决策，2014，29（3）：572-576.

[32] 丁家琳，肖建. 基于极大后验估计的自适应容积卡尔曼滤波器[J]. 控制与决策，2014，29（2）：327-334.

[33] LIN X, LIU Y. Covariance matching based adaptive CKF for distributed multi-sensor[C]// 2016 IEEE International Conference on Mechatronics and Automation. Harbin: IEEE, 2016: 2222-2227.

[34] CHANG G, LIU M. An adaptive fading Kalman filter based on Mahalanobis distance[J]. Proceedings of the Institution of Mechanical Engineers, 2015, 229(6): 1114-1123.

[35] 雍龙泉. 非线性方程牛顿迭代法研究进展[J]. 数学的实践与认识，2021，51（15）：240-249.

[36] 潘加亮，熊智，赵慧，等. 发射系下 SINS/GPS/CNS 多组合导航系统算法及实现[J]. 中国空间科学技术，2015，35（2）：9-16.

[37] 潘加亮，熊智，王丽娜，等. 一种简化的发射系下 SINS/GPS/CNS 组合导航系统无迹卡尔曼滤波算法[J]. 兵工学报，2015，36（3）：484-491.

[38] 程娇娇，熊智，郁丰，等. SINS/GPS/CNS 组合导航中的鲁棒滤波算法研究[J]. 航空计算技术，2013，43（6）：30-34.

[39] 全伟，刘百奇，宫晓琳，等. 惯性/天文/卫星组合导航技术[M]. 北京：国防工业出版社，2011.

[40] 魏伟，武云云. 惯性/天文/卫星组合导航技术的现状与展望[J]. 现代导航，2014，5（1）：62-65.

[41] SONG I, SHIN V. Distributed receding horizon filtering for mixed continuous–discrete multisensor linear stochastic systems[J]. Measurement Science and Technology, 2010, 21(12): 125201.

[42] 唐李军. Cubature 卡尔曼滤波及其在导航中的应用研究[D]. 哈尔滨：哈尔滨工程大学，2012.

[43] LI W, JIA Y. Location of mobile station with maneuvers using an IMM-based cubature Kalman filter[J]. IEEE Transactions on Industrial Electronics, 2011, 59(11): 4338-4348.

[44] ZHOU W, LIU L. Adaptive cubature Kalman filter based on the expectation-maximization algorithm[J]. IEEE Access, 2019(7): 158198-158206.

[45] CUI B, CHEN X, XU Y, et al. Performance analysis of improved iterated cubature Kalman filter and its application to GNSS/INS[J]. ISA Transactions, 2017(66): 460-468.

[46] CRASSIDIS J, MARKLEY F. Predictive filtering for nonlinear systems[J]. Journal of Guidance, Control, and Dynamics, 1997, 20(3): 566-572.

第 6 章

无人机集群协同导航算法

6.1 无人机集群协同导航算法概述

6.1.1 基于传感器类型的无人机集群协同导航算法分类

无人机搭载的传感器类型不同，采用的协同导航算法也有所区别[1]，下面对各传感器的性能和特点进行介绍。

6.1.1.1 视觉传感器/激光雷达

视觉传感器可分为双目相机和单目相机。双目相机可利用立体视觉算法计算出与某个图像特征之间的测距信息。但受制于双镜头之间的基线长度，双目相机的深度探测范围有限，影响相对定位精度。同时，由于数据计算量大，双目相机对处理器性能有较高的要求。与双目相机相比，单目相机成本低，但缺少基准，存在尺度的不确定性问题[1]。激光雷达是一种基于测距技术的传感器，它应用脉冲激光照射目标，并测量反射脉冲，最终通过计算脉冲往返时间得到目标的距离[2]。激光雷达可靠性高、精度高、抗干扰性强。然而，高精度激光雷达价格过高，实用价值不足；低精度激光雷达点云数据过于稀疏，无法得到稠密的深度图像，且其在垂直方向的扫描范围有限，往往会造成部分重要导航标志信息缺失。

6.1.1.2 惯性器件

惯性器件的核心为陀螺仪和加速度计，通常也会结合里程计、航向磁罗盘等传感器进行导航。惯性器件是一种自主式传感器，工作时不依赖外部消息，也不向外辐射能量，能够自主解算出全导航信息，连续性好、抗干扰性优，是现代导航技术的基础[3]。然而，受其原理的限制，惯性器件的位置、速度和姿态误差会随时间累积从而导致导航结果发散，因此需要配备高精度的惯性器件以保证准确的导航信息，如光纤陀螺仪等。但是，高质量的惯性器件常被应用于航天器等大型装备中，其体积大、质量大且价格昂贵，并不适合大规模应用于无人机平台。无人机上常使用低成本、小体积的 MIMU 作为替代，但其精度较差，导航信息发散速度较快[1]。

6.1.1.3　无线电测量

常见的用于定位的无线电测量技术有卫星导航、数据链、超宽带测距等[4]，主要原理是实现接收机与信号发射端的测距测角。其优点是不受光照和气象条件限制，并且可全天候工作，还具有作用距离远、实时性好、测量速度快的优势。其缺点是当传播路径上存在遮挡物时，容易产生非视距误差，会降低测量精度，严重时可能导致信号无法被接收，定位失败。同时，远距离传输时无线电定位易受电磁干扰的影响。

6.1.1.4　多源融合导航定位

单一的无人机集群协同导航传感器均存在各自的缺点，无法完全适用于复杂的应用环境。因此，对多种导航系统进行融合，获得比任一独立系统更优的导航性能，成为无人机集群协同导航的发展方向。例如，将惯导系统与卫星导航系统组合是一种典型的融合导航方法，已被广泛应用于无人机导航系统中。但是，在卫星导航系统易被电磁干扰的情况下，仅能通过惯导系统进行位置推算[5]，而位置会随着时间的推移而发散，无法实现长航时精确可靠定位。因此，近年来研究人员将惯导系统与数据链、超宽带测距等相对导航传感器进行融合，构建无人机集群协同导航系统，并成为发展主流[6]。

6.1.2　基于数学方法的无人机集群协同导航算法分类

按照算法的核心数学理论不同，可将基于数学方法的无人机集群协同导航算法分为基于数理推导的协同导航算法、基于图论的协同导航算法和基于贝叶斯滤波融合框架的协同导航算法[1]，如图 6-1 所示。

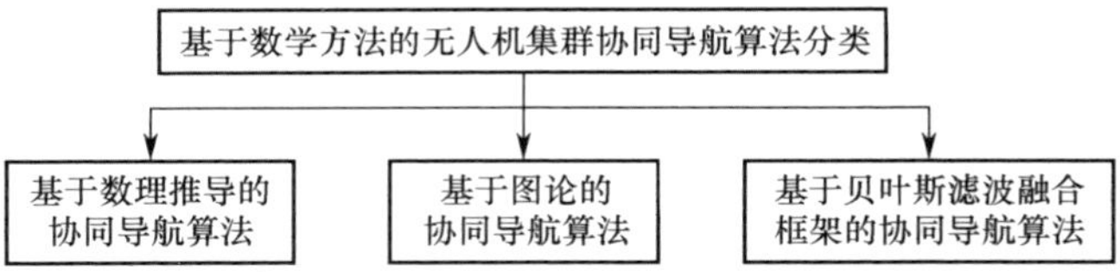

图 6-1　基于数学方法的无人机集群协同导航算法分类

6.1.2.1 基于数理推导的协同导航算法

在无人机集群中单无人机的信息及无人机之间的量测信息的处理过程中，可以应用不同的数理优化方法对协同导航信息进行推导，从而实现可靠的导航信息估计，进而将集群导航问题转化为多约束多目标优化问题。常用的数理推导方法包括最小二乘法、极大似然估计法等[7]。

Vicente 等根据相邻节点之间接收信号的强度和波达角度作为距离与角度的量测信息，将协同定位估计问题转化为广义信赖子问题的非凸估计问题，并采用极大似然估计法进行求解[8]。Howard 等将多个运动平台协同定位的极大似然估计问题拆分成多个子问题，每个平台解决一个子问题，即根据平台自身的运动量测数据及与其他平台之间的相对量测数据进行局部优化[9]。但是，该方法将其他平台的位置信息当作定值，这种处理方式忽略了平台之间的相关性，因而会造成过优估计。

6.1.2.2 基于图论的协同导航算法

图论的核心思想是将一定范围内的所有目标转化为数学下图状结构进行关系建模处理。从图状结构中的每个节点出发，可以对图中的其他或所有节点进行信息流通分析，并利用特定路径和信息设计一些算法优化图的结构，从而将抽象的问题直观化[5]。

为了提高无人机集群的协调性能和轨迹跟踪精度，Xing 等结合无人机之间的相对距离和卫星绝对导航信息，建立了一种协同导航因子图模型，利用少量配备高精度卫星导航设备的无人机提供精确的导航信息，以校准其他携带低精度传感器的无人机的导航误差，从而提高整个无人机集群的定位精度[10]。但该方法要求每架无人机都搭载卫星导航设备，经济性不佳且易受复杂环境的干扰。

6.1.2.3 基于贝叶斯滤波融合框架的协同导航算法

滤波融合估计在无人机集群协同导航过程中发挥着不可替代的作用。此类方法可细分为卡尔曼滤波和粒子滤波[11-12]。卡尔曼滤波在贝叶斯滤波的基础上，用高斯分布来描述状态量。应用于非线性系统的改进型卡尔曼滤波包括扩展卡尔曼滤波、无迹卡尔曼滤波、容积卡尔曼滤波等。粒子滤波适用于任何用状态空间模型表示的系统，无论系统线性与否。然而，如前所述，粒子滤波全局逼近所需的计算量较大，很难应用于工程实际[1]。

在当前的实际应用中，考虑无人机集群协同导航的应用效率和通用性，基于贝叶斯滤波融合框架的协同导航算法以其实时性良好、实现简单、解算稳定等优点成为应用的首选。因此，本章主要基于滤波算法介绍无人机集群协同导航技术的实现过程。

6.2 基于运动模型的无人机集群分层式协同导航算法

如第 4 章所述，平行式结构要求无人机集群协同导航系统中的每架无人机都配备高精度的导航设备，这在实际应用中难以得到满足。主从式结构只需要一架高精度无人机作为长机，但是当长机发生故障时，整个协同导航系统将无法使用，所以系统可靠性较低。因此，分层式协同导航结构是无人机集群应用的发展趋势[3]。该结构分为由多架长机组成的高精度层和僚机组成的低精度层。第 5 章介绍的导航算法适用于高精度层无人机的导航定位。低精度层无人机通过相对测角、测速和测距手段对高精度层无人机进行量测，利用相对导航方式获取导航信息，实现无人机之间的协同导航。本节重点从低精度层无人机的视角出发，研究无人机集群协同导航算法。

6.2.1 基于运动模型的无人机集群分层式协同导航模式

6.2.1.1 协同导航原理

根据无人机集群分层式协同导航结构，将参与任务的无人机按照导航精度不同，分为高精度层无人机和低精度层无人机。低精度层无人机可以利用自身搭载的相对导航传感器测量多架高精度层无人机的相对信息来建立协同导航模型。以两架长机为例，其分层式协同导航原理如图 6-2 所示。

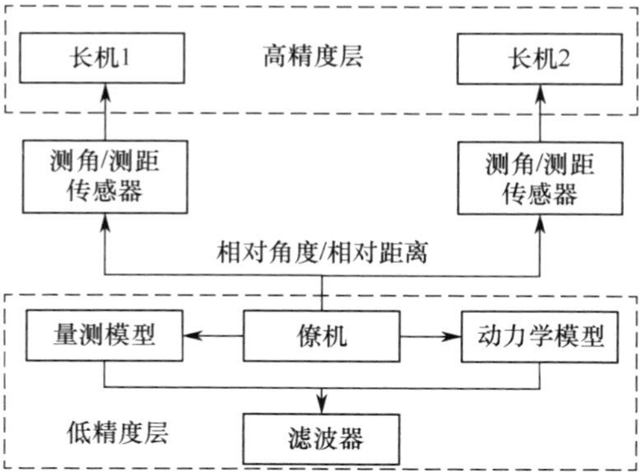

图 6-2　分层式协同导航原理

在低精度层无人机协同导航中，由于僚机的速度一般比较稳定且机动较小，通常可以采用运动模型，如匀速运动模型、匀加速运动模型等，描述无人机的动力学过程，即动力学模型，利用航位推算手段计算出僚机的位置和速度信息。但是，该过程由于受动力学噪声的影响，会出现误差累积问题。因此，僚机可以通过协同相对测角/测距原理，对高精度层的两架长机进行测量，获得机间相对角度和相对距离信息，建立量测模型，通过滤波融合提高低精度层无人机的航位推算精度。这就是基于运动模型的无人机集群分层式协同导航原理。

6.2.1.2 测角/测距原理

无人机搭载的相对导航传感器按照测量的内容不同可分为测量辐射源信息的波达角度（Angle of Arrival，AOA）型传感器和测量自身与目标之间信息的波达距离（Range of Arrival，ROA）型传感器。AOA 型传感器，如红外线角度传感器、激光测角仪等，通过电容、光电、磁性等物理性质将角度变化转换成易于测量的输出信号，利用该信号与角度变化的关系，得到无人机与目标之间的视线方位角和视线俯仰角[13-14]。ROA 型传感器，如超宽带测距仪、激光测距仪等，通过测量信号往返异步收发器（目标）所需要的时间，利用传播速度和时间与距离的关系，得到无人机和目标之间的径向距离。在实际的相对导航过程中，AOA 型传感器和 ROA 型传感器经常结合起来一起使用，利用测角/测距的方法来完成三维相对定位[15-16]。图 6-3 为无人机和目标之间通过测角/测距进行相对导航的示意。图中，ρ 为无人机和目标之间的径向距离，α 和 β 分别为视线方位角与视线俯仰角。

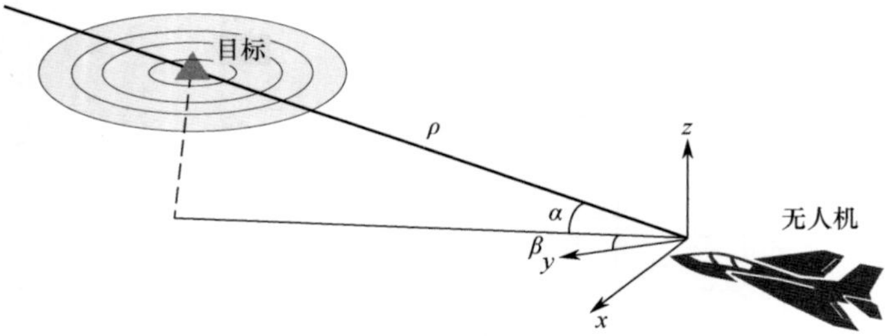

图 6-3 无人机和目标之间通过测角/测距进行相对导航的示意

相对导航的目的是利用僚机自身配置的主被动传感器测得其与长机之间的距离和角度信息，由此计算出僚机与长机之间的相对位置[17]。僚机和长机的相对导航空间几何关系如图 6-4 所示。

在低精度层协同导航模型中，记两架长机为 $\mathrm{L}_i(i=1,2)$，长机在地球坐标系下的坐标为 $\boldsymbol{X}_{\mathrm{L}_i}^{\mathrm{e}}=(x_{\mathrm{L}_i}^{\mathrm{e}},y_{\mathrm{L}_i}^{\mathrm{e}},z_{\mathrm{L}_i}^{\mathrm{e}})$；记僚机为 F，僚机在地球坐标系下的坐标为 $\boldsymbol{X}_{\mathrm{F}}^{\mathrm{e}}=(x_{\mathrm{F}}^{\mathrm{e}},y_{\mathrm{F}}^{\mathrm{e}},z_{\mathrm{F}}^{\mathrm{e}})$。根据定位原理，可得地球坐标系下僚机与长机之间的相对空间几何关系[18-19]，即

$$\begin{cases} d_{\mathrm{L}_i\mathrm{F}} = \sqrt{(x_{\mathrm{L}_i}^{\mathrm{e}} - x_{\mathrm{F}}^{\mathrm{e}})^2 + (y_{\mathrm{L}_i}^{\mathrm{e}} - y_{\mathrm{F}}^{\mathrm{e}})^2 + (z_{\mathrm{L}_i}^{\mathrm{e}} - z_{\mathrm{F}}^{\mathrm{e}})^2} \\ \alpha_{\mathrm{L}_i\mathrm{F}} = \arctan\left(\dfrac{y_{\mathrm{L}_i}^{\mathrm{e}} - y_{\mathrm{F}}^{\mathrm{e}}}{x_{\mathrm{L}_i}^{\mathrm{e}} - x_{\mathrm{F}}^{\mathrm{e}}}\right) \\ \beta_{\mathrm{L}_i\mathrm{F}} = \arctan\dfrac{z_{\mathrm{L}_i}^{\mathrm{e}} - z_{\mathrm{F}}^{\mathrm{e}}}{\sqrt{(x_{\mathrm{L}_i}^{\mathrm{e}} - x_{\mathrm{F}}^{\mathrm{e}})^2 + (y_{\mathrm{L}_i}^{\mathrm{e}} - y_{\mathrm{F}}^{\mathrm{e}})^2}} \end{cases}, \quad i = 1,2 \tag{6-1}$$

式中，$d_{\mathrm{L}_i\mathrm{F}}$ 为僚机与长机之间的距离；$\alpha_{\mathrm{L}_i\mathrm{F}}$ 和 $\beta_{\mathrm{L}_i\mathrm{F}}$ 分别为长机相对于僚机的视线方位角与视线俯仰角。

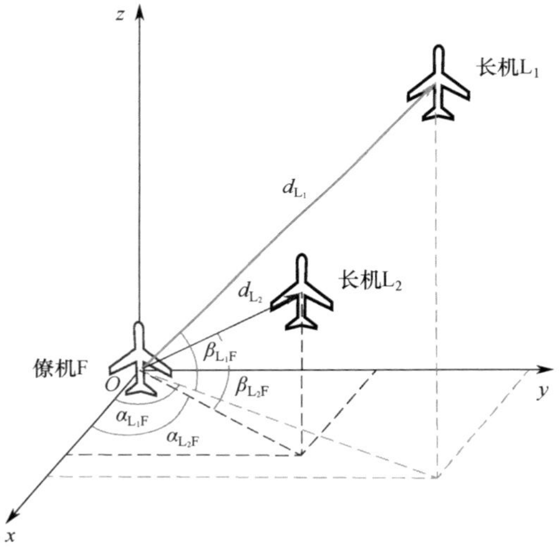

图 6-4 僚机和长机的相对导航空间几何关系

6.2.1.3 系统模型

1. 动力学模型

在低精度层协同导航模型中，将 k 时刻僚机在地球坐标系下的位置和速度信息作为相对导航系统状态量，即

$$\boldsymbol{X}_k = [x_{\mathrm{F}}^{\mathrm{e}} \quad \dot{x}_{\mathrm{F}}^{\mathrm{e}} \quad y_{\mathrm{F}}^{\mathrm{e}} \quad \dot{y}_{\mathrm{F}}^{\mathrm{e}} \quad z_{\mathrm{F}}^{\mathrm{e}} \quad \dot{z}_{\mathrm{F}}^{\mathrm{e}}]^{\mathrm{T}} \tag{6-2}$$

式中，$x_{\mathrm{F}}^{\mathrm{e}}$、$y_{\mathrm{F}}^{\mathrm{e}}$ 和 $z_{\mathrm{F}}^{\mathrm{e}}$ 分别为僚机在地球坐标系下 x、y、z 方向的位置信息；$\dot{x}_{\mathrm{F}}^{\mathrm{e}}$、$\dot{y}_{\mathrm{F}}^{\mathrm{e}}$ 和 $\dot{z}_{\mathrm{F}}^{\mathrm{e}}$ 分别为僚机在地球坐标系下 x、y、z 方向的速度信息。

在低精度层协同导航模型中，由于两架无人机在相对飞行的过程中，僚机的速度一般较为稳定且机动较小，因此选取匀速运动（Constant Velocity，CV）模型作为动力学模型。系统的离散化动力学模型可表示为

$$\boldsymbol{X}_k = \boldsymbol{\Phi}_{k|k-1}\boldsymbol{X}_{k-1} + \boldsymbol{W}_{k-1} \tag{6-3}$$

式中，$\boldsymbol{W}_{k-1}$ 为 6×1 维动力学噪声，可描述为系统状态方程的零均值高斯白噪声；

$\boldsymbol{\Phi}_{k|k-1}$ 为状态转移矩阵，可表示为以矩阵块 $\boldsymbol{\Phi}_1$ 为对角线的矩阵。

$$\boldsymbol{\Phi}_1 = \begin{bmatrix} 1 & T \\ 0 & 1 \end{bmatrix},\ \boldsymbol{\Phi}_{k|k-1} = \mathrm{diag}(\boldsymbol{\Phi}_1, \boldsymbol{\Phi}_1, \boldsymbol{\Phi}_1) \tag{6-4}$$

式中，T 为采样间隔。

动力学噪声方差矩阵 $\boldsymbol{Q}_k$ 为

$$\boldsymbol{Q}_k = E\{\boldsymbol{W}_k \boldsymbol{W}_k^{\mathrm{T}}\} = \boldsymbol{\Gamma} \begin{bmatrix} q_1' & & \\ & q_2' & \\ & & q_3' \end{bmatrix} \boldsymbol{\Gamma}^{\mathrm{T}} \tag{6-5}$$

式中，q_1'、q_2' 和 q_3' 分别为 x、y、z 方向的连续型白噪声方差强度；$\boldsymbol{\Gamma}$ 为离散时间噪声驱动矩阵，可表示为[20]

$$\boldsymbol{\Gamma} = \begin{bmatrix} \dfrac{T^2}{2} & 0 & 0 \\ T & 0 & 0 \\ 0 & \dfrac{T^2}{2} & 0 \\ 0 & T & 0 \\ 0 & 0 & \dfrac{T^2}{2} \\ 0 & 0 & T \end{bmatrix} \tag{6-6}$$

该动力学模型的状态估计本质上以航位推算为基础，但由于受动力学噪声的影响，每一时刻的噪声都会与下一时刻的状态量叠加，使系统中的误差随着时间的推移而不断累积。因此，有必要引入合适的量测数据，并建立相应的量测模型，以提高航位推算的精度。

2. 量测模型

根据图 6-4，通过协同相对测角/测距原理，僚机分别对高精度层的两架长机进行量测，量测量分别为机间距离 $d_{\mathrm{L}_i\mathrm{F}}$、方位角 $\alpha_{\mathrm{L}_i\mathrm{F}}$ 与俯仰角 $\beta_{\mathrm{L}_i\mathrm{F}} (i=1,2)$。因此，相对导航的量测模型可以建立为

$$\boldsymbol{Z}_k^{(i)} = h_k^{(i)}(\boldsymbol{X}_k) + \boldsymbol{V}_k^{(i)} = \begin{bmatrix} \sqrt{(x_{\mathrm{L}_i}^{\mathrm{e}} - x_{\mathrm{F}}^{\mathrm{e}})^2 + (y_{\mathrm{L}_i}^{\mathrm{e}} - y_{\mathrm{F}}^{\mathrm{e}})^2 + (z_{\mathrm{L}_i}^{\mathrm{e}} - z_{\mathrm{F}}^{\mathrm{e}})^2} \\ \arctan\left(\dfrac{y_{\mathrm{L}_i}^{\mathrm{e}} - y_{\mathrm{F}}^{\mathrm{e}}}{x_{\mathrm{L}_i}^{\mathrm{e}} - x_{\mathrm{F}}^{\mathrm{e}}}\right) \\ \arctan(\dfrac{z_{\mathrm{L}_i}^{\mathrm{e}} - z_{\mathrm{F}}^{\mathrm{e}}}{\sqrt{(x_{\mathrm{L}_i}^{\mathrm{e}} - x_{\mathrm{F}}^{\mathrm{e}})^2 + (y_{\mathrm{L}_i}^{\mathrm{e}} - y_{\mathrm{F}}^{\mathrm{e}})^2}}) \end{bmatrix} + \boldsymbol{V}_k^{(i)},\ i=1,2 \tag{6-7}$$

式中，$\boldsymbol{Z}_k^{(i)}$ 表示 k 时刻僚机相对长机的量测向量；$h_k^{(i)}$ 为非线性量测函数；$\boldsymbol{V}_k^{(i)}$ 为

量测噪声，可描述为相互独立的零均值高斯白噪声，其方差矩阵为 $\boldsymbol{R}_k^{(i)} = \mathrm{diag}(\sigma_{\rho i}^2,\ \sigma_{\alpha i}^2,\ \sigma_{\beta i}^2)$，其中 $\sigma_{\rho i}^2$、$\sigma_{\alpha i}^2$、$\sigma_{\beta i}^2$ 分别为僚机与长机之间的直线距离、视线方位角和视线俯仰角的噪声方差。

6.2.2　基于联邦容积卡尔曼滤波的协同导航算法

6.2.2.1　联邦容积卡尔曼滤波算法

由式（6-7）可以看出，在基于运动模型的无人机集群分层式协同导航模型中，量测模型具有显著的非线性特征。因此，考虑到容积卡尔曼滤波拥有比扩展卡尔曼滤波更高的估计精度和比无迹卡尔曼滤波更少的采样点，且在高维模型中具有更高的逼近精度和稳定性，本节采用容积卡尔曼滤波作为低精度层无人机相对导航状态估计的基本算法。

在基于运动模型的无人机集群分层式协同导航模型中，一架僚机对多架长机进行相对导航信息量测，不可避免地会产生多个滤波过程。考虑到分布式结构可以并行处理这些滤波过程，提高系统运行效率，并且具有较好的容错性能，本节借助联邦滤波框架构建低精度层无人机分布式数据融合结构。此外，为兼顾分布式数据融合的精度与容错性，本节采用第 3 章所述的有重置联邦卡尔曼滤波结构，该结构具有一个主滤波器和两个局部滤波器，其中局部滤波器采用容积卡尔曼滤波算法进行状态估计。据此构建联邦容积卡尔曼滤波（Federated CKF，FCKF）算法，其结构如图 6-5 所示。低精度层的某架僚机通过测角/测距传感器分别对高精度层的两架长机进行测角/测距，获得的量测信息分别为 $\boldsymbol{Z}_k^{(1)}$ 和 $\boldsymbol{Z}_k^{(2)}$。将上述量测信息分别送入局部滤波器 1 和局部滤波器 2，并与动力学模型结合进行局部状态估计，获得局部估计状态 $\hat{\boldsymbol{X}}_k^{(i)}$ 及其误差协方差矩阵 $\boldsymbol{P}_k^{(i)}$，$i=1,2$。将两者送入融合中心主滤波器进行全局融合，得到全局最优估计 $\boldsymbol{X}_k^*$ 及其误差协方差矩阵 $\boldsymbol{P}_k^*$。最后将 $\boldsymbol{P}_k^*$ 放大为 $\beta_i^{-1}\boldsymbol{P}_k^*$，并反馈至局部滤波器，以全局最优估计 $\boldsymbol{X}_k^*$ 重置各局部滤波器。

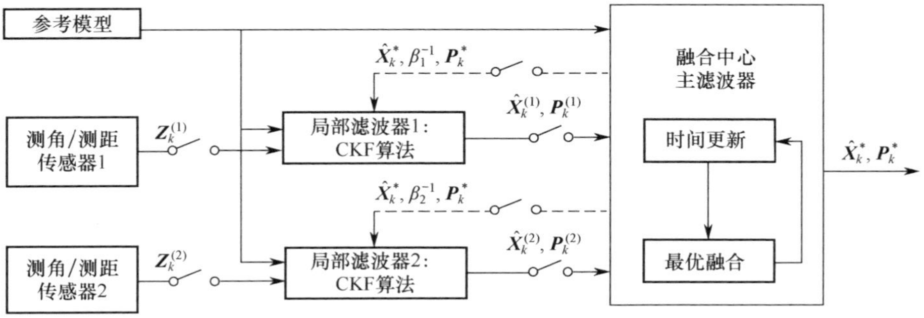

图 6-5　FCKF 算法结构

FCKF 算法的具体步骤如下。

（1）在局部滤波器中执行容积卡尔曼滤波算法步骤，将 k 时刻两个局部滤波器的状态估计分别记为 $\hat{\boldsymbol{X}}_k^{(1)}$ 和 $\hat{\boldsymbol{X}}_k^{(2)}$，相应的估计误差协方差矩阵分别记为 $\boldsymbol{P}_k^{(1)}$ 和 $\boldsymbol{P}_k^{(2)}$，且各局部滤波器互不相关，即 $\boldsymbol{P}_k^{(ij)} = 0(i \neq j)$。

（2）局部滤波器将得到的局部估计送入融合中心主滤波器，在主滤波器中进行信息融合，得到 k 时刻的全局最优估计，即

$$\hat{\boldsymbol{X}}_k^* = \boldsymbol{P}_k^*[(\boldsymbol{P}_k^{(1)})^{-1}\hat{\boldsymbol{X}}_k^{(1)} + (\boldsymbol{P}_k^{(2)})^{-1}\hat{\boldsymbol{X}}_k^{(2)}] \tag{6-8}$$

式中，

$$\boldsymbol{P}_k^* = [(\boldsymbol{P}_k^{(1)})^{-1} + (\boldsymbol{P}_k^{(2)})^{-1}]^{-1} \tag{6-9}$$

（3）将融合中心的信息在两个局部滤波器之间进行分配，将局部滤波器 1 和局部滤波器 2 的状态估计及其估计误差协方差矩阵 $\hat{\boldsymbol{X}}_k^{(i)}$、$\boldsymbol{P}_k^{(i)}(i=1,2)$ 按照式（6-10）进行设置。

$$\hat{\boldsymbol{X}}_k^{(i)} = \hat{\boldsymbol{X}}_k^*, \boldsymbol{P}_k^{(i)} = \beta_i^{-1}\boldsymbol{P}_k^*, i = 1,2 \tag{6-10}$$

式中，β_1、β_2 分别为局部滤波器 1 和局部滤波器 2 所获得信息的分配系数。根据信息守恒原理，分配系数应满足以下条件。

$$\beta_1 + \beta_2 = 1 \tag{6-11}$$

（4）将主滤波器融合的全局估计值 $\hat{\boldsymbol{X}}_k^*$ 及其相应的估计误差协方差矩阵 $\boldsymbol{P}_k^*$ 按照步骤（3）设置后反馈至局部滤波器中，以重置各个局部滤波器的状态估计及其估计误差协方差矩阵。

6.2.2.2 主要问题

对于僚机协同导航系统，在采用如式（6-3）所示的方式构建动力学模型时，由于飞行环境的复杂性和未知参数的不确定性，动力学噪声统计特性通常难以准确确定。此外，利用标准 CKF 算法进行滤波解算时，动力学噪声方差信息 $\boldsymbol{Q}_k$ 是由状态预测的误差协方差矩阵 $\boldsymbol{P}_{k|k-1}$ 传播的，其通过影响滤波增益 $\boldsymbol{K}_k$ 影响系统状态估计的结果。因此，当动力学噪声方差存在偏差时，滤波增益 $\boldsymbol{K}_k$ 将失去最优性，从而导致较大的甚至发散的估计结果。

针对系统的动力学噪声方差矩阵难以准确确定的情形，学者们设计了不同的自适应策略，如协方差匹配技术、Sage-Husa 估计、贝叶斯推断理论等自适应滤波算法。这些自适应滤波算法通过对动力学噪声统计进行在线估计，能够减弱动力学噪声统计不确定性对滤波解算的影响。然而，这些自适应滤波算法无法避免动力学噪声方差估计的负定结果，需要额外的措施来确保动力学噪声方差估计值的半正定性，这在一定程度上是有效的，但在滤波精度上是折中的[21-22]。

6.2.2.3　解决方法

反馈控制是自动控制理论中的一种优化策略，其通过一个反馈过程将系统的输出信息返回输入端口，对输入信息进行调整，以提高系统的控制精度，抑制外界负面因素对被控量产生的干扰。广义上，卡尔曼滤波的状态传播实际上是一种反馈控制框架，如图 6-6 所示，图中的 $\frac{1}{z}$ 表示进行单位时延的逆操作。其利用反馈量测对系统状态进行预测和进一步修正，得到后验状态估计[23-24]。然而，状态误差协方差以开环方式进行传播，如果系统的动力学噪声方差存在偏差，则导致状态误差协方差的信息传播被污染。因此，有必要将反馈控制的概念引入非线性系统状态估计中，以优化状态误差协方差的传播过程，从而提高滤波的自适应能力。

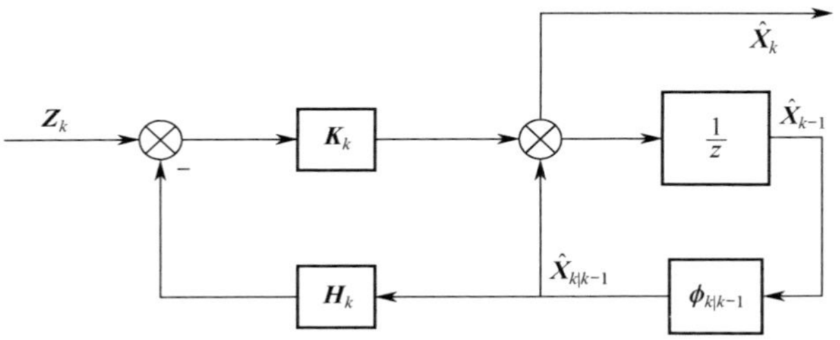

图 6-6　卡尔曼滤波状态传播反馈控制框架

针对 6.2.2.2 节所述的问题，本节结合无人机集群分层式协同导航的特点，介绍一种具有协方差反馈控制的分布式容积卡尔曼滤波（Distributed CKF，DCKF）算法，其结构如图 6-7 所示。在该算法中，首先通过联邦滤波构建低精

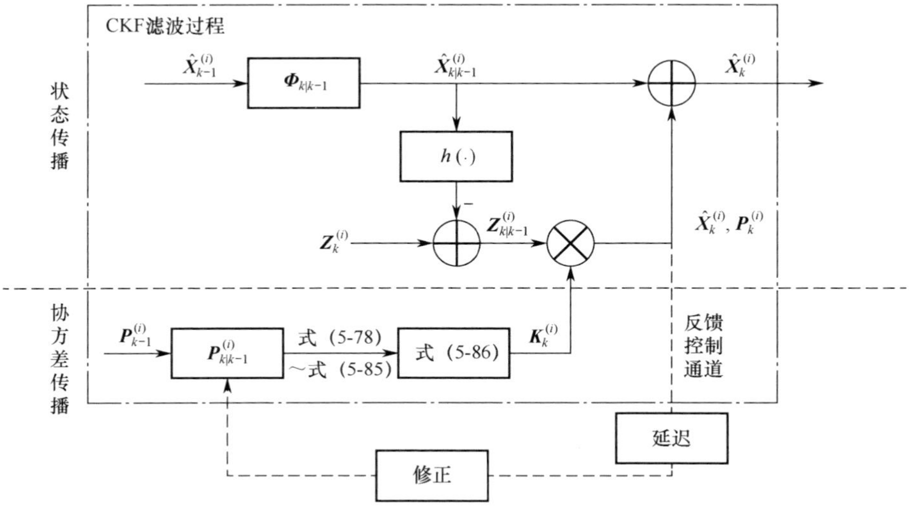

图 6-7　DCKF 算法结构

度层无人机分布式数据融合结构，然后在局部滤波器中基于极大似然准则设计一种状态预测协方差在线反馈调整控制策略，以抑制动力学噪声方差不确定性对滤波结果的影响。

与标准 CKF 算法不同，DCKF 算法是一种利用反馈项 $\hat{\boldsymbol{X}}_k$ 和 $\boldsymbol{P}_k$ 修正标准 CKF 中状态预测协方差的自适应策略，其中动力学噪声方差矩阵 $\boldsymbol{Q}_k$ 不再参与滤波过程，其特征将通过后验信息反映出来，并进一步考虑到调整的状态预测协方差矩阵 $\boldsymbol{P}_{k|k-1}$ 中。此外，与其他直接估计 $\boldsymbol{Q}_k$ 的算法不同，该算法直接以随机变量的形式对状态预测协方差矩阵进行建模，并利用后验信息进一步进行在线重构。

1. 状态预测协方差矩阵的控制

$\boldsymbol{A}_{k|k-1}^{(i)}=\left\{\tilde{\boldsymbol{Z}}_{k-N+1|k-N}^{(i)},\tilde{\boldsymbol{Z}}_{k-N+2|k-N+1}^{(i)},\cdots,\tilde{\boldsymbol{Z}}_{k|k-1}^{(i)}\right\}$ 表示窗口 N 中第 i 个滤波器的一组历史新息序列，基于贝叶斯准则及其相关理论推导，状态预测协方差矩阵 $\boldsymbol{P}_{k|k-1}^{(i)}$ 的似然函数可表示为

$$L(\boldsymbol{P}_{k|k-1}^{(i)})=p(\boldsymbol{A}_{k|k-1}^{(i)}\left|\boldsymbol{P}_{k|k-1}^{(i)}\right.)=\prod_{j=k-N+1}^{k}p(\tilde{\boldsymbol{Z}}_{j|j-1}^{(i)}\left|\boldsymbol{P}_{k|k-1}^{(i)}\right.) \tag{6-12}$$

式中，$p(\tilde{\boldsymbol{Z}}_{j|j-1}^{(i)}\left|\boldsymbol{P}_{k|k-1}^{(i)}\right.)$ 表示已知 $\boldsymbol{P}_{k|k-1}^{(i)}$ 时，高斯序列 $\tilde{\boldsymbol{Z}}_{j|j-1}^{(i)}$ 的概率密度函数，其可以描述为零均值高斯分布。

$$p(\tilde{\boldsymbol{Z}}_{j|j-1}^{(i)}\left|\boldsymbol{P}_{k|k-1}^{(i)}\right.)=\frac{1}{\sqrt{(2\pi)^m\left|\boldsymbol{P}_{ZZ,j|j-1}^{(i)}\right|}}\exp\left(-\frac{\tilde{\boldsymbol{Z}}_{j|j-1}^{(i)\mathrm{T}}(\boldsymbol{P}_{ZZ,j|j-1}^{(i)})^{-1}\tilde{\boldsymbol{Z}}_{j|j-1}^{(i)}}{2}\right) \tag{6-13}$$

式中，m 为量测向量的维数；$|\cdot|$ 表示矩阵的行列式；$\boldsymbol{P}_{ZZ,j|j-1}^{(i)}$ 为第 i 个滤波器新息向量的协方差矩阵。

在一个固定长度的估计窗口内，对似然函数式（6-13）的对数求取关于 $\boldsymbol{P}_{k|k-1}^{(i)}$ 的偏导数，并应用矩阵的导数理论[25]，可得

$$\begin{aligned}
M_k^{(i)s,t}&=\frac{\partial\ln L\left(\boldsymbol{P}_{k|k-1}^{(i)}\right)}{\partial\boldsymbol{P}_{k|k-1}^{(i)s,t}}\\
&=-\frac{1}{2}\sum_{j=k-N+1}^{k}\left[\frac{\partial\ln\left|\boldsymbol{P}_{ZZ,j|j-1}^{(i)}\right|}{\partial\boldsymbol{P}_{k|k-1}^{(i)s,t}}+\frac{\partial(\tilde{\boldsymbol{Z}}_{j|j-1}^{(i)\mathrm{T}}(\boldsymbol{P}_{ZZ,j|j-1}^{(i)})^{-1}\tilde{\boldsymbol{Z}}_{j|j-1}^{(i)})}{\partial\boldsymbol{P}_{k|k-1}^{(i)s,t}}\right]\\
&=-\frac{1}{2}\sum_{j=k-N+1}^{k}\left[\mathrm{tr}\left\{(\boldsymbol{P}_{ZZ,j|j-1}^{(i)})^{-1}\frac{\partial\boldsymbol{P}_{ZZ,j|j-1}^{(i)}}{\partial\boldsymbol{P}_{k|k-1}^{(i)s,t}}\right\}-\right.\\
&\left.\mathrm{tr}\left\{(\boldsymbol{P}_{ZZ,j|j-1}^{(i)})^{-1}\tilde{\boldsymbol{Z}}_{j|j-1}^{(i)}\tilde{\boldsymbol{Z}}_{j|j-1}^{(i)\mathrm{T}}(\boldsymbol{P}_{ZZ,j|j-1}^{(i)})^{-1}\frac{\partial\boldsymbol{P}_{ZZ,j|j-1}^{(i)}}{\partial\boldsymbol{P}_{k|k-1}^{(i)s,t}}\right\}\right]
\end{aligned}$$

$$=-\frac{1}{2}\mathrm{tr}\left\{\sum_{j=k-N+1}^{k}\left[\left((\boldsymbol{P}_{ZZ,j|j-1}^{(i)})^{-1}-(\boldsymbol{P}_{ZZ,j|j-1}^{(i)})^{-1}\tilde{\boldsymbol{Z}}_{j|j-1}^{(i)}\tilde{\boldsymbol{Z}}_{j|j-1}^{(i)\mathrm{T}}(\boldsymbol{P}_{ZZ,j|j-1}^{(i)})^{-1}\right)\frac{\partial \boldsymbol{P}_{ZZ,j|j-1}^{(i)}}{\partial \boldsymbol{P}_{k|k-1}^{(i)s,t}}\right]\right\} \tag{6-14}$$

式中，s 表示矩阵的第 s 行，t 表示矩阵的第 t 列。此外，第三个等式是通过以下两个矩阵微分公式推导得出的。

$$\frac{\partial \ln|\boldsymbol{A}|}{\partial x}=\frac{1}{|\boldsymbol{A}|}\frac{\partial|\boldsymbol{A}|}{\partial x}=\mathrm{tr}\left\{\boldsymbol{A}^{-1}\frac{\partial \boldsymbol{A}}{\partial x}\right\} \tag{6-15}$$

$$\frac{\partial \boldsymbol{A}^{-1}}{\partial x}=-\boldsymbol{A}^{-1}\frac{\partial \boldsymbol{A}}{\partial x}\boldsymbol{A}^{-1} \tag{6-16}$$

令 $M_k^{(i)s,t}=0$，可得

$$\mathrm{tr}\left\{\sum_{j=k-N+1}^{k}\left[\left((\boldsymbol{P}_{ZZ,j|j-1}^{(i)})^{-1}-(\boldsymbol{P}_{ZZ,j|j-1}^{(i)})^{-1}\tilde{\boldsymbol{Z}}_{j|j-1}^{(i)}\tilde{\boldsymbol{Z}}_{j|j-1}^{(i)}(\boldsymbol{P}_{ZZ,j|j-1}^{(i)})^{-1}\right)\frac{\partial \boldsymbol{P}_{ZZ,j|j-1}^{(i)}}{\partial \boldsymbol{P}_{k|k-1}^{(i)s,t}}\right]\right\}=0 \tag{6-17}$$

由式（6-17）可以看出，上述极大似然估计问题已被转化为计算新息协方差关于 $\boldsymbol{P}_{k|k-1}^{(i)s,t}\ (s,t=1,2,\cdots,n)$ 的偏导数问题。

将 $h^{(i)}(\cdot)$ 在 $\hat{\boldsymbol{X}}_{k|k-1}^{(i)}$ 附近进行泰勒级数展开，可得

$$\tilde{\boldsymbol{Z}}_{k|k-1}^{(i)}=\boldsymbol{H}_k^{(i)}\tilde{\boldsymbol{X}}_{k|k-1}^{(i)}+\delta(\tilde{\boldsymbol{X}}_{k|k-1}^{(i)})+\boldsymbol{V}_k^{(i)} \tag{6-18}$$

式中，$\tilde{\boldsymbol{X}}_{k|k-1}^{(i)}=\boldsymbol{X}_k-\hat{\boldsymbol{X}}_{k|k-1}^{(i)}$ 为预测误差；$\boldsymbol{H}_k^{(i)}=\left.\frac{\partial h^{(i)}(\boldsymbol{X})}{\partial \boldsymbol{X}}\right|_{\boldsymbol{X}=\tilde{\boldsymbol{X}}_{k|k-1}^{(i)}}$ 为非线性量测函数 $h^{(i)}(\cdot)$ 的雅可比矩阵；$\delta(\tilde{\boldsymbol{X}}_{k|k-1}^{(i)})$ 为泰勒级数中的高阶矩。

为了简化误差描述，可以在式（6-18）中引入辅助对角矩阵 $\boldsymbol{\alpha}_k=\mathrm{diag}(\alpha_{1,k},\alpha_{2,k},\cdots,\alpha_{m,k})$ 来描述线性化引起的误差[26]，得到

$$\tilde{\boldsymbol{Z}}_{k|k-1}^{(i)}=\boldsymbol{\alpha}_k\boldsymbol{H}_k^{(i)}\tilde{\boldsymbol{X}}_{k|k-1}^{(i)}+\boldsymbol{V}_k^{(i)} \tag{6-19}$$

相应地，可以计算出新息协方差矩阵和互协方差矩阵，分别为

$$\begin{aligned}\boldsymbol{P}_{ZZ,k|k-1}^{(i)}&=E[\tilde{\boldsymbol{Z}}_{k|k-1}^{(i)}\tilde{\boldsymbol{Z}}_{k|k-1}^{(i)\mathrm{T}}]\\&=E[(\boldsymbol{\alpha}_k\boldsymbol{H}_k^{(i)}\tilde{\boldsymbol{X}}_{k|k-1}^{(i)}+\boldsymbol{V}_k^{(i)})(\boldsymbol{\alpha}_k\boldsymbol{H}_k^{(i)}\tilde{\boldsymbol{X}}_{k|k-1}^{(i)}+\boldsymbol{V}_k^{(i)})^{\mathrm{T}}]\\&=\boldsymbol{\alpha}_k\boldsymbol{H}_k^{(i)}\boldsymbol{P}_{k|k-1}^{(i)}\boldsymbol{H}_k^{(i)\mathrm{T}}\boldsymbol{\alpha}_k+\boldsymbol{R}_k^{(i)}\end{aligned} \tag{6-20}$$

$$\begin{aligned}\boldsymbol{P}_{XZ,k|k-1}^{(i)}&=E[\tilde{\boldsymbol{X}}_{k|k-1}^{(i)}\tilde{\boldsymbol{Z}}_{k|k-1}^{(i)\mathrm{T}}]\\&=E[\tilde{\boldsymbol{X}}_{k|k-1}^{(i)}(\boldsymbol{\alpha}_k\boldsymbol{H}_k^{(i)}\tilde{\boldsymbol{X}}_{k|k-1}^{(i)}+\boldsymbol{V}_k^{(i)})^{\mathrm{T}}]\\&=\boldsymbol{P}_{k|k-1}^{(i)}\boldsymbol{H}_k^{(i)\mathrm{T}}\boldsymbol{\alpha}_k^{\mathrm{T}}\end{aligned} \tag{6-21}$$

将式（6-20）代入式（6-17）可以得到

$$\mathrm{tr}\left\{\sum_{j=k-N+1}^{k}\left[((\boldsymbol{P}_{ZZ,j|j-1}^{(i)})^{-1}-(\boldsymbol{P}_{ZZ,j|j-1}^{(i)})^{-1}\tilde{\boldsymbol{Z}}_{j|j-1}^{(i)}\tilde{\boldsymbol{Z}}_{j|j-1}^{(i)\mathrm{T}}(\boldsymbol{P}_{ZZ,j|j-1}^{(i)})^{-1})\boldsymbol{\alpha}_j\boldsymbol{H}_j^{(i)}\frac{\partial \boldsymbol{P}_{j|j-1}^{(i)}}{\partial \boldsymbol{P}_{k|k-1}^{(i)s,t}}\boldsymbol{H}_j^{(i)\mathrm{T}}\boldsymbol{\alpha}_j^{\mathrm{T}}\right]\right\}=0 \tag{6-22}$$

当估计窗口内的滤波过程达到稳态时，状态预测协方差会收敛[25]。因此，式（6-22）的微分项中除第 s 行和第 t 列中的元素为 1 外，其余元素均为 0。之后，对式（6-22）左右两边分别乘以 $\boldsymbol{H}_j^{(i)\mathrm{T}}\boldsymbol{\alpha}_j^{\mathrm{T}}$ 和 $\boldsymbol{H}_j^{(i)\mathrm{T}}\boldsymbol{\alpha}_j^{\mathrm{T}}$ 的逆，就可以得到

$$\operatorname{tr}\left\{\sum_{j=k-N+1}^{k}[\boldsymbol{H}_j^{(i)\mathrm{T}}\boldsymbol{\alpha}_j^{\mathrm{T}}((\boldsymbol{P}_{ZZ,j|j-1}^{(i)})^{-1}-(\boldsymbol{P}_{ZZ,j|j-1}^{(i)})^{-1}\tilde{\boldsymbol{Z}}_{j|j-1}^{(i)}\tilde{\boldsymbol{Z}}_{j|j-1}^{(i)\mathrm{T}}(\boldsymbol{P}_{ZZ,j|j-1}^{(i)})^{-1})\boldsymbol{\alpha}_j\boldsymbol{H}_j^{(i)}]\right\}=0 \tag{6-23}$$

对式（6-23）左乘和右乘 $\boldsymbol{P}_{j|j-1}^{(i)}$，可以得到

$$\operatorname{tr}\left\{\sum_{j=k-N+1}^{k}\left[\boldsymbol{K}_j^{(i)}\boldsymbol{P}_{XZ,j|j-1}^{(i)}-\boldsymbol{K}_j^{(i)}\tilde{\boldsymbol{Z}}_{j|j-1}^{(i)}\tilde{\boldsymbol{Z}}_{j|j-1}^{(i)\mathrm{T}}\boldsymbol{K}_j^{(i)\mathrm{T}}\right]\right\}=0 \tag{6-24}$$

同时有

$$\boldsymbol{K}_j^{(i)}\tilde{\boldsymbol{Z}}_{j|j-1}^{(i)}=\hat{\boldsymbol{X}}_j^{(i)}-\hat{\boldsymbol{X}}_{j|j-1}^{(i)}=\Delta\hat{\boldsymbol{X}}_j^{(i)} \tag{6-25}$$

$$\begin{aligned}\boldsymbol{K}_j^{(i)}\boldsymbol{P}_{XZ,j|j-1}^{(i)}&=\boldsymbol{K}_j^{(i)}\boldsymbol{P}_{XZ,j|j-1}^{(i)\mathrm{T}}=\boldsymbol{K}_j^{(i)}\boldsymbol{P}_{XZ,j|j-1}^{(i)\mathrm{T}}(\boldsymbol{P}_{ZZ,j|j-1}^{(i)\mathrm{T}})^{-1}\boldsymbol{P}_{ZZ,j|j-1}^{(i)\mathrm{T}}\\&=\boldsymbol{K}_j^{(i)}\boldsymbol{P}_{ZZ,j|j-1}^{(i)}\boldsymbol{K}_j^{(i)\mathrm{T}}=\boldsymbol{P}_{j|j-1}^{(i)}-\boldsymbol{P}_j^{(i)}\end{aligned} \tag{6-26}$$

因此，式（6-23）可改写为

$$\operatorname{tr}\left\{\sum_{j=k-N+1}^{k}\left[\boldsymbol{P}_{j|j-1}^{(i)}-\boldsymbol{P}_j^{(i)}-\Delta\hat{\boldsymbol{X}}_j^{(i)}\Delta\hat{\boldsymbol{X}}_j^{(i)\mathrm{T}}\right]\right\}=0 \tag{6-27}$$

由于当滤波过程到达稳态时，$\boldsymbol{P}_{j|j-1}^{(i)}$ 会趋于收敛，因此可以得到如下状态预测协方差矩阵。

$$\boldsymbol{P}_{k|k-1}^{*(i)}=\frac{1}{N}\sum_{j=k-N+1}^{k}(\Delta\hat{\boldsymbol{X}}_j^{(i)}\Delta\hat{\boldsymbol{X}}_j^{(i)\mathrm{T}}+\boldsymbol{P}_j^{(i)}) \tag{6-28}$$

式中，N 表示窗口长度，即每次计算时需要利用的新息序列 $\tilde{\boldsymbol{Z}}_{k|k-1}^{(i)}$ 中包含的历史新息的数量。

在状态预测协方差矩阵中，窗口长度是一个重要的调节参数。N 的取值越大，窗口的长度越长，新息序列 $\tilde{\boldsymbol{Z}}_{k|k-1}^{(i)}$ 所存储的新息越多，相应的 $\boldsymbol{P}_{k|k-1}^{*(i)}$ 越精准，反馈至滤波器中的噪声统计信息越多，滤波精度也越高，但随之而来的计算量也越大，滤波时间增加。在实际应用中，通常采用计算测试的方法来选取窗口长度 N，以便在算法的计算量和估计精度之间取得平衡。本节也将采用计算测试的方法来选取窗口长度。

由于二次项 $\Delta\hat{\boldsymbol{X}}_j^{(i)}\Delta\hat{\boldsymbol{X}}_j^{(i)\mathrm{T}}$ 和后验协方差矩阵 $\boldsymbol{P}_j^{(i)}$ 均为非负定的，因此可以保证式（6-28）给出的状态预测协方差矩阵估计也是非负定的，从而避免了现有方法估计动力学噪声方差矩阵 $\boldsymbol{Q}_k$ 时容易出现负定结果的情况。

2. 算法实现

为了提高状态预测协方差矩阵的逼近效率，采用马氏距离作为动力学噪声

方差不确定性判据[27,28]，以加速滤波收敛。将新息向量 $\tilde{\boldsymbol{Z}}_{k|k-1}^{(i)}$ 的马氏距离定义为

$$\gamma_k^{(i)} = D(\tilde{\boldsymbol{Z}}_{k|k-1}^{(i)}) = \sqrt{\tilde{\boldsymbol{Z}}_{k|k-1}^{(i)\mathrm{T}} (\boldsymbol{P}_{ZZ,k|k-1}^{(i)})^{-1} \tilde{\boldsymbol{Z}}_{k|k-1}^{(i)}} \tag{6-29}$$

新息向量的马氏距离的平方服从自由度为 m 的卡方分布，存在一个阈值 $\chi_{m,\alpha}^2$，使以下条件对给定的显著性水平 α $(0<\alpha<1)$ 成立。

$$P\{(\gamma_k^{(i)})^2 > \chi_{m,\alpha}^2\} = \alpha \tag{6-30}$$

因此，假设检验可以建立为：

- 零假设：如果对于 $\forall k$，有 $(\gamma_k^{(i)})^2 \leqslant \chi_{m,\alpha}^2$，则动力学噪声方差是准确的；
- 备选假设：如果对于 $\exists k$，有 $(\gamma_k^{(i)})^2 > \chi_{m,\alpha}^2$，则动力学噪声方差是有偏的。

结合上述推导过程，DCKF 算法流程如图 6-8 所示，其步骤可总结如下。

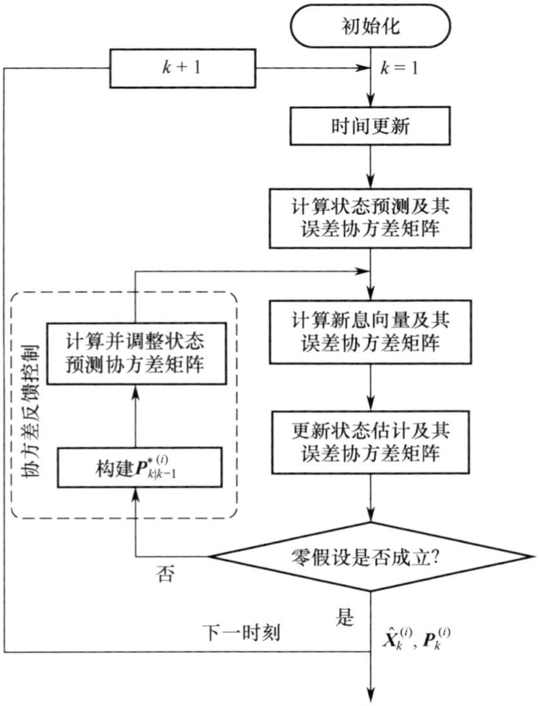

图 6-8　DCKF 算法流程

（1）初始化。设置滤波器的初始状态估计及其误差协方差矩阵，如式（5-69）所示。

（2）时间更新。执行标准 CKF 算法步骤，如式（5-70）～式（5-76）所示。

（3）量测更新。

① 执行标准 CKF 算法步骤，如式（5-77）～式（5-88）所示，获得局部状态估计 $\hat{\boldsymbol{X}}_k^{(i)}$ 和 $\boldsymbol{P}_k^{(i)}$。

② 进行假设检验，辨识动力学噪声方差的不确定性。如果零假设成立，则标准 CKF 算法得到的 $\hat{\boldsymbol{X}}_k^{(i)}$ 和 $\boldsymbol{P}_k^{(i)}$ 将是最终的滤波输出；否则，$\hat{\boldsymbol{X}}_k^{(i)}$ 和 $\boldsymbol{P}_k^{(i)}$ 将反馈到时间更新步骤，修正状态预测协方差矩阵 $\boldsymbol{P}_{k|k-1}^{(i)}$，即

$$\begin{cases} \boldsymbol{P}_{k|k-1}^{(i)*} = \dfrac{1}{k}\displaystyle\sum_{j=1}^{k}(\Delta\hat{\boldsymbol{X}}_j^{(i)}\Delta\hat{\boldsymbol{X}}_j^{(i)\mathrm{T}} + \boldsymbol{P}_j^{(i)}), k \leqslant N \\ \boldsymbol{P}_{k|k-1}^{(i)*} = \dfrac{1}{N}\displaystyle\sum_{j=k-N+1}^{k}(\Delta\hat{\boldsymbol{X}}_j^{(i)}\Delta\hat{\boldsymbol{X}}_j^{(i)\mathrm{T}} + \boldsymbol{P}_j^{(i)}), k > N \end{cases} \tag{6-31}$$

并进行式（5-77）～式（5-88）所描述的量测更新过程，获得零假设成立时的最终状态估计。

（4）返回步骤（2），直到处理完所有样本。

6.2.3 仿真分析

针对无人机集群低精度层相对导航进行仿真实验，通过对比 FCKF 算法、基于 Sage-Husa 自适应容积卡尔曼的联邦滤波（Federated Sage-Husa Adaptive Cubature Kalman Filter，FSACKF）算法和 DCKF 算法的性能表现，评估并验证改进的分布式 CKF 算法在动力学噪声方差存在不确定性时的自适应性能。

6.2.3.1 三维动态轨迹模型

假设僚机的初始位置为东经 108.911°、北纬 34.247°、高度 100m，初始姿态为(0°,0°,0°)，初始速度为(0m/s,0m/s,0m/s)；长机 1 的起始位置在相对于僚机 x 方向 10m、y 方向 10m、z 方向 2m 的地方；长机 2 的起始位置在相对于僚机 x 方向−10m、y 方向 10m、z 方向 2m 的地方，其初始姿态和初始速度与僚机一致。无人机集群飞行轨迹如图 6-9 所示，飞行时间为 1000s。

6.2.3.2 仿真参数设置

假设低精度层无人机（僚机）按照如图 6-9 所示的轨迹飞行。僚机对两架长机进行测量，模拟量测传感器为 UWB 测距传感器（型号：DecaWace DWM1000）和激光测角传感器（型号：WitMotion HWT6052-CAN），其中 UWB 测距传感器的测距噪声均方根为 0.3m，激光测角传感器的相对角度噪声均方根为 0.01°，如表 6-1 所示。对两架长机获得的量测数据分别进行局部滤波解算，各滤波器的滤波周期均为 1s，且假设各局部滤波器保持同步滤波，主滤波器的融合周期为 1s。

由于式（6-7）所示的量测向量维数为 3，因此在 DCKF 算法中，统计量 $(\gamma_k^{(i)})^2$ 服从自由度为 3 的卡方分布。取显著性水平 α=0.05，通过查表可得阈值

$\chi^2_{\alpha,3}=7.815$。此外，设置低精度层无人机局部滤波器初始协方差矩阵及动力学噪声方差分别为

$$\boldsymbol{P}_0=\mathrm{diag}([(5\mathrm{m})^2\quad(0.5\mathrm{m/s})^2\quad(5\mathrm{m})^2\quad(0.5\mathrm{m/s})^2\quad(5\mathrm{m})^2\quad(0.5\mathrm{m/s})^2]) \tag{6-32}$$

$$\boldsymbol{Q}_k=(0.03)^2\cdot\mathrm{blkdiag}\left(\begin{bmatrix}1/3 & 1/2\\1/2 & 1\end{bmatrix},\begin{bmatrix}1/3 & 1/2\\1/2 & 1\end{bmatrix},\begin{bmatrix}1/3 & 1/2\\1/2 & 1\end{bmatrix}\right) \tag{6-33}$$

式中，$\mathrm{blkdiag}(\boldsymbol{A}_1,\boldsymbol{A}_2,\boldsymbol{A}_3)$表示以矩阵 $\boldsymbol{A}_1$、$\boldsymbol{A}_2$、$\boldsymbol{A}_3$ 为对角线元素构成的分块对角矩阵。

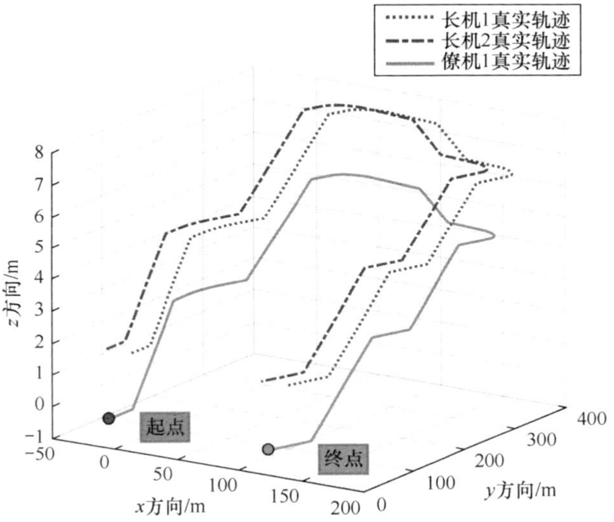

图 6-9　无人机集群飞行轨迹

表 6-1　模拟量测传感器参数

僚机传感器	参　数	取　值
UWB 测距传感器	测距噪声方差	0.3m
激光测角传感器	相对角度噪声方差	0.01°

为了分析 DCKF 算法对动力学噪声方差的自适应性能，假设两个局部滤波器的量测噪声方差准确已知，分别表示为

$$\begin{cases}\boldsymbol{R}_k^1=\mathrm{diag}([(0.3\mathrm{m})^2\quad(0.01^\circ)^2\quad(0.01^\circ)^2])\\\boldsymbol{R}_k^2=\mathrm{diag}([(0.3\mathrm{m})^2\quad(0.01^\circ)^2\quad(0.01^\circ)^2])\end{cases} \tag{6-34}$$

此外，分别考虑两种动力学噪声方差不确定性的典型情形——动力学噪声方差发生异常突变和非高斯动力学噪声，以评估 DCKF 算法应用于无人机集群低精度层协同导航时动力学噪声方差的自适应性能。

情形 1：动力学噪声方差发生异常突变。为模拟动力学噪声方差发生异常突

变的情形，分别在(400s, 500s)内和(550s, 650s)内将动力学噪声方差初始值突变为$100\times\boldsymbol{Q}_k$，即

$$\bar{\boldsymbol{Q}}=\begin{cases}100\times\boldsymbol{Q}_k, & k\in(400\text{s},500\text{s})\cup(550\text{s},650\text{s})\\ \boldsymbol{Q}_k, & 其他\end{cases} \tag{6-35}$$

为了定量地分析 FCKF、FSACKF 及 DCKF 在该情形下的性能表现，本节通过蒙特卡罗仿真进行评估。蒙特卡罗仿真次数为$N_{\text{MC}}=10$，采用式（6-36）所示的 RMSE 来评估上述 3 种算法的性能。

$$\text{RMSE}(k)=\sqrt{\frac{1}{N_{\text{MC}}}\sum_{j=1}^{N_{\text{MC}}}[\hat{\boldsymbol{X}}_k(j)-\boldsymbol{X}_k]^2} \tag{6-36}$$

式中，$\hat{\boldsymbol{X}}_k(j)$和$\boldsymbol{X}_k$分别为第$j$次蒙特卡罗仿真的估计值与真值。

此外，为了进一步评估 3 种算法的性能，计算它们对低精度层无人机位置和速度估计的累积均方根误差（Accumulated Root Mean Squared Error，ARMSE），定义为

$$\text{ARMSE}=\sqrt{\frac{1}{L}\sum_{k=1}^{L}\text{RMSE}^2(k)}\,,\ L=1000 \tag{6-37}$$

式中，L表示用于比较的数据数量。经过计算测试，在该情形下 DCKF 算法的窗口长度选取为N=10。

情形 2：非高斯动力学噪声。无人机在飞行过程中会面临复杂的飞行环境，导致实际的动力学噪声呈现出非高斯特性。针对该情形，本节采用高斯混合分布来描述非高斯噪声，即动力学噪声的原始高斯分布受到另一个高斯分布噪声的干扰，产生非高斯动力学噪声。

$$\boldsymbol{W}_k\sim(1-\eta)\mathcal{N}(\boldsymbol{W}_{1,k}|\boldsymbol{0},\boldsymbol{Q}_k)+\eta\mathcal{N}(\boldsymbol{W}_{2,k}|\boldsymbol{0},\bar{\boldsymbol{Q}}_k) \tag{6-38}$$

式中，η为描述噪声污染的扰动参数，这里设置为 0.4；$\mathcal{N}(\boldsymbol{W}_{1,k}|\boldsymbol{0},\boldsymbol{Q}_k)$为原始高斯分布；$\mathcal{N}(\boldsymbol{W}_{2,k}|\boldsymbol{0},\bar{\boldsymbol{Q}}_k)$为扰动分布。本情形中设置动力学模型的高斯噪声在时间间隔(250s, 650s)内受到扰动分布的干扰，该扰动分布的方差是原始分布的 250 倍。DCKF 算法中的窗口长度选取为N=15。

6.2.3.3 仿真实验过程分析

1. *情形 1：动力学噪声方差发生异常突变*

图 6-10～图 6-15 分别给出了采用上述 3 种算法得到的低精度层无人机位置均方根误差曲线和速度均方根误差曲线。

分析图 6-10～图 6-15，可以得出以下结论。

（1）当系统动力学噪声方差准确已知时，上述 3 种算法均能快速收敛且对无人机位置和速度的估计精度相当。

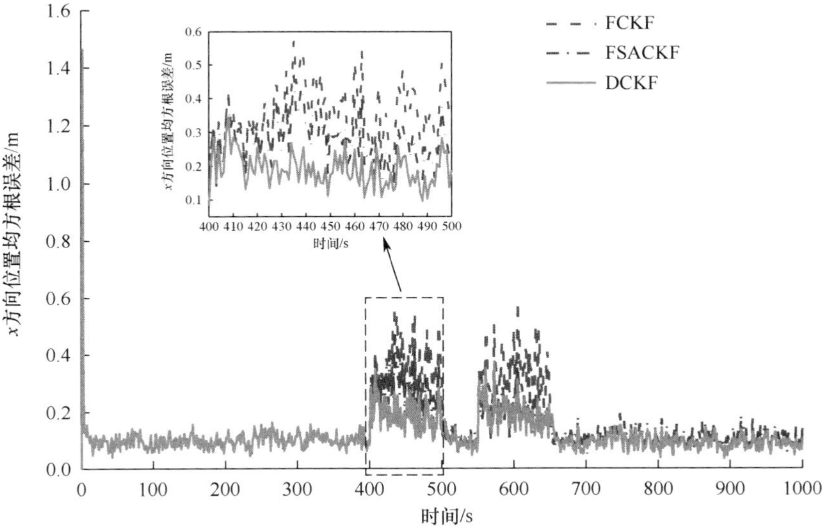

图 6-10　*x* 方向位置均方根误差曲线

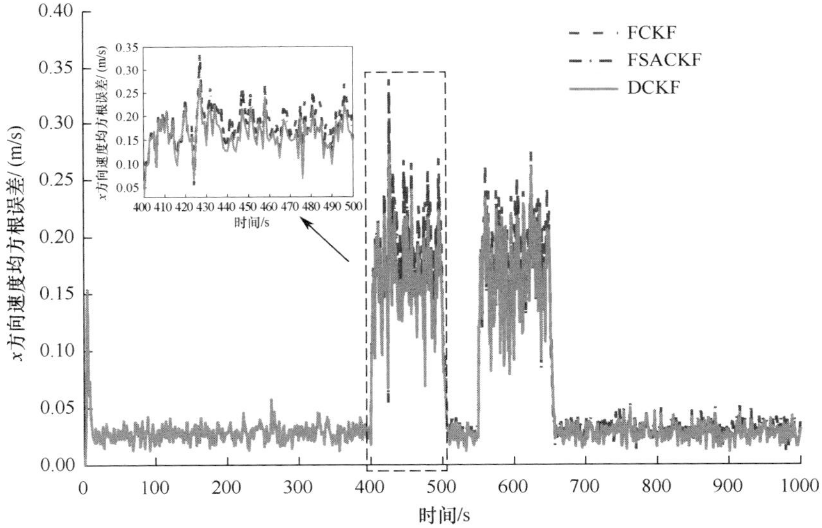

图 6-11　*x* 方向速度均方根误差曲线

（2）在(400s, 500s)内和(550s, 650s)内，系统实际动力学噪声方差初值发生异常突变。由于 FCKF 算法自适应能力较差，因而相比于系统动力学噪声方差准确已知的时间段，其位置和速度估计误差明显增大；FSACKF 算法通过动力学噪声方差在线估计，在一定程度上能够提高估计精度；进一步，DCKF 算法通过状态预测协方差矩阵的自适应反馈控制，可以获得优于上述两种算法的估计精度。这是由于 DCKF 算法避免了 FSACKF 算法对动力学噪声方差负定估计结果的额外处理，保证了状态预测协方差矩阵的正定性，从而在一定程度上提高了低精度层无人机相对导航系统的自适应能力和导航精度。

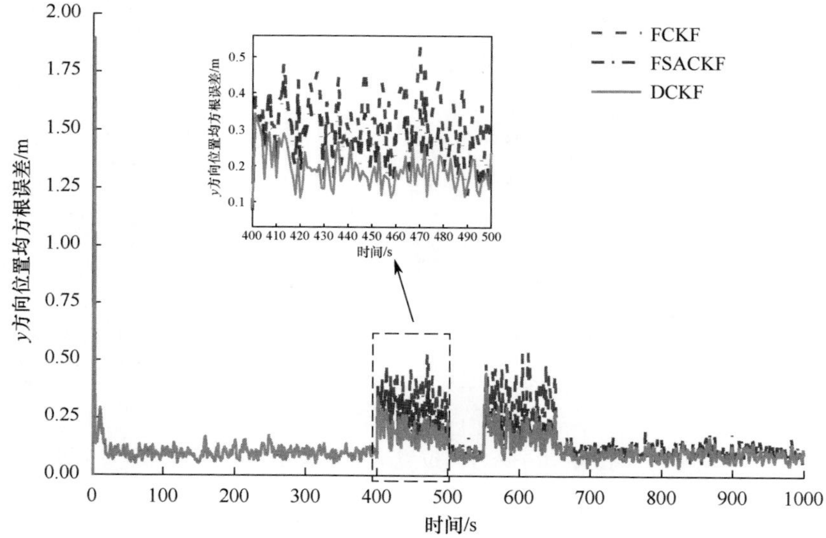

图 6-12　*y* 方向位置均方根误差曲线

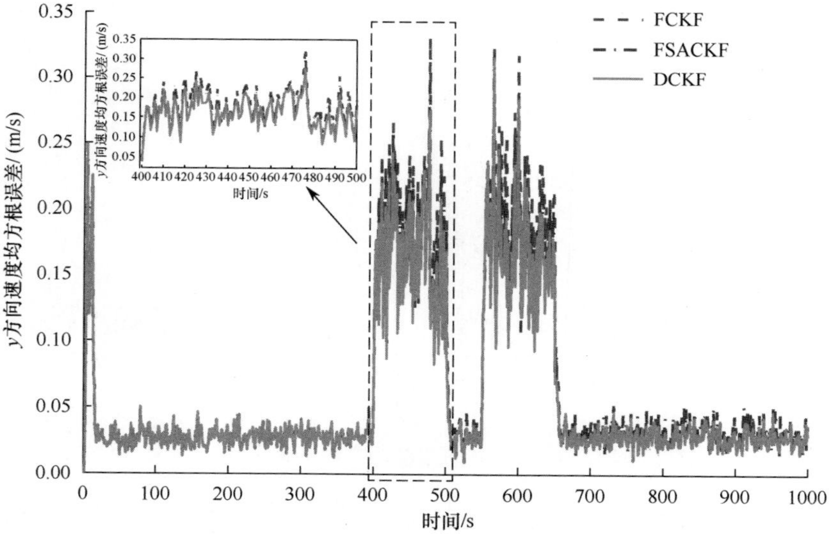

图 6-13　*y* 方向速度均方根误差曲线

表 6-2 给出了上述 3 种算法分别在动力学噪声方差发生异常突变的时间段[(400s，500s)内和(550s，650s)内]及动力学噪声方差准确已知的时间段内的累积均方根误差统计对比。图 6-16 和图 6-17 描绘了 3 种算法在动力学噪声方差发生

异常突变的时间段[(400s, 500s)和(550s, 650s)内]的位置和速度累积均方根误差统计的直观对比。可以看出，3 种算法得到的 x、y 和 z 3 个方向的无人机位置和速度误差均受到动力学噪声方差异常突变的影响。其中，FCKF 算法受影响程度最大，所获得的精度在所有算法中是最差的。FSACKF 算法通过动力学噪声方差在线估计处理动力学噪声方差发生异常突变的情形，但其对动力学噪声方差负定估计结果的额外处理仍然会导致部分精度损失。相比之下，DCKF 算法在调节过程中可以保证状态预测协方差矩阵的正定性，从而优化了无人机的位置和速度的估计精度。

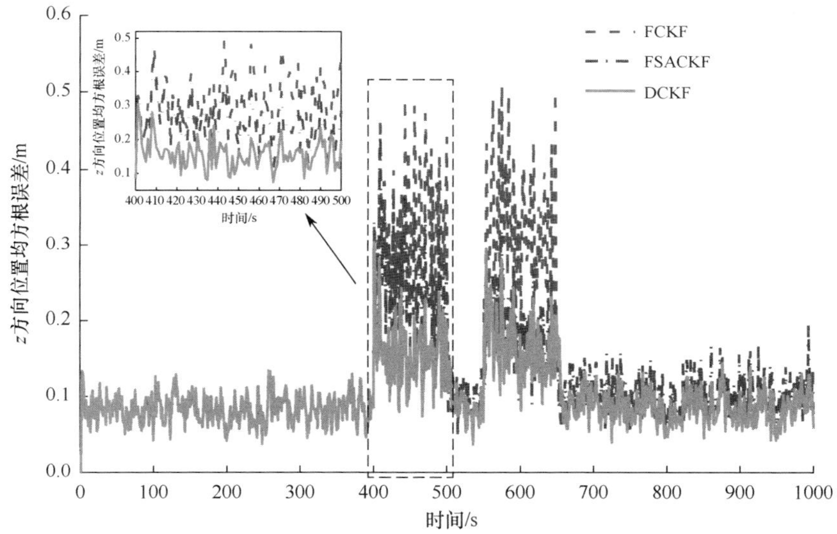

图 6-14 z 方向位置均方根误差曲线

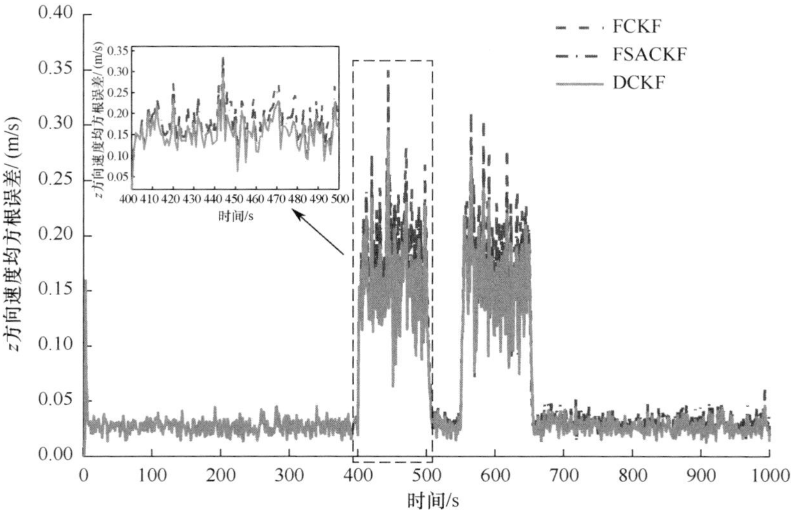

图 6-15 z 方向速度均方根误差曲线

表 6-2　3 种算法得到的累积均方根误差统计对比

算法	坐标轴	(400s, 500s)内和(550s, 650s)内		其他时间	
		位置误差/m	速度误差/（m/s）	位置误差/m	速度误差/（m/s）
FCKF 算法	x 方向	0.353	0.19	0.109	0.033
	y 方向	0.345	0.191	0.119	0.034
	z 方向	0.328	0.19	0.076	0.029
FSACKF 算法	x 方向	0.252	0.178	0.112	0.032
	y 方向	0.25	0.179	0.124	0.035
	z 方向	0.227	0.175	0.08	0.029
DCKF 算法	x 方向	0.2	0.168	0.107	0.03
	y 方向	0.197	0.168	0.119	0.034
	z 方向	0.167	0.159	0.075	0.028

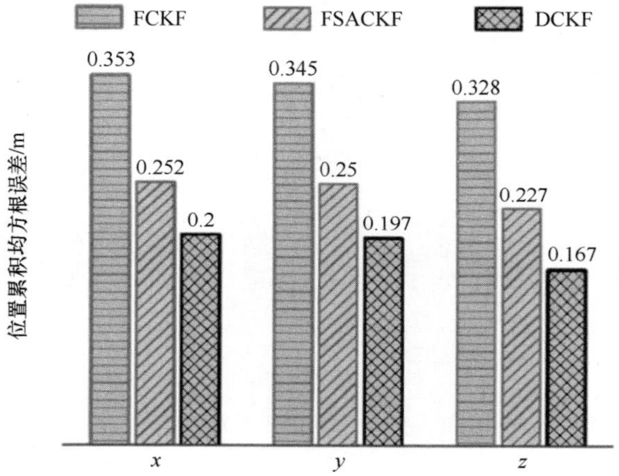

图 6-16　在(400s, 500s)内和(550s, 650s)内得到的位置累积均方根误差直观对比

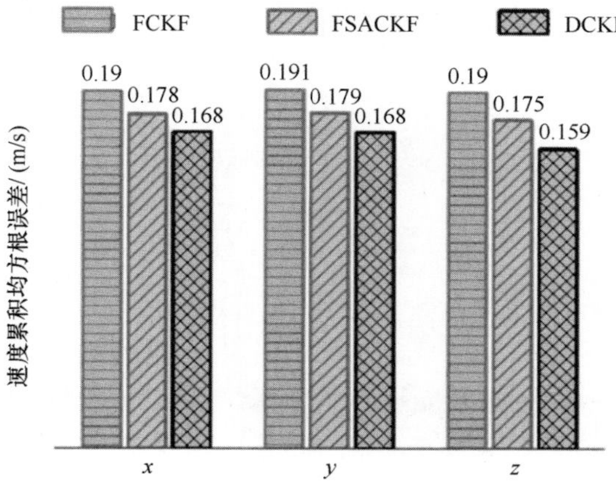

图 6-17　在(400s, 500s)内和(550s, 650s)内得到的速度累积均方根误差直观对比

表 6-3 列出了在动力学噪声方差发生异常突变的时间段内 3 种算法的估计性能提升对比。与 FCKF 算法（100%）相比，DCKF 算法在 x 轴、y 轴和 z 轴方向的位置估计精度分别提高了 43.34%、42.90%、49.09%；速度估计精度分别提高了 11.59%、12.04%、16.32%。与 FSACKF 算法相比，DCKF 算法在 x 轴、y 轴和 z 轴方向的位置估计精度分别提高了 20.63%、21.20%、26.43%；速度估计精度分别提高了 5.62%、6.15%、9.14%。

表 6-3　在动力学噪声方差发生异常突变的时间段内 3 种算法的估计性能提升对比

算法对比	坐标轴	位置估计精度	速度估计精度
DCKF 算法相比 FCKF 算法的性能提升	x 方向	43.34 %	11.59 %
	y 方向	42.90 %	12.04 %
	z 方向	49.09 %	16.32 %
DCKF 算法相比 FSACKF 算法的性能提升	x 方向	20.63 %	5.62 %
	y 方向	21.20 %	6.15 %
	z 方向	26.43 %	9.14 %

上述仿真分析表明，当动力学噪声方差发生异常突变时，DCKF 算法的位置和速度估计性能均有一定的提升，可有效抑制动力学噪声方差不确定性对导航解算精度的负面影响，提高低精度层无人机相对导航系统的自适应能力和导航精度。

2. 情形 2：非高斯动力学噪声

无人机在飞行过程中会面临复杂的飞行环境，导致实际的动力学噪声呈现出非高斯特性。针对该情形，采用如式（6-38）所示的高斯混合分布来描述非高斯噪声，即动力学噪声的原始高斯分布受到另一个高斯分布噪声的干扰，产生非高斯动力学噪声。

图 6-18 给出了分别采用上述 3 种算法得到的总体位置和总体速度的均方根误差曲线，其中总体误差定义为

$$\|\varDelta\| = \sqrt{\Delta x^2 + \Delta y^2 + \Delta z^2} \tag{6-39}$$

式中，Δx、Δy 和 Δz 分别为 x 轴、y 轴、z 轴方向的位置误差或速度误差。

图 6-19 直观地对比了上述 3 种算法在(250s, 650s)内得到的总体位置和总体速度的累积均方根误差统计。如图 6-18 和图 6-19 所示，在(250s, 650s)内，由于受到扰动分布的影响，上述 3 种算法的均方根误差曲线相较于正常误差区间均产生了跳跃，其中 FCKF 算法得到的均方根误差曲线跳跃得最大，这是因为该

算法对非高斯噪声干扰的抑制能力较差，从而导致较大的导航误差。此外，FSACKF 算法和 DCKF 算法的估计精度均有一定提升，然而 DCKF 算法通过协方差反馈控制策略能够避免前者的一些精度损失，从而提高了低精度层无人机相对导航的估计精度。

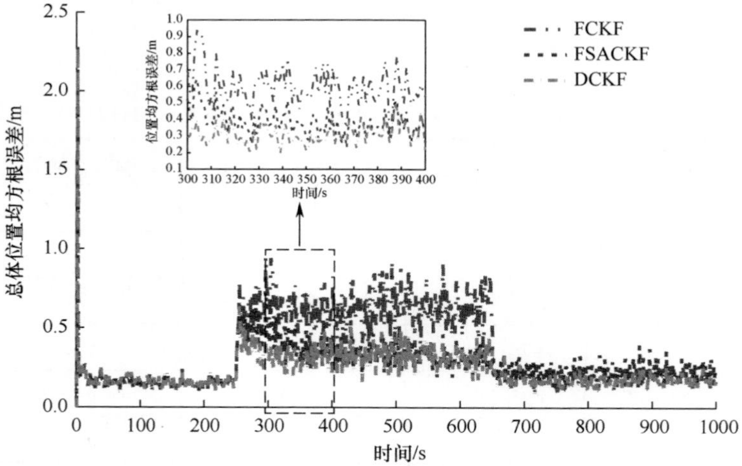

(a) 总体位置均方根误差曲线

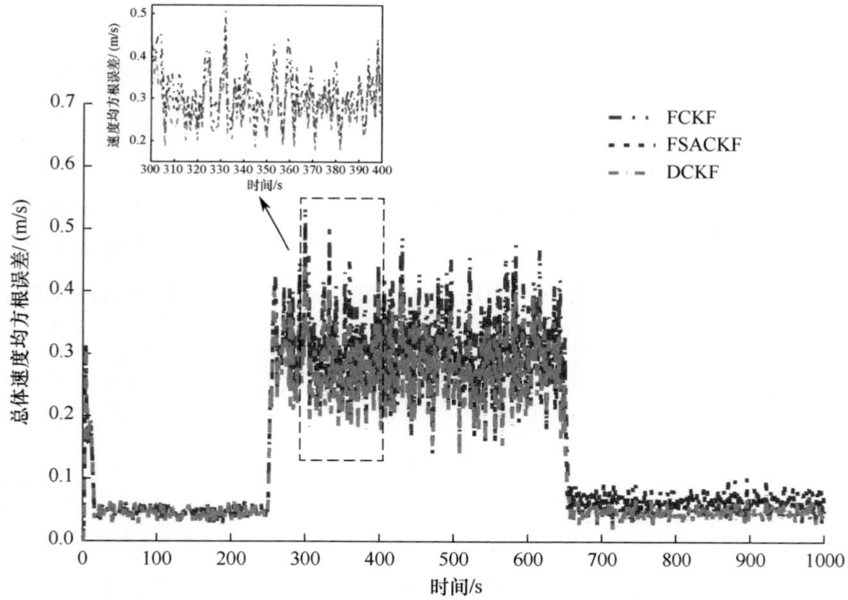

(b) 总体速度均方根误差曲线

图 6-18　在非高斯动力学噪声情形下得到的总体位置和总体速度的均方根误差曲线

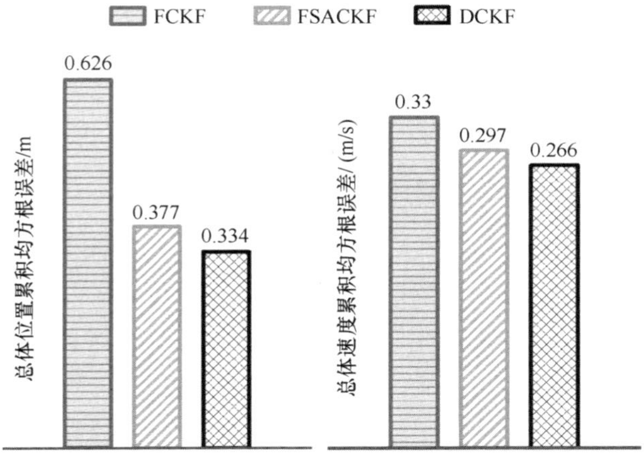

图 6-19　在非高斯动力学噪声情形下(250s, 650s)内得到的总体位置和总体速度的累积均方根误差统计对比

表 6-4 列出了在非高斯动力学噪声情形下 3 种算法的估计性能提升对比。与 FCKF 算法（100%）相比，DCKF 算法的总体位置估计精度提高了 46.65%；总体速度估计精度提高了 19.39%。与 FSACKF 算法相比，DCKF 算法的总体位置估计精度提高了 11.41%；总体速度估计精度提高了 10.44%。

表 6-4　在非高斯动力学噪声情形下 3 种算法的估计性能提升对比

算 法 对 比	总体位置估计精度	总体速度估计精度
DCKF 算法相比 FCKF 算法的性能提升	46.65%	19.39%
DCKF 算法相比 FSACKF 算法的性能提升	11.41%	10.44%

仿真实验结果和对比分析表明，DCKF 算法通过状态预测协方差在线反馈控制策略，可以有效抑制动力学噪声方差不确定性对滤波解算的负面影响，从而获得更高的导航精度。

6.3 无人机集群分层式惯性基协同导航绝对定位算法

在实际运用过程中，相对导航技术对机载传感器的精度和可靠性要求较高，在无人机集群密度较大或通信环境复杂的情况下，可能出现信息干扰或冲突的问题。如果相对导航传感器出现故障或误差，可能直接导致低精度层无人机导航系统失效，进而加重无人机集群的任务负担[29]。考虑到惯导系统具有全天候连续工作、精度高的优点，本节对低精度层无人机搭载 MIMU，通过合理构建系统模型实现以惯导系统为核心、相对导航技术为辅助的无人机集群分层式惯性基协同导航绝对定位算法。即使无人机集群工作在复杂的干扰环境中，失去相对导航传感器的辅助，该算法仍然可以保证低精度层无人机的正常导航。

6.3.1 基于惯导的协同导航模式

6.3.1.1 惯性基协同导航原理

本节仍然采用可靠性更高的分层式协同导航结构，并结合容错性更好的分布式滤波融合方案[30]，共同构成无人机集群分层式惯性基协同导航绝对定位算法，具体实施方案如图 6-20 所示。

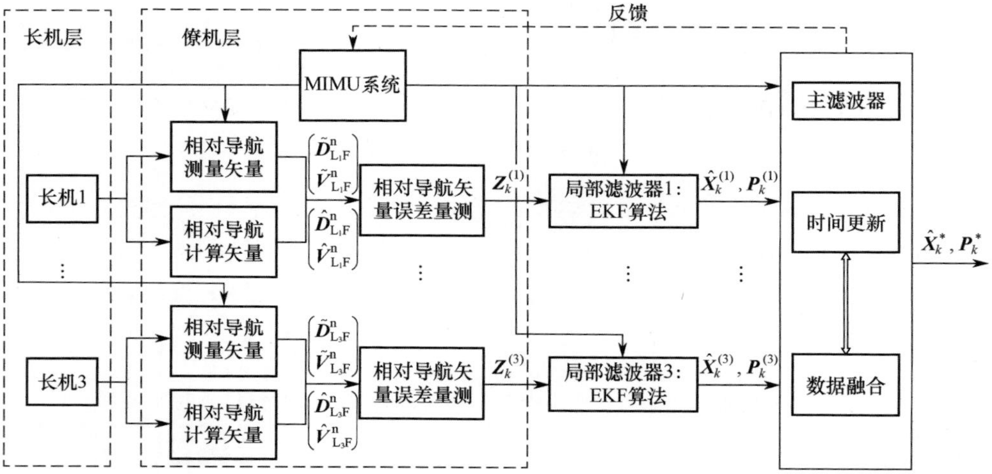

图 6-20　无人机集群分层式惯性基协同导航绝对定位算法实施方案

在分层式协同导航结构中包含由多架长机组成的高精度层和一架僚机组成的低精度层。其中高精度层搭载高精度的融合导航传感器，僚机除了搭载低精度 MIMU 系统，还可以搭载测角/测距传感器、多普勒测速仪等相对导航传感器，这些传感器通过直接测量与第 $i(i=1,2,3)$架长机之间的相对导航信息获得相对导航矢量测量值。首先，僚机和长机搭载的 MIMU 系统分别获取各自的绝对导航信息，并通过运算获得相对导航矢量计算值，将获得的相对导航矢量测量值和相对导航矢量计算值做差，得到无人机集群分层式惯性基协同导航绝对定位系统的量测，并构建相应的量测模型。然后，将动力学模型和量测模型代入第 i 个局部滤波器进行处理，得到局部的状态估计及其误差协方差矩阵。与 6.2 节类似，本节采用分布式结构以快速高效地处理多个滤波过程，将各局部滤波器的滤波结果输入主滤波器中进一步融合得到全局估计。最后，将全局估计反馈给僚机 MIMU 系统以对其进行修正。

6.3.1.2　相对导航矢量模型[31]

相对导航矢量的获取及相对导航矢量模型的构建是无人机集群分层式惯性基协同导航绝对定位算法的核心。相对导航矢量的获取有两种方式，一种是直接利用相对导航传感器测量获取，也叫相对导航测量矢量；另一种是间接通过长机和僚机的绝对导航传感器获取的信息推导获取，也叫相对导航计算矢量。本节重点介绍并推导相对导航矢量的两种构建方式。

1. 相对导航测量矢量的构建方式

在无人机集群协同导航中，僚机利用自身搭载的激光测距仪和多普勒测速仪分别获取长机和僚机之间的相对距离与相对速度，即

$$\tilde{d}_{\mathrm{L}_i\mathrm{F}} = d_{\mathrm{L}_i\mathrm{F}} + \delta d_{\mathrm{L}_i\mathrm{F}} \tag{6-40}$$

$$\tilde{v}_{\mathrm{L}_i\mathrm{F}} = v_{\mathrm{L}_i\mathrm{F}} + \delta v_{\mathrm{L}_i\mathrm{F}} \tag{6-41}$$

式中，$i=1,2,3$，$\tilde{d}_{\mathrm{L}_i\mathrm{F}}$、$\tilde{v}_{\mathrm{L}_i\mathrm{F}}$ 分别为长机和僚机之间相对距离与相对速度的量测值；$d_{\mathrm{L}_i\mathrm{F}}$、$v_{\mathrm{L}_i\mathrm{F}}$ 分别为长机和僚机之间相对距离与相对速度的真实值；$\delta d_{\mathrm{L}_i\mathrm{F}}$、$\delta v_{\mathrm{L}_i\mathrm{F}}$ 分别为长机和僚机之间相对距离与相对速度的量测误差。

僚机搭载的红外测角仪可以获得长机和僚机之间的相对角度，即

$$\begin{cases} \tilde{\alpha}_{\mathrm{L}_i\mathrm{F}} = \alpha_{\mathrm{L}_i\mathrm{F}} + \delta\alpha_{\mathrm{L}_i\mathrm{F}} \\ \tilde{\beta}_{\mathrm{L}_i\mathrm{F}} = \beta_{\mathrm{L}_i\mathrm{F}} + \delta\beta_{\mathrm{L}_i\mathrm{F}} \end{cases} \tag{6-42}$$

式中，$\tilde{\alpha}_{\mathrm{L}_i\mathrm{F}}$、$\tilde{\beta}_{\mathrm{L}_i\mathrm{F}}$ 分别为僚机在载体坐标系下视线方位角和视线俯仰角的量测值；$\alpha_{\mathrm{L}_i\mathrm{F}}$、$\beta_{\mathrm{L}_i\mathrm{F}}$ 分别为僚机在载体坐标系下视线方位角和视线俯仰角的真实值；$\delta\alpha_{\mathrm{L}_i\mathrm{F}}$、$\delta\beta_{\mathrm{L}_i\mathrm{F}}$ 分别为僚机在载体坐标系下视线方位角和视线俯仰角的量测误差。

僚机相对导航信息测量示意如图 6-21 所示。在僚机 F 的载体坐标系下，获取与长机 L_i 之间的相对导航信息，并根据获取的角度信息将相对距离在僚机 F 的载体坐标系下进行分解，可得

$$\begin{cases} \tilde{d}^{\mathrm{b}}_{\mathrm{L}_i\mathrm{F},x} = \tilde{d}_{\mathrm{L}_i\mathrm{F}}\cos(\tilde{\beta}_{\mathrm{L}_i\mathrm{F}})\sin(\tilde{\alpha}_{\mathrm{L}_i\mathrm{F}}) \\ \tilde{d}^{\mathrm{b}}_{\mathrm{L}_i\mathrm{F},y} = \tilde{d}_{\mathrm{L}_i\mathrm{F}}\cos(\tilde{\beta}_{\mathrm{L}_i\mathrm{F}})\cos(\tilde{\alpha}_{\mathrm{L}_i\mathrm{F}}) \\ \tilde{d}^{\mathrm{b}}_{\mathrm{L}_i\mathrm{F},z} = \tilde{d}_{\mathrm{L}_i\mathrm{F}}\sin(\tilde{\beta}_{\mathrm{L}_i\mathrm{F}}) \end{cases} \tag{6-43}$$

将式（6-40）和式（6-42）分别代入式（6-43），可以得到

$$\begin{cases} \tilde{d}^{\mathrm{b}}_{\mathrm{L}_i\mathrm{F},x} = (d_{\mathrm{L}_i\mathrm{F}} + \delta d_{\mathrm{L}_i\mathrm{F}})\cos(\beta_{\mathrm{L}_i\mathrm{F}} + \delta\beta_{\mathrm{L}_i\mathrm{F}})\sin(\alpha_{\mathrm{L}_i\mathrm{F}} + \delta\alpha_{\mathrm{L}_i\mathrm{F}}) \\ \tilde{d}^{\mathrm{b}}_{\mathrm{L}_i\mathrm{F},y} = (d_{\mathrm{L}_i\mathrm{F}} + \delta d_{\mathrm{L}_i\mathrm{F}})\cos(\beta_{\mathrm{L}_i\mathrm{F}} + \delta\beta_{\mathrm{L}_i\mathrm{F}})\cos(\alpha_{\mathrm{L}_i\mathrm{F}} + \delta\alpha_{\mathrm{L}_i\mathrm{F}}) \\ \tilde{d}^{\mathrm{b}}_{\mathrm{L}_i\mathrm{F},z} = (d_{\mathrm{L}_i\mathrm{F}} + \delta d_{\mathrm{L}_i\mathrm{F}})\sin(\beta_{\mathrm{L}_i\mathrm{F}} + \delta\beta_{\mathrm{L}_i\mathrm{F}}) \end{cases} \tag{6-44}$$

由于 $\delta d_{\mathrm{L}_i\mathrm{F}}$、$\delta\alpha_{\mathrm{L}_i\mathrm{F}}$ 和 $\delta\beta_{\mathrm{L}_i\mathrm{F}}$ 都很小，因此将式（6-44）展开，忽略高阶小量，整理后可得相对距离量测误差方程为

$$\begin{bmatrix} e^{\mathrm{b}}_{\mathrm{L}_i\mathrm{F},x} \\ e^{\mathrm{b}}_{\mathrm{L}_i\mathrm{F},y} \\ e^{\mathrm{b}}_{\mathrm{L}_i\mathrm{F},z} \end{bmatrix} = \begin{bmatrix} \tilde{d}^{\mathrm{b}}_{\mathrm{L}_i\mathrm{F},x} - d^{\mathrm{b}}_{\mathrm{L}_i\mathrm{F},x} \\ \tilde{d}^{\mathrm{b}}_{\mathrm{L}_i\mathrm{F},y} - d^{\mathrm{b}}_{\mathrm{L}_i\mathrm{F},y} \\ \tilde{d}^{\mathrm{b}}_{\mathrm{L}_i\mathrm{F},z} - d^{\mathrm{b}}_{\mathrm{L}_i\mathrm{F},z} \end{bmatrix} =$$

$$\begin{bmatrix} \cos\beta_{\mathrm{L}_i\mathrm{F}}\cos\alpha_{\mathrm{L}_i\mathrm{F}} & -d_{\mathrm{L}_i\mathrm{F}}\sin\alpha_{\mathrm{L}_i\mathrm{F}}\cos\beta_{\mathrm{L}_i\mathrm{F}} & -d_{\mathrm{L}_i\mathrm{F}}\sin\beta_{\mathrm{L}_i\mathrm{F}}\cos\alpha_{\mathrm{L}_i\mathrm{F}} \\ \cos\beta_{\mathrm{L}_i\mathrm{F}}\sin\alpha_{\mathrm{L}_i\mathrm{F}} & d_{\mathrm{L}_i\mathrm{F}}\cos\beta_{\mathrm{L}_i\mathrm{F}}\cos\alpha_{\mathrm{L}_i\mathrm{F}} & -d_{\mathrm{L}_i\mathrm{F}}\sin\beta_{\mathrm{L}_i\mathrm{F}}\cos\alpha_{\mathrm{L}_i\mathrm{F}} \\ \sin\beta_{\mathrm{L}_i\mathrm{F}} & 0 & d_{\mathrm{L}_i\mathrm{F}}\cos\beta_{\mathrm{L}_i\mathrm{F}} \end{bmatrix} \cdot \begin{bmatrix} \delta d_{\mathrm{L}_i\mathrm{F}} \\ \delta\alpha_{\mathrm{L}_i\mathrm{F}} \\ \delta\beta_{\mathrm{L}_i\mathrm{F}} \end{bmatrix} \quad (6\text{-}45)$$

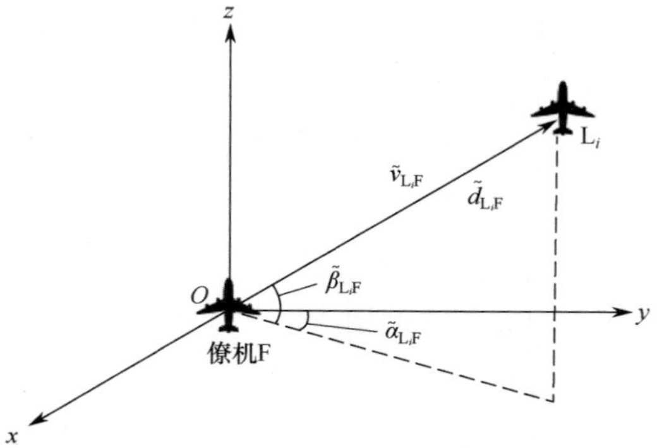

图 6-21 僚机相对导航信息测量示意

将式（6-45）记作

$$\boldsymbol{e}^{\mathrm{b}}_{\mathrm{L}_i\mathrm{F},d} = \boldsymbol{E}^{\mathrm{b}}_{\mathrm{L}_i\mathrm{F},d}\delta\boldsymbol{m}_d \quad (6\text{-}46)$$

式中，$d^{\mathrm{b}}_{\mathrm{L}_i\mathrm{F},x}$、$d^{\mathrm{b}}_{\mathrm{L}_i\mathrm{F},y}$ 和 $d^{\mathrm{b}}_{\mathrm{L}_i\mathrm{F},z}$ 分别是相对距离真实值沿载体坐标系下的分量；$\delta\boldsymbol{m}_d = [\delta d_{\mathrm{L}_i\mathrm{F}}, \delta\alpha_{\mathrm{L}_i\mathrm{F}}, \delta\beta_{\mathrm{L}_i\mathrm{F}}]$ 表示僚机 F 与长机 L_i 之间的距离、视线方位角和视线俯仰角的量测误差；

$\boldsymbol{E}^{\mathrm{b}}_{\mathrm{L}_i\mathrm{F},d} = \begin{bmatrix} \cos\beta_{\mathrm{L}_i\mathrm{F}}\cos\alpha_{\mathrm{L}_i\mathrm{F}} & -d_{\mathrm{L}_i\mathrm{F}}\sin\alpha_{\mathrm{L}_i\mathrm{F}}\cos\beta_{\mathrm{L}_i\mathrm{F}} & -d_{\mathrm{L}_i\mathrm{F}}\sin\beta_{\mathrm{L}_i\mathrm{F}}\cos\alpha_{\mathrm{L}_i\mathrm{F}} \\ \cos\beta_{\mathrm{L}_i\mathrm{F}}\sin\alpha_{\mathrm{L}_i\mathrm{F}} & d_{\mathrm{L}_i\mathrm{F}}\cos\beta_{\mathrm{L}_i\mathrm{F}}\cos\alpha_{\mathrm{L}_i\mathrm{F}} & -d_{\mathrm{L}_i\mathrm{F}}\sin\beta_{\mathrm{L}_i\mathrm{F}}\cos\alpha_{\mathrm{L}_i\mathrm{F}} \\ \sin\beta_{\mathrm{L}_i\mathrm{F}} & 0 & d_{\mathrm{L}_i\mathrm{F}}\cos\beta_{\mathrm{L}_i\mathrm{F}} \end{bmatrix}$ 表示 $\delta\boldsymbol{m}_d$ 与距离量测误差之间的转换关系。同理可以得到僚机 F 相对于长机 L_i 的相对速度量测 $(\tilde{v}^{\mathrm{b}}_{\mathrm{L}_i\mathrm{F},x}, \tilde{v}^{\mathrm{b}}_{\mathrm{L}_i\mathrm{F},y}, \tilde{v}^{\mathrm{b}}_{\mathrm{L}_i\mathrm{F},z})$，进一步可以得到相对速度量测误差方程 $\boldsymbol{e}^{\mathrm{b}}_{\mathrm{L}_i\mathrm{F},v} = \boldsymbol{E}^{\mathrm{b}}_{\mathrm{L}_i\mathrm{F},v}\delta\boldsymbol{m}_v$。

载体坐标系到导航坐标系的真实变换矩阵为

$$\boldsymbol{C}^{\mathrm{n}}_{\mathrm{b}} = \begin{bmatrix} \cos\psi\cos\gamma + \sin\psi\sin\theta\sin\gamma & \sin\psi\cos\theta & \cos\psi\sin\gamma - \sin\psi\sin\theta\cos\gamma \\ -\cos\psi\cos\gamma + \cos\psi\sin\theta\sin\gamma & \cos\psi\cos\theta & -\sin\psi\sin\gamma - \cos\psi\sin\theta\cos\gamma \\ -\cos\theta\sin\gamma & \sin\theta & \cos\theta\cos\gamma \end{bmatrix} \quad (6\text{-}47)$$

式中，θ、ψ、γ 分别为僚机的俯仰角、偏航角和滚转角。在计算过程中，根据低精度 MIMU 系统解算出来的姿态角 $\tilde{\theta}$ 、$\tilde{\psi}$ 和 $\tilde{\gamma}$ 得到 $\tilde{\boldsymbol{C}}_{\mathrm{b}}^{\mathrm{n}}$ 代替 $\boldsymbol{C}_{\mathrm{b}}^{\mathrm{n}}$ 。

通过式（6-44）、式（6-45）和式（6-47）可以得到导航坐标系下的相对距离量测值，即

$$\tilde{\boldsymbol{D}}_{\mathrm{L}_i\mathrm{F}}^{\mathrm{n}}=\begin{bmatrix}\tilde{D}_{\mathrm{L}_i\mathrm{F}}^{\mathrm{E}}\\ \tilde{D}_{\mathrm{L}_i\mathrm{F}}^{\mathrm{N}}\\ \tilde{D}_{\mathrm{L}_i\mathrm{F}}^{\mathrm{U}}\end{bmatrix}=\tilde{\boldsymbol{C}}_{\mathrm{b}}^{\mathrm{n}}\begin{bmatrix}\tilde{d}_{\mathrm{L}_i\mathrm{F},x}^{\mathrm{b}}\\ \tilde{d}_{\mathrm{L}_i\mathrm{F},y}^{\mathrm{b}}\\ \tilde{d}_{\mathrm{L}_i\mathrm{F},z}^{\mathrm{b}}\end{bmatrix}=\begin{bmatrix}D_{\mathrm{L}_i\mathrm{F}}^{\mathrm{E}}\\ D_{\mathrm{L}_i\mathrm{F}}^{\mathrm{N}}\\ D_{\mathrm{L}_i\mathrm{F}}^{\mathrm{U}}\end{bmatrix}-\tilde{\boldsymbol{C}}_{\mathrm{b}}^{\mathrm{n}}\begin{bmatrix}e_{\mathrm{L}_i\mathrm{F},x}^{\mathrm{b}}\\ e_{\mathrm{L}_i\mathrm{F},y}^{\mathrm{b}}\\ e_{\mathrm{L}_i\mathrm{F},z}^{\mathrm{b}}\end{bmatrix} \tag{6-48}$$

将式（6-48）记作

$$\tilde{\boldsymbol{D}}_{\mathrm{L}_i\mathrm{F}}^{\mathrm{n}}=\boldsymbol{D}_{\mathrm{L}_i\mathrm{F}}^{\mathrm{n}}-\tilde{\boldsymbol{C}}_{\mathrm{b}}^{\mathrm{n}}\boldsymbol{E}_{\mathrm{L}_i\mathrm{F},d}^{\mathrm{b}}\delta\boldsymbol{m}_d \tag{6-49}$$

式中，$\boldsymbol{D}_{\mathrm{L}_i\mathrm{F}}^{\mathrm{n}}=[D_{\mathrm{L}_i\mathrm{F}}^{\mathrm{E}}\quad D_{\mathrm{L}_i\mathrm{F}}^{\mathrm{N}}\quad D_{\mathrm{L}_i\mathrm{F}}^{\mathrm{U}}]^{\mathrm{T}}$ 为导航坐标系下的相对距离真实值。同理可以得到导航坐标系下的相对速度量测值，即

$$\tilde{\boldsymbol{V}}_{\mathrm{L}_i\mathrm{F}}^{\mathrm{n}}=\boldsymbol{V}_{\mathrm{L}_i\mathrm{F}}^{\mathrm{n}}-\tilde{\boldsymbol{C}}_{\mathrm{b}}^{\mathrm{n}}\boldsymbol{E}_{\mathrm{L}_i\mathrm{F},v}^{\mathrm{b}}\delta\boldsymbol{m}_v \tag{6-50}$$

式中，$\boldsymbol{V}_{\mathrm{L}_i\mathrm{F}}^{\mathrm{n}}$ 为导航坐标系下的相对速度真实值。

2. 相对导航计算矢量的构建方式

在无人机集群协同导航中利用长机和僚机的绝对导航传感器分别获取长机与僚机的绝对导航矢量信息，进而获得僚机的相对导航矢量信息。由长机 L_i 和僚机 F 所搭载的 MIMU 系统解算出来的经度、纬度与高度信息可得相对距离计算模型。首先给出长机和僚机的经度、纬度、高度量测信息为

$$\begin{cases}\hat{\lambda}_{\mathrm{L}_i}=\lambda_{\mathrm{L}_i}+\delta\lambda_{\mathrm{L}_i}\\ \hat{L}_{\mathrm{L}_i}=L_{\mathrm{L}_i}+\delta L_{\mathrm{L}_i}\\ \hat{h}_{\mathrm{L}_i}=h_{\mathrm{L}_i}+\delta h_{\mathrm{L}_i}\end{cases},i=1,2,3 \tag{6-51}$$

$$\begin{cases}\hat{\lambda}_{\mathrm{F}}=\lambda_{\mathrm{F}}+\delta\lambda_{\mathrm{F}}\\ \hat{L}_{\mathrm{F}}=L_{\mathrm{F}}+\delta L_{\mathrm{F}}\\ \hat{h}_{\mathrm{F}}=h_{\mathrm{F}}+\delta h_{\mathrm{F}}\end{cases} \tag{6-52}$$

式中，$[\lambda_{\mathrm{L}_i},L_{\mathrm{L}_i},h_{\mathrm{L}_i}]$ 和 $[\lambda_{\mathrm{F}},L_{\mathrm{F}},h_{\mathrm{F}}]$ 分别为长机与僚机的经度、纬度、高度信息的真实值；$[\delta\lambda_{\mathrm{L}_i},\delta L_{\mathrm{L}_i},\delta h_{\mathrm{L}_i}]$ 和 $[\delta\lambda_{\mathrm{F}},\delta L_{\mathrm{F}},\delta h_{\mathrm{F}}]$ 分别为惯导系统解算的长机与僚机经度、纬度、高度信息的误差。

根据式（6-51）和式（6-52）解算出长机 L_i 与僚机 F 的位置在地球坐标系下的分量为

$$\begin{cases}\hat{x}_{\mathrm{L}_i}^{\mathrm{e}}=(R_{\mathrm{N}}+\hat{h}_{\mathrm{L}_i})\cos\hat{L}_{\mathrm{L}_i}\cos\hat{\lambda}_{\mathrm{L}_i}\\ \hat{y}_{\mathrm{L}_i}^{\mathrm{e}}=(R_{\mathrm{N}}+\hat{h}_{\mathrm{L}_i})\cos\hat{L}_{\mathrm{L}_i}\sin\hat{\lambda}_{\mathrm{L}_i}\\ \hat{z}_{\mathrm{L}_i}^{\mathrm{e}}=[R_{\mathrm{N}}(1-f)^2+\hat{h}_{\mathrm{L}_i}]\sin\hat{L}_{\mathrm{L}_i}\end{cases},i=1,2,3 \tag{6-53}$$

$$\begin{cases}\hat{x}_{\mathrm{F}}^{\mathrm{e}}=(R_{\mathrm{N}}+\hat{h}_{\mathrm{F}})\cos\hat{L}_{\mathrm{F}}\cos\hat{\lambda}_{\mathrm{F}}\\ \hat{y}_{\mathrm{F}}^{\mathrm{e}}=(R_{\mathrm{N}}+\hat{h}_{\mathrm{F}})\cos\hat{L}_{\mathrm{F}}\sin\hat{\lambda}_{\mathrm{F}}\\ \hat{z}_{\mathrm{F}}^{\mathrm{e}}=[R_{\mathrm{N}}(1-f)^2+\hat{h}_{\mathrm{F}}]\sin\hat{L}_{\mathrm{F}}\end{cases} \tag{6-54}$$

式中，λ_{L_i}、L_{L_i} 和 h_{L_i} 分别为长机 L_i 的真实经度、纬度、高度；λ_{F}、L_{F} 和 h_{F} 分别为僚机 F 的真实经度、纬度、高度；R_{N} 为地球卯酉圈半径；f 为椭球扁率。

由于 $\delta\lambda_{\mathrm{L}_i}$、$\delta L_{\mathrm{L}_i}$ 和 δh_{L_i} 都很小，因此根据式（6-51）和式（6-53）可以得到长机 L_i 的相对位置误差方程为

$$\begin{bmatrix}\delta x_{\mathrm{L}_i}^{\mathrm{e}}\\ \delta y_{\mathrm{L}_i}^{\mathrm{e}}\\ \delta z_{\mathrm{L}_i}^{\mathrm{e}}\end{bmatrix}=\begin{bmatrix}\hat{x}_{\mathrm{L}_i}^{\mathrm{e}}-x_{\mathrm{L}_i}^{\mathrm{e}}\\ \hat{y}_{\mathrm{L}_i}^{\mathrm{e}}-y_{\mathrm{L}_i}^{\mathrm{e}}\\ \hat{z}_{\mathrm{L}_i}^{\mathrm{e}}-z_{\mathrm{L}_i}^{\mathrm{e}}\end{bmatrix}=\begin{bmatrix}-(R_{\mathrm{N}}+h_{\mathrm{L}_i})\sin\lambda_{\mathrm{L}_i}\cos L_{\mathrm{L}_i} & -(R_{\mathrm{N}}+h_{\mathrm{L}_i})\sin L_{\mathrm{L}_i}\cos\lambda_{\mathrm{L}_i} & \cos L_{\mathrm{L}_i}\cos\lambda_{\mathrm{L}_i}\\ (R_{\mathrm{N}}+h_{\mathrm{L}_i})\cos L_{\mathrm{L}_i}\cos\lambda_{\mathrm{L}_i} & -(R_{\mathrm{N}}+h_{\mathrm{L}_i})\sin L_{\mathrm{L}_i}\sin\lambda_{\mathrm{L}_i} & \cos L_{\mathrm{L}_i}\sin\lambda_{\mathrm{L}_i}\\ 0 & [R_{\mathrm{N}}(1-e^2)+h_{\mathrm{L}_i}]\cos L_{\mathrm{L}_i} & \sin\lambda_{\mathrm{L}_i}\end{bmatrix}\cdot\begin{bmatrix}\delta\lambda_{\mathrm{L}_i}\\ \delta L_{\mathrm{L}_i}\\ \delta h_{\mathrm{L}_i}\end{bmatrix} \tag{6-55}$$

式中，$\hat{x}_{\mathrm{L}_i}^{\mathrm{e}}$、$\hat{y}_{\mathrm{L}_i}^{\mathrm{e}}$ 和 $\hat{z}_{\mathrm{L}_i}^{\mathrm{e}}$ 是长机导航系统解算的位置转换到地球坐标系下的三维位置信息；$x_{\mathrm{L}_i}^{\mathrm{e}}$、$y_{\mathrm{L}_i}^{\mathrm{e}}$ 和 $z_{\mathrm{L}_i}^{\mathrm{e}}$ 是长机在地球坐标系下的真实三维位置。

式（6-55）可以记作

$$\boldsymbol{e}_{\mathrm{L}_i,d}^{\mathrm{e}}=\boldsymbol{E}_{\mathrm{L}_i,d}^{\mathrm{e}}\delta\boldsymbol{p}_{\mathrm{L}_i} \tag{6-56}$$

式中，$\delta\boldsymbol{p}_{\mathrm{L}_i}=[\delta\lambda_{\mathrm{L}_i},\delta L_{\mathrm{L}_i},\delta h_{\mathrm{L}_i}]$ 表示长机惯导系统解算的位置误差；$\boldsymbol{E}_{\mathrm{L}_i,d}^{\mathrm{e}}$ 表示长机惯导系统解算的位置误差在导航坐标系和地球坐标系之间的转换矩阵。

同理可得僚机的相对位置误差方程为

$$\boldsymbol{e}_{\mathrm{F},d}^{\mathrm{e}}=\boldsymbol{E}_{\mathrm{F},d}^{\mathrm{e}}\delta\boldsymbol{p}_{\mathrm{F}} \tag{6-57}$$

式中，$\delta\boldsymbol{p}_{\mathrm{F}}=[\delta\lambda_{\mathrm{F}},\delta L_{\mathrm{F}},\delta h_{\mathrm{F}}]$ 表示僚机 MIMU 系统解算的位置误差；$\boldsymbol{E}_{\mathrm{F},d}^{\mathrm{e}}$ 表示僚机 MIMU 系统解算的位置误差在导航坐标系和地球坐标系之间的转换矩阵。

地球坐标系到导航坐标系的转换矩阵为

$$\boldsymbol{C}_{\mathrm{e}}^{\mathrm{n}}=\begin{bmatrix}-\sin\lambda_{\mathrm{F}} & \cos\lambda_{\mathrm{F}} & 0\\ -\sin L_{\mathrm{F}}\cos\lambda_{\mathrm{F}} & -\sin L_{\mathrm{F}}\sin\lambda_{\mathrm{F}} & \cos L_{\mathrm{F}}\\ \cos L_{\mathrm{F}}\cos\lambda_{\mathrm{F}} & \cos L_{\mathrm{F}}\sin\lambda_{\mathrm{F}} & \sin L_{\mathrm{F}}\end{bmatrix} \tag{6-58}$$

在计算过程中，根据僚机 MIMU 系统解算出来的经度和纬度可以得到 $\hat{\boldsymbol{C}}_{\mathrm{e}}^{\mathrm{n}}$ 来代替 $\boldsymbol{C}_{\mathrm{e}}^{\mathrm{n}}$，则长机与僚机的相对距离在导航坐标系下的计算值为

$$\begin{aligned}\hat{\boldsymbol{D}}_{\mathrm{L}_i\mathrm{F}}^{\mathrm{n}}&=\begin{bmatrix}\hat{D}_{\mathrm{L}_i\mathrm{F}}^{\mathrm{E}}\\ \hat{D}_{\mathrm{L}_i\mathrm{F}}^{\mathrm{N}}\\ \hat{D}_{\mathrm{L}_i\mathrm{F}}^{\mathrm{U}}\end{bmatrix}=\hat{\boldsymbol{C}}_{\mathrm{e}}^{\mathrm{n}}\begin{bmatrix}\hat{x}_{\mathrm{L}_i}^{\mathrm{e}}-\hat{x}_{\mathrm{F}}^{\mathrm{e}}\\ \hat{y}_{\mathrm{L}_i}^{\mathrm{e}}-\hat{y}_{\mathrm{F}}^{\mathrm{e}}\\ \hat{z}_{\mathrm{L}_i}^{\mathrm{e}}-\hat{z}_{\mathrm{F}}^{\mathrm{e}}\end{bmatrix}=\hat{\boldsymbol{C}}_{\mathrm{e}}^{\mathrm{n}}\left(\begin{bmatrix}x_{\mathrm{L}_i}^{\mathrm{e}}-x_{\mathrm{F}}^{\mathrm{e}}\\ y_{\mathrm{L}_i}^{\mathrm{e}}-y_{\mathrm{F}}^{\mathrm{e}}\\ z_{\mathrm{L}_i}^{\mathrm{e}}-z_{\mathrm{F}}^{\mathrm{e}}\end{bmatrix}-\begin{bmatrix}\delta x_{\mathrm{L}_i}^{\mathrm{e}}-\delta x_{\mathrm{F}}^{\mathrm{e}}\\ \delta y_{\mathrm{L}_i}^{\mathrm{e}}-\delta y_{\mathrm{F}}^{\mathrm{e}}\\ \delta z_{\mathrm{L}_i}^{\mathrm{e}}-\delta z_{\mathrm{F}}^{\mathrm{e}}\end{bmatrix}\right)\\ &=\boldsymbol{D}_{\mathrm{L}_i\mathrm{F}}^{\mathrm{n}}-\hat{\boldsymbol{C}}_{\mathrm{e}}^{\mathrm{n}}(\boldsymbol{e}_{\mathrm{L}_i,d}^{\mathrm{e}}-\boldsymbol{e}_{\mathrm{F},d}^{\mathrm{e}})=\boldsymbol{D}_{\mathrm{L}_i\mathrm{F}}^{\mathrm{n}}-\hat{\boldsymbol{C}}_{\mathrm{e}}^{\mathrm{n}}\boldsymbol{E}_{\mathrm{L}_i,d}^{\mathrm{e}}\delta\boldsymbol{p}_{\mathrm{L}_i}+\hat{\boldsymbol{C}}_{\mathrm{e}}^{\mathrm{n}}\boldsymbol{E}_{\mathrm{F},d}^{\mathrm{e}}\delta\boldsymbol{p}_{\mathrm{F}}\end{aligned} \tag{6-59}$$

同理，根据长机和僚机搭载的惯导系统解算出来的速度，可以得到长机与僚机的相对速度在导航坐标系下的计算值，即

$$\widehat{\boldsymbol{V}}_{\mathrm{L}_i\mathrm{F}}^{\mathrm{n}}=\begin{bmatrix}\widehat{V}_{\mathrm{L}_i\mathrm{F}}^{\mathrm{E}}\\ \widehat{V}_{\mathrm{L}_i\mathrm{F}}^{\mathrm{N}}\\ \widehat{V}_{\mathrm{L}_i\mathrm{F}}^{\mathrm{U}}\end{bmatrix}=\begin{bmatrix}\widehat{V}_{\mathrm{L}_i}^{\mathrm{E}}\\ \widehat{V}_{\mathrm{L}_i}^{\mathrm{N}}\\ \widehat{V}_{\mathrm{L}_i}^{\mathrm{U}}\end{bmatrix}-\begin{bmatrix}\widehat{V}_{\mathrm{F}}^{\mathrm{E}}\\ \widehat{V}_{\mathrm{F}}^{\mathrm{N}}\\ \widehat{V}_{\mathrm{F}}^{\mathrm{U}}\end{bmatrix}=\begin{bmatrix}V_{\mathrm{L}_i\mathrm{F}}^{\mathrm{E}}\\ V_{\mathrm{L}_i\mathrm{F}}^{\mathrm{N}}\\ V_{\mathrm{L}_i\mathrm{F}}^{\mathrm{U}}\end{bmatrix}-\begin{bmatrix}\delta v_{\mathrm{L}_i}^{\mathrm{E}}-\delta v_{\mathrm{F}}^{\mathrm{E}}\\ \delta v_{\mathrm{L}_i}^{\mathrm{N}}-\delta v_{\mathrm{F}}^{\mathrm{N}}\\ \delta v_{\mathrm{L}_i}^{\mathrm{U}}-\delta v_{\mathrm{F}}^{\mathrm{U}}\end{bmatrix}=\boldsymbol{V}_{\mathrm{L}_i\mathrm{F}}^{\mathrm{n}}-\delta\boldsymbol{v}_{\mathrm{L}_i}+\delta\boldsymbol{v}_{\mathrm{F}} \tag{6-60}$$

式中，$[\widehat{V}_{\mathrm{L}_i}^{\mathrm{E}},\widehat{V}_{\mathrm{L}_i}^{\mathrm{N}},\widehat{V}_{\mathrm{L}_i}^{\mathrm{U}}]$ 和 $[\widehat{V}_{\mathrm{F}}^{\mathrm{E}},\widehat{V}_{\mathrm{F}}^{\mathrm{N}},\widehat{V}_{\mathrm{F}}^{\mathrm{U}}]$ 分别为长机 L_i 与僚机 F 的速度在导航坐标系下的分量；$[\delta v_{\mathrm{L}_i}^{\mathrm{E}},\delta v_{\mathrm{L}_i}^{\mathrm{N}},\delta v_{\mathrm{L}_i}^{\mathrm{U}}]$ 和 $[\delta v_{\mathrm{F}}^{\mathrm{E}},\delta v_{\mathrm{F}}^{\mathrm{N}},\delta v_{\mathrm{F}}^{\mathrm{U}}]$ 分别为长机与僚机的速度解算误差。

6.3.1.3　系统模型

1. *动力学模型*

以地理坐标系为导航坐标系，建立僚机基于 MIMU 系统误差方程的动力学模型，其具体形式与第 5 章的动力学模型式（5-29）相同，即

$$\boldsymbol{X}_k=f(\boldsymbol{X}_{k-1})+\boldsymbol{W}_k \tag{6-61}$$

式中，$k\in\boldsymbol{N}$ 表示时刻；$f(\cdot)$ 表示描述系统动力学模型的非线性函数；$\boldsymbol{X}_k$ 表示状态向量；$\boldsymbol{W}_k\in\mathbf{R}^n$ 表示系统动力学噪声。状态向量取

$$\boldsymbol{X}_k=[q_0\quad q_1\quad q_2\quad q_3\quad \delta V_{\mathrm{E}}\quad \delta V_{\mathrm{N}}\quad \delta V_{\mathrm{U}}\quad \delta L\quad \delta\lambda\quad \delta h\quad \varepsilon_x^{\mathrm{b}}\quad \varepsilon_y^{\mathrm{b}}\quad \varepsilon_z^{\mathrm{b}}\quad \nabla_x^{\mathrm{b}}\quad \nabla_y^{\mathrm{b}}\quad \nabla_z^{\mathrm{b}}]^{\mathrm{T}} \tag{6-62}$$

式中，$[q_0\quad q_1\quad q_2\quad q_3]^{\mathrm{T}}$ 为姿态误差四元数；$\delta\boldsymbol{V}^{\mathrm{n}}=[\delta V_{\mathrm{E}}\quad \delta V_{\mathrm{N}}\quad \delta V_{\mathrm{U}}]^{\mathrm{T}}$ 为速度误差；$\delta\boldsymbol{p}^{\mathrm{n}}=[\delta L\quad \delta\lambda\quad \delta h]^{\mathrm{T}}$ 为位置误差；$\boldsymbol{\varepsilon}^{\mathrm{b}}=[\varepsilon_x^{\mathrm{b}}\quad \varepsilon_y^{\mathrm{b}}\quad \varepsilon_z^{\mathrm{b}}]^{\mathrm{T}}$ 为陀螺仪常值漂移；$\boldsymbol{\nabla}^{\mathrm{b}}=[\nabla_x^{\mathrm{b}}\quad \nabla_y^{\mathrm{b}}\quad \nabla_z^{\mathrm{b}}]^{\mathrm{T}}$ 为加速度计常值偏置。

2. *量测模型*

将 6.3.1.2 节的相对导航测量矢量和相对导航计算矢量做差作为量测，建立量测方程，将式（6-49）和式（6-59）做差得到相对距离测量矢量误差，即

$$\widehat{\boldsymbol{D}}_{\mathrm{L}_i\mathrm{F}}^{\mathrm{n}}-\tilde{\boldsymbol{D}}_{\mathrm{L}_i\mathrm{F}}^{\mathrm{n}}=\tilde{\boldsymbol{C}}_{\mathrm{b}}^{\mathrm{n}}\boldsymbol{E}_{\mathrm{L}_i\mathrm{F},d}^{\mathrm{b}}\delta\boldsymbol{m}_d-\widehat{\boldsymbol{C}}_{\mathrm{e}}^{\mathrm{n}}\boldsymbol{E}_{\mathrm{L}_id}^{\mathrm{e}}\delta\boldsymbol{p}_{\mathrm{L}_i}+\widehat{\boldsymbol{C}}_{\mathrm{e}}^{\mathrm{n}}\boldsymbol{E}_{\mathrm{F},d}^{\mathrm{e}}\delta\boldsymbol{p}_{\mathrm{F}} \tag{6-63}$$

则相对距离量测方程为

$$\begin{aligned}\boldsymbol{Z}_{k,d}&=\widehat{\boldsymbol{D}}_{\mathrm{L}_i\mathrm{F}}^{\mathrm{n}}-\tilde{\boldsymbol{D}}_{\mathrm{L}_i\mathrm{F}}^{\mathrm{n}}\\&=[\boldsymbol{0}_{3\times6}\quad \widehat{\boldsymbol{C}}_{\mathrm{e}}^{\mathrm{n}}\boldsymbol{E}_{\mathrm{F},d}^{\mathrm{e}}\quad \boldsymbol{0}_{3\times6}]\boldsymbol{X}_k+[-\widehat{\boldsymbol{C}}_{\mathrm{e}}^{\mathrm{n}}\boldsymbol{E}_{\mathrm{L}_i,d}^{\mathrm{e}}\quad \tilde{\boldsymbol{C}}_{\mathrm{b}}^{\mathrm{n}}\boldsymbol{E}_{\mathrm{L}_i\mathrm{F,d}}^{\mathrm{b}}]\begin{bmatrix}\delta\boldsymbol{p}_{\mathrm{L}_i}\\ \delta\boldsymbol{m}_d\end{bmatrix}\\&=\boldsymbol{H}_{k,d}\boldsymbol{X}_k+\boldsymbol{D}_{k,d}\boldsymbol{V}_{k,d}\end{aligned} \tag{6-64}$$

将式（6-50）和式（6-60）做差得到相对速度测量矢量误差，即

$$\widehat{V}_{L_iF}^{n}-\tilde{V}_{L_iF}^{n}=\begin{bmatrix}\widehat{V}_{L_iF}^{E}-\tilde{V}_{L_iF}^{E}\\ \widehat{V}_{L_iF}^{N}-\tilde{V}_{L_iF}^{N}\\ \widehat{V}_{L_iF}^{U}-\tilde{V}_{L_iF}^{U}\end{bmatrix}=-\begin{bmatrix}\delta v_{L_i}^{E}-\delta v_{L_i}^{E}\\ \delta v_{L_i}^{N}-\delta v_{L_i}^{N}\\ \delta v_{L_i}^{U}-\delta v_{L_i}^{U}\end{bmatrix}+\tilde{\boldsymbol{C}}_{b}^{n}\boldsymbol{e}_{L_iF,v}^{b} \qquad (6\text{-}65)$$
$$=\tilde{\boldsymbol{C}}_{b}^{n}\boldsymbol{E}_{L_iF,v}^{b}\delta\boldsymbol{m}_{v}+\delta\boldsymbol{v}_{F}-\delta\boldsymbol{v}_{L_i}$$

则相对速度量测方程为

$$\begin{aligned}\boldsymbol{Z}_{k,v}&=\widehat{\boldsymbol{V}}_{L_iF}^{n}-\tilde{\boldsymbol{V}}_{L_iF}^{n}\\&=[\boldsymbol{0}_{3\times3}\quad \boldsymbol{I}_{3\times3}\quad \boldsymbol{0}_{3\times9}]\boldsymbol{X}_{k}+[-\boldsymbol{I}_{3\times3}\quad \tilde{\boldsymbol{C}}_{b}^{n}\boldsymbol{E}_{L_iF,v}^{b}]\begin{bmatrix}\delta\boldsymbol{v}_{L_i}\\ \delta\boldsymbol{m}_{v}\end{bmatrix}\\&=\boldsymbol{H}_{k,v}\boldsymbol{X}_{k}+\boldsymbol{D}_{k,v}\boldsymbol{V}_{k,v}\end{aligned} \qquad (6\text{-}66)$$

令 $\delta\boldsymbol{m}=[\delta\boldsymbol{m}_{v},\delta\boldsymbol{m}_{d}]^{\mathrm{T}}$，$\boldsymbol{V}_{k}=[\delta\boldsymbol{v}_{L_i},\delta\boldsymbol{p}_{L_i},\delta\boldsymbol{m}]^{\mathrm{T}}$，联立式（6-64）和式（6-66）可得僚机 F 的量测方程为

$$\begin{aligned}\boldsymbol{Z}_{k}&=\begin{bmatrix}\boldsymbol{Z}_{k,v}\\ \boldsymbol{Z}_{k,d}\end{bmatrix}=\begin{bmatrix}\boldsymbol{H}_{k,v}\\ \boldsymbol{H}_{k,d}\end{bmatrix}\boldsymbol{X}_{k}+\begin{bmatrix}-\boldsymbol{I}_{3\times3} & \boldsymbol{0}_{3\times3} & \tilde{\boldsymbol{C}}_{b}^{n}\boldsymbol{E}_{L_iF,v}^{b} & \boldsymbol{0}_{3\times1}\\ \boldsymbol{0}_{3\times3} & -\widehat{\boldsymbol{C}}_{e}^{n}\boldsymbol{E}_{L_i,d}^{e} & \boldsymbol{0}_{3\times1} & \tilde{\boldsymbol{C}}_{b}^{n}\boldsymbol{E}_{L_iF,d}^{b}\end{bmatrix}\boldsymbol{V}_{k}\\&=\boldsymbol{H}_{k}\boldsymbol{X}_{k}+\boldsymbol{D}_{k}\boldsymbol{V}_{k}\end{aligned} \qquad (6\text{-}67)$$

6.3.2 基于联邦扩展卡尔曼滤波的协同导航算法

由于无人机集群分层式惯性基协同导航系统具有非线性特征，采用适用于非线性系统的扩展卡尔曼滤波算法，该算法的核心是将非线性系统进行线性化处理[32]，再使用卡尔曼滤波框架进行状态估计，计算过程简单，易于使用，计算效率高，并且其在无人机系统中的应用已经被广泛验证，能够提供准确的状态估计，并具有良好的稳定性和精度。

该算法的计算过程可分为如下 5 步。

（1）状态一步预测。

$$\hat{\boldsymbol{X}}_{k|k-1}=f(\hat{\boldsymbol{X}}_{k-1}) \qquad (6\text{-}68)$$

（2）状态一步预测均方误差矩阵。

$$\boldsymbol{P}_{k|k-1}=\boldsymbol{\Phi}_{k|k-1}\boldsymbol{P}_{k-1}\boldsymbol{\Phi}_{k|k-1}^{\mathrm{T}}+\boldsymbol{\Gamma}_{k-1}\boldsymbol{Q}_{k-1}\boldsymbol{\Gamma}_{k-1}^{\mathrm{T}} \qquad (6\text{-}69)$$

（3）滤波增益。

$$\boldsymbol{K}_{k}=\boldsymbol{P}_{k|k-1}\boldsymbol{H}_{k}^{\mathrm{T}}(\boldsymbol{H}_{k}\boldsymbol{P}_{k|k-1}\boldsymbol{H}_{k}^{\mathrm{T}}+\boldsymbol{R}_{k})^{-1} \qquad (6\text{-}70)$$

（4）状态估计。

$$\hat{\boldsymbol{X}}_{k}=\hat{\boldsymbol{X}}_{k|k-1}+\boldsymbol{K}_{k}[\boldsymbol{Z}_{k}-h(\hat{\boldsymbol{X}}_{k|k-1})] \qquad (6\text{-}71)$$

（5）状态估计均方误差矩阵。

$$\boldsymbol{P}_{k}=(\boldsymbol{I}-\boldsymbol{K}_{k}\boldsymbol{H}_{k})\boldsymbol{P}_{k|k-1} \qquad (6\text{-}72)$$

式中，$\boldsymbol{\Phi}_{k|k-1}=\boldsymbol{J}(f(\hat{\boldsymbol{X}}_{k-1}))$，$\boldsymbol{H}_k=\boldsymbol{J}(h(\hat{\boldsymbol{X}}_{k|k-1}))$，$\boldsymbol{J}(\cdot)$ 表示函数的雅可比矩阵。

如前所述，在局部滤波器中根据动力学模型和量测模型得到局部状态估计及其误差协方差矩阵后，考虑到分布式结构计算效率高、容错性好，本节继续使用联邦滤波结构进行全局信息融合。分布式联邦滤波的工作流程如下。

（1）僚机 F 与长机 L_i 通过获得量测 $\boldsymbol{Z}_k^{(i)}$ 进行局部滤波器 i（i=1,2,3）的时间更新和量测更新，得到局部状态估计 $\hat{\boldsymbol{X}}_k^{(1)}$ 、$\hat{\boldsymbol{X}}_k^{(2)}$ 和 $\hat{\boldsymbol{X}}_k^{(3)}$，相应的局部状态估计误差协方差分别为 $\boldsymbol{P}_k^{(1)}$ 、$\boldsymbol{P}_k^{(2)}$ 和 $\boldsymbol{P}_k^{(3)}$ 。

（2）信息融合。采用无重置联邦滤波结构将各局部滤波器的局部估计与主滤波器进行融合得到全局状态估计，以进一步对 MIMU 系统解算的导航信息进行修正。全局融合状态估计过程如下。

$$\hat{\boldsymbol{X}}_k^{*}=\boldsymbol{P}_k^{*}[(\boldsymbol{P}_k^{(1)})^{-1}\hat{\boldsymbol{X}}_k^{(1)}+(\boldsymbol{P}_k^{(2)})^{-1}\hat{\boldsymbol{X}}_k^{(2)}+(\boldsymbol{P}_k^{(3)})^{-1}\hat{\boldsymbol{X}}_k^{(3)}] \tag{6-73}$$

$$\boldsymbol{P}_k^{*}=[(\boldsymbol{P}_k^{(1)})^{-1}+(\boldsymbol{P}_k^{(2)})^{-1}+(\boldsymbol{P}_k^{(3)})^{-1}]^{-1} \tag{6-74}$$

式中，$\hat{\boldsymbol{X}}_k^{*}$ 是 k 时刻最终的全局最优状态估计；$\boldsymbol{P}_k^{*}$ 是 $\hat{\boldsymbol{X}}_k^{*}$ 对应的误差协方差矩阵。

最终，通过全局估计得到僚机误差状态，用于对僚机的 MIMU 系统解算的信息进行修正。

6.3.3　仿真分析

6.3.3.1　仿真条件

基于 MATLAB 软件对无人机集群分层式惯性基协同导航绝对定位算法进行仿真，以验证其性能。本次仿真设置 1 架僚机和 3 架长机协同飞行，3 架长机通过数据链通信将绝对导航信息传输给僚机，僚机通过自身的测角传感器、测速传感器、测距传感器产生量测，借助自身的低精度 MIMU 系统和长机的高精度导航信息进行滤波解算，从而得到僚机的绝对导航信息。

僚机所搭载的多普勒测速仪的白噪声均方根值为(0.05m·s^{-1},0.05m·s^{-1},0.05m·s^{-1})，激光测距刻度因数误差为 0.5%，激光测距仪的白噪声均方根值为 0.5m，红外测角的白噪声均方根值为 0.1° 。在僚机协同导航系统中，为了测试不同 MIMU 系统的协同导航效果，设置两种不同的惯性器件参数分别进行仿真，后文将介绍具体参数。在 3 架长机中，其中一架长机的初始姿态和速度分别为 [0°　0°　0°]^{T} 、[0m/s　10m/s　0m/s]^{T}，初始位置为 [34.27°　108.95°　100m]^{T} 。其飞行轨迹如图 6-22 所示，姿态变化和速度变化分别如图 6-23、图 6-24 所示。

无人机集群编队中各无人机除位置有固定间隔外，姿态和速度均保持一致。整体无人机集群飞行轨迹及编队示意如图 6-25 所示。长机 1 的初始位置为 [34.27°　108.95°　300m]^{T}，长机 2 在长机 1 东边 1000m 处，长机 3 在长机 1 西边 1000m 处，僚机 1 在长机 1 南边 1000m 处。在整个飞行过程中，长机和僚机始终保持预设的编队方式。僚机通过自身搭载的相对导航传感器获取量测信息并构建相对导航矢量量测模型。此外，僚机还借助来自长机的高精度导航信息和自身的 MIMU 系统构建相对导航矢量计算模型。将两者的差值作为局部滤波器的量测信息。进一步，僚机获取并计算量测信息后，在分布式滤波框架下得到系统的全局估计，对自身的低精度 MIMU 系统解算的信息进行修正，从而得到较高精度的导航信息，提高整个无人机集群协同导航系统的精度。

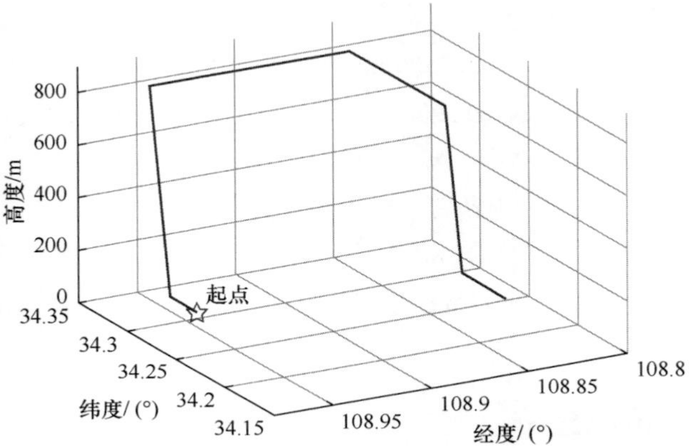

图 6-22　长机飞行轨迹

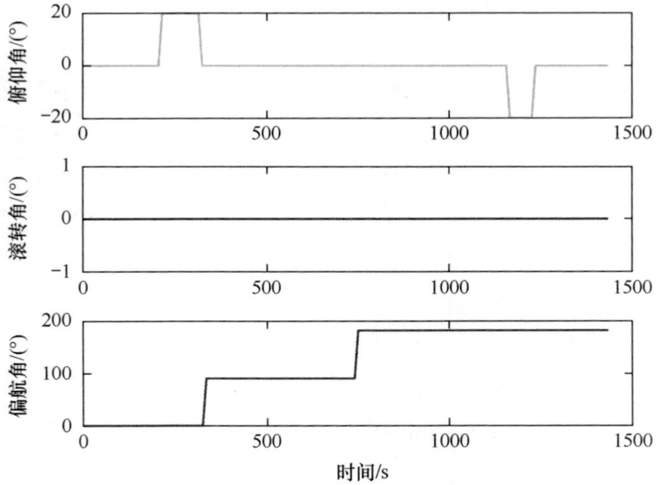

图 6-23　姿态变化

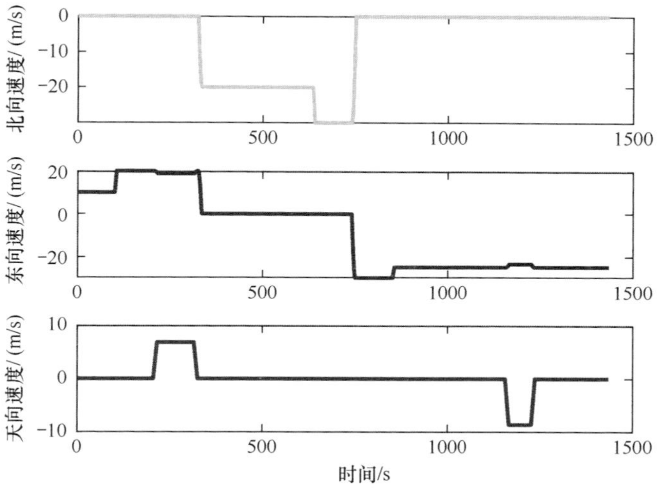

图 6-24　速度变化

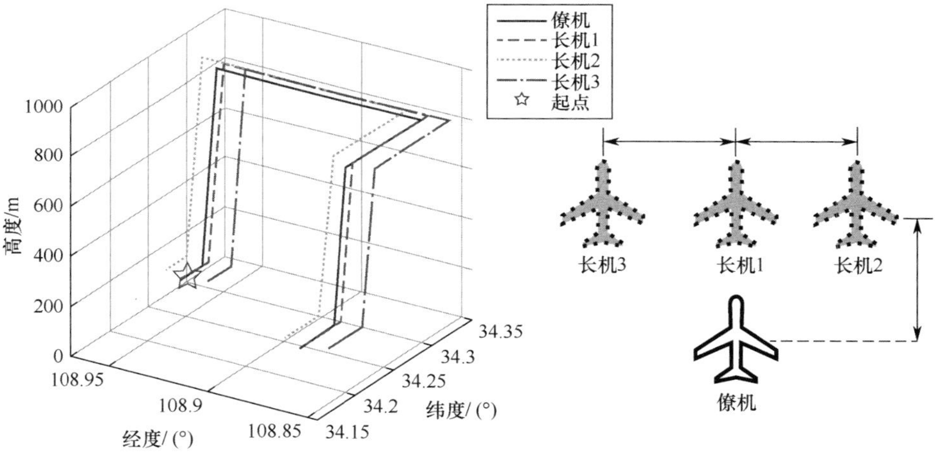

图 6-25　整体无人机集群飞行轨迹及编队示意

6.3.3.2　结果分析

1. 参数设置情形 1

僚机所搭载的 MIMU 系统的陀螺仪常值漂移为 $2^\circ/\mathrm{h}$，陀螺仪随机游走系数为 $0.38^\circ/\sqrt{\mathrm{h}}$，加速度计常值偏置为 $500\times10^{-6}g$，加速度计随机游走系数为 $180\times10^{-6}g/\sqrt{\mathrm{Hz}}$，惯导系统的更新频率为 100Hz。首先绘制僚机在纯惯导系统解算下的位置误差，如图 6-26 所示。可以看出，纯惯导系统更新的位置误差随时间逐渐累积，总体呈发散趋势。

加入协同导航传感器进行融合导航后，僚机的位置误差如图 6-27 所示。

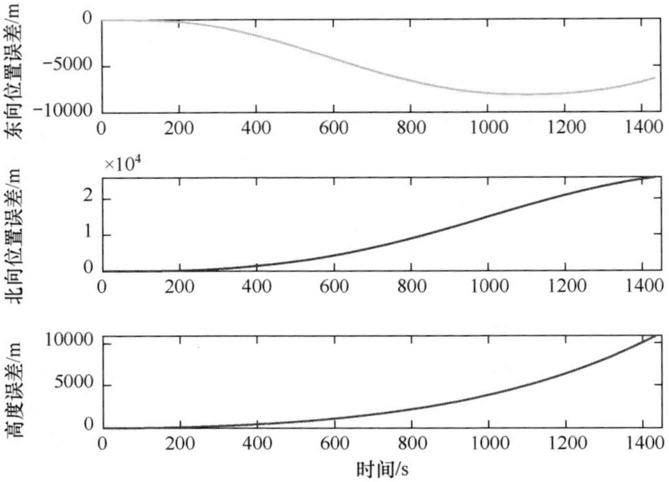

图 6-26　纯惯导系统解算下的僚机位置误差（情形 1）

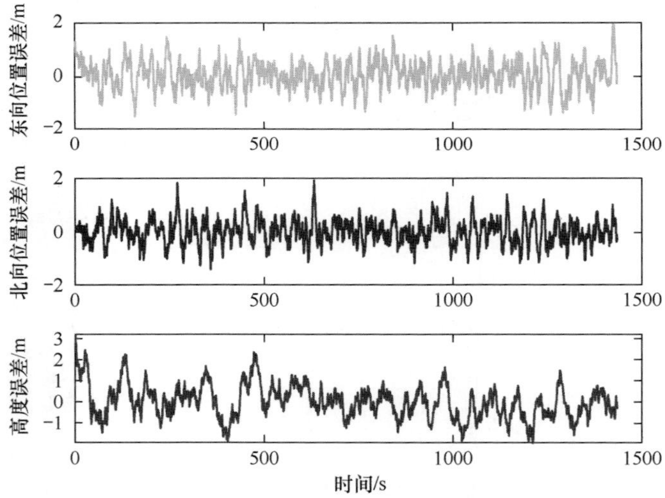

图 6-27　融合导航系统下的僚机位置误差（情形 1）

显然，经过协同导航传感器解算后，僚机的定位精度得到了显著提高。与只使用惯导系统的情形相比，无人机集群分层式惯性基协同导航绝对定位算法的位置误差收敛且定位误差较小。上述仿真结果表明，该算法对僚机所搭载的低精度 MIMU 系统具有较好的补偿作用，对整个集群协同导航的精度提高有较大的贡献。

2. 参数设置情形 2

僚机采用较高精度的 MIMU 系统，其中陀螺仪常值漂移为 $0.03°/\mathrm{h}$，陀螺仪随机游走系数为 $0.001°/\sqrt{\mathrm{h}}$，加速度计常值偏置为 $100\times10^{-6}g$，加速度计随机

游走系数为 $5\times10^{-6}g/\sqrt{\mathrm{Hz}}$，惯导系统的更新频率为 100Hz。首先仍然给出纯惯导系统的更新结果作为参照，如图 6-28 所示。

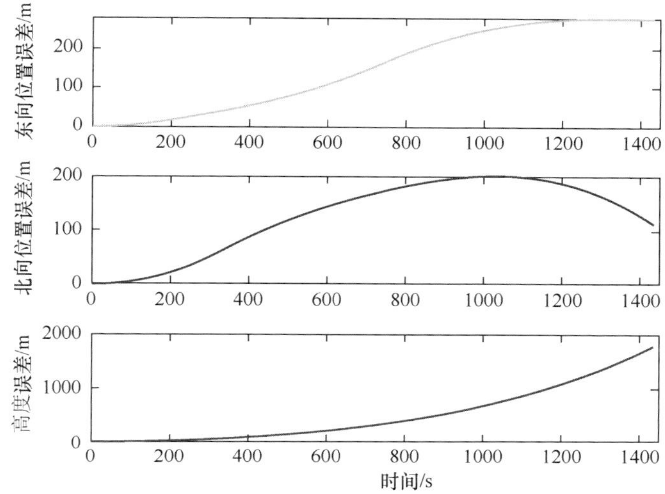

图 6-28　纯惯导系统解算下的僚机位置误差（情形 2）

显然，即使是高精度的纯惯导系统，其更新的位置误差也会发散。从图 6-28 中可以看出，东向位置误差和北向位置误差超过 200m，高度误差达到了近 2000m。加入协同导航传感器进行融合导航后，僚机的位置误差如图 6-29 所示。

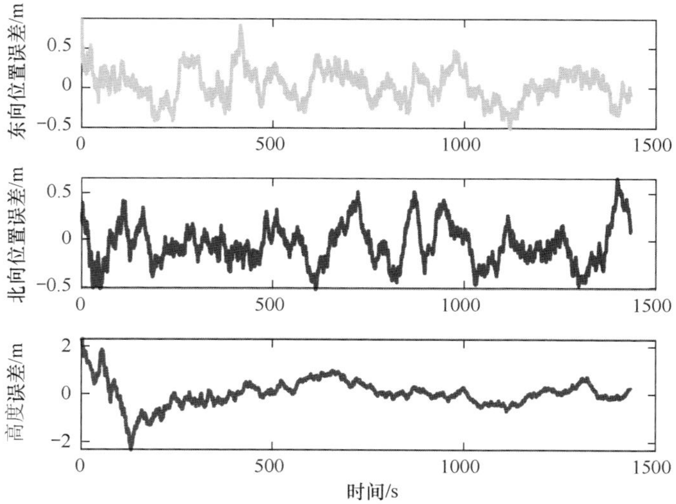

图 6-29　融合导航系统下的僚机位置误差（情形 2）

与只使用惯导系统的情形相比，无人机集群分层式惯性基协同导航绝对定位算法的位置误差明显收敛，且定位精度较高。上述仿真结果表明，该算法对情形 2 中僚机所搭载的惯性器件仍然有较好的补偿作用，并且整体误差曲线与情形 1 呈现出相同的趋势，该算法在不同型号的惯性器件下仍然能保持较高的精度，证明其具有较高的稳定性，具有一定的实际应用价值。

参 考 文 献

[1] 綦航. 面向无人机编队的自主协同定位关键技术研究[D]. 北京：北京邮电大学，2024.

[2] 吴敬阳. 基于激光雷达定位导航的多自主移动机器人系统研制[D]. 哈尔滨：哈尔滨工业大学，2018.

[3] 岳敬轩. 主从式无人机编队协同导航算法研究[D]. 哈尔滨：哈尔滨工程大学，2023.

[4] 刘鹰. 几种定位技术的比较研究[J]. 应用科技，2005，32（9）：34-36.

[5] 周万锋. 集群飞行器协同导航方法研究[D]. 成都：电子科技大学，2021.

[6] GUO K, QIU Z, MENG W, et al. Ultra-wideband based cooperative relative localization algorithm and experiments for multiple unmanned aerial vehicles in GPS denied environments[J]. International Journal of Micro Air Vehicles, 2017, 9(3): 169-186.

[7] 穆华. 多运动平台协同导航的分散式算法研究[D]. 长沙：国防科学技术大学，2010.

[8] VICENTE D, TOMIC S, BEKO M, et al. Performance analysis of a distributed algorithm for target localization in wireless sensor networks using hybrid measurements in a connection failure scenario[C]// International Young Engineers Forum. Almada: YEF-ECE, 2017: 36-41.

[9] HOWARD A, MATARIĆ M, SUKHATME G. Localization for mobile robot teams: a distributed MLE approach[C]//Experimental Robotics VIII. Berlin: Springer, 2003: 146-155.

[10] XING Z, LI S, TIAN M, et al. Numerical experiments on column-wise recurrence formula to compute fully normalized associated Legendre functions of ultra-high degree and order[J]. Journal of Geodesy, 2020, 94(2): 2.

[11] CHEN G, XIE Q, SHIEH L. Fuzzy Kalman filtering[J]. Information Sciences, 1998, 109(1-4): 197-209.

[12] CHOI H, PAK J, LIM M, et al. A Gaussian distributed resampling algorithm for mitigation of sample impoverishment in particle filters[J]. International Journal of Control, Automation and Systems, 2015, 13(4): 1032-1036.

[13] 刘梓轩，孙永荣，曾庆化，等. 基于测距测角信息的 DG-IEKF 相对导航算法[J]. 导航与控制，2021，20（3）：34-43.

[14] CHEN X, WANG D, LIU R, et al. Structural total least squares algorithm for locating multiple disjoint sources based on AOA/TOA/FOA in the presence of system error[J].

Frontiers of Information Technology & Electronic Engineering, 2018, 19(7): 917-936.

[15] 谷旭平，唐大全，唐管政. 无人机集群关键技术研究综述[J]. 自动化与仪器仪表，2021，41（4）：21-26.

[16] SUN Y. Autonomous integrity monitoring for relative navigation of multiple unmanned aerial vehicles[J]. Remote Sensing, 2021, 13(8): 1483-1499.

[17] CHEN M, XIONG Z, LIU J, et al. Cooperative navigation of unmanned aerial vehicle swarm based on cooperative dilution of precision[J]. International Journal of Advanced Robotic Systems, 2020, 17(3):108-131.

[18] 晏超然，黄雪梅，张康. 基于惯导/数据链测距的相对导航方法研究[J]. 计算机仿真，2020，37（5）：55-60.

[19] 郭鹏军，张睿，高关根，等. 基于相对速度和位置辅助的无人机编队协同导航[J]. 上海交通大学学报，2022，56（11）：1438-1446.

[20] 胡程，孙鹭怡，曾涛，等. 一种精确的前向散射雷达三维目标跟踪方法[J]. 北京理工大学学报，2012，32（9）：942-948.

[21] GAO B, GAO S, HU G, et al. Maximum likelihood principle and moving horizon estimation based adaptive unscented Kalman filter[J]. Aerospace Science and Technology, 2018, 73(1): 184-196.

[22] HU G, GAO B, ZHONG Y, et al. Unscented Kalman filter with process noise covariance estimation for vehicular INS/GPS integration system[J]. Information Fusion, 2020, 64(1): 194-204.

[23] WANG J, ZHANG C, JIA Q, et al. Suboptimal adaptive Kalman filtering based on the proportional control of prior error covariance[J]. ISA Transactions, 2020, 100(1): 145-154.

[24] WANG J, WANG J, ZHANG D, et al. Kalman filtering through the feedback adaption of prior error covariance[J]. Signal Processing, 2018, 152(1): 47-53.

[25] MOHAMED A, SCHWARZ K. Adaptive Kalman filtering for INS/GPS[J]. Journal of Geodesy, 1999, 73(4): 193-203.

[26] HU G, GAO S, ZHONG Y, et al. Stochastic stability of the derivative unscented Kalman filter[J]. Chinese Physics B, 2015, 24(7): 070202.

[27] CHANG G, LIU M. An adaptive fading Kalman filter based on Mahalanobis distance[J]. Proceedings of the Institution of Mechanical Engineers, 2015, 229(6): 1114-1123.

[28] CHANG G. Robust Kalman filtering based on Mahalanobis distance as outlier judging criterion[J]. Journal of Geodesy, 2014, 88(4): 391-401.

[29] WANG R, DU J, XIONG Z, et al. Hierarchical collaborative navigation method for UAV swarm[J]. Journal of Aerospace Engineering, 2021, 34(1): 04020097.

[30] CARLSON N. Federated square root filter for decentralized parallel processors[J]. IEEE Transactions on Aerospace and Electronic Systems, 1990, 26(3): 517-525.

[31] 谷旭平，唐大全. 基于联邦滤波算法的无人机集群分层协同导航[J]. 系统工程与电子技术，2022，44（3）：967-976.

[32] 李涛. 非线性滤波方法在导航系统中的应用研究[D]. 长沙：国防科学技术大学，2005.

第 3 部分　航天篇

第 7 章

高速飞行器

7.1 高速飞行器发展概述

随着航空航天技术的进步，以及军事需求的不断增长，飞行器的飞行速度不断提高。在民用领域，高速飞行器能以更高的效率实现载荷运输，提高经济效益；在军事领域，高速飞行器具备更强大的反应速度和打击能力。虽然火箭助推的洲际弹道飞行器飞行速度也很快，但其飞行轨迹大多在大气层外，因此航天篇讨论的高速飞行器特指能够在大气层内进行高速（速度大于 5 马赫）机动飞行的飞行器。这类高速飞行器的大部分飞行高度处于临近空间内。临近空间是指距地面 20～100km 的空域，介于航空领域飞机最高飞行高度与空间轨道飞行器最低飞行高度之间，是从航空向航天过渡的区域，是“空”和“天”的纽带[1]。无论是民用领域还是军事领域，临近空间飞行器都是重要的载体和平台，临近空间飞行器将是探索和开发利用临近空间的主角，已成为各国竞相研究关注的热点。高速飞行器普遍采用先进热防护材料、高升阻比的气动外形设计，采用高速滑翔、火箭发动机或超燃冲压发动机推进等组合动力技术，以实现高速、高机动性等功能，因此具有作战响应迅速、突防能力强等特点[2]。高速飞行器的历史最早可追溯到 20 世纪 30 年代，奥地利科学家赫尔曼 · 桑格尔首次提出了“高速飞行弹道”的概念，并以他的名字将其命名为“桑格尔弹道”[3]。他设计的 Silver Bird 飞行器以“打水漂”的方式在临近空间区域飞行。20 世纪 40 年代，中国科学家钱学森提出了“高速”的概念，设计了一种更加科学且易于实现的“助推滑翔”弹道，该弹道被命名为“钱学森弹道”。桑格尔弹道与钱学森弹道示意如图 7-1 所示。

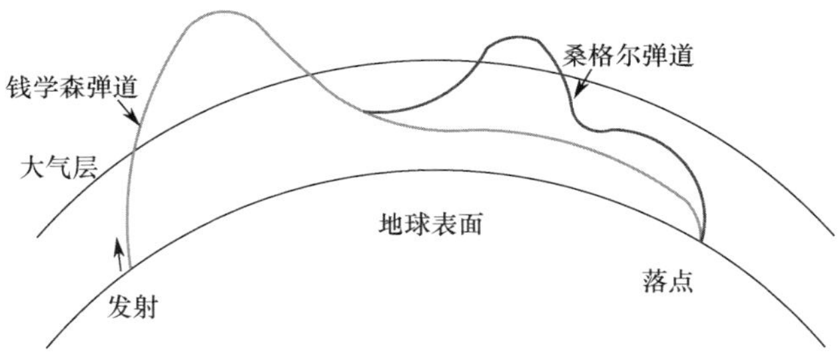

图 7-1　桑格尔弹道与钱学森弹道示意

随着高速飞行器相关技术的发展和进步，世界各国对高速飞行器的关注程度不断提高。美国、俄罗斯、中国等经济水平和军事水平较高的国家都进行了大量的飞行试验，甚至部分国家已经在军队中正式列装高速飞行器。另外，欧洲的德国、法国和英国，亚洲的印度和日本，澳大利亚等国，都进行了高速飞行器方面的研究。

7.1.1　美国高速飞行器发展概述

7.1.1.1　美国主要高速飞行器验证项目

美国的高速飞行器研究起步最早，X-15 是美国 X-plane 系列试验飞机之一，是一种高速火箭动力飞机。该机在 1959 年完成首飞，并且在 20 世纪 60 年代创下了 2.021km/s 的飞行速度纪录。美国的飞行验证试验几乎涵盖高速飞行器研究的所有领域，为后续许多航天计划如“水星”计划、“双子星”计划、航天飞机计划和“阿波罗”有人太空飞行计划的研发提供了极其珍贵的试验数据。同时期美国的安东尼奥·费里提出了超声速燃烧理论，超声速燃烧试验的成功标志着高速飞行器发展的第一个高峰到来[4]。从 1964 年开始，美国国家航空航天局开展了高速研究引擎项目（Hypersonic Research Engine Project，HREP），旨在设计、开发和建造一种高性能的超燃冲压发动机，用于 4～8 马赫速度范围内的飞行试验。1986 年，该项目取得了理论性的突破进展，标志着高速飞行器的发展进入了一个新阶段。随后，美国先后开展了“高速飞行器试验”（Hyper-X）计划、“高速飞行”（HyFly）计划、“猎鹰”计划[5]、“高速技术”（HyTech）计划及“战术助推滑翔”（Tactical Boost Glide，TBG）项目、“高速吸气式武器概念”（Hypersonic Air-breathing Weapon Concept，HAWC）等多个飞行试验计划。早期美国主要高速飞行器验证项目如表 7-1 所示。

2004 年，Hyper-X 计划的主要研究成果 X-43A 高速飞行器（见图 7-2）成功试飞，超燃冲压发动机工作 11s。HyFly 计划于 2002 年由 DARPA 和美国海军研究办公室发起，旨在开发和测试一种速度 6 马赫以上的双冲压发动机动力巡航导弹的演示器。HyFly 导弹的主承包商是波音公司。项目计划导弹从 F-15E 飞机上发射，由固体推进剂火箭助推器加速到冲压发动的机点火速度[6]。“猎鹰”计划的主要研究成果是 HTV 系列飞行器。HTV-2 无动力高速滑翔飞行器分别于 2010 年 4 月和 2011 年 8 月进行了两次飞行试验，虽然飞行试验没有成功，但是为高速飞行器的发展奠定了良好的基础。HyTech 计划的工作重点是解决飞行器各部件的核心技术问题，尤其是验证超燃冲压发动机的可行性，为后续的飞行试验计划奠定了基础。2013 年，HyTech 计划的研究成果 X-51A“驭波者”高速飞行器（见图 7-3）飞行试验成功，超燃冲压发动机工作时长为 240s，进一步验证了超燃冲压发动机的可行性[7-8]。

表 7-1　早期美国主要高速飞行器验证项目

时　间	任　务	型　号	机　构	研究成果
1993—2004 年	Hyper-X 计划	X-43A/B/C	美国国家航空航天局、波音公司和 MicroCraft 公司	验证了无人化低成本高速导弹/飞机、可回收运载火箭等关键技术的应用
2002—2009	HyFly 计划	HyFly	DARPA、美国海军研究实验室	第一次试飞测试了导弹与飞机的分离及基本的制导和控制功能。在 2005 年的第二次测试中，HyFly 的助推器将飞行器加速到大约 3 马赫以测试助推段的性能。随后几次试验未能达到预期的 6 马赫飞行速度目标
2003—2011 年	“猎鹰”计划	HTV-1 /2 /3	美国空军、DARPA	HTV-2 两次试飞均失败，但仍然收集了飞行器在 20 马赫下的飞行数据
2004—2013 年	HyTech 计划	X-51A	美国空军、DARPA、美国国家航空航天局、波音公司和普拉特·惠特尼公司	可以看作 Hyper-X 计划的延续，验证了碳氢超燃冲压发动机推进、乘波构型技术产生压缩升力、烧蚀材料耐热技术等独特的技术

图 7-2　X-43A 高速飞行器

图 7-3　X-51A“驭波者”高速飞行器

7.1.1.2 美国高速导弹武器系统级研发项目

美国投入了大量财政资金进行高速飞行器技术研究。为了尽快实现装备军队并形成高速打击能力，基于 20 世纪 70 年代桑迪亚实验室有翼能量再入飞行器实验项目中使用的双锥体飞行器，美国开发了三军通用高速滑翔体（Common-Hypersonic Glide Body，C-HGB），搭配不同的助推器来开发陆基/海基/空基高速导弹。其中，美国陆军负责开展通用滑翔体演示验证试验，依托早前的陆基先进高速武器(Advanced Hypersonic Weapon，AHW)项目开发 C-HGB，并发展了陆基远程高速武器（Long-Range Hypersonic Weapon，LRHW）[13]；美国海军负责开发适合通用滑翔体海基发射的助推器，并在常规快速打击（Conventional Prompt Strike，CPS）项目下发展相应的打击武器；美国空军在通用滑翔体的基础上，通过高速常规打击武器（Hypersonic Conventional Strike Weapon，HCSW）项目发展空射型高速打击武器，HCSW 集成了 C-HGB 的弹头和现有火箭发动机，以尽快实现系统研制。目前美国有 9 个公开的高速导弹武器系统级研发项目，如表 7-2 所示。下面对这 9 个项目依次进行介绍[9-12]。

表 7-2 目前美国有 9 个公开的高速导弹武器系统级研发项目

序号	项目名称	主管机构	属性	项目定位	备注
1	CPS	美国海军	型号	海基高速助推滑翔导弹	采用双锥外形 C-HBG 弹头，搭配不同的助推器
2	LRHW	美国陆军	型号	陆基远程高速助推滑翔导弹	
3	HCSW	美国空军	型号	空基高速助推滑翔导弹原型样机	
4	ARRW	美国空军	型号	空基高速助推滑翔导弹原型样机	型号 AGM-183A，基于单级弹道导弹技术方案；基于 TBG 弹头方案
5	HAWC	DARPA/美国空军	预研	战术级空基高速巡航导弹技术集成演示与验证	正在考虑海基改型
6	TBG	DARPA/美国空军	预研	战术级空基/海基高速助推滑翔导弹技术集成演示与验证	2018 年增加海基技术路线验证，基于 C-HBG
7	OpFires	DARPA	预研	战术级陆基机动式高速助推滑翔导弹技术集成演示与验证	重点关注射程和弹道可调的助推器及发射平台；基于 TBG 弹头方案
8	HACM	美国空军	型号	空射巡航导弹	HAWC 项目的延续
9	HALO	美国海军	型号	空射巡航导弹	初始作战能力预计在 2028 年实现

1. CPS 项目

CPS 项目源于常规快速全球打击（Conventional Prompt Global Strike，CPGS）项目，而 CPGS 项目源于美国国防部 2002 年提出的“猎鹰”计划。CPGS 项目重点支持 DARPA 和美国空军的高速技术飞行器（Hypersonic Technology Vehicle，HTV）项目，以及美国陆军的 AHW 项目。在 HTV 项目和 AHW 项目进展均不顺利的情况下，美国将研制潜射型中程高速助推滑翔导弹作为 CPGS 项目的发展方向，因此美国海军战略系统项目办公室接过 CPGS 项目的主导权。2015 年之后，在前期陆基 AHW 技术成果的基础上，海基 AHW 首架验证机 FE-1 先后完成了初始设计评审、关键设计评审和组装及验证。2017 年 5 月，美国国防部将 CPGS 项目更名为 CPS 项目；同年 10 月，FE-1 试飞成功，验证了飞行器的航电系统和子系统的微型化、制导与控制算法。2020 年 3 月，CPS 项目的第二架验证机 FE-2 飞行试验成功，测试了 C-HGB 的性能，击中了 3200km 外的目标，飞行速度达到 17 马赫，为美军高速武器的部署奠定了重要基础。

2. LRHW 项目

2019 年 8 月，美国正式退出《中导条约》，为陆基中程导弹的发展埋下了伏笔。随后，美国 2020 财年的预算中出现了 LRHW 项目。LRHW 项目旨在为陆军提供高速武器，增强反介入/区域拒止（A2/AD）能力。LRHW 射程在 2700km 以上，飞行速度大于 5 马赫，采用 C-HGB 弹头，由高机动战术卡车携带，一辆卡车可携带 2 枚 LRHW。美国高速武器正向着通用化、联动化、各军种紧密协同化的方向发展，以快速形成高速打击力量。

3. HCSW 项目

HCSW 项目由美国空军寿命周期管理中心主管，旨在研制一款采用固体推进剂发动机，通过 GPS 制导，并由战斗机或轰炸机发射的高速导弹，主要用于在 A2/AD 环境下对敌人部署在地面或海面的高价值时敏目标进行快速精确的打击。

4. ARRW 项目

空射快速响应武器（Air-Launched Rapid Response Weapon，ARRW）项目于 2018 年由美国空军公布，旨在研发一款飞行速度最快 20 马赫、射程达近 1000km 的高速滑翔原型弹。ARRW 采用 TBG 项目的研究成果，如气动力/热分析、热防护材料、制导与控制算法、软件代码等，以缩短研发周期。在多次测试失败后，该项目于 2023 年 3 月被取消。

5. HAWC 项目

2012 年，美国空军开始推进高速打击武器（High Speed Strike Weapon，HSSW）项目，目标是为研制空射型吸气式高速导弹提供技术支持。2013 年，美国空军将 HSSW 项目改名为 HAWC 项目，并与 TBG 项目合并形成新的 HSSW 项目。至此，HSSW 项目由最初的发展吸气式导弹项目扩展为发展吸气式与助推滑翔式并进的高速导弹项目。HAWC 延续了 X-51A 的成果，采用吸气式超燃冲压发动机，其机体布局和控制面布局与 X-51A 相仿，速度为 4～6 马赫，射程在 1000km 以上，可以作为反舰/航母武器，是美国空军/海军未来对地/海的主要打击武器。HAWC 采用隐身技术将隐蔽性与高速性相结合，以提高战略打击能力，从而进一步增强美国的全球战略威慑能力。

6. TBG 项目

TBG 项目是 DARPA 和美国空军联合开发的一个项目，致力于开发和演示一种支持未来空射高速助推滑翔系统的技术。在助推滑翔系统中，火箭将其有效载荷加速到高速。然后有效载荷与火箭分离，在没有动力的情况下滑翔到目的地。TBG 导弹外形与 HTV-2 相似，是 HTV-2 的后继项目，采用升力体构型，依靠火箭发动机把弹头推至高速，通过无动力滑翔打击目标，利用机动飞行躲避反导系统的拦截。TBG 导弹飞行速度约为 5 马赫，射程 1000km，采用高速滑翔战斗部。考虑到兼容性，TBG 导弹后续将与美国海军垂直发射系统集成。目前，TBG 导弹已进入试验阶段，2019 年 3 月，TBG 导弹发动机助推可靠性得到验证。同年 6 月，B-52H 战略轰炸机装载 TBG 导弹模型完成了飞行测试。

7. OpFires 项目

2018 年，DARPA 推出了“作战火力”（Operational Fires，OpFires）项目。OpFires 是基于 TBG 项目成果的地面高速发射系统，将研发一种可适应多种战斗方式、与多型号弹头兼容的新型助推器，从而实现快速部署、一投多送的战略目的，以补充美国陆军在有效射程方面的不足。OpFires 推进系统由两级组成，第一级为现有技术成熟的固体火箭发动机，第二级为重点研发的推力可调发动机。目前，OpFires 项目分 3 个阶段交互进行，第一、二阶段主要对推力可调发动机、混合推进剂等推进系统的技术进行研究，第三阶段主要完成系统集成和飞行试验等工作。

8. HACM 项目

高速攻击巡航导弹（Hypersonic Attack Cruise Missile，HACM）项目是一个超燃冲压发动机驱动的高速空射巡航导弹项目，是 HAWC 项目的延续。该项目将使用诺斯罗普·格鲁曼公司的超燃冲压发动机。HACM 比 AGM-183 更小，能够沿着与 AGM-183 截然不同的轨迹飞行。随着美国空军在 2023 年 3 月决定不再采购 ARRW，HACM 成为美国空军唯一的高速武器项目。尽管美国空军确认不会在 2024 财年购买任何高速武器，但 2025 财年依然拟议了 5.17 亿美元的预算。

9. HALO 项目

高速空射进攻性（Hypersonic Air Launched Offensive，HALO）反水面导弹是一种为美国海军开发的高速空射反舰导弹。它的设计目的是提供比AGM-158C LRASM更强的反水面作战能力，并有望与F/A-18E/F“超级大黄蜂”兼容，初始作战能力预计在2028年实现。2023年3月28日，美国海军航空系统司令部授予雷声导弹与防御公司和洛克希德·马丁公司一份价值1.16亿美元的合同用于支持研发HALO项目，合同定于2024年12月开始。

另外，美国在高速飞机方面也发展迅速。2013年11月，洛克希德·马丁公司宣布开始研制 SR-72 高速飞行器，并提出了在 2018 年开始工程化研制、2023年首飞、2030年投入服役的计划。2020年3月，美国平流层发射系统公司公布了Talon-A和Talon-Z两型高速飞行试验平台的最新布局规划，Talon-A高速飞行试验平台通过载机发射速度可达5～7马赫，2021年完成了Talon-A高速飞行试验平台关键设计审查[14]。2024年，该公司宣布TA-1测试飞行器的首次动力飞行试验成功。

7.1.2 俄罗斯高速飞行器发展概述

早在20世纪80年代，苏联就先后开展了“冷计划”“鹰计划”“彩虹-D2计划”“针计划”等高速计划。随着苏联的解体，俄罗斯经济衰退，高速计划的研究步伐逐步放缓。近年来，俄罗斯重新启动高速计划，并取得了重大进展，其中“匕首”（Kinzhal）导弹、“锆石”（Zircon）导弹和“先锋”（Avangard）导弹3个型号是典型代表[15]。

“匕首”（代号Kh-47M2），北约代号AS-24“扫兴者”，是一款空射型高速弹道导弹，由陆基伊斯坎德尔导弹系统（9M723弹道导弹）改进而来，可以携带常规弹头或核弹头，由图-22M3轰炸机、米格-31K截击机或改进型苏-34战斗轰炸机发射。“匕首”导弹于2017年12月服役，最快飞行速度达10马赫，射程超过2000 km[16]，采用对称圆柱式气动布局。2020年1月，在俄罗斯北方舰队军事演习中，一枚“匕首”导弹命中了2000km外的靶船，这一结果证明了“匕首”导弹的战略打击能力和技术成熟度不断增强。在俄乌冲突期间，俄罗斯军方声称于2022年3月18日使用“匕首”导弹摧毁了乌克兰武装部队在Deliatyn的地下武器库，第二天又摧毁了康斯坦丁诺夫卡的一个燃料库。2023年10月，普京命令俄罗斯航空航天部队开始用装备有“匕首”导弹的米格-31K截击机在黑海地区进行永久巡逻。

“锆石”（代号3M22），北约代号SS-N-33，是一款新型高速反舰巡航导弹，机身为乘波体构型，采用超燃冲压发动机推进系统[17]，并且具备装载核弹头的能力，最快飞行速度达到 9 马赫，射程可达 1000km。“锆石”导弹不仅可以在垂直方向上机动，还可以在水平方向上机动，这使它更难以被发现和拦截。2016 年，“锆石”导弹首次试射成功，速度达到 6 马赫，验证了关键技术的可靠性。2020 年 1 月，“戈尔什科夫元帅”号护卫舰首次试射“锆石”导弹，精确地打击了 500km 外的一个陆地目标，验证了其射程、准确性和速度方面的优越性能。同年 7 月，俄罗斯国防部声明“锆石”导弹舰艇试验已接近尾声。2021 年，俄罗斯国防部宣布“锆石”导弹的水面、水下试射取得成功。2022 年，“锆石”导弹装备俄海军，被部署于水面舰艇与核潜艇等海基发射平台。2024 年，在俄乌冲突中，俄方使用“锆石”导弹对乌方境内目标进行了打击。

“先锋”（代号 15Yu-71）是一款战略级高速滑翔机动导弹，采用两级火箭发动机，其弹头为俄罗斯 4202 项目下 Yu-71 高速滑翔飞行器的打击弹头。该弹头由特殊的复合材料制作，可承受 2000℃以上的高温并能保护弹头承受激光武器照射，现已经成功解决了高速飞行器的控制问题，在高温等离子环境下可实现弹头长期可控飞行。“先锋”导弹飞行速度可达 20 马赫，采用机动性能高的大后掠翼扁平高升阻比气动布局，可实现水平/垂直方向机动飞行，可绕过导弹防御系统，还可携带核弹头。在 2018 年 12 月的测试中，“先锋”导弹的最快速度达到 27 马赫，精确命中了 6200km 以外的目标[9]。2019 年 12 月 27 日，第一支装备“先锋”导弹的导弹团正式进入战斗值班。

7.1.3　中国高速飞行器发展概述

中国高速飞行器的研究在 2000 年以前主要集中在基础层面，如超燃冲压发动机、热防护、气动布局、飞行控制、一体化设计等。2002 年，中国国家自然科学基金委员会专门制订了“空天飞行器的若干重大基础问题”重大研究计划，围绕空天飞行器研究中的重要科学问题，通过多学科交叉研究，增强航天航空飞行器研究的源头创新能力，为空天飞行器的发展奠定技术创新的基础。2007 年，中国国家自然科学基金委员会又制订了“近空间飞行器的关键基础科学问题”重大研究计划，其科学目标以 30 ~ 70km 中层近空间的高速远程机动飞行器涉及的关键基础科学问题为核心。

在基础研究的有力支撑下，中国正在开展高速飞行器的研究工作。据《科技日报》报道，2012 年 9 月 3 日，中国在北京郊区建成了 9 马赫的 JF12 高速激波风洞，这是测试高速飞行器空气动力模型必需的设备。根据《2012—2013 航天科学技术学科发展报告》，中国在 2012 年首次实现了轴对称式高速飞行器成功试飞，飞行高度超过 20km，飞行速度高于 5 马赫，初步验证了吸气式超燃冲压发动机及飞行器的制导与控制技术。2014 年 1 月，中国进行了搭载“DF-21”

型准中程弹道导弹的“DF-ZF”（东风-ZF：WU-14）高速滑翔飞行器的飞行试验活动。2018 年 5 月，在北京某展览会上，中国公开亮相了一款“临近空间高速通用试飞平台”。2019 年 10 月 1 日，在国庆阅兵式战略打击方队中亮相的 DF-17 导弹，标志着中国在高速武器方面走在了世界前列。2022 年 7 月 4 日，由西北工业大学航天学院空天组合动力创新团队牵头研制的“飞天一号”火箭冲压组合动力在西北某基地成功发射，在国际上首次验证了煤油燃料火箭冲压组合循环发动机火箭/亚燃、亚燃、超燃、火箭/超燃的多模态平稳过渡和宽域综合能力，突破了热力喉道调节、超宽包线高效燃烧组织等关键技术，此次飞行试验圆满成功。

7.1.4 其他国家高速飞行器发展概述

除了美国、俄罗斯和中国，世界其他各国也在加速开展高速飞行器的相关研究[18]。德国在高速飞行器的研究中一直处于举足轻重的位置。德国著名航空科学家路德维希·普朗特于 1904 年提出边界层理论，开启了空气动力学研究。普朗特在低速翼型升力的基础上创立了考虑可压缩性的修正算法，为超声速/高速飞行研究奠定了理论基础。德国资助的桑格尔团队研制出了再生冷却液体推进剂火箭发动机，继而提出在充分利用冲压发动机推力的前提下，控制飞行器在大气层边缘进行水漂式运动，从而实现高速飞行，并由此启动了“银鸟”的试制工作。进入 21 世纪，德国借助欧盟的国际合作平台，主导开展了锐边飞行试验（Sharp Edge Flight Experiment，SHEFEX）项目、亚轨道飞行器（SpaceLiner）、欧洲再入试验台（European Experimental Re-entry Testbed，EXPERT）、高速试验飞行器-国际（High-Speed Experimental Fly Vehicles-International，HEXAFLY-INT）项目等，并在涡轮基组合循环（Turbine-based Combined Cycle，TBCC）发动机、可重复使用火箭发动机的研究方面取得了阶段性成果。其中，德国航空航天中心的 SHEFEX 项目以降低载人航天器的使用成本、改善其空气动力学性能为目标，重点研究 SHEFEX 飞行器的气动、结构及热力学性能。2005 年 10 月，SHEFEX 项目的第一次试验在挪威北部的 Andøya 火箭发射场进行并实现了成功发射。SHEFEX-2 于 2012 年再次在 Andøya 火箭发射场成功发射。该任务侧重于使用可控鸭翼的高速飞行控制，并包括对新热防护系统概念的试验。SHEFEX-2 的最快飞行速度达到 11 马赫，成功经受了 2500℃的高温考验，同步采集了大量数据，目前正在开展 SHEFEX-3 的研究工作[19]。

法国于 2019 年 1 月宣布开展高速武器项目，该项目被命名为 V-MaX，由法国亚力安集团与法国军备总局联合研制，目标是研发一款速度超过 5 马赫的高速滑翔器。V-MaX 可能以海军应用为特色，预计部署于法国海军水面舰艇或打击海上移动目标。2023 年 6 月 26 日，V-MaX 在法国西南部的法国军备总局导弹试验场进行了测试。据法国军备总局称，在发射的火箭上携带了 V-MaX 演示验证机。另外，法国军备总局还于 2019 年 3 月公开表示，将对在研的 ASN4G 导弹进行升级，使其发展成为一款速度可达 8 马赫、射程可达 1000km 的高速导弹，以取代法国现役的 ASMP-A 空射核导弹。

印度有两个高速导弹项目，分别是布拉莫斯-2（BrahMos-II）和高速技术演示飞行器（Hypersonic Technology Demonstrator Vehicle，HSTDV）[20]。布拉莫斯-2 项目是印度与俄罗斯联合开展的，其目标是研制一款飞行速度可达 7 马赫、作战半径可达 450km 的高速导弹。根据相关报道，布拉莫斯-2 导弹将采用与俄罗斯的"锆石"高速反舰巡航导弹相同的发动机和推进技术，弹体、制导系统、控制系统则由印度自行研发。HSTDV 项目是印度国防研究与发展组织于 2005 年发起的，旨在研制一款超燃冲压发动机验证器，为后续发展高速反舰巡航导弹验证关键技术。印度于 2005 年完成了 HSTDV 弹体和发动机框架的构造设计，随后在英国、以色列、俄罗斯等国的帮助下进行了多次风洞测试，并于 2019 年 6 月进行了首次飞行试验，结果由于运载 HSTDV 的烈火-1 导弹并未达到预定的试验高度和速度而导致飞行试验失败。2020 年 9 月 7 日，印度国防研究与发展组织在惠勒岛的发射中心用固体助推器成功发射了 HSTDV，飞行器在 30km 高度实现有效载荷整流罩分离，随后巡航舱段分离，进气打开，完成了燃油喷射和自动点火。在持续高速燃烧 20s 后，飞行器达到了接近 2km/s 的速度。这次试飞验证了飞行器的气动外形、超燃冲压发动机在高速下的点火和持续燃烧、分离机制和特征热结构材料。

日本于 2018 年启动了高速滑翔导弹和高速巡航导弹关键技术研究项目。其中，高速滑翔导弹项目是 2017 年岛屿防卫高速滑翔导弹技术研究项目的延续。计划分两个阶段发展高速滑翔导弹：第一阶段采用圆锥形弹头，预计在 2026 财年投入使用；第二阶段采用升阻比更大的较平坦的爪形弹头。该导弹定位为岛屿间攻击，作战概念图显示其采用陆基发射。高速巡航导弹旨在研发可长时间运行的弹用超燃冲压发动机技术和集成先进部件技术，兼顾包含发动机进气道在内的飞机/发动机一体化外形设计技术，以及长时间巡航所需的弹体局部耐热材料结构技术等[20]。

7.2 高速飞行器导航系统概述

7.2.1 高速飞行器导航算法对比

针对不同的高速飞行器捷联式惯导系统，各国学者采用了多种导航参考坐标系来设计高速导航算法[21-24]。研究航空飞行器的学者乐于采用航空体系下的导航坐标系作为高速飞行器的参考坐标系，如当地水平坐标系；研究航天飞行器的学者乐于采用航天体系下的导航坐标系作为高速飞行器的参考坐标系，如发射惯性坐标系。一般认为，航空和航天两个领域的捷联式导航算法均是为适应各自领域的应用而设计的，两者互不相关。下面以导航参考坐标系为脉络，介绍不同导航坐标系的研究和应用情况，包括地心惯性坐标系（Earth-Centered Inertial Frame，ECI）、当地水平坐标系（Local-Level Frame，LLF）、地心地固坐标系（Earth-Centered Earth-Fixed Frame，ECEF）、发射惯性坐标系（Launch-Centered Inertial Frame，LCI）。其中，地心惯性坐标系、当地水平坐标系和地心地固坐标系属于航空体系下的导航坐标系；发射惯性坐标系属于航天体系下的导航坐标系。

7.2.1.1 以地心惯性坐标系为导航坐标系

空间中保持静止的或匀速直线运动的坐标系为惯性系，所有的惯性仪表在测量轴方向的测量结果都是相对于惯性系的，因此地心惯性坐标系常被当作导航坐标系用来进行导航解算。

1983 年，学者 Liang 等发表了一篇报告[25]，报告提出了两种捷联式导航算法，一种是在地心惯性坐标系下实现的，另一种是在当地水平坐标系下实现的。作者在报告中详细介绍了将地心惯性坐标系作为导航坐标系的相关问题，包括推导地心惯性坐标系中的捷联式惯导机械化方程、重力模型，以及地心惯性坐标系下的姿态/速度/位置计算、科氏力修正等。

2010 年，学者母方欣等针对高速飞行器在地心惯性坐标系下的组合导航算法进行了研究。作者以高速飞行器为对象，建立了地心惯性坐标系下卫星/惯性组合导航模型，仿真得到了较好的位置和速度信息、适中的姿态精度信息，验证了以地心惯性坐标系作为高速飞行器的导航坐标系实现导航解算的有效性[26]。2012 年，学者 Steffes 以 SHEFEX-2 高速飞行器为对象，研究了地心惯性坐标系下的实时捷联式导航算法，实时导航算法使用延迟误差状态扩展卡尔曼滤波器融合惯性测量单元、GPS 接收机和星跟踪器的数据[27]。该导航算法采用两部分方案，既分散了工作量，又满足了实时性要求。通过实时仿真，该算法优异的导航性能和计算性能得到了验证。

7.2.1.2 以当地水平坐标系为导航坐标系

当地水平坐标系又叫地理坐标系，其 3 个坐标轴分别指向东、北、天方向，在当地水平坐标系下求解的姿态角（俯仰角、滚转角、偏航角）直观可用，符合人们的使用习惯，因此通常将当地水平坐标系作为导航坐标系。1969 年，美国学者 Britting 先后发表了两篇论文[21-22]，在文献[21]中，作者定义了地理坐标系（当地水平坐标系），并给出了地理坐标系下的惯导机械编排和导航方程，对以当地水平坐标系作为导航坐标系做了系统的介绍；在文献[22]中，作者将地理坐标系作为导航坐标系，讨论了方向余弦更新、对准技术和仪器冗余，并且分析了地理坐标系下捷联式惯导机械编排的误差来源和摄动误差分析，证明了在地理坐标系下的捷联式惯导误差方程和平台惯导误差方程是一致的，最后讨论了福柯模式对解析解有效性的影响。Britting 将当地水平坐标系作为导航坐标系，进行了一系列相关问题的研究，产生了很多研究成果。1971 年，Britting 在其著作中又详细介绍了当地水平坐标系的捷联式惯导机械编排方程和误差方程等 [28]。

学者 Liang 等还提出了在当地水平坐标系下实现的捷联式导航算法。两人给出了用于在当地水平坐标系下进行导航解算的重力模型，给出了方向余弦矩阵、四元数的更新方法和初始化方案，推导当地水平坐标系下的捷联式惯导机械编排方程。通过对比当地水平坐标系和地心惯性坐标系下的导航结果，进一步验证了在当地水平坐标系下实现捷联式导航算法的可行性[25]。

此后，人们对在当地水平坐标系下实现捷联式导航算法有了越来越多的研究。1985 年，袁信等对地心惯性坐标系和当地水平坐标系下的导航方程做了详细推导[29]。1998 年，董绪荣等以地心惯性坐标系下的导航方程为基础，推导出了地心地固坐标系下的导航方程，继而推导出了当地水平坐标系下的导航方程，并且推导了地心惯性坐标系、地心地固坐标系和当地水平坐标系下的误差方程，给出了 3 个坐标系下的组合导航方程[30]。

对于当地水平坐标系在高速飞行器导航系统中的应用，2015 年南京航空航天大学的 Yu 等研究了以东北天当地水平坐标系作为导航坐标系实现高速飞行器的导航算法[31]；美国 X-43A 高速飞行器也采用了当地水平坐标系下的导航算法。

7.2.1.3　以地心地固坐标系为导航坐标系

地心地固坐标系简称地心坐标系，是固定在地球上与地球一起旋转的坐标系，在导航领域的很多应用场景中，使用地心地固坐标系来表示结果会很方便，如使用 GPS/INS 融合导航系统进行航空测量和遥感。在这一场景中，图像坐标是在地心地固坐标系下给出的，此时 GPS/INS 融合导航系统的空间坐标也是在地心地固坐标系下给出的。因此，以地心地固坐标系为导航坐标系也是一个重要的研究方向。1990 年，加拿大卡尔加里大学的学者 Wei 等详细推导了地心地固坐标系下的捷联式惯导微分方程、误差方程及融合导航方程，并与采用当地水平坐标系进行模型构建的导航算法进行了比较，还给出了在地心地固坐标系下进行导航所要使用的参考重力模型的推导和该模型的数值有效计算公式，对以地心地固坐标系为导航坐标系的情形建立了系统的方案[32]。在对高速飞行器导航坐标系的研究中，国防科技大学的 Yang 等选择地心地固坐标系作为导航坐标系，研究了高速飞行器无陀螺仪 INS/GPS/CNS 融合导航算法，并通过仿真验证了在地心地固坐标系下这种导航算法可以满足具有高动态、高机动和大加速度特性的高速飞行器的导航要求。

7.2.1.4 以发射惯性坐标系为导航坐标系

由于高速助推滑翔飞行器通常采用垂直发射方式，其助推弹道与运载火箭的弹道特点相似，采用发射惯性坐标系作为高速飞行器的导航坐标系更有优势，因此发射惯性坐标系也常被用作导航坐标系。发射惯性坐标系属于航天体系下的坐标系，如用作运载火箭等航天器的导航坐标系。中国三江航天集团设计所的蒋金龙等提出了在发射惯性坐标系下将位置与速度组合的捷联式惯性导航系统（Strapdown Inertial Navigation System，SINS）/GPS 融合导航算法，推导了发射惯性坐标系下的惯导一阶误差传播方程，建立了该坐标系下 SINS/GPS 融合导航系统的状态方程和量测方程，并进行了相关数学仿真验证[33]。上海宇航系统工程研究所的邱伟等研究了发射惯性坐标系下的 SINS/GPS 融合导航系统，给出了 SINS/GPS 融合导航系统的组成，建立了速度与位置等状态模型及卡尔曼滤波模型，采用速度、位置反馈修正[34]。上海航天技术研究院的张卫东等研究了一种发射惯性坐标系下可用于运载火箭的 SINS/GNSS 捷联式惯导算法[35]。

7.2.2 高速飞行器导航系统分析

飞行控制系统所需要的位置、速度、姿态、过载、角速度等信息都来自导航系统。因此，导航系统的性能直接影响飞行控制系统的控制性能。由于高速飞行器飞行速度快，较小的导航误差会引发较大的累积偏差。适用于高速飞行器的导航系统一般应具有如下特点[36]。

（1）全球覆盖。高速飞行器有全球到达的特点，导航系统必须能够全球覆盖。

（2）精度高，稳定性好。高速飞行器具有飞行速度快和动态范围大的特点，必须具有精度高和稳定性好的导航系统。

（3）信息全。高速飞行器的导航系统必须能够提供高精度的时间、姿态、位置、速度、比力、角速度、攻角和侧滑角等信息。

（4）更新率高。高速飞行器机动性强，导航系统必须具有高更新率，从而保障连续的导航飞行精度。

（5）抗干扰、抗欺骗和抗摧毁。高速飞行器在军事政治领域影响巨大，因此只有具有抗干扰、抗欺骗和抗摧毁能力，才能避免造成损失。

（6）自主导航。高速飞行器飞行距离远，飞行环境复杂，导航系统必须具有高自主能力，才能够应对复杂的环境。

SINS 是一种将加速度计和陀螺仪刚性固联在载体上，为载体提供姿态、速度、位置、比力和角速度等导航信息的惯导系统。SINS 具有导航信息全、自主性高、连续性好、更新率高等优点，已广泛应用于航天、航空、航海及陆地导航等领域。但 SINS 的导航误差会随时间累积。GNSS 是一种能在地球表面或近地空间的任何地点为用户提供全天候的三维位置、速度及时间信息的空基无线电导航定位系统。GNSS 具有全球全天候定位授时的能力，在地球上任意时刻、任意位置都可以观测到 4 颗以上有效卫星，确保进行长时间较高精度的导航定位授时。但 GNSS 也存在易受外界干扰、动态性能差的缺点。SINS/GNSS 融合导航系统能够充分发挥 SINS 和 GNSS 的优势，利用长时间较高精度的卫星导航信息对 SINS 进行校正，利用 SINS 的短时高精度特点克服卫星接收机易受外界环境影响导致定位误差增大的缺点。

在各国的高速飞行器研制和试验中，导航系统均采用了以 SINS 为主的融合导航方案[37]。表 7-3 列出了各国具有代表性的高速飞行器导航系统，可以看出，融合导航系统是高速飞行器的主要导航形式。

表 7-3　各国具有代表性的高速飞行器导航系统

国　家	高速飞行器型号	导航系统
美国	X-43A	GPS/INS
美国	X-51A	IMU/GPS
美国	HTV-2	IMU/GPS
美国	HyFly	IMU/GPS/数据链
美国	FastHawk	INS/GPS
美国	HCSW	INS/GPS
俄罗斯	“针计划”试验飞行器	IMU/GNSS
德国	SHEFEX-2	IMU/GPS/CNS
印度	布拉莫斯-2	IMU/GPS

在高速飞行器导航系统的选型或研制中，有两种具有代表性的高速飞行器导航系统。第一种是 X-43A 采用的 Honeywell 公司的 H-764 嵌入式 GPS/INS 融合导航产品，如图 7-4 所示。X-43A 的飞控计算机与 SLAM-ER 防区外导弹相同，即采用成熟的货架产品，这些产品在其他型号上都有成功的应用。融合导航系统可以在 GPS 受到干扰的环境下为高速飞行器提供精确的任务信息。H-764 嵌

图 7-4 H-764 嵌入式 GPS/INS 融合导航产品

入式 GPS/INS 融合导航系统的位置精度的球概率误差小于 10m，速度的均方根误差小于 0.05m/s。在仅使用惯导系统时，H-764 嵌入式 GPS/INS 融合导航系统的圆概率误差小于 1.5km/h，速度的均方根误差小于 1.0m/s。

第二种是 SHEFEX-2 采用的自主研制路线。为了提高姿态精度，将 IMU、GPS 和星跟踪器集成在一起，称为混合导航系统（Hybrid Navigation System，HNS），如图 7-5 所示。用于 SHEFEX-2 的星跟踪器采用低成本、低精度的产品，能够以有限的误差和低速率测量飞行器相对于恒星的姿态。使用一系列图像处理、恒星质心和恒星识别技术来计算估计的姿态。SHEFEX-2 于 2012 年 6 月 22 日从挪威的 Andøya 火箭发射场发射，飞行持续了大约 485s，直到遥测信号丢失。在此期间，HNS 提供了稳定的导航信息。这次飞行证明了根据 IMU 和 GPS 的测量结果在高海拔和高速度下进行实时导航是一种有效的解决方案。

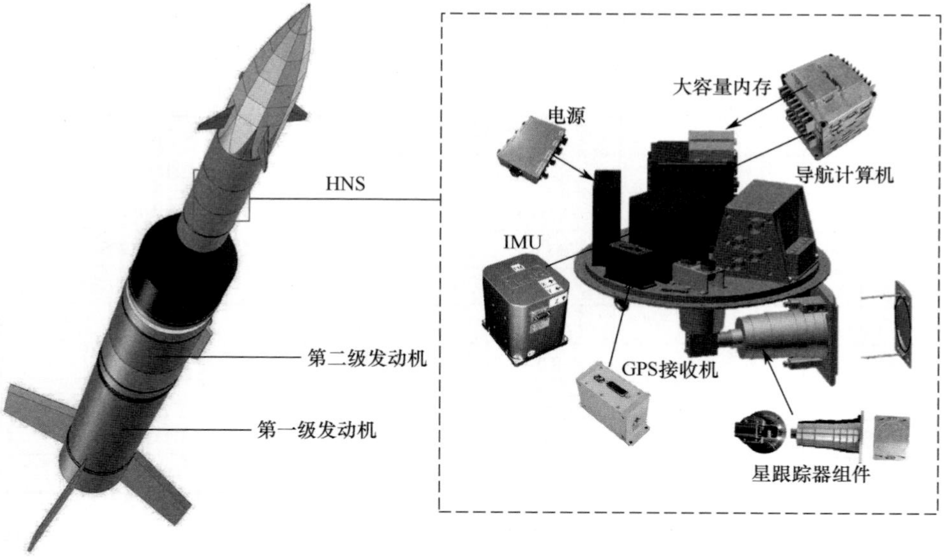

图 7-5 SHEFEX-2 采用的混合导航系统[38]

SHEFEX 2 混合导航系统的相关供应商如下。导航计算机采用 RTD 公司的货架产品 PC/104 嵌入式计算机；IMU 为 iMAR 公司的 iIMU-FCAI-MDS，其主要技术指标如表 7-4 所示；GPS 接收机采用 Phoenix 公司的 Phoenix-HD；星跟踪器采用 Prosilica 公司的 CCD 相机，用于飞行姿态测量，不进入控制系统环节[27]。

表 7-4　iIMU-FCAI-MDS 惯性测量单元技术指标

指　标	陀螺仪（1σ）	加速度计（1σ）
漂移	$1°/h$	$2\times10^{-3}g$
零漂稳定性	$<0.03°/h$	$<50\times10^{-6}g$
刻度因数误差	300×10^{-6}	1500×10^{-6}
线性度	$<300\times10^{-6}$	$<300\times10^{-6}$
失准角	$<5\times10^{-4}$ rad	$<5\times10^{-4}$ rad
随机游走系数	$0.03°/\sqrt{h}$	$<50\times10^{-6}g/\sqrt{Hz}$

7.2.3　高速飞行器导航特点分析

本节以 HTV-2 助推滑翔飞行器为例对高速助推滑翔飞行器的导航特点进行分析。HTV-2 是美国“猎鹰”计划的产物，最快飞行速度超过 20 马赫，使用“牛头怪”IV 型运载火箭发射。其飞行阶段主要包括发射段、自由弹道段、弹道再入段、爬升段和滑翔段等，具有垂直起飞和水平滑翔的特点，如图 7-6 所示[5]。在发射段，由“牛头怪”IV 型运载火箭将 HTV-2 加速至临近轨道速度。HTV-2 在自由弹道段升高至约 140km 高度后转入弹道再入段，随后进入爬升段，进行机动爬升，爬升后进入滑翔段。

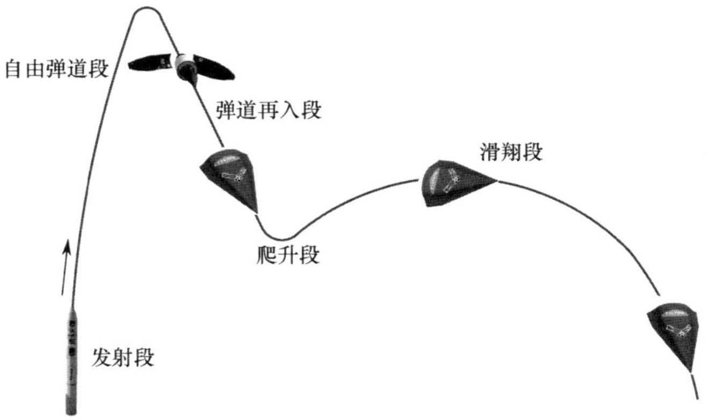

图 7-6　HTV-2 飞行阶段

从飞行阶段来看，发射段、自由弹道段、弹道再入段、爬升段属于航天领域的飞行轨迹，控制系统需要使用航天体系下的导航数据进行飞行控制，通常在发射惯性坐标系下进行导航制导控制。而在滑翔段，高速飞行器沿着地球表面飞行，以地球表面作为参考，属于航空领域的飞行轨迹，控制系统需要使用航空体系下的导航数据进行飞行控制，通常在当地水平坐标系下进行导航制导控制。可见，高速飞行器具有火箭助推起飞和水平滑翔的特点，具有航天和航空双重飞行控制和导航需求。目前，助推火箭和滑翔飞行器各自采用独立的飞行控制系统，涉及航天和航空两种体系的飞控与导航系统，采用助推火箭和滑翔飞行器接力方式，分别进行导航和控制，没有采用同一套导航系统进行全程导航。从系统设计角度来看，应该采用同一套系统实现从助推滑翔到落地的全程导航和控制。

发射惯性坐标系用来描述弹道导弹、运载火箭等航天器的姿态和位置，适用于垂直发射，有利于飞行器入轨后的轨道计算，不适合描述飞行器与地面的相对关系；当地水平坐标系用来描述运载器在近地运动中的姿态和位置，不适合垂直发射。两者都不能同时满足高速助推滑翔飞行器的导航需求。发射坐标系在发射瞬间与发射惯性坐标系重合，可以满足助推火箭垂直发射的导航需求；发射坐标系又与地球固连，可以满足在滑翔段的导航需求。因此，选择发射坐标系作为高速助推滑翔飞行器的导航坐标系是有利的。目前，研究发射坐标系导航的相关理论和应用较少。发射坐标系与地球固联，其导航信息以地球上固定的发射点为参考，与发射惯性坐标系的导航参数相比，更便于直观描述和理解。大多数地面发射飞行器的飞控系统所需的导航数据也是发射坐标系下的，因此使用发射坐标系作为导航坐标系有利于导航系统和飞行系统之间的信息传输。

参考文献

[1] 马旭光，桂晓明，张颖. 临近空间飞行器及其军事应用分析[J]. 无线互联科技，2016（5）：137-138.

[2] WILKENING D. Hypersonic weapons and strategic stability[J]. Survival, 2019, 61(5): 129-148.

[3] ACTON J M. Hypersonic boost-glide weapons[J]. Science & Global Security, 2015, 23(3): 191-219.

[4] 田宏亮. 临近空间高超声速武器发展趋势[J]. 航空科学技术，2018，29（6）：1-6.

[5] WALKER S, SHERK J, SHELL D, et al. The DARPA/AF falcon program: the hypersonic technology vehicle# 2 (HTV-2) flight demonstration phase[C]// 15th AIAA International Space Planes and Hypersonic Systems and Technologies Conference. Dayton: AIAA Press, 2008: 2539.

[6] 占云. 高超声速技术（HyTech）计划[J]. 飞航导弹，2003（3）：43-49.

[7] 叶喜发，张欧亚，李新其，等. 国外高超声速巡航导弹的发展情况综述[J]. 飞航导

弹，2019（2）：65-68.

[8] HANK J, MURPHY J, MUTZMAN R. The X-51A scramjet engine flight demonstration program[C]//15th AIAA International Space Planes and Hypersonic Systems and Technologies Conference. Dayton: AIAA Press, 2008: 2540.

[9] 李思冶，查柏林，王金金，等. 美俄高超声速武器发展研究综述[J]. 飞航导弹，2021（3）：31-37.

[10] 鲁娜，房濛濛. 高超声速飞行器控制技术研究进展综述[J]. 飞航导弹，2019（12）：16-21，62.

[11] 张灿，林旭斌，刘都群，等. 2019 年国外高超声速飞行器技术发展综述[J]. 飞航导弹，2020（1）：16-20.

[12] 张灿，刘都群，王俊伟. 2020 年国外高超声速领域发展综述[J]. 飞航导弹，2021（1）：12-16.

[13] 王冠，尹童，曹颖. 国外高超声速武器攻防发展态势研究[J]. 现代防御技术，2022，50（2）：26-32.

[14] 王俊伟，刘都群，张灿. 2021 年国外高超声速领域发展综述[J]. 战术导弹技术，2022（1）：29-37.

[15] 刘薇，龚海华. 国外高超声速飞行器发展历程综述[J]. 飞航导弹，2020（3）：20-27，59.

[16] 宋巍，梁轶，王艳，等. 2018 年国外高超声速技术发展综述[J]. 飞航导弹，2019（5）：7-12.

[17] 范月华，高振勋，蒋崇文. 美俄高超声速飞行器发展近况[J]. 飞航导弹，2018（11）：25-30.

[18] 郑义，韩洪涛，王璐. 2020 年国外高超声速技术发展回顾[J]. 战术导弹技术，2021（1）：38-43，106.

[19] 王刚，娄德仓. 德国高超声速技术发展历程及动力系统研究[J]. 航空动力，2020（5）：21-26.

[20] 王毓龙，赖传龙，陈东伟. 高超声速导弹发展现状及作战运用研究[J]. 飞航导弹，2020（7）：50-55.

[21] BRITTING K R. Strapdown navigation equations for geographic and tangent coordinate frames[R]. Cambridge: Massachusetts Institute of Technology, 1969.

[22] BRITTING K R. Error analysis of strapdown and local level inertial systems which compute in geographic coordinates[R]. Cambridge: Massachusetts Institute of Technology, 1969.

[23] JORDON J. An accurate strapdown direction cosine algorithms[R]. Washington: NASA, 2001.

[24] HAEUSSERMANN W. Description and performance of the Saturn launch vehicle's navigation, guidance, and control system[J]. IFAC Proceedings Volumes, 1970, 3(1): 275-312.

[25] LIANG D, JOHNSON R. Strapdown navigation algorithms implemented in the inertial and geographic frames[R]. Ottawa (Ontario): Defence Research Establishment, 1983.

[26] 母方欣，季梅，张臻鉴. 高超声速飞行器组合导航算法[J]. 航空计算技术，2010，40（5）：55-58.

[27] STEFFES S. Real-time navigation algorithm for the SHEFEX2 hybrid navigation system experiment[C]// AIAA Guidance, Navigation, and Control Conference. Dayton: AIAA Press, 2012: 4990.

[28] BRITTING K R. Inertial navigation systems analysis[M]. Norwood: Artech House Publishers, 2010.

[29] 袁信，郑谔. 捷联式惯性导航原理[M]. 北京：国防工业出版社，1985.

[30] 董绪荣，张守信，华仲春. GPS/INS 组合导航定位及其应用[M]. 长沙：国防科技大学出版社，1998.

[31] YU Y J, XU J F, XIONG Z. SINS/CNS nonlinear integrated navigation algorithm for hypersonic vehicle[J]. Mathematical Problems in Engineering, 2015(2015): 1-7.

[32] WEI M, SCHWARZ K. A strapdown inertial algorithm using an earth-fixed cartesian frame[J]. Navigation, 1990, 37(2): 153-167.

[33] 蒋金龙，穆荣军，王刚，等. GPS/SINS 组合导航系统在运载火箭中的应用[J]. 中国惯性技术学报，2007，15（4）：442-444.

[34] 邱伟，王立扬，司成，等. SINS/GNSS 卡尔曼滤波组合导航技术在运载火箭上应用研究[J]. 上海航天，2016，32（B05）：66-70.

[35] 张卫东，邱伟，毛承元，等. 一种可用于运载火箭的 SINS/GNSS 自主导航方案[J]. 中国惯性技术学报，2017，25（1）：52-56.

[36] 陈凯，刘尚波，沈付强. 高超声速助推-滑翔飞行器组合导航技术[M]. 北京：中国宇航出版社，2021.

[37] 陈冰，郑勇，陈张雷，等. 临近空间高超声速飞行器天文导航系统综述[J]. 航空学报，2020，41（8）：32-43.

[38] STEFFES S R. Development and analysis of SHEFEX-2 hybrid navigation system experiment [D]. Bremen: University of Bremen, 2013.

第 8 章

高速飞行器惯性基融合导航算法

8.1 高速飞行器惯导系统

根据前文对高速飞行器导航系统的概述，可以看出惯导系统是高速飞行器导航系统的重要组成部分。惯导系统具有自主性好、隐蔽性强、数据更新频率高等优点，但也存在精度随时间降低的缺点，因此惯导系统通常与其他导航系统一同构成融合导航系统以获取更高精度的导航信息。本节先介绍惯导系统。

8.1.1 常用坐标系介绍及参数说明

坐标系用来描述一个点相对参考点的位置，本节介绍惯导系统中的相关坐标系[1]。

8.1.1.1 地心惯性坐标系

在空间中保持静止的或匀速直线运动的坐标系称为惯性坐标系，所有的惯性仪表在测量轴方向的测量结果都是相对于惯性坐标系的。地心惯性坐标系的定义如下。

（1）原点为地球的质心。

（2）z 轴沿地球自转轴指向协议地极。

（3）x 轴在赤道平面并指向春分点。

（4）y 轴满足右手定则。

地心惯性坐标系用 i 表示，简称地惯系或 i 系。

8.1.1.2　地心地固坐标系

地心地固坐标系是与地球保持同步旋转的坐标系。地心地固系坐标与地心惯性坐标系的坐标原点和 z 轴定义相同，定义如下。

（1）原点为地球的质心。

（2）z 轴沿地球自转轴指向协议地极。

（3）x 轴通过赤道面和本初子午线的交点。

（4）y 轴满足赤道平面的右手定则。

地心地固坐标系用 e 表示，简称地固系或 e 系。

地心惯性坐标系和地心地固坐标系如图 8-1 所示，图中的（$t-t_0$）代表时间间隔；$\boldsymbol{\omega}_{ie}^{e}$ 代表投影在地心地固坐标系下的地球相对于地心惯性坐标系的旋转角速度矢量。

8.1.1.3　载体坐标系

在大多数应用中，陀螺仪和加速度计的敏感轴与载体轴重合，这些轴构成载体坐标系的坐标轴。载体坐标系定义如下。

（1）原点为飞行器的质心。

（2）x 轴沿飞行器的纵轴指向飞行器头部。

（3）y 轴在飞行器的纵对称面内，垂直于 Ox 轴指向。

（4）z 轴与 x 轴、y 轴构成右手直角坐标系。

载体坐标系用 b 表示，简称载体系或 b 系，通常称其为“前上右”坐标系，如图 8-2 所示。此坐标系主要用于建立飞行器的力和力矩模型。

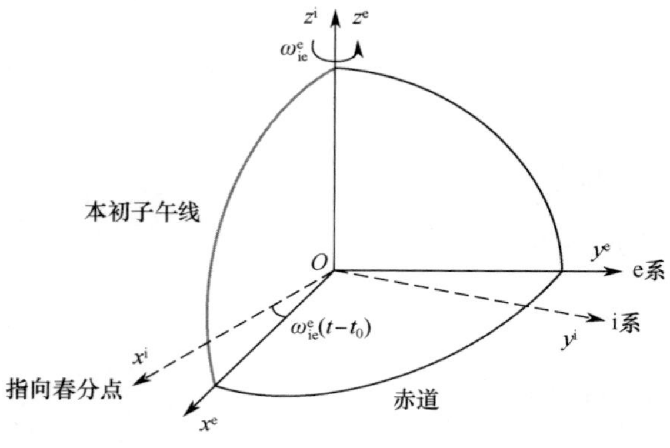

图 8-1　地心惯性坐标系和地心地固坐标系

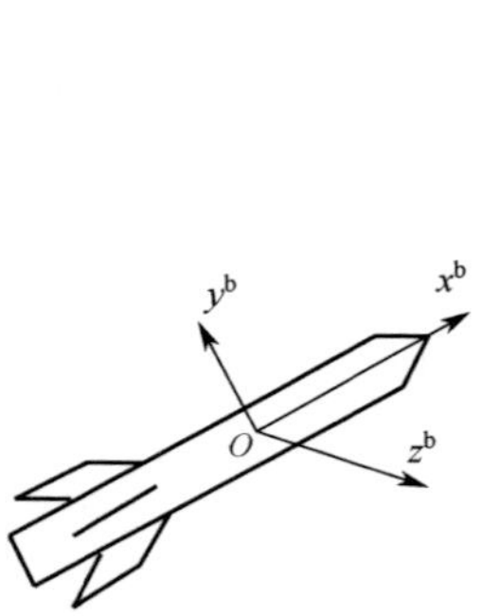

图 8-2　载体坐标系

8.1.1.4　发射坐标系

发射坐标系的原点固定在地球上飞行器的发射点上，随地球一起旋转，三轴指向对地球保持不变。其定义如下。

（1）坐标原点在发射点上。

（2）x 轴在发射点的水平面内，指向发射瞄准方向。

（3）y 轴沿发射点的重垂线方向。

（4）z 轴与 x 轴、y 轴构成右手直角坐标系。

发射坐标系用 g 表示，简称 g 系，如图 8-3 所示。

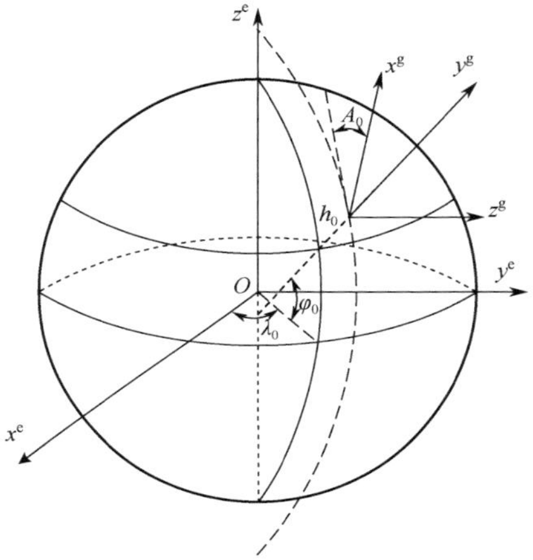

图 8-3　发射坐标系

8.1.1.5　发射惯性坐标系

发射惯性坐标系在发射瞬间与发射坐标系重合，之后发射惯性坐标系各轴在惯性空间保持不变，不随地球一起旋转。发射惯性坐标系在发射时刻适用发射坐标系的定义，其原点相对地心惯性坐标系保持不动。

发射惯性坐标系简称发射惯性系或 a 系。通常，发射惯性坐标系是运载火箭制导计算的主要坐标系，导航计算、导引计算和姿态角解算均在此坐标系下进行，所以该坐标系也称为制导计算坐标系。

8.1.1.6　发射地心惯性坐标系

发射地心惯性坐标系（Launch Earth-Centered Inertial Frame，LECI）在飞行器起飞瞬间，其坐标原点与地心地固坐标系坐标原点重合，各坐标轴与地心地固坐标系各轴也相应重合。飞行器起飞后，发射地心惯性坐标系的各轴在惯性空间保持不动。发射地心惯性坐标系简称 t 系。

8.1.1.7　当地水平坐标系

根据选取的坐标系轴向不同，可以将当地水平坐标系分为东北天坐标系和北天东坐标系等。以东北天坐标系为例，其定义如下。

（1）坐标原点为载体所在位置。

（2）x 轴指向正东。

（3）y 轴指向正北。

（4）z 轴垂直于载体所在大地平面指向天，三轴构成右手直角坐标系。

当地水平坐标系简称 l 系，其位置用纬度、经度、高度 (φ,λ,h) 表示。e 系、t 系、g 系和东北天（East-North-Up，ENU）坐标系之间的关系如图 8-4 所示。

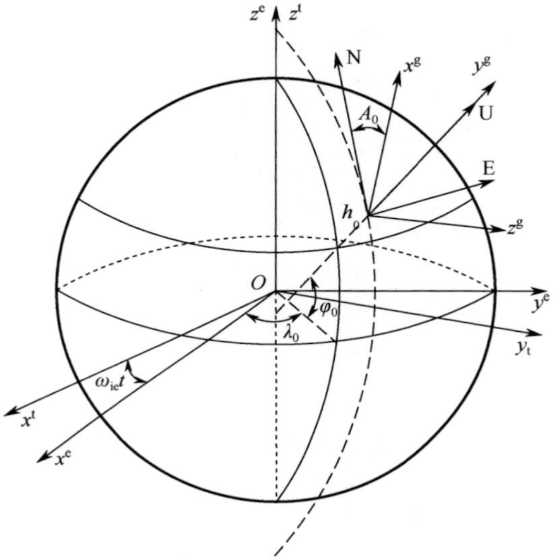

图 8-4　各坐标系之间的关系

8.1.2　坐标系之间的转换

8.1.2.1　地心惯性坐标系和地心地固坐标系之间的转换

由于地球的自转，地心地固坐标系相对于地心惯性坐标系的角速度矢量为

$$\boldsymbol{\omega}_{ie}^{e}=[0\quad 0\quad \omega_{e}]^{T} \tag{8-1}$$

式中，ω_e 是地球自转速率。

地心惯性坐标系到地心地固坐标系的转换只需绕地心惯性坐标系 z 轴旋转一次，旋转角为 $\omega_{ie}t$，t 为旋转时间。旋转矩阵为初等方向矩阵 $\boldsymbol{R}_i^e$，即

$$\boldsymbol{R}_i^e=\boldsymbol{R}_z(\omega_{ie}t)=\begin{bmatrix}\cos\omega_{ie}t & \sin\omega_{ie}t & 0\\ -\sin\omega_{ie}t & \cos\omega_{ie}t & 0\\ 0 & 0 & 1\end{bmatrix} \tag{8-2}$$

反之，地心地固坐标系到地心惯性坐标系的转换可以通过坐标转换矩阵 $\boldsymbol{R}_{\mathrm{e}}^{\mathrm{i}}$ 实现，$\boldsymbol{R}_{\mathrm{e}}^{\mathrm{i}}$ 是 $\boldsymbol{R}_{\mathrm{i}}^{\mathrm{e}}$ 的逆，又因为转换矩阵是正交的，所以

$$\boldsymbol{R}_{\mathrm{e}}^{\mathrm{i}}=(\boldsymbol{R}_{\mathrm{i}}^{\mathrm{e}})^{-1}=(\boldsymbol{R}_{\mathrm{i}}^{\mathrm{e}})^{\mathrm{T}} \tag{8-3}$$

8.1.2.2　地心地固坐标系和发射坐标系之间的转换

地心地固坐标系到发射坐标系的坐标转换矩阵为 $\boldsymbol{R}_{\mathrm{e}}^{\mathrm{g}}$，由地心地固坐标系旋转到发射坐标系，由 3 次旋转获得，涉及飞行器初始经度 λ_0、初始地理纬度 φ_0 和初始方位角 A_0，各次旋转描述为

$$\boldsymbol{R}_{\mathrm{e}}^{\mathrm{g}}=\boldsymbol{R}_y(-(90^\circ+A_0))\boldsymbol{R}_x(\varphi_0)\boldsymbol{R}_z(\lambda_0-90^\circ) \tag{8-4}$$

式中，$\boldsymbol{R}_x$、$\boldsymbol{R}_y$、$\boldsymbol{R}_z$ 分别表示绕 x 轴、y 轴、z 轴的初等旋转矩阵。

地心地固坐标系和发射坐标系之间的转换关系为

$$\boldsymbol{R}_{\mathrm{e}}^{\mathrm{g}}=\begin{bmatrix}-\sin A_0\sin\lambda_0-\cos A_0\sin\varphi_0\cos\lambda_0 & \sin A_0\cos\lambda_0-\cos A_0\sin\varphi_0\sin\lambda_0 & \cos A_0\cos\varphi_0\\ \cos\varphi_0\cos\lambda_0 & \cos\varphi_0\sin\lambda_0 & \sin\varphi_0\\ -\cos A_0\sin\lambda_0+\sin A_0\sin\varphi_0\cos\lambda_0 & \cos A_0\cos\lambda_0+\sin A_0\sin\varphi_0\sin\lambda_0 & -\sin A_0\cos\varphi_0\end{bmatrix} \tag{8-5}$$

$$\boldsymbol{R}_{\mathrm{g}}^{\mathrm{e}}=(\boldsymbol{R}_{\mathrm{e}}^{\mathrm{g}})^{\mathrm{T}} \tag{8-6}$$

式中，$\boldsymbol{R}_{\mathrm{g}}^{\mathrm{e}}$ 为发射坐标系到地心地固坐标系的坐标转换矩阵。

8.1.2.3　地心惯性坐标系和发射坐标系之间的转换

地心惯性坐标系到发射坐标系的坐标转换矩阵为 $\boldsymbol{R}_{\mathrm{i}}^{\mathrm{g}}$，可将旋转步骤分解为从地心惯性坐标系到地心地固坐标系和从地心地固坐标系到发射坐标系两步，$\boldsymbol{R}_{\mathrm{i}}^{\mathrm{g}}$ 由式（8-2）与式（8-4）相乘得到，即

$$\boldsymbol{R}_{\mathrm{i}}^{\mathrm{g}}=\boldsymbol{R}_{\mathrm{i}}^{\mathrm{e}}\boldsymbol{R}_{\mathrm{e}}^{\mathrm{g}} \tag{8-7}$$

8.1.2.4　发射坐标系和载体坐标系之间的转换

发射坐标系到载体坐标系的坐标转换矩阵为 $\boldsymbol{R}_{\mathrm{g}}^{\mathrm{b}}$，飞行器在发射坐标系下的姿态角由俯仰角 θ^{g}、偏航角 ψ^{g} 和滚转角 γ^{g} 3 个欧拉角描述，按照先绕 z 轴俯仰 θ^{g}、再绕 y 轴偏航 ψ^{g}、后绕 x 轴滚转 γ^{g} 的 3-2-1 旋转顺序，由发射坐标系旋转到载体坐标系的坐标转换矩阵如式（8-8）～式（8-10）所示。

$$\boldsymbol{R}_{\mathrm{g}}^{\mathrm{b}}=\boldsymbol{R}_x(\gamma^{\mathrm{g}})\boldsymbol{R}_y(\psi^{\mathrm{g}})\boldsymbol{R}_z(\theta^{\mathrm{g}}) \tag{8-8}$$

$$\boldsymbol{R}_{\mathrm{g}}^{\mathrm{b}}=\begin{bmatrix}1&0&0\\0&\cos\gamma^{\mathrm{g}}&\sin\gamma^{\mathrm{g}}\\0&-\sin\gamma^{\mathrm{g}}&\cos\gamma^{\mathrm{g}}\end{bmatrix}\begin{bmatrix}\cos\psi^{\mathrm{g}}&0&-\sin\psi^{\mathrm{g}}\\0&1&0\\\sin\psi^{\mathrm{g}}&0&\cos\psi^{\mathrm{g}}\end{bmatrix}\begin{bmatrix}\cos\theta^{\mathrm{g}}&\sin\theta^{\mathrm{g}}&0\\-\sin\theta^{\mathrm{g}}&\cos\theta^{\mathrm{g}}&0\\0&0&1\end{bmatrix} \tag{8-9}$$

$$\boldsymbol{R}_{\mathrm{g}}^{\mathrm{b}}=$$

$$\begin{bmatrix} \cos\psi^{\mathrm{g}}\cos\theta^{\mathrm{g}} & \cos\psi^{\mathrm{g}}\sin\theta^{\mathrm{g}} & -\sin\psi^{\mathrm{g}} \\ \sin\gamma^{\mathrm{g}}\sin\psi^{\mathrm{g}}\cos\theta^{\mathrm{g}}-\cos\gamma^{\mathrm{g}}\sin\theta^{\mathrm{g}} & \sin\gamma^{\mathrm{g}}\sin\psi^{\mathrm{g}}\sin\theta^{\mathrm{g}}+\cos\gamma^{\mathrm{g}}\cos\theta^{\mathrm{g}} & \sin\gamma^{\mathrm{g}}\cos\psi^{\mathrm{g}} \\ \cos\gamma^{\mathrm{g}}\sin\psi^{\mathrm{g}}\cos\theta^{\mathrm{g}}+\sin\gamma^{\mathrm{g}}\sin\theta^{\mathrm{g}} & \cos\gamma^{\mathrm{g}}\sin\psi^{\mathrm{g}}\sin\theta^{\mathrm{g}}-\sin\gamma^{\mathrm{g}}\cos\theta^{\mathrm{g}} & \cos\gamma^{\mathrm{g}}\cos\psi^{\mathrm{g}} \end{bmatrix} \tag{8-10}$$

在计算 3 个欧拉角时，通常采用 $\boldsymbol{R}_{\mathrm{b}}^{\mathrm{g}}$， $\boldsymbol{R}_{\mathrm{b}}^{\mathrm{g}}=(\boldsymbol{R}_{\mathrm{g}}^{\mathrm{b}})^{\mathrm{T}}$，如式（8-11）所示。俯仰角 θ^{g}、偏航角 ψ^{g} 和滚转角 γ^{g} 的计算方法如式（8-12）所示。

$$\boldsymbol{R}_{\mathrm{b}}^{\mathrm{g}}=$$

$$\begin{bmatrix} \cos\psi^{\mathrm{g}}\cos\theta^{\mathrm{g}} & \sin\gamma^{\mathrm{g}}\sin\psi^{\mathrm{g}}\cos\theta^{\mathrm{g}}-\cos\gamma^{\mathrm{g}}\sin\theta^{\mathrm{g}} & \cos\gamma^{\mathrm{g}}\sin\psi^{\mathrm{g}}\cos\theta^{\mathrm{g}}+\sin\gamma^{\mathrm{g}}\sin\theta^{\mathrm{g}} \\ \cos\psi^{\mathrm{g}}\sin\theta^{\mathrm{g}} & \sin\gamma^{\mathrm{g}}\sin\psi^{\mathrm{g}}\sin\theta^{\mathrm{g}}+\cos\gamma^{\mathrm{g}}\cos\theta^{\mathrm{g}} & \cos\gamma^{\mathrm{g}}\sin\psi^{\mathrm{g}}\sin\theta^{\mathrm{g}}-\sin\gamma^{\mathrm{g}}\cos\theta^{\mathrm{g}} \\ -\sin\psi^{\mathrm{g}} & \sin\gamma^{\mathrm{g}}\cos\psi^{\mathrm{g}} & \cos\gamma^{\mathrm{g}}\cos\psi^{\mathrm{g}} \end{bmatrix} \tag{8-11}$$

$$\begin{cases} \psi^{\mathrm{g}}=\arcsin[-\boldsymbol{R}_{\mathrm{b}}^{\mathrm{g}}(3,1)] \\ \theta^{\mathrm{g}}=\arctan2[\boldsymbol{R}_{\mathrm{b}}^{\mathrm{g}}(2,1),\boldsymbol{R}_{\mathrm{b}}^{\mathrm{g}}(1,1)] \\ \gamma^{\mathrm{g}}=\arctan2[\boldsymbol{R}_{\mathrm{b}}^{\mathrm{g}}(3,2),\boldsymbol{R}_{\mathrm{b}}^{\mathrm{g}}(3,3)] \end{cases} \tag{8-12}$$

式中，$\boldsymbol{R}_{\mathrm{b}}^{\mathrm{g}}(m,n)$ 表示矩阵 $\boldsymbol{R}$ 第 m 行第 n 列的值。

8.1.2.5 发射惯性坐标系和载体坐标系之间的转换

发射惯性坐标系到载体坐标系的坐标转换矩阵为 $\boldsymbol{R}_{\mathrm{a}}^{\mathrm{b}}$，飞行器在发射坐标系的姿态角由俯仰角 θ^{a}、偏航角 ψ^{a} 和滚转角 γ^{a} 3 个欧拉角描述，按照先绕 z 轴俯仰 θ^{a}、再绕 y 轴偏航 ψ^{a}、后绕 x 轴滚转 γ^{a} 的 3-2-1 旋转顺序，由发射惯性坐标系旋转到载体坐标系的坐标转换矩阵如式（8-13）和式（8-14）所示。

$$\boldsymbol{R}_{\mathrm{a}}^{\mathrm{b}}=\boldsymbol{R}_x(\gamma^{\mathrm{a}})\boldsymbol{R}_y(\psi^{\mathrm{a}})\boldsymbol{R}_z(\theta^{\mathrm{a}}) \tag{8-13}$$

$$\boldsymbol{R}_{\mathrm{a}}^{\mathrm{b}}=$$

$$\begin{bmatrix} \cos\psi^{\mathrm{a}}\cos\theta^{\mathrm{a}} & \cos\psi^{\mathrm{a}}\sin\theta^{\mathrm{a}} & -\sin\psi^{\mathrm{a}} \\ \sin\gamma^{\mathrm{a}}\sin\psi^{\mathrm{a}}\cos\theta^{\mathrm{a}}-\cos\gamma^{\mathrm{a}}\sin\theta^{\mathrm{a}} & \sin\gamma^{\mathrm{a}}\sin\psi^{\mathrm{a}}\sin\theta^{\mathrm{a}}+\cos\gamma^{\mathrm{a}}\cos\theta^{\mathrm{a}} & \sin\gamma^{\mathrm{a}}\cos\psi^{\mathrm{a}} \\ \cos\gamma^{\mathrm{a}}\sin\psi^{\mathrm{a}}\cos\theta^{\mathrm{a}}+\sin\gamma^{\mathrm{a}}\sin\theta^{\mathrm{a}} & \cos\gamma^{\mathrm{a}}\sin\psi^{\mathrm{a}}\sin\theta^{\mathrm{a}}-\sin\gamma^{\mathrm{a}}\cos\theta^{\mathrm{a}} & \cos\gamma^{\mathrm{a}}\cos\psi^{\mathrm{a}} \end{bmatrix} \tag{8-14}$$

在计算 3 个欧拉角时，通常采用 $\boldsymbol{R}_{\mathrm{b}}^{\mathrm{a}}$， $\boldsymbol{R}_{\mathrm{b}}^{\mathrm{a}}=(\boldsymbol{R}_{\mathrm{a}}^{\mathrm{b}})^{\mathrm{T}}$，如式（8-15）所示。俯仰角 θ^{a}、偏航角 ψ^{a} 和滚转角 γ^{a} 的计算方法如式（8-16）所示。

$$\boldsymbol{R}_{\mathrm{b}}^{\mathrm{a}}=$$

$$\begin{bmatrix} \cos\psi^{\mathrm{a}}\cos\theta^{\mathrm{a}} & \sin\gamma^{\mathrm{a}}\sin\psi^{\mathrm{a}}\cos\theta^{\mathrm{a}}-\cos\gamma^{\mathrm{a}}\sin\theta^{\mathrm{a}} & \cos\gamma^{\mathrm{a}}\sin\psi^{\mathrm{a}}\cos\theta^{\mathrm{a}}+\sin\gamma^{\mathrm{a}}\sin\theta^{\mathrm{a}} \\ \cos\psi^{\mathrm{a}}\sin\theta^{\mathrm{a}} & \sin\gamma^{\mathrm{a}}\sin\psi^{\mathrm{a}}\sin\theta^{\mathrm{a}}+\cos\gamma^{\mathrm{a}}\cos\theta^{\mathrm{a}} & \cos\gamma^{\mathrm{a}}\sin\psi^{\mathrm{a}}\sin\theta^{\mathrm{a}}-\sin\gamma^{\mathrm{a}}\cos\theta^{\mathrm{a}} \\ -\sin\psi^{\mathrm{a}} & \sin\gamma^{\mathrm{a}}\cos\psi^{\mathrm{a}} & \cos\gamma^{\mathrm{a}}\cos\psi^{\mathrm{a}} \end{bmatrix} \tag{8-15}$$

$$\begin{cases}\psi^{\mathrm{a}}=\arcsin[-\boldsymbol{R}_{\mathrm{b}}^{\mathrm{a}}(3,1)]\\ \theta^{\mathrm{a}}=\arctan2[\boldsymbol{R}_{\mathrm{b}}^{\mathrm{a}}(2,1),\boldsymbol{R}_{\mathrm{b}}^{\mathrm{a}}(1,1)]\\ \gamma^{\mathrm{a}}=\arctan2[\boldsymbol{R}_{\mathrm{b}}^{\mathrm{a}}(3,2),\boldsymbol{R}_{\mathrm{b}}^{\mathrm{a}}(3,3)]\end{cases} \tag{8-16}$$

发射惯性坐标系和发射坐标系的姿态定义及它们与载体坐标系之间的坐标转换矩阵形式完全相同，但发射惯性坐标系和发射坐标系在定义上是不同的，从而使描述姿态角参照的对象不同，飞行过程中姿态角的值也不相同。

8.1.2.6　发射惯性坐标系和发射坐标系之间的转换

发射惯性坐标系到发射坐标系的坐标转换矩阵为 $\boldsymbol{R}_{\mathrm{a}}^{\mathrm{g}}$。发射惯性坐标系与发射坐标系之间的差异主要是由地球自转引起的。发射惯性坐标系在发射瞬间与发射坐标系是重合的，由于地球自转，固定在地球上的发射坐标系在惯性空间的方位发生变化。记从发射瞬时到所讨论时刻的时间间隔为 t，则发射坐标系绕地轴转动 $\omega_{\mathrm{ie}}t$ 角。

发射惯性坐标系与发射坐标系之间的关系如图 8-5 所示。先将 $O_{\mathrm{a}}x_{\mathrm{a}}y_{\mathrm{a}}z_{\mathrm{a}}$ 与 $Oxyz$ 分别绕 y_{a} 轴、y 轴转动 A_0 角，使 x_{a} 轴、x 轴转到发射点 O_{a}、O 所在的子午面内，此时 z_{a} 轴与 z 轴转到垂直于各自子午面在过发射点的纬圈的切线方向。然后原有坐标系绕各自新的侧轴（z 轴）转 φ_0 角，从而得新的坐标系 $O_{\mathrm{a}}\xi_{\mathrm{a}}\eta_{\mathrm{a}}\zeta_{\mathrm{a}}$ 与 $O\xi\eta\zeta$，此时 ξ_{a} 轴与 ξ 轴均平行于地球转动轴。最后，将新的坐标系与各自原有坐标系固连，这样，$O_{\mathrm{a}}\xi_{\mathrm{a}}\eta_{\mathrm{a}}\zeta_{\mathrm{a}}$ 仍然为发射惯性坐标系，$Oxyz$ 也仍然为随地球一起转动的相对坐标系。

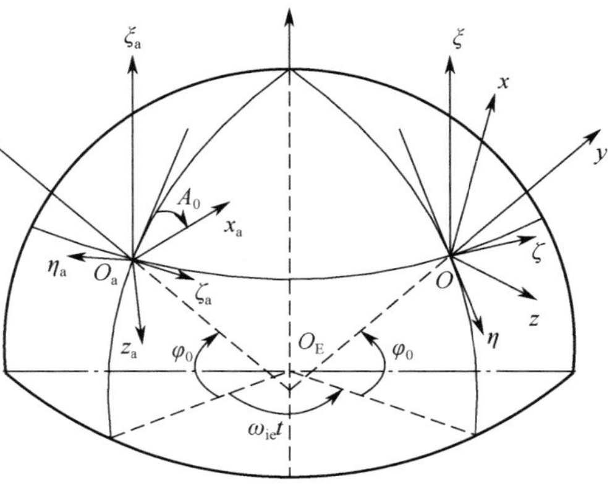

图 8-5　发射惯性坐标系与发射坐标系之间的关系

根据上述坐标系关系可以得到

$$\begin{bmatrix} \xi_a^0 \\ \eta_a^0 \\ \zeta_a^0 \end{bmatrix} = \boldsymbol{A} \begin{bmatrix} x_a^0 \\ y_a^0 \\ z_a^0 \end{bmatrix} \tag{8-17}$$

$$\begin{bmatrix} \xi^0 \\ \eta^0 \\ \zeta^0 \end{bmatrix} = \boldsymbol{A} \begin{bmatrix} x^0 \\ y^0 \\ z^0 \end{bmatrix} \tag{8-18}$$

式中，

$$\boldsymbol{A} = \boldsymbol{R}_z(\varphi_0)\boldsymbol{R}_y(A_0) = \begin{bmatrix} \cos\varphi_0\cos A_0 & \sin\varphi_0 & \cos\varphi_0\sin A_0 \\ -\sin\varphi_0\cos A_0 & \cos\varphi_0 & \sin\varphi_0\sin A_0 \\ \sin A_0 & 0 & \cos A_0 \end{bmatrix} \tag{8-19}$$

在任意时刻 t，两个坐标系之间存在一个绕 ξ_a 的欧拉角 $\omega_{ie}t$ ，故

$$\begin{bmatrix} \xi^0 \\ \eta^0 \\ \zeta^0 \end{bmatrix} = \boldsymbol{B} \begin{bmatrix} \xi_a^0 \\ \eta_a^0 \\ \zeta_a^0 \end{bmatrix} \tag{8-20}$$

式中，

$$\boldsymbol{B}=\boldsymbol{R}_x(\omega_{ie}t) = \begin{bmatrix} 1 & 0 & 0 \\ 0 & \cos\omega_{ie}t & \sin\omega_{ie}t \\ 0 & -\sin\omega_{ie}t & \cos\omega_{ie}t \end{bmatrix} \tag{8-21}$$

根据坐标转换矩阵的传递性，综合式（8-17）、式（8-18）和式（8-20）可得

$$\begin{bmatrix} x^0 \\ y^0 \\ z^0 \end{bmatrix} = \boldsymbol{R}_a^g \begin{bmatrix} x_a^0 \\ y_a^0 \\ z_a^0 \end{bmatrix} \tag{8-22}$$

则发射惯性坐标系与发射坐标系之间的坐标转换矩阵 $\boldsymbol{R}_a^g$ 为

$$\boldsymbol{R}_a^g = \boldsymbol{A}^{-1}\boldsymbol{B}\boldsymbol{A} \tag{8-23}$$

由于 $\boldsymbol{A}$ 为方向余弦矩阵，具有 $\boldsymbol{A}^{-1} = \boldsymbol{A}^{\mathrm{T}}$ 的性质，故

$$\boldsymbol{A}^{-1}=(\boldsymbol{R}_z(\varphi_0)\boldsymbol{R}_y(A_0))^{\mathrm{T}}=(\boldsymbol{R}_y(A_0))^{\mathrm{T}}(\boldsymbol{R}_z(\varphi_0))^{\mathrm{T}}=\boldsymbol{R}_y(-A_0)\boldsymbol{R}_z(-\varphi_0) \tag{8-24}$$

将式（8-19）、式（8-21）和式（8-24）代入式（8-23），运用矩阵乘法可得到矩阵 $\boldsymbol{R}_a^g$ 中的每个元素，即

$$\boldsymbol{R}_a^g = \boldsymbol{R}_y(-A_0)\boldsymbol{R}_z(-\varphi_0)\boldsymbol{R}_x(\omega_{ie}t)\boldsymbol{R}_z(\varphi_0)\boldsymbol{R}_y(A_0) \tag{8-25}$$

令 g_{ij} 表示 $\boldsymbol{R}_a^g$ 中的第 i 行第 j 列元素，即

$$\boldsymbol{R}_a^g = \begin{bmatrix} g_{11} & g_{12} & g_{13} \\ g_{21} & g_{22} & g_{23} \\ g_{31} & g_{32} & g_{33} \end{bmatrix} \tag{8-26}$$

式中，

$$
\begin{cases}
g_{11}=\cos^2 A_0\cos^2\varphi_0(1-\cos\omega_{ie}t)+\cos\omega_{ie}t\\
g_{12}=\cos A_0\sin\varphi_0\cos\varphi_0(1-\cos\omega_{ie}t)-\sin A_0\cos\varphi_0\sin\omega_{ie}t\\
g_{13}=-\sin A_0\cos\varphi_0\cos^2\varphi_0(1-\cos\omega_{ie}t)-\sin\varphi_0\sin\omega_{ie}t\\
g_{21}=\cos A_0\sin\varphi_0\cos\varphi_0(1-\cos\omega_{ie}t)+\sin A_0\cos\varphi_0\sin\omega_{ie}t\\
g_{22}=\sin^2\varphi_0(1-\cos\omega_{ie}t)+\cos\omega_{ie}t\\
g_{23}=-\sin A_0\sin\varphi_0\cos\varphi_0(1-\cos\omega_{ie}t)+\cos A_0\cos\varphi_0\sin\omega_{ie}t\\
g_{31}=-\sin A_0\cos A_0\cos^2\varphi_0(1-\cos\omega_{ie}t)+\sin\varphi_0\sin\omega_{ie}t\\
g_{32}=-\sin A_0\sin\varphi_0\cos\varphi_0(1-\cos\omega_{ie}t)-\cos A_0\cos\varphi_0\sin\omega_{ie}t\\
g_{33}=\sin^2 A_0\cos^2\varphi_0(1-\cos\omega_{ie}t)+\cos\omega_{ie}t
\end{cases}
\tag{8-27}
$$

8.1.2.7　发射坐标系和当地水平坐标系之间的转换

发射坐标系到当地水平坐标系的坐标转换矩阵为 $\boldsymbol{R}_g^l$，可将此旋转分解为从发射坐标系到地心地固坐标系和从地心地固坐标系到当地水平坐标系两步，即

$$
\boldsymbol{R}_g^l=\boldsymbol{R}_e^l\boldsymbol{R}_g^e \tag{8-28}
$$

8.1.3　高速飞行器捷联式惯导计算

8.1.3.1　发射坐标系下的捷联式惯导机械编排

发射坐标系的坐标原点与发射点 O 固连，发射点随地球旋转，所以发射坐标系是动坐标系。在飞行器发射瞬间，发射惯性坐标系和发射坐标系是完全重合的。而在飞行器飞行过程中，发射惯性坐标系在惯性空间保持不动，发射坐标系随地球旋转，所以它们之间可以通过一个坐标转换矩阵进行相互转化。由坐标转换关系可知

$$
\boldsymbol{P}^a=\boldsymbol{R}_g^a\boldsymbol{P}^g \tag{8-29}
$$

式中，$\boldsymbol{P}^a$ 和 $\boldsymbol{P}^g$ 分别表示飞行器在不同坐标系下的位置，对式（8-29）等号两边微分得

$$
\dot{\boldsymbol{P}}^a=\dot{\boldsymbol{R}}_g^a\boldsymbol{P}^g+\boldsymbol{R}_g^a\dot{\boldsymbol{P}}^g=\boldsymbol{R}_g^a\boldsymbol{\Omega}_{ag}^g\boldsymbol{P}^g+\boldsymbol{R}_g^a\dot{\boldsymbol{P}}^g \tag{8-30}
$$

式中，$\boldsymbol{\Omega}_{ag}^g$ 为 g 系相对于 a 系的旋转角速度在 g 系下投影的反对称矩阵。

再对式（8-30）等号两边微分，且 $\dot{\boldsymbol{\Omega}}_{ag}^g=\boldsymbol{0}$（认为地球自转角速度是一个常数），有

$$
\begin{aligned}
\ddot{\boldsymbol{P}}^a&=\dot{\boldsymbol{R}}_g^a\boldsymbol{\Omega}_{ag}^g\boldsymbol{P}^g+\boldsymbol{R}_g^a\boldsymbol{\Omega}_{ag}^g\dot{\boldsymbol{P}}^g+\dot{\boldsymbol{R}}_g^a\dot{\boldsymbol{P}}^g+\boldsymbol{R}_g^a\ddot{\boldsymbol{P}}^g\\
&=\boldsymbol{R}_g^a\boldsymbol{\Omega}_{ag}^g\boldsymbol{\Omega}_{ag}^g\boldsymbol{P}^g+\boldsymbol{R}_g^a\boldsymbol{\Omega}_{ag}^g\dot{\boldsymbol{P}}^g+\boldsymbol{R}_g^a\boldsymbol{\Omega}_{ag}^g\dot{\boldsymbol{P}}^g+\boldsymbol{R}_g^a\ddot{\boldsymbol{P}}^g
\end{aligned}
\tag{8-31}
$$

式（8-31）可以写为

$$
\ddot{\boldsymbol{P}}^a=\boldsymbol{R}_g^a(\ddot{\boldsymbol{P}}^g+2\boldsymbol{\Omega}_{ag}^g\dot{\boldsymbol{P}}^g+\boldsymbol{\Omega}_{ag}^g\boldsymbol{\Omega}_{ag}^g\boldsymbol{P}^g) \tag{8-32}
$$

且在发射惯性坐标系可得

$$\ddot{\boldsymbol{P}}^{\mathrm{a}} = \boldsymbol{R}_{\mathrm{b}}^{\mathrm{a}} \boldsymbol{f}^{\mathrm{b}} + \boldsymbol{R}_{\mathrm{e}}^{\mathrm{a}} \boldsymbol{G}^{\mathrm{e}} \tag{8-33}$$

式中，$\boldsymbol{G}^{\mathrm{e}}$ 为地球引力在 e 系下的投影。

由式（8-32）和式（8-33）得到

$$\begin{cases} \boldsymbol{R}_{\mathrm{b}}^{\mathrm{a}} \boldsymbol{f}^{\mathrm{b}} + \boldsymbol{R}_{\mathrm{e}}^{\mathrm{a}} \boldsymbol{G}^{\mathrm{e}} = \boldsymbol{R}_{\mathrm{g}}^{\mathrm{a}} (\ddot{\boldsymbol{P}}^{\mathrm{g}} + 2\boldsymbol{\Omega}_{\mathrm{ag}}^{\mathrm{g}} \dot{\boldsymbol{P}}^{\mathrm{g}} + \boldsymbol{\Omega}_{\mathrm{ag}}^{\mathrm{g}} \boldsymbol{\Omega}_{\mathrm{ag}}^{\mathrm{g}} \boldsymbol{P}^{\mathrm{g}}) \\ \boldsymbol{R}_{\mathrm{g}}^{\mathrm{a}} \boldsymbol{R}_{\mathrm{b}}^{\mathrm{g}} \boldsymbol{f}^{\mathrm{b}} + \boldsymbol{R}_{\mathrm{g}}^{\mathrm{a}} \boldsymbol{R}_{\mathrm{e}}^{\mathrm{g}} \boldsymbol{G}^{\mathrm{e}} = \boldsymbol{R}_{\mathrm{g}}^{\mathrm{a}} (\ddot{\boldsymbol{P}}^{\mathrm{g}} + 2\boldsymbol{\Omega}_{\mathrm{ag}}^{\mathrm{g}} \dot{\boldsymbol{P}}^{\mathrm{g}} + \boldsymbol{\Omega}_{\mathrm{ag}}^{\mathrm{g}} \boldsymbol{\Omega}_{\mathrm{ag}}^{\mathrm{g}} \boldsymbol{P}^{\mathrm{g}}) \\ \boldsymbol{R}_{\mathrm{b}}^{\mathrm{g}} \boldsymbol{f}^{\mathrm{b}} + \boldsymbol{R}_{\mathrm{e}}^{\mathrm{g}} \boldsymbol{G}^{\mathrm{e}} = \ddot{\boldsymbol{P}}^{\mathrm{g}} + 2\boldsymbol{\Omega}_{\mathrm{ag}}^{\mathrm{g}} \dot{\boldsymbol{P}}^{\mathrm{g}} + \boldsymbol{\Omega}_{\mathrm{ag}}^{\mathrm{g}} \boldsymbol{\Omega}_{\mathrm{ag}}^{\mathrm{g}} \boldsymbol{P}^{\mathrm{g}} \end{cases} \tag{8-34}$$

将式（8-34）中的结果移项，并令 $\boldsymbol{G}^{\mathrm{g}}=\boldsymbol{R}_{\mathrm{e}}^{\mathrm{g}}\boldsymbol{G}^{\mathrm{e}}$，得到

$$\dot{\boldsymbol{V}}^{\mathrm{g}} = \boldsymbol{R}_{\mathrm{b}}^{\mathrm{g}} \boldsymbol{f}^{\mathrm{b}} - 2\boldsymbol{\Omega}_{\mathrm{ag}}^{\mathrm{g}} \dot{\boldsymbol{P}}^{\mathrm{g}} + \boldsymbol{G}^{\mathrm{g}} - \boldsymbol{\Omega}_{\mathrm{ag}}^{\mathrm{g}} \boldsymbol{\Omega}_{\mathrm{ag}}^{\mathrm{g}} \boldsymbol{P}^{\mathrm{g}} \tag{8-35}$$

式中，$\ddot{\boldsymbol{P}}^{\mathrm{g}}$ 等价于 $\dot{\boldsymbol{V}}^{\mathrm{g}}$。该式为发射坐标系中的比力方程，等号右边最后两项之和是引力计算速度与离心加速度之和，即重力矢量在发射坐标系下的表达式，表示为

$$\boldsymbol{g}^{\mathrm{g}} = \boldsymbol{G}^{\mathrm{g}} - \boldsymbol{\Omega}_{\mathrm{ag}}^{\mathrm{g}} \boldsymbol{\Omega}_{\mathrm{ag}}^{\mathrm{g}} \boldsymbol{P}^{\mathrm{g}} \tag{8-36}$$

上述微分方程可以变成一阶微分方程组形式，即

$$\begin{cases} \dot{\boldsymbol{P}}^{\mathrm{g}} = \boldsymbol{V}^{\mathrm{g}} \\ \dot{\boldsymbol{V}}^{\mathrm{g}} = \boldsymbol{R}_{\mathrm{b}}^{\mathrm{g}} \boldsymbol{f}^{\mathrm{b}} - 2\boldsymbol{\Omega}_{\mathrm{ag}}^{\mathrm{g}} \dot{\boldsymbol{P}}^{\mathrm{g}} + \boldsymbol{g}^{\mathrm{g}} \end{cases} \tag{8-37}$$

式中，$\boldsymbol{V}^{\mathrm{g}}$ 为 g 系下的速度矢量。

由姿态微分方程可知

$$\dot{\boldsymbol{R}}_{\mathrm{b}}^{\mathrm{g}} = \boldsymbol{R}_{\mathrm{b}}^{\mathrm{g}} \boldsymbol{\Omega}_{\mathrm{gb}}^{\mathrm{b}} \tag{8-38}$$

式中，$\boldsymbol{\Omega}_{\mathrm{gb}}^{\mathrm{b}} = \boldsymbol{\Omega}_{\mathrm{ab}}^{\mathrm{b}} - \boldsymbol{\Omega}_{\mathrm{ag}}^{\mathrm{b}}$。将式（8-37）和式（8-38）组合在一起，得到如下发射坐标系下捷联式惯导微分方程。

$$\begin{bmatrix} \dot{\boldsymbol{P}}^{\mathrm{g}} \\ \dot{\boldsymbol{V}}^{\mathrm{g}} \\ \dot{\boldsymbol{R}}_{\mathrm{b}}^{\mathrm{g}} \end{bmatrix} = \begin{bmatrix} \boldsymbol{V}^{\mathrm{g}} \\ \boldsymbol{R}_{\mathrm{b}}^{\mathrm{g}} \boldsymbol{f}^{\mathrm{b}} - 2\boldsymbol{\Omega}_{\mathrm{ag}}^{\mathrm{g}} \boldsymbol{V}^{\mathrm{g}} + \boldsymbol{g}^{\mathrm{g}} \\ \boldsymbol{R}_{\mathrm{b}}^{\mathrm{g}} \boldsymbol{\Omega}_{\mathrm{gb}}^{\mathrm{b}} \end{bmatrix} \tag{8-39}$$

发射坐标系下捷联式惯导算法流程如图 8-6 所示。

下面在式（8-39）的基础上介绍发射坐标系下捷联式惯导数值更新算法。发射坐标系下捷联式惯导数值更新算法由姿态更新算法、速度更新算法和位置更新算法 3 部分组成。

8.1.3.2 发射坐标系姿态更新算法

在发射坐标系中，姿态四元数更新算法的递推形式为

$$\boldsymbol{q}_{\mathrm{b}(k)}^{\mathrm{g}(k)} = \boldsymbol{q}_{\mathrm{g}(k-1)}^{\mathrm{g}(k)} \boldsymbol{q}_{\mathrm{b}(k-1)}^{\mathrm{g}(k-1)} \boldsymbol{q}_{\mathrm{b}(k)}^{\mathrm{b}(k-1)} \tag{8-40}$$

式中，$\boldsymbol{q}_{\mathrm{b}(k)}^{\mathrm{g}(k)}$ 是在发射坐标系下 t_k 时刻的姿态四元数；$\boldsymbol{q}_{\mathrm{b}(k-1)}^{\mathrm{g}(k-1)}$ 是在发射坐标系下 t_{k-1} 时刻的姿态四元数；$\boldsymbol{q}_{\mathrm{g}(k-1)}^{\mathrm{g}(k)}$ 是在发射坐标系下从 t_{k-1} 时刻到 t_k 时刻的变换四元数；$\boldsymbol{q}_{\mathrm{b}(k)}^{\mathrm{b}(k-1)}$ 是在载体坐标系下从 t_k 时刻到 t_{k-1} 时刻的变换四元数。

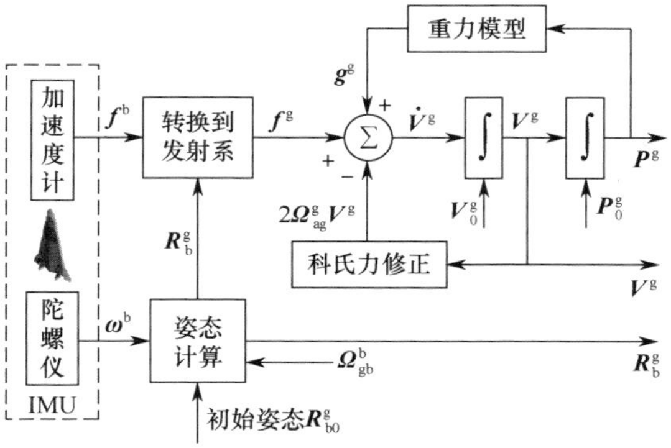

图 8-6　发射坐标系下捷联式惯导算法流程

$\boldsymbol{q}_{\mathrm{g}(k-1)}^{\mathrm{g}(k)}$ 的计算利用了导航坐标系相对于发射惯性坐标系的转动角速度 $\boldsymbol{\omega}_{\mathrm{ag}}^{\mathrm{g}}(t)$（$t_{k-1} \leqslant t \leqslant t_k$），且 $t_k - t_{k-1} = T$。记发射坐标系从 t_{k-1} 时刻到 t_k 的转动等效旋转矢量为 $\boldsymbol{\zeta}_k$，则有

$$\boldsymbol{\zeta}_k = \int_{t_{k-1}}^{t_k} \boldsymbol{\omega}_{\mathrm{ag}}^{\mathrm{g}}(t)\mathrm{d}t = \boldsymbol{\omega}_{\mathrm{ag}}^{\mathrm{g}} T \tag{8-41}$$

$\boldsymbol{q}_{\mathrm{b}(k)}^{\mathrm{b}(k-1)}$ 的计算利用了飞行器坐标系相对于发射惯性坐标系的角速度 $\boldsymbol{\omega}_{\mathrm{ab}}^{\mathrm{b}}(t)$，即陀螺仪测得的角速度 $\boldsymbol{\omega}^{\mathrm{b}}$。记 $\boldsymbol{\Phi}_k$ 为从 t_{k-1} 时刻到 t_k 时刻载体坐标系相对于惯性坐标系的等效旋转矢量，相应的等效矢量微分方程（Bortz 方程）近似为

$$\begin{aligned}\dot{\boldsymbol{\Phi}}_k &\approx \boldsymbol{\omega}_{\mathrm{ab}}^{\mathrm{b}} + \frac{1}{2}\boldsymbol{\Phi}_k \times \boldsymbol{\omega}_{\mathrm{ab}}^{\mathrm{b}} + \frac{1}{12}\boldsymbol{\Phi}_k \times \boldsymbol{\Phi}_k \times \boldsymbol{\omega}_{\mathrm{ab}}^{\mathrm{b}} \\ &\approx \boldsymbol{\omega}_{\mathrm{ab}}^{\mathrm{b}} + \frac{1}{2}\boldsymbol{\Phi}_k \times \boldsymbol{\omega}_{\mathrm{ab}}^{\mathrm{b}}\end{aligned} \tag{8-42}$$

直接按式（8-42）求解旋转矢量微分方程有诸多不便，主要原因是：①光学陀螺仪等一般输出角增量，如果将角增量折算成角速度，则微商运算将引起噪声放大效应；②即使可以获得陀螺仪的角速度输出，也必须对角速度进行采样，采样意味着仅采样点上的角速度信息得到了利用，而采样点之间的角速度信息并未得到利用，在姿态更新中实际丢失了很多信息。

设 $[t_{k-1}, t_k]$ 时间段内的载体角速度 $\boldsymbol{\omega}_{\mathrm{ab}}^{\mathrm{b}}$ 对应的等效旋转矢量为 $\boldsymbol{\Phi}_k$，对 $\boldsymbol{\Phi}_k(T)$ 进行泰勒级数展开，可得

$$\boldsymbol{\Phi}_k(T) = \boldsymbol{\Phi}_{k-1}(0) + T\dot{\boldsymbol{\Phi}}_{k-1}(0) + \frac{T^2}{2!}\ddot{\boldsymbol{\Phi}}_{k-1}(0) + \frac{T^3}{3!}\dddot{\boldsymbol{\Phi}}_{k-1}(0) + \cdots \tag{8-43}$$

飞行器角速度 $\boldsymbol{\omega}_{\mathrm{ab}}^{\mathrm{b}}$ 采用直线拟合，如式（8-44）所示，记角增量为式（8-45）。

$$\boldsymbol{\omega}_{\mathrm{ab}}^{\mathrm{b}}(t_{k-1}+\tau)=\boldsymbol{a}+2\boldsymbol{b}\tau,0\leqslant\tau\leqslant T \tag{8-44}$$

$$\Delta\boldsymbol{\theta}(\tau)=\int_0^\tau\boldsymbol{\omega}_{\mathrm{ab}}^{\mathrm{b}}(t_{k-1}+\tau)\mathrm{d}\tau \tag{8-45}$$

式中，$\boldsymbol{a}$ 和 $\boldsymbol{b}$ 为拟合模型的两个系数。

由式（8-44）得飞行器角速度的各阶导数为

$$\begin{cases}\boldsymbol{\omega}_{\mathrm{ab}}^{\mathrm{b}}(t_{k-1}+\tau)\big|_{\tau=0}=\boldsymbol{a}\\ \dot{\boldsymbol{\omega}}_{\mathrm{ab}}^{\mathrm{b}}(t_{k-1}+\tau)\big|_{\tau=0}=\boldsymbol{2b}\end{cases} \tag{8-46}$$

由式（8-45）得角增量的各阶导数为

$$\begin{cases}\Delta\boldsymbol{\theta}(0)=\Delta\boldsymbol{\theta}(\tau)\big|_{\tau=0}=\boldsymbol{a}\tau+\boldsymbol{b}\tau^2=\boldsymbol{0}\\ \Delta\dot{\boldsymbol{\theta}}(0)=\Delta\dot{\boldsymbol{\theta}}(\tau)\big|_{\tau=0}=\boldsymbol{\omega}_{\mathrm{ab}}^{\mathrm{b}}(t_{k-1}+\tau)\big|_{\tau=0}=\boldsymbol{a}\\ \Delta\ddot{\boldsymbol{\theta}}(0)=\Delta\ddot{\boldsymbol{\theta}}(\tau)\big|_{\tau=0}=\dot{\boldsymbol{\omega}}_{\mathrm{ab}}^{\mathrm{b}}(t_{k-1}+\tau)\big|_{\tau=0}=\boldsymbol{2b}\\ \Delta\boldsymbol{\theta}^{(i)}(0)=\Delta\boldsymbol{\theta}^{(i)}(\tau)\big|_{\tau=0}=\boldsymbol{\omega}_{\mathrm{ab}}^{\mathrm{b}(i-1)}(t_{k-1}+\tau)\big|_{\tau=0}=\boldsymbol{0},i=3,4,5\cdots\end{cases} \tag{8-47}$$

又由于姿态更新周期 T 一般为毫秒级，$\boldsymbol{\Phi}_k$ 也可视为小量，因此根据式（8-42）计算 $\boldsymbol{\Phi}_k(\tau)$ 在 τ=0 时的各阶导数时，将第二项中的 $\boldsymbol{\Phi}_k(\tau)$ 用角增量代替，即

$$\boldsymbol{\Phi}_k(\tau)\approx\Delta\boldsymbol{\theta}(\tau) \tag{8-48}$$

这样式（8-42）可写成

$$\dot{\boldsymbol{\Phi}}_k(\tau)=\boldsymbol{\omega}_{\mathrm{ab}}^{\mathrm{b}}(t_{k-1}+\tau)+\frac{1}{2}\Delta\boldsymbol{\theta}(\tau)\times\boldsymbol{\omega}_{\mathrm{ab}}^{\mathrm{b}}\left(t_{k-1}+\tau\right),0\leqslant\tau\leqslant T \tag{8-49}$$

对式（8-49）求各阶导数，并考虑式（8-46）和式（8-47），可得

$$\begin{cases}\ddot{\boldsymbol{\Phi}}_k(\tau)=\dot{\boldsymbol{\omega}}_{\mathrm{ab}}^{\mathrm{b}}(t_{k-1}+\tau)+\frac{1}{2}\Delta\dot{\boldsymbol{\theta}}(\tau)\times\boldsymbol{\omega}_{\mathrm{ab}}^{\mathrm{b}}(t_{k-1}+\tau)+\frac{1}{2}\Delta\boldsymbol{\theta}(\tau)\times\dot{\boldsymbol{\omega}}_{\mathrm{ab}}^{\mathrm{b}}(t_{k-1}+\tau)\\ \dddot{\boldsymbol{\Phi}}_k(\tau)=\frac{1}{2}\Delta\ddot{\boldsymbol{\theta}}(\tau)\times\boldsymbol{\omega}_{\mathrm{ab}}^{\mathrm{b}}(t_{k-1}+\tau)+\Delta\dot{\boldsymbol{\theta}}(\tau)\times\dot{\boldsymbol{\omega}}_{\mathrm{ab}}^{\mathrm{b}}(t_{k-1}+\tau)\\ \boldsymbol{\Phi}_k^{(4)}(\tau)=\frac{3}{2}\ddot{\boldsymbol{\theta}}(\tau)\times\dot{\boldsymbol{\omega}}_{\mathrm{ab}}^{\mathrm{b}}(t_{k-1}+\tau)\\ \boldsymbol{\Phi}_k^{(i)}(\tau)=0,i=5,6,7\cdots\end{cases} \tag{8-50}$$

根据式（8-46）、式（8-47）和式（8-49），将 τ=0 代入式（8-50），可得

$$\begin{cases}\dot{\boldsymbol{\Phi}}_k(0)=\boldsymbol{\omega}_{\mathrm{ab}}^{\mathrm{b}}(t_{k-1})+\frac{1}{2}\Delta\boldsymbol{\theta}(0)\times\boldsymbol{\omega}_{\mathrm{ab}}^{\mathrm{b}}(t_{k-1})=\boldsymbol{a}\\ \ddot{\boldsymbol{\Phi}}_k(0)=\dot{\boldsymbol{\omega}}_{\mathrm{ab}}^{\mathrm{b}}(t_{k-1})+\frac{1}{2}\Delta\dot{\boldsymbol{\theta}}(0)\times\boldsymbol{\omega}_{\mathrm{ab}}^{\mathrm{b}}(t_{k-1})+\frac{1}{2}\Delta\boldsymbol{\theta}(0)\times\dot{\boldsymbol{\omega}}_{\mathrm{ab}}^{\mathrm{b}}(t_{k-1})=2\boldsymbol{b}\\ \dddot{\boldsymbol{\Phi}}_k(0)=\frac{1}{2}\Delta\ddot{\boldsymbol{\theta}}(0)\times\boldsymbol{\omega}_{\mathrm{ab}}^{\mathrm{b}}(t_{k-1})+\Delta\dot{\boldsymbol{\theta}}(0)\times\dot{\boldsymbol{\omega}}_{\mathrm{ab}}^{\mathrm{b}}(t_{k-1})=\boldsymbol{a}\times\boldsymbol{b}\\ \boldsymbol{\Phi}_k^{(i)}(0)=\boldsymbol{0},i=4,5,6\cdots\end{cases} \tag{8-51}$$

将式（8-51）代入式（8-43），可得

$$\begin{aligned}\boldsymbol{\Phi}_k(T)&=\boldsymbol{\Phi}_k(0)+T\dot{\boldsymbol{\Phi}}_k(0)+\frac{T^2}{2!}\ddot{\boldsymbol{\Phi}}_k(0)+\frac{T^3}{3!}\dddot{\boldsymbol{\Phi}}_k(0)\\&=\boldsymbol{\Phi}_k(0)+\boldsymbol{a}T+\boldsymbol{b}T^2+\frac{1}{6}\boldsymbol{a}\times\boldsymbol{b}T^3\end{aligned}\tag{8-52}$$

在式（8-52）中，$\boldsymbol{\Phi}_k(0)$是$[t_{k-1},t_k]$时间段内的旋转矢量，由于时间间隔为 0，所以$\boldsymbol{\Phi}_k(0)=\boldsymbol{0}$，因此

$$\boldsymbol{\Phi}_k(T)=\boldsymbol{a}T+\boldsymbol{b}T^2+\frac{1}{6}\boldsymbol{a}\times\boldsymbol{b}T^3\tag{8-53}$$

可分解得到飞行器角速度直线拟合的模型系数 $\boldsymbol{a}$ 和 $\boldsymbol{b}$，即

$$\begin{cases}\boldsymbol{a}=\dfrac{3\Delta\boldsymbol{\theta}_1-\Delta\boldsymbol{\theta}_2}{T}\\\boldsymbol{b}=\dfrac{2(\Delta\boldsymbol{\theta}_2-\Delta\boldsymbol{\theta}_1)}{T^2}\end{cases}\tag{8-54}$$

再将式（8-53）代入式（8-43），可得

$$\begin{aligned}\boldsymbol{\Phi}_k(h)&=3\Delta\boldsymbol{\theta}_1-\Delta\boldsymbol{\theta}_2+2(\Delta\boldsymbol{\theta}_2-\Delta\boldsymbol{\theta}_1)+\frac{1}{3}(3\Delta\boldsymbol{\theta}_1-\Delta\boldsymbol{\theta}_2)\times(\Delta\boldsymbol{\theta}_2-\Delta\boldsymbol{\theta}_1)\\&=\Delta\boldsymbol{\theta}_1+\Delta\boldsymbol{\theta}_2+\frac{2}{3}\Delta\boldsymbol{\theta}_1\times\Delta\boldsymbol{\theta}_2\end{aligned}\tag{8-55}$$

按式（8-55）求解旋转矢量时，用到了$[t_{k-1},t_{k-1}+h]$、$[t_{k-1}+h,t_k]$两个时间段内的角增量$\Delta\boldsymbol{\theta}_1$、$\Delta\boldsymbol{\theta}_2$，因此称此式为旋转矢量的 2 子样算法。采用 2 子样算法求解方程式（8-42），有

$$\boldsymbol{\Phi}_k=\Delta\boldsymbol{\theta}_1+\Delta\boldsymbol{\theta}_2+\frac{2}{3}\Delta\boldsymbol{\theta}_1\times\Delta\boldsymbol{\theta}_2\tag{8-56}$$

旋转矢量$\boldsymbol{\Phi}_k$与其对应的四元数$\boldsymbol{q}_{\mathrm{b}(k)}^{\mathrm{b}(k-1)}$有以下计算关系。

$$\boldsymbol{q}_{\mathrm{b}(k)}^{\mathrm{b}(k-1)}=\cos\frac{\Phi_k}{2}+\frac{\boldsymbol{\Phi}_k}{\Phi_k}\sin\frac{\Phi_k}{2}\tag{8-57}$$

式中，$\Phi_k=|\boldsymbol{\Phi}_k|$。由式（8-57）可分别计算出$\boldsymbol{\zeta}_k$和$\boldsymbol{\Phi}_k$对应的四元数$\boldsymbol{q}_{\mathrm{g}(k-1)}^{\mathrm{g}(k)}$、$\boldsymbol{q}_{\mathrm{b}(k)}^{\mathrm{b}(k-1)}$，并将其代入式（8-40）完成姿态更新。

8.1.3.3　发射坐标系速度更新算法

在式（8-39）所示的发射坐标系比力方程中，明确标注出各量的时间参数，并将$\boldsymbol{\Omega}$转化为矢量形式，可得

$$\dot{\boldsymbol{V}}^{\mathrm{g}}(t)=\boldsymbol{R}_{\mathrm{b}}^{\mathrm{g}}(t)\boldsymbol{f}^{\mathrm{b}}(t)-2\boldsymbol{\omega}_{\mathrm{ag}}^{\mathrm{g}}(t)\times\boldsymbol{V}^{\mathrm{g}}(t)+\boldsymbol{g}^{\mathrm{g}}(t)\tag{8-58}$$

式（8-58）两边同时在时间段$[t_{k-1},t_k]$内积分，得

$$\int_{t_{k-1}}^{t_k}\dot{\boldsymbol{V}}^{\mathrm{g}}(t)\mathrm{d}t=\int_{t_{k-1}}^{t_k}[\boldsymbol{R}_{\mathrm{b}}^{\mathrm{g}}(t)\boldsymbol{f}^{\mathrm{b}}(t)-2\boldsymbol{\omega}_{\mathrm{ag}}^{\mathrm{g}}(t)\times\boldsymbol{V}^{\mathrm{g}}(t)+\boldsymbol{g}^{\mathrm{g}}(t)]\mathrm{d}t\tag{8-59}$$

即

$$\begin{aligned}\boldsymbol{V}_k^{\mathrm{g}(k)}-\boldsymbol{V}_{k-1}^{\mathrm{g}(k-1)}&=\int_{t_{k-1}}^{t_k}\boldsymbol{R}_{\mathrm{b}}^{\mathrm{g}}(t)\boldsymbol{f}^{\mathrm{b}}(t)\mathrm{d}t+\int_{t_{k-1}}^{t_k}[-2\boldsymbol{\omega}_{\mathrm{ag}}^{\mathrm{g}}(t)\times\boldsymbol{V}^{\mathrm{g}}(t)+\boldsymbol{g}^{\mathrm{g}}(t)]\mathrm{d}t\\&=\Delta\boldsymbol{V}_{\mathrm{sf}(k)}^{\mathrm{g}}+\Delta\boldsymbol{V}_{\mathrm{cor}/g(k)}^{\mathrm{g}}\end{aligned} \tag{8-60}$$

式中，$\boldsymbol{V}_k^{\mathrm{g}(k)}$ 和 $\boldsymbol{V}_{k-1}^{\mathrm{g}(k-1)}$ 分别为 t_k 与 t_{k-1} 时刻发射坐标系的惯导速度，并且记

$$\Delta\boldsymbol{V}_{\mathrm{cor}/g(k)}^{\mathrm{g}}=\int_{t_{k-1}}^{t_k}[-2\boldsymbol{\omega}_{\mathrm{ag}}^{\mathrm{g}}(t)\times\boldsymbol{V}^{\mathrm{g}}(t)+\boldsymbol{g}^{\mathrm{g}}(t)]\mathrm{d}t \tag{8-61}$$

$$\Delta\boldsymbol{V}_{\mathrm{sf}(k)}^{\mathrm{g}}=\int_{t_{k-1}}^{t_k}\boldsymbol{R}_{\mathrm{b}}^{\mathrm{g}}(t)\boldsymbol{f}^{\mathrm{b}}(t)\mathrm{d}t \tag{8-62}$$

式中，$\Delta\boldsymbol{V}_{\mathrm{cor}/g(k)}^{\mathrm{g}}$ 和 $\Delta\boldsymbol{V}_{\mathrm{sf}(k)}^{\mathrm{g}}$ 分别称为时间段 T 内有害加速度的速度增量与导航坐标系比力速度增量。

将式（8-60）移项，可得以下递推形式。

$$\boldsymbol{V}_k^{\mathrm{g}(k)}=\boldsymbol{V}_{k-1}^{\mathrm{g}(k-1)}+\Delta\boldsymbol{V}_{\mathrm{sf}(k)}^{\mathrm{g}}+\Delta\boldsymbol{V}_{\mathrm{cor}/g(k)}^{\mathrm{g}} \tag{8-63}$$

下面讨论 $\Delta\boldsymbol{V}_{\mathrm{cor}/g(k)}^{\mathrm{g}}$ 和 $\Delta\boldsymbol{V}_{\mathrm{sf}(k)}^{\mathrm{g}}$ 的数值积分算法。

首先考虑有害加速度的速度增量 $\Delta\boldsymbol{V}_{\mathrm{cor}/g(k)}^{\mathrm{g}}$ 的计算。即使对于快速运动的飞行器，在短时间 $[t_{k-1},t_k]$ 内其引起的发射坐标系旋转和重力矢量变化都是很小的，因此一般认为 $\Delta\boldsymbol{V}_{\mathrm{cor}/g(k)}^{\mathrm{g}}$ 的被积函数是时间的缓变量，可采用 $t_{k-1/2}=(t_{k-1}+t_k)/2$ 时刻的值进行近似代替，将式（8-61）近似为

$$\Delta\boldsymbol{V}_{\mathrm{cor}/g(k)}^{\mathrm{g}}\approx(-2\boldsymbol{\omega}_{\mathrm{ag}(k-1/2)}^{\mathrm{g}}\times\boldsymbol{V}_{k-1/2}^{\mathrm{g}}+\boldsymbol{g}_{k-1/2}^{\mathrm{g}})T \tag{8-64}$$

由于此时不知道 t_k 时刻的导航速度和位置等参数，因此式（8-64）中 $t_{k-1/2}$ 时刻的各参数需使用外推法计算，表示为

$$\boldsymbol{x}_{k-1/2}=\boldsymbol{x}_{k-1}+\frac{\boldsymbol{x}_{k-1}-\boldsymbol{x}_{k-2}}{2}=\frac{3\boldsymbol{x}_{k-1}-\boldsymbol{x}_{k-2}}{2},\boldsymbol{x}=\boldsymbol{\omega}_{\mathrm{ag}}^{\mathrm{g}},\boldsymbol{V}^{\mathrm{g}},\boldsymbol{g}^{\mathrm{g}} \tag{8-65}$$

在式（8-65）中，各参数在 t_{k-1} 和 t_{k-2} 时刻均是已知的。可见，$\Delta\boldsymbol{V}_{\mathrm{cor}/g(k)}^{\mathrm{g}}$ 的计算过程比较简单。

然后考虑比力速度增量 $\Delta\boldsymbol{V}_{\mathrm{sf}(k)}^{\mathrm{g}}$ 的计算。将式（8-62）等号右边的被积矩阵做如下矩阵连乘分解。

$$\Delta\boldsymbol{V}_{\mathrm{sf}(k)}^{\mathrm{g}}=\int_{t_{k-1}}^{t_k}\boldsymbol{R}_{\mathrm{g}(k-1)}^{\mathrm{g}(t)}\boldsymbol{R}_{\mathrm{b}(k-1)}^{\mathrm{g}(k-1)}\boldsymbol{R}_{\mathrm{b}(t)}^{\mathrm{b}(k-1)}\boldsymbol{f}^{\mathrm{b}}(t)\mathrm{d}t \tag{8-66}$$

假设与坐标变换矩阵 $\boldsymbol{R}_{\mathrm{g}(t_{k-1})}^{\mathrm{g}(t)}$ 对应的等效旋转矢量为 $\boldsymbol{\phi}_{\mathrm{ag}}^{\mathrm{g}}(t,t_{k-1})$，角增量为 $\boldsymbol{\theta}_{\mathrm{ag}}^{\mathrm{g}}(t,t_{k-1})$；而与坐标变换矩阵 $\boldsymbol{R}_{\mathrm{b}(t)}^{\mathrm{b}(k-1)}$ 对应的等效旋转矢量为 $\boldsymbol{\phi}_{\mathrm{ab}}^{\mathrm{b}}(t,t_{k-1})$，角增量为 $\boldsymbol{\theta}_{\mathrm{ab}}^{\mathrm{b}}(t,t_{k-1})$。

对于 $t_{k-1}\leqslant t\leqslant t_k$，坐标变换矩阵和等效旋转矢量之间的关系为

$$\boldsymbol{R}_{n(t)}^{n(t_{k-1})}=\boldsymbol{I}+\frac{\sin\varPhi}{\varPhi}(\boldsymbol{\varPhi}\times)+\frac{1-\cos\varPhi}{\varPhi^2}(\boldsymbol{\varPhi}\times)(\boldsymbol{\varPhi}\times) \tag{8-67}$$

式中，$\boldsymbol{\varPhi}$ 是 $n(t_{k-1})$ 坐标系至 $n(t)$ 坐标系的等效旋转矢量，$\varPhi=|\boldsymbol{\varPhi}|$，$(\boldsymbol{\varPhi}\times)$ 表示由

$\boldsymbol{\Phi}$ 的各分量构造的叉乘反对称矩阵。对于速度更新周期 T 较短、$\boldsymbol{\Phi}$ 非常微小的情况，可以进行如下近似。

$$\frac{\sin\Phi}{\Phi}\approx 1,\quad \frac{1-\cos\Phi}{\Phi^2}\approx\frac{1}{2},\quad \boldsymbol{\Phi}\approx\Delta\boldsymbol{\theta} \tag{8-68}$$

式中，

$$\Delta\boldsymbol{\theta}=\int_{t_{k-1}}^{t}\boldsymbol{\omega}(\tau)\mathrm{d}\tau\quad ,t_{k-1}\leqslant t\leqslant t_k \tag{8-69}$$

式中，$\boldsymbol{\omega}(\tau)$ 是 $n(t_{k-1})$ 坐标系相对于 $n(t)$ 坐标系的旋转角速度。$(\boldsymbol{\Phi}\times)(\boldsymbol{\Phi}\times)$ 可视为二阶小量，这样式（8-67）可近似为

$$\boldsymbol{R}_{n(t)}^{n(k-1)}=\boldsymbol{I}+(\Delta\boldsymbol{\theta}\times) \tag{8-70}$$

则式（8-66）中的有关项可取如下一阶近似。

$$\boldsymbol{R}_{\mathrm{g}(k-1)}^{\mathrm{g}(t)}\approx\boldsymbol{I}-(\boldsymbol{\phi}_{\mathrm{ag}}^{\mathrm{g}}(t,t_{k-1})\times)\approx\boldsymbol{I}-(\boldsymbol{\theta}_{\mathrm{ag}}^{\mathrm{g}}(t,t_{k-1})\times) \tag{8-71}$$

$$\boldsymbol{R}_{\mathrm{b}(t)}^{\mathrm{b}(k-1)}\approx\boldsymbol{I}+(\boldsymbol{\phi}_{\mathrm{ab}}^{\mathrm{b}}(t,t_{k-1})\times)\approx\boldsymbol{I}+(\boldsymbol{\theta}_{\mathrm{ab}}^{\mathrm{b}}(t,t_{k-1})\times) \tag{8-72}$$

将式（8-71）和式（8-72）代入式（8-66），展开并忽略 $\boldsymbol{\theta}_{\mathrm{ag}}^{\mathrm{g}}(t,t_{k-1})$ 和 $\boldsymbol{\theta}_{\mathrm{ab}}^{\mathrm{b}}(t,t_{k-1})$ 之间乘积的二阶小量，可得

$$\begin{aligned}\Delta\boldsymbol{V}_{\mathrm{sf}(k)}^{\mathrm{g}}&\approx\int_{t_{k-1}}^{t_k}[\boldsymbol{I}-\boldsymbol{\theta}_{\mathrm{ag}}^{\mathrm{g}}(t,t_{k-1})\times]\boldsymbol{R}_{\mathrm{b}(k-1)}^{\mathrm{g}(k-1)}[\boldsymbol{I}+\boldsymbol{\theta}_{\mathrm{ab}}^{\mathrm{b}}(t,t_{k-1})\times]\boldsymbol{f}^{\mathrm{b}}(t)\mathrm{d}t\\&\approx\boldsymbol{R}_{\mathrm{b}(k-1)}^{\mathrm{g}(k-1)}\int_{t_{k-1}}^{t_k}\boldsymbol{f}^{\mathrm{b}}(t)\mathrm{d}t-\int_{t_{k-1}}^{t_k}\boldsymbol{\theta}_{\mathrm{ag}}^{\mathrm{g}}(t,t_{k-1})\times[\boldsymbol{R}_{\mathrm{b}(k-1)}^{\mathrm{g}(k-1)}\boldsymbol{f}^{\mathrm{b}}(t)]\mathrm{d}t+\\&\quad\boldsymbol{R}_{\mathrm{b}(k-1)}^{\mathrm{g}(k-1)}\int_{t_{k-1}}^{t_k}\boldsymbol{\theta}_{\mathrm{ab}}^{\mathrm{b}}(t,t_{k-1})\times\boldsymbol{f}^{\mathrm{b}}(t)\mathrm{d}t\end{aligned} \tag{8-73}$$

令

$$\Delta\boldsymbol{V}_k=\int_{t_{k-1}}^{t_k}\boldsymbol{f}^{\mathrm{b}}(t)\mathrm{d}t \tag{8-74}$$

先分析式（8-73）等号右边的第三积分项。由于

$$\begin{aligned}\frac{\mathrm{d}[\boldsymbol{\theta}_{\mathrm{ab}}^{\mathrm{b}}(t,t_{k-1})\times\boldsymbol{V}^{\mathrm{b}}(t,t_{k-1})]}{\mathrm{d}t}&=\boldsymbol{\omega}_{\mathrm{ab}}^{\mathrm{b}}(t)\times\boldsymbol{V}^{\mathrm{b}}(t,t_{k-1})+\boldsymbol{\theta}_{\mathrm{ab}}^{\mathrm{b}}(t,t_{k-1})\times\boldsymbol{f}^{\mathrm{b}}(t)\\&=-\boldsymbol{V}^{\mathrm{b}}(t,t_{k-1})\times\boldsymbol{\omega}_{\mathrm{ab}}^{\mathrm{b}}(t)-\boldsymbol{\theta}_{\mathrm{ab}}^{\mathrm{b}}(t,t_{k-1})\times\boldsymbol{f}^{\mathrm{b}}(t)+2\boldsymbol{\theta}_{\mathrm{ab}}^{\mathrm{b}}(t,t_{k-1})\times\boldsymbol{f}^{\mathrm{b}}(t)\end{aligned} \tag{8-75}$$

将式（8-75）进行移项整理，可得

$$\begin{aligned}&\boldsymbol{\theta}_{\mathrm{ab}}^{\mathrm{b}}(t,t_{k-1})\times\boldsymbol{f}^{\mathrm{b}}(t)\\&=\frac{1}{2}\frac{\mathrm{d}[\boldsymbol{\theta}_{\mathrm{ab}}^{\mathrm{b}}(t,t_{k-1})\times\boldsymbol{V}^{\mathrm{b}}(t,t_{k-1})]}{\mathrm{d}t}+\frac{1}{2}[\boldsymbol{\theta}_{\mathrm{ab}}^{\mathrm{b}}(t,t_{k-1})\times\boldsymbol{f}^{\mathrm{b}}(t)+\boldsymbol{V}^{\mathrm{b}}(t,t_{k-1})\times\boldsymbol{\omega}_{\mathrm{ab}}^{\mathrm{b}}(t)]\end{aligned} \tag{8-76}$$

在 $[t_{k-1},t_k]$ 时间段内，对式（8-76）等号两边同时积分，得

$$\int_{t_{k-1}}^{t_k}\boldsymbol{\theta}_{\mathrm{ab}}^{\mathrm{b}}(t,t_{k-1})\times\boldsymbol{f}^{\mathrm{b}}(t)\mathrm{d}t$$

$$\begin{aligned}&=\frac{1}{2}\Delta\boldsymbol{\theta}_k\times\Delta\boldsymbol{V}_k+\frac{1}{2}\int_{t_{k-1}}^{t_k}[\boldsymbol{\theta}_{\mathrm{ab}}^{\mathrm{b}}(t,t_{k-1})\times\boldsymbol{f}^{\mathrm{b}}(t)+\boldsymbol{V}^{\mathrm{b}}(t,t_{k-1})\times\boldsymbol{\omega}_{\mathrm{ab}}^{\mathrm{b}}(t)]\mathrm{d}t\\&=\Delta\boldsymbol{V}_{\mathrm{rot}(k)}+\Delta\boldsymbol{V}_{\mathrm{scul}(k)}\end{aligned}\tag{8-77}$$

记

$$\Delta\boldsymbol{V}_{\mathrm{rot}(k)}=\frac{1}{2}\Delta\boldsymbol{\theta}_k\times\Delta\boldsymbol{V}_k\tag{8-78}$$

$$\Delta\boldsymbol{V}_{\mathrm{scul}(k)}=\frac{1}{2}\int_{t_{k-1}}^{t_k}[\boldsymbol{\theta}_{\mathrm{ab}}^{\mathrm{b}}(t,t_{k-1})\times\boldsymbol{f}^{\mathrm{b}}(t)+\boldsymbol{V}^{\mathrm{b}}(t,t_{k-1})\times\boldsymbol{\omega}_{\mathrm{ab}}^{\mathrm{b}}(t)]\mathrm{d}t\tag{8-79}$$

式中，

$$\begin{cases}\Delta\boldsymbol{\theta}_k=\boldsymbol{\theta}_{\mathrm{ab}}^{\mathrm{b}}(t_k,t_{k-1})=\int_{t_{k-1}}^{t_k}\boldsymbol{\omega}_{\mathrm{ab}}^{\mathrm{b}}(t)\mathrm{d}t\\\Delta\boldsymbol{V}_k=\boldsymbol{V}^{\mathrm{b}}(t_k,t_{k-1})=\int_{t_{k-1}}^{t_k}\boldsymbol{f}^{\mathrm{b}}(t)\mathrm{d}t\end{cases}\tag{8-80}$$

$\Delta\boldsymbol{V}_{\mathrm{rot}(k)}$ 称为速度的旋转误差补偿量，它由解算时间段内比力方向在空间的旋转变化引起；$\Delta\boldsymbol{V}_{\mathrm{scul}(k)}$ 称为速度的划桨误差补偿量，当飞行器同时做线振动和角振动时存在。

一般情况下式（8-79）不能求得精确解，为了近似处理，假设陀螺仪角速度 $\boldsymbol{\omega}_{\mathrm{ab}}^{\mathrm{b}}(t)$ 和加速度计比力 $\boldsymbol{f}^{\mathrm{b}}(t)$ 的量测均为线性模型，如式（8-44）所示。相应的角增量和速度增量为

$$\begin{cases}\Delta\boldsymbol{\theta}_{\mathrm{ab}}^{\mathrm{b}}(t,t_{k-1})=\int_{t_{k-1}}^{t}\boldsymbol{\omega}_{\mathrm{ab}}^{\mathrm{b}}(\tau)\mathrm{d}\tau=\boldsymbol{a}(t-t_{k-1})+\boldsymbol{b}(t-t_{k-1})^2\\\Delta\boldsymbol{V}^{\mathrm{b}}(t,t_{k-1})=\int_{t_{k-1}}^{t}\boldsymbol{f}^{\mathrm{b}}(\tau)\mathrm{d}\tau=\boldsymbol{A}(t-t_{k-1})+\boldsymbol{B}(t-t_{k-1})^2\end{cases}\tag{8-81}$$

式中，$\boldsymbol{a}$、$\boldsymbol{b}$、$\boldsymbol{A}$、$\boldsymbol{B}$ 均为未知参量

将式（8-81）代入式（8-79）并积分，可得

$$\begin{aligned}\Delta\boldsymbol{V}_{\mathrm{scul}(k)}&=\frac{1}{2}\int_{t_{k-1}}^{t_k}[(\boldsymbol{a}(t-t_{k-1})+\boldsymbol{b}(t-t_{k-1})^2)\times(\boldsymbol{A}+2\boldsymbol{B}(t-t_{k-1}))+\\&\quad(\boldsymbol{A}(t-t_{k-1})+\boldsymbol{B}(t-t_{k-1})^2)\times(\boldsymbol{a}+2\boldsymbol{b}(t-t_{k-1}))]\mathrm{d}t\\&=\frac{1}{2}\int_{t_{k-1}}^{t_k}(\boldsymbol{a}\times\boldsymbol{B}+\boldsymbol{A}\times\boldsymbol{b})(t-t_{k-1})^2\mathrm{d}t\\&=(\boldsymbol{a}\times\boldsymbol{B}+\boldsymbol{A}\times\boldsymbol{b})\frac{(t_k-t_{k-1})^3}{6}\end{aligned}\tag{8-82}$$

将 $\boldsymbol{a},\boldsymbol{b},\boldsymbol{A},\boldsymbol{B}$ 的反解结果代入式（8-82），便得双子样速度划桨误差补偿算法，即

$$\begin{aligned}\Delta\boldsymbol{V}_{\mathrm{scul}(k)}&=\left(\frac{3\Delta\boldsymbol{\theta}_1-\Delta\boldsymbol{\theta}_2}{2h}\times\frac{\Delta\boldsymbol{V}_2-\Delta\boldsymbol{V}_1}{2h^2}+\frac{3\Delta\boldsymbol{V}_1-\Delta\boldsymbol{V}_2}{2h}\times\frac{\Delta\boldsymbol{\theta}_2-\Delta\boldsymbol{\theta}_1}{2h^2}\right)\frac{(2h)^3}{6}\\&=\frac{2}{3}(\Delta\boldsymbol{\theta}_1\times\Delta\boldsymbol{V}_2+\Delta\boldsymbol{V}_1\times\Delta\boldsymbol{\theta}_2)\end{aligned}\tag{8-83}$$

至于式（8-73）等号右边的第二积分项，其在形式上与第三积分项完全相同，若记

$$\begin{cases}\Delta\boldsymbol{V}'_{\text{rot}(k)}=\dfrac{1}{2}\Delta\boldsymbol{\theta}'_k\times\Delta\boldsymbol{V}'_k\\ \Delta\boldsymbol{V}'_{\text{scul}(k)}=\dfrac{2}{3}(\Delta\boldsymbol{\theta}'_1\times\Delta\boldsymbol{V}'_2+\Delta\boldsymbol{V}'_1\times\Delta\boldsymbol{\theta}'_2)\end{cases}\tag{8-84}$$

类比式（8-78）、式（8-79）和式（8-83），则有

$$\begin{aligned}\int_{t_{k-1}}^{t_k}\boldsymbol{\theta}_{\text{ag}}^{\text{b}}(t,t_{k-1})\times[\boldsymbol{R}_{\text{b}(k-1)}^{\text{g}(k-1)}\boldsymbol{f}^{\text{b}}(t)]\text{d}t&=\frac{1}{2}\Delta\boldsymbol{\theta}'_k\times\Delta\boldsymbol{V}'_k+\frac{2}{3}(\Delta\boldsymbol{\theta}'_1\times\Delta\boldsymbol{V}'_2+\Delta\boldsymbol{V}'_1\times\Delta\boldsymbol{\theta}'_2)\\&=\frac{1}{2}\Delta\boldsymbol{\theta}'_k\times(\boldsymbol{R}_{\text{b}(k-1)}^{\text{n}(k-1)}\Delta\boldsymbol{V})+\frac{2}{3}(\Delta\boldsymbol{\theta}'_1\times\Delta\boldsymbol{V}'_2+\Delta\boldsymbol{V}'_1\times\Delta\boldsymbol{\theta}'_2)\end{aligned}\tag{8-85}$$

又因 $\Delta\boldsymbol{\theta}'_1\approx\Delta\boldsymbol{\theta}'_2\approx\dfrac{1}{2}\Delta\boldsymbol{\theta}'_k\approx\dfrac{T}{2}\boldsymbol{\omega}_{\text{ag}}^{\text{g}}$，故式（8-85）变为

$$\begin{aligned}&\int_{t_{k-1}}^{t_k}\boldsymbol{\theta}_{\text{ag}}^{\text{b}}(t,t_{k-1})\times[\boldsymbol{R}_{\text{b}(k-1)}^{\text{g}(k-1)}\boldsymbol{f}^{\text{b}}(t)]\text{d}t\\&\approx\frac{1}{2}\Delta\boldsymbol{\theta}'_k\times[\boldsymbol{R}_{\text{b}(k-1)}^{\text{g}(k-1)}(\Delta\boldsymbol{V}_1+\Delta\boldsymbol{V}_2)]+\frac{1}{3}\Delta\boldsymbol{\theta}'\times[\boldsymbol{R}_{\text{b}(k-1)}^{\text{g}(k-1)}(\Delta\boldsymbol{V}_2-\Delta\boldsymbol{V}_1)]\\&=\frac{T}{6}\boldsymbol{\omega}_{\text{ag}}^{\text{g}}\times[\boldsymbol{R}_{\text{b}(k-1)}^{\text{g}(k-1)}(\Delta\boldsymbol{V}_1+5\Delta\boldsymbol{V}_2)]\end{aligned}\tag{8-86}$$

至此，求得发射坐标系比力速度增量的完整算法，即式（8-73）可表示为

$$\Delta\boldsymbol{V}_{\text{sf}(k)}^{\text{g}}=\boldsymbol{R}_{\text{b}(k-1)}^{\text{g}(k-1)}\Delta\boldsymbol{V}_k-\frac{T}{6}\boldsymbol{\omega}_{\text{ag}}^{\text{g}}\times[\boldsymbol{R}_{\text{b}(k-1)}^{\text{g}(k-1)}(\Delta\boldsymbol{V}_1+5\Delta\boldsymbol{V}_2)]+\boldsymbol{R}_{\text{b}(k-1)}^{\text{g}(k-1)}(\Delta\boldsymbol{V}_{\text{rot}(k)}+\Delta\boldsymbol{V}_{\text{scul}(k)})\tag{8-87}$$

8.1.3.4　发射坐标系位置更新算法

在式（8-39）所示的发射坐标系位置微分方程中，明确标注出各量的时间参数，可得

$$\dot{\boldsymbol{P}}^{\text{g}}(t)=\boldsymbol{V}^{\text{g}}(t)\tag{8-88}$$

与捷联式惯导姿态更新算法和速度更新算法相比，位置更新算法引起的误差一般比较小，可采用比较简单的梯形积分方法对式（8-88）进行离散化，得

$$\boldsymbol{P}_k-\boldsymbol{P}_{k-1}=\int_{t_{k-1}}^{t_k}\boldsymbol{V}^{\text{g}}\text{d}t=(\boldsymbol{V}_{k-1}^{\text{g}}+\boldsymbol{V}_k^{\text{g}})\frac{T}{2}\tag{8-89}$$

将式（8-89）进行移项，便可得到位置更新算法，即

$$\boldsymbol{P}_k=\boldsymbol{P}_{k-1}+(\boldsymbol{V}_{k-1}^{\text{g}}+\boldsymbol{V}_k^{\text{g}})\frac{T}{2}\tag{8-90}$$

当采用高精度的捷联式惯导器件时，应该采用高精度的捷联式惯导算法。由于$[t_{k-1},t_k]$时间段很短，重力加速度和有害加速度补偿项在该时间段内变化得十分缓慢，可近似看作常值，所以其积分值可近似看作时间的线性函数，根据

式（8-63）可得

$$\boldsymbol{V}^{\mathrm{g}}(t)=\boldsymbol{V}_{k-1}^{\mathrm{g}}+\Delta\boldsymbol{V}_{\mathrm{sf}(k)}^{\mathrm{g}}(t)+\Delta\boldsymbol{V}_{\mathrm{cor/g}(k)}^{\mathrm{g}}\frac{t-t_{k-1}}{T},t_{k-1}\leqslant t\leqslant t_k \tag{8-91}$$

式中，

$$\Delta\boldsymbol{V}_{\mathrm{sf}(k)}^{\mathrm{g}}(t)=\int_{t_{k-1}}^{t_k}\boldsymbol{R}_{\mathrm{b}}^{\mathrm{g}}(t)\boldsymbol{f}^{\mathrm{b}}(t)\mathrm{d}t \tag{8-92}$$

对式（8-91）等号两边在$[t_{k-1},t_k]$时间段内积分，得

$$\boldsymbol{P}_k=\boldsymbol{P}_{k-1}+\left[\boldsymbol{V}_{k-1}^{\mathrm{g}}+\frac{1}{2}\Delta\boldsymbol{V}_{\mathrm{cor/g}(k)}^{\mathrm{g}}\right]T+\Delta\boldsymbol{P}_{\mathrm{sf}(k)}^{\mathrm{g}} \tag{8-93}$$

且令

$$\begin{aligned}\Delta\boldsymbol{P}_{\mathrm{sf}(k)}^{\mathrm{g}}&=\int_{t_{k-1}}^{t_k}\Delta\boldsymbol{V}_{\mathrm{sf}(k)}^{\mathrm{g}}\mathrm{d}t\\&=\boldsymbol{R}_{\mathrm{b}}^{\mathrm{g}}\int_{t_{k-1}}^{t_k}\left[\Delta\boldsymbol{V}^{\mathrm{b}}(t)+\frac{1}{2}\Delta\boldsymbol{\theta}_{\mathrm{ab}}^{\mathrm{b}}(t)\times\Delta\boldsymbol{V}^{\mathrm{b}}(t)+\Delta\boldsymbol{V}_{\mathrm{scul}}^{\mathrm{b}}(t)\right]\mathrm{d}t+\\&\quad\int_{t_{k-1}}^{t_k}\left[\frac{1}{2}\Delta\boldsymbol{\theta}_{\mathrm{ag}}^{\mathrm{b}}(t)\times\boldsymbol{R}_{\mathrm{b}}^{\mathrm{g}}\Delta\boldsymbol{V}^{\mathrm{b}}(t)+\Delta\boldsymbol{V}_{\mathrm{scul}}^{\mathrm{g}}(t)\right]\mathrm{d}t\\&=\Delta\boldsymbol{P}_{1\mathrm{sf}(k)}^{\mathrm{g}}+\Delta\boldsymbol{P}_{2\mathrm{sf}(k)}^{\mathrm{g}}\end{aligned} \tag{8-94}$$

$$\Delta\boldsymbol{P}_{1\mathrm{sf}(k)}^{\mathrm{g}}=\boldsymbol{R}_{\mathrm{b}}^{\mathrm{g}}\Delta\boldsymbol{P}_{1\mathrm{sf}(k)}^{\mathrm{b}}=\boldsymbol{R}_{\mathrm{b}}^{\mathrm{g}}\int_{t_{k-1}}^{t_k}\left[\Delta\boldsymbol{V}^{\mathrm{b}}(t)+\frac{1}{2}\Delta\boldsymbol{\theta}_{\mathrm{ab}}^{\mathrm{b}}(t)\times\Delta\boldsymbol{V}^{b}(t)+\Delta\boldsymbol{V}_{\mathrm{scul}}^{\mathrm{b}}(t)\right]\mathrm{d}t \tag{8-95}$$

$$\Delta\boldsymbol{P}_{2\mathrm{sf}(k)}^{\mathrm{g}}=\int_{t_{k-1}}^{t_k}\left[\frac{1}{2}\Delta\boldsymbol{\theta}_{\mathrm{ag}}^{\mathrm{b}}(t)\times\boldsymbol{R}_{\mathrm{b}}^{\mathrm{g}}\Delta\boldsymbol{V}^{\mathrm{b}}(t)+\Delta\boldsymbol{V}_{\mathrm{scul}}^{\mathrm{g}}(t)\right]\mathrm{d}t \tag{8-96}$$

记

$$\boldsymbol{\gamma}_1=\frac{1}{2}\int_{t_{k-1}}^{t_k}\Delta\boldsymbol{\theta}_{\mathrm{ab}}^{\mathrm{b}}(t)\times\Delta\boldsymbol{V}^{\mathrm{b}}(t)\mathrm{d}t \tag{8-97}$$

对式（8-97）采用分部积分法求取，并记

$$\boldsymbol{\gamma}_2=\frac{1}{2}\int_{t_{k-1}}^{t_k}\Delta\boldsymbol{\theta}_{\mathrm{ab}}^{\mathrm{b}}(t)\times\Delta\boldsymbol{V}^{\mathrm{b}}(t)\mathrm{d}t=\frac{1}{2}\boldsymbol{S}_{\Delta\theta(k)}^{\mathrm{b}}\times\Delta\boldsymbol{V}_k^{\mathrm{b}}-\frac{1}{2}\int_{t_{k-1}}^{t_k}\boldsymbol{S}_{\Delta\theta}^{\mathrm{b}}(t)\times\boldsymbol{f}^{\mathrm{b}}(t)\mathrm{d}t \tag{8-98}$$

$$\boldsymbol{\gamma}_3=\frac{1}{2}\int_{t_{k-1}}^{t_k}\Delta\boldsymbol{\theta}_{\mathrm{ab}}^{\mathrm{b}}(t)\times\Delta\boldsymbol{V}^{\mathrm{b}}(t)\mathrm{d}t=\frac{1}{2}\boldsymbol{S}_{\Delta V(k)}^{\mathrm{b}}\times\Delta\boldsymbol{\theta}_k^{\mathrm{b}}+\frac{1}{2}\int_{t_{k-1}}^{t_k}\boldsymbol{S}_{\Delta V}^{\mathrm{b}}(t)\times\boldsymbol{\omega}^{\mathrm{b}}(t)\mathrm{d}t \tag{8-99}$$

式中，

$$\boldsymbol{S}_{\Delta\theta(k)}^{\mathrm{b}}=\int_{t_{k-1}}^{t_k}\Delta\boldsymbol{\theta}_{\mathrm{ab}}^{\mathrm{b}}(t)\mathrm{d}t$$

$$\boldsymbol{S}_{\Delta\theta}^{\mathrm{b}}(t)=\int\Delta\boldsymbol{\theta}_{\mathrm{ab}}^{\mathrm{b}}(t)\mathrm{d}t$$

$$\boldsymbol{S}_{\Delta V(k)}^{\mathrm{b}}=\int_{t_{k-1}}^{t_k}\Delta\boldsymbol{V}^{\mathrm{b}}(t)\mathrm{d}t$$

$$\boldsymbol{S}_{\Delta V}^{\mathrm{b}}(t)=\int\Delta\boldsymbol{V}^{\mathrm{b}}(t)\mathrm{d}t$$

则

$$\begin{aligned}\gamma_1 &= \frac{1}{2}\int_{t_{k-1}}^{t_k} \Delta\boldsymbol{\theta}_{\mathrm{ab}}^{\mathrm{b}}(t)\times\Delta\boldsymbol{V}^{\mathrm{b}}(t)\mathrm{d}t = \frac{1}{3}(\gamma_1+\gamma_2+\gamma_3)\\ &= \frac{1}{6}(\boldsymbol{S}_{\Delta\theta(k)}^{\mathrm{b}}\times\Delta\boldsymbol{V}_k^{\mathrm{b}}+\frac{1}{2}\boldsymbol{\theta}_k^{\mathrm{b}}\times\boldsymbol{S}_{\Delta V(k)}^{\mathrm{b}})+\\ &\quad \frac{1}{6}\int_{t_{k-1}}^{t_k}[\boldsymbol{S}_{\Delta V}^{\mathrm{b}}(t)\times\boldsymbol{\omega}^{\mathrm{b}}(t)-\boldsymbol{S}_{\Delta\theta}^{\mathrm{b}}(t)\times\boldsymbol{f}^{\mathrm{b}}(t)+\Delta\boldsymbol{\theta}^{\mathrm{b}}(t)\times\Delta\boldsymbol{V}^{\mathrm{b}}(t)]\mathrm{d}t\end{aligned} \tag{8-100}$$

将式（8-100）代入式（8-95），可得

$$\Delta\boldsymbol{P}_{1\mathrm{sf}(k)}^{\mathrm{b}} = \boldsymbol{S}_{\Delta V(k)}^{\mathrm{b}} + \Delta\boldsymbol{P}_{\mathrm{rot}(k)} + \Delta\boldsymbol{P}_{\mathrm{scrl}(k)} \tag{8-101}$$

式中，

$$\boldsymbol{S}_{\Delta V(k)}^{\mathrm{b}} = \int_{t_{k-1}}^{t_k}\Delta\boldsymbol{V}(t)\mathrm{d}t = \int_{t_{k-1}}^{t_k}\int_{t_{k-1}}^{t_k}\boldsymbol{f}^{\mathrm{b}}(\tau)\mathrm{d}\tau\mathrm{d}t \tag{8-102}$$

为比力的二次积分增量；

$$\Delta\boldsymbol{P}_{\mathrm{rot}(k)} = \frac{1}{6}(\boldsymbol{S}_{\Delta\theta(k)}^{\mathrm{b}}\times\Delta\boldsymbol{V}_k^{\mathrm{b}}+\Delta\boldsymbol{\theta}_k^{\mathrm{b}}\times\boldsymbol{S}_{\Delta V(k)}^{\mathrm{b}}) \tag{8-103}$$

为位置计算中的旋转效应补偿量；

$$\Delta\boldsymbol{P}_{\mathrm{scrl}(k)} = \frac{1}{6}\int_{t_{k-1}}^{t_k}[\boldsymbol{S}_{\Delta V}^{\mathrm{b}}(t)\times\boldsymbol{\omega}^{\mathrm{b}}(t)-\boldsymbol{S}_{\Delta\theta}^{\mathrm{b}}(t)\times\boldsymbol{f}^{\mathrm{b}}(t)+\Delta\boldsymbol{\theta}^{\mathrm{b}}(t)\times\Delta\boldsymbol{V}^{\mathrm{b}}(t)+6\Delta\boldsymbol{V}_{\mathrm{scul}}^{\mathrm{b}}(t)]\mathrm{d}t \tag{8-104}$$

为位置计算中的涡卷效应补偿量。

同理可求得

$$\Delta\boldsymbol{P}_{2\mathrm{sf}(k)}^{\mathrm{g}} = \Delta\boldsymbol{P}'_{\mathrm{rot}(k)} + \Delta\boldsymbol{P}'_{\mathrm{scrl}(k)} \tag{8-105}$$

式中，

$$\Delta\boldsymbol{P}'_{\mathrm{rot}(k)} = \frac{1}{6}(\boldsymbol{S}_{\Delta\theta(k)}^{\mathrm{g}}\times\Delta\boldsymbol{V}_m^{\mathrm{g}}+\Delta\boldsymbol{\theta}_m^{\mathrm{g}}\times\boldsymbol{S}_{\Delta V(k)}^{\mathrm{g}}) \tag{8-106}$$

$$\Delta\boldsymbol{P}'_{\mathrm{scrl}(k)} = \frac{1}{6}\int_{t_{k-1}}^{t_k}[\boldsymbol{S}_{\Delta V}^{\mathrm{g}}(t)\times\boldsymbol{\omega}^{\mathrm{g}}(t)-\boldsymbol{S}_{\Delta\theta}^{\mathrm{g}}(t)\times\boldsymbol{f}^{\mathrm{g}}(t)+\Delta\boldsymbol{\theta}^{\mathrm{g}}(t)\times\Delta\boldsymbol{V}^{\mathrm{g}}(t)+6\Delta\boldsymbol{V}_{\mathrm{scul}}^{\mathrm{g}}(t)]\mathrm{d}t \tag{8-107}$$

由式（8-81）可知

$$\begin{cases}\Delta\boldsymbol{\theta}_{\mathrm{ab}}^{\mathrm{b}}(t,t_{k-1})=\int_{t_{k-1}}^{t}\boldsymbol{\omega}_{\mathrm{ab}}^{\mathrm{b}}(\tau)\mathrm{d}\tau = \boldsymbol{a}(t-t_{k-1})+\boldsymbol{b}(t-t_{k-1})^2\\ \Delta\boldsymbol{V}^{\mathrm{b}}(t,t_{k-1})=\int_{t_{k-1}}^{t}\boldsymbol{f}^{b}(\tau)\mathrm{d}\tau = \boldsymbol{A}(t-t_{k-1})+\boldsymbol{B}(t-t_{k-1})^2\end{cases} \tag{8-108}$$

则

$$\Delta\boldsymbol{\theta}_k=\int_{t_{k-1}}^{t_k}\boldsymbol{\omega}_{\mathrm{ab}}^{\mathrm{b}}(t)\mathrm{d}t=T\boldsymbol{a}+T^2\boldsymbol{b} \tag{8-109}$$

$$\Delta\boldsymbol{V}_k=\int_{t_{k-1}}^{t_k}\boldsymbol{f}^{b}(t)\mathrm{d}t=T\boldsymbol{A}+T^2\boldsymbol{B} \tag{8-110}$$

$$\boldsymbol{S}_{\Delta\theta_k}=\int_{t_{k-1}}^{t_k}\int_{t_{k-1}}^{\tau}\boldsymbol{\omega}_{\mathrm{ab}}^{\mathrm{b}}(\mu)\,\mathrm{d}\mu\,\mathrm{d}\tau=\frac{T^2}{2}\boldsymbol{a}+\frac{T^3}{3}\boldsymbol{b} \tag{8-111}$$

$$\boldsymbol{S}_{\Delta V_k}=\int_{t_{k-1}}^{t_k}\int_{t_{k-1}}^{\tau}\boldsymbol{f}(\mu)\,\mathrm{d}\mu\,\mathrm{d}\tau=\frac{T^2}{2}\boldsymbol{A}+\frac{T^3}{3}\boldsymbol{B} \tag{8-112}$$

$$\begin{aligned}\Delta\boldsymbol{V}_{\mathrm{scul}(k)}(t)&=\frac{1}{2}\int_{t_{k-1}}^{t_k}[\Delta\boldsymbol{\theta}_{\mathrm{ab}}^{\mathrm{b}}(\tau)\times\boldsymbol{f}^{\mathrm{b}}(\tau)+\Delta\boldsymbol{V}^{\mathrm{b}}(\tau)\times\boldsymbol{\omega}_{\mathrm{ab}}^{\mathrm{b}}(\tau)]\mathrm{d}\tau\\&=\frac{1}{6}(t_k-t_{k-1})^3(\boldsymbol{a}\times\boldsymbol{B}+\boldsymbol{A}\times\boldsymbol{b})\end{aligned} \tag{8-113}$$

式中，μ 为积分变元。

将式（8-109）～式（8-113）和 $\boldsymbol{a},\boldsymbol{b},\boldsymbol{A},\boldsymbol{B}$ 的反解结果代入式（8-102）～式（8-104），得

$$\boldsymbol{S}_{\Delta V_k}^{\mathrm{b}}=T\left(\frac{5}{6}\Delta\boldsymbol{V}_1+\frac{1}{6}\Delta\boldsymbol{V}_2\right) \tag{8-114}$$

$$\Delta\boldsymbol{P}_{\mathrm{rot}(k)}=T\left(\Delta\boldsymbol{\theta}_1\times\left[\frac{5}{18}\Delta\boldsymbol{V}_1+\frac{1}{6}\Delta\boldsymbol{V}_2\right]+\Delta\boldsymbol{\theta}_2\times\left[\frac{1}{6}\Delta\boldsymbol{V}_1+\frac{1}{18}\Delta\boldsymbol{V}_2\right]\right) \tag{8-115}$$

$$\Delta\boldsymbol{P}_{\mathrm{scrl}(k)}=T\left(\Delta\boldsymbol{\theta}_1\times\left[\frac{11}{90}\Delta\boldsymbol{V}_1+\frac{1}{10}\Delta\boldsymbol{V}_2\right]+\Delta\boldsymbol{\theta}_2\times\left[\frac{1}{90}\Delta\boldsymbol{V}_2-\frac{7}{30}\Delta\boldsymbol{V}_1\right]\right) \tag{8-116}$$

类似可求得式（8-106）和式（8-107），分别为

$$\Delta\boldsymbol{P}'_{\mathrm{rot}(k)}=T\left(\Delta\boldsymbol{\theta}'_1\times\left[\frac{5}{18}\Delta\boldsymbol{V}'_1+\frac{1}{6}\Delta\boldsymbol{V}'_2\right]+\Delta\boldsymbol{\theta}_2\times\left[\frac{1}{6}\Delta\boldsymbol{V}'_1+\frac{1}{18}\Delta\boldsymbol{V}'_2\right]\right) \tag{8-117}$$

$$\Delta\boldsymbol{P}'_{\mathrm{scrl}(k)}=T\left(\Delta\boldsymbol{\theta}'_1\times\left[\frac{11}{90}\Delta\boldsymbol{V}'_1+\frac{1}{10}\Delta\boldsymbol{V}'_2\right]+\Delta\boldsymbol{\theta}_2\times\left[\frac{1}{90}\Delta\boldsymbol{V}'_2-\frac{7}{30}\Delta\boldsymbol{V}'_1\right]\right) \tag{8-118}$$

又因为

$$\Delta\boldsymbol{V}'_1=\boldsymbol{R}_{\mathrm{b}(k-1)}^{\mathrm{g}(k-1)}\Delta\boldsymbol{V}_1$$

$$\Delta\boldsymbol{V}'_2=\boldsymbol{R}_{\mathrm{b}(k-1)}^{\mathrm{g}(k-1)}\Delta\boldsymbol{V}_2$$

$$\Delta\boldsymbol{\theta}'_1\approx\Delta\boldsymbol{\theta}'_2\approx\frac{1}{2}\Delta\boldsymbol{\theta}'_k\approx\frac{T}{2}\boldsymbol{\omega}_{\mathrm{ag}}^{\mathrm{g}}$$

故可得

$$\Delta\boldsymbol{P}'_{\mathrm{rot}(k)}=\frac{T^2}{9}\boldsymbol{\omega}_{\mathrm{ag}}^{\mathrm{g}}\times[\boldsymbol{R}_{\mathrm{b}(k-1)}^{\mathrm{g}(k-1)}(2\Delta\boldsymbol{V}_1+\Delta\boldsymbol{V}_2)] \tag{8-119}$$

$$\Delta\boldsymbol{P}'_{\mathrm{scrl}(k)}=\frac{T^2}{18}\boldsymbol{\omega}_{\mathrm{ag}}^{\mathrm{g}}\times[\boldsymbol{R}_{\mathrm{b}(k-1)}^{\mathrm{g}(k-1)}(\Delta\boldsymbol{V}_2-\Delta\boldsymbol{V}_1)] \tag{8-120}$$

$$\begin{aligned}\Delta\boldsymbol{P}_{\mathrm{sf}(k)}^{g}&=\Delta\boldsymbol{P}'_{\mathrm{rot}(k)}+\Delta\boldsymbol{P}'_{\mathrm{scrl}(k)}\\&=\frac{T^2}{6}\boldsymbol{\omega}_{\mathrm{ag}}^{\mathrm{g}}\times(\boldsymbol{R}_{\mathrm{b}(k-1)}^{\mathrm{g}(k-1)}[\Delta\boldsymbol{V}_1+\Delta\boldsymbol{V}_2])\end{aligned} \tag{8-121}$$

至此，完成发射坐标系位置更新算法的推导。

8.1.4　发射坐标系下捷联式惯导系统误差方程

8.1.4.1　发射坐标系姿态误差方程

在捷联式惯导系统中，载体坐标系至计算坐标系的转换矩阵误差是由两个坐标系之间旋转的角速度误差引起的。如式（8-39）所示，发射坐标系的姿态微分方程为

$$\dot{\boldsymbol{R}}_{\mathrm{b}}^{\mathrm{g}} = \boldsymbol{R}_{\mathrm{b}}^{\mathrm{g}} \boldsymbol{\Omega}_{\mathrm{gb}}^{\mathrm{b}} \tag{8-122}$$

考虑量测误差和计算误差，计算得到的转换矩阵化为

$$\dot{\hat{\boldsymbol{R}}}_{\mathrm{b}}^{\mathrm{g}} = \hat{\boldsymbol{R}}_{\mathrm{b}}^{\mathrm{g}} \hat{\boldsymbol{\Omega}}_{\mathrm{gb}}^{\mathrm{b}} \tag{8-123}$$

计算得到的转换矩阵 $\hat{\boldsymbol{R}}_{\mathrm{b}}^{\mathrm{g}}$ 可以写为

$$\hat{\boldsymbol{R}}_{\mathrm{b}}^{\mathrm{g}} = \boldsymbol{R}_{\mathrm{b}}^{\mathrm{g}} + \delta\hat{\boldsymbol{R}}_{\mathrm{b}}^{\mathrm{g}} \tag{8-124}$$

令

$$\delta\hat{\boldsymbol{R}}_{\mathrm{b}}^{\mathrm{g}} = -\boldsymbol{\Psi}^{\mathrm{g}} \boldsymbol{R}_{\mathrm{b}}^{\mathrm{g}} \tag{8-125}$$

得

$$\hat{\boldsymbol{R}}_{\mathrm{b}}^{\mathrm{g}} = (I - \boldsymbol{\Psi}^{\mathrm{g}})\boldsymbol{R}_{\mathrm{b}}^{\mathrm{g}} \tag{8-126}$$

实际导航坐标系和计算坐标系之间存在误差角 $\boldsymbol{\phi}^{\mathrm{g}} = [\phi_x, \phi_y, \phi_z]^{\mathrm{T}}$，且 $\boldsymbol{\Psi}^{\mathrm{g}}$ 为 $\boldsymbol{\phi}^{\mathrm{g}}$ 的反对称矩阵，有

$$\boldsymbol{\Psi}^{\mathrm{g}} = \begin{bmatrix} 0 & -\phi_z & \phi_y \\ \phi_z & 0 & -\phi_x \\ -\phi_y & \phi_x & 0 \end{bmatrix} \tag{8-127}$$

对式（8-126）等号两边求导，得

$$\dot{\hat{\boldsymbol{R}}}_{\mathrm{b}}^{\mathrm{g}} = \dot{\boldsymbol{R}}_{\mathrm{b}}^{\mathrm{g}} - \dot{\boldsymbol{\Psi}}^{\mathrm{g}} \boldsymbol{R}_{\mathrm{b}}^{\mathrm{g}} - \boldsymbol{\Psi}^{\mathrm{g}} \dot{\boldsymbol{R}}_{\mathrm{b}}^{\mathrm{g}} \tag{8-128}$$

$$\delta\dot{\boldsymbol{R}}_{\mathrm{b}}^{\mathrm{g}} = -\dot{\boldsymbol{\Psi}}^{\mathrm{g}} \boldsymbol{R}_{\mathrm{b}}^{\mathrm{g}} - \boldsymbol{\Psi}^{\mathrm{g}} \dot{\boldsymbol{R}}_{\mathrm{b}}^{\mathrm{g}} \tag{8-129}$$

另外，微分式（8-122），得

$$\delta\dot{\boldsymbol{R}}_{\mathrm{b}}^{\mathrm{g}} = \delta\boldsymbol{R}_{\mathrm{b}}^{\mathrm{g}} \boldsymbol{\Omega}_{\mathrm{gb}}^{\mathrm{b}} + \boldsymbol{R}_{\mathrm{b}}^{\mathrm{g}} \delta\boldsymbol{\Omega}_{\mathrm{gb}}^{\mathrm{b}} = -\boldsymbol{\Psi}^{\mathrm{g}} \boldsymbol{R}_{\mathrm{b}}^{\mathrm{g}} \boldsymbol{\Omega}_{\mathrm{gb}}^{\mathrm{b}} + \boldsymbol{R}_{\mathrm{b}}^{\mathrm{g}} \delta\boldsymbol{\Omega}_{\mathrm{gb}}^{\mathrm{b}} \tag{8-130}$$

比较式（8-128）和式（8-130），可得

$$\dot{\boldsymbol{\Psi}}^{\mathrm{g}} = -\boldsymbol{R}_{\mathrm{b}}^{\mathrm{g}} \delta\boldsymbol{\Omega}_{\mathrm{gb}}^{\mathrm{b}} \boldsymbol{R}_{\mathrm{g}}^{\mathrm{b}} \tag{8-131}$$

将式（8-131）写成矢量形式为

$$\dot{\boldsymbol{\phi}}^{\mathrm{g}} = -\boldsymbol{R}_{\mathrm{b}}^{\mathrm{g}} \delta\boldsymbol{\omega}_{\mathrm{gb}}^{\mathrm{b}} \tag{8-132}$$

式（8-132）说明了如何用角速度误差 $\delta\boldsymbol{\omega}_{\mathrm{gb}}^{\mathrm{b}}$ 表示姿态误差 $\boldsymbol{\phi}^{\mathrm{g}}$ 的变化率，且

$$\begin{aligned} \boldsymbol{\omega}_{\mathrm{gb}}^{\mathrm{b}} &= -\boldsymbol{\omega}_{\mathrm{ag}}^{\mathrm{b}} + \boldsymbol{\omega}_{\mathrm{ab}}^{\mathrm{b}} \\ &= -\boldsymbol{R}_{\mathrm{g}}^{\mathrm{b}} \boldsymbol{\omega}_{\mathrm{ag}}^{\mathrm{g}} + \boldsymbol{\omega}_{\mathrm{ab}}^{\mathrm{b}} \end{aligned} \tag{8-133}$$

将式（8-133）线性化，角速度误差为

$$
\begin{aligned}
\delta\boldsymbol{\omega}_{\mathrm{gb}}^{\mathrm{b}} &= -\delta\boldsymbol{R}_{\mathrm{g}}^{\mathrm{b}}\boldsymbol{\omega}_{\mathrm{ag}}^{\mathrm{g}} - \boldsymbol{R}_{\mathrm{g}}^{\mathrm{b}}\delta\boldsymbol{\omega}_{\mathrm{ag}}^{\mathrm{g}} + \delta\boldsymbol{\omega}_{\mathrm{ab}}^{\mathrm{b}} \\
&= -(\delta\boldsymbol{R}_{\mathrm{b}}^{\mathrm{g}})^{\mathrm{T}}\boldsymbol{\omega}_{\mathrm{ag}}^{\mathrm{g}} - \boldsymbol{R}_{\mathrm{g}}^{\mathrm{b}}\delta\boldsymbol{\omega}_{\mathrm{ag}}^{\mathrm{g}} + \delta\boldsymbol{\omega}_{\mathrm{ab}}^{\mathrm{b}} \\
&= -(-\boldsymbol{\Psi}^{\mathrm{g}}\boldsymbol{R}_{\mathrm{b}}^{\mathrm{g}})^{\mathrm{T}}\boldsymbol{\omega}_{\mathrm{ag}}^{\mathrm{g}} - \boldsymbol{R}_{\mathrm{g}}^{\mathrm{b}}\delta\boldsymbol{\omega}_{\mathrm{ag}}^{\mathrm{g}} + \delta\boldsymbol{\omega}_{\mathrm{ab}}^{\mathrm{b}} \\
&= -\boldsymbol{R}_{\mathrm{g}}^{\mathrm{b}}\boldsymbol{\Psi}^{\mathrm{g}}\boldsymbol{\omega}_{\mathrm{ag}}^{\mathrm{g}} - \boldsymbol{R}_{\mathrm{g}}^{\mathrm{b}}\delta\boldsymbol{\omega}_{\mathrm{ag}}^{\mathrm{g}} + \delta\boldsymbol{\omega}_{\mathrm{ab}}^{\mathrm{b}}
\end{aligned} \tag{8-134}
$$

将式（8-134）代入式（8-132），可得

$$
\begin{aligned}
\dot{\boldsymbol{\phi}}^{\mathrm{g}} &= \boldsymbol{\Psi}^{\mathrm{g}}\boldsymbol{\omega}_{\mathrm{ag}}^{\mathrm{g}} + \delta\boldsymbol{\omega}_{\mathrm{ag}}^{\mathrm{g}} - \boldsymbol{R}_{\mathrm{b}}^{\mathrm{g}}\delta\boldsymbol{\omega}_{\mathrm{ab}}^{\mathrm{b}} \\
&= -\boldsymbol{\Omega}_{\mathrm{ag}}^{\mathrm{g}}\boldsymbol{\phi}^{\mathrm{g}} + \delta\boldsymbol{\omega}_{\mathrm{ag}}^{\mathrm{g}} - \boldsymbol{R}_{\mathrm{b}}^{\mathrm{g}}\delta\boldsymbol{\omega}_{\mathrm{ab}}^{\mathrm{b}}
\end{aligned} \tag{8-135}
$$

由于发射坐标系是和地球固连的，所以 $\boldsymbol{\omega}_{\mathrm{ag}}^{\mathrm{g}}$ 为固定值，因此 $\delta\boldsymbol{\omega}_{\mathrm{ag}}^{\mathrm{g}} = \boldsymbol{0}$。最终得到姿态误差方程为

$$
\dot{\boldsymbol{\phi}}^{\mathrm{g}} = -\boldsymbol{\Omega}_{\mathrm{ag}}^{\mathrm{g}}\boldsymbol{\phi}^{\mathrm{g}} - \boldsymbol{R}_{\mathrm{b}}^{\mathrm{g}}\delta\boldsymbol{\omega}_{\mathrm{ab}}^{\mathrm{b}} \tag{8-136}
$$

8.1.4.2　发射坐标系速度误差方程

式（8-39）所示的发射坐标系下的速度微分方程为

$$
\dot{\boldsymbol{V}}^{\mathrm{g}} = \boldsymbol{R}_{\mathrm{b}}^{\mathrm{g}}\boldsymbol{f}^{\mathrm{b}} - 2\boldsymbol{\Omega}_{\mathrm{ag}}^{\mathrm{g}}\boldsymbol{V}^{\mathrm{g}} + \boldsymbol{g}^{\mathrm{g}} \tag{8-137}
$$

对式（8-137）微分，得

$$
\delta\dot{\boldsymbol{V}}^{\mathrm{g}} = \delta\boldsymbol{R}_{\mathrm{b}}^{\mathrm{g}}\boldsymbol{f}^{\mathrm{b}} + \boldsymbol{R}_{\mathrm{b}}^{\mathrm{g}}\delta\boldsymbol{f}^{\mathrm{b}} - 2\delta\boldsymbol{\Omega}_{\mathrm{ag}}^{\mathrm{g}}\boldsymbol{V}^{\mathrm{g}} - 2\boldsymbol{\Omega}_{\mathrm{ag}}^{\mathrm{g}}\delta\boldsymbol{V}^{\mathrm{g}} + \delta\boldsymbol{g}^{\mathrm{g}} \tag{8-138}
$$

又因 $\delta\boldsymbol{\omega}_{\mathrm{ag}}^{\mathrm{g}} = \boldsymbol{0}$，故 $\delta\boldsymbol{\Omega}_{\mathrm{ag}}^{\mathrm{g}} = \boldsymbol{0}$，因此式（8-138）可写为

$$
\begin{aligned}
\delta\dot{\boldsymbol{V}}^{\mathrm{g}} &= \delta\boldsymbol{R}_{\mathrm{b}}^{\mathrm{g}}\boldsymbol{f}^{\mathrm{b}} - 2\boldsymbol{\Omega}_{\mathrm{ag}}^{\mathrm{g}}\delta\boldsymbol{V}^{\mathrm{g}} + \delta\boldsymbol{g}^{\mathrm{g}} + \boldsymbol{R}_{\mathrm{b}}^{\mathrm{g}}\delta\boldsymbol{f}^{\mathrm{b}} \\
&= -\boldsymbol{\Psi}^{\mathrm{g}}\boldsymbol{R}_{\mathrm{b}}^{\mathrm{g}}\boldsymbol{f}^{\mathrm{b}} - 2\boldsymbol{\Omega}_{\mathrm{ag}}^{\mathrm{g}}\delta\boldsymbol{V}^{\mathrm{g}} + \delta\boldsymbol{g}^{\mathrm{g}} + \boldsymbol{R}_{\mathrm{b}}^{\mathrm{g}}\delta\boldsymbol{f}^{\mathrm{b}}
\end{aligned} \tag{8-139}
$$

式中，$-\boldsymbol{\Psi}^{\mathrm{g}}\boldsymbol{R}_{\mathrm{b}}^{\mathrm{g}}\boldsymbol{f}^{\mathrm{b}} = -\boldsymbol{\Psi}^{\mathrm{g}}\boldsymbol{f}^{\mathrm{g}} = \boldsymbol{F}^{\mathrm{g}}\boldsymbol{\phi}^{\mathrm{g}}$，$\boldsymbol{F}^{\mathrm{g}}\boldsymbol{\phi}^{\mathrm{g}}$ 如式（8-140）所示。

$$
\boldsymbol{F}^{\mathrm{g}}\boldsymbol{\phi}^{\mathrm{g}} = \begin{bmatrix} 0 & -f_z^{\mathrm{g}} & f_y^{\mathrm{g}} \\ f_z^{\mathrm{g}} & 0 & -f_x^{\mathrm{g}} \\ -f_y^{\mathrm{g}} & f_x^{\mathrm{g}} & 0 \end{bmatrix} \begin{bmatrix} \phi_x^{\mathrm{g}} \\ \phi_y^{\mathrm{g}} \\ \phi_z^{\mathrm{g}} \end{bmatrix} \tag{8-140}
$$

由式（8-139）和式（8-140）可得

$$
\delta\dot{\boldsymbol{V}}^{\mathrm{g}} = \boldsymbol{F}^{\mathrm{g}}\boldsymbol{\phi}^{\mathrm{g}} - 2\boldsymbol{\Omega}_{\mathrm{ag}}^{\mathrm{g}}\delta\boldsymbol{V}^{\mathrm{g}} + \delta\boldsymbol{g}^{\mathrm{g}} + \boldsymbol{R}_{\mathrm{b}}^{\mathrm{g}}\delta\boldsymbol{f}^{\mathrm{b}} \tag{8-141}
$$

式中，$\delta\boldsymbol{g}^{\mathrm{g}}$ 是发射坐标系由位置误差引起的标准重力误差，将 $\boldsymbol{g}^{\mathrm{g}}$ 写成分量形式，如式（8-142）所示，则 $\delta\boldsymbol{g}^{\mathrm{g}}$ 如式（8-143）所示。

$$
\begin{cases}
g_x = g_r' \dfrac{r_x}{|\boldsymbol{r}|} + g_{\omega_{\mathrm{e}}} \dfrac{\omega_{\mathrm{e}x}}{|\boldsymbol{\omega}_{\mathrm{e}}|} \\
g_y = g_r' \dfrac{r_y}{|\boldsymbol{r}|} + g_{\omega_{\mathrm{e}}} \dfrac{\omega_{\mathrm{e}y}}{|\boldsymbol{\omega}_{\mathrm{e}}|} \\
g_z = g_r' \dfrac{r_z}{|\boldsymbol{r}|} + g_{\omega_{\mathrm{e}}} \dfrac{\omega_{\mathrm{e}z}}{|\boldsymbol{\omega}_{\mathrm{e}}|}
\end{cases} \tag{8-142}
$$

$$\delta \boldsymbol{g}^{\mathrm{g}}=\begin{bmatrix}\dfrac{\delta g_x}{\delta x} & \dfrac{\delta g_x}{\delta y} & \dfrac{\delta g_x}{\delta z}\\ \dfrac{\delta g_y}{\delta x} & \dfrac{\delta g_y}{\delta y} & \dfrac{\delta g_y}{\delta z}\\ \dfrac{\delta g_z}{\delta x} & \dfrac{\delta g_z}{\delta y} & \dfrac{\delta g_z}{\delta z}\end{bmatrix}\begin{bmatrix}\delta x\\ \delta y\\ \delta z\end{bmatrix}=\boldsymbol{G}_P\delta \boldsymbol{P} \tag{8-143}$$

式中，$\delta\boldsymbol{P}$ 为位置误差；$\boldsymbol{G}_P$ 为 $\boldsymbol{g}^{\mathrm{g}}$ 矢量的梯度矩阵，表示为

$$\boldsymbol{G}_P=\begin{bmatrix}-G_M|\boldsymbol{r}|^{-3}+3G_M r_x^2|\boldsymbol{r}|^{-5} & 3G_M r_x r_y|\boldsymbol{r}|^{-5} & 3G_M r_x r_z|\boldsymbol{r}|^{-5}\\ 3G_M r_x r_y|\boldsymbol{r}|^{-5} & -G_M|\boldsymbol{r}|^{-3}+3G_M r_y^2|\boldsymbol{r}|^{-5} & 3G_M r_y r_z|\boldsymbol{r}|^{-5}\\ 3G_M r_x r_z|\boldsymbol{r}|^{-5} & 3G_M r_y r_z|\boldsymbol{r}|^{-5} & -G_M|\boldsymbol{r}|^{-3}+3G_M r_z^2|\boldsymbol{r}|^{-5}\end{bmatrix} \tag{8-144}$$

式中，G_M 为地球引力系数。

8.1.4.3　发射坐标系位置误差方程

式（8-39）所示的发射坐标系下的位置微分方程为

$$\dot{\boldsymbol{P}}^{\mathrm{g}}=\boldsymbol{V}^{\mathrm{g}} \tag{8-145}$$

可得位置误差方程为

$$\delta\dot{\boldsymbol{P}}^{\mathrm{g}}=\delta\boldsymbol{V}^{\mathrm{g}} \tag{8-146}$$

8.2 高速飞行器 SINS/BDS 融合导航

8.2.1　SINS/BDS 融合导航系统简介

SINS/BDS 融合导航系统是目前应用最多的导航系统之一。在 SINS/BDS 融合导航系统中，一般采用扩展卡尔曼滤波，即以导航子系统输出参数的误差作为融合导航系统的状态，这里主要是捷联式惯导系统误差和惯性器件误差。首先，由捷联式惯导系统和卫星接收机分别测量飞行器的三维位置与速度参数。然后，将捷联式惯导系统和卫星接收机各自输出的对应导航参数相减作为量测量，送入 SINS/BDS 融合导航卡尔曼滤波器中进行滤波计算，从而获得系统状态（捷联式惯导系统误差）的最优估计值。接着，利用系统误差的估计值实时对捷联式惯导系统进行误差校正。最后，将经过校正的捷联式惯导系统的输出作为 SINS/BDS 融合导航系统的输出[3]。这种算法也称为松耦合导航算法，相对简单，容易实现。紧耦合导航算法则将卫星观测的伪距、伪距率与捷联式惯导系统计算得到的伪距、伪距率进行对比，不需要进行卫星定位解算。紧耦合导

航算法相对于松耦合导航算法最大的优势在于：在有效卫星数少于正常卫星定位所需的 4 颗时，也能进行融合导航，这在很大程度上降低了卫星无信号时对融合导航系统的不良影响，极大地提高了系统性能[4]。

8.2.2 发射坐标系下的 SINS/BDS 松耦合导航算法

8.2.2.1 发射坐标系下的松耦合状态方程

根据 8.1.4 节推导的发射坐标系下的捷联式惯导系统误差方程，将误差量作为状态向量，则 SINS/BDS 松耦合导航算法的状态方程可以表示为

$$\dot{\boldsymbol{X}} = \boldsymbol{F}\boldsymbol{X} + \boldsymbol{G}\boldsymbol{W} \tag{8-147}$$

式中，状态向量取为 $\boldsymbol{X} = [\boldsymbol{\phi}^{\mathrm{g}} \quad \delta\boldsymbol{V}^{\mathrm{g}} \quad \delta\boldsymbol{P}^{\mathrm{g}} \quad \boldsymbol{\varepsilon}^{\mathrm{b}} \quad \boldsymbol{\nabla}^{\mathrm{b}}]^{\mathrm{T}}$；$\boldsymbol{G}$ 为噪声驱动矩阵；$\boldsymbol{W}$ 为过程噪声矢量；$\boldsymbol{F}$ 为状态转移矩阵。令

$$\boldsymbol{F} = \begin{bmatrix} -\boldsymbol{\Omega}_{\mathrm{ag}}^{\mathrm{g}} & \boldsymbol{0}_{3\times3} & \boldsymbol{0}_{3\times3} & -\boldsymbol{R}_{\mathrm{b}}^{\mathrm{g}} & \boldsymbol{0}_{3\times3} \\ \boldsymbol{F}^{\mathrm{g}} & -2\boldsymbol{\Omega}_{\mathrm{ag}}^{\mathrm{g}} & \boldsymbol{G}_P & \boldsymbol{0}_{3\times3} & \boldsymbol{R}_{\mathrm{b}}^{\mathrm{g}} \\ \boldsymbol{0}_{3\times3} & \boldsymbol{I}_{3\times3} & \boldsymbol{0}_{3\times3} & \boldsymbol{0}_{3\times3} & \boldsymbol{0}_{3\times3} \\ \boldsymbol{0}_{3\times3} & \boldsymbol{0}_{3\times3} & \boldsymbol{0}_{3\times3} & \boldsymbol{0}_{3\times3} & \boldsymbol{0}_{3\times3} \\ \boldsymbol{0}_{3\times3} & \boldsymbol{0}_{3\times3} & \boldsymbol{0}_{3\times3} & \boldsymbol{0}_{3\times3} & \boldsymbol{0}_{3\times3} \end{bmatrix} \tag{8-148}$$

$$\boldsymbol{G} = \begin{bmatrix} -\boldsymbol{R}_{\mathrm{b}}^{\mathrm{g}} & \boldsymbol{0}_{3\times3} \\ \boldsymbol{0}_{3\times3} & \boldsymbol{R}_{\mathrm{b}}^{\mathrm{g}} \\ \boldsymbol{0}_{9\times3} & \boldsymbol{0}_{9\times3} \end{bmatrix} \tag{8-149}$$

$$\boldsymbol{W} = \begin{bmatrix} \boldsymbol{w}_{\mathrm{g}} \\ \boldsymbol{w}_{\mathrm{a}} \end{bmatrix} \tag{8-150}$$

式中，$\boldsymbol{w}_{\mathrm{g}}$ 为陀螺仪角速度量测白噪声；$\boldsymbol{w}_{\mathrm{a}}$ 为加速度计比力量测白噪声。

8.2.2.2 发射坐标系下的松耦合量测方程

发射坐标系下的捷联式惯导系统的速度和位置可表示为

$$\begin{bmatrix} \boldsymbol{V}_{\mathrm{I}} \\ \boldsymbol{P}_{\mathrm{I}} \end{bmatrix} = \begin{bmatrix} \boldsymbol{V}_{\mathrm{t}} \\ \boldsymbol{P}_{\mathrm{t}} \end{bmatrix} + \begin{bmatrix} \delta\boldsymbol{V}_{\mathrm{I}} \\ \delta\boldsymbol{P}_{\mathrm{I}} \end{bmatrix} \tag{8-151}$$

式中，$\boldsymbol{V}_{\mathrm{I}}$、$\boldsymbol{P}_{\mathrm{I}}$ 分别为捷联式惯导系统输出的速度、位置；$\delta\boldsymbol{V}_{\mathrm{I}}$、$\delta\boldsymbol{P}_{\mathrm{I}}$ 分别为捷联式惯导系统输出速度、位置时相应的误差；$\boldsymbol{V}_{\mathrm{t}}$、$\boldsymbol{P}_{\mathrm{t}}$ 分别为飞行器速度真值、位置真值。

松耦合导航算法以速度和位置为观测量，卫星导航系统输出的速度和位置可表示为

$$\begin{bmatrix} \boldsymbol{V}_{\mathrm{S}} \\ \boldsymbol{P}_{\mathrm{S}} \end{bmatrix} = \begin{bmatrix} \boldsymbol{V}_{\mathrm{t}} \\ \boldsymbol{P}_{\mathrm{t}} \end{bmatrix} + \begin{bmatrix} \delta\boldsymbol{V}_{\mathrm{S}} \\ \delta\boldsymbol{P}_{\mathrm{S}} \end{bmatrix} \tag{8-152}$$

式中，$\boldsymbol{V}_{\mathrm{S}}$、$\boldsymbol{P}_{\mathrm{S}}$分别为卫星导航系统输出的速度、位置；$\delta\boldsymbol{V}_{\mathrm{S}}$、$\delta\boldsymbol{P}_{\mathrm{S}}$分别为卫星导航系统输出速度、位置时相应的误差。

故速度位置量测矢量为

$$\boldsymbol{Z}_{\mathrm{vp}}=\begin{bmatrix}\boldsymbol{V}_{\mathrm{I}}-\boldsymbol{V}_{\mathrm{S}}\\ \boldsymbol{P}_{\mathrm{I}}-\boldsymbol{P}_{\mathrm{S}}\end{bmatrix} \tag{8-153}$$

可得发射坐标系下的 SINS/BDS 松耦合导航算法的卡尔曼滤波量测方程为

$$\boldsymbol{Z}_{\mathrm{vp}}=\boldsymbol{H}_{\mathrm{vp}}\boldsymbol{X}+\boldsymbol{V}_{\mathrm{vp}} \tag{8-154}$$

式中，$\boldsymbol{V}_{\mathrm{vp}}$为$\boldsymbol{Z}_{\mathrm{vp}}$的噪声；$\boldsymbol{H}_{\mathrm{vp}}$为量测矩阵，其表达式为

$$\boldsymbol{H}_{\mathrm{vp}}=\begin{bmatrix}\boldsymbol{0}_{3\times3} & \boldsymbol{I}_{3\times3} & \boldsymbol{0}_{3\times3} & \boldsymbol{0}_{3\times3} & \boldsymbol{0}_{3\times3}\\ \boldsymbol{0}_{3\times3} & \boldsymbol{0}_{3\times3} & \boldsymbol{I}_{3\times3} & \boldsymbol{0}_{3\times3} & \boldsymbol{0}_{3\times3}\end{bmatrix} \tag{8-155}$$

8.2.2.3　BDS 卫星位置和速度的转换

卫星接收机输出的是地心地固坐标系或当地水平坐标系下的位置和速度，需要将其转换到发射坐标系下。设卫星在地心地固坐标系下的位置矢量和速度矢量分别为$\boldsymbol{p}_{\mathrm{S}}^{\mathrm{e}}$、$\boldsymbol{v}_{\mathrm{S}}^{\mathrm{e}}$，则卫星接收机在发射坐标系下的当前位置$\boldsymbol{P}_{\mathrm{S}}$为

$$\boldsymbol{P}_{\mathrm{S}}=\boldsymbol{R}_{\mathrm{e}}^{\mathrm{g}}(\boldsymbol{p}_{\mathrm{S}}^{\mathrm{e}}-\boldsymbol{p}_{0}^{\mathrm{e}}) \tag{8-156}$$

式中，$\boldsymbol{p}_{0}^{\mathrm{e}}$是飞行器发射时刻在地心地固坐标系下的初始位置，由飞行器初始经度λ_0、初始纬度B_0和初始高度h_0得到，设$\boldsymbol{p}_{0}^{\mathrm{e}}=[x_0^{\mathrm{e}},y_0^{\mathrm{e}},z_0^{\mathrm{e}}]^{\mathrm{T}}$；$\boldsymbol{R}_{\mathrm{e}}^{\mathrm{g}}$为地心地固坐标系到发射坐标系的发射时刻的坐标转换矩阵，其与飞行器初始经度λ_0、初始纬度B_0相关。有

$$\begin{cases}x_0^{\mathrm{e}}=(R_{\mathrm{N}}+h_0)\cos B_0\cos\lambda_0\\ y_0^{\mathrm{e}}=(R_{\mathrm{N}}+h_0)\cos B_0\sin\lambda_0\\ z_0^{\mathrm{e}}=[R_{\mathrm{N}}(1-e^2)+h_0]\sin B_0\end{cases} \tag{8-157}$$

式中，$R_{\mathrm{N}}=a_{\mathrm{e}}\Big/\sqrt{1-e^2\sin^2 B_0}$，$a_{\mathrm{e}}$为地球赤道半径。

根据卫星在地心地固坐标系下的速度矢量$\boldsymbol{v}_{\mathrm{S}}^{\mathrm{e}}$可得到发射坐标系下的速度矢量$\boldsymbol{V}_{\mathrm{S}}$，即

$$\boldsymbol{V}_{\mathrm{S}}=\boldsymbol{R}_{\mathrm{e}}^{\mathrm{g}}\boldsymbol{v}_{\mathrm{S}}^{\mathrm{e}} \tag{8-158}$$

8.2.2.4　发射坐标系下的融合导航滤波算法步骤

（1）状态方程和量测方程离散化。

状态方程式（8-147）和量测方程式（8-154）的离散化分别为

$$\boldsymbol{X}_k=\boldsymbol{\varPhi}_{k|k-1}\boldsymbol{X}_{k-1}+\boldsymbol{\varGamma}_{k-1}\boldsymbol{W}_{k-1} \tag{8-159}$$

$$Z_k = H_k X_k + V_k \tag{8-160}$$

式中，X_k 是 k 时刻的系统状态；$\Phi_{k|k-1}$ 与 Γ_{k-1} 分别是状态方程和噪声驱动矩阵的离散化。

$$\Phi_{k|k-1} = \sum_{n=0}^{\infty}[F(t_k)T]^n / n! \tag{8-161}$$

$$\Gamma_{k-1} = \left\{\sum_{n=1}^{\infty}\frac{1}{n!}[F(t_k)T]^{n-1}\right\}G(t_k)T \tag{8-162}$$

式中，$F(t_k)$ 和 $G(t_k)$ 分别为 t_k 时刻的状态转移矩阵与噪声驱动矩阵。

（2）使用滤波递推算法估算下一刻状态。

① 状态一步预测。

$$X_{k|k-1} = \Phi_{k|k-1}X_{k-1} \tag{8-163}$$

② 状态估计。

$$\hat{X}_k = \hat{X}_{k|k-1} + K_k(Z_k - H_k\hat{X}_{k|k-1}) \tag{8-164}$$

式中，K_k 称作滤波增益矩阵，是观测信息在状态更新时的权重，表达式为

$$K_k = P_{k|k-1}H_k^{\mathrm{T}}(H_kP_{k|k-1}H_k^{\mathrm{T}} + R_k)^{-1} \tag{8-165}$$

式中，$P_{k|k-1}$ 称作一步预测均方误差矩阵，其对角线元素是各个状态估计的方差，可以表示估计的不确定度。

$$P_{k|k-1} = E[\tilde{X}_{k|k-1}\tilde{X}_{k|k-1}^{\mathrm{T}}]=\Phi_{k|k-1}P_{k-1}\Phi_{k|k-1}^{\mathrm{T}} + \Gamma_{k-1}Q_{k-1}\Gamma_{k-1}^{\mathrm{T}} \tag{8-166}$$

估计均方误差矩阵为 P_k，表达式为

$$P_k = (I - K_kH_k)P_{k|k-1}(I - K_kH_k)^{\mathrm{T}} + K_kR_kK_k^{\mathrm{T}} \tag{8-167}$$

P_k 的非对角元素中的相关信息把观测向量和那些不能通过矩阵 H_k 的与量测相关的状态耦合到一起，从而描述了状态估计的不确定性及估计误差之间的相关程度。

（3）重复滤波直至收敛。

上述式（8-163）～式（8-167）就是卡尔曼滤波器的基本公式，可以发现，如果给定初始值 X_0 和 P_0，就可以根据 k 时刻的量测值 Z_k 递推求得 k 时刻的状态估计 $\hat{X}_k(k=1,2,3,\cdots)$。

重复式（8-163）～式（8-167）n 次后，可得出 $\hat{X}_k$ 的收敛值，即姿态、速度、位置、陀螺仪漂移、加速度计漂移的误差值。

（4）将估算出的误差值修正到导航解算的值中。

通过导航算法计算得到姿态矩阵 $\hat{R}_{\mathrm{b}}^{\mathrm{g}}$，速度为 $\tilde{V}^{\mathrm{g}}$，位置为 $\tilde{P}^{\mathrm{g}}$。

① 姿态修正。根据真实转换矩阵和计算转换矩阵之间的关系 $\hat{R}_{\mathrm{b}}^{\mathrm{g}} = (I - \Psi^{\mathrm{g}})R_{\mathrm{b}}^{\mathrm{g}}$，可求得

$$R_{\mathrm{b}}^{\mathrm{g}} = [I + (\phi^{\mathrm{g}}\times)]\hat{R}_{\mathrm{b}}^{\mathrm{g}} \tag{8-168}$$

式中：$\boldsymbol{R}_{\mathrm{g}}^{\mathrm{b}}$ 为真实姿态；$\hat{\boldsymbol{R}}_{\mathrm{g}}^{\mathrm{b}}$ 为惯导系统所提供的姿态矩阵。姿态矩阵在 g 系下的误差定义为 $\hat{\boldsymbol{R}}_{\mathrm{g}}^{\mathrm{g}}=(\boldsymbol{R}_{\mathrm{g}}^{\mathrm{b}})^{\mathrm{T}}\hat{\boldsymbol{R}}_{\mathrm{g}}^{\mathrm{b}}=(\boldsymbol{I}+\boldsymbol{\phi}^{\mathrm{g}}\times)$，考虑到另一种可能的定义 $\hat{\boldsymbol{R}}_{\mathrm{g}}^{\mathrm{g}}=(\hat{\boldsymbol{R}}_{\mathrm{g}}^{\mathrm{b}})^{\mathrm{T}}\boldsymbol{R}_{\mathrm{g}}^{\mathrm{b}}=(\boldsymbol{I}-\boldsymbol{\phi}^{\mathrm{g}}\times)$，为表区别，记 $(\boldsymbol{R}_{\mathrm{g}}^{\mathrm{b}})^{\mathrm{T}}\hat{\boldsymbol{R}}_{\mathrm{g}}^{\mathrm{b}}=(\boldsymbol{I}+\boldsymbol{\phi}^{\mathrm{g}}\times)$ 为 $\hat{\boldsymbol{R}}_{\mathrm{g}}^{\mathrm{g}}$，而记 $(\hat{\boldsymbol{R}}_{\mathrm{g}}^{\mathrm{b}})^{\mathrm{T}}\boldsymbol{R}_{\mathrm{g}}^{\mathrm{b}}=(\boldsymbol{I}-\boldsymbol{\phi}^{\mathrm{g}}\times)$ 为 $\boldsymbol{R}_{\hat{\mathrm{g}}}^{\mathrm{g}}$。

由式（8-70）可知，$[\boldsymbol{I}+(\boldsymbol{\phi}^{\mathrm{g}}\times)]\approx\hat{\boldsymbol{R}}_{\mathrm{g}}^{\mathrm{g}}$，则式（8-168）可写为 $\boldsymbol{R}_{\mathrm{b}}^{\mathrm{g}}=\boldsymbol{R}_{\hat{\mathrm{g}}}^{\mathrm{g}}\hat{\boldsymbol{R}}_{\mathrm{b}}^{\mathrm{g}}$，由四元数计算为

$$\boldsymbol{q}_{\mathrm{b}}^{\mathrm{g}}=\boldsymbol{Q}_{\mathrm{k}}\cdot\hat{\boldsymbol{q}}_{\mathrm{b}}^{\mathrm{g}} \tag{8-169}$$

式中，$\hat{\boldsymbol{q}}_{\mathrm{b}}^{\mathrm{g}}$ 为计算得到的姿态四元数；$\boldsymbol{q}_{\mathrm{b}}^{\mathrm{g}}$ 为校正后的姿态四元数；$\boldsymbol{Q}_k$ 为姿态误差 $\boldsymbol{\phi}^{\mathrm{g}}$ 对应的四元数。

② 速度修正。

$$\boldsymbol{V}^{\mathrm{g}}=\tilde{\boldsymbol{V}}^{\mathrm{g}}-\delta\boldsymbol{V}^{\mathrm{g}} \tag{8-170}$$

③ 位置修正。

$$\boldsymbol{P}^{\mathrm{g}}=\tilde{\boldsymbol{P}}^{\mathrm{g}}-\delta\boldsymbol{P}^{\mathrm{g}} \tag{8-171}$$

8.2.3 发射坐标系下的 SINS/BDS 紧耦合导航算法

发射坐标系下的 SINS/BDS 紧耦合导航算法由发射坐标系下的 SINS/BDS 紧耦合状态方程和发射坐标系下的 SINS/BDS 紧耦合量测方程组成。其中，发射坐标系下的 SINS/BDS 紧耦合状态方程包括 SINS 误差状态方程和 BDS 误差状态方程；发射坐标系下的 SINS/BDS 紧耦合量测方程中的量测量由伪距和伪距率构成，分别对应伪距量测方程和伪距率量测方程。

8.2.3.1 发射坐标系下的 SINS/BDS 紧耦合状态方程

发射坐标系下的 SINS/BDS 紧耦合状态方程如式（8-172）所示，其由 SINS 误差状态方程和 BDS 误差状态方程组成，如式（8-173）所示。

$$\delta\dot{\boldsymbol{x}}=\boldsymbol{F}\delta\boldsymbol{x}+\boldsymbol{G}\boldsymbol{w} \tag{8-172}$$

$$\begin{bmatrix}\delta\dot{\boldsymbol{x}}_{\mathrm{SINS}}\\ \delta\dot{\boldsymbol{x}}_{\mathrm{GPS}}\end{bmatrix}=\begin{bmatrix}\boldsymbol{F}_{\mathrm{SINS}} & \boldsymbol{0}\\ \boldsymbol{0} & \boldsymbol{F}_{\mathrm{BDS}}\end{bmatrix}\begin{bmatrix}\delta\boldsymbol{x}_{\mathrm{SINS}}\\ \delta\boldsymbol{x}_{\mathrm{BDS}}\end{bmatrix}+\begin{bmatrix}\boldsymbol{G}_{\mathrm{SINS}} & \boldsymbol{0}\\ \boldsymbol{0} & \boldsymbol{G}_{\mathrm{BDS}}\end{bmatrix}\begin{bmatrix}\boldsymbol{w}_{\mathrm{SINS}}\\ \boldsymbol{w}_{\mathrm{BDS}}\end{bmatrix} \tag{8-173}$$

式中，$\delta\boldsymbol{x}$ 为状态矢量，由 SINS 误差状态矢量 $\delta\boldsymbol{x}_{\mathrm{SINS}}$ 和 BDS 误差状态矢量 $\delta\boldsymbol{x}_{\mathrm{BDS}}$ 组成；$\boldsymbol{F}$ 为系统状态转移矩阵，由 SINS 状态转移矩阵 $\boldsymbol{F}_{\mathrm{SINS}}$ 和 BDS 状态转移矩阵 $\boldsymbol{F}_{\mathrm{BDS}}$ 组成；$\boldsymbol{G}$ 为系统噪声驱动矩阵，由 ISND 噪声驱动矩阵 $\boldsymbol{G}_{\mathrm{SINS}}$ 和 BDS 噪声驱动矩阵 $\boldsymbol{G}_{\mathrm{BDS}}$ 组成，具体表达式如式（8-174）所示；$\boldsymbol{w}$ 为系统高斯白噪声，由 SINS 高斯白噪声 $\boldsymbol{w}_{\mathrm{SINS}}$ 和 BDS 高斯白噪声 $\boldsymbol{w}_{\mathrm{BDS}}$ 组成。

$$\begin{bmatrix} \dot{\boldsymbol{\phi}}^{\mathrm{g}} \\ \delta \dot{\boldsymbol{V}}^{\mathrm{g}} \\ \delta \dot{\boldsymbol{P}}^{\mathrm{g}} \\ \delta \dot{\boldsymbol{\varepsilon}}^{\mathrm{b}} \\ \delta \dot{\boldsymbol{\nabla}}^{\mathrm{b}} \\ \delta \dot{\boldsymbol{b}}_r \\ \delta \dot{\boldsymbol{d}}_r \end{bmatrix} = \begin{bmatrix} -\boldsymbol{\Omega}_{\mathrm{ag}}^{\mathrm{g}} & \boldsymbol{0}_{3\times3} & \boldsymbol{0}_{3\times3} & -\boldsymbol{R}_{\mathrm{b}}^{\mathrm{g}} & \boldsymbol{0}_{3\times3} & & \\ \boldsymbol{F}^{\mathrm{g}} & -2\boldsymbol{\Omega}_{\mathrm{ag}}^{\mathrm{g}} & \boldsymbol{G}_P & \boldsymbol{0}_{3\times3} & \boldsymbol{R}_{\mathrm{b}}^{\mathrm{g}} & & \\ \boldsymbol{0}_{3\times3} & \boldsymbol{I}_{3\times3} & \boldsymbol{0}_{3\times3} & \boldsymbol{0}_{3\times3} & \boldsymbol{0}_{3\times3} & \multicolumn{2}{c}{\boldsymbol{0}_{15\times2}} \\ \boldsymbol{0}_{3\times3} & \boldsymbol{0}_{3\times3} & \boldsymbol{0}_{3\times3} & \boldsymbol{0}_{3\times3} & \boldsymbol{0}_{3\times3} & & \\ \boldsymbol{0}_{3\times3} & \boldsymbol{0}_{3\times3} & \boldsymbol{0}_{3\times3} & \boldsymbol{0}_{3\times3} & \boldsymbol{0}_{3\times3} & & \\ & & & & & 0 & 1 \\ & & \boldsymbol{0}_{2\times15} & & & 0 & -\dfrac{1}{\tau_{\mathrm{tru}}} \end{bmatrix} \begin{bmatrix} \boldsymbol{\phi}^{\mathrm{g}} \\ \delta \boldsymbol{V}^{\mathrm{g}} \\ \delta \boldsymbol{P}^{\mathrm{g}} \\ \delta \boldsymbol{\varepsilon}^{\mathrm{b}} \\ \delta \boldsymbol{\nabla}^{\mathrm{b}} \\ \delta \boldsymbol{b}_r \\ \delta \boldsymbol{d}_r \end{bmatrix} + \begin{bmatrix} -\boldsymbol{R}_{\mathrm{b}}^{\mathrm{g}} & \boldsymbol{0}_{3\times3} & \boldsymbol{0}_{3\times2} \\ \boldsymbol{0}_{3\times3} & \boldsymbol{R}_{\mathrm{b}}^{\mathrm{g}} & \boldsymbol{0}_{3\times2} \\ \boldsymbol{0}_{9\times3} & \boldsymbol{0}_{9\times3} & \boldsymbol{0}_{9\times2} \\ \boldsymbol{0}_{2\times3} & \boldsymbol{0}_{2\times3} & \boldsymbol{I}_{2\times2} \end{bmatrix} \begin{bmatrix} \boldsymbol{w}_{\mathrm{g}} \\ \boldsymbol{w}_{\mathrm{a}} \\ \boldsymbol{w}_b \\ \boldsymbol{w}_d \end{bmatrix} \tag{8-174}$$

8.2.3.2 发射坐标系下的 SINS/BDS 紧耦合量测方程

发射坐标系下的 SINS/BDS 紧耦合量测方程为

$$\delta \boldsymbol{z} = \boldsymbol{H} \delta \boldsymbol{x} + \boldsymbol{v} \tag{8-175}$$

由于 SINS/BDS 紧耦合量测方程中的量测量由伪距 ρ 和伪距率 $\dot{\rho}$ 构成，因此式（8-175）可以写成

$$\begin{bmatrix} \delta \boldsymbol{z}_\rho \\ \delta \boldsymbol{z}_{\dot{\rho}} \end{bmatrix} = \begin{bmatrix} \boldsymbol{H}_\rho \\ \boldsymbol{H}_{\dot{\rho}} \end{bmatrix} \delta \boldsymbol{x} + \begin{bmatrix} \boldsymbol{v}_\rho \\ \boldsymbol{v}_{\dot{\rho}} \end{bmatrix} \tag{8-176}$$

对 M 颗有效卫星来说，量测矢量为

$$\begin{aligned} \delta \boldsymbol{z} = \begin{bmatrix} \delta \boldsymbol{z}_\rho \\ \delta \boldsymbol{z}_{\dot{\rho}} \end{bmatrix} = \begin{bmatrix} \boldsymbol{\rho}_{\mathrm{SINS}} - \boldsymbol{\rho}_{\mathrm{BDS}} \\ \dot{\boldsymbol{\rho}}_{\mathrm{SINS}} - \dot{\boldsymbol{\rho}}_{\mathrm{BDS}} \end{bmatrix} &= \begin{bmatrix} \rho_{\mathrm{SINS}}^1 - \rho_{\mathrm{BDS}}^1 \\ \rho_{\mathrm{SINS}}^2 - \rho_{\mathrm{BDS}}^2 \\ \vdots \\ \rho_{\mathrm{SINS}}^M - \rho_{\mathrm{BDS}}^M \\ \dot{\rho}_{\mathrm{SINS}}^1 - \dot{\rho}_{\mathrm{BDS}}^1 \\ \dot{\rho}_{\mathrm{SINS}}^2 - \dot{\rho}_{\mathrm{BDS}}^2 \\ \vdots \\ \dot{\rho}_{\mathrm{SINS}}^M - \dot{\rho}_{\mathrm{BDS}}^M \end{bmatrix} \\ &= \begin{bmatrix} \boldsymbol{0}_{M\times3} & \boldsymbol{0}_{M\times3} & \boldsymbol{H}_{M\times3} & \boldsymbol{0}_{M\times3} & \boldsymbol{0}_{M\times3} & -\boldsymbol{I}_{M\times1} & \boldsymbol{0}_{M\times1} \\ \boldsymbol{0}_{M\times3} & \boldsymbol{H}_{M\times3} & \boldsymbol{0}_{M\times3} & \boldsymbol{0}_{M\times3} & \boldsymbol{0}_{M\times3} & \boldsymbol{0}_{M\times1} & -\boldsymbol{I}_{M\times1} \end{bmatrix} \delta \boldsymbol{x} + \begin{bmatrix} \tilde{\boldsymbol{\varepsilon}}_\rho^{M\times1} \\ \tilde{\boldsymbol{\varepsilon}}_{\dot{\rho}}^{M\times1} \end{bmatrix} \end{aligned} \tag{8-177}$$

由 $\boldsymbol{\rho}_{\mathrm{SINS}} - \boldsymbol{\rho}_{\mathrm{BDS}}$ 可以推导出伪距量测方程，由 $\dot{\boldsymbol{\rho}}_{\mathrm{SINS}} - \dot{\boldsymbol{\rho}}_{\mathrm{BDS}}$ 可以推导出伪距率量测方程。本节将分别介绍发射坐标系下的伪距量测方程和伪距率量测方程。首先介绍地心地固坐标系下的伪距量测方程，其表达式为

$$\delta \boldsymbol{z}_\rho = \boldsymbol{\rho}_{\mathrm{SINS}} - \boldsymbol{\rho}_{\mathrm{BDS}} = \boldsymbol{G}_{M\times3} \begin{bmatrix} \delta x^{\mathrm{e}} \\ \delta y^{\mathrm{e}} \\ \delta z^{\mathrm{e}} \end{bmatrix} - \delta \boldsymbol{b}_r^{M\times1} + \tilde{\boldsymbol{\varepsilon}}_\rho^{M\times1} \tag{8-178}$$

式中，$\delta\boldsymbol{b}_r^{M\times1}=[\delta b_r \quad \delta b_r \quad \cdots \quad \delta b_r]_{1\times M}^{\mathrm{T}}$，其中 δb_r 为时钟误差等效距离误差；$\tilde{\boldsymbol{\varepsilon}}_\rho^{M\times1}$ 为卫星伪距测量的噪声；位置误差矢量 $\delta\boldsymbol{P}^{\mathrm{e}}=[\delta x^{\mathrm{e}},\delta y^{\mathrm{e}},\delta z^{\mathrm{e}}]^{\mathrm{T}}$ 是地心地固坐标系下的，而 SINS 误差状态方程中的位置误差矢量 $\delta\boldsymbol{P}^{\mathrm{g}}=[\delta x^{\mathrm{g}},\delta y^{\mathrm{g}},\delta z^{\mathrm{g}}]^{\mathrm{T}}$ 是发射坐标系下的，需要进行坐标系转换，即

$$\delta\boldsymbol{P}^{\mathrm{e}}=\boldsymbol{R}_{\mathrm{g}}^{\mathrm{e}}\delta\boldsymbol{P}^{\mathrm{g}} \tag{8-179}$$

式中，$\boldsymbol{R}_{\mathrm{g}}^{\mathrm{e}}$ 为发射坐标系到地心地固坐标系的坐标转换矩阵。定义

$$\boldsymbol{H}_{M\times3}=\boldsymbol{G}_{M\times3}\boldsymbol{R}_{\mathrm{g}}^{\mathrm{e}} \tag{8-180}$$

将式（8-180）代入式（8-178），可得

$$\delta\boldsymbol{z}_\rho=\boldsymbol{\rho}_{\mathrm{SINS}}-\boldsymbol{\rho}_{\mathrm{BDS}}=\boldsymbol{H}_{M\times3}\begin{bmatrix}\delta x^{\mathrm{g}}\\ \delta y^{\mathrm{g}}\\ \delta z^{\mathrm{g}}\end{bmatrix}-\delta\boldsymbol{b}_r^{M\times1}+\tilde{\boldsymbol{\varepsilon}}_\rho^{M\times1} \tag{8-181}$$

综上所述，发射坐标系下的 SINS/BDS 紧耦合伪距量测方程为

$$\delta\boldsymbol{z}_\rho=\boldsymbol{H}_\rho\delta\boldsymbol{x}+\boldsymbol{v}_\rho \tag{8-182}$$

式中，

$$\boldsymbol{H}_\rho=[\boldsymbol{0}_{M\times3} \quad \boldsymbol{0}_{M\times3} \quad \boldsymbol{H}_{M\times3} \quad \boldsymbol{0}_{M\times3} \quad \boldsymbol{0}_{M\times3} \quad -\boldsymbol{I}_{M\times1} \quad \boldsymbol{0}_{M\times1}] \tag{8-183}$$

$$\boldsymbol{v}_\rho=\tilde{\boldsymbol{\varepsilon}}_\rho^{M\times1}=[\tilde{\varepsilon}_\rho^1 \quad \tilde{\varepsilon}_\rho^2 \quad \cdots \quad \tilde{\varepsilon}_\rho^M]^{\mathrm{T}} \tag{8-184}$$

继续推导伪距率量测方程，地心地固坐标系下的伪距率量测方程为

$$\delta z_{\dot\rho}=\dot{\boldsymbol{\rho}}_{\mathrm{SINS}}-\dot{\boldsymbol{\rho}}_{\mathrm{BDS}}=\boldsymbol{G}_{M\times3}\begin{bmatrix}\delta v_x^{\mathrm{e}}\\ \delta v_y^{\mathrm{e}}\\ \delta v_z^{\mathrm{e}}\end{bmatrix}-\delta\boldsymbol{d}_r^{M\times1}+\tilde{\boldsymbol{\varepsilon}}_{\dot\rho}^{M\times1} \tag{8-185}$$

式中，$\delta\boldsymbol{d}_r^{M\times1}=[\delta d_r \quad \delta d_r \quad \cdots \quad \delta d_r]_{1\times M}^{\mathrm{T}}$ 为时钟频率等效距离误差。
将地心地固坐标系下的速度误差 $\delta\boldsymbol{V}^{\mathrm{e}}$ 转化为发射坐标系下的速度误差 $\delta\boldsymbol{V}^{\mathrm{g}}$，由于

$$\delta\boldsymbol{V}^{\mathrm{e}}=\boldsymbol{R}_{\mathrm{g}}^{\mathrm{e}}\delta\boldsymbol{V}^{\mathrm{g}} \tag{8-186}$$

故式（8-185）可以表示为

$$\delta\boldsymbol{z}_{\dot\rho}=\boldsymbol{G}_{M\times3}\boldsymbol{R}_{\mathrm{g}}^{\mathrm{e}}\begin{bmatrix}\delta v_x^{\mathrm{g}}\\ \delta v_y^{\mathrm{g}}\\ \delta v_z^{\mathrm{g}}\end{bmatrix}-\delta\boldsymbol{d}_r^{M\times1}+\tilde{\boldsymbol{\varepsilon}}_{\dot\rho}^{M\times1} \tag{8-187}$$

定义

$$\boldsymbol{H}_{\dot\rho}^{M\times3}=\boldsymbol{G}_{M\times3}\boldsymbol{R}_{\mathrm{g}}^{\mathrm{e}} \tag{8-188}$$

可得发射坐标系下的伪距率量测方程为

$$\delta z_{\dot\rho}=\dot{\boldsymbol{\rho}}_{\mathrm{SINS}}-\dot{\boldsymbol{\rho}}_{\mathrm{BDS}}=\boldsymbol{H}_{\dot\rho}^{M\times3}\begin{bmatrix}\delta v_x^{\mathrm{g}}\\ \delta v_y^{\mathrm{g}}\\ \delta v_z^{\mathrm{g}}\end{bmatrix}-\delta\boldsymbol{d}_r^{M\times1}+\tilde{\boldsymbol{\varepsilon}}_{\dot\rho}^{M\times1} \tag{8-189}$$

由伪距量测方程和伪距率量测方程可以得到发射坐标系下 SINS/BDS 紧耦合量测方程，即

$$\delta z=\begin{bmatrix}\delta z_{\rho}\\ \delta z_{\dot\rho}\end{bmatrix}=\begin{bmatrix}\boldsymbol{H}_{\rho}\\ \boldsymbol{H}_{\dot\rho}\end{bmatrix}\delta\boldsymbol{x}+\begin{bmatrix}\boldsymbol{v}_{\rho}\\ \boldsymbol{v}_{\dot\rho}\end{bmatrix}$$
$$=\begin{bmatrix}\boldsymbol{0}_{M\times3} & \boldsymbol{0}_{M\times3} & \boldsymbol{H}_{M\times3} & \boldsymbol{0}_{M\times3} & \boldsymbol{0}_{M\times3} & -\boldsymbol{I}_{M\times1} & \boldsymbol{0}_{M\times1}\\ \boldsymbol{0}_{M\times3} & \boldsymbol{H}_{M\times3} & \boldsymbol{0}_{M\times3} & \boldsymbol{0}_{M\times3} & \boldsymbol{0}_{M\times3} & \boldsymbol{0}_{M\times1} & -\boldsymbol{I}_{M\times1}\end{bmatrix}\delta\boldsymbol{x}+\begin{bmatrix}\tilde{\boldsymbol{\varepsilon}}_{\rho}^{M\times1}\\ \tilde{\boldsymbol{\varepsilon}}_{\dot\rho}^{M\times1}\end{bmatrix} \tag{8-190}$$

8.2.4 发射坐标系下的 SINS/BDS 融合导航算法仿真分析

为了验证在发射坐标系下 SINS/BDS 融合导航算法的精度和可靠性，本节以助推滑翔弹道为对象，分别对 SINS/BDS 松耦合导航算法、SINS/BDS 紧耦合导航算法、SINS/BDS 正常卫星数条件下紧耦合导航算法及 SINS/BDS 3 颗有效卫星条件下紧耦合导航算法进行了仿真验证，并对仿真结果做了对比。表 8-1 给出了仿真参数。

表 8-1 仿真参数

仿真参数	取值	仿真参数	取值
陀螺仪常值漂移	0.5°/h	SINS 解算周期	10ms
陀螺仪随机游走系数	$0.05°/\sqrt{\text{h}}$	初始滚转角误差	60″
加速度计常值偏置	$1\times10^{-4}\,g_0$	初始偏航角误差	20″
加速度计量测白噪声	$1\times10^{-5}\,g_0$	初始俯仰角误差	20″
陀螺仪刻度因数误差	200×10^{-6}	初始速度误差	0.05m/s
加表刻度因数误差	200×10^{-6}	初始位置误差	5m
融合导航解算周期	1s	BDS 定位精度	15m
仿真时间	1100s	BDS 测速精度	0.3m/s

8.2.4.1 松耦合导航算法仿真分析

发射坐标系下 SINS/BDS 松耦合导航算法仿真结果如图 8-7～图 8-11 所示。由仿真结果可知，俯仰角收敛后误差为 0.0032°，偏航角收敛后误差为 0.0241°，滚转角收敛后误差为 0.037°；x 轴速度收敛后误差为 0.1m/s，y 轴速度收敛后误差为 0.1m/s，z 轴速度收敛后误差为 0.2m/s；x 轴位置收敛后误差为 4m，y 轴位置收敛后误差为 5m，z 轴位置收敛后误差为 5m；SINS/BDS 松耦合导航算法对陀螺仪的常值漂移估计和对加速度计的常值偏置估计都有较好的结果。

8.2.4.2 紧耦合导航算法仿真分析

发射坐标系下 SINS/BDS 紧耦合导航算法仿真结果如图 8-12～图 8-16 所示。由仿真结果可知，俯仰角收敛后误差为 0.0056°，偏航角误差在 50s 左右发散到 0.14°，然后收敛到 0.0108°，滚转角收敛后误差为 0.0027°；x 轴速度收敛后误差为

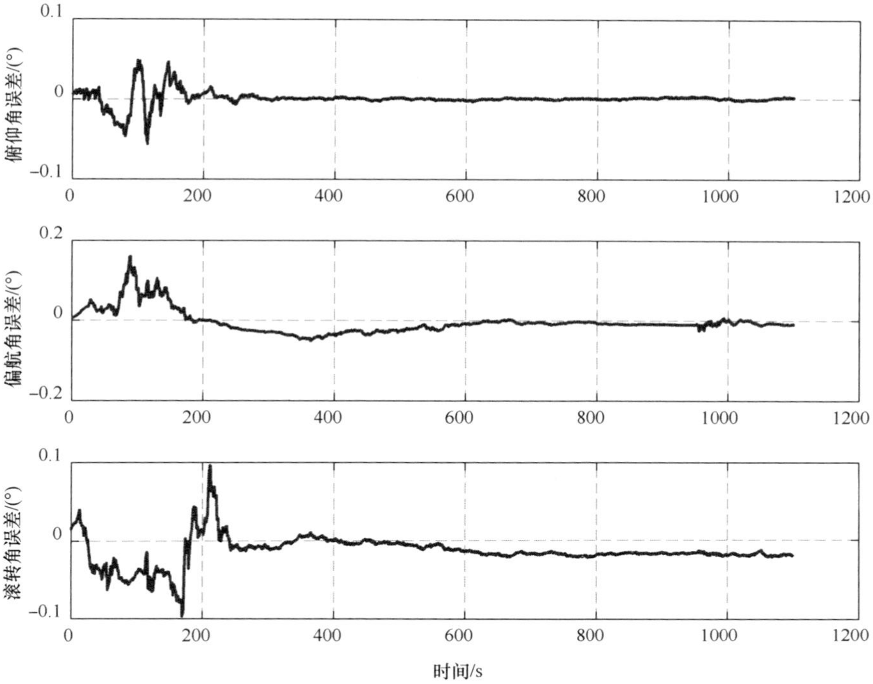

图 8-7　发射坐标系下 SINS/BDS 松耦合导航算法的姿态误差

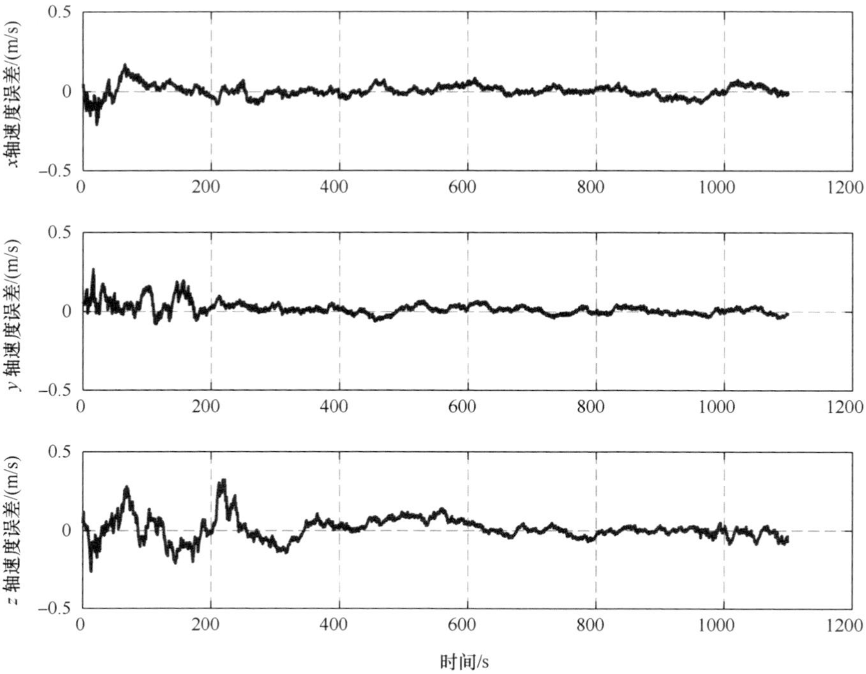

图 8-8　发射坐标系下 SINS/BDS 松耦合导航算法的速度误差

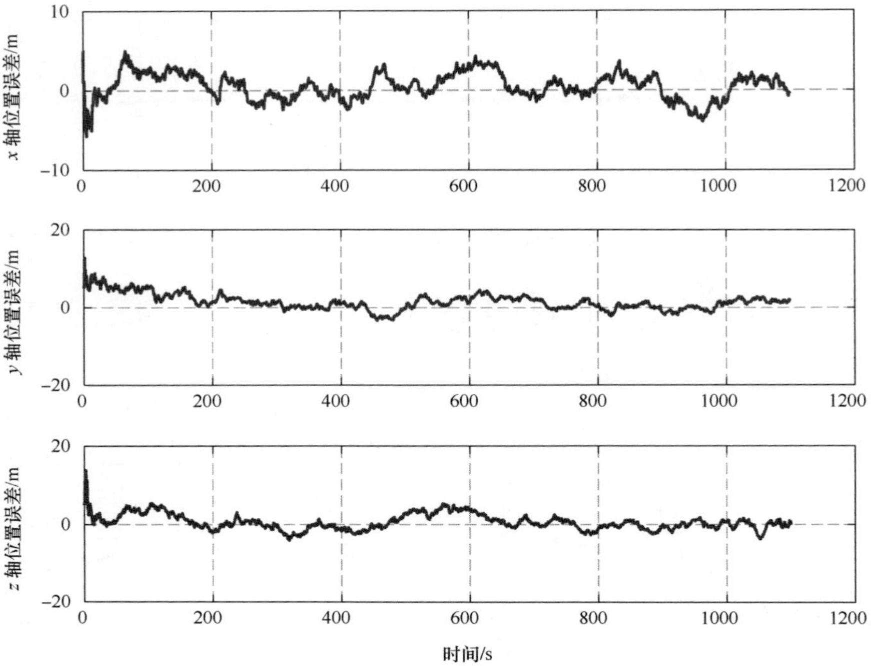

图 8-9　发射坐标系下 SINS/BDS 松耦合导航算法的位置误差

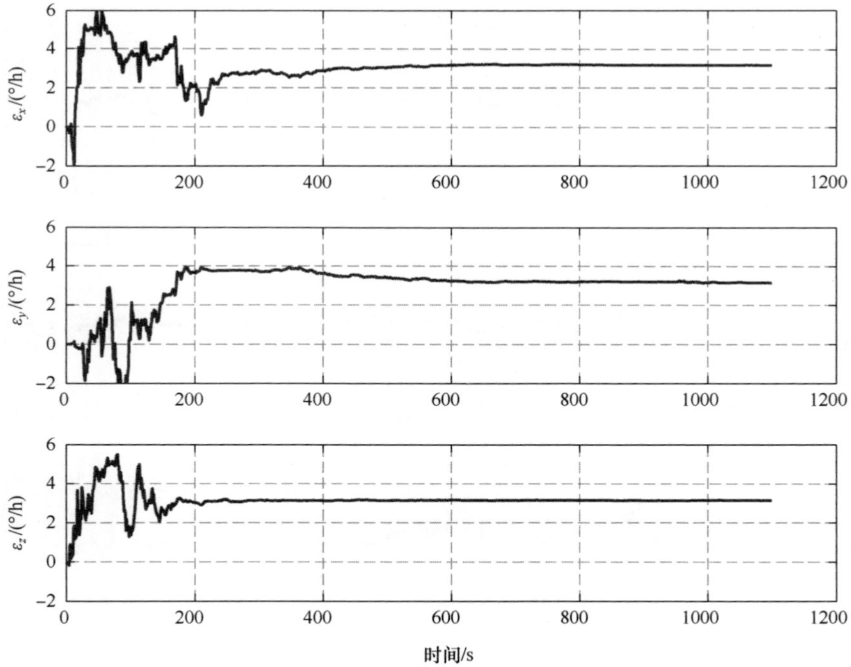

图 8-10　发射坐标系下 SINS/BDS 松耦合导航算法的陀螺仪常值漂移估计

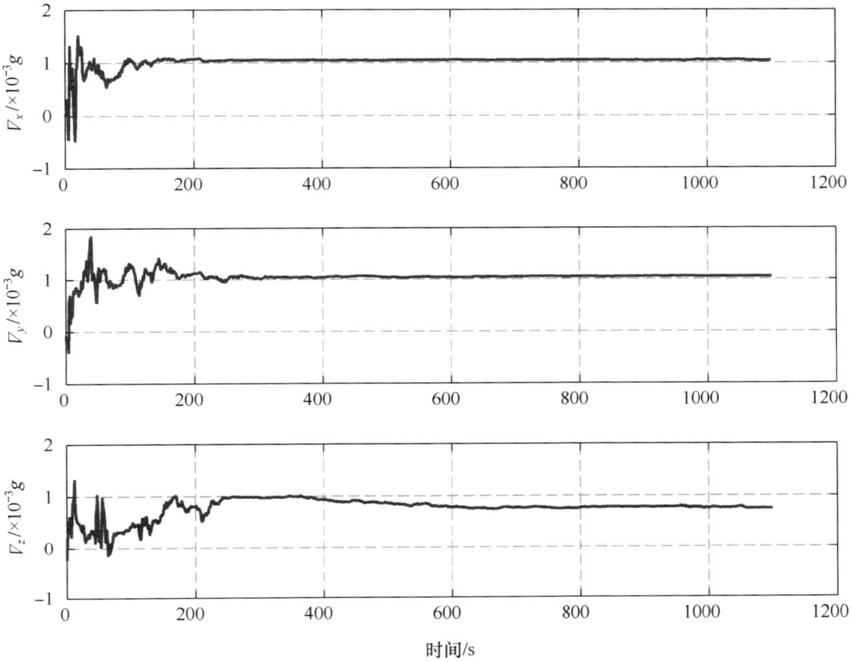

图 8-11 发射坐标系下 SINS/BDS 松耦合导航算法的加速度计常值偏置估计

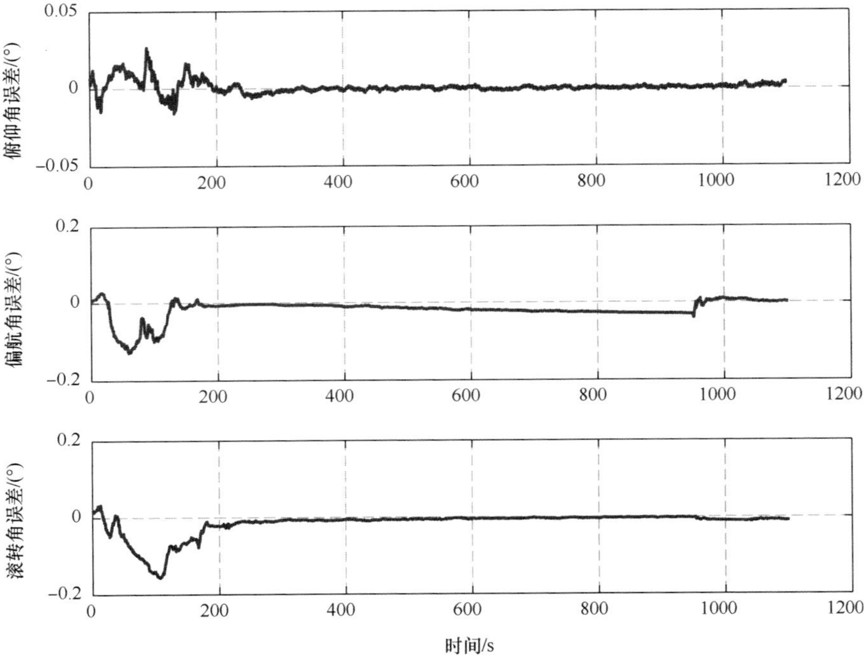

图 8-12 发射坐标系下 SINS/BDS 紧耦合导航算法的姿态误差

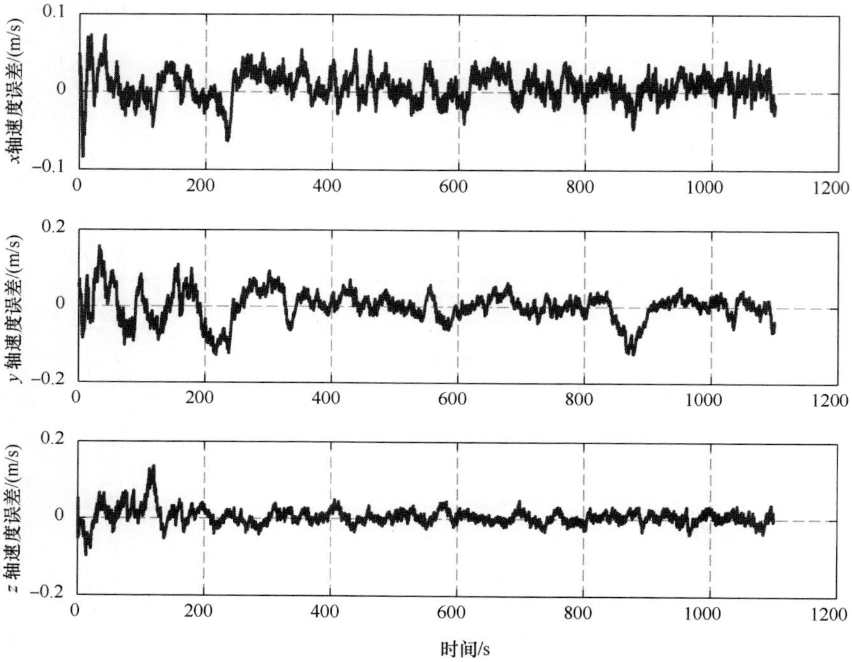

图 8-13 发射坐标系下 SINS/BDS 紧耦合导航算法的速度误差

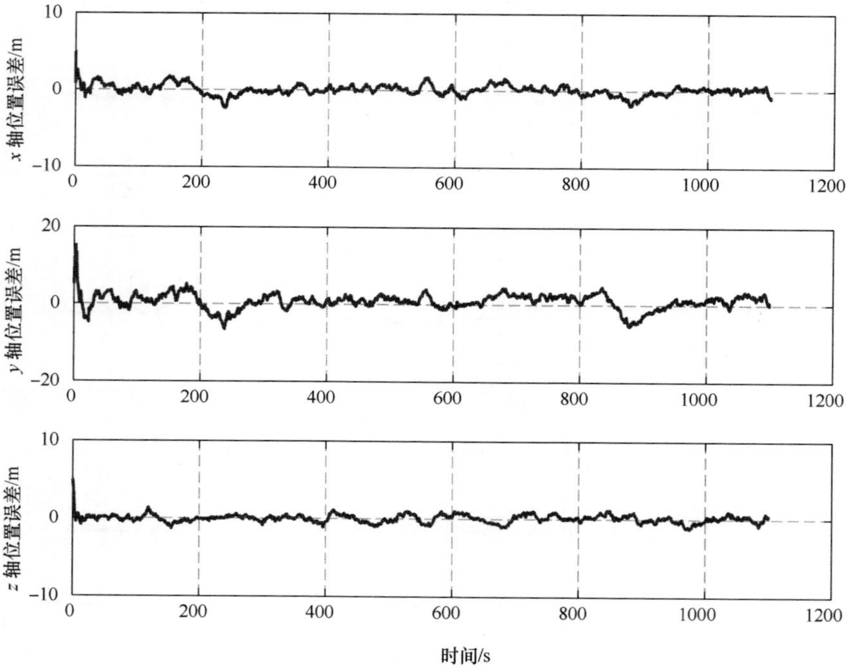

图 8-14 发射坐标系下 SINS/BDS 紧耦合导航算法的位置误差

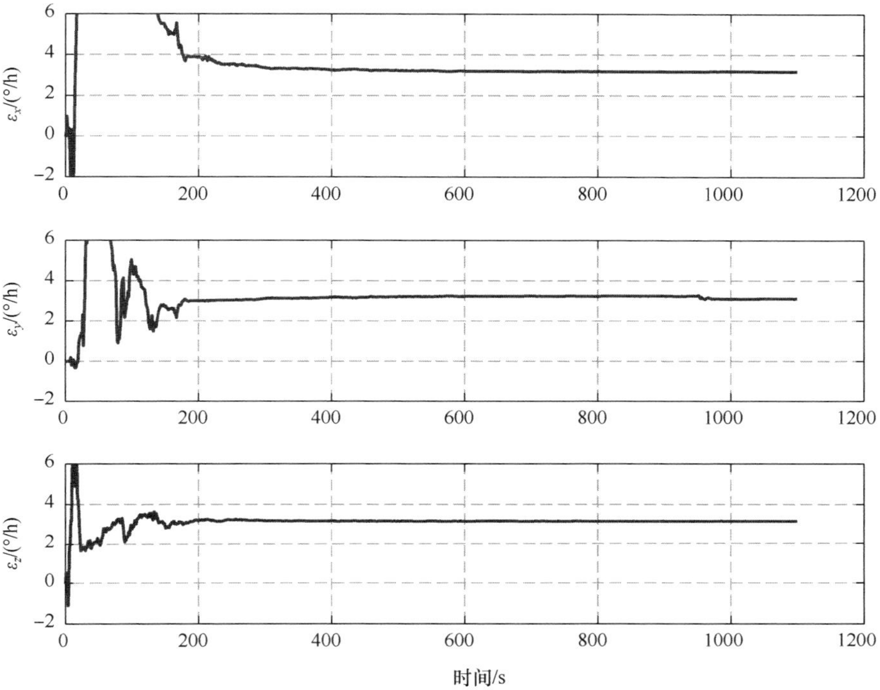

图 8-15　发射坐标系下 SINS/BDS 紧耦合导航算法的陀螺仪常值漂移估计

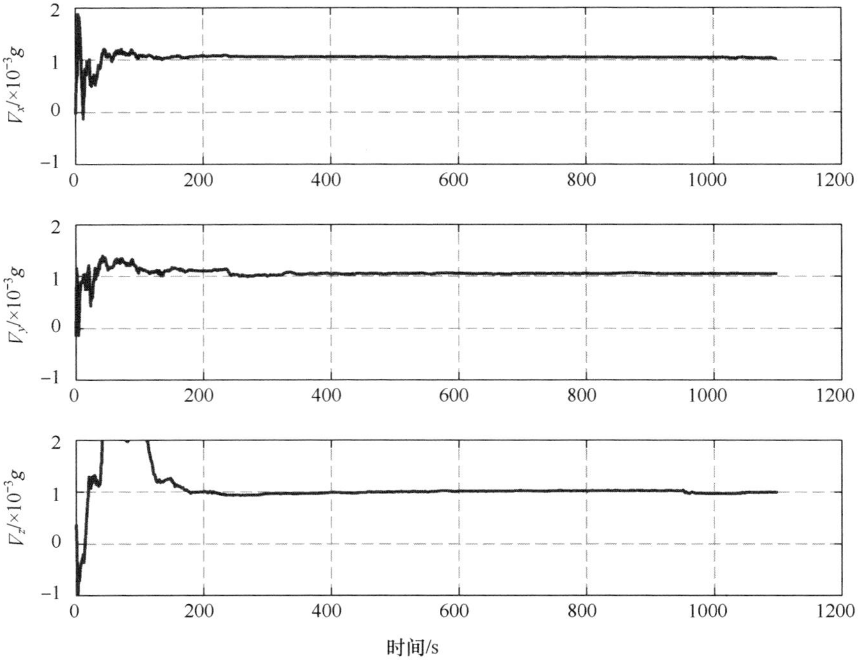

图 8-16　发射坐标系下 SINS/BDS 紧耦合导航算法的加速度计常值偏置估计

0.05m/s，y 轴速度收敛后误差为 0.08m/s，z 轴速度收敛后误差为 0.06m/s；x 轴位置收敛后误差为 2m，y 轴位置收敛后误差为 4m，z 轴位置收敛后误差为 2m；SINS/BDS 紧耦合导航算法对陀螺仪的常值漂移估计和对加速度计的常值偏置估计都有较好的结果。

发射坐标系下 SINS/BDS 松耦合导航算法与 SINS/BDS 紧耦合导航算法仿真结果对比如图 8-17～图 8-19 所示。由图可以得出以下结论：在发射坐标系下 SINS/BDS 紧耦合导航算法的导航精度比 SINS/BDS 松耦合导航算法高。

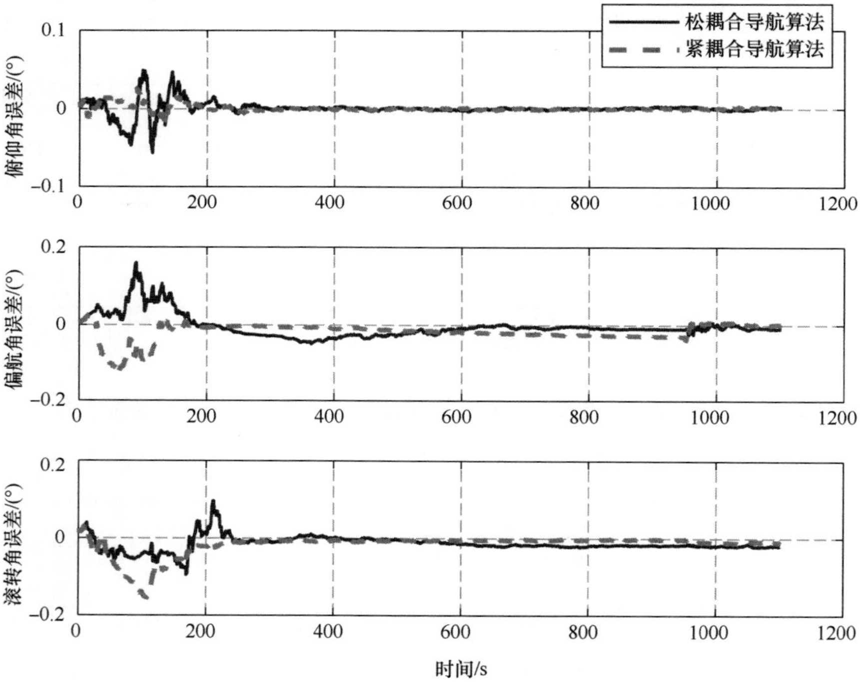

图 8-17 发射坐标系下 SINS/BDS 松耦合导航算法与 SINS/BDS 紧耦合导航算法的姿态误差对比

8.2.4.3 发射坐标系下 SINS/BDS 正常卫星数条件下与 3 颗有效卫星条件下紧耦合导航算法仿真分析

发射坐标系下 SINS/BDS 正常卫星数条件下与 3 颗有效卫星条件下紧耦合导航算法的仿真结果对比如图 8-20 ~ 图 8-22 所示。在 3 颗有效卫星条件下紧耦合导航算法的仿真结果中，俯仰角收敛后误差为 0.03°，偏航角误差在 50s 左右发散到 0.15°然后收敛到 0.03°，滚转角收敛后误差为 0.03°；x 轴速度误差最大达到 0.4m/s，y 轴速度误差最大达到 1.2m/s，z 轴速度误差最大达到 0.5m/s；x 轴位置误差最大达到 90m，y 轴位置误差最大达到 280m，z 轴位置误差最大达到 130m。

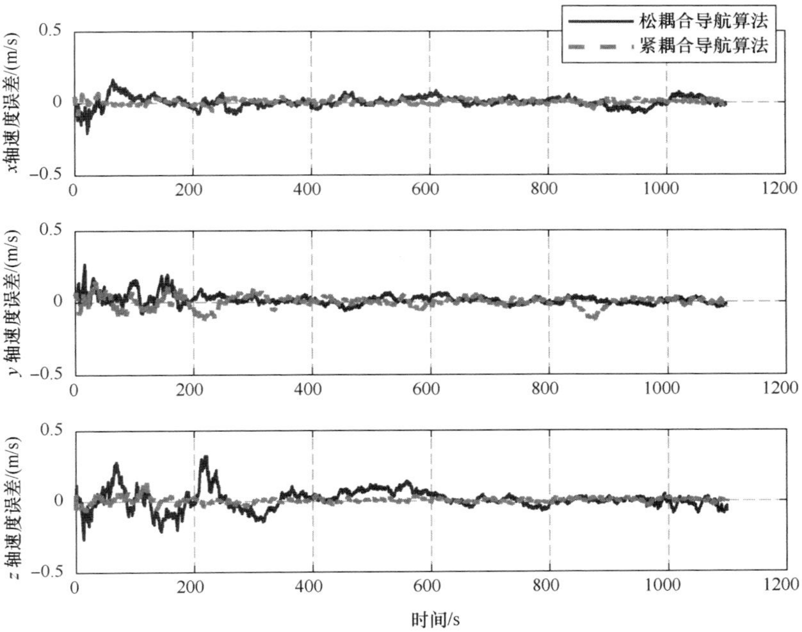

图 8-18　发射坐标系下 SINS/BDS 松耦合导航算法与 SINS/BDS 紧耦合导航算法的速度误差对比

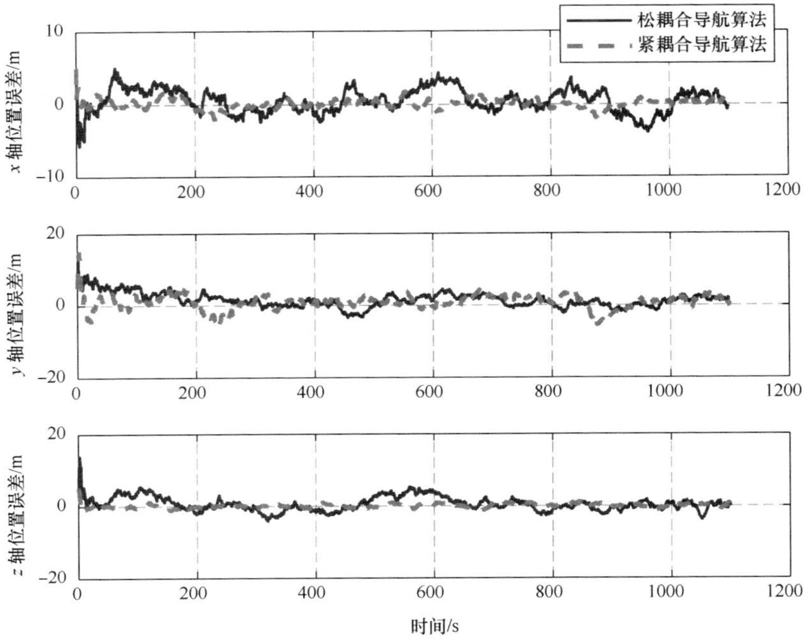

图 8-19　发射坐标系下 SINS/BDS 松耦合导航算法与 SINS/BDS 紧耦合导航算法的位置误差对比

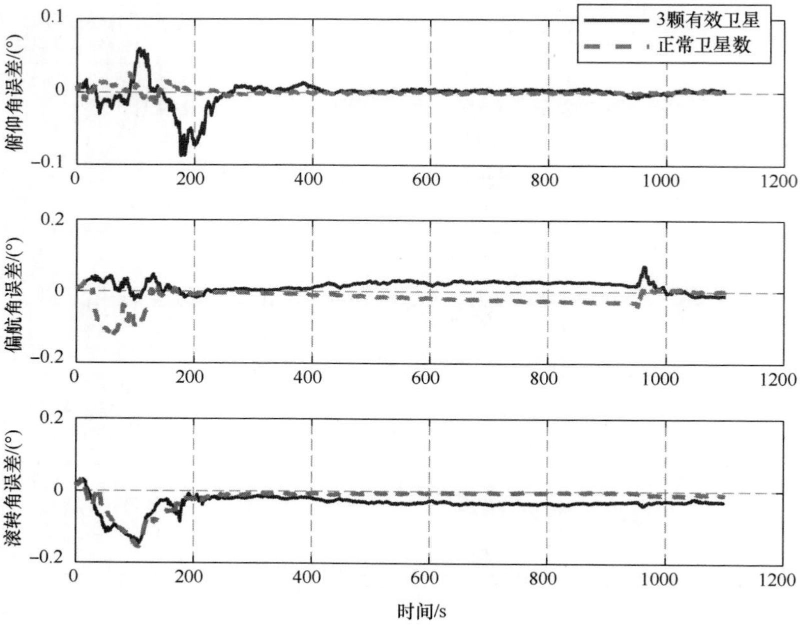

图 8-20 发射坐标系下 SINS/BDS 正常卫星数条件下与
3 颗有效卫星条件下紧耦合导航算法的姿态误差对比

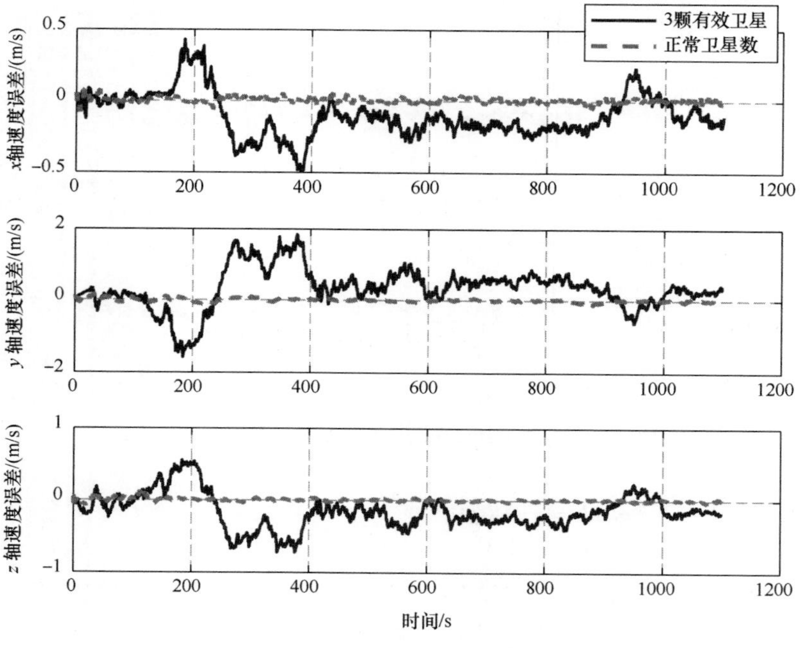

图 8-21 发射坐标系下 SINS/BDS 正常卫星数条件下与
3 颗有效卫星条件下紧耦合导航算法的速度误差对比

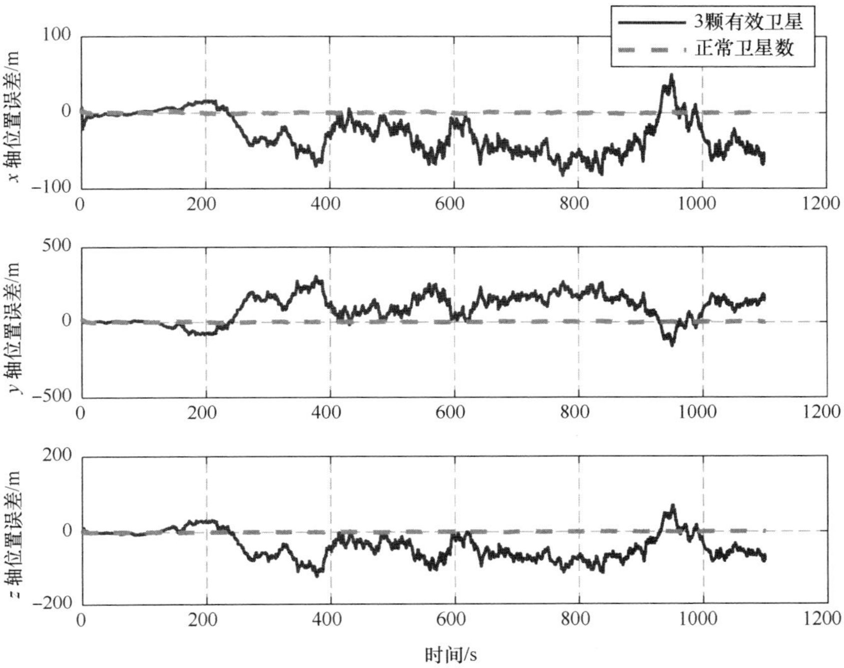

图 8-22　发射坐标系下 SINS/BDS 正常卫星数条件下与
3 颗有效卫星条件下紧耦合导航算法的位置误差对比

根据图 8-20～图 8-22 可以得出以下结论：与 SINS/BDS 正常卫星数条件下紧耦合导航算法相比，SINS/BDS 3 颗有效卫星条件下紧耦合导航算法的导航精度有所下降，但仍然可以进行融合导航。上述仿真结果表明，相对于 SINS/BDS 松耦合导航算法需要至少 4 颗有效卫星才可以进行融合导航的特点，SINS/BDS 紧耦合导航算法具有更强的抗干扰性能。

8.3 高速飞行器 SINS/CNS 融合导航

8.3.1　SINS/CNS 融合导航系统简介

SINS/CNS 融合导航系统是以惯导系统为主、使用星敏感器校正飞行器导航姿态参数为辅的导航方法。星敏感器提供的观测量为惯性姿态，其通过校正 SINS 的姿态抑制 SINS 的速度和位置发散。SINS/CNS 融合导航系统的速度和位置导航精度比单独使用 SINS 更好，但比 SINS/BDS 融合导航系统差。SINS/CNS 融合导航系统的优势在于能够提供高精度的姿态导航，以及具有不易受干扰的自主导航特性[5]。当飞行器飞行到临近空间区域，即 20～100km，CNS 具备全天候工作的能力。由于大气变得稀薄，大气散射微弱，天空背景亮度低，即使在白天，星敏感器也可以从天空背景中区分出恒星用于天文导航[6]。

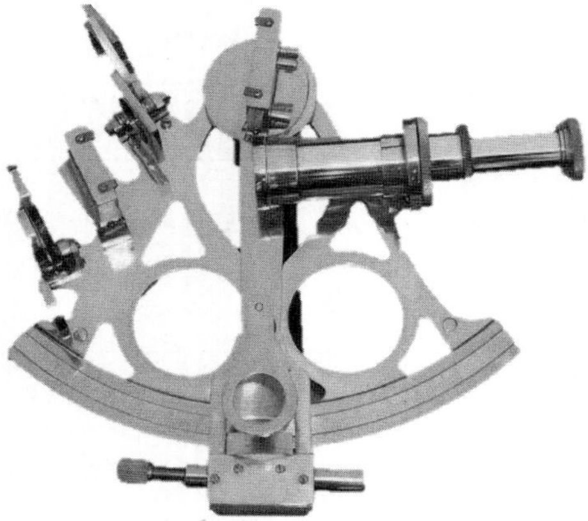

图 8-23　航海六分仪

高速飞行器上使用的星敏感器分为两类：带有伺服机构的小视场星敏感器[7]和大视场星敏感器[8]。小视场（在视场内只能敏感一颗星体）星敏感器一般由星体敏感探测装置和星体目标跟踪控制机构组成。其工作原理与航海六分仪（见图 8-23）相同，采用随动控制机构通过多次单星跟踪测量进行定姿、定位。小视场星敏感器一般配合随动控制机构构成星体跟踪器，其体积较小、质量较大，且精度取决于随动控制机构的精度，目前在航海领域得到广泛的应用。由于这种设备视场较小，入射的天空背景杂散光也较少，对单颗星光的测量可得到较高的信噪比，所以它不仅在高空可用，在中低空等杂散光复杂的高度也能达到较好的性能。如果能够采取措施减小小视场星体跟踪器的体积和质量，在航空机载领域也可以使用小视场星体跟踪器为飞机提供导航。

大视场星敏感器对一定范围内的天区瞬时成像，星敏感器固连在飞行器上，实时拍摄星空，星图投影在星敏感器成像阵面。成像阵面的光电传感器将光信号转换为电信号并采集，得到星图。星敏感器的导航计算机接收到星图后，从星图中提取 3 颗以上导航星，通过星与星的相对位置识别导航星，无论星敏感器指向哪片天区，都能成功识别恒星并给出载体姿态，而不必跟踪特定的恒星。由于视场范围大，大视场星敏感器可以使用多颗星甚至星座的星体信息，实现小视场星敏感器需要经过多次测量才能实现的三星导航、多星导航。大视场星敏感器采用多星同步测量、星图识别、空间矢量定姿确定载体在惯性空间的姿态。大视场星敏感器不需要伺服机构，有体积小、质量小的优点。但是由于视场大，大视场星敏感器在中低空易受杂散光的影响，测星信噪比差；由于星敏感器和载体固连，当载体姿态发生剧烈变化时图像出现运动模糊，可能导致识别失败。此外，全天球识别的功能要求大视场星敏感器中存储覆盖整个天球的导航星信息，对计算处理系统的要求更高。星图识别、运动模糊补偿等是大视场星敏感器的关键技术。

下面分别介绍上述两种星敏感器的工程应用实例。

（1）小视场星敏感器。小视场星敏感器早期由简单的望远镜和扫描机构组成。美国的“鲨蛇”（SM-62 Snark）导弹和“娜伐霍”（SM-64 Navaho）导弹的制导系统就采用了小视场星敏感器进行指向控制。美国 B-2 轰炸机上搭载了 NAS-26 导航系统，该导航系统也采用了小视场星敏感器进行导航。NAS-26 导航系统的天文导航子系统采用了昼夜星体跟踪器，可以跟踪 1.46～3.5 星等的导航星，在无云层遮挡的情况下具备白天测星的能力。其导航星表存储了 61 颗导航星，可以保证全天任意时刻都能观测 6～10 颗星。

NAS-26 导航系统的天文测量单元根据惯导系统提供的位置、姿态信息完成对所要跟踪星体的计算，之后根据计算结果转入捕获方式。当星体被捕获时转入验证工作模式，当验证为有效星体时转入跟踪方式。跟踪 3 颗星的定位所需的时间约为 1min，姿态精度优于 3″。NAS-26 导航系统采用误差状态修正方法，其融合滤波器可根据天文视差角量测估计陀螺仪漂移并给予精确的补偿，因此可在融合时断开和融合后断开两种情况下都具备高精度导航能力。

美国 RC-135 战略侦察机上使用的 SINS/CNS 融合导航系统为 LN-120G 融合导航系统。2006 年 11 月，Northrop 公司导航系统部（原 Litton 公司）完成了对服役了近 30 年的 LN-20 融合导航系统的改进，推出了 LN-120G 融合导航系统，将原来 LN-20 融合导航系统中的液浮陀螺仪替换为高精度的 ZLG 激光陀螺仪，用 A4 光电加速度计代替了之前的 A-200D 加速度计，并进行了相应的计算系统和 BDS 升级。LN-120G 融合导航系统的天文测量单元采用小视场星跟踪器和卡塞格林镜头，具备昼夜测星能力。美国空军 2006 年 12 月采购了 20 套 LN-120G 融合导航系统，并完成了系列测试。

（2）大视场星敏感器。澳大利亚联合工程卫星项目（JAESat）使用大视场星敏感器[9]，用于小卫星的天文导航。其视场大小为 21°×31°，测角精度达到 36″（1σ），数据更新率为 4Hz，功耗为 4.2W，质量为 0.78kg。

“吉林一号”气象卫星、“珠海一号”遥感卫星搭载的星敏感器为中国航天科技集团有限公司第五研究院第五〇二研究所生产的纳型星敏感器，如图 8-24 所示。其视场大小为 20°×15°，测角精度达到 8″，功耗仅为 1.2W，质量仅为 108g。

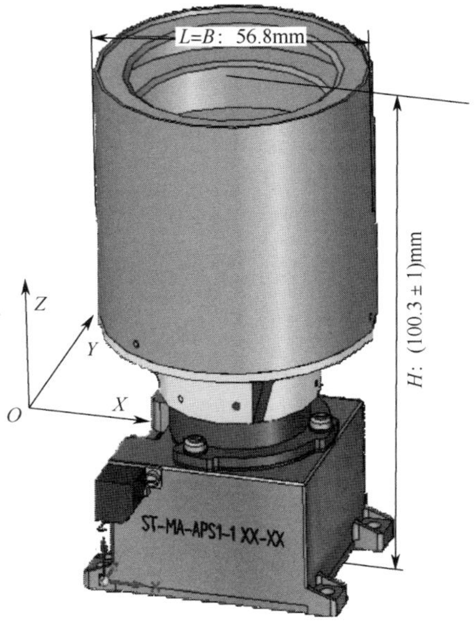

图 8-24　纳型星敏感器

8.3.2 CNS 星敏感器矢量定姿原理

8.3.2.1 星表筛选

要建立导航星库，首先要根据星敏感器等的灵敏度对导航星表进行筛选，然后对恒星视位置进行修正。

1. 筛选导航星表

在进行星图识别前应建立星表。星敏感器拍摄星图后，在星图中选择数颗星作为导航星，这几颗导航星必须能在星表中找到，只有这样星图识别软件才能进行姿态解算。导航星表来源于基本星表，基本星表中包含恒星的星号、星名、星等，以及对应某一基本历元的星位置、自行等数据[10]。

基本星表根据不同的实际需求进行编制，常见的基本星表有 SAO 星表、依巴谷星表、Tycho-2 星表、SKY2000 星表等。本书选用 SKY2000 星表。

导航星表中的星称为导航星，导航星表中应包含导航星的赤经、赤纬和星等基本信息。选择导航星时应满足以下要求。

（1）星等应和所用星敏感器的性能匹配，即星敏感器所能观测到的恒星应包含在导航星表内。因此，星等应等于或高于星敏感器的极限星等，此外还要保证视场内的导航星数目能满足识别的要求。

（2）在满足正常识别的前提下使星等尽可能小，这样可以减小导航星表的容量，导航星表中星的总数少也能减小冗余配对的概率，进而提高识别速度。

一般选择星等小于 6.0 的星构成导航星表，数目大约有 5000 颗，不同的基本星表存在微小的差异。在满足任意光轴指向内都有足够数目的导航星的条件下，可以剔除一些多余的恒星。

导航星筛选方法如下：在全天球范围内，光轴指向赤经 $0°\sim360°$ 和赤纬 $-90°\sim90°$ 范围，根据星敏感器的视场大小（如 $10°$），将天空按赤经、赤纬间隔划分为多个区域。如果区域内的导航星数大于规定的导航星数（如 8 颗），则剔除最暗的几颗导航星；如果区域内的导航星数不足，则不剔除。剔除的星为非导航星。

筛选前后导航星赤经、赤纬分布如图 8-25 所示。6.0 星等以内的导航星共 5103 颗，进行导航星筛选后，导航星数目减少为 2500 颗。由图可知，筛选后导航星的分布更加均匀，在保证任意天区都有足够的导航星数目的前提下，导航星总数显著减少。

也可以使用划分天区的方法筛选导航星表，如赤纬带法、内接正方体法、球矩形法，如图 8-26～图 8-28 所示。划分天区后应保证每个天区内都有足够的导航星。

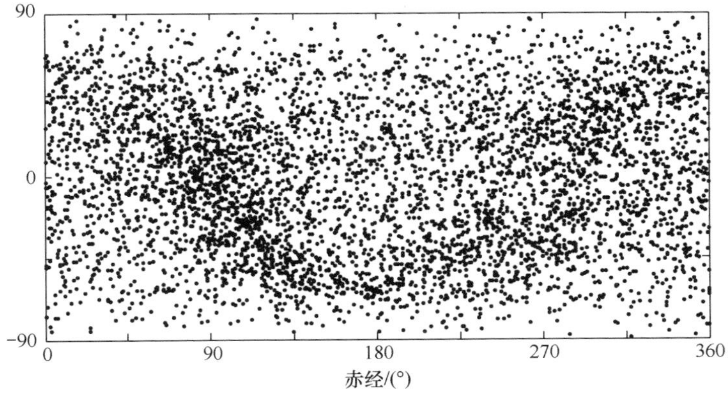

(a) 筛选前导航星赤经、赤纬分布

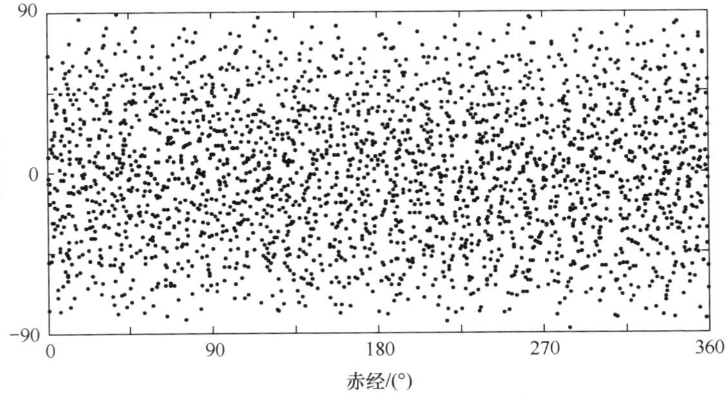

(b) 筛选后导航星赤经、赤纬分布

图 8-25　筛选前后导航星赤经、赤纬分布

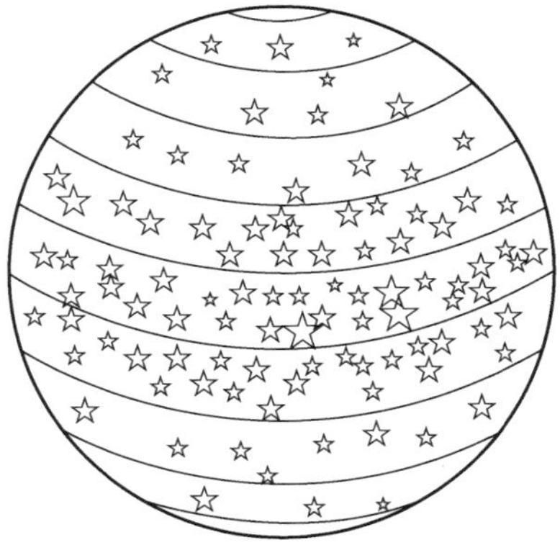

图 8-26　赤纬带法划分天区

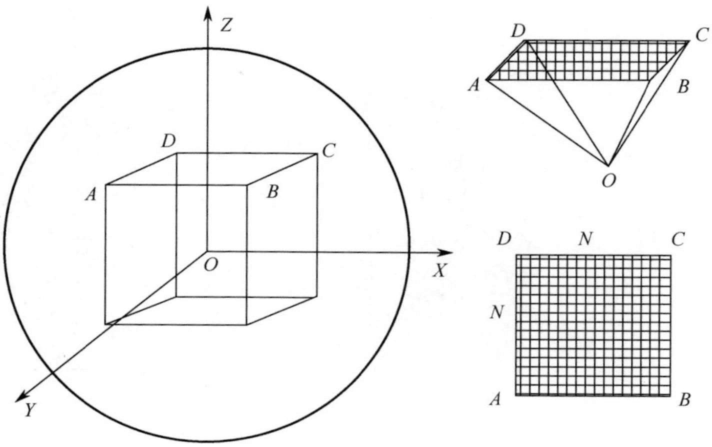

图 8-27　内接正方体法划分天区

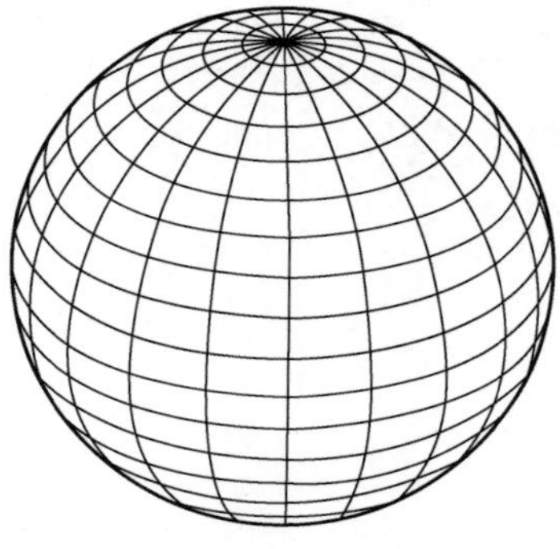

图 8-28　球矩形法划分天区

此外，还需要对星表中的双星进行处理。双星是指在 CCD 成像上无法互相区分的两颗导航星，即两颗导航星的矢量方向夹角（角距）很小（本节认为角距小于 0.1°）。双星会对星图识别造成干扰，传统的处理方法是从导航星表中删除双星，但这种做法在视场内的导航星数目较少的情况下会造成识别率下降。

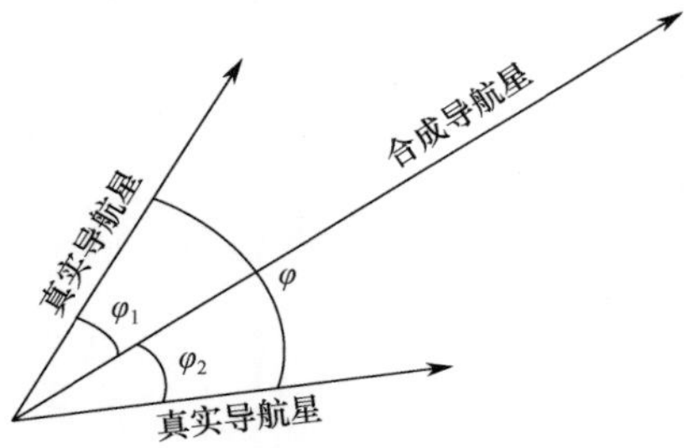

图 8-29　双星合成示意

为此，对于角距特别小的两颗星，其 CCD 成像非常接近，可以合成一颗导航星；对于角距稍大的双星则做删除处理。本节对角距小于 30″的双星进行合成处理，对角距为 30″～0.1°的双星做删除处理。

双星合成示意如图 8-29 所示，双星星等分别为 m_1 和 m_2，方向矢量分别为 $\boldsymbol{v}_1$ 和 $\boldsymbol{v}_2$；合成星星等为 m，合成星方向矢量为 $\boldsymbol{v}$；合

成星与双星之间的角距分别为 φ_1 和 φ_2；双星之间的角距为 φ。则

$$\begin{cases} m = m_2 - 2.5\ln(1 + \mathrm{e}^{(m_2 - m_1)/2.5}) \\ \boldsymbol{v} = (\boldsymbol{v}_1\varphi_1 + \boldsymbol{v}_2\varphi_2) / \sin\varphi \\ \varphi = \varphi_1 + \varphi_2 = \varphi_1(1 + \mathrm{e}^{(m_2 - m_1)/2.5}) \end{cases} \tag{8-191}$$

2. 更新导航星库

导航星表筛选完毕后需要更新导航星库。导航星表中提供的恒星位置为标准历元平位置，需要使用恒星运动模型对恒星在天球上的位置进行章动修正，使导航星库中恒星的位置为当前观测时刻的视位置[11]。一个导航星表中通常包含恒星在某个特定时期的平位置、真位置、视位置、地平位置、观测位置等信息。

1）平位置

平位置可以被描述成在标准时间从太阳系质心所观测的恒星位置，其坐标系为观测时间地球平赤道和平春分点坐标系，并忽略太阳和其他太阳系内天体的扰动。平位置是导航星表的基本参考点，但是它不代表特定日期从地球观察到的一颗恒星的位置。

2）真位置

真位置是指对恒星平位置做了章动修正后，得到的恒星相对于太阳系质心的坐标。它相当于一个位于日心的观测者所见天体的位置，其坐标系为地球在观测时间的真赤道和真春分点所定义的坐标系。

3）视位置

视位置用来描述在某一日期从地球质心观测到的一颗恒星的位置，其坐标系为地球在观测时间的真赤道和真春分点所定义的坐标系，并且假定地球和大气是透明无折射的。从平位置到特定日期视位置的转换是天文计算中至关重要的一步。导航星视位置计算方案如图 8-30 所示。

4）地平位置

地平位置是一位真实观察者从地球表面所观察到的天体方位，它忽略了大气折射的影响。更准确地说，地平位置描述了一颗恒星在某一特定日期和时刻于地球上某地被观察到的位置，其坐标系是地球在该时刻的真赤道和真春分点所定义的坐标系，并且假设大气是无折射的。

5）观测位置

观测位置是用天文仪器直接测定的恒星位置，即在地球上某地实际观测到的恒星位置。

恒星的各种位置之间的转换关系可概括如下。

观测位置 = 地平位置+大气折射（蒙气差）+周日视差+周日光行差

视位置 = 真位置+光行差+视差

真位置 = 观测时间平位置+修正

观测时间平位置 = 星表历元平位置+自行+岁差

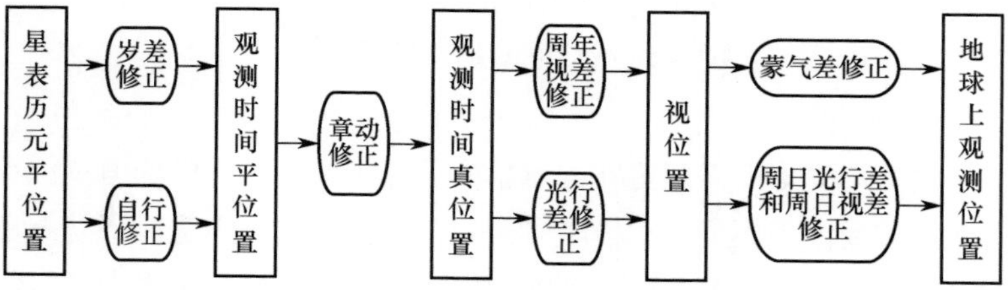

图 8-30　导航星视位置计算方案

8.3.2.2　星图预处理

星图预处理主要包括去除噪声和星点质心提取，实拍的星图受光敏器件的暗电流和星空背景等因素的影响，会存在一定的噪声，一般用中值滤波、线性滤波等方法进行去噪声，然后使用质心提取算法确定星点的坐标。整个过程如图 8-31 所示。

图 8-31　星图预处理过程

1. 滤波去噪

滤波去噪可以使用邻域平均法、中值滤波、低通滤波等常用图像滤波去噪方法[12]。

2. 阈值分割

阈值分割是指要从星图背景中提取星点，需要选择一个阈值 Q 来将星点和图像背景分割开来，选定的阈值太小会提取到冗余信息和噪点，而选定的阈值过大会将一些有用信息去掉。因此，确定一个最佳阈值是进行星点提取的重要前提。

将所有 $f(x,y) \leqslant Q$ 的像素点看成背景点，$f(x,y) > Q$ 的像素点看成对象点，背景分割公式为

$$g(x,y)=\begin{cases} 0 & ,f(x,y)\leqslant Q \\ f(x,y) & ,f(x,y)>Q \end{cases} \tag{8-192}$$

可以认为星图中星点部分像素的灰度值 G 由 3 部分组成：背景亮度、图像噪声和星点亮度，即

$$G = G_{\mathrm{B}} + G_{\mathrm{N}} + G_{\mathrm{S}} \tag{8-193}$$

式中，G_{B} 为背景亮度，一般为固定值；G_{N} 为图像噪声，一般可认为是高斯白噪

声；G_S 为星点亮度，一般由实拍的星点决定。背景包括背景亮度和图像噪声，若阈值将背景滤除掉的概率大于 99.7%，即 $P((G_B + G_N)< T)>99.7\%$，则有

$$T = \mu + 3\sigma \tag{8-194}$$

μ 和 σ 可分别采用全局的均值与方差，计算公式分别为

$$\mu = \frac{\sum_{i=1}^{m}\sum_{j=1}^{n} G(i, j)}{mn} \tag{8-195}$$

$$\sigma = \sqrt{\frac{\sum_{i=1}^{m}\sum_{j=1}^{n}[G(i, j) - \mu]^2}{mn-1}} \tag{8-196}$$

阈值分割前后的星图对比如图 8-32 所示。由图可知，进行阈值分割后，星图中只剩下一些孤立的星点。

(a) 阈值分割前的星图　　(b) 阈值分割后的星图

图 8-32　阈值分割前后的星图对比

3. 连通域分析

阈值分割后得到二值图像 $g(x, y)$。使用连通域算法将单个星点和其他星点分开，即通过分析星点的大小和形态来定位星点，将星点所包含的像素点合并，并将单个星点与其他星点分离。分离原理是：将属于同一连通域的像素点按照从上到下、从左到右的顺序标上同一标号，属于同一星点的像素点有相同的标号。在具体实现上，可分为以下 4 个步骤。

（1）从上到下、从左到右扫描星图。

（2）当像素点的灰度值不为 0 时：若上面点或左面点有一个标记，就复制这个标记；若上面点和左面点有相同的标记，也要复制这个标记；若上面点和

左面点的标记不同，就复制上面点的标记，并将这两个标记输入等价表作为等价标记；否则就给像素点分配一个新的标记并将之输入等价表。

（3）重复步骤（2）直到扫描完图像中所有灰度值不为 0 的像素点，点的标记是从 1 开始的连续整数，各星点在星图中表现为具有相同标记的像素点的集合。

（4）若等价表里有相同标记的像素点，则将它们合并后再重新分配一个低序号的标记。

经过连通域分析以后，各星点为具有相同标记的像素点的集合，如图 8-33 中标记为 1、2、3、5 的像素点。为了尽可能消除噪声对星点提取的影响，对像素点数量少于或等于 3 个的星点应当舍弃，如图 8-33 中标记为 4 的像素点。对星点拍摄可能不全的像素点也应舍去，因为拍摄不全可能导致质心提取结果不准确，如图 8-33 中标记为 6 的像素点。

	1	1																	
1	1	1																	
	1				2	2	2												
				2	2	2	2	2											
					2	2	2												
					2	2													
							3	3	3										
						3	3	3						4	4				
														4					
		5	5																
	5	5	5	5															
		5	5	5										6	6				
			5										6	6	6				

图 8-33　连通域分析结果

4. 质心提取

星敏感器拍摄到星图后，为了进行星图识别，首先需要对图像进行预处理并进行星点质心提取。预处理过程的目的是将星点目标和背景分离开，方法为利用全局阈值进行阈值分割，全局阈值可取为星图背景灰度均值加上 5 倍的标准差；为获得更高的星点位置定位精度，常采用离焦的方式使恒星的图像在 CCD 上形成点状光斑，再进行细分定位。质心提取算法可以分为基于灰度的算法和基于边缘的算法两大类。研究表明，基于灰度的算法比基于边缘的算法具有更高的精度。基于灰度的算法有质心法、曲面拟合法等。在质心法中，带阈值的质心算法运算简单、计算速度快、精度很高，下面对其进行详细介绍。

带阈值的质心算法先以灰度阈值 T 处理星图中的所有像素点，即

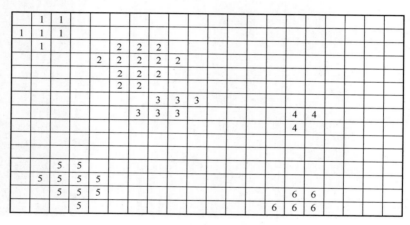

$$g(x,y)=\begin{cases}0 & ,g_0(x,y)\leqslant T\\ g_0(x,y)-T, & g_0(x,y)>T\end{cases} \tag{8-197}$$

式中，$g_0(x,y)$、$g(x,y)$ 分别为星图像素点阈值处理前和处理后的灰度值。然后计算星点质心坐标 (x_c,y_c)，得到

$$x_c=\frac{\sum x_i g(x_i,y_i)}{\sum g(x_i,y_i)},y_c=\frac{\sum y_i g(x_i,y_i)}{\sum g(x_i,y_i)} \tag{8-198}$$

式中，$g(x_i,y_i)$ 表示单个星点连通域范围内第 i 个像素点阈值处理后的灰度值。

星图中的某个像素点的灰度值如果小于阈值 T，则认为是背景；如果该像素点的灰度值大于阈值且为非孤立的，即该像素点上、下、左、右至少有一个像素点的灰度值大于阈值，则认为该像素点可能是星图的一部分。

由该非孤立像素点递归求得其附近连续的像素点的坐标和灰度信息。如果这些连续的像素点组成的星点不是伪星点（包括单行或单列伪星点、长宽比大于 3 的伪星点，或者像素窗口大于 7×7 的伪星点），则计算星点质心坐标和灰度值。

按照上述方法即可得到高精度星点质心信息，以支持星图识别。

8.3.2.3　星图识别

在一幅星图中可以提取多颗星，这些星之间可以构成一定的模式。通常把星等作为星图识别的特征会导致较大的误差，因为拍摄到的星图会受到大气辐射的影响，而且有些星的星等很难得到。因此，通常把星对角距作为星图识别的主要特征，星等特征只是星图识别的辅助特征。

星对角距是指在天球坐标系中，两颗星与天球中心连线形成的夹角。设导航星 1 和导航星 2 的赤经坐标与赤纬坐标分别是 (α_1,δ_1)、(α_2,δ_2)，则在天球坐标系下星对角距的定义为

$$d_{1,2}=\arccos\left(\frac{\boldsymbol{s}_1\cdot\boldsymbol{s}_2}{|\boldsymbol{s}_1|\cdot|\boldsymbol{s}_2|}\right) \tag{8-199}$$

式中，$\boldsymbol{s}_1=\begin{bmatrix}\cos\alpha_1\cos\delta_1\\ \cos\alpha_1\sin\delta_1\\ \sin\delta_1\end{bmatrix}$ 和 $\boldsymbol{s}_2=\begin{bmatrix}\cos\alpha_2\cos\delta_2\\ \cos\alpha_2\sin\delta_2\\ \sin\delta_2\end{bmatrix}$ 分别为导航星 1、导航星 2 的方向矢量。

同理，假设观测星 i 和 j 在成像面的坐标分别为 (x_i, y_i)、(x_j, y_j)，则在星敏感器坐标系下的星对角距可定义为

$$d_{i,j}=\arccos\left(\frac{\boldsymbol{s}_i\cdot\boldsymbol{s}_j}{|\boldsymbol{s}_i|\cdot|\boldsymbol{s}_j|}\right) \tag{8-200}$$

式中，$\boldsymbol{s}_i = \dfrac{1}{\sqrt{x_i^2 + y_i^2 + f^2}}\begin{bmatrix} x_i \\ y_i \\ -f \end{bmatrix}$和$\boldsymbol{s}_j = \dfrac{1}{\sqrt{x_j^2 + y_j^2 + f^2}}\begin{bmatrix} x_j \\ y_j \\ -f \end{bmatrix}$分别是观测星 i、j 在星敏感器坐标系下的方向矢量。

若观测星能和导航星匹配上，则应满足

$$\left| d_{1,2} - d_{i,j} \right| \leqslant \varepsilon \tag{8-201}$$

式中，ε 表示角距测量的不确定度。对观测星对来说，满足要求的导航星对通常是不唯一的。此外，星对角距匹配存在方向判断问题，即仅依靠星对角距无法区分星对中的两颗星，还要依赖星等信息，所以星对角距匹配无法独立完成全天星图识别。

全天星图识别常用的算法有三角形算法、凸多边形算法、匹配组算法、神经网络算法、基于遗传算法的星图识别算法等。本节主要介绍三角形算法。

三角形算法建立在星对角距匹配的基础之上，即增加一颗星组成一个三角形，通过三角形 3 条边的角距消除冗余的匹配星对。构造三角形之后，可根据相似三角形原理构造多种模式，其中最常用的是“边-角-边”模式和“边-边-边”模式，构成一条边的两颗星之间的星对角距就是这条边的长。还可以构造“边-边-角”模式和“角-边-角”模式，这需要使用两个阈值参数进行识别。以下以“边-边-边”模式为例（见图 8-34），简要说明传统三角形算法的实现过程。首先，从星图中选取 3 颗不共线且最亮的星构成待识别三角形。其次，将待识别三角形与导航星表中的导航三角形进行匹配，若满足匹配约束条件，则星图识别成功。待识别三角形和导航三角形如果匹配成功，必须同时满足

$$\begin{cases} \left| d_{1,2} - d_{i,j} \right| \leqslant \varepsilon \\ \left| d_{2,3} - d_{j,k} \right| \leqslant \varepsilon \\ \left| d_{1,3} - d_{i,k} \right| \leqslant \varepsilon \end{cases} \tag{8-202}$$

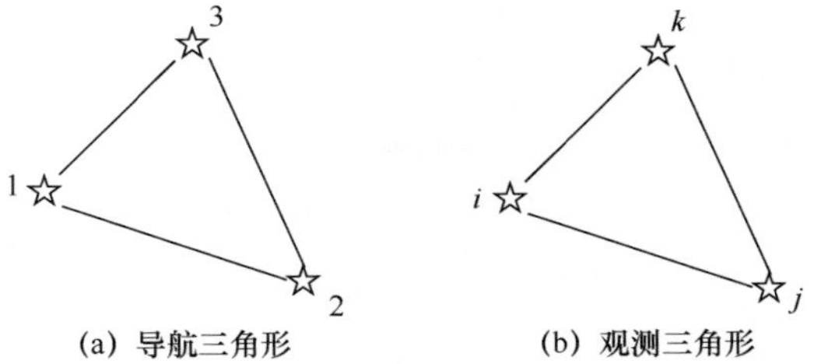

(a) 导航三角形　　(b) 观测三角形

图 8-34　三角形匹配

传统三角形算法流程如图 8-35 所示。

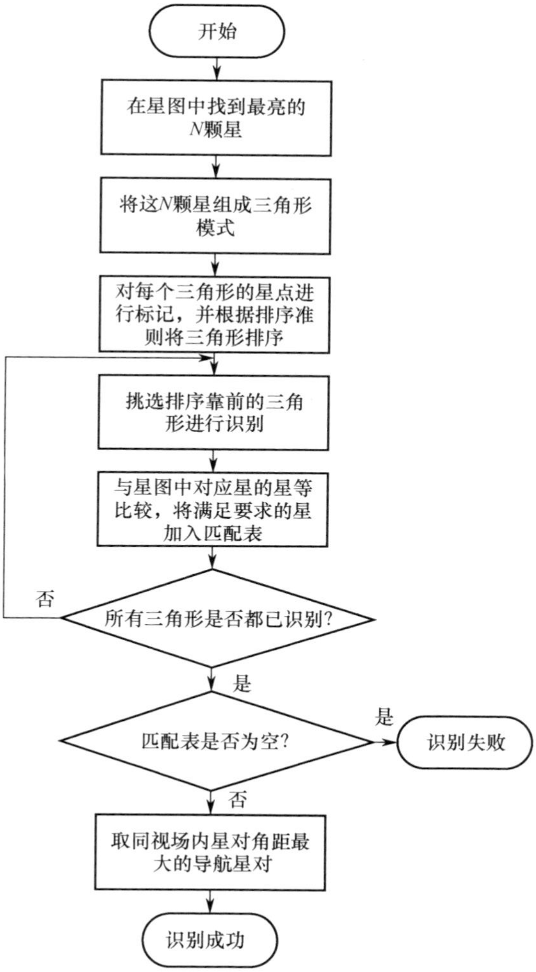

图 8-35　传统三角形算法流程

传统三角形算法流程中的排序准则是指将与 3 条边分别对应的星对角距按照升序排列，然后与导航星表中的星对角距进行匹配比较，找出误差小于角距误差阈值的星对。再将该星对与星图中对应星的星等进行比较，如果其差值小于星等误差阈值，则将该星对加入匹配表中。

8.3.2.4　姿态计算

星敏感器拍摄星图时能够计算出观测星在星敏感器坐标系下的方向矢量 $\boldsymbol{b}_i$ ，根据导航星的赤经、赤纬可以计算得到导航星的惯性矢量 $\boldsymbol{r}_i$ 。完成星图识别后，将拍摄到的导航星与导航星表中的导航星建立对应关系。找到所拍摄的 n 颗导航星的 $\boldsymbol{b}_i$ 所对应的 $\boldsymbol{r}_i$ 后，即可通过 $\boldsymbol{b}_i$ 和 $\boldsymbol{r}_i$ $(i=1,2,\cdots,n)$ 计算出星敏感器在三轴惯性空间的姿态矩阵，最终达到定姿的目的。工程中常用的姿态确定算法有最小二乘法和 QUEST 算法等。本节主要采用最小二乘法来估计姿态。

最小二乘法的数学模型简洁，计算方法简单，而且不需要知道被估计量和量测量的任何统计信息。设被估计量 $\boldsymbol{X}$ 是 n 维确定性常值矢量，即 $\boldsymbol{X}=[x_1 \quad x_2 \quad \cdots \quad x_n]^{\mathrm{T}}$。$\boldsymbol{X}$ 不能被直接测量，只能测量 $\boldsymbol{X}$ 各分量的线性组合 $\boldsymbol{Z}$，记第 i 次量测为 $\boldsymbol{Z}_i$，$\boldsymbol{H}_i$ 和 $\boldsymbol{V}_i$ 分别为量测 $\boldsymbol{Z}_i$ 的量测矩阵与量测噪声，有

$$\boldsymbol{Z}_i=\boldsymbol{H}_i\boldsymbol{X}+\boldsymbol{V}_i \tag{8-203}$$

观测 k 次之后，量测方程为

$$\begin{cases}\boldsymbol{Z}_1=\boldsymbol{H}_1\boldsymbol{X}+\boldsymbol{V}_1\\ \boldsymbol{Z}_1=\boldsymbol{H}_2\boldsymbol{X}+\boldsymbol{V}_2\\ \qquad\vdots\\ \boldsymbol{Z}_k=\boldsymbol{H}_k\boldsymbol{X}+\boldsymbol{V}_k\end{cases} \tag{8-204}$$

式（8-204）可以记为

$$\boldsymbol{Z}=\boldsymbol{H}\boldsymbol{X}+\boldsymbol{V} \tag{8-205}$$

最小二乘估计要求 $\boldsymbol{Z}$ 与 $\boldsymbol{HX}$ 之差的平方和 J 最小，即

$$J=(\boldsymbol{Z}-\boldsymbol{H}\hat{\boldsymbol{X}})^{\mathrm{T}}(\boldsymbol{Z}-\boldsymbol{H}\hat{\boldsymbol{X}}) \tag{8-206}$$

对式（8-206）求导并赋零值，即

$$\left.\frac{\partial J}{\partial \boldsymbol{X}}\right|_{\boldsymbol{X}=\hat{\boldsymbol{X}}}=-2\boldsymbol{H}^{\mathrm{T}}(\boldsymbol{Z}-\boldsymbol{H}\hat{\boldsymbol{X}})=\boldsymbol{0} \tag{8-207}$$

可得

$$\hat{\boldsymbol{X}}=(\boldsymbol{H}^{\mathrm{T}}\boldsymbol{H})^{-1}\boldsymbol{H}^{\mathrm{T}}\boldsymbol{Z} \tag{8-208}$$

最小二乘估计是无偏估计，其均方误差矩阵为

$$E[\tilde{\boldsymbol{X}}\tilde{\boldsymbol{X}}^{\mathrm{T}}]=(\boldsymbol{H}^{\mathrm{T}}\boldsymbol{H})^{-1}\boldsymbol{H}^{\mathrm{T}}\boldsymbol{R}_k\boldsymbol{H}[\boldsymbol{H}^{\mathrm{T}}\boldsymbol{H}]^{-1} \tag{8-209}$$

式中，$\boldsymbol{R}_k$ 是量测噪声 $\boldsymbol{V}$ 的方差矩阵。

星图识别成功后，将有 n（$n \geqslant 3$）颗观测星被成功识别，这些星的方向矢量记为 $\boldsymbol{b}_1,\boldsymbol{b}_2,\cdots,\boldsymbol{b}_n$，惯性矢量记为 $\boldsymbol{r}_1,\boldsymbol{r}_2,\cdots,\boldsymbol{r}_n$，记

$$\boldsymbol{U}=\begin{pmatrix}\boldsymbol{b}_1^{\mathrm{T}}\\ \boldsymbol{b}_2^{\mathrm{T}}\\ \vdots\\ \boldsymbol{b}_n^{\mathrm{T}}\end{pmatrix}=\begin{pmatrix}b_{1x} & b_{1y} & b_{1z}\\ b_{2x} & b_{2y} & b_{2z}\\ & \vdots & \\ b_{nx} & b_{ny} & b_{nz}\end{pmatrix},\boldsymbol{V}=\begin{pmatrix}\boldsymbol{r}_1^{\mathrm{T}}\\ \boldsymbol{r}_2^{\mathrm{T}}\\ \vdots\\ \boldsymbol{r}_n^{\mathrm{T}}\end{pmatrix}=\begin{pmatrix}r_{1x} & r_{1y} & r_{1z}\\ r_{2x} & r_{2y} & r_{2z}\\ & \vdots & \\ r_{nx} & r_{ny} & r_{nz}\end{pmatrix} \tag{8-210}$$

$\boldsymbol{b}_i$ 和 $\boldsymbol{r}_i(i=1,2,\cdots,n)$ 的计算方法分别为

$$\boldsymbol{b}_i=\frac{1}{\sqrt{x^2+y^2+f^2}}\begin{bmatrix}x\\ y\\ -f\end{bmatrix},\boldsymbol{r}_i=\begin{bmatrix}\cos\alpha\cos\delta\\ \cos\alpha\sin\delta\\ \sin\delta\end{bmatrix} \tag{8-211}$$

设姿态矩阵为

$$\boldsymbol{R}_i^{\mathrm{b}} = \boldsymbol{A} \tag{8-212}$$

则

$$\begin{cases} \boldsymbol{b}_1 = \boldsymbol{A}\boldsymbol{r}_1 \\ \boldsymbol{b}_2 = \boldsymbol{A}\boldsymbol{r}_2 \\ \quad\vdots \\ \boldsymbol{b}_n = \boldsymbol{A}\boldsymbol{r}_n \end{cases} \tag{8-213}$$

结合式（8-210）可得

$$\boldsymbol{U}^{\mathrm{T}} = \boldsymbol{A}\boldsymbol{V}^{\mathrm{T}} \tag{8-214}$$

如果 $n=3$，则

$$\boldsymbol{A}^{\mathrm{T}} = \boldsymbol{V}^{-1}\boldsymbol{U} \tag{8-215}$$

如果 $n>3$，只要 $\boldsymbol{V}$ 列满秩，由（8-208）可得

$$\boldsymbol{A}^{\mathrm{T}} = (\boldsymbol{V}^{\mathrm{T}}\boldsymbol{V})^{-1}\boldsymbol{V}^{\mathrm{T}}\boldsymbol{U} \tag{8-216}$$

计算出姿态矩阵后，进行矩阵单位正交性质检查：当识别结果正确时，所得姿态矩阵应为单位正交矩阵。

矩阵 $\boldsymbol{M}$ 正交化的计算公式为

$$\begin{aligned} \boldsymbol{M}^* &= \frac{1}{2}\boldsymbol{M}(3\boldsymbol{I} - \boldsymbol{M}^{\mathrm{T}}\boldsymbol{M}) \\ \Delta\boldsymbol{M} &= \frac{1}{2}(\boldsymbol{I} - \boldsymbol{M}\boldsymbol{M}^{\mathrm{T}})\boldsymbol{M} \end{aligned} \tag{8-217}$$

式中，$\Delta\boldsymbol{M}$ 为矩阵 $\boldsymbol{M}$ 的误差矩阵。

8.3.3 SINS/CNS 融合导航算法

8.3.3.1 SINS/CNS 融合导航状态方程

发射坐标系下SINS/CNS融合导航算法的状态方程与SINS/BDS松耦合导航算法的状态方程一致，可写为

$$\dot{\boldsymbol{X}} = \boldsymbol{F}\boldsymbol{X} + \boldsymbol{G}\boldsymbol{W} \tag{8-218}$$

式中，状态向量取为 $\boldsymbol{X}=[\boldsymbol{\phi}^{\mathrm{g}} \quad \delta\boldsymbol{V}^{\mathrm{g}} \quad \delta\boldsymbol{P}^{\mathrm{g}} \quad \boldsymbol{\varepsilon}^{\mathrm{b}} \quad \boldsymbol{\nabla}^{\mathrm{b}}]^{\mathrm{T}}$，$\boldsymbol{\phi}^{\mathrm{g}}$ 为发射系失准角；$\delta\boldsymbol{V}^{\mathrm{g}}$ 为发射系速度误差；$\delta\boldsymbol{P}^{\mathrm{g}}$ 为发射系位置误差；$\boldsymbol{\varepsilon}^{\mathrm{b}}$ 为陀螺仪常值漂移；$\boldsymbol{\nabla}^{\mathrm{b}}$ 为加速度计常值偏置；$\boldsymbol{G}$ 为噪声驱动矩阵；$\boldsymbol{W}$ 为过程噪声矢量。对状态方程进行离散化，可得

$$\boldsymbol{\Gamma}(k+1,k) = \boldsymbol{I} + \boldsymbol{F}T + \frac{1}{2!}\boldsymbol{F}^2T^2 + \frac{1}{3!}\boldsymbol{F}^3T^3 + \cdots \tag{8-219}$$

式中，$\boldsymbol{I}$ 为 3×3 单位矩阵；T 为离散化时间。

8.3.3.2　SINS/CNS 融合导航量测方程

星敏感器的量测带有一定的误差，惯导系统本身也带有误差。SINS/CNS 融合导航系统需要根据星敏感器的输出，在各项惯导系统误差存在的条件下校正惯导系统。

发射坐标系下惯导系统提供的姿态信息为 $\boldsymbol{C}_{\mathrm{g}}^{\mathrm{b}}$ ，星敏感器解算的姿态矩阵为 $\boldsymbol{C}_{\mathrm{i}}^{\mathrm{s}}$ ，要用星敏感器提供的导航信息来校正惯导系统，需要经过一定的坐标转化，即

$$\boldsymbol{C}_{\mathrm{g}}^{\mathrm{b}}=\boldsymbol{C}_{\mathrm{s}}^{\mathrm{b}}\boldsymbol{C}_{\mathrm{i}}^{\mathrm{s}}\boldsymbol{C}_{\mathrm{e}}^{\mathrm{i}}\boldsymbol{C}_{\mathrm{g}}^{\mathrm{e}} \tag{8-220}$$

式中，$\boldsymbol{C}_{\mathrm{s}}^{\mathrm{b}}$ 为星敏感器和惯导系统的安装矩阵；$\boldsymbol{C}_{\mathrm{i}}^{\mathrm{s}}$ 为星敏感器量测的真实值；$\boldsymbol{C}_{\mathrm{e}}^{\mathrm{i}}$ 为地心地固坐标系到 J2000 惯性坐标系的转换矩阵；$\boldsymbol{C}_{\mathrm{g}}^{\mathrm{e}}$ 为发射坐标系到地心地固坐标系的转换矩阵，由于地心地固坐标系与发射坐标系的相对位置固定，因此 $\boldsymbol{C}_{\mathrm{g}}^{\mathrm{e}}$ 为常值矩阵。根据旋转矩阵的性质，将（8-220）等号两边分别乘 $\boldsymbol{C}_{\mathrm{g}}^{\mathrm{b}}$ 的转置，有

$$\boldsymbol{I}=(\boldsymbol{C}_{\mathrm{g}}^{\mathrm{b}})^{\mathrm{T}}\boldsymbol{C}_{\mathrm{g}}^{\mathrm{b}}=(\boldsymbol{C}_{\mathrm{g}}^{\mathrm{b}})^{\mathrm{T}}\boldsymbol{C}_{\mathrm{s}}^{\mathrm{b}}\boldsymbol{C}_{\mathrm{i}}^{\mathrm{s}}\boldsymbol{C}_{\mathrm{e}}^{\mathrm{i}}\boldsymbol{C}_{\mathrm{g}}^{\mathrm{e}} \tag{8-221}$$

由于惯导系统中带有各项误差，因此实际使用的各项矩阵中均带有误差。

$\boldsymbol{C}_{\mathrm{i}}^{\mathrm{s}}$ 为星敏感器解算的姿态矩阵，带有误差时记为 $\tilde{\boldsymbol{C}}_{\mathrm{i}}^{\mathrm{s}}$ ，误差来源是星敏感器的量测噪声。记 $\boldsymbol{V}^{\mathrm{s}}$ 为星敏感器的量测噪声，其为三维随机噪声，其中光轴的误差方差通常比其余两轴大，量测误差写成矩阵形式为

$$\tilde{\boldsymbol{C}}_{\mathrm{i}}^{\mathrm{s}}=(\boldsymbol{I}+\boldsymbol{V}^{\mathrm{s}}\times)\boldsymbol{C}_{\mathrm{i}}^{\mathrm{s}} \tag{8-222}$$

$\boldsymbol{C}_{\mathrm{g}}^{\mathrm{b}}$ 为惯导系统提供的姿态矩阵，带有误差时记为 $\tilde{\boldsymbol{C}}_{\mathrm{g}}^{\mathrm{b}}$ 。由于 $\tilde{\boldsymbol{C}}_{\mathrm{g}}^{\mathrm{b}}$ 由惯导系统给出，因此 $\tilde{\boldsymbol{C}}_{\mathrm{g}}^{\mathrm{b}}$ 的误差就是载体的失准角，误差方程为

$$\tilde{\boldsymbol{C}}_{\mathrm{b}}^{\mathrm{g}}=(\boldsymbol{I}+\boldsymbol{\phi}^{\mathrm{g}}\times)\boldsymbol{C}_{\mathrm{b}}^{\mathrm{g}} \tag{8-223}$$

式中，$\boldsymbol{\phi}^{\mathrm{g}}$ 为载体的失准角。

$\boldsymbol{C}_{\mathrm{s}}^{\mathrm{b}}$ 为安装矩阵，带有误差时记为 $\tilde{\boldsymbol{C}}_{\mathrm{s}}^{\mathrm{b}}$ 。安装矩阵通常是一个常值矩阵，其所带的误差称为安装误差。有些星敏感器带有基准镜，基准镜的 3 个反射面与星敏感器的 3 个轴垂直，用于安装误差标定，可以将安装误差标定到比较精确的程度，但通常无法完全消除，误差方程为

$$\tilde{\boldsymbol{C}}_{\mathrm{s}}^{\mathrm{b}}=(\boldsymbol{I}+\boldsymbol{\mu}^{\mathrm{b}}\times)\boldsymbol{C}_{\mathrm{s}}^{\mathrm{b}} \tag{8-224}$$

式中，$\boldsymbol{\mu}$ 为星敏感器的安装误差。

$\boldsymbol{C}_{\mathrm{e}}^{\mathrm{i}}$ 为以恒星为参考的 J2000 惯性坐标系与地心地固坐标系的坐标转换矩阵，带有误差时记为 $\tilde{\boldsymbol{C}}_{\mathrm{e}}^{\mathrm{i}}$，误差来自坐标转换模型和计时误差。$\boldsymbol{C}_{\mathrm{g}}^{\mathrm{e}}$ 为地心地固坐标系到发射坐标系的坐标转换矩阵，带有误差时记为 $\tilde{\boldsymbol{C}}_{\mathrm{g}}^{\mathrm{e}}$，误差来自发射点位置装订的误差，通常较小。则观测量可以表示为

$$\boldsymbol{Z}_{\mathrm{dcm}}=\boldsymbol{I}-\tilde{\boldsymbol{C}}_{\mathrm{b}}^{\mathrm{g}}\tilde{\boldsymbol{C}}_{\mathrm{s}}^{\mathrm{b}}\tilde{\boldsymbol{C}}_{\mathrm{i}}^{\mathrm{s}}\tilde{\boldsymbol{C}}_{\mathrm{e}}^{\mathrm{i}}\tilde{\boldsymbol{C}}_{\mathrm{g}}^{\mathrm{e}} \tag{8-225}$$

由于 $\tilde{\boldsymbol{C}}_{\mathrm{e}}^{\mathrm{i}}$ 和 $\tilde{\boldsymbol{C}}_{\mathrm{g}}^{\mathrm{e}}$ 的误差通常很小，因此式（8-225）可以简化为

$$\boldsymbol{Z}_{\mathrm{dcm}}=\boldsymbol{I}-\tilde{\boldsymbol{C}}_{\mathrm{b}}^{\mathrm{g}}\tilde{\boldsymbol{C}}_{\mathrm{s}}^{\mathrm{b}}\tilde{\boldsymbol{C}}_{\mathrm{i}}^{\mathrm{s}}\boldsymbol{C}_{\mathrm{e}}^{\mathrm{i}}\boldsymbol{C}_{\mathrm{g}}^{\mathrm{e}} \tag{8-226}$$

将 $\tilde{\boldsymbol{C}}_{\mathrm{g}}^{\mathrm{b}}$ 、$\tilde{\boldsymbol{C}}_{\mathrm{s}}^{\mathrm{b}}$ 和 $\tilde{\boldsymbol{C}}_{\mathrm{i}}^{\mathrm{s}}$ 的误差代入式（8-226），可得

$$\boldsymbol{Z}_{\mathrm{dcm}}=\boldsymbol{I}-(\boldsymbol{I}+[\boldsymbol{\phi}^{\mathrm{g}}\times])\boldsymbol{C}_{\mathrm{b}}^{\mathrm{g}}(\boldsymbol{I}+[\boldsymbol{\mu}^{\mathrm{b}}\times])\boldsymbol{C}_{\mathrm{s}}^{\mathrm{b}}(\boldsymbol{I}+[\boldsymbol{V}^{\mathrm{s}}\times])\boldsymbol{C}_{\mathrm{i}}^{\mathrm{s}}\boldsymbol{C}_{\mathrm{e}}^{\mathrm{i}}\boldsymbol{C}_{\mathrm{g}}^{\mathrm{e}} \tag{8-227}$$

展开并忽略二阶及更高阶小量，可得

$$\begin{aligned}\boldsymbol{Z}_{\mathrm{dcm}}&=(\boldsymbol{I}+[\boldsymbol{\phi}^{\mathrm{g}}\times])\boldsymbol{C}_{\mathrm{b}}^{\mathrm{g}}(\boldsymbol{I}+[\boldsymbol{\mu}^{\mathrm{b}}\times])\boldsymbol{C}_{\mathrm{s}}^{\mathrm{b}}(\boldsymbol{I}+[\boldsymbol{V}^{\mathrm{s}}\times])\boldsymbol{C}_{\mathrm{i}}^{\mathrm{s}}\boldsymbol{C}_{\mathrm{e}}^{\mathrm{i}}\boldsymbol{C}_{\mathrm{g}}^{\mathrm{e}}-\boldsymbol{I}\\&=(\boldsymbol{I}+[\boldsymbol{\phi}^{\mathrm{g}}\times])\boldsymbol{C}_{\mathrm{b}}^{\mathrm{g}}(\boldsymbol{I}+[\boldsymbol{\mu}^{b}\times])\boldsymbol{C}_{\mathrm{s}}^{\mathrm{b}}(\boldsymbol{I}+[\boldsymbol{V}^{\mathrm{s}}\times])\boldsymbol{C}_{\mathrm{g}}^{\mathrm{s}}-\boldsymbol{I}\\&=\boldsymbol{I}+(\boldsymbol{\phi}^{\mathrm{g}}\times)+\boldsymbol{C}_{\mathrm{b}}^{\mathrm{g}}(\boldsymbol{\mu}^{\mathrm{b}}\times)\boldsymbol{C}_{\mathrm{g}}^{\mathrm{b}}+\boldsymbol{C}_{\mathrm{s}}^{\mathrm{g}}(\boldsymbol{V}^{\mathrm{s}}\times)\boldsymbol{C}_{\mathrm{g}}^{\mathrm{s}}-\boldsymbol{I}\\&=(\boldsymbol{\phi}^{\mathrm{g}}\times)+\boldsymbol{C}_{\mathrm{b}}^{\mathrm{g}}(\boldsymbol{\mu}^{\mathrm{b}}\times)\boldsymbol{C}_{\mathrm{g}}^{\mathrm{b}}+\boldsymbol{C}_{\mathrm{s}}^{\mathrm{g}}(\boldsymbol{V}^{\mathrm{s}}\times)\boldsymbol{C}_{\mathrm{g}}^{\mathrm{s}}\\&=(\boldsymbol{\phi}^{\mathrm{g}})\times+(\boldsymbol{C}_{\mathrm{b}}^{\mathrm{g}}\boldsymbol{\mu}^{\mathrm{b}}\times)+(\boldsymbol{C}_{\mathrm{s}}^{\mathrm{g}}\boldsymbol{V}^{\mathrm{s}}\times)\end{aligned} \tag{8-228}$$

$\boldsymbol{Z}_{\mathrm{dcm}}$ 为反对称矩阵形式，将其转化为等价的向量形式作为观测量，即

$$\boldsymbol{Z}=\frac{1}{2}\begin{bmatrix}\boldsymbol{Z}_{\mathrm{dcm}}(3,2)-\boldsymbol{Z}_{\mathrm{dcm}}(2,3)\\\boldsymbol{Z}_{\mathrm{dcm}}(1,3)-\boldsymbol{Z}_{\mathrm{dcm}}(3,1)\\\boldsymbol{Z}_{\mathrm{dcm}}(2,1)-\boldsymbol{Z}_{\mathrm{dcm}}(1,2)\end{bmatrix} \tag{8-229}$$

则有

$$\boldsymbol{Z}=\boldsymbol{\phi}+\boldsymbol{C}_{\mathrm{b}}^{\mathrm{g}}\boldsymbol{\mu}^{\mathrm{b}}+\boldsymbol{C}_{\mathrm{s}}^{\mathrm{g}}\boldsymbol{V}^{\mathrm{s}} \tag{8-230}$$

进一步忽略安装误差，建立融合量测方程，即

$$\boldsymbol{Z}=\boldsymbol{H}\boldsymbol{X}+\boldsymbol{C}_{\mathrm{s}}^{\mathrm{g}}\boldsymbol{V}^{\mathrm{s}} \tag{8-231}$$

式中，

$$\boldsymbol{H}=[\boldsymbol{I}_{3\times3}\quad \boldsymbol{0}_{3\times3}\quad \boldsymbol{0}_{3\times3}\quad \boldsymbol{0}_{3\times6}] \tag{8-232}$$

构造观测量时，先计算

$$\boldsymbol{Z}_{\mathrm{dcm}}=\boldsymbol{I}-\tilde{\boldsymbol{C}}_{\mathrm{b}}^{\mathrm{g}}\tilde{\boldsymbol{C}}_{\mathrm{s}}^{\mathrm{b}}\tilde{\boldsymbol{C}}_{\mathrm{i}}^{\mathrm{s}}\boldsymbol{C}_{\mathrm{e}}^{\mathrm{i}}\boldsymbol{C}_{\mathrm{g}}^{\mathrm{e}} \tag{8-233}$$

式中，$\tilde{\boldsymbol{C}}_{\mathrm{b}}^{\mathrm{g}}$ 由惯导系统计算；$\tilde{\boldsymbol{C}}_{\mathrm{i}}^{\mathrm{s}}$ 由星敏感器提供；$\tilde{\boldsymbol{C}}_{\mathrm{s}}^{\mathrm{b}}$ 由事先标定获得；$\boldsymbol{C}_{\mathrm{e}}^{\mathrm{i}}$ 由 IAU2000 计算；$\boldsymbol{C}_{\mathrm{g}}^{\mathrm{e}}$ 由发射点位置及射向计算。再将 $\boldsymbol{Z}_{\mathrm{dcm}}$ 用式（8-229）转化成矢量形式作为观测量。

8.3.4　SINS/CNS 融合导航算法仿真分析

由轨迹发生器生成一条弹道，弹道初始参数如表 8-2 所示。弹道轨迹分为 7 个阶段，如表 8-3 所示。

弹道在发射惯性坐标系下的轨迹如图 8-36 所示。

本节对 SINS/CNS 融合导航算法进行仿真验证，卡尔曼滤波观测量为姿态信息，仿真参数如表 8-4 所示。

表 8-2　弹道初始参数

仿 真 参 数	取　　值	仿 真 参 数	取　　值
纬度	34°	高度	0m
经度	108°	射向	0°

表 8-3　弹道轨迹设计

阶段	飞行器运动状态	起始时间/s	持续时间/s	俯仰角变化率 $\dot{\theta}$ / (°/s)	偏航角变化率 $\dot{\psi}$ / (°/s)	滚转角变化率 $\dot{\gamma}$ / (°/s)	加速度/(m/s^2)	初始速度/(m/s)
1	起飞加速	0	30	0	0	0	100	0
2	匀速爬升	30	5	0	0	0	0	3000
3	改平	35	180	−0.5	0	0	−26.18	3000
4	平飞巡航	215	485	0	0	0	0	3000
5	进入俯冲	700	60	−0.5	0	0	−26.18	3000
6	减速俯冲	760	40	0	0	0	-10	2600
7	匀速俯冲	800	200	0	0	0	0	2600

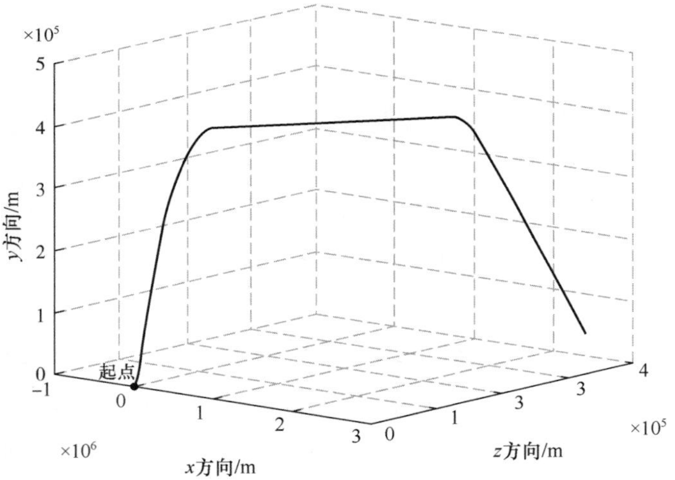

图 8-36　弹道在发射惯性坐标系下的轨迹

表 8-4　仿真参数

仿 真 参 数	取　　值	仿 真 参 数	取　　值
陀螺仪常值漂移	0.01°/h	捷联式惯导系统解算周期	10ms
陀螺仪随机误差	$0.001°/\sqrt{h}$	初始滚转角误差	5″
加速度计常值偏置	$1\times10^{-5}\ g_0$	初始偏航角误差	5″
加速度计测量白噪声	$3\times10^{-6}\ g_0$	初始俯仰角误差	20″
陀螺仪刻度因数误差	2×10^{-6}	初始速度误差	0.01m/s

（续表）

仿真参数	取值	仿真参数	取值
加表刻度因数误差	10×10^{-6}	初始位置误差	5m
陀螺仪安装误差	3″	加表安装误差	3″
惯性期间采样周期	5ms	星敏感器定姿精度	1″
星敏感器采样周期	100ms	飞行距离	2000km
融合导航解算周期	1s	仿真时间	1000s

融合导航仿真结果如图 8-37～图 8-39 所示。

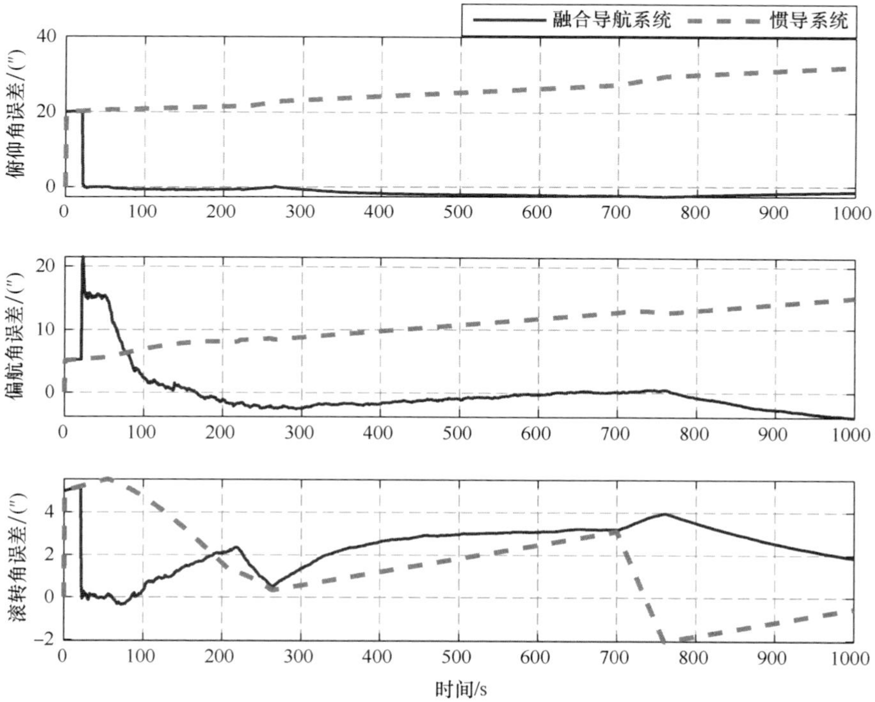

图 8-37 SINS/CNS 融合导航算法的姿态误差

本节的 SINS/CNS 融合导航算法是在火箭高度达到 20km 以后开始运行的。由图 8-37～图 8-39 可以看出，SINS/CNS 融合导航系统能够对载体的姿态、速度、位置进行修正，仿真最大误差如表 8-5 所示。

由于仿真时间较短，而且加入的误差不仅有陀螺仪常值漂移，还有安装误差和刻度因数误差，所以对陀螺仪漂移的估计值不仅包括陀螺仪常值漂移，还包括其他误差项。因此，对陀螺仪常值漂移的估计值在准确值附近，如图 8-40 所示。由于 SINS/CNS 融合导航系统的观测量没有加入速度和位置信息，所以没有估计出加速度计常值偏置，如图 8-41 所示。这与理论分析相符。

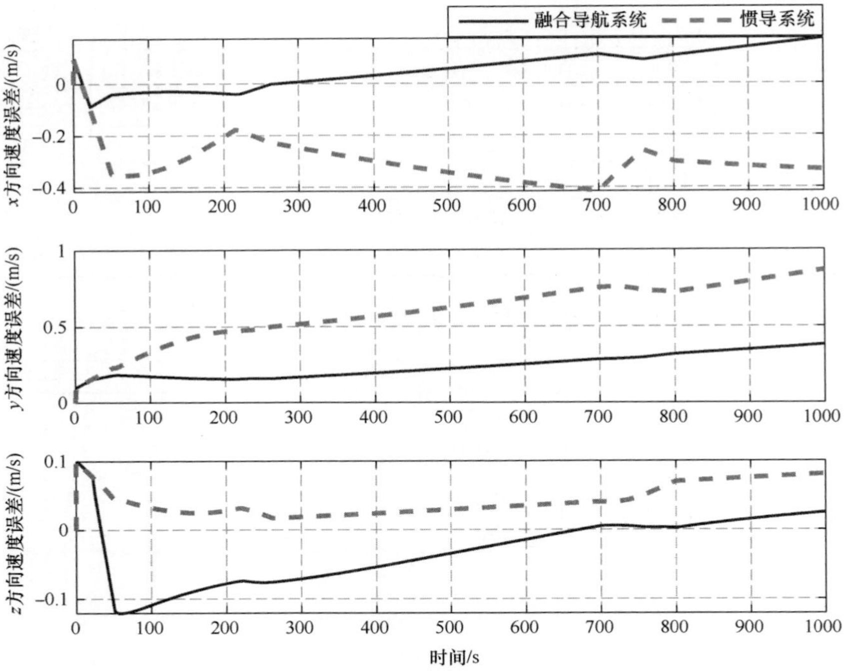

图 8-38　SINS/CNS 融合导航算法的速度误差

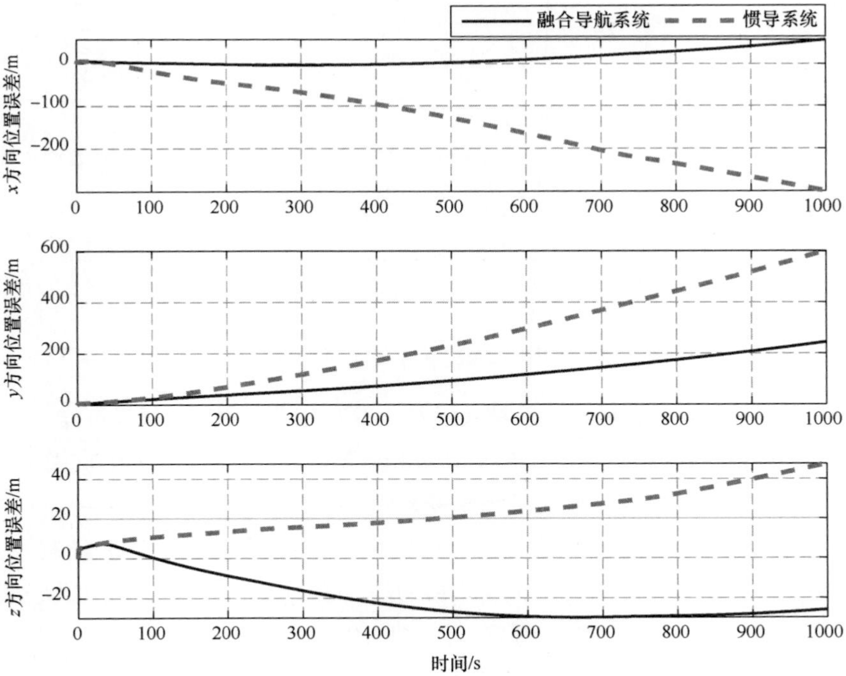

图 8-39　SINS/CNS 融合导航算法的位置误差

表 8-5　SINS/CNS 融合导航算法仿真最大误差

飞行器状态参数		仿真最大误差
姿态	俯仰角	2.5″
	偏航角	4″
	滚转角	4″
速度	x 方向速度	0.2m/s
	y 方向速度	0.4m/s
	z 方向速度	0.1m/s
位置	x 方向位置	60m
	y 方向位置	240m
	z 方向位置	30m

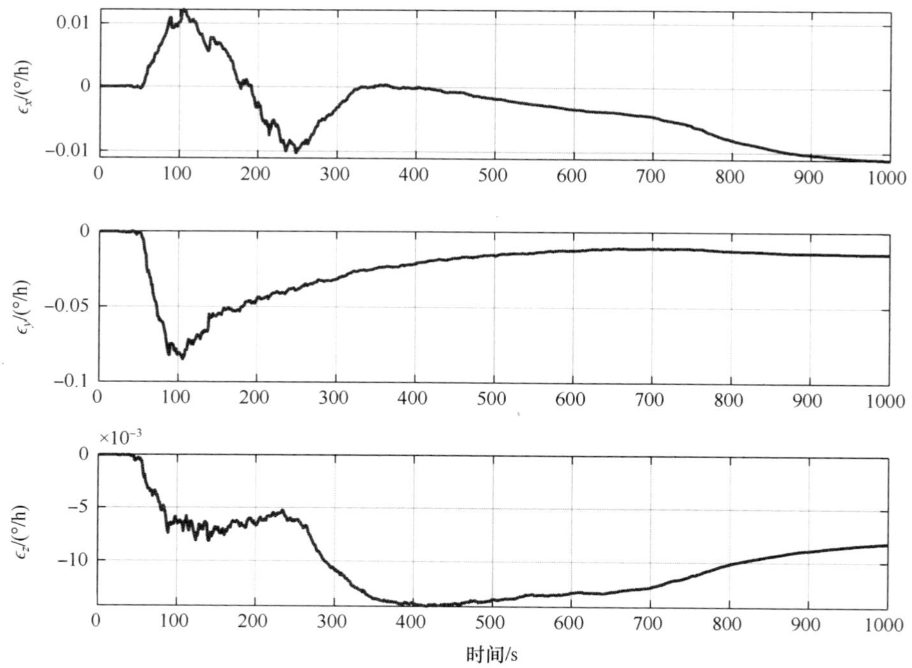

图 8-40　陀螺仪常值漂移估计

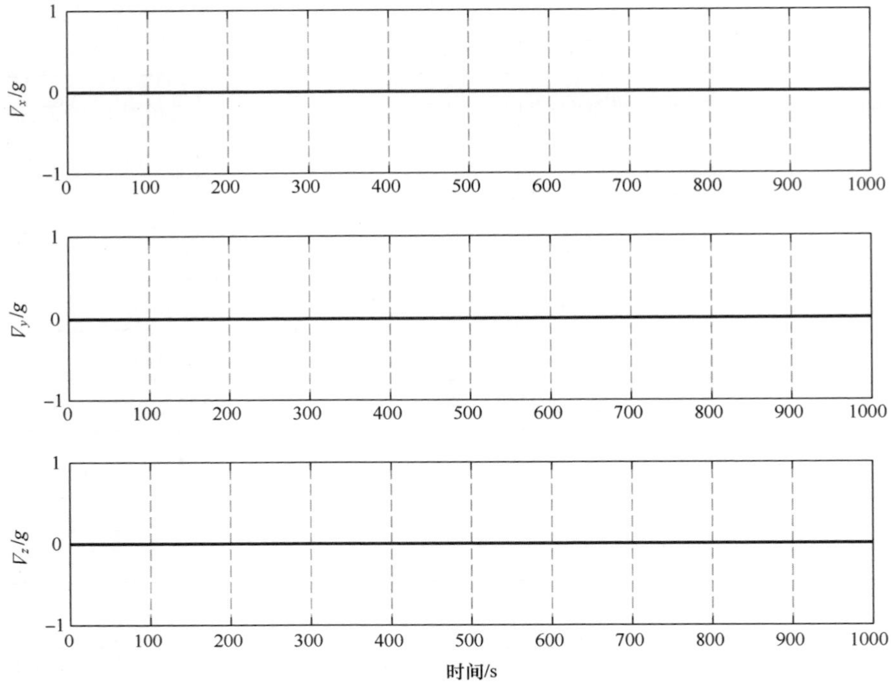

图 8-41　加速度计常值偏置估计

8.4 高速飞行器 SINS/BDS/CNS 融合导航

8.4.1　SINS/BDS/CNS 融合导航系统简介

SINS/BDS 融合导航系统能够实现对速度和位置的观测，并且通过捷联式惯导系统状态方程实现对姿态误差的估计校准，而 CNS 能够对姿态进行观测，因此将 SINS、BDS、CNS 融合起来构成多源融合导航系统能够进一步提高导航精度。但随着信源数量的增加，在信息融合阶段面临量测维数增加、信息采样更新频率与相位不同步的问题，因此下文将介绍 SINS/BDS/CNS 融合导航算法。

8.4.2　SINS/BDS/CNS 融合导航算法

8.4.2.1　SINS/BDS/CNS 融合导航结构

在卡尔曼滤波框架下，最直接的多源信息融合方法是扩展量测的维数，如本节针对 SINS/BDS/CNS 融合导航系统展开滤波器设计，可将 BDS 提供的速度、位置与 CNS 提供的姿态并入观测量 $\boldsymbol{Z}$，使其扩展为 9 维，即可实现 SINS 和 BDS

提供的速度、位置信息与 CNS 提供的姿态信息的融合。但是，有两个关键因素制约了这种方法的使用。第一，BDS 和 CNS 的输出往往不是来自同一时刻的，扩展量测的维数无法处理量测信息不同步的问题；第二，扩展量测的维数会使滤波器的计算量，尤其是在计算滤波增益矩阵 $\boldsymbol{K}_k$ 时求逆计算的计算量显著增加，占用计算资源。因此，需要寻求其他替代方案。

卡尔曼滤波处理多信息融合的主要手段为分散滤波，常见的分散滤波包括序贯滤波和联邦滤波。

1. 序贯滤波

序贯滤波在时间更新后判断各量测是否有效，当任一量测有效时，立即进行相应的量测更新。序贯滤波流程如图 8-42 所示。

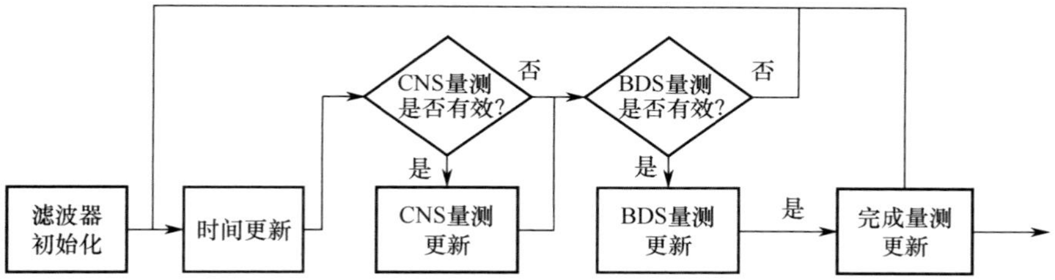

图 8-42　序贯滤波流程

滤波器初始化后开始工作，当没有任何量测时，系统只进行时间更新。当任意量测有效时，滤波器立即进行相应的量测更新。当 CNS 量测和 BDS 量测同时有效时，滤波器在完成一次时间更新后进行两次量测更新，CNS 量测和 BDS 量测的更新无次序要求。

序贯滤波理论上是最优滤波，且能够解决 CNS 量测和 BDS 量测不同步的问题，但由于只设置了一个滤波器，当子系统需要增加状态变量时，滤波器的维数就会增加，其他子系统也会受到影响。

2. 联邦滤波

联邦滤波设置有子滤波器，各子滤波器分别与一个量测做量测更新，各自得到一个结果，再将多个子滤波器结果进行融合。联邦滤波有很多结构，下面对其典型的 3 种结构进行介绍。

1）融合反馈结构

融合反馈结构如图 8-43 所示，它是最传统的联邦滤波结构。在该结构中，所有的信息被平均分配给各子滤波器（$\beta_{\mathrm{m}}=0,\beta_1=\beta_2=\cdots=\beta_n=1/n$）。当主滤波器完成全局最优融合后，向各子滤波器反馈最优融合结果 $\hat{\boldsymbol{X}}_{\mathrm{g}}$ 和 $\boldsymbol{P}_{\mathrm{g}}$。

2）部分融合反馈结构

部分融合反馈结构如图 8-44 所示。该结构设置了一个信息保留系数 α_i，α_i

控制子滤波器输入主滤波器中的信息量，主滤波器积累大部分信息，子滤波器保留剩余信息。

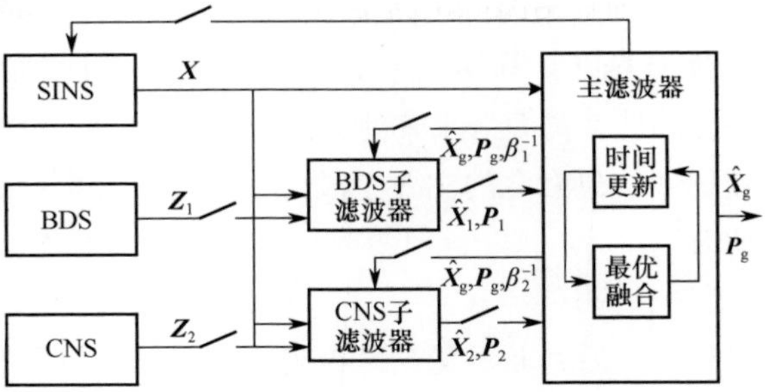

图 8-43　融合反馈结构

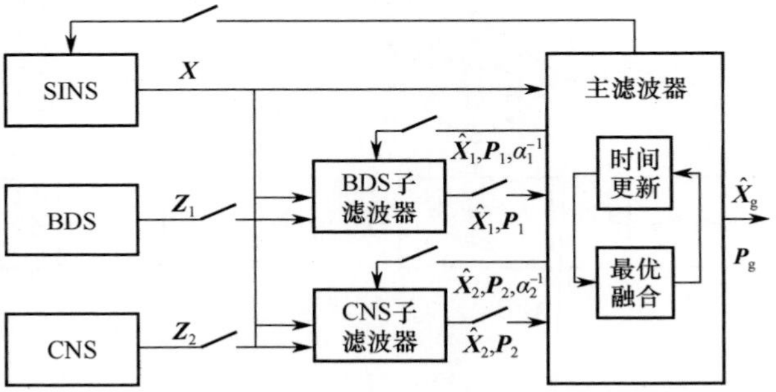

图 8-44　部分融合反馈结构

3）无重置结构

无重置结构如图 8-45 所示。在该结构中，所有的信息被平均分配给各子滤波器（$\beta_m=0,\beta_1=\beta_2=\cdots=\beta_n=1/n$），各子滤波器独立工作，输出各自的局部最优估计结果到主滤波器，主滤波器完成全局最优融合，但是不向子滤波器反馈全局最优融合结果。

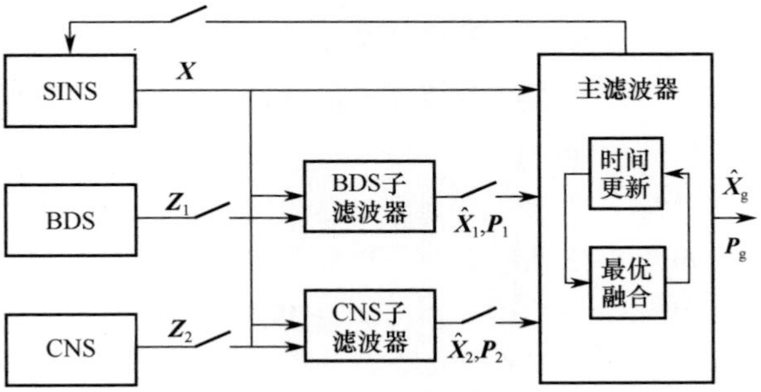

图 8-45　无重置结构

以上几种常见的联邦滤波结构之间的主要区别在于主滤波器向子滤波器反馈的信息。在融合反馈结构下，将主滤波器的所有状态反馈给子滤波器，即将主滤波器复制两份，分别与 BDS 和 CNS 进行信息融合，再在主滤波器中进行信息融合，从而得到综合了 SINS、BDS 和 CNS 的最优信息融合结果，最后将该结果反馈给子滤波器。部分融合反馈结构在融合反馈结构的基础上，只将部分信息反馈给子滤波器。在无重置结构下，主滤波器不向子滤波器反馈任何信息，即融合导航系统中有一套 SINS/BDS 融合滤波器和一套 BDS/CNS 融合滤波器。两套滤波器独立运行，互不干涉，将信息汇总到主滤波器后再进行全局最优融合。

在融合反馈结构和部分融合反馈结构中，子滤波器中均有信息反馈，当子滤波器出现故障时，故障会通过该途径传播，容错能力差。而在无重置结构中，各子滤波器独立运行，适用于故障判别。其采用系统级故障检测方法，可确定故障子滤波器，而 SINS 的可靠性由余度技术和元件级故障检测技术保证，所以可以很容易地确定故障子滤波器。

此外，部分融合反馈结构允许 SINS/BDS 融合滤波器和 SINS/CNS 融合滤波器的维数不同，适用于 BDS 使用紧耦合结构，将状态方程扩维后，SINS/BDS 融合滤波器和 SINS/CNS 融合滤波器维数不同或状态变量含义不同的情况。部分融合反馈结构允许主滤波器只向子滤波器反馈公共状态，而不必反馈全部状态，也不要求所有子滤波器的状态变量完全相同，但可能无法实现全局最优融合。

8.4.2.2　序贯滤波算法

序贯滤波是一种将高维数量测更新降低为多个低维数量测更新的方法，能有效地降低矩阵的求逆计算量，实现多源信息融合。

状态方程仍采用 SINS 误差方程，量测方程则采用 BDS 量测方程和 CNS 量测方程，形式为

$$\begin{cases}\boldsymbol{X}_k = \boldsymbol{\Phi}_{k|k-1}\boldsymbol{X}_{k-1} + \boldsymbol{\Gamma}_{k-1}\boldsymbol{W}_{k-1} \\ \boldsymbol{Z}_k = \boldsymbol{H}_k\boldsymbol{X}_k + \boldsymbol{V}_k\end{cases} \tag{8-234}$$

式中，

$$\begin{cases}E[\boldsymbol{W}_k] = \boldsymbol{0}, E[\boldsymbol{W}_k\boldsymbol{W}_j^{\mathrm{T}}] = \boldsymbol{Q}_k\delta_{kj} \\ E[\boldsymbol{V}_k] = \boldsymbol{0}, E[\boldsymbol{V}_k\boldsymbol{V}_j^{\mathrm{T}}] = \boldsymbol{R}_k\delta_{kj} \\ E[\boldsymbol{W}_k\boldsymbol{V}_j^{\mathrm{T}}] = \boldsymbol{0}\end{cases} \tag{8-235}$$

但是，这里假设在 k 时刻量测方程可以分解成如下 N 组。

$$\begin{bmatrix} \boldsymbol{Z}_k^{(1)} \\ \boldsymbol{Z}_k^{(2)} \\ \vdots \\ \boldsymbol{Z}_k^{(N)} \end{bmatrix} = \begin{bmatrix} \boldsymbol{H}_k^{(1)} \\ \boldsymbol{H}_k^{(2)} \\ \vdots \\ \boldsymbol{H}_k^{(N)} \end{bmatrix} \boldsymbol{X}_k + \begin{bmatrix} \boldsymbol{V}_k^{(1)} \\ \boldsymbol{V}_k^{(2)} \\ \vdots \\ \boldsymbol{V}_k^{(N)} \end{bmatrix} \tag{8-236}$$

且噪声 $\boldsymbol{V}_k^{(i)}$ 与 $\boldsymbol{V}_k^{(j)}$（$i \neq j$）之间互不相关。这时量测噪声方差矩阵可写成分块对角矩阵形式，即

$$\boldsymbol{R}_k = \begin{bmatrix} \boldsymbol{R}_k^{(1)} & & & 0 \\ & \boldsymbol{R}_k^{(2)} & & \\ & & \ddots & \\ 0 & & & \boldsymbol{R}_k^{(N)} \end{bmatrix} \tag{8-237}$$

序贯滤波更新过程如图 8-46 所示。

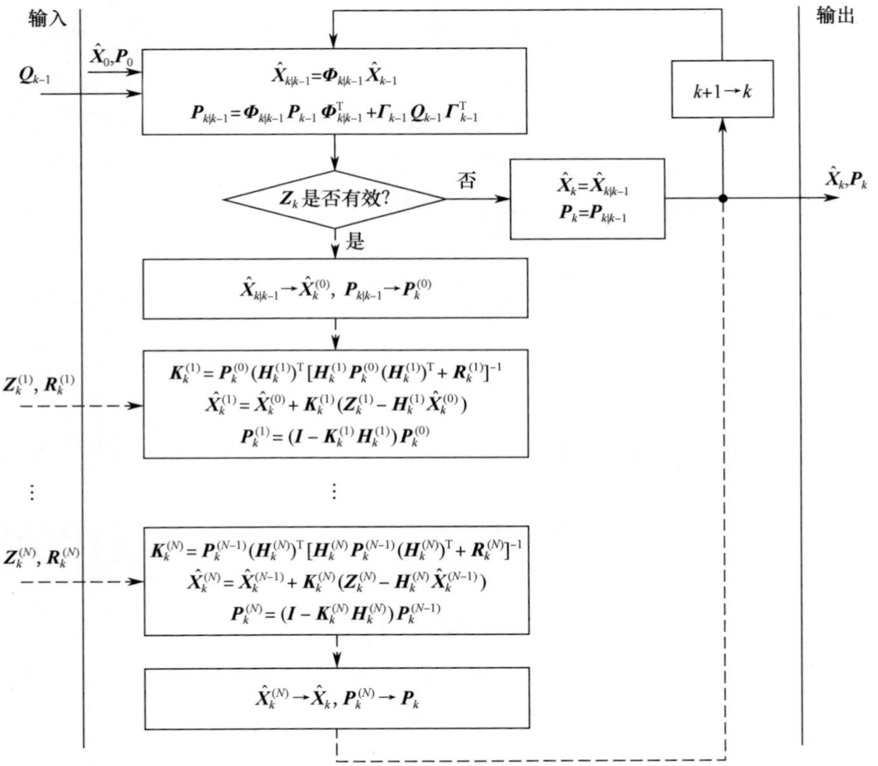

图 8-46　序贯滤波更新过程

与常规卡尔曼滤波相比，序贯滤波的主要不同之处在于量测更新，它将量测更新分解为 N 个子量测更新，k 时刻的所有子量测更新等效于在初值

$\hat{\boldsymbol{X}}_k^{(0)}=\hat{\boldsymbol{X}}_{k|k-1}$ 和 $\boldsymbol{P}_k^{(0)}=\boldsymbol{P}_{k|k-1}$ 条件下进行了 N 次递推最小二乘估计，最后的结果作为卡尔曼滤波的输出。

8.4.2.3　联邦滤波算法

联邦滤波算法主要解决多源信息融合问题，其结构包含一个主滤波器和多个子滤波器，每个子滤波器负责处理一个量测信息。假设有 N 个子滤波器，状态空间模型为

$$\begin{cases}\boldsymbol{X}_k^{(i)}=\boldsymbol{\Phi}_{k|k-1}^{(i)}\boldsymbol{X}_{k-1}^{(i)}+\boldsymbol{\Gamma}_{k-1}^{(i)}\boldsymbol{W}_{k-1}^{(i)}\\ \boldsymbol{Z}_k^{(i)}=\boldsymbol{H}_k^{(i)}\boldsymbol{X}_k^{(i)}+\boldsymbol{V}_k^{(i)}\end{cases}\tag{8-238}$$

式中，

$$\begin{cases}E[\boldsymbol{W}_k^{(i)}]=\boldsymbol{0},E[\boldsymbol{W}_k^{(i)}(\boldsymbol{W}_j^{(i)})^{\mathrm{T}}]=\boldsymbol{Q}_k^{(i)}\delta_{kj}\\ E[\boldsymbol{V}_k^{(i)}]=\boldsymbol{0},E[\boldsymbol{V}_k^{(i)}(\boldsymbol{V}_j^{(i)})^{\mathrm{T}}]=\boldsymbol{R}_k^{(i)}\delta_{kj}\\ E[\boldsymbol{W}_k^{(i)}(\boldsymbol{V}_j^{(i)})^{\mathrm{T}}]=\boldsymbol{0}\end{cases}\tag{8-239}$$

$$\boldsymbol{X}_k^{(i)}=\begin{bmatrix}\boldsymbol{X}_k^{(\mathrm{c}i)}\\ \boldsymbol{X}_k^{(\mathrm{b}i)}\end{bmatrix}\tag{8-240}$$

式中，$\boldsymbol{X}_k^{(\mathrm{c}i)}$ 是所有子滤波器的公共状态；$\boldsymbol{X}_k^{(\mathrm{b}i)}$ 是第 i 个子滤波器的专有状态。当然，在联邦滤波中，只能针对所有子滤波器的公共状态进行融合和重置，非公共状态无法相互融合。假设 $k-1$ 时刻第 i 个子滤波器的状态估计及其均方误差矩阵分别为

$$\hat{\boldsymbol{X}}_{k-1}^{(i)}=\begin{bmatrix}\boldsymbol{X}_{k-1}^{(\mathrm{c}i)}\\ \boldsymbol{X}_{k-1}^{(\mathrm{b}i)}\end{bmatrix},\quad \boldsymbol{P}_{k-1}^{(i)}=E[\hat{\boldsymbol{X}}_{k-1}^{(i)}(\hat{\boldsymbol{X}}_{k-1}^{(i)})^{\mathrm{T}}]=\begin{bmatrix}\boldsymbol{P}_{k-1}^{(\mathrm{c}i)} & \boldsymbol{P}_{k-1}^{(\mathrm{c}i,\mathrm{b}i)}\\ \boldsymbol{P}_{k-1}^{(\mathrm{b}i,\mathrm{c}i)} & \boldsymbol{P}_{k-1}^{(\mathrm{b}i)}\end{bmatrix}\tag{8-241}$$

各子滤波器经过信息融合可得

$$\boldsymbol{P}_{k-1}^{\mathrm{g}}=\left[\sum_{i=1}^{N}(P_{k-1}^{(\mathrm{c}i)})^{-1}\right]^{-1}\tag{8-242}$$

$$\hat{\boldsymbol{X}}_{k-1}^{\mathrm{g}}=P_{k-1}^{\mathrm{g}}\sum_{i=1}^{N}(\boldsymbol{P}_{k-1}^{(\mathrm{c}i)})^{-1}\hat{\boldsymbol{X}}_{k-1}^{(\mathrm{c}i)}\tag{8-243}$$

则在 k 时刻开始滤波前，经重置后滤波初值选择为

$$\boldsymbol{P}_{k-1}^{\prime(i)}=\begin{bmatrix}\boldsymbol{P}_{k-1}^{\mathrm{g}} & \boldsymbol{A}\boldsymbol{P}_{k-1}^{(\mathrm{c}i,\mathrm{b}i)}\\ \boldsymbol{P}_{k-1}^{(\mathrm{b}i,\mathrm{c}i)}\boldsymbol{A}^{\mathrm{T}} & \boldsymbol{P}_{k-1}^{(\mathrm{b}i)}\end{bmatrix}\tag{8-244}$$

$$\hat{\boldsymbol{X}}_{k-1}^{\prime(i)}=\begin{bmatrix}\hat{\boldsymbol{X}}_{k-1}^{\mathrm{g}}\\ \hat{\boldsymbol{X}}_{k-1}^{(\mathrm{b}i)}\end{bmatrix}\tag{8-245}$$

式中，待定方阵 $\boldsymbol{A}$ 满足

$$\boldsymbol{A}\boldsymbol{P}_{k-1}^{(\mathrm{c}i)}\boldsymbol{A}^{\mathrm{T}}=\boldsymbol{P}_{k-1}^{\mathrm{g}}$$

类似分散滤波的流程，联邦滤波步骤总结如下。

（1）状态重置（各子滤波器的公共状态重置，专有状态保持不变），如式（8-244）和式（8-245）所示。

（2）各子滤波器进行滤波。

$$\hat{\boldsymbol{X}}_{k|k-1}^{(i)}=\boldsymbol{\Phi}_{k|k-1}^{(i)}\hat{\boldsymbol{X}}_{k-1}^{\prime(i)} \tag{8-246}$$

$$\boldsymbol{P}_{k|k-1}^{(i)}=\beta_i^{-1}[\boldsymbol{\Phi}_{k|k-1}^{(i)}\boldsymbol{P}_{k-1}^{\prime(i)}(\boldsymbol{\Phi}_{k|k-1}^{(i)})^{\mathrm{T}}+\boldsymbol{\Gamma}_{k-1}^{(i)}\boldsymbol{Q}_{k-1}^{(i)}(\boldsymbol{\Gamma}_{k-1}^{(i)})^{\mathrm{T}}] \tag{8-247}$$

$$\boldsymbol{K}_k^{(i)}=\boldsymbol{P}_{k|k-1}^{(i)}(\boldsymbol{H}_k^{(i)})^{\mathrm{T}}[\boldsymbol{H}_k^{(i)}\boldsymbol{P}_{k|k-1}^{(i)}(\boldsymbol{H}_k^{(i)})^{\mathrm{T}}+\boldsymbol{R}_k^{(i)}]^{-1} \tag{8-248}$$

$$\hat{\boldsymbol{X}}_k^{(i)}=\hat{\boldsymbol{X}}_{k|k-1}^{(i)}+\boldsymbol{K}_k^{(i)}(\boldsymbol{Z}_k^{(i)}-\boldsymbol{H}_k^{(i)}\hat{\boldsymbol{X}}_{k|k-1}^{(i)}) \tag{8-249}$$

$$\boldsymbol{P}_k^{(i)}=(\boldsymbol{I}-\boldsymbol{K}_k^{(i)}\boldsymbol{H}_k^{(i)})\boldsymbol{P}_{k|k-1}^{(i)} \tag{8-250}$$

（3）信息融合。

$$\boldsymbol{P}_{k-1}^{\mathrm{g}}=\left[\sum_{i=1}^{N}(\boldsymbol{P}_{k-1}^{(\mathrm{c}i)-1})\right]^{-1} \tag{8-251}$$

$$\hat{\boldsymbol{X}}_{k-1}^{\mathrm{g}}=\boldsymbol{P}_{k-1}^{\mathrm{g}}\sum_{i=1}^{N}(\boldsymbol{P}_{k-1}^{(\mathrm{c}i)})\hat{\boldsymbol{X}}_{k-1}^{(\mathrm{c}i)} \tag{8-252}$$

8.4.3 SINS/BDS/CNS 融合导航算法仿真分析

仿真参数如表 8-6 所示，仿真时间为 7200s，使用联邦滤波，全程使用 BDS 进行信息融合。当飞行器到达水平巡航高度时（110s）开始使用 CNS 进行信息融合。将 SINS/BDS/CNS 融合导航算法的仿真结果与 SINS/BDS 融合导航算法的仿真结果进行对比，如图 8-47 ~ 图 8-50 所示。

表 8-6 仿真参数

仿真参数	取　值	仿真参数	取　值
陀螺仪常值漂移	0.01°/h	SINS 初始水平对准误差	0.5′
陀螺仪白噪声	$0.005°/\sqrt{\mathrm{h}}$	SINS 初始方位对准误差	20′
陀螺仪刻度因数误差	10×10^{-6}	SINS 初始速度误差	0.1m/s
陀螺仪安装误差	10″	SINS 初始水平位置误差	1m
加速度计常值偏置	$100\times10^{-6}g$	SINS 初始高度误差	3m
加速度计白噪声	$50\times10^{-6}g/\sqrt{\mathrm{h}}$	星敏感器安装误差	3″
加速度计刻度因数误差	10×10^{-6}	CNS 水平姿态误差	3″
加速度计安装误差	10″	CNS 方位姿态误差	5″
BDS 测量噪声	5m	CNS 融合周期	1s
BDS 融合周期	1s	SINS 解算周期	10ms（2 子样）

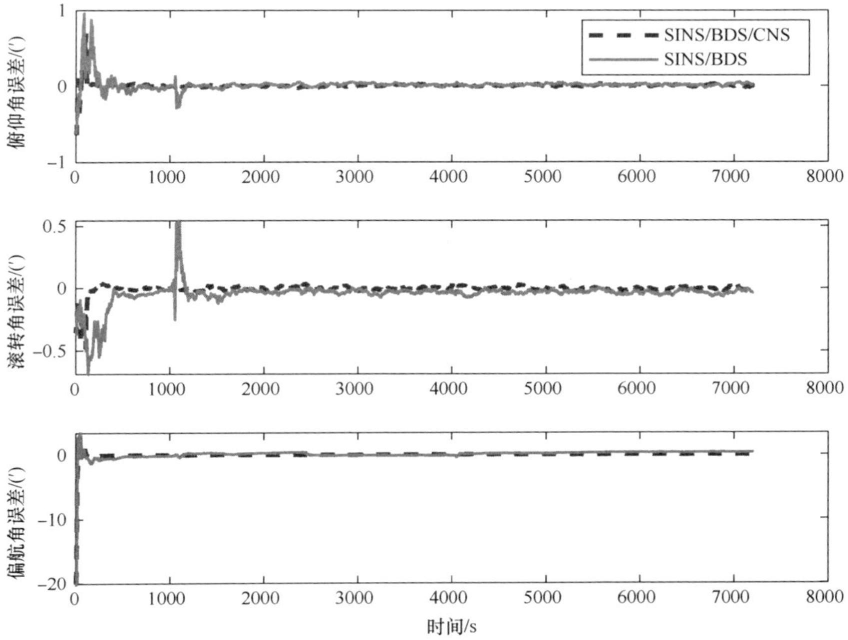

图 8-47　姿态误差对比

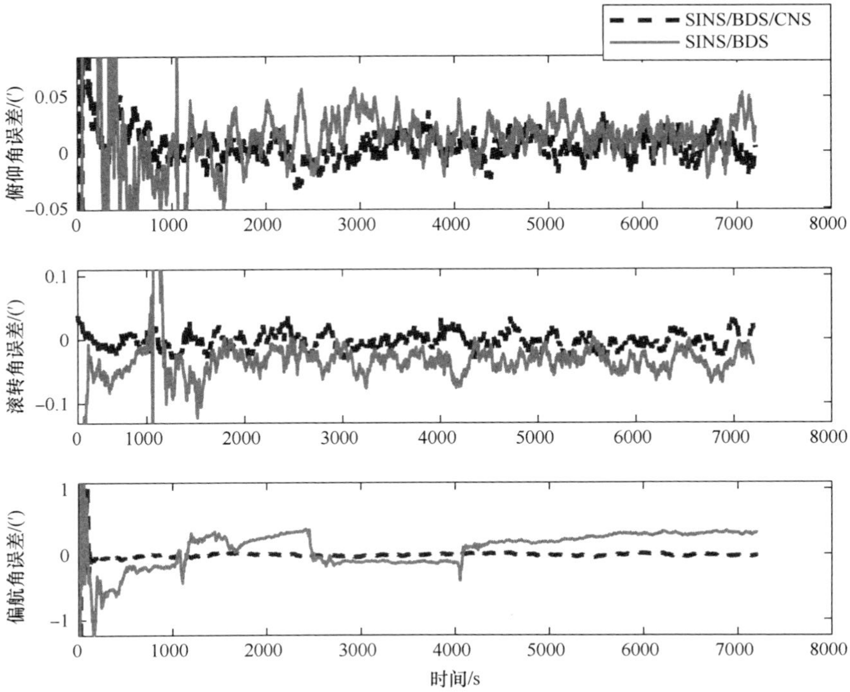

图 8-48　姿态误差放大对比

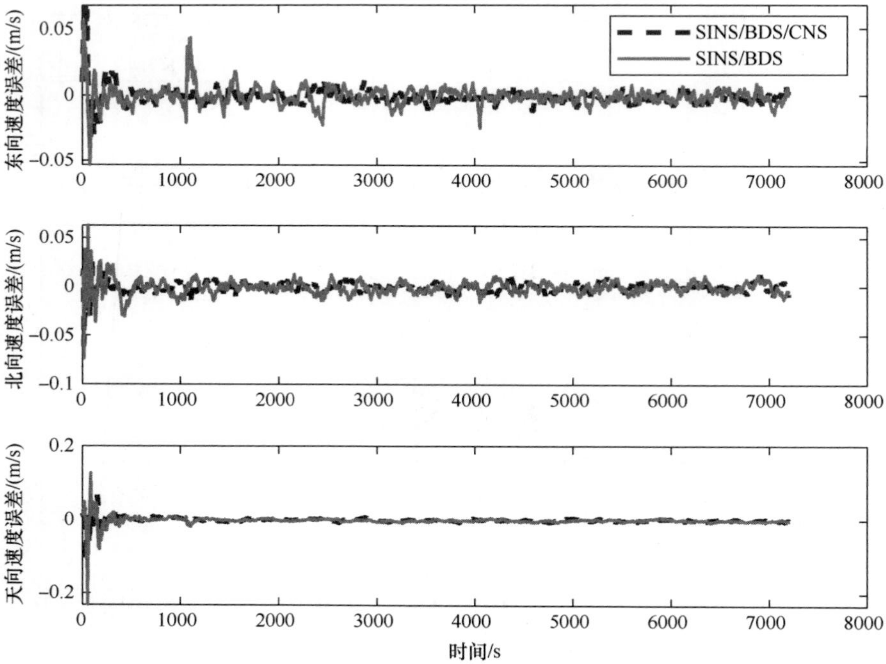

图 8-49　速度误差对比

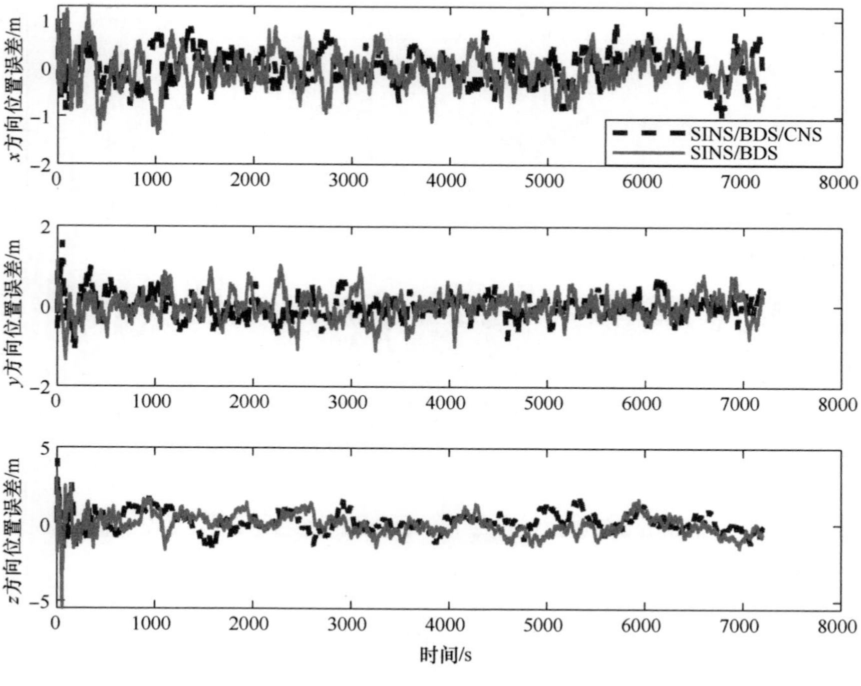

图 8-50　位置误差对比

仿真结果表明，SINS/BDS/CNS 融合导航算法略优于 SINS/BDS 融合导航算法。当飞行器到达水平巡航高度（110s）启动 CNS 后，SINS/BDS/CNS 融合导航算法姿态误差减小，姿态导航稳态精度和收敛速度高于 SINS/BDS 融合导航算法，解决了飞行器到达水平巡航高度后偏航角误差偏大的问题；速度和位置的导航精度与 SINS/BDS 融合导航算法持平，速度误差和位置误差不发散，优于 SINS/CNS 融合导航算法。SINS/BDS/CNS 融合导航算法兼具 BDS 和 CNS 的优点，综合导航精度高于 SINS/BDS 融合导航算法和 SINS/CNS 融合导航算法。110s 后，导航系统从 SINS/BDS 切换为 SINS/BDS/CNS，切换前后滤波算法可以稳定地工作。

参考文献

[1] CHEN K, ZHOU J, SHEN F Q, et al. Hypersonic boost–glide vehicle strapdown inertial navigation system/global positioning system algorithm in a launch-centered earth-fixed frame [J]. Aerospace Science and Technology, 2020(98): 105679.

[2] 陈凯，宋金龙，樊朋飞. 制导炮弹空中对准和组合导航技术[M]. 北京：国防工业出版社，2024.

[3] 陈凯，刘尚波，沈付强. 高超声速助推-滑翔飞行器组合导航技术[M]. 北京：中国宇航出版社，2021.

[4] 陈凯，张通，刘尚波. 捷联惯导与组合导航原理[M]. 西安：西北工业大学出版社，2021.

[5] 陈展，王欣. 惯性/星光组合导航系统在临近空间高超声速飞行器上的应用研究[J]. 飞航导弹，2020（4）：90-95.

[6] 陈冰，郑勇，陈张雷，等. 临近空间高超声速飞行器天文导航系统综述[J]. 航空学报，2020，41（8）：32-43.

[7] 张金亮，秦永元，成研. 捷联惯导与星跟踪器组合导航算法研究[J]. 宇航学报，2013，34（8）：1078-1083.

[8] 刘垒，张路，郑辛，等. 星敏感器技术研究现状及发展趋势[J]. 红外与激光工程，2007（z2）：529-533.

[9] ENDERLE W, BOYD C, KING J A. Joint Australian engineering (micro) satellite (JAESat)-a GNSS technology demonstration mission[J]. Journal of Global Positioning Systems, 2005, 4(1-2): 277-283.

[10] ROMAN N G, WARREN W H, SCHOFIELD N J. Documentation for the machine-readable version of the SAO-HD-GC-DM cross index version 1983[R]. Greenbelt, MD: NASA Goddard Space Flight Center, 1983.

[11] 陈元枝，郝志航. 适用于星敏感器的导航星星库制定[J]. 光学精密工程，2000，8（4）：331-334.

[12] 冈萨雷斯. 数字图像处理（第四版）[M]. 阮秋琦，阮宇智，译. 北京：电子工业出版社，2020.

第 9 章

高速飞行器惯性/地磁融合导航算法

9.1 地磁导航技术概述

早在先秦时期，智慧的中国劳动人民就有了对磁现象的认识。《管子·地数》中写道："上有慈石者下有铜金。"《吕氏春秋·秋纪》中的"精通"篇写道："慈石召铁，或引之也。"古人称"磁"为"慈"，汉以前把"磁石"写成"慈石"，意为"慈爱的石头"。古人认为慈爱的石头能够吸引它们的子女。英国科学史家李约瑟在《中国对航海罗盘研制的贡献》一文中阐述道："……中国在十一世纪以前就已经发现不仅可以用铁块在磁石上摩擦产生磁化现象，而且可以用烧红的铁片经过居里点，冷却或淬火而得到磁化，操作时，铁片保持南北方向。"

在中国古代，人们就知道利用地磁场指北的特性来辨别方向和指引道路，但这只是地磁导航最简单的应用。司南是最早的磁性指向器，如图 9-1 所示。"司南"之称，始于战国（公元前 475 年—公元前 221 年），终止于唐代（公元 618 年—公元 907 年）。记载司南的最早文献是《鬼谷子》，其中写道："故郑人之取玉也，必载司南之车，为其不惑也。"意思是，郑国人上山采玉时，必须带上司南，以免迷失方向。

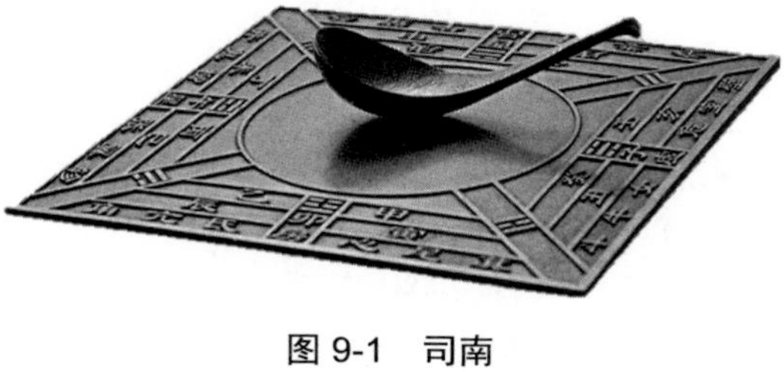

图 9-1　司南

20 世纪末，罗盘技术发生了质的变化，具有划时代意义的电子罗盘出现了。电子罗盘也叫数字罗盘，可以分为二维电子罗盘和三维电子罗盘。二维电子罗盘设计简单，成本低廉，但是操作方法较为严格，在测量时需要保持罗盘为水平状态，若电子罗盘存在倾斜角度，量测误差就会变大。三维电子罗盘打破了这一限制，测量精度受罗盘姿态的影响较小。这是因为三维电子罗盘加入了倾角补偿技术，当罗盘发生倾斜时，系统可以自动进行倾角补偿。霍尼韦尔公司研发的 HMR3000 电子罗盘是三维电子罗盘的代表之一，如图 9-2 所示。

随着科技的不断发展和人们对导航定位技术需求的不断增加，地磁导航技术发生了根本性的变革。现代地磁导航技术基于地磁场是一个矢量场，其强度和方向是位置的函数，同时地磁场具有丰富的总强度、矢量强度、磁倾角、磁偏角和强度梯度等特征，为地磁匹配提供了充足的信息[1]。

图 9-2　霍尼韦尔公司研发的 HMR3000 电子罗盘

对高速飞行器来说，SINS 具有导航信息全、自主性强、连续性好、更新率高等优点。但是，SINS 也有其无法克服的缺点。惯导系统的惯性器件（陀螺仪和加速度计）存在漂移，误差会随时间累积，导航精度会不断降低，纯 SINS 难以满足临近空间高速飞行器长航时高精度导航的要求。因此，世界各国临近空间高速飞行器的导航系统一般采用以惯导系统为主、其他导航系统为辅的融合导航方案（如 X43-A 采用了惯性/卫星融合导航系统）来修正 SINS 的误差累积。卫星导航系统非常突出的优点是导航精度高，速度误差能达到几米每秒，位置误差能达到 10m 以内，误差不随时间累积，信息容易获取，接收机技术成熟、成本低。但卫星导航系统也存在很多自身无法克服的缺点，单独使用卫星导航系统进行定位存在诸多问题。例如，临近空间高速飞行器易造成信号丢失、载波锁相失锁；在动态环境中，尤其是高速飞行器在临近空间高速机动时，多颗卫星信号可能同时丢失；战时卫星导航系统容易受到敌方干扰。

因此，从事导航研究的个人和机构纷纷开始寻找可靠的替代方法。利用地形场、地物景象等二维信息进行光学图像匹配制导和地形匹配制导，该技术在某些场合会存在一定的缺陷。在进行光学图像匹配制导时，实时图是低空摄取的大视角图像，而基准图是卫星遥感图，由于不同天气条件下光照不同、不同季节地表覆盖物的灰度不同，以及受山地、建筑物的相互遮挡等影响，实时图和基准图之间存在很大的差异，灰度和位移特征也有不同程度的变化，从而影响匹配的精度和可靠性。在进行地形匹配制导时，在海面和平原地区由于地形信息匮乏而无法进行正常的导航，严重限制了基于地形信息的导航系统在上述区域的应用。

惯性/天文融合导航系统是近年来的研究热点。但是由于高速飞行器飞行速度快，在飞行过程中机体外部存在复杂的流场，对星敏感器等光学器件来说，杂散光和气动光学效应等问题仍然有待解决[2]。而地磁场可以穿透岩石、土壤、水等介质，在陆地、海洋、水下及近地空间都有分布，均可用于载体导航。因此，在跨海制导、水下导航方面，地磁匹配制导具有无可比拟的优越性。另外，地磁匹配制导还具有被动制导、隐蔽性强、不受敌方干扰、误差不随时间累积及地磁传感器体积小、功耗低的优点。因此，地磁导航具有其他导航方式不可替代的优点，正在成为军事导航领域的研究热点和关注焦点。

9.1.1 地磁场简介

地磁场是地球的天然物理场，在地球上任意位置测量到的磁场都是各种不同起源、不同变化规律的磁场叠加的结果。地磁导航技术是一种基于数据库的导航技术，因此在研究地磁导航技术时，应该了解地磁场的组成部分及其数学模型描述。

9.1.1.1 外部磁场和内部磁场

地磁场是地球固有的物理场，按照磁场来源不同，可以将地磁场分为外部磁场和内部磁场。外部磁场由电离层、磁层和耦合电流组成。内部磁场由主磁场、感应磁场和地壳磁场组成。

主磁场使罗盘指向北方。在地球表面任意一点进行地磁测量，主磁场都占测量总量的 95%～99%[3]。主磁场会随时间缓慢变化，因此主磁场的系数每 5 年就会修正一次。

外部磁场源在地球的导电地幔中感应出电流，这些电流会产生自己的磁场，称为感应磁场。虽然这些电流也存在于地球内部，但将它们与主磁场分离开来是很重要的。感应磁场是时变的，因为引起它们的外界源具有时变性。

地壳磁场是由地壳中岩石的永久磁化或感应磁化引起的。由于地壳温度较低，许多磁性材料的温度低于居里点（居里点是材料从感应磁化变为永久磁化的点）。矿物磁化主要分为两类。一类是剩余磁化，是由矿物冷却到居里点以下时感应磁场变为永久磁场造成的。另一类是感应磁化，指矿物由于地磁场的磁化作用而产生新的磁场[4]。与由地球深处（地核）产生的磁场相比，地壳产生的磁场较小。在地球表面的磁场中，地壳磁场占 1%～5%。地壳磁场可以被认为是静止的、不随时间变化的。它还包括高空间频率信息，这使它成为低空或水下地磁导航基准库的理想资源。

地磁场源分布如图 9-3 所示[5]。

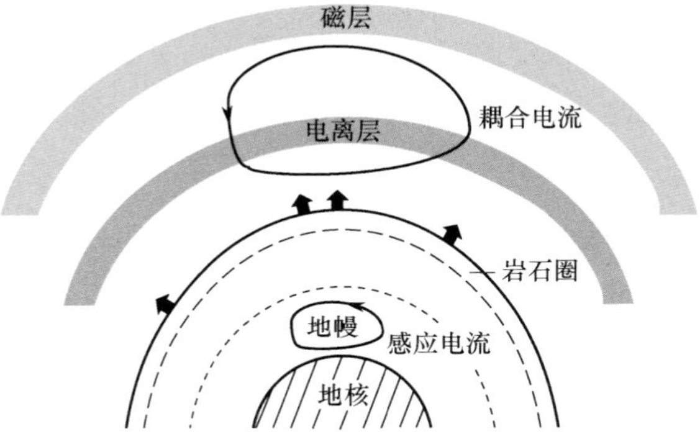

图 9-3　地磁场源分布

9.1.1.2　稳定磁场和变化磁场

按照随时间变化的特征不同，地磁场可以分为稳定磁场和变化磁场。稳定磁场包括地磁主磁场和地磁异常场两部分。一般认为地磁主磁场由高温液态铁镍环流产生，所以地磁主磁场又称为地核场。在地表处使用标量磁力仪可以测量到的地磁主磁场强度为 30000～60000nT，水平分量强度梯度为 20～30nT/km，垂直分量强度随海拔的升高而降低，变化率约为 20nT/km[4]。地磁异常场由地壳中被磁化的矿石产生，因此又称为地壳磁场，它非常稳定，几乎不随时间变化，并且具有高空间频率信息。

变化磁场主要包括平静变化磁场和扰动变化磁场。平静变化分为太阴日变化和太阳静日变化两类。由于电离层一直存在耦合电流，当耦合电流由于地球自转与地面产生相对运动时，能够在地面产生感应磁场，该感应磁场随时间产生的变化称为平静变化。太阴日变化的强度很微小，为纳特量级。太阳静日变化的周期是一昼夜，平均变化幅度为 10nT。扰动变化包括地磁脉动、地磁亚爆、磁暴、太阳扰日变化等。扰动变化持续周期不定，变化幅度大，是地磁导航中的干扰源[2]。

9.1.2 地磁场模型

9.1.2.1 世界地磁场模型

世界地磁场模型（World Magnetic Model，WMM）是一种全球地磁场模型，通常用来描述地磁主磁场，用于精确逼近地磁主磁场的时空变化，地磁主磁场通常使用球谐函数来描述。WMM 是由美国国家海洋与大气管理局（National Oceanic and Atmospheric Administration，NOAA）、美国国家地球物理数据中心（National Geophysical Data Center，NGDC）和英国地质勘查局（British Geological Survey，BGS）共同开发的 12 阶球谐模型[6]，计算模型系数的磁测数据来源于 SWARM 卫星、全球的地面观测站和天文台。令 P 点处的地磁场表示为

$$\boldsymbol{B}(\boldsymbol{r},t)=\boldsymbol{B}_{\mathrm{m}}(\boldsymbol{r},t)+\boldsymbol{B}_{\mathrm{c}}(\boldsymbol{r},t)+\boldsymbol{B}_{\mathrm{d}}(\boldsymbol{r},t) \tag{9-1}$$

式中，$\boldsymbol{B}(\boldsymbol{r},t)$ 表示位置矢量 $\boldsymbol{r}$、时间 t 处的地磁场；$\boldsymbol{B}_{\mathrm{m}}(\boldsymbol{r},t)$ 表示位置矢量 $\boldsymbol{r}$、时间 t 处的地球主磁场；$\boldsymbol{B}_{\mathrm{c}}(\boldsymbol{r},t)$ 表示位置矢量 $\boldsymbol{r}$、时间 t 处的地壳磁场；$\boldsymbol{B}_{\mathrm{d}}(\boldsymbol{r},t)$ 表示位置矢量 $\boldsymbol{r}$、时间 t 处的扰动磁场。

对临近空间高速飞行器来说，临近空间的地壳磁场强度几乎可以忽略不计，扰动磁场属于干扰磁场。地球主磁场可以表示成磁标势的负空间梯度[7]，在椭球坐标系下可以表示为

$$\boldsymbol{B}_{\mathrm{m}}(\boldsymbol{r},t)=\boldsymbol{B}_{\mathrm{m}}(\lambda',\varphi',r,t)=-\nabla \boldsymbol{V}(\lambda',\varphi',r,t) \tag{9-2}$$

式中，λ' 表示地心球坐标系经度；φ' 表示地心球坐标系地心纬度；r 表示地心球坐标系半径。

根据球谐函数展开式（9-2），可以将其写成

$$V(\lambda',\varphi',r,t)=a\sum_{n=1}^{N}\left(\frac{a}{r}\right)^{n+1}\sum_{m=0}^{n}(g_n^m(t)\cos(m\lambda')+h_n^m(t)\sin(m\lambda'))\breve{P}_n^m(\sin\varphi') \tag{9-3}$$

在 WMM 2020 中，模型展开阶次 N=12；$g_n^m(t)$ 和 $h_n^m(t)$ 是与时间相关的高斯系数；$\breve{P}_n^m(\mu)$ 表达式为

$$\begin{cases}\breve{P}_n^m(\mu)=\sqrt{2\dfrac{(n-m)!}{(n+m)!}}P_{n,m}(\mu), m>0\\ \breve{P}_n^m(\mu)=P_{n,m}(\mu), \qquad m=0\end{cases} \tag{9-4}$$

$$P_{n,m}(\mu)=\frac{1}{2^n n!}\sqrt{(1-\mu^2)^m}\,\frac{\mathrm{d}^{n+m}}{\mathrm{d}\mu^{n+m}}(\mu^2-1)^n \tag{9-5}$$

3 个方向（北-东-地）的地磁分量 X'、Y'和 Z' 在地心球坐标系下可以表示为

$$
\begin{aligned}
X'(\lambda',\varphi',r) &= -\frac{1}{r}\frac{\partial V}{\partial \varphi'} \\
&= -\sum_{n=1}^{12}\left(\frac{a}{r}\right)^{n+2}\sum_{m=0}^{n}(g_n^m(t)\cos(m\lambda')+h_n^m(t)\sin(m\lambda'))\frac{\mathrm{d}\breve{P}_n^m(\sin\varphi')}{\mathrm{d}\varphi'}
\end{aligned} \tag{9-6}
$$

$$
\begin{aligned}
Y'(\lambda',\varphi',r) &= -\frac{1}{r\cos\varphi'}\frac{\partial V}{\partial \lambda'} \\
&= \frac{1}{\cos\varphi'}\sum_{n=1}^{12}\left(\frac{a}{r}\right)^{n+2}\sum_{m=0}^{n}m(g_n^m(t)\sin(m\lambda')+h_n^m(t)\cos(m\lambda'))\breve{P}_n^m(\sin\varphi')
\end{aligned} \tag{9-7}
$$

$$
\begin{aligned}
Z'(\lambda',\varphi',r) &= \frac{\partial V}{\partial r} \\
&= -\sum_{n=1}^{12}(n+1)\left(\frac{a}{r}\right)^{n+2}\sum_{m=0}^{n}(g_n^m(t)\cos(m\lambda')+h_n^m(t)\sin(m\lambda'))\breve{P}_n^m(\sin\varphi')
\end{aligned} \tag{9-8}
$$

式中，$g_n^m(t)$ 和 $h_n^m(t)$ 为 t 时刻的地磁场高斯球谐系数。将高斯球谐系数代入式（9-6）～式（9-8）即可求得坐标 (λ',φ',r) 处的 X、Y、Z 地磁分量值。

出于实际导航的需要，将坐标 (λ',φ',r) 转换为椭球坐标系 $(\lambda_t,\varphi_t,h_t)$ 的表示形式，其中 λ_t 为经度，φ_t 为地理纬度，h_t 为椭球高。不同坐标系下 P 点的坐标表示如图 9-4 所示。

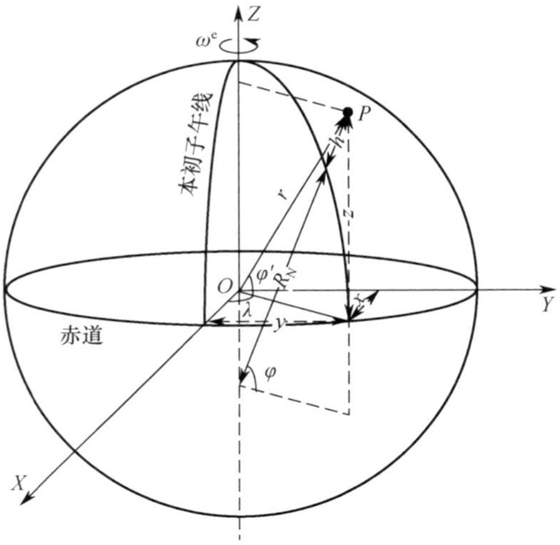

图 9-4　不同坐标系下 P 点的坐标表示

根据图 9-4 中的几何关系，可以先从地心球坐标系转换到椭球直角坐标系，即

$$
\begin{bmatrix} x \\ y \\ z \end{bmatrix} = \begin{bmatrix} r\cos\varphi'\cos\lambda' \\ r\cos\varphi'\sin\lambda' \\ r\sin\varphi' \end{bmatrix} \tag{9-9}
$$

式中，r 和 φ'分别是地心球坐标系下的半径与地心纬度；x、y 和 z 分别是大地直角坐标系下 P 点的坐标值。再从大地直角坐标转换到椭球坐标系，即

$$p=\sqrt{x^2+y^2} \tag{9-10}$$

$$p=(R_{\rm N}+h_{\rm t})\cos\varphi_{\rm t} \tag{9-11}$$

$$r=\sqrt{p^2+z^2} \tag{9-12}$$

$$\varphi'=\arcsin\frac{z}{r} \tag{9-13}$$

式中，$R_{\rm N}$ 表示卯酉圈主曲率半径；$\varphi_{\rm t}$ 表示地理纬度；$h_{\rm t}$ 表示椭球高。$R_{\rm N}$ 表示为

$$R_{\rm N}=\frac{a_{\rm t}}{\sqrt{1-e_{\rm t}^2\sin^2\varphi_{\rm t}}} \tag{9-14}$$

式中，$a_{\rm t}$ 为 WGS-84 给出的长半轴，$a_{\rm t}=6378137.0{\rm m}$；$e_{\rm t}$ 为椭球体偏心率，$e_{\rm t}$=0.08181919。

因此，通过上述关系可以将 x'、y'和 z'转换到椭球坐标系下，即

$$X=X'\cos(\varphi'-\varphi_{\rm t})-Z'\sin(\varphi'-\varphi_{\rm t}) \tag{9-15}$$

$$y=y' \tag{9-16}$$

$$Z=X'\sin(\varphi'-\varphi_{\rm t})+Z'\cos(\varphi'-\varphi_{\rm t}) \tag{9-17}$$

将其写成方向余弦矩阵的形式，即

$$\begin{bmatrix}X\\Y\\Z\end{bmatrix}=\begin{bmatrix}\cos\theta & 0 & -\sin\theta\\0 & 1 & 0\\\sin\theta & 0 & \cos\theta\end{bmatrix}\begin{bmatrix}X'\\Y'\\Z'\end{bmatrix} \tag{9-18}$$

式中，$\theta=\varphi'-\varphi$。

9.1.2.2 国际地磁参考场模型

国际地磁参考场（IGRF）模型也是一种全球地磁场模型，由国际地磁学与高层大气物理学协会（International Association of Geomagnetism and Aeronomy，IAGA）发布。该模型同 WMM 一样，基于高斯球谐模型展开，广泛应用于研究地球内部深处的地壳、电离层和磁层。IGRF 模型的系数由 IAGA 工作组确定。IGRF 模型的截断阶数 n 为 13，比 WMM 的精度更高一些。IGRF 模型的展开方式及推导过程与 WMM 相同，在此不再赘述。

9.1.2.3 增强地磁模型

WMM 和 IGRF 模型都仅包含地磁主磁场信息，描述的地磁场波长约为 3000km。对地磁场的解析越详细，可用的地磁基准信息越精确。因此，NOAA

发布了增强地磁模型（Enhance Magnetic Model，EMM）。EMM 不仅包含卫星和地面站的磁测数据，还包含海洋和航空磁测数据。与其他模型相比，EMM 具有更高的空间分辨率。最新版 EMM 是 EMM 2017，有效期为 2000—2022 年，目前仍可作为参考。内部磁场源是地磁主磁场与地壳磁场的叠加。地磁主磁场以长波为主，而地壳磁场以小于 2500km 的波长为主。地磁场模型可以很容易地展开为球谐模型（见 9.1.2.1 节）。EMM 可以计算地球上任意位置的磁场，提供磁场矢量、方向和强度。标准的 WMM 使用一个 12 阶的球谐展开表示，在 3000km 的波长上解析地磁场。相比之下，EMM 扩展到 790 阶，能够描述 51km 波长的磁异常。EMM 较高的空间分辨率能够显著提高指向精度。

9.1.2.4　地磁量测

地磁量测的精度决定了地磁基准数据库构建的精度和地磁导航系统输入的准确性，从而直接影响地磁导航系统的精度。地磁量测误差的主要来源有两个，一是由磁力仪制造/安装、信号处理电路、数据采集噪声等导致的量测误差，二是由飞行器的飞行环境和其他电子设备带来的电磁环境干扰磁场。

三轴捷联式磁力仪量测模型可以表示为

$$\boldsymbol{B}_{\text{mea}}^{\text{b}} = \boldsymbol{C}_{\text{o}}\boldsymbol{C}_{\text{s}}(\boldsymbol{R}_{\text{l}}^{\text{b}}\boldsymbol{R}_{\text{m}}^{\text{l}}(\boldsymbol{B}^{\text{m}} + \boldsymbol{B}_{\text{d}}^{\text{m}}) + \boldsymbol{D}_{\text{HI}}^{\text{b}} + \boldsymbol{D}_{\text{SI}}^{\text{b}}) + \boldsymbol{b}_{\text{o}}^{\text{b}} \tag{9-19}$$

式中，$\boldsymbol{B}_{\text{mea}}^{\text{b}}$ 表示地磁量测值在载体坐标系（b 系）下的投影；$\boldsymbol{C}_{\text{o}}$ 表示三轴磁力仪的非正交误差矩阵；$\boldsymbol{C}_{\text{s}}$ 表示比例因子误差矩阵；$\boldsymbol{R}_{\text{l}}^{\text{b}}$ 表示从 b 系到东北天坐标系（l 系）的方向余弦矩阵；$\boldsymbol{R}_{\text{m}}^{\text{l}}$ 表示从 l 系到北东地坐标系（m 系）的方向余弦矩阵；$\boldsymbol{B}^{\text{m}}$ 表示真实地磁场矢量；$\boldsymbol{B}_{\text{d}}^{\text{m}}$ 表示扰动磁场；$\boldsymbol{D}_{\text{HI}}^{\text{b}}$ 表示硬磁误差；$\boldsymbol{D}_{\text{SI}}^{\text{b}}$ 表示软磁误差；$\boldsymbol{b}_{\text{o}}^{\text{b}}$ 表示磁力仪常值偏置。

设理想传感器的坐标系三轴分别为 Ox、Oy、Oz，且三轴严格正交，设真实传感器的坐标系三轴分别为 Ox'、Oy'、Oz'。设 Ox 与 Ox' 重合，且 xOy 与 $x'Oy'$ 共面。记 Oy' 轴与 Oy 轴之间的夹角为 β，Oz' 轴与 xOy 的夹角为 α，Oz' 轴与 xOz 的夹角为 γ，则非正交误差矩阵 $\boldsymbol{C}_{\text{o}}$ 可以表示为[8]

$$\boldsymbol{C}_{\text{o}} = \begin{bmatrix} 1 & 0 & 0 \\ \sin\alpha & \cos\alpha & 0 \\ \sin\beta\cos\gamma & \sin\beta & \cos\beta\cos\gamma \end{bmatrix} \tag{9-20}$$

受材料和制造工艺水平的限制，传感器的 3 个敏感轴之前存在刻度因数误差，考虑到各轴的激励电路存在零点漂移，因此比例因子误差矩阵 $\boldsymbol{C}_{\text{s}}$ 和磁力仪常值偏置 $\boldsymbol{b}_{\text{o}}^{\text{b}}$ 分别定义为

$$\boldsymbol{C}_{\mathrm{s}}=\begin{bmatrix} s_x & 0 & 0 \\ 0 & s_y & 0 \\ 0 & 0 & s_z \end{bmatrix} \tag{9-21}$$

$$\boldsymbol{b}_{\mathrm{o}}^{\mathrm{b}}=\begin{bmatrix} b_{Ox} \\ b_{Oy} \\ b_{Oz} \end{bmatrix} \tag{9-22}$$

硬磁误差 $\boldsymbol{D}_{\mathrm{HI}}^{\mathrm{b}}$ 可以认为是恒定的干扰磁场，由机体内部的永磁体或高碳钢等材料产生，这些材料产生的磁场随时间变化非常缓慢，并且非常稳定，可以认为硬磁误差是恒定的噪声来源。

软磁误差 $\boldsymbol{D}_{\mathrm{SI}}^{\mathrm{b}}$ 不是恒定的磁场，由机体内部的纯铁、低碳钢或一些合金产生，这些材料产生的磁场容易随着外界激励磁场的改变而改变。当飞行器处在磁场中并且不是静止状态时，飞行器上的软磁材料产生的磁场会发生变化。因此，在飞行器飞行过程中，软磁误差可以认为是随时间变化的噪声。

9.1.3 仿真分析

本节以高速助推滑翔飞行器为背景进行仿真分析。高速飞行器的飞行高度较高，处于临近空间，距地球表面高度约为 30km，远离地表和岩石，地磁异常场（地壳磁场）的高空间频率信息几乎不可用[6]，这就导致临近空间中的地磁可用信息几乎只有地磁主磁场信息。

高速助推滑翔飞行器仿真初始参数如表 9-1 所示。

表 9-1　高速助推滑翔飞行器仿真初始参数

初始位置			初始速度			初始姿态		
经度/(°)	纬度/(°)	高度/m	东向/(m/s)	北向/(m/s)	天向/(m/s)	偏航角/(°)	俯仰角/(°)	滚转角/(°)
34.2	108.9	400	0	0	0	200	90	0

高速助推滑翔飞行器弹道如图 9-5 所示。

高速助推滑翔飞行器的飞行范围为纬度 18°N～36°N，经度 102°E～109°E，在该范围内生成地磁网格，设计网格分辨率为 0.001°/格，分别对 WMM 和 EMM 进行仿真，结果如图 9-6～图 9-11 所示。

从以上仿真结果可以看出，由于 EMM 的截断阶次为 790 阶，所以通过 EMM 生成的地磁网格具有更丰富的信息特征，在 Y 分量表现得较为明显，而 X 分量和 Z 分量在 EMM 和 WMM 下的差异并不明显，这是因为 Y 分量的数值相比 X 分量和 Z 分量明显小了一个数量级，显示在图中的差异更加明显。本书选用截断阶次更高的 EMM 进行后续的数字仿真。

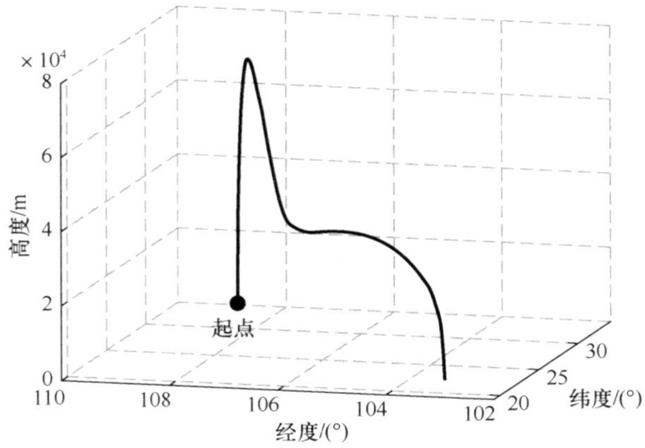

图 9-5　高速助推滑翔飞行器弹道

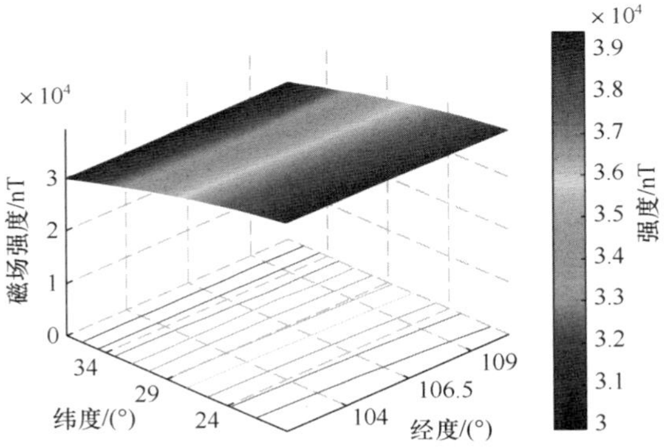

图 9-6　EMM（n=790）X 分量仿真结果

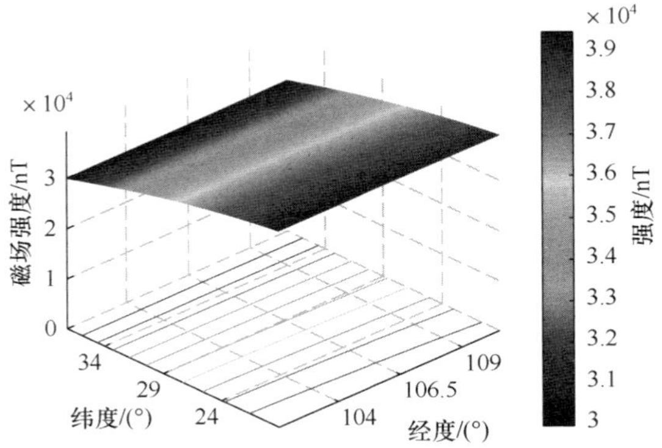

图 9-7　WMM（n=12）X 分量仿真结果

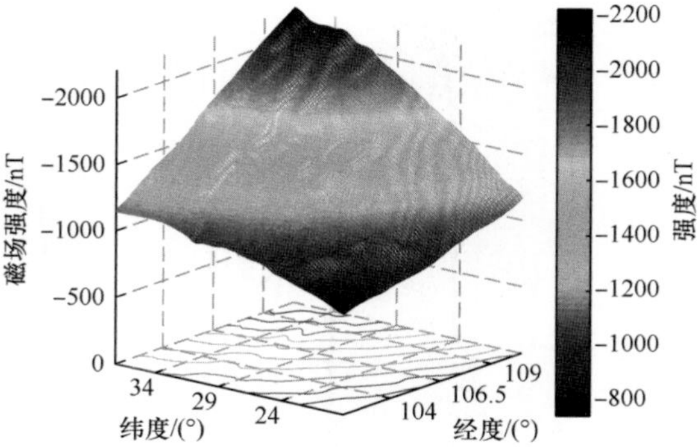

图 9-8 EMM（n=790）Y 分量仿真结果

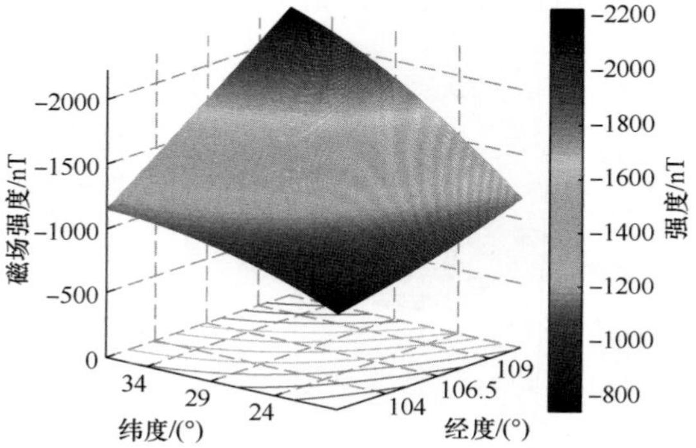

图 9-9 WMM（n=12）Y 分量仿真结果

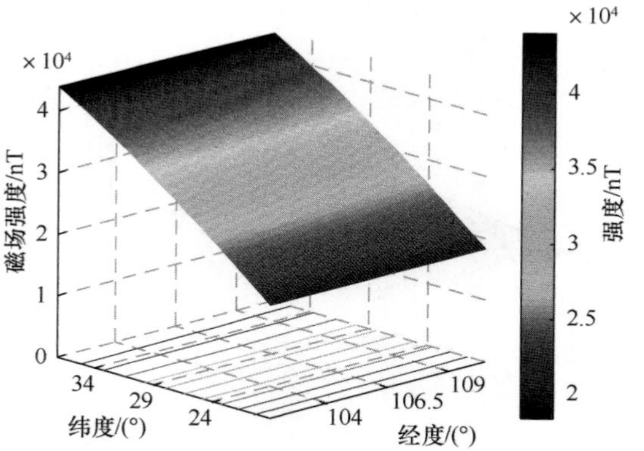

图 9-10 EMM（n=790）Z 分量仿真结果

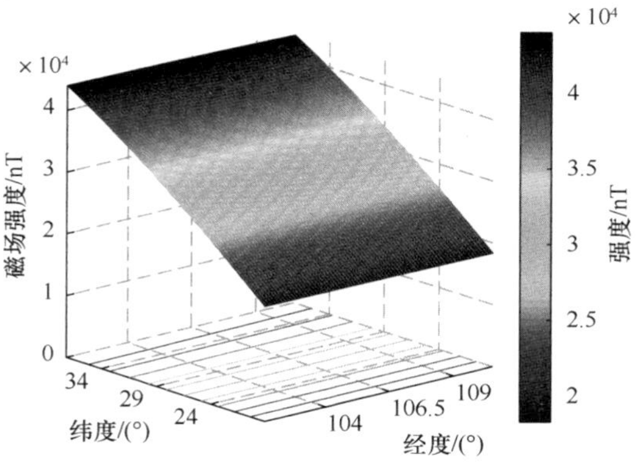

图 9-11　WMM（n=12）Z 分量仿真结果

9.2 惯性/地磁融合导航算法

单一的导航系统常常很难满足飞行器总体设计对导航系统性能的要求，如 SINS 存在累积误差，卫星导航系统、地磁导航系统数据更新频率较低。因此，可以采用融合导航技术弥补单一导航系统的缺点。本节介绍的惯性/地磁融合导航算法采用卡尔曼滤波器对地磁导航系统的输出信息做松耦合。地磁导航系统框架如图 9-12 所示。

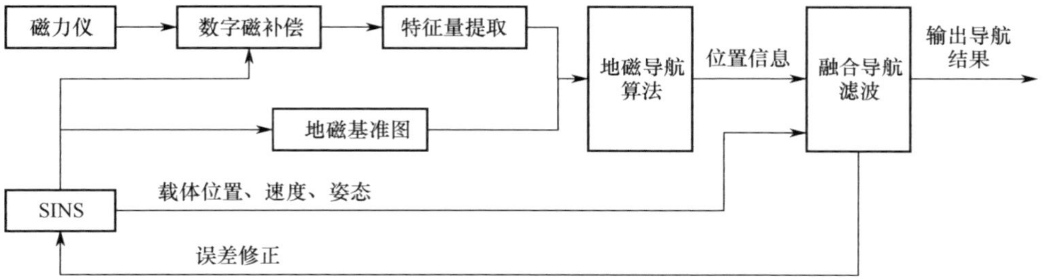

图 9-12　地磁导航系统框架

9.2.1　状态方程

本节介绍的惯性/地磁融合导航系统状态方程来源于惯导系统的误差方程，详见第 8 章式（8-147）。

9.2.2　量测方程

由于地磁匹配输出的位置为水平位置，不含高度信息，无法对 SINS 的高度误差进行有效的修正，故在高度通道引入气压高度计来输出高度信息以修正

SINS 的高度误差。

因此，卡尔曼滤波量测方程的量测量 $\boldsymbol{Z}$ 由两部分组成，一部分是 SINS 输出的水平位置信息与地磁导航系统输出的水平位置信息之差 $\boldsymbol{Z}_1$，另一部分是 SINS 输出的高度信息与气压高度计输出的高度信息之差 $\boldsymbol{Z}_2$。$\boldsymbol{Z}_1$ 和 $\boldsymbol{Z}_2$ 的定义分别为

$$\boldsymbol{Z}_1=\begin{bmatrix}\varphi_{\mathrm{s}}-\varphi_{\mathrm{m}}\\ \lambda_{\mathrm{s}}-\lambda_{\mathrm{m}}\end{bmatrix}$$
$$\boldsymbol{Z}_2=[h_{\mathrm{s}}-h_{\mathrm{m}}] \tag{9-23}$$

式中，φ_{s}、λ_{s}、h_{s} 分别为 SINS 输出的纬度、经度和高度信息；φ_{m}、λ_{m} 分别为地磁导航系统输出的纬度和经度信息；h_{m} 是气压高度计输出的高度信息，故

$$\boldsymbol{Z}=\begin{bmatrix}\boldsymbol{Z}_1\\ \boldsymbol{Z}_2\end{bmatrix}=\begin{bmatrix}\varphi_{\mathrm{s}}-\varphi_{\mathrm{m}}\\ \lambda_{\mathrm{s}}-\lambda_{\mathrm{m}}\\ h_{\mathrm{s}}-h_{\mathrm{m}}\end{bmatrix} \tag{9-24}$$

量测方程为

$$\boldsymbol{Z}(t)=\boldsymbol{H}(t)\boldsymbol{X}(t)+\boldsymbol{V}(t) \tag{9-25}$$

式中，$\boldsymbol{V}(t)$ 为地磁匹配的量测噪声矩阵；$\boldsymbol{H}(t)$ 为量测矩阵，有

$$\boldsymbol{H}(t)=[\boldsymbol{H}_{11}\quad \boldsymbol{H}_{12}\quad \boldsymbol{H}_{13}\quad \boldsymbol{H}_{14}\quad \boldsymbol{H}_{15}]^{\mathrm{T}} \tag{9-26}$$

式（9-26）中矩阵的各个分量表达式为

$$\boldsymbol{H}_{11}=\boldsymbol{H}_{12}=\boldsymbol{H}_{14}=\boldsymbol{H}_{15}=\boldsymbol{0}_{3\times 3} \tag{9-27}$$

$$\boldsymbol{H}_{13}=\begin{bmatrix}1&0&0\\0&1&0\\0&0&1\end{bmatrix} \tag{9-28}$$

由式（9-25）和式（9-28）可得

$$\boldsymbol{Z}=\begin{bmatrix}\varphi_{\mathrm{s}}-\varphi_{\mathrm{m}}\\ \lambda_{\mathrm{s}}-\lambda_{\mathrm{m}}\\ h_{\mathrm{s}}-h_{\mathrm{m}}\end{bmatrix}=\begin{bmatrix}\delta\varphi-\delta\varphi_{\mathrm{m}}\\ \delta\lambda-\delta\lambda_{\mathrm{m}}\\ \delta h-\delta h_{\mathrm{m}}\end{bmatrix}=\begin{bmatrix}\delta\varphi\\ \delta\lambda\\ \delta h\end{bmatrix}-\begin{bmatrix}\delta\varphi_{\mathrm{m}}\\ \delta\lambda_{\mathrm{m}}\\ \delta h_{\mathrm{m}}\end{bmatrix} \tag{9-29}$$

9.3 基于地磁轮廓匹配技术的惯性/地磁融合导航算法

目前大量使用的地磁匹配技术主要是由地形匹配技术和图像匹配技术演变而来的。由地形轮廓匹配（Terrain Contour Matching，TERCOM）技术演变而来的地磁轮廓匹配（Magnetic Contour Matching，MAGCOM）技术具有原理简单、可以断续使用、即开即用的优点，并且具有较高的匹配精度和捕获概率，是一种较为方便灵活的匹配技术[9]。因此，本节将介绍经典 MAGCON 算法和改进的 MAGCOM 算法。

9.3.1 经典 MAGCOM 算法原理

经典 MAGCOM 算法的本质是在匹配区域按照相关度量指标寻找在指定目标函数下的最佳匹配点。设匹配的性能指标 $q_{ij}=q(\boldsymbol{B}^{\text{mea}},\boldsymbol{B}_{ij}^{\text{map}})$ 为测量序列 $\boldsymbol{B}^{\text{mea}}=\{B_l^{\text{mea}}\mid l=1,2,\cdots,L\}$ 和在基准地磁图的 (i,j) 位置提取的匹配序列 $\boldsymbol{B}_{ij}^{\text{map}}=\{B_{ij,l}^{\text{map}}\mid l=1,2,\cdots,L;(i,j)\in M\times N\}$ 的函数，L 为匹配长度，$M\times N$ 为匹配区域网格数。目标函数一般为在匹配区域求取相关度量指标的最小值（或最大值），数学表达式为

$$q_{\text{match}}=\min_{(i,j)\in M\times N}\{q_{ij}\} \tag{9-30}$$

相关度量指标主要分为两类：一类强调测量序列与匹配序列之间的相似程度，如互相关（Cross Correlation，COR）算法；另一类强调测量序列与匹配序列之间的差别程度，如平均绝对差（Mean Absolute Difference，MAD）算法和均方差（Mean Square Difference，MSD）算法。表 9-2 为这 3 种算法的常用相关度量指标和目标函数。当测量序列和基准图提取序列最相似时，相关度量指标达到极值。经过算法精度分析比较可知，COR 算法的精度最低，MSD 算法的精度比 MAD 略高，故本节使用 MSD 算法作为匹配的相关度量指标。

表 9-2　3 种算法的常用相关度量指标和目标函数

匹 配 算 法	相关度量指标	目 标 函 数
COR 算法	$\text{COR}_{ij}=\frac{1}{L}\sum_{l=1}^{L}\boldsymbol{B}_l^{\text{mea}}\boldsymbol{B}_{ij,l}^{\text{map}}$	$\max\{\text{COR}_{ij}\}$
MAD 算法	$\text{MAD}_{ij}=\frac{1}{L}\sum_{l=1}^{L}\lvert\boldsymbol{B}_l^{\text{mea}}-\boldsymbol{B}_{ij,l}^{\text{map}}\rvert$	$\min\{\text{MAD}_{ij}\}$
MSD 算法	$\text{MSD}_{ij}=\frac{1}{L}\sum_{l=1}^{L}(\boldsymbol{B}_l^{\text{mea}}-\boldsymbol{B}_{ij,l}^{\text{map}})^2$	$\min\{\text{MSD}_{ij}\}$

经典 MAGCOM 算法的流程如下。

（1）地磁传感器每隔固定时间段采样一次，连续采样 L 次，获取相应匹配长度的测量序列 $\boldsymbol{B}^{\text{mea}}$，同时记录 SINS 解算的采样点位置。

（2）确定匹配范围 $M\times N$，并在构建的地磁图中提取匹配范围内的匹配特征量。

（3）利用 SINS 定位序列构造相对路径来确保匹配路径与机动飞行路径形状一致。

（4）计算匹配范围 $M\times N$ 中各点对应的匹配路径，即匹配序列 $\boldsymbol{B}_{ij}^{\text{map}}$。

（5）分别计算各匹配点的 MSD，MSD 值最小的匹配点为匹配结果。

经典 MAGCOM 算法流程如图 9-13 所示，其中匹配长度的大小由匹配路径上地磁场相关长度决定，匹配范围由 SINS 的误差和匹配长度决定。

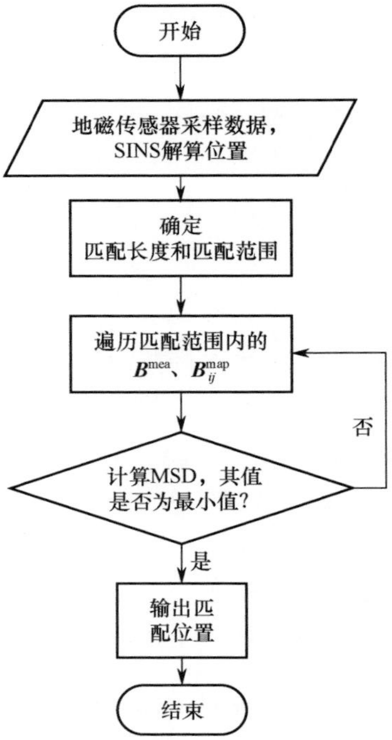

图 9-13　经典 MAGCOM 算法流程

该算法认为 SINS 输出的轨迹与真实轨迹平行，即认为测量航迹与真实航迹之间形变较小，并且该算法在不确定区域内逐网格搜索最大相关轨迹，计算效率低。

9.3.2　改进的 MAGCOM 算法原理

进行地磁轮廓匹配时，实时地磁测量序列需要与匹配范围内的所有网格点逐个进行相关度量指标计算。当匹配长度为 L，匹配范围的网格数为 $M \times N$ 时，在匹配过程中需要计算 $M \times N \times L$ 次，当匹配网格加密或匹配长度较长时，搜索时间将成倍地增加，从而影响系统的实时性。因此，缩短匹配时间是地磁匹配算法的一个重要研究方向。目前，一个缩短匹配时间的有效方法是将粗匹配和精匹配相结合。该方法先将匹配范围粗略地划分成网格，进行相关度量指标的计算。然后将粗匹配网格点上的相关度量指标按照升序排列，选择前 n 个较小（或较大）的相关度量指标所对应的粗匹配网格点作为精匹配候选点。接着分别对粗匹配得到的网格点对应的范围进行网格细化，在细化后的网格点上分别进行匹配，计算相关度量指标。最后选定最小的相关度量指标所对应的精匹配点作为最佳匹配点，如图 9-14 所示。

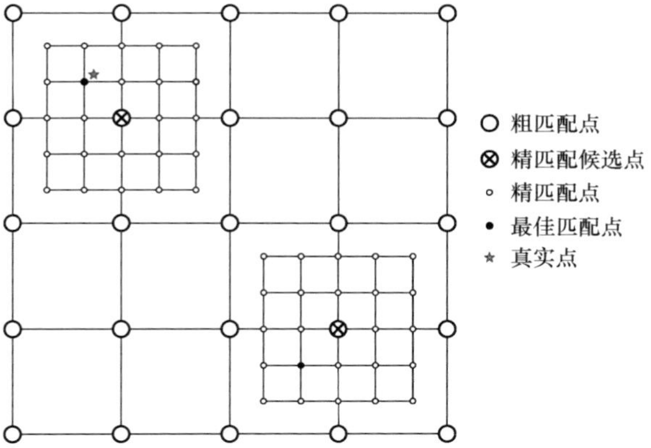

图 9-14　粗匹配与精匹配相结合的策略

此外，传统的匹配算法基于 SINS 输出轨迹与真实轨迹平行的基本假设。但在飞行器的实际飞行过程中，由于 SINS 的航向角存在误差，这样的假设是不成立的。随着航向角误差的累加，匹配的误差也会随之增加，最终导致误匹配。

为了弥补这一不足，本节提出了加入旋转变化搜索的匹配算法。首先对 SINS 输出的轨迹以末端点为圆心进行旋转变换。假设原始轨迹坐标序列为 $[x_i, y_i]^{\mathrm{T}}$，旋转后的轨迹坐标序列为 $[x_i', y_i']^{\mathrm{T}}$，则

$$[x_i', y_i'] = \boldsymbol{R}(\beta)[x_i - x_n, y_i - y_n]^{\mathrm{T}} + [x_n, y_n] \tag{9-31}$$

式中，$\boldsymbol{R}(\beta)$ 是旋转角度为 β 的方向余弦矩阵，定义为

$$\boldsymbol{R}(\beta)=\begin{bmatrix} \cos\beta & \sin\beta \\ -\sin\beta & \cos\beta \end{bmatrix} \tag{9-32}$$

$[x_n, y_n]$ 为由末端点坐标扩展的坐标矩阵。

然后将旋转后的轨迹坐标序列 $[x_i', y_i']^{\mathrm{T}}$ 作为初始匹配轨迹进行地磁轮廓匹配。对搜索区域内的每个网格点进行匹配时，将该网格点对应的轨迹序列以角度 $\Delta\theta$ 为步长，在航向角误差 θ 范围内进行遍历搜索，每旋转一次，利用旋转后的航迹进行一次传统的 MSD 匹配，当旋转角大于 SINS 航向角误差 θ 时，进行下一个网格点的匹配。匹配结束后，MSD 值最小的网格位置为载体当前位置。具体匹配过程可由式（9-33）表示，其中 θ_{M} 表示最大旋转角度。

$$\mathrm{MSD}_{i,j} = \sum_{k=1}^{L}[\boldsymbol{R}(\beta)\boldsymbol{B}^{\mathrm{mea}} - \boldsymbol{B}_{ij}^{\mathrm{map}}]^2, \beta \in [-\theta_{\mathrm{M}}, \theta_{\mathrm{M}}] \tag{9-33}$$

9.3.3 改进的 MAGCOM 算法流程

改进的 MAGCOM 算法流程如下。

（1）地磁传感器每隔固定时间段采样一次，连续采样 L 次，即获取相应匹配长度的测量序列 $\boldsymbol{B}^{\mathrm{mea}}$，同时记录 SINS 解算的采样点位置。

（2）确定匹配范围 $M\times N$，并在构建的地磁图中提取匹配范围内的匹配特征量。

（3）利用 SINS 定位序列构造相对路径来确保匹配路径与机动飞行路径形状一致。

（4）计算匹配范围 $M\times N$ 中各点对应的匹配路径，即匹配序列 $\boldsymbol{B}_{ij}^{\mathrm{map}}$。

（5）将匹配序列与测量序列进行 MSD 计算。然后将粗匹配网格点上的相关度量指标进行升序排列，选择前 3 个小的 MSD 值所对应的粗匹配网格点作为精匹配候选点。

（6）分别对粗匹配得到的网格点对应的范围进行网格细化，在细化后的网格点上分别进行旋转精匹配。

（7）取 MSD 值最小的精匹配点作为匹配结果。

改进的 MAGCOM 算法流程如图 9-15 所示。

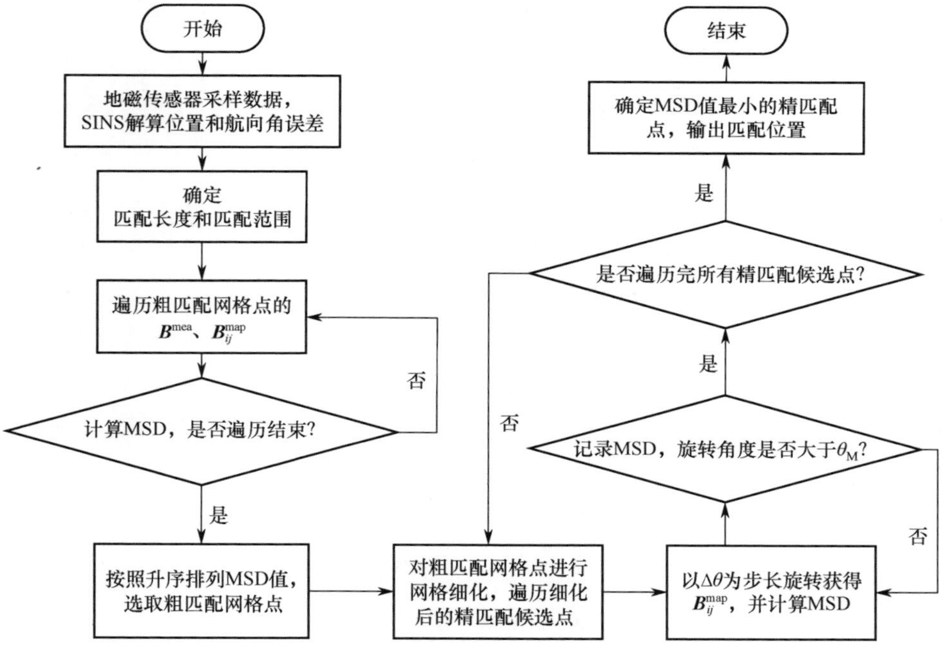

图 9-15 改进的 MAGCOM 算法流程

9.3.4　改进的 MAGCOM 算法仿真

改进的 MAGCOM 算法仿真参数如表 9-3 所示。

表 9-3　改进的 MAGCOM 算法仿真参数

仿真参数	取　值
匹配区域大小	2 格 5×25 格
匹配序列长度	5
地磁场特征量	X 分量
磁力仪采样频率	5Hz
旋转角度范围	[−20°, 20°]
旋转搜索步长	0.5°

仿真结果如图 9-16～图 9-19 所示。

由仿真结果可以看出，在高速飞行环境下，仅采用地球主磁场（模型截断阶数为 790 阶）的信息进行仿真，改进的 MAGCOM 算法的效果很差。地磁导航系统定位发散，导致滤波器发散。

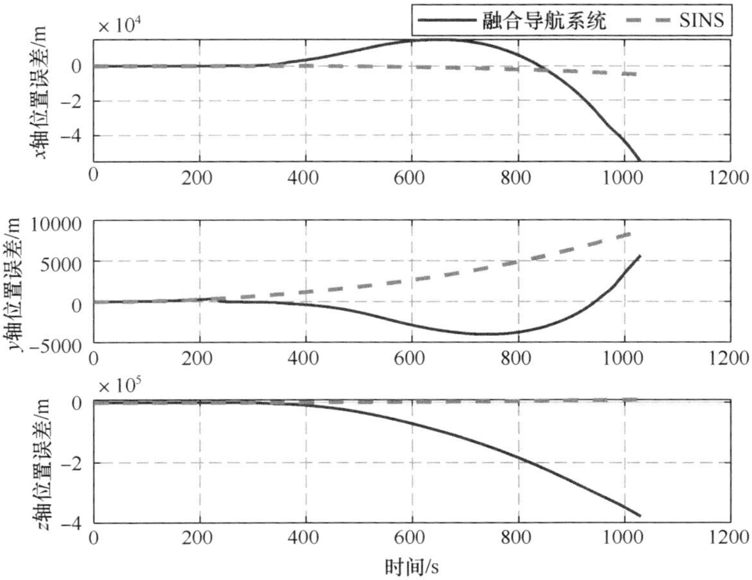

图 9-16　改进的 MAGCOM 算法位置误差（噪声±0nT）

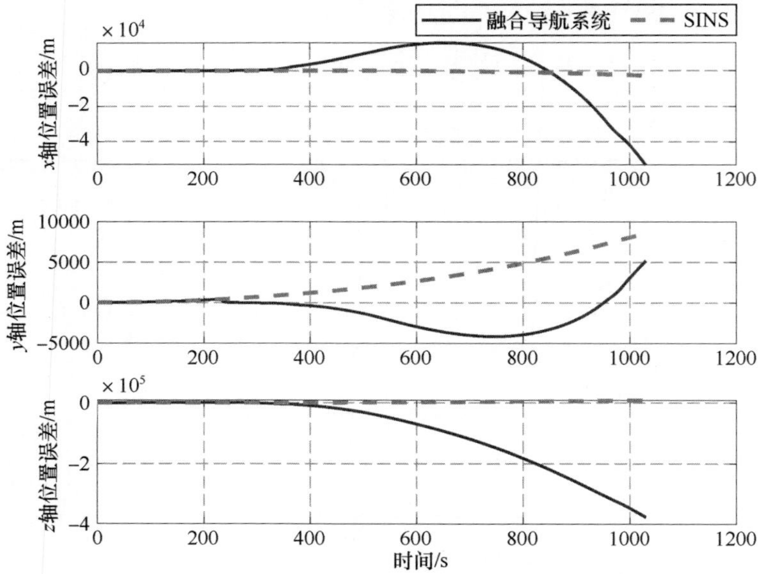

图 9-17　改进的 MAGCOM 算法位置误差（噪声±1nT）

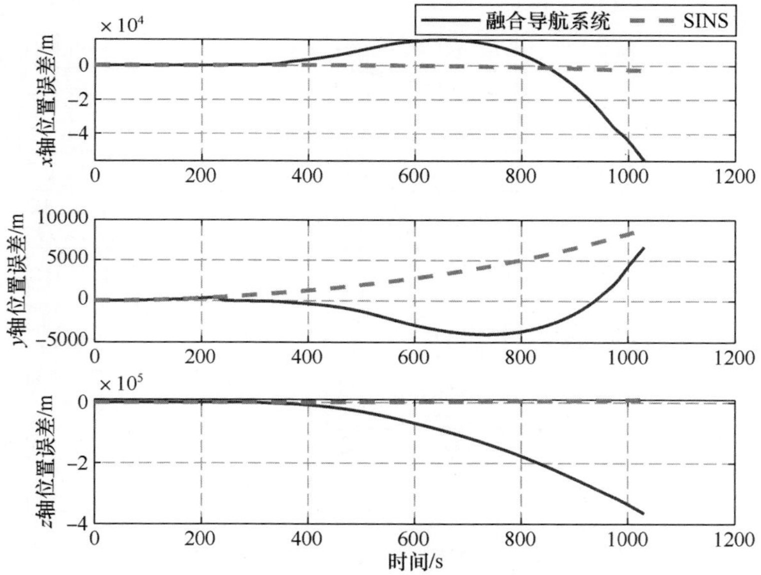

图 9-18　改进的 MAGCOM 算法位置误差（噪声±5nT）

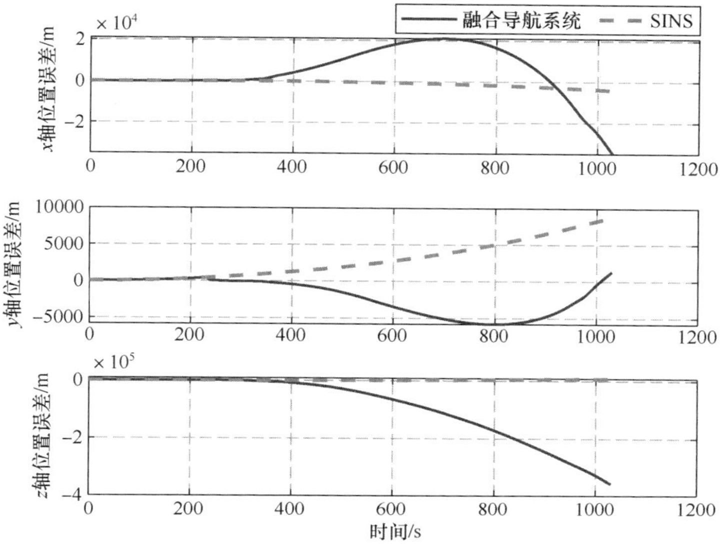

图 9-19　改进的 MAGCOM 算法位置误差（噪声±10nT）

9.4 基于迭代最近轮廓点匹配技术的惯性/地磁融合导航算法

迭代最近轮廓点（ICCP）算法主要用来实现线段组的匹配，即通过反复迭代进行刚性变换，使线段组和线段组对应的轮廓实现最佳匹配。这样的思想最早被运用在图像匹配算法中。在地磁匹配算法中，地磁图可以用轮廓图的形式表示，匹配点可以选择地磁轮廓上距 SINS 输出的航迹点最近的点，从而接近真实航迹，并对 SINS 的误差进行修正。下面介绍 ICCP 算法的实现。

9.4.1 ICCP 算法原理

首先假定有两组多段线，一组为模型数据，记为 $\boldsymbol{A}=(\boldsymbol{A}_n)=\boldsymbol{A}\{A_1,A_2,\cdots,A_N\}$，另一组为采集数据 $\boldsymbol{X}=(\boldsymbol{X}_n)=\boldsymbol{X}\{X_1,X_2,\cdots,X_N\}$，其中 $n=1,2,\cdots,N$；$\boldsymbol{A}_n$ 和 $\boldsymbol{X}_n$ 是相应的等长线段。$\boldsymbol{A}_n$ 可以表示为 $\boldsymbol{A}_n=(\bar{\boldsymbol{a}}_n,\hat{\boldsymbol{b}}_n,l_n)$，其中 $\bar{\boldsymbol{a}}_n$ 表示 $\boldsymbol{A}_n$ 的中心，l_n 表示 $\boldsymbol{A}_n$ 的长度，$\hat{\boldsymbol{b}}_n$ 表示 $\boldsymbol{A}_n$ 的方向矢量。同理，$\boldsymbol{X}_n$ 可以表示为 $\boldsymbol{X}_n=(\bar{\boldsymbol{x}}_n,\hat{\boldsymbol{y}}_n,l_n)$。$\bar{\boldsymbol{a}}_n$ 和 $\bar{\boldsymbol{x}}_n$ 是列向量，表示空间坐标，即 $\bar{\boldsymbol{a}}_n=(a_{n_1},a_{n_2},a_{n_3})^{\mathrm{T}}$，$\bar{\boldsymbol{x}}_n=(x_{n_1},x_{n_2},x_{n_3})^{\mathrm{T}}$。

若用 u 表示线段上某一点到中点的距离，则 $\boldsymbol{p}=\bar{\boldsymbol{a}}+u\hat{\boldsymbol{b}}$ 与 $\boldsymbol{q}=\bar{\boldsymbol{x}}+u\hat{\boldsymbol{y}}$ 两点之间的欧氏距离平方和可表示为

$$D^2(u) = \left\|(\bar{\boldsymbol{a}} - \bar{\boldsymbol{x}}) + u(\hat{\boldsymbol{b}} - \hat{\boldsymbol{y}})\right\|^2 \tag{9-34}$$

$\boldsymbol{A}$ 和 $\boldsymbol{X}$ 的距离函数可以表示为

$$M(\boldsymbol{A},\boldsymbol{X}) = \int_{-l/2}^{l/2} D^2(u)\mathrm{d}u = l\left\|\bar{\boldsymbol{a}} - \bar{\boldsymbol{x}}\right\|^2 + \frac{l^3}{6}(1 - \hat{\boldsymbol{b}}^{\mathrm{T}}\hat{\boldsymbol{y}}) \tag{9-35}$$

当考虑有 N 对对应线段时，式（9-35）变为

$$M(\boldsymbol{A},\boldsymbol{X}) = \sum_{n=1}^{N} M(\boldsymbol{A}_n,\boldsymbol{X}_n) = \sum_{n=1}^{N}\left[l_n\left\|\bar{\boldsymbol{a}}_n - \bar{\boldsymbol{x}}_n\right\|^2 + \frac{l_n^3}{6}(1 - \hat{\boldsymbol{b}}_n^{\mathrm{T}}\hat{\boldsymbol{y}}_n)\right] \tag{9-36}$$

当多线段 $\boldsymbol{X}$ 经过刚性变换为 $\boldsymbol{TX}$，$\boldsymbol{TX}$ 与多线段 $\boldsymbol{A}$ 实现最佳匹配时，$M(\boldsymbol{A},\boldsymbol{TX})$ 取得最小值，因此可以通过对 $M(\boldsymbol{A},\boldsymbol{TX})$ 求极值确定旋转矩阵和平移向量。

理论上旋转变换和平移变换是不可交换的，因此必须首先确定两种变换的先后顺序，在这里先旋转后平移。将刚性变换记作 $\boldsymbol{T}$，有

$$\boldsymbol{T} = \begin{cases} \bar{\boldsymbol{x}}_n \to \bar{\boldsymbol{t}} + \boldsymbol{R}\bar{\boldsymbol{x}}_n \\ \hat{\boldsymbol{y}} \to \boldsymbol{R}\hat{\boldsymbol{y}} \end{cases} \tag{9-37}$$

式中，$\bar{\boldsymbol{t}}$ 表示平移向量；$\boldsymbol{R}$ 表示旋转矩阵。

最终可以得到

$$M(\boldsymbol{A},\boldsymbol{TX}) = \sum_{n=1}^{N}\left[l_n\left\|\bar{\boldsymbol{a}}_n - \bar{\boldsymbol{t}} - \boldsymbol{R}\bar{\boldsymbol{x}}_n\right\|^2 + \frac{l_n^3}{6}(1 - \hat{\boldsymbol{b}}_n^{\mathrm{T}}\hat{\boldsymbol{y}}_n)\right] \tag{9-38}$$

使 $M(\boldsymbol{A},\boldsymbol{TX})$ 达到极小值的刚性变换就是匹配结果。求解出平移向量 $\bar{\boldsymbol{t}}$ 和旋转矩阵 $\boldsymbol{R}$ 的值，使函数 $M(\boldsymbol{A},\boldsymbol{TX})$ 取得极小值。

首先对 t_i 求导，得

$$\frac{\partial M}{\partial t} = \left(\frac{\partial M}{\partial t_1},\frac{\partial M}{\partial t_2},\frac{\partial M}{\partial t_3}\right)^{\mathrm{T}} = 0 \tag{9-39}$$

用正交基 $\boldsymbol{e} = (\hat{\boldsymbol{e}}_1,\hat{\boldsymbol{e}}_2,\hat{\boldsymbol{e}}_3)$ 表示式（9-39），即

$$\frac{\partial M}{\partial t_i} = -2\sum_{n=1}^{N}[l_n\hat{\boldsymbol{e}}_i^{\mathrm{T}}(\bar{\boldsymbol{a}}_n - \bar{\boldsymbol{t}} - \boldsymbol{R}\bar{\boldsymbol{x}}_n)] = 0, \quad i = 1,2,3 \tag{9-40}$$

式中，$\hat{\boldsymbol{e}}_1 = (1,0,0)$，$\hat{\boldsymbol{e}}_2 = (0,1,0)$，$\hat{\boldsymbol{e}}_3 = (0,0,1)$。显然，式（9-40）成立时，$\bar{\boldsymbol{t}} = \tilde{\boldsymbol{a}} - \boldsymbol{R}\tilde{\boldsymbol{x}}$。式中，

$$\tilde{\boldsymbol{a}} = \sum_{n=1}^{N}\omega_n\bar{\boldsymbol{a}}_n, \quad \tilde{\boldsymbol{x}} = \sum_{n=1}^{N}\omega_n\bar{\boldsymbol{x}}_n, \quad \omega_n = l_n \Big/ \sum_{n=1}^{N} l_n \tag{9-41}$$

式中，ω_n 为 $\bar{\boldsymbol{a}}_n$ 和 $\bar{\boldsymbol{x}}_n$ 的权重，$\tilde{\boldsymbol{a}}$ 和 $\tilde{\boldsymbol{x}}$ 分别对应线段组的质心。根据函数极值的判定方法，在函数上的某一点，若函数的一阶导数等于 0，二阶导数大于 0，则该点为函数的极小值点。故再对 t_i 求二次导数，即

$$\frac{\partial^2 M}{\partial t^2}=\frac{\partial\left(\frac{\partial M}{\partial t_1},\frac{\partial M}{\partial t_2},\frac{\partial M}{\partial t_3}\right)}{\partial t}=\begin{Bmatrix}\frac{\partial^2 M}{\partial t_1^2} & \frac{\partial^2 M}{\partial t_1 t_2} & \frac{\partial^2 M}{\partial t_1 t_3}\\ \frac{\partial^2 M}{\partial t_2 t_1} & \frac{\partial^2 M}{\partial t_2^2} & \frac{\partial^2 M}{\partial t_2 t_3}\\ \frac{\partial^2 M}{\partial t_3 t_1} & \frac{\partial^2 M}{\partial t_3 t_2} & \frac{\partial^2 M}{\partial t_3^2}\end{Bmatrix}=\begin{Bmatrix}2L & 0 & 0\\ 0 & 2L & 0\\ 0 & 0 & 2L\end{Bmatrix} \tag{9-42}$$

式中，$L=\sum_{n=1}^{N} l_n$，故 $\frac{\partial^2 M}{\partial t^2}>0$，满足 $\frac{\partial M}{\partial t}=0$ 的平移向量 $\bar{\boldsymbol{t}}=\tilde{\boldsymbol{a}}-\boldsymbol{R}\tilde{\boldsymbol{x}}$ 可以使 $M(\boldsymbol{A},\boldsymbol{TX})$ 取得极小值。

将 $\bar{\boldsymbol{t}}=\tilde{\boldsymbol{a}}-\boldsymbol{R}\tilde{\boldsymbol{x}}$ 代入距离函数 $M(\boldsymbol{A},\boldsymbol{TX})$ 中，并令 $\boldsymbol{a}'_n=\bar{\boldsymbol{a}}_n-\tilde{\boldsymbol{a}}_n$，$\boldsymbol{x}'_n=\bar{\boldsymbol{x}}_n-\tilde{\boldsymbol{x}}$，则有

$$\begin{aligned}M(\boldsymbol{A},\boldsymbol{TX})&=\sum_{n=1}^{N}\left[l_n\left\|\bar{\boldsymbol{a}}_n-\bar{\boldsymbol{t}}-\boldsymbol{R}\bar{\boldsymbol{x}}_n\right\|^2+\frac{l_n^3}{6}(1-\hat{\boldsymbol{b}}_n^{\mathrm{T}}\hat{\boldsymbol{y}}_n)\right]\\&=\sum_{n=1}^{N}\left[l_n\left\|\bar{\boldsymbol{a}}_n-\tilde{\boldsymbol{a}}+\boldsymbol{R}\tilde{\boldsymbol{x}}-\boldsymbol{R}\bar{\boldsymbol{x}}_n\right\|^2+\frac{l_n^3}{6}(1-\hat{\boldsymbol{b}}_n^{\mathrm{T}}\hat{\boldsymbol{y}}_n)\right]\\&=\sum_{n=1}^{N}\left[l_n\left\|\boldsymbol{a}'_n-\boldsymbol{R}\boldsymbol{x}'_n\right\|^2+\frac{l_n^3}{6}(1-\hat{\boldsymbol{b}}_n^{\mathrm{T}}\hat{\boldsymbol{y}}_n)\right]\\&=\sum_{n=1}^{N}\left[l_n\left(\left\|\boldsymbol{a}'_n\right\|^2+\left\|\boldsymbol{x}'_n\right\|^2+\frac{l_n^3}{6}\right)\right]-2\sum_{n=1}^{N}\left[l_n\left(\boldsymbol{a}'_n\boldsymbol{R}\boldsymbol{x}'_n+\frac{l_n^2}{12}\hat{\boldsymbol{b}}_n^{\mathrm{T}}\boldsymbol{R}\hat{\boldsymbol{y}}_n\right)\right]\\&=\mathrm{MC}-2\mathrm{MV}\end{aligned} \tag{9-43}$$

将函数 $M(\boldsymbol{A},\boldsymbol{TX})$ 分解为 MC 和 MV 两项，其中，MC 是一个常数；而当 MV 取极大值时，函数 $M(\boldsymbol{A},\boldsymbol{TX})$ 取得极小值。

求解旋转矩阵 $\boldsymbol{R}$ 时可以用四元数法。单位四元数 $\dot{\boldsymbol{q}}=(q_0,q_1,q_2,q_3)^{\mathrm{T}}$ 满足 $\sum_{i=1}^{4} q_i^{\ 2}=1$，如果坐标系绕旋转轴 $\hat{\boldsymbol{v}}=(v_1,v_2,v_3)^{\mathrm{T}}$ 旋转 θ 角度，则这一旋转过程可以用四元数 $\dot{\boldsymbol{q}}$ 表示为

$$\dot{\boldsymbol{q}}=(\cos(\theta/2),v_1\sin(\theta/2),v_2\sin(\theta/2),v_3\sin(\theta/2))^{\mathrm{T}} \tag{9-44}$$

用四元数表示的旋转矩阵 $\boldsymbol{R}$ 为

$$\boldsymbol{R}=\begin{bmatrix}q_0^2+q_1^2-q_2^2-q_3^2 & 2(q_1q_2-q_0q_3) & 2(q_1q_3+q_0q_2)\\ 2(q_2q_1-q_3q_0) & q_0^2-q_1^2+q_2^2-q_3^2 & 2(q_2q_3-q_0q_1)\\ 2(q_3q_1-q_2q_0) & 2(q_3q_2-q_0q_1) & q_0^2-q_1^2-q_2^2-q_3^2\end{bmatrix} \tag{9-45}$$

根据式（9-43）中的 MV 定义互协方差矩阵 $\boldsymbol{S}=\sum_{n=1}^{N}\left[l_n\left(\boldsymbol{a}'_n\boldsymbol{x}_n'^{\mathrm{T}}+\frac{l_n^2}{12}\hat{\boldsymbol{b}}_n\hat{\boldsymbol{y}}_n^{\mathrm{T}}\right)\right]$，展开可得

$$
\boldsymbol{S}=\begin{bmatrix}
\sum_{n=1}^{N}\left(l_n a'_{n1}x'_{n1}+\frac{l_n^3}{12}\hat{b}_{n1}\hat{y}_{n1}\right) & \sum_{n=1}^{N}\left(l_n a'_{n1}x'_{n2}+\frac{l_n^3}{12}\hat{b}_{n1}\hat{y}_{n2}\right) & \sum_{n=1}^{N}\left(l_n a'_{n1}x'_{n3}+\frac{l_n^3}{12}\hat{b}_{n1}\hat{y}_{n3}\right) \\
\sum_{n=1}^{N}\left(l_n a'_{n2}x'_{n1}+\frac{l_n^3}{12}\hat{b}_{n2}\hat{y}_{n1}\right) & \sum_{n=1}^{N}\left(l_n a'_{n2}x'_{n2}+\frac{l_n^3}{12}\hat{b}_{n2}\hat{y}_{n2}\right) & \sum_{n=1}^{N}\left(l_n a'_{n2}x'_{n3}+\frac{l_n^3}{12}\hat{b}_{n2}\hat{y}_{n3}\right) \\
\sum_{n=1}^{N}\left(l_n a'_{n3}x'_{n1}+\frac{l_n^3}{12}\hat{b}_{n3}\hat{y}_{n1}\right) & \sum_{n=1}^{N}\left(l_n a'_{n2}x'_{n3}+\frac{l_n^3}{12}\hat{b}_{n3}\hat{y}_{n2}\right) & \sum_{n=1}^{N}\left(l_n a'_{n3}x'_{n3}+\frac{l_n^3}{12}\hat{b}_{n3}\hat{y}_{n3}\right)
\end{bmatrix}
=\begin{bmatrix} S_{11} & S_{12} & S_{13} \\ S_{21} & S_{22} & S_{23} \\ S_{31} & S_{32} & S_{33} \end{bmatrix}
\tag{9-46}
$$

由四元数的性质可知，存在矩阵 $\boldsymbol{W}$ 满足

$$
\boldsymbol{W}=\begin{bmatrix}
S_{11}+S_{22}+S_{33} & S_{32}-S_{23} & S_{13}-S_{31} & S_{21}-S_{12} \\
S_{32}-S_{23} & S_{11}-S_{22}-S_{33} & S_{12}+S_{21} & S_{31}+S_{13} \\
S_{13}-S_{31} & S_{12}+S_{21} & -S_{11}+S_{22}-S_{33} & S_{23}+S_{32} \\
S_{21}-S_{12} & S_{31}+S_{13} & S_{23}+S_{32} & -S_{11}-S_{22}+S_{33}
\end{bmatrix}
\tag{9-47}
$$

旋转矩阵 $\boldsymbol{R}$ 对应的四元数就是矩阵 $\boldsymbol{W}$ 的最大特征值对应的 4 个特征向量。

9.4.2 ICCP 算法流程

概括来讲，ICCP 算法就是通过求取刚性变换矩阵 $\boldsymbol{T}$，对 SINS 的航迹进行平移、旋转。迭代重复上述过程，直到航迹被变换到匹配航迹上，从而达到修正航迹的目的。

可以将飞行器的 SINS 输出的航迹记为 $\boldsymbol{X}_n=\{\boldsymbol{x}_n\}(n=1,2,\cdots,L)$，将飞行器的真实航迹记为 $\boldsymbol{Y}_n=\{\boldsymbol{y}_n\}$，由地磁传感器测量得到的实时磁测序列记为 $\boldsymbol{Z}^{\text{mea}}=\{z_l^{\text{mea}}\mid l=1,2,\cdots,L\}$。ICCP 算法流程可以总结为以下 4 步。

（1）根据地磁传感器的磁测序列 $\boldsymbol{Z}^{\text{mea}}=\{z_l^{\text{mea}}\mid l=1,2,\cdots,L\}$，在地磁基准图中找到对应地磁值的轮廓簇。

（2）在轮廓簇上寻找与 SINS 航迹 $\boldsymbol{X}_n$ 距离最近的点，记为匹配点 $\boldsymbol{A}_{\text{m}}$。

（3）求取刚性变换矩阵 $\boldsymbol{T}$，使 $\boldsymbol{TX}_n$ 到 $\boldsymbol{A}_{\text{m}}$ 的距离最短，再令 $\boldsymbol{X}_n=\boldsymbol{TX}_n$，在轮廓簇上寻找新的匹配点 $\boldsymbol{A}_{\text{m}}$，再求取刚性变换矩阵 $\boldsymbol{T}$。迭代重复上述过程，直到 $M(\boldsymbol{A}_{\text{m}},\boldsymbol{TX})=\sum_{n=1}^{N}d^2(\boldsymbol{a}_n,\boldsymbol{Tx}_n)$ 小于某个阈值 ε，停止迭代。

（4）输出最终的 $\boldsymbol{TX}$ 作为修正后的航迹。

ICCP 算法流程如图 9-20 所示。

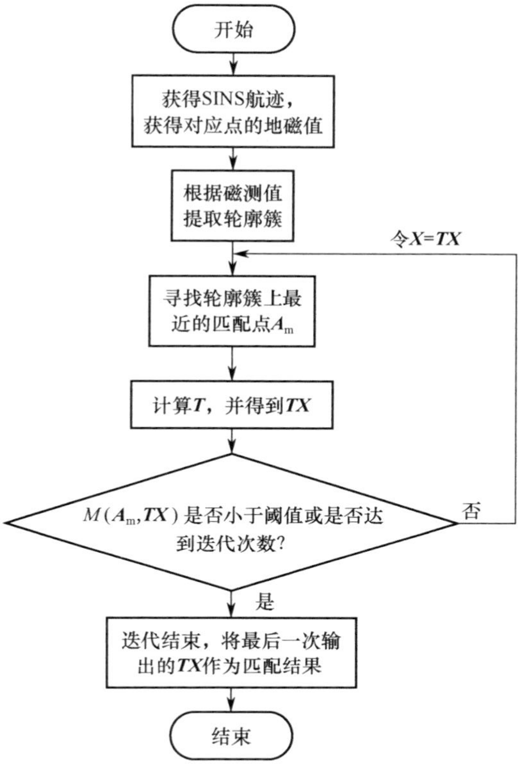

图 9-20　ICCP 算法流程

9.4.3　ICCP 算法仿真

ICCP 算法仿真参数如表 9-4 所示。

表 9-4　ICCP 算法仿真参数

仿 真 参 数	取　　值
匹配区域大小	199 格×199 格
匹配序列长度	5
地磁场特征量	X 分量
磁力仪采样频率	5Hz
最大迭代次数	30 次
迭代结束最小距离	500m

仿真结果如图 9-21～图 9-24 所示。

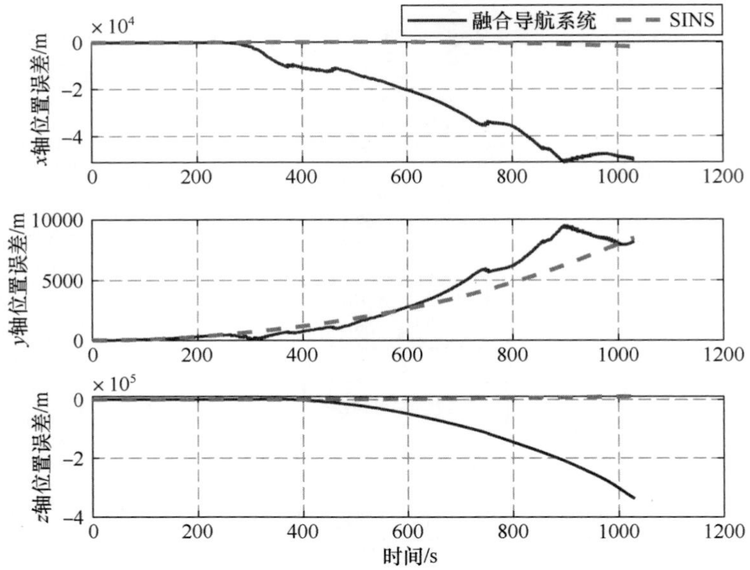

图 9-21　ICCP 算法位置误差（噪声±0nT）

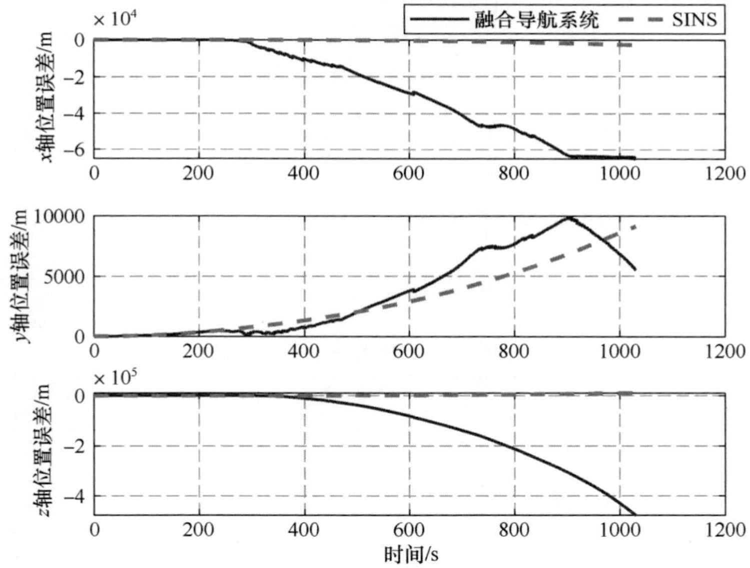

图 9-22　ICCP 算法位置误差（噪声±1nT）

由仿真结果可以看出，与 MAGCOM 算法一样，在高速飞行环境下，仅采用地球主磁场（模型截断阶数为 790 阶）的信息进行仿真，ICCP 算法的效果很差。地磁导航系统定位发散，导致滤波器发散。

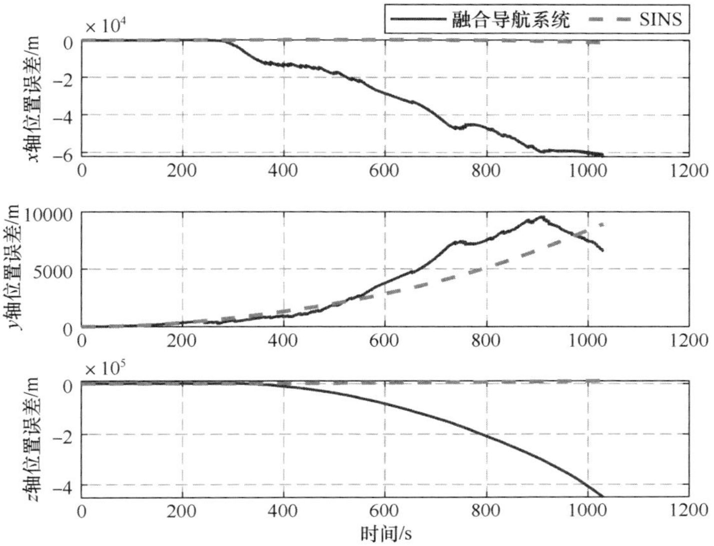

图 9-23　ICCP 算法位置误差（噪声±5nT）

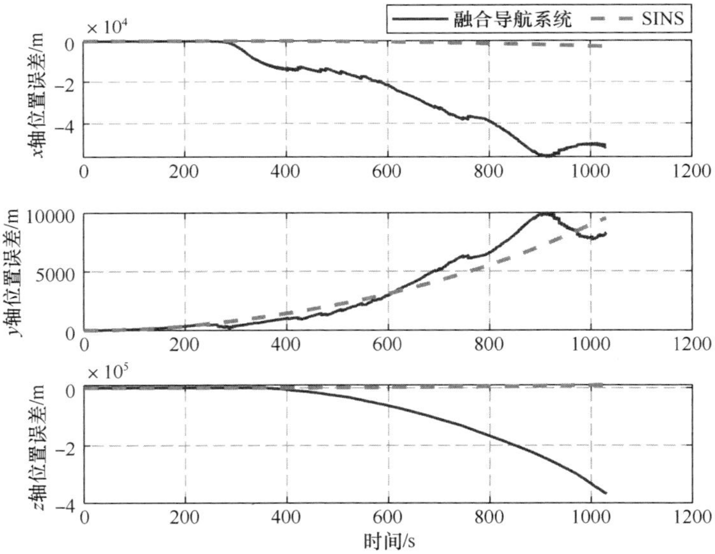

图 9-24　ICCP 算法位置误差（噪声±10nT）

9.5 基于桑迪亚地磁辅助技术的惯性/地磁融合导航算法

桑迪亚惯性地形辅助导航（Sandia Inertial Terrain Aided Navigation，SITAN）算法是 20 世纪 70 年代由美国桑迪亚实验室研发的一种地形辅助导航算法。由于地形的高程信息与地磁场的地磁值信息具有很高的相似性，有人利用 SITAN 算法的原理将地形信息换成地磁信息，提出了桑迪亚惯性地磁辅助导航（Sandia Inertial Magnetic Aided Navigation SIMAN）算法。本节将介绍 SIMAN 算法的实现。

9.5.1 SIMAN 算法原理

SIMAN算法的原理主要是利用递推卡尔曼滤波技术，连续处理地磁强度值，实现对 SINS 位置积累误差的修正。载体在飞行过程中，由于惯导系统的误差累积，其所处的真实位置与 SINS 输出的位置会有一定误差。而此时载体上携带的磁测传感器所测得的地磁值是载体真实位置处的真实地磁值，该值与 SINS 指示的地磁值有差异。SIMAN 算法就利用这个地磁值的差值作为卡尔曼滤波器的观测输入，并且利用 SINS 指示的当前位置，对一定范围内的区域进行地磁图线性化处理，得到两个方向的地磁值的斜率 h_x 和 h_y，从而对系统的状态误差进行估计。SIMAN 算法原理如图 9-25 所示。SIMAN 算法主要由两大技术部分组成：递推卡尔曼滤波技术和地磁图线性化技术。

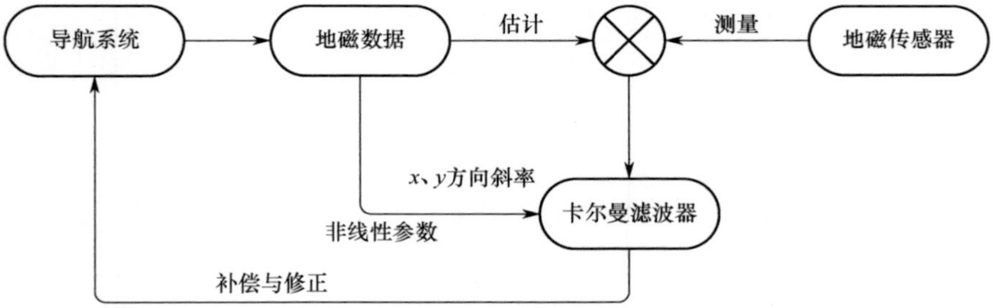

图 9-25　SIMAN 算法原理

9.5.1.1　状态方程的建立

在 SIMAN 系统中，通常根据系统所需要估计的状态参量选择相应的状态向量。本节选取 SIMAN 系统需要修正的两个位置误差 $(\delta x, \delta y)$ 作为向量状态并建立对应的状态方程，即

$$\delta \boldsymbol{X}_{k+1} = \boldsymbol{\phi} \delta \boldsymbol{X}_k + \boldsymbol{W}_k \tag{9-48}$$

式中，状态矢量 $\delta\boldsymbol{X}$ 表示要估计的状态，$\delta\boldsymbol{X} = [\delta x, \delta y]^{\mathrm{T}}$；$\boldsymbol{\phi}$ 表示状态转移矩阵；$\boldsymbol{W}_k$ 表示驱动噪声。

9.5.1.2　量测方程的建立

SIMAN 算法直接将地磁强度值作为量测量，地磁强度值可以看作位置的函数值，将其表示为 $\boldsymbol{M}(x,y)$，其中 (x,y) 是载体的真实位置。当 SINS 提供的位置为 $(\hat{x},\hat{y})$ 时，根据地磁基准图可以得到该位置的地磁强度值 $M(\hat{x},\hat{y})$。因为地磁基准图是由实测数据得到的数学模型，所以 SINS 得到的 $M_{\mathrm{m}}(\hat{x},\hat{y})$ 与实测数据提供的 $M_{\mathrm{a}}(x,y)$ 满足

$$M_{\mathrm{m}}(\hat{x},\hat{y}) = M_{\mathrm{a}}(x,y) + V_{\mathrm{m}} \tag{9-49}$$

式中，V_{m} 是地磁基准图的量测噪声和模型量化噪声。

当状态量选取位置误差时，即当 $\delta\boldsymbol{X} = [\delta x, \delta y]^{\mathrm{T}}$ 时，量测方程推导如下。

$$\begin{aligned}
\boldsymbol{Z} &= M_{\mathrm{m}}(\hat{x},\hat{y}) - M_{\mathrm{a}}(x,y) = M_{\mathrm{a}}(\hat{x},\hat{y}) + V_{\mathrm{m}} - M_{\mathrm{a}}(x,y) \\
&= M_{\mathrm{a}}(x+\delta x, y+\delta y) + V_{\mathrm{m}} - M_{\mathrm{a}}(x,y) \\
&= M_{\mathrm{a}}(x,y) + \frac{\partial M_{\mathrm{a}}(x,y)}{\partial x}\delta x + \frac{\partial M_{\mathrm{a}}(x,y)}{\partial y}\delta y + V_1 + V_{\mathrm{m}} - M_{\mathrm{a}}(x,y) \\
&= \frac{\partial M_{\mathrm{a}}(x,y)}{\partial x}\delta x + \frac{\partial M_{\mathrm{a}}(x,y)}{\partial y}\delta y + V_1 + V_{\mathrm{m}}
\end{aligned} \tag{9-50}$$

式中，V_1 表示线性化误差。

最终的量测方程可以表示为

$$\boldsymbol{Z} = \boldsymbol{H}\delta\boldsymbol{X} + \boldsymbol{V} \tag{9-51}$$

式中，$\boldsymbol{H} = [h_x, h_y]$，$h_x = \dfrac{\partial M_{\mathrm{a}}(x,y)}{\partial x}$，$h_y = \dfrac{\partial M_{\mathrm{a}}(x,y)}{\partial y}$。

9.5.2 地磁图线性化技术

卡尔曼滤波器是一种线性滤波器，但地磁场的变化并非线性的。因此，在进行滤波之前需要先对地磁场进行线性化处理，求得载体所在位置的地磁强度变化斜率 h_x 和 h_y。令 $f(x,y)$ 代表 $(\hat{x},\hat{y})$ 位置附近的线性化剖面，$f(x,y)$ 与 h_x、h_y 之间的关系为

$$f(x,y) = a + h_x(x-\hat{x}) + h_y(y-\hat{y}) \tag{9-52}$$

式中，a 为常值。

常用的线性化方法主要有以下几种。

9.5.2.1 一阶泰勒多项式拟合方法

一阶泰勒多项式拟合方法是所有线性化方法中最简单的一种。由图 9-26 可以看出，位置 (x,y) 的斜率 h_x 和 h_y 可以表达为

$$\begin{aligned}
a &= h(x,y) \\
h_x &= \frac{h(x+1,y) - h(x-1,y)}{2d} \\
h_y &= \frac{h(x,y+1) - h(x,y-1)}{2d}
\end{aligned} \tag{9-53}$$

式中，d 为背景的格网间距。

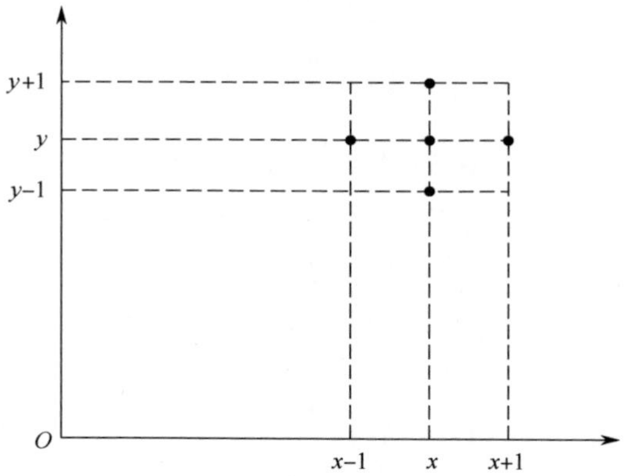

图 9-26　一阶泰勒多项式拟合方法

9.5.2.2　九点平面拟合方法

九点平面拟合方法利用以载体所在位置 (x, y) 为中心的矩形范围内的 9 个地磁强度数据为依据，进行平面拟合，拟合值用于评估该位置的地磁强度斜率。九点平面拟合方法如图 9-27 所示。

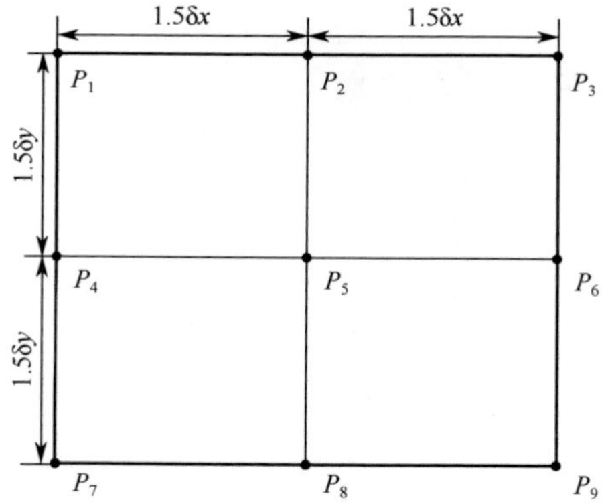

图 9-27　九点平面拟合方法

通过这 9 个点进行最小二乘法拟合。图中的 δx 和 δy 是卡尔曼滤波器中的位置误差。将 9 个点对应的坐标和地磁强度值代入线性化剖面方程中，可以得到矩阵方程

$$\boldsymbol{H}_d = \begin{bmatrix} h(k_{1x},k_{1y}) \\ h(k_{2x},k_{2y}) \\ \vdots \\ h(k_{9x},k_{9y}) \end{bmatrix} = a\begin{bmatrix} 1 \\ 1 \\ \vdots \\ 1 \end{bmatrix} + k_x d\begin{bmatrix} k_{1x}-k_{5x} \\ k_{2x}-k_{5x} \\ \vdots \\ k_{9x}-k_{5x} \end{bmatrix} + k_y d\begin{bmatrix} k_{1y}-k_{5y} \\ k_{2y}-k_{5y} \\ \vdots \\ k_{9y}-k_{5y} \end{bmatrix} = \boldsymbol{A}\begin{bmatrix} a \\ k_x d \\ k_y d \end{bmatrix} \tag{9-54}$$

式中，

$$\boldsymbol{A}=\begin{bmatrix}1 & k_{1x}-k_{5x} & k_{1y}-k_{5y}\\ 1 & k_{2x}-k_{5x} & k_{2y}-k_{5y}\\ \vdots & \vdots & \vdots\\ 1 & k_{9x}-k_{5x} & k_{9y}-k_{5y}\end{bmatrix} \tag{9-55}$$

由最小二乘法可以得到

$$\begin{bmatrix}a\\ k_x d\\ k_y d\end{bmatrix}=(\boldsymbol{A}^{\mathrm{T}}\boldsymbol{A})^{-1}\boldsymbol{A}^{\mathrm{T}}\boldsymbol{H}_d \tag{9-56}$$

求解参数方程，可得

$$\begin{cases}a=\dfrac{1}{9}\sum\limits_{i=1}^{9}h_i\\ h_x=k_x=\dfrac{h_3+h_6+h_9-h_1-h_4-h_7}{6Nd}\\ h_y=k_y=\dfrac{h_7+h_8+h_9-h_1-h_2-h_3}{6Md}\end{cases} \tag{9-57}$$

式中，$h_1,h_2,\cdots,h_9$ 为 9 个点对应的地磁强度值；$N=\dfrac{1.5\delta x}{d}$；$M=\dfrac{1.5\delta y}{d}$。

9.5.2.3　全平面拟合方法

全平面拟合方法类似九点平面拟合方法，但是它们之间又有区别：一是中心点周围的区域大小选择不同，二是选取的点的数量不同。九点平面拟合方法在 P_5 点周围选择 $3\delta x\times 3\delta y$ 大小的区域用于估计斜率，而全平面拟合方法选用的是 $5\delta x\times 5\delta y$ 大小的区域；九点平面拟合方法只计算 9 个点的值用于拟合，而全平面拟合方法将矩形范围内所有格网的值都加入运算。

此处斜率求解的过程类似九点平面拟合方法，不再赘述，但参与最小二乘估计的量测量大幅增加。线性化系数求解过程如下。

$$\begin{cases}a=\dfrac{1}{(2m+1)(2n+1)}\sum\limits_{i,j}h(i,j)\\ h_x=\dfrac{\sum\limits_{i,j}ih(i,j)}{2(2n+1)(1^2+2^2+\cdots+m^2)d}\\ h_y=\dfrac{\sum\limits_{i,j}jh(i,j)}{2(2m+1)(1^2+2^2+\cdots+n^2)d}\end{cases} \tag{9-58}$$

9.5.3 SIMAN 算法流程

SIMAN 算法利用递推卡尔曼滤波器，不断地根据地磁传感器采集的地磁值与 SINS 输出位置的地磁值的差值对航迹进行修正。其流程如下。

（1）根据 SINS 指示的位置，在地磁基准图中找到对应的地磁基准值，记作 $M(\hat{x},\hat{y})$。将 $M(\hat{x},\hat{y})$ 与实测数据 $M_{\mathrm{a}}(x,y)$ 的差值记为 $\bar{Z}$。

（2）根据 SINS 指示的位置，对范围内的地磁基准图进行线性化处理，得到 h_x 和 h_y 两个方向的斜率。

（3）将 Z 作为卡尔曼滤波器的量测输入，$\boldsymbol{H}=[h_x,\ h_y]$ 作为卡尔曼滤波器的量测矩阵，给定卡尔曼滤波器的初始值 $\delta\boldsymbol{X}_0$ 和初始值协方差矩阵 $\boldsymbol{P}_0$，进行滤波运算。

（4）根据滤波器的输出结果 $\boldsymbol{X}_k$，对 SINS 的输出进行补偿和修正。

SIMAN 算法流程如图 9-28 所示。

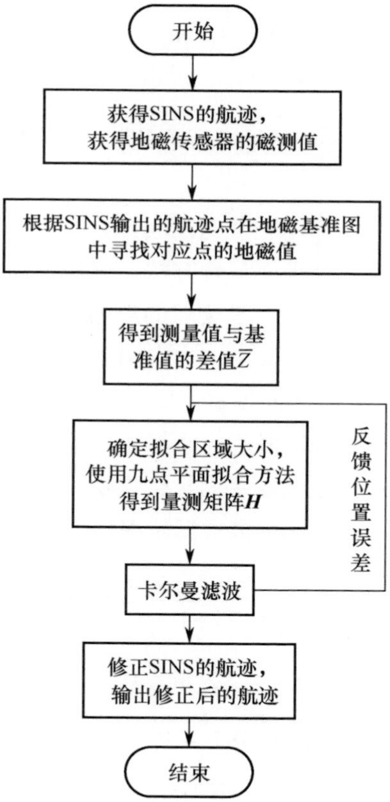

图 9-28　SIMAN 算法流程

9.5.4 SIMAN 算法仿真

SIMAN 算法仿真参数如表 9-5 所示。

表 9-5 SIMAN 算法仿真参数

仿真参数	取值
匹配区域大小	125 格×125 格
匹配序列长度	1
地磁场特征量	X、Y 和 Z 分量
磁力仪采样频率	1Hz
融合导航周期	1s
初始状态 $\delta\boldsymbol{X}$	[0; 0]
初始协方差矩阵 $\boldsymbol{P}_k$	[0, 0; 0, 0]

仿真结果如图 9-29～图 9-32 所示。

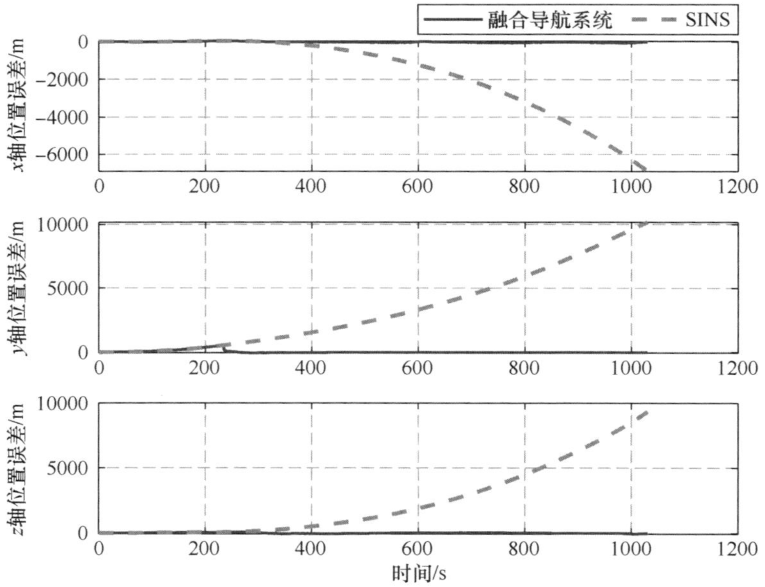

图 9-29 SIMAN 算法位置误差（噪声±0nT）

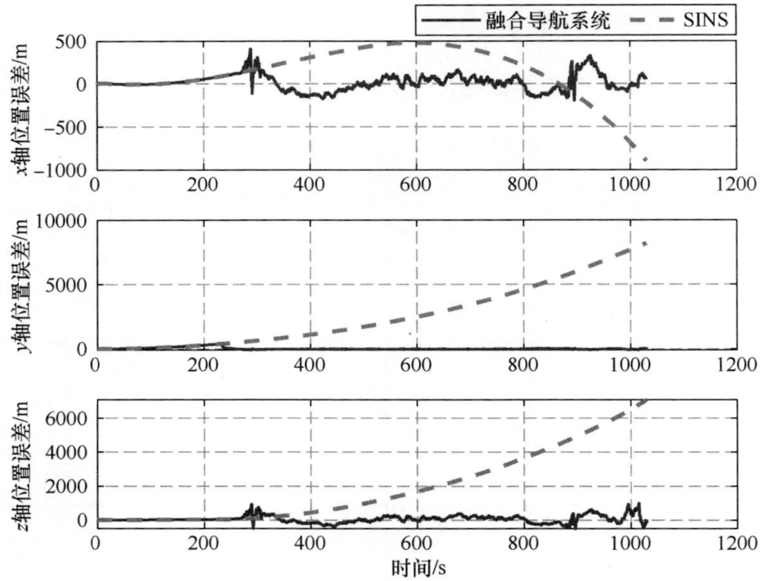

图 9-30　SIMAN 算法位置误差（噪声±1nT）

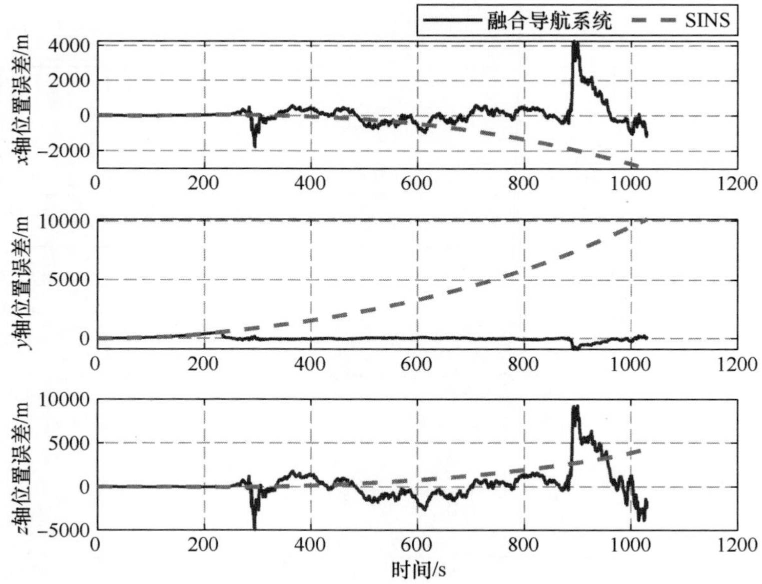

图 9-31　SIMAN 算法位置误差（噪声±5nT）

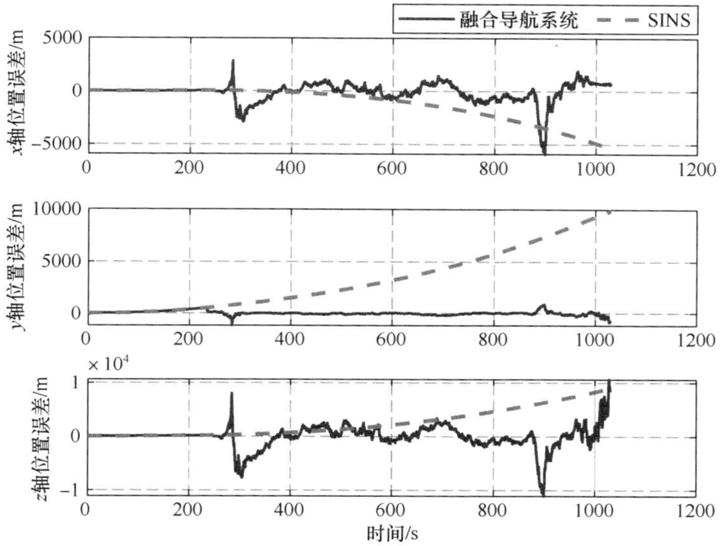

图 9-32　SIMAN 算法位置误差（噪声±10nT）

由仿真结果可以看出，SIMAN 算法在地磁场较为平缓的区域具有很好的性能，在磁力仪每轴噪声±10nT 的条件下，滤波器依然没有发散，证明 SIMAN 算法相较于 MAGCOM 算法和 ICCP 算法，更适用于临近空间高速飞行器地磁导航。

9.6 基于多地磁分量辅助定位技术的惯性/地磁融合导航算法

多地磁分量辅助定位（Multi-geomagnetic-Component Assisted Localization，MCAL）算法是一种利用多种地磁分量及其轮廓对飞行器位置进行估计的算法，在磁误差较小的情况下，可以取得更精确的匹配效果[10]。本节将介绍 MCAL 算法的实现。

9.6.1 MCAL 算法原理

在载体运动过程中，导航系统通过载体上的三轴地磁传感器实时测量地磁值，根据 SINS 输出的位置信息选取 $3\sigma x \times 3\sigma y$ 大小的匹配区域，其中 σx 是 SINS 在 x 方向的最大误差，σy 则是 SINS 在 y 方向的最大误差。提取匹配区域的地磁基准图信息，根据三轴地磁传感器的磁测值绘制出对应的轮廓，当磁测值与地磁参考值之间没有误差时（混合误差为 0），这些轮廓的交点就是载体的真实位置。

地磁场的 7 个地磁要素可以根据性质分为两类：一类是强度量，另一类是角度量。本文使用 3 个相互正交的强度量 X、Y、Z 作为匹配特征量。当载体运动时，三轴地磁传感器可以测量到载体所处位置的三轴方向的地磁值，将地磁值进行坐标转换，就可以得到北东地坐标系下的北向、东向、地向 3 个地磁分量值。根据测得的 3 个地磁分量值，可以在地磁基准库中找到它们各自对应的轮廓及轮廓上每个点的坐标，载体所在的位置应当同时处在这 3 条轮廓上。也就是说，这 3 条轮廓的交点就是载体真实位置的最优估计值。

但需要注意的是，3 条轮廓的相交情况较为复杂。一方面，三轴地磁传感器的量测误差不可能为 0，当磁力仪存在量测误差时，3 条轮廓很可能不会相交在同一点，此时交点个数很可能大于 1；另一方面，轮廓可能存在大曲率的弧线或比较复杂的曲线，也可能存在相互重合的情况，从而导致存在多个交点。因此，为了保证定位的实时性，可以先求取两个地磁分量的轮廓，如果这两个地磁分量的轮廓交点数量 $N>1$ 或 $N=0$，则再引入第三个地磁分量的轮廓进行决策。地磁分量轮廓具有一个交点和多个交点的情况分别如图 9-33、图 9-34 所示。

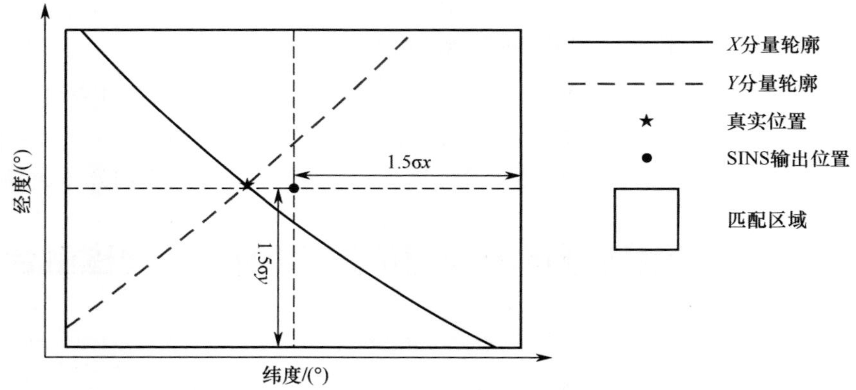

图 9-33　地磁分量轮廓具有一个交点的情况

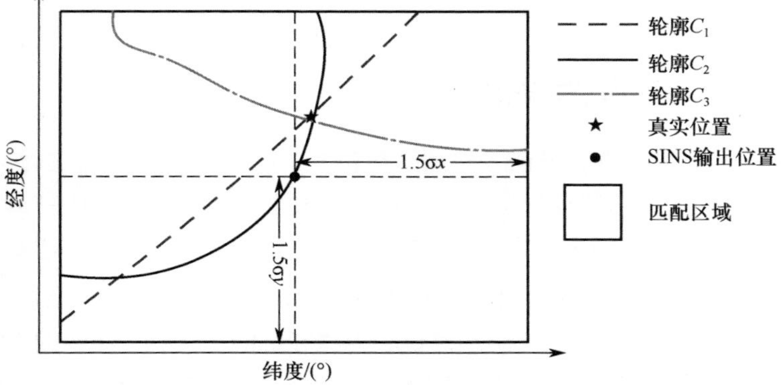

图 9-34　地磁分量轮廓具有多个交点的情况

9.6.2 MCAL 算法流程

MCAL 算法流程如下。

（1）由磁力仪测得载体所处位置的两个地磁分量值，分别记作 M_1 和 M_2，并根据 SINS 解算的位置 P 划定匹配区域。

（2）读取载体携带的地磁基准库数据，在匹配区域内绘制 M_1 和 M_2 对应的轮廓，分别记作 C_1 和 C_2。

（3）判断两条轮廓 C_1 和 C_2 的交点个数 N。如果 $N>1$，则引入第三个地磁分量值 M_3，绘制出 M_3 对应的轮廓 C_3，计算所有交点之间的距离，选择距离最近的两个交点的坐标均值作为匹配结果输出；如果 $N=1$，则该交点作为匹配结果输出；如果 $N=0$，则匹配失败。

（4）将匹配结果与 SINS 的位置误差作为卡尔曼滤波器的输入，将卡尔曼滤波器的滤波结果作为最终输出。

MCAL 算法流程如图 9-35 所示。

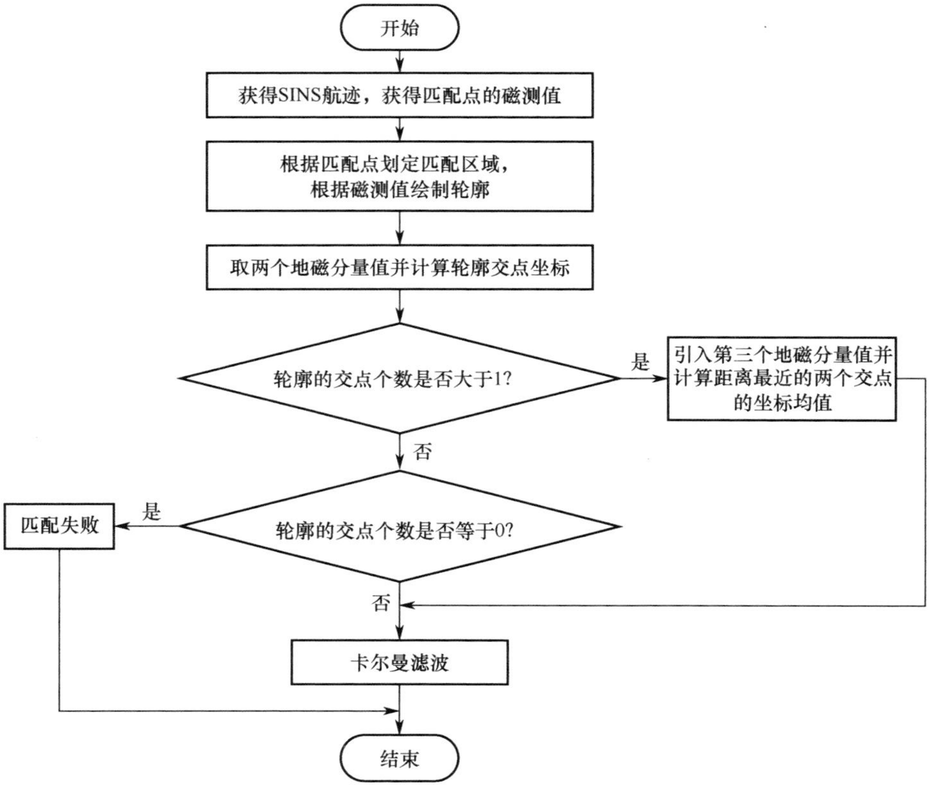

图 9-35 MCAL 算法流程

9.6.3 MCAL 算法仿真

MCAL 算法仿真参数如表 9-6 所示。

表 9-6 MCAL 算法仿真参数

仿真参数	取值
匹配区域大小	299 格×299 格
匹配序列长度	1
地磁场特征量	X、Y和 Z分量
磁力仪采样频率	1Hz

仿真结果如图 9-36～图 9-39 所示。

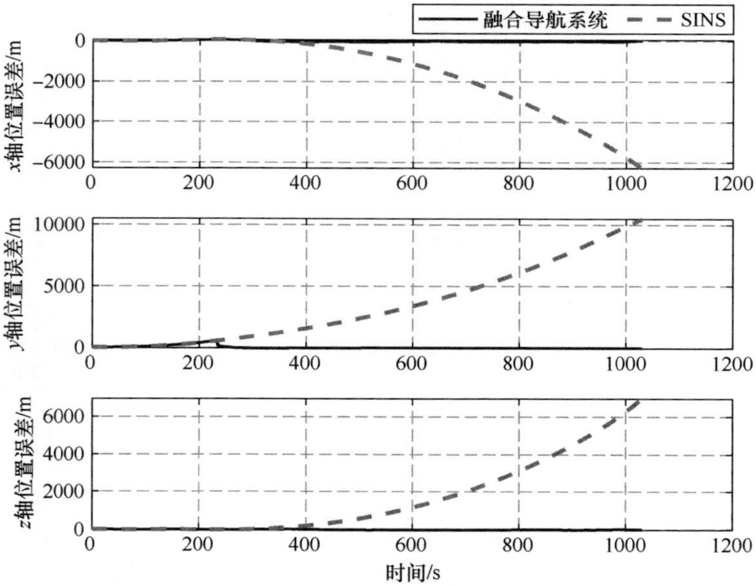

图 9-36 MCAL 算法位置误差（噪声±0nT）

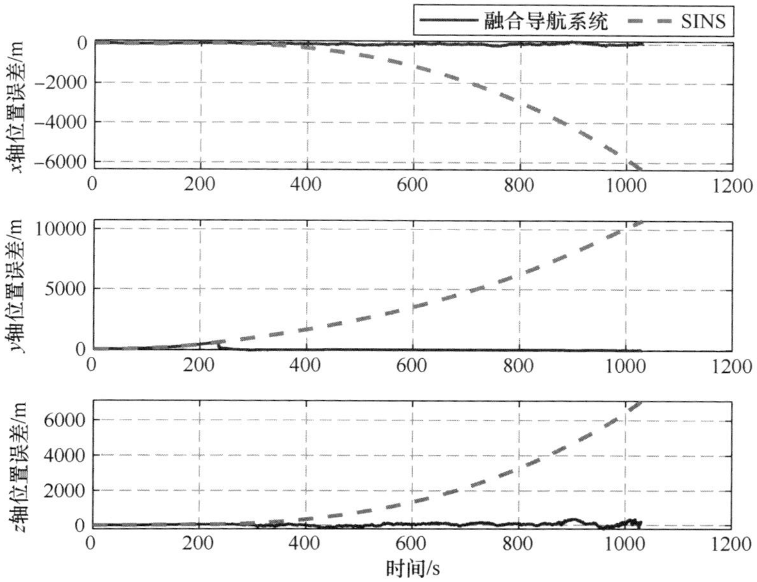

图 9-37　MCAL 算法位置误差（噪声±1nT）

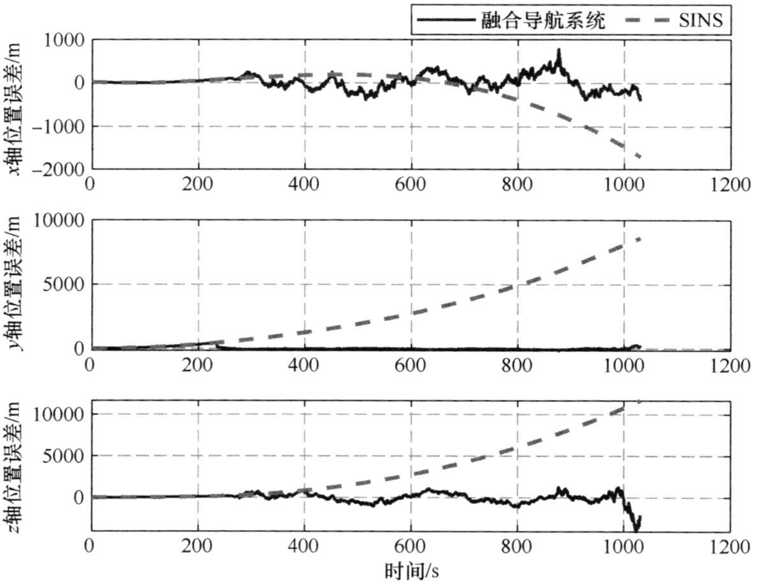

图 9-38　MCAL 算法位置误差（噪声±5nT）

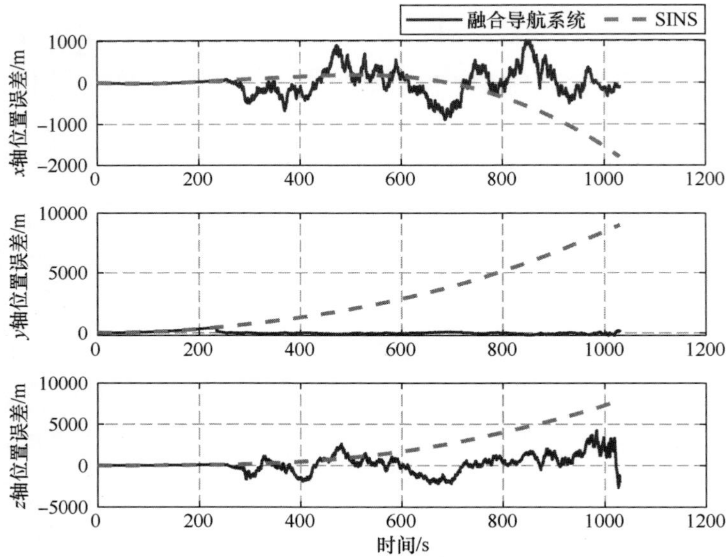

图 9-39　MCAL 算法位置误差（噪声±10nT）

由仿真结果可知，MCAL 算法具有很好的性能，当磁力仪每轴噪声为±10nT 时，滤波器依然没有发散。从标准差来看，MCAL 算法的稳定性和鲁棒性要高于 SIMAN 算法。

9.7 各惯性/地磁融合导航算法对比分析

由前文的仿真结果可知，MAGCOM 和 ICCP 两种算法效果较差，即使在噪声等级为±0nT 时会出现误匹配，导致融合导航系统发散。经分析，原因有两个，一是在低空间频率信息的地磁基准图下匹配特征量的起伏并不明显，因此融合导航系统输出的结果很容易沿着地磁分量轮廓的方向产生误匹配，最终发散；二是 MAGCOM 算法和 ICCP 算法都使用单一的地磁特征量进行匹配，没有完全利用地磁场的矢量信息。

SIMAN 算法的量测方程很容易扩展到多维，可用信息更加丰富，但当误差增大时，SIMAN 算法在 300s 和 900s 左右出现了较大的误差，初步分析是由于在 300s 和 900s 左右飞行器所处位置的地磁场变化更平缓，使算法对磁误差更加敏感，从而出现了较大的误差。SIMAN 算法的优点是计算量小、速度快。在低噪声干扰条件下（噪声等级每轴±1nT），SIMAN 算法在水平方向的平均绝对误差（Mean Absolute Error，MAE）约为 213m；在高噪声干扰条件下（噪声等级每轴±10nT），SIMAN 算法在水平方向的 MAE 约为 1744m。

MCAL 算法采用多个地磁分量的轮廓进行位置估计，在地磁场特征变化缓慢的区域更容易实现高精度的定位，但由于要计算多个地磁分量的轮廓，所以其计算量大。在低噪声干扰条件下，MCAL 算法在水平方向的 MAE 约为 82m；在高噪声干扰条件下，MCAL 算法在水平方向的 MAE 约为 968m。

将 SIMAN 算法与 MCAL 算法仿真的水平方向 MAE 和标准差进行对比，如表 9-7 所示。

表 9-7　SIMAN 算法与 MCAL 算法仿真的水平方向 MAE 和标准差对比

融合导航算法	噪声等级（每轴）	x 方向位置		z 方向位置	
		MAE/m	标准差/m	MAE/m	标准差/m
SIMAN	±0nT	33.0	14.3	31.7	20.0
	±1nT	86.2	63.5	194.8	151.0
	±5nT	438.8	583.3	1273.9	1490.9
	±10nT	711.9	745.5	1591.9	1793.6
MCAL	±0nT	28.9	13.4	7.8	5.7
	±1nT	28.1	26.4	76.8	66.4
	±5nT	147.0	106.6	456.4	478.1
	±10nT	277.3	219.0	927.3	764.2

本章所述 4 种算法的运行时长对比如表 9-8 所示。运行时长是指单次执行算法函数所需的时间，运行平台为英特尔酷睿 i7-9750H，操作系统为 Windows 10。

表 9-8　4 种算法的运行时长对比

算　法	运行时长/s
MAGCOM	1.0×10^{-1}
ICCP	1.5×10^{-1}
SIMAN	7.2×10^{-5}
MCAL	2.2×10^{-2}

从运行时长可以看出，SIMAN 算法的运行速度最快；MAGOCM 算法和 ICCP 算法要处理整个匹配序列的数据，且都需要进行迭代运算，所以运行时长较长；MCAL 算法的计算量主要集中在计算多个地磁分量的轮廓上，但由于是单点估计，因此比 MAGOCM 算法和 ICCP 算法的实时性更好，但与 SIMAN 算法相比还有较大差距。

参 考 文 献

[1] 周军，葛致磊，施桂国. 地磁导航发展与关键技术[J]. 宇航学报，2008，29（5）：1467-1472.

[2] CHEN K, LIANG W C, LIU M X, et al. Comparison of geomagnetic aided navigation algorithms for hypersonic vehicles [J]. Journal of Zhejiang University-Science A, 2020, 21(8): 673-683.
[3] 胡小平. 水下地磁导航技术[M]. 北京：国防工业出版社，2013.
[4] CANCIANI A, RAQUET J. Absolute positioning using the Earth's magnetic anomaly field [J]. Journal of the Institute of Navigation, 2016, 63(2): 111-126.
[5] THÚBAULT E, PURUCKER M, WHALER K A, et al. The magnetic field of the Earth's lithosphere [J]. Space Science Reviews, 2010, 155(1-4): 95-127.
[6] 李忠亮，边少锋. 世界地磁模型 WMM2010 及其应用[J]. 舰船电子工程，2011，31（2）：58-61.
[7] 贺欢. 空间环境可视化关键技术研究[D]. 北京：中国科学院研究生院（空间科学与应用研究中心），2009.
[8] 李婷，张金生，王仕成，等. 基于阻尼粒子群优化的地磁场测量误差补偿[J]. 仪器仪表学报，2017，38（10）：2446-2452.
[9] 踪华，刘�，杨业. 地磁导航技术研究现状综述[J]. 航天控制，2018，36（3）：93-98.
[10] CHEN K, LIANG W C, ZENG C Z, et al. Multi-geomagnetic-component assisted localization algorithm for hypersonic vehicles [J]. Journal of Zhejiang University-Science A, 2021, 22(5): 357-368.

附录 A

欧拉角和转换矩阵

通过三次坐标轴的旋转可以实现两个坐标系之间的转换。例如，从参考系 a_1 到坐标系 a_4 的转换步骤为：首先绕 z 轴旋转 γ 角度，然后绕新获得的 x 轴旋转 β 角度，最后绕旋转后的 y 轴旋转 α 角度，其中 α 、β 、γ 称为欧拉角。

将一个矢量 $\boldsymbol{r}^{a_1}=[x^{a_1},y^{a_1},z^{a_1}]^{\mathrm{T}}$ 由 a_1 系投影到 a_4 系，两个坐标系在空间中的指向是不同的。利用上述 3 次旋转使 a_1 系和 a_4 系重合，每次旋转都对应一个方向余弦矩阵。

（1）第一次旋转。假设矢量 $\boldsymbol{r}$ 在 a_1 系的 xOy 平面的投影（记为 $\boldsymbol{r}_1$ ）与 x 轴的夹角为 θ_1 。将 a_1 系绕其 z 轴旋转 γ 角度获得中间坐标系 a_2 ，如图 A-1 所示。

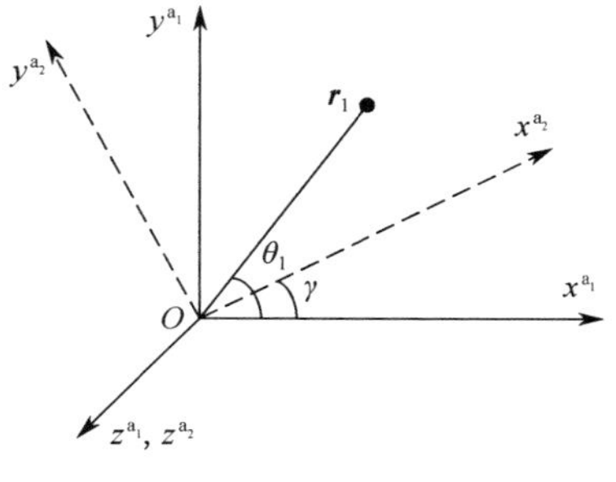

图 A-1　a_1 系绕 z 轴的第一次旋转

新的坐标系 a_2 由 $[x^{a_2},y^{a_2},z^{a_2}]^{\mathrm{T}}$ 表示，其值分别为

$$\begin{cases} x^{a_2}=|\boldsymbol{r}_1|\cos(\theta_1-\gamma) \\ y^{a_2}=|\boldsymbol{r}_1|\sin(\theta_1-\gamma) \end{cases} \tag{A-1}$$

因为绕 z 轴旋转，所以

$$z^{a_2}=z^{a_1} \tag{A-2}$$

根据以下三角恒等式

$$\begin{cases}\sin(A\pm B)=\sin A\cos B\pm\cos A\sin B\\ \cos(A\pm B)=\cos A\cos B\mp\sin A\sin B\end{cases} \tag{A-3}$$

可以将式（A-1）写成

$$\begin{cases}x^{a_2}=|\boldsymbol{r}_1|\cos\theta_1\cos\gamma+|\boldsymbol{r}_1|\sin\theta_1\sin\gamma\\ y^{a_2}=|\boldsymbol{r}_1|\sin\theta_1\cos\gamma-|\boldsymbol{r}_1|\cos\theta_1\sin\gamma\end{cases} \tag{A-4}$$

矢量 $\boldsymbol{r}_1$ 在 xy 平面的投影坐标可以表示为

$$\begin{cases}x^{a_1}=|\boldsymbol{r}_1|\cos\theta_1\\ y^{a_1}=|\boldsymbol{r}_1|\sin\theta_1\end{cases} \tag{A-5}$$

将式（A-5）代入式（A-4）可得

$$\begin{cases}x^{a_2}=x^{a_1}\cos\gamma+y^{a_1}\sin\gamma\\ y^{a_2}=-x^{a_1}\sin\gamma+y^{a_1}\cos\gamma\end{cases} \tag{A-6}$$

已知

$$z^{a_2}=z^{a_1} \tag{A-7}$$

将式（A-6）和式（A-7）写成矩阵形式为

$$\begin{bmatrix}x^{a_2}\\y^{a_2}\\z^{a_2}\end{bmatrix}=\begin{bmatrix}\cos\gamma & \sin\gamma & 0\\ -\sin\gamma & \cos\gamma & 0\\ 0 & 0 & 1\end{bmatrix}\begin{bmatrix}x^{a_1}\\y^{a_1}\\z^{a_1}\end{bmatrix}=\boldsymbol{R}_{a_1}^{a_2}\begin{bmatrix}x^{a_1}\\y^{a_1}\\z^{a_1}\end{bmatrix}=\boldsymbol{R}_z(\gamma)\begin{bmatrix}x^{a_1}\\y^{a_1}\\z^{a_1}\end{bmatrix} \tag{A-8}$$

式中，$\boldsymbol{R}_{a_1}^{a_2}$ 是初等方向余弦矩阵，代表将 a_1 系绕 z 轴旋转 γ 角度转换到 a_2 系的转换关系；为了描述方面，本书将绕 z 轴旋转 γ 角度的方向余弦矩阵称为 $\boldsymbol{R}_z(\gamma)$。

（2）第二次旋转。将 a_2 系的 yOz 平面绕 x 轴旋转 β 角度得到中间系 a_3 系，如图 A-2 所示。

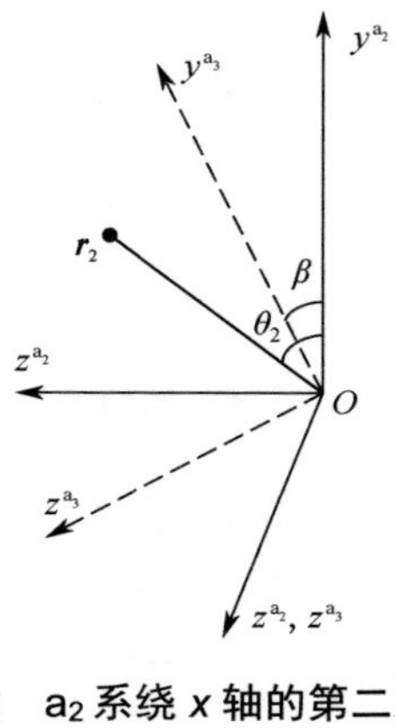

图 A-2　a_2 系绕 x 轴的第二次旋转

采用与第一次旋转类似的方式，可以获得用坐标 $[x^{a_2},y^{a_2},z^{a_2}]^T$ 表示的新坐标

$[x^{a_3}, y^{a_3}, z^{a_3}]^T$，即

$$\begin{bmatrix} x^{a_3} \\ y^{a_3} \\ z^{a_3} \end{bmatrix} = \begin{bmatrix} 1 & 0 & 0 \\ 0 & \cos\beta & \sin\beta \\ 0 & -\sin\beta & \cos\beta \end{bmatrix} \begin{bmatrix} x^{a_2} \\ y^{a_2} \\ z^{a_2} \end{bmatrix} = \boldsymbol{R}_{a_2}^{a_3} \begin{bmatrix} x^{a_2} \\ y^{a_2} \\ z^{a_2} \end{bmatrix} = \boldsymbol{R}_x(\beta) \begin{bmatrix} x^{a_2} \\ y^{a_2} \\ z^{a_2} \end{bmatrix} \tag{A-9}$$

式中，$\boldsymbol{R}_{a_2}^{a_3}$ 是初等方向余弦矩阵，代表将 a_2 系绕 x 轴旋转 β 角度转换到 a_3 系的转换关系；为了描述方便，本书中将绕 x 轴旋转 β 角度的方向余弦矩阵称为 $\boldsymbol{R}_x(\beta)$。

（3）第三次旋转。将 a_3 系的 xOz 平面绕 y 轴旋转 α 角度得到 a_4 系，如图 A-3 所示。用坐标 $[x^{a_4}, y^{a_4}, z^{a_4}]^T$ 表示最终的坐标，即

$$\begin{bmatrix} x^{a_4} \\ y^{a_4} \\ z^{a_4} \end{bmatrix} = \begin{bmatrix} \cos\alpha & 0 & -\sin\alpha \\ 0 & 1 & 0 \\ \sin\alpha & 0 & \cos\alpha \end{bmatrix} \begin{bmatrix} x^{a_3} \\ y^{a_3} \\ z^{a_3} \end{bmatrix} = \boldsymbol{R}_{a_3}^{a_4} \begin{bmatrix} x^{a_3} \\ y^{a_3} \\ z^{a_3} \end{bmatrix} = \boldsymbol{R}_y(\alpha) \begin{bmatrix} x^{a_3} \\ y^{a_3} \\ z^{a_3} \end{bmatrix} \tag{A-10}$$

式中，$\boldsymbol{R}_{a_3}^{a_4}$ 是初等方向余弦矩阵，代表将 a_3 系绕 y 轴旋转 α 角度转换到 a_4 系的转换关系；为了描述方便，本书中将绕 y 轴旋转 α 角度的方向余弦矩阵称为 $\boldsymbol{R}_y(\alpha)$。

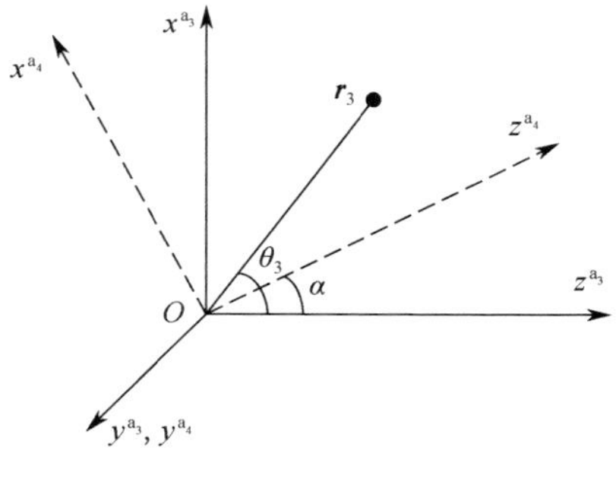

图 A-3 a_3 系绕 y 轴的第三次旋转

将 3 次转换的方向余弦矩阵相乘，得到一个单独的转换矩阵 $\boldsymbol{R}_{a_1}^{a_4}$，即

$$\boldsymbol{R}_{a_1}^{a_4} = \boldsymbol{R}_{a_3}^{a_4}\boldsymbol{R}_{a_2}^{a_3}\boldsymbol{R}_{a_1}^{a_2} = \boldsymbol{R}_y(\alpha)\boldsymbol{R}_x(\beta)\boldsymbol{R}_z(\gamma) \tag{A-11}$$

最终的方向余弦矩阵 $\boldsymbol{R}_{a_1}^{a_4}$ 为

$$\boldsymbol{R}_{a_1}^{a_4}=\begin{bmatrix}\cos\alpha & 0 & -\sin\alpha\\ 0 & 1 & 0\\ \sin\alpha & 0 & \cos\alpha\end{bmatrix}\begin{bmatrix}1 & 0 & 0\\ 0 & \cos\beta & \sin\beta\\ 0 & -\sin\beta & \cos\beta\end{bmatrix}\begin{bmatrix}\cos\gamma & \sin\gamma & 0\\ -\sin\gamma & \cos\gamma & 0\\ 0 & 0 & 1\end{bmatrix} \tag{A-12}$$

$$\boldsymbol{R}_{a_1}^{a_4}=\begin{bmatrix}\cos\alpha\cos\gamma-\sin\alpha\sin\beta\sin\gamma & \cos\alpha\sin\gamma+\sin\alpha\sin\beta\cos\gamma & -\sin\alpha\cos\beta\\ -\cos\beta\sin\gamma & \cos\beta\cos\gamma & \sin\beta\\ \sin\alpha\cos\gamma+\cos\alpha\sin\beta\sin\gamma & \sin\alpha\sin\gamma-\cos\alpha\sin\beta\cos\gamma & \cos\alpha\cos\beta\end{bmatrix} \tag{A-13}$$

a_4 系到 a_1 系的转换矩阵为

$$\begin{aligned}\boldsymbol{R}_{a_4}^{a_1}&=(\boldsymbol{R}_{a_1}^{a_4})^{-1}=(\boldsymbol{R}_{a_1}^{a_4})^{\mathrm{T}}=(\boldsymbol{R}_{a_3}^{a_4}\boldsymbol{R}_{a_2}^{a_3}\boldsymbol{R}_{a_1}^{a_2})^{\mathrm{T}}\\&=(\boldsymbol{R}_{a_1}^{a_2})^{\mathrm{T}}(\boldsymbol{R}_{a_2}^{a_3})^{\mathrm{T}}(\boldsymbol{R}_{a_3}^{a_4})^{\mathrm{T}}\end{aligned} \tag{A-14}$$

方向余弦矩阵是正交矩阵，其逆与转置相等。应当注意的是，最终的转换矩阵取决于旋转的顺序，因为显然 $\boldsymbol{R}_{a_2}^{a_3}\boldsymbol{R}_{a_1}^{a_2}\neq\boldsymbol{R}_{a_1}^{a_2}\boldsymbol{R}_{a_2}^{a_3}$，这也说明了旋转的不可交换性。旋转顺序由实际应用中的需求决定。

当 θ 值较小时，可利用以下近似公式。

$$\cos\theta\approx 1\,,\ \sin\theta\approx\theta \tag{A-15}$$

并且忽略高阶小量相乘的积，由式（A-13）可以得到方向余弦矩阵

$$\begin{aligned}\boldsymbol{R}_{a_1}^{a_4}&\approx\begin{bmatrix}1 & \gamma & -\alpha\\ -\gamma & 1 & \beta\\ \alpha & -\beta & 1\end{bmatrix}=\begin{bmatrix}1 & 0 & 0\\ 0 & 1 & 0\\ 0 & 0 & 1\end{bmatrix}-\begin{bmatrix}0 & -\gamma & \alpha\\ \gamma & 0 & -\beta\\ -\alpha & \beta & 0\end{bmatrix}\\&=\boldsymbol{I}-\boldsymbol{\Psi}\end{aligned} \tag{A-16}$$

式中，$\boldsymbol{\Psi}$ 是小欧拉角的反对称矩阵，应用小角度假设以后，旋转的顺序不再影响最终的转换结果。同样可以得到

$$\boldsymbol{R}_{a_4}^{a_1}\approx\begin{bmatrix}1 & \gamma & -\alpha\\ -\gamma & 1 & \beta\\ \alpha & -\beta & 1\end{bmatrix}^{\mathrm{T}}=\boldsymbol{I}+\boldsymbol{\Psi}=\boldsymbol{I}-\boldsymbol{\Psi}^{\mathrm{T}} \tag{A-17}$$

附录 B

缩写表

中文名称	英文名称	英文缩写
最小均方误差	Minimum Mean Square Error	MMSE
极大后验	Maximum a Posteriori	MAP
扩展卡尔曼滤波	Extended Kalman Filter	EKF
无迹卡尔曼滤波	Unscented Kalman Filter	UKF
容积卡尔曼滤波	Cubature Kalman Filter	CKF
迭代扩展卡尔曼滤波	Iterative Extended Kalman Filter	IEKF
迭代后验线性化滤波	Iterative Posterior Linearization Filter	IPLF
变分贝叶斯	Variational Bayes	VB
微机械陀螺仪	Micro Electro Mechanical System	MEMS
惯性测量单元	Inertial Measurement Unit	IMU
全球定位系统	Global Positioning System	GPS
全球卫星导航系统	Global Navigation Satellite System	GNSS
北斗卫星导航系统	BeiDou Navigation Satellite System	BDS
准天顶卫星系统	Quasi-Zenith Satellite System	QZSS
印度区域导航卫星系统	Indian Regional Navigation Satellite System	IRNSS
地球静止轨道	Geostationary Orbit	GEO
非地球静止轨道	Non-geostationary Orbit	Non-GEO
中地球轨道	Medium Earth Orbit	MEO
倾斜地球同步轨道	Inclined GeoSynchronous Orbit	IGSO
北斗时	BeiDou Navigation Satellite System Time	BDT
协调世界时	Coordinated Universal Time	UTC
天文导航系统	Celestial Navigation System	CNS
电荷耦合器件	Charge Coupled Device	CCD
现场可编程逻辑门阵列	Field Programmable Gate Array	FPGA

（续表）

中文名称	英文名称	英文缩写
球谐分析	Spherical Harmonic Analysis	SHA
国际地磁参考场	International Geomagnetic Reference Field	IGRF
矩谐分析	Rectangular Harmonic Analysis	RHA
冠谐分析	Spherical Cap Harmonic Analysis	SCHA
全张量重力梯度仪	Full Tensor Gradiometry	FTG
迭代最近轮廓点	Iterated Closest Contour Point	ICCP
惯性导航系统	Inertial Navigation System	INS
里程计	Odometer	OD
交互多模型	Interacting Multiple Model	IMM
无人机	Unmanned Aerial Vehicle	UAV
微惯性测量单元	MEMS Inertial Measurement Unit	MIMU
观测—判断—决策—执行	Observation-Orientation-Decesion-Action	OODA
概率路线图	Probabilistic Roadmap	PRM
超宽带	Ultra Wide Band	UWB
乘法扩展卡尔曼滤波	Multiplicative Extended Kalman Filter	MEKF
视觉同步定位与地图构建	Visual-Simultaneous Localization and Mapping	V-SLAM
飞行时间	Time of Flight	ToF
粒子滤波	Particle Filter	PF
高斯和滤波	Gaussian Sum Filter	GSF
联邦卡尔曼滤波	Federal Kalman Filter	FKF
基于马氏距离判据的抗差容积卡尔曼滤波	Mahalanobis Distance Cirterion-based Robust Cubature Kalman Filter	MDC-RCKF
基于 H∞策略的容积卡尔曼滤波	H∞ Strategy based Cubature Kalman Filter	HSCKF
迭代容积卡尔曼滤波	Iterated Cubature Kalman Filter	ICKF
模型预测滤波	Model Predict Filter	MPF
基于模型预测容积卡尔曼滤波的分布式最优融合	Model Predictive CKF-based Distributed Optimal Fusion	MPCKF-DOF
基于无迹卡尔曼滤波的多传感器最优数据融合	UKF-based Multi-Sensor Optimal Data Fusion	UKF-MODF
基于容积卡尔曼滤波的分布式最优融合	CKF-based Distributed Optimal Fusion	CKF-DOF
均方根误差	Root Mean Square Error	RMSE
波达角度	Angle of Arrival	AOA
波达距离	Range of Arrival	ROA
分布式容积卡尔曼滤波	Distributed CKF	DCKF
联邦容积卡尔曼滤波	Federated CKF	FCKF

（续表）

中文名称	英文名称	英文缩写
基于 Sage-Husa 自适应容积卡尔曼的联邦滤波	Federated Sage-Husa Adaptive CKF	FSACKF
累积均方根误差	Accumulated Root Mean Squared Error	ARMSE
高速研究引擎项目	Hypersonic Research Engine Project	HREP
战术助推滑翔	Tactical Boost Glide	TBG
高速吸气式武器概念	Hypersonic Air-breathing Weapon Concept	HAWC
常规快速打击	Conventional Prompt Strike	CPS
远程高速武器	Long-Range Hypersonic Weapon	LRHW
高速常规打击武器	Hypersonic Conventional Strike Weapon	HCSW
空射快速响应武器	Air-Launched Rapid Response Weapon	ARRW
作战火力	Operational Fires	OpFires
高速攻击巡航导弹	Hypersonic Attack Cruise Missile	HACM
高速空射进攻性	Hypersonic Air Launched Offensive	HALO
通用高速滑翔体	Common-Hypersonic Glide Body	C-HGB
锐边飞行试验	Sharp Edge Flight Experiment	SHEFEX
欧洲再入试验台	European Experimental Re-entry Testbed	EXPERT
高速试验飞行器-国际	High-Speed Experimental Fly Vehicles-International	HEXAFLY-INT
涡轮基组合循环	Turbine-based Combined Cycle	TBCC
高速技术演示飞行器	Hypersonic Technology Demonstrator Vehicle	HSTDV
地心惯性坐标系	Earth-Centered Inertial Frame	ECI
当地水平坐标系	Local-Level Frame	LLF
地心地固坐标系	Earth-Centered Earth-Fixed Frame	ECEF
发射惯性坐标系	Launch-Centered Inertial Frame	LCI
发射地心惯性坐标系	Launch Earth-Centered Inertial Frame	LECI
捷联式惯导系统	Strapdown Inertial Navigation System	SINS
俄罗斯全球卫星导航系统	Globalnaya Navigatsionnaya Sputnikovaya Sistema in Russian	GLONASS
地形轮廓匹配	Terrain Contour Matching	TERCOM
世界地磁场模型	World Magnetic Model	WMM
美国国家海洋与大气管理局	National Oceanic and Atmospheric Administration	NOAA
美国国家地球物理数据中心	National Geophysical Data Center	NGDC
英国地质勘查局	British Geological Survey	BGS
国际地磁学与高层大气物理学协会	International Association of Geomagnetism and Aeronomy	IAGA
增强地磁模型	Enhance Magnetic Model	EMM

（续表）

中文名称	英文名称	英文缩写
地磁轮廓匹配	Magnetic Contour Matching	MAGCOM
互相关	Cross Correlation	COR
平均绝对差	Mean Absolute Difference	MAD
均方差	Mean Square Difference	MSD
桑迪亚惯性地形辅助导航	Sandia Inertial Terrain Aided Navigation	SITAN
桑迪亚惯性地磁辅助导航	Sandia Inertial Magnetic Aided Navigation	SIMAN
多地磁分量辅助定位	Multi-geomagnetic-Component Assisted Localization	MCAL
平均绝对误差	Mean Absolute Error	MAE

附录 C

基础篇符号表

基础篇符号表如表 C-1 所示。

表 C-1 基础篇符号表

符　号	含　义
T_x	外环轴的力矩电机
T_y	内环轴的力矩电机
T_z	台体轴的力矩电机
A_x	外环轴的伺服放大器
A_y	内环轴的伺服放大器
A_z	台体轴的伺服放大器
S_x	外环轴液浮陀螺仪上的角度传感器
S_y	内环轴液浮陀螺仪上的角度传感器
S_z	台体轴液浮陀螺仪上的角度传感器
R_x	外环轴的姿态角传感器
R_y	内环轴的姿态角传感器
R_z	台体轴的姿态角传感器
ω_{ie}	地球自转角速度
φ	当地纬度
V_{E}	导弹东向的飞行速度
V_{N}	导弹北向的飞行速度
R_{M}	子午圈的曲率半径
R_{N}	卯酉圈的曲率半径

（续表）

符　号	含　义
$Ox_\mathrm{i}y_\mathrm{i}z_\mathrm{i}$	地心惯性坐标系
$Ox_\mathrm{e}y_\mathrm{e}z_\mathrm{e}$	地球坐标系
OENU	东北天坐标系
$Ox_\mathrm{c}y_\mathrm{c}z_\mathrm{c}$	以计算所得的经纬度（λ_c、L_c）为原点 O 建立的地理坐标系
$Ox_\mathrm{g}y_\mathrm{g}z_\mathrm{g}$	在载体实际位置 O 点上建立的地理坐标系
$\boldsymbol{C}_\mathrm{b}^\mathrm{n}$	方向余弦矩阵
λ	经度
L	纬度
$\boldsymbol{\phi}$	欧拉角
$\boldsymbol{V}_m^\mathrm{n}$	t_m 时刻的速度在 n 系下的投影
$\Delta\boldsymbol{V}_{\mathrm{sf}(m)}^\mathrm{n}$	比力速度增量在 n 系下的投影
$\Delta\boldsymbol{V}_{\mathrm{g/cor}(m)}^\mathrm{n}$	重力/哥氏速度补偿量
$\Delta\boldsymbol{V}_{\mathrm{rot}(m)}$	速度旋转效应补偿
$\Delta\boldsymbol{\theta}_m$	$[t_{m-1},t_m]$ 时间段陀螺仪输出的角增量
$\Delta\boldsymbol{V}_m$	$[t_{m-1},t_m]$ 时间段加速度计输出的速度增量
$\Delta\boldsymbol{V}_{\mathrm{scul}(m)}$	速度划桨误差补偿
$\Delta\boldsymbol{V}_{\mathrm{sf}(m)}^{\mathrm{n}(m-1)}$	比力速度增量在 n(m)系下的值
$\boldsymbol{q}_{\mathrm{b}(m)}^{\mathrm{n}(m)}$	t_m 时刻的姿态四元数
$\boldsymbol{q}_{\mathrm{n}(m-1)}^{\mathrm{n}(m)}$	n 系 t_{m-1} 时刻至 t_m 时刻的姿态变化四元数
$\boldsymbol{q}_{\mathrm{b}(m)}^{\mathrm{b}(m-1)}$	b 系 t_{m-1} 时刻至 t_m 时刻的姿态变化四元数
$\boldsymbol{\phi}_m$	b 系旋转矢量
$\boldsymbol{\omega}_\mathrm{in}^\mathrm{n}(t)$	转动角速度
$\boldsymbol{\zeta}_m$	从 t_{m-1} 时刻到 t_m 时刻的转动等效旋转矢量
R_e	地球的长半轴
e	旋转椭球的扁率
ρ	伪距
c	光速
$\dot{x}_{si},\dot{y}_{si},\dot{z}_{si}$	卫星的速度
x_{si},y_{si},z_{si}	卫星的位置
$\dot{\rho}_i$	伪距率
f_d	多普勒频移
$\Delta\dot{t}$	钟差变化率
μ	地心引力常数

（续表）

符　号	含　义
$\boldsymbol{r}$	卫星的位置矢量
$\Delta F_x, \Delta F_y, \Delta F_z$	地球非球形摄动的高阶摄动项及日摄动、月摄动、太阳光压摄动和大气摄动等摄动力的影响
β	星光角距
$\boldsymbol{r}_\mathrm{d}$	卫星在地心惯性坐标系下的位置矢量
$\boldsymbol{s}$	星光的方向矢量
$\boldsymbol{v}$	量测误差
B_{core}	地核场
B_{crust}	地壳场
$B_{\mathrm{disturbance}}$	复合扰动场
B_N	地磁场矢量北向分量
B_E	地磁场矢量东向分量
B_C	地磁场矢量地心方向分量
H	地磁场水平强度
F	地磁场总强度（地磁场模）
I	磁倾角
D	磁偏角
f_s	声源频率
v_s	声源在介质中的运动速度
c	声波在介质中的传播速度
v_0	观测者在介质中的运动速度
f_0	发射信号频率
v_x	航行器的速度
f_{r1}	沿着航行器首向发射的波束频率
f_{r2}	向航行器尾向发射的波束频率
β_d	航行器的偏流角
$\{x_n\}_{n=1}^N$	测量数据点集合
$\{y_n\}$	真实航迹点集合
$\{f_n\}$	重力测量值集合
T	刚性变换
f_n	重力值
C_n	轮廓
$d(C_n, x_n)$	数据点 x_n 与轮廓 C_n 之间的距离

（续表）

符　号	含　义
w_n	权系数
$\boldsymbol{R}$	对 X 旋转的矩阵
$\boldsymbol{t}$	平移矢量
$\boldsymbol{q}=(q_0,q_1,q_2,q_3)^{\mathrm{T}}$	旋转矩阵
η	旋转角度
$\hat{\boldsymbol{v}}$	旋转轴
κ_{m}	矩阵 $\boldsymbol{W}$ 的最大特征值
$\boldsymbol{S}=(I,Q,U,V)^{\mathrm{T}}$	Stokes 矢量
I	入射光线的总光强
Q,U	两个相互正交的线偏振光
V	圆偏振光
I_{l}	线偏振光的光强
I_{r}	圆偏振光的光强
P	偏振度
χ	偏振方位角
ε	椭圆率
$\boldsymbol{M}$	偏振器件的状态转移矩阵
$\boldsymbol{S}'$	通过偏振器件后出射光线的 Stokes 矢量
I'	出射光线的总光强
$\boldsymbol{X}_k$	$n\times 1$ 维的系统状态向量
$\boldsymbol{Z}_k$	$m\times 1$ 维的系统量测向量
$\boldsymbol{\Phi}_{k\|k-1}$	$n\times n$ 维的系统状态转移矩阵
$\boldsymbol{\Gamma}_{k-1}$	$n\times l$ 维的系统噪声分配矩阵
$\boldsymbol{H}_k$	$m\times n$ 维的系统量测矩阵
$\boldsymbol{W}_{k-1}$	系统状态方程的零均值高斯白噪声
$\boldsymbol{V}_k$	系统量测噪声
$\boldsymbol{Q}_k$	系统噪声协方差矩阵
$\hat{\boldsymbol{X}}_{k-1}$	$k-1$ 时刻的状态估计
$\tilde{\boldsymbol{X}}_{k-1}$	状态估计误差
$\boldsymbol{P}_{k-1}$	状态估计误差的均方误差矩阵
$\boldsymbol{P}_{ZZ,k\|k-1}$	量测一步预测均方误差矩阵
$\boldsymbol{P}_{XZ,k\|k-1}$	状态一步预测与量测一步预测之间的协方差矩阵
$\tilde{\boldsymbol{Z}}_{k\|k-1}$	量测预测误差（新息）

（续表）

符　号	含　义
$\boldsymbol{K}_k$	滤波增益
$\hat{\boldsymbol{X}}_{k\|k-1}$	状态一步预测
$\mathrm{tr}(\cdot)$	方阵的求迹运算
$\boldsymbol{P}_{k\|k-1}$	状态一步预测均方误差矩阵
$\boldsymbol{P}_k$	状态估计均方误差矩阵
$\boldsymbol{R}_k$	量测噪声协方差矩阵
$\boldsymbol{L}_k$	非奇异的上（或下）三角矩阵
β_i	信息分配系数
$p(\boldsymbol{X}_k \mid \boldsymbol{X}_{k-1})$	状态转移概率密度函数
$p(\boldsymbol{Z}_k \mid \boldsymbol{X}_k)$	量测似然概率密度函数
$p(\boldsymbol{X}_k \mid \boldsymbol{Z}_1^k)$	状态后验概率密度函数
$\boldsymbol{\Sigma}_{xz}$	状态与量测的互协方差
$\boldsymbol{\mu}_x$	状态预测概率的均值
$\boldsymbol{\Sigma}_{xx}$	状态预测概率的协方差
$\boldsymbol{\mu}_z$	量测预测概率的均值
$\boldsymbol{\Sigma}_{zz}$	量测预测概率的协方差
$I(g)$	非线性矩匹配积分
$f_{k-1}(\cdot)$	非线性状态函数
$h_k(\cdot)$	非线性量测函数
$f(x, y_1, y_2)$	联合概率密度函数
$f_1(x_1), f_2(x_2), \cdots, f_{K_c}(x_{K_c})$	K_c 个局部函数
$\boldsymbol{X}_{k_c} \subseteq \{x_1, x_2, \cdots, x_{K_c}\}, 1 \leqslant k_c \leqslant K_c$	第 k_c 个局部函数的自变量点集
K_c	局部函数的总数
$P(x_1, x_2, \cdots, x_{K_c})$	因子图指定的联合概率分布
$\vec{\mu}_x$	与边缘同向的消息
$\overleftarrow{\mu}_x$	与边缘反向的消息
$f_i(\boldsymbol{X}_i)$	一个量测因子节点
$d(\cdot)$	代价函数
$\boldsymbol{Z}_{\mathrm{GPS}}$	GPS 观测信息
$h_{\mathrm{GPS}}(\cdot)$	GPS 观测函数
$\boldsymbol{v}_{\mathrm{GPS}}$	GPS 观测噪声
$P_{i,j}$	模型之间的转移概率
N_{m}	模型总数

（续表）

符　　号	含　　义
$\hat{X}_{k\|k}^{i}$	k 时刻滤波器 i 的状态后验估计
$\hat{X}_{k\|k}^{0j}$	k 时刻滤波器 j 的初始状态后验估计
μ^{i}	模型自身概率
$\mu^{i,j}$	模型交互混合概率
$\tilde{\boldsymbol{Z}}^{j}$	量测残差

附录 D

航空篇符号表

航空篇符号表如表 D-1 所示。

表 D-1 航空篇符号表

符 号	含 义
$[q_0\ q_1\ q_2\ q_3]^{\mathrm{T}}$	姿态误差四元数
ε^{b}	陀螺仪常值漂移
∇^{b}	加速度计常值偏置
$\boldsymbol{\Psi}$	n 系与 n′ 系之间的偏差角
$\boldsymbol{C}_{\mathrm{n'}}^{\mathrm{n}}$	n′ 系到 n 系的变换矩阵
$\boldsymbol{C}_{\mathrm{b}}^{\mathrm{n'}}$	b 系到 n′ 系的变换矩阵
$\boldsymbol{Q}_{\mathrm{n'}}^{\mathrm{n}}$	n′ 系列 n 系的姿态误差
$\boldsymbol{M}(\cdot)$	四元数运算矩阵
$\boldsymbol{\omega}_{\mathrm{nn'}}^{\mathrm{n'}}$	n′ 系到 n 系的旋转角速度在 n′ 系上的投影
$\boldsymbol{\omega}_{\mathrm{ie}}^{\mathrm{n}}$	e 系相对于 i 系的旋转角速度在 n 系上的投影
$\boldsymbol{\omega}_{\mathrm{en}}^{\mathrm{n}}$	n 系相对于 e 系的旋转角速度在 n 系上的投影
$\boldsymbol{f}^{\mathrm{b}}$	b 系下的理想比力值
$\boldsymbol{V}^{\mathrm{c}}$	实际速度向量
$\boldsymbol{V}^{\mathrm{n}}$	n 系下的速度向量
$\delta\boldsymbol{V}^{\mathrm{n}}$	n 系下的速度误差
$\delta\boldsymbol{P}^{\mathrm{n}}$	n 系下的位置误差
$\bar{f}(\cdot)$	连续形式的非线性动力学函数
$\boldsymbol{W}(t)$	系统动力学噪声

（续表）

符　号	含　义
$f(\cdot)$	离散形式的非线性动力学函数
$\boldsymbol{W}_k$	k 时刻的系统动力学噪声
$\boldsymbol{V}$	无人机在导航坐标系下的真实速度
$\boldsymbol{V}_{\mathrm{M}}$	MIMU 系统解算出来的速度信息
$\boldsymbol{V}_{\mathrm{B}}$	BDS 输出的速度信息
$\boldsymbol{P}$	无人机在导航坐标系下的真实位置
$\boldsymbol{P}_{\mathrm{M}}$	MIMU 系统解算出来的位置信息
$\boldsymbol{P}_{\mathrm{B}}$	BDS 输出的位置信息
b_{p}	测距误差
b_{f}	测距漂移
r^u	从无人机到第 u 颗北斗卫星的实际几何距离
ρ_{B}^u	BDS 的伪距量测
f	椭球曲率
$h(\cdot)$	描述量测模型的非线性函数
$\boldsymbol{V}_k$	量测噪声
$\boldsymbol{Q}_k$	动力学噪声方差矩阵
$\boldsymbol{R}_k$	量测噪声方差矩阵
δ_{kj}	Kronecker $-\delta$ 函数
$\hat{\boldsymbol{X}}_0$	初始状态估计
$\boldsymbol{P}_0$	初始状态估计的误差协方差矩阵
$\hat{\boldsymbol{X}}_{k-1}$	$k-1$ 时刻的状态估计
$\boldsymbol{Z}_k$	k 时刻的系统量测向量
$\boldsymbol{K}_k$	滤波增益矩阵
$\boldsymbol{P}_{k-1}$	$k-1$ 时刻的状态误差协方差矩阵
$\widehat{\boldsymbol{Z}}_{k-1}$	从初始时刻到 $k-1$ 时刻的量测信息集合
$\boldsymbol{S}_{k-1}$	$\boldsymbol{P}_{k-1}$ 的 Cholesky 分解
$\boldsymbol{\chi}_{i,k-1}$	时间更新容积点
$\hat{\boldsymbol{X}}_{k\|k-1}$	状态一步预测
$\boldsymbol{P}_{k\|k-1}$	状态一步预测的误差协方差矩阵
$\hat{\boldsymbol{Z}}_{k\|k-1}$	量测预测
$\boldsymbol{P}_{ZZ,k\|k-1}$	量测预测的误差协方差矩阵
$\boldsymbol{P}_{XZ,k\|k-1}$	状态预测和量测预测之间的互协方差矩阵

（续表）

符　号	含　义
$\boldsymbol{S}_{k\|k-1}$	$\boldsymbol{P}_{k\|k-1}$ 的 Cholesky 分解
$\boldsymbol{\chi}_{i,k\|k-1}$	量测更新容积点
$D(\boldsymbol{x})$	马氏距离
$\tilde{\boldsymbol{Z}}_{k\|k-1}$	滤波器的新息向量
$\boldsymbol{P}_{ZZ,k\|k-1}$	新息向量协方差矩阵
κ_k	抗差比例因子
$\boldsymbol{M}$	关于 t 的可逆矩阵
$\boldsymbol{A}_k$	进行第 i 次蒙特卡罗时无人机的导航参数误差向量
$\boldsymbol{P}_k^{\mathrm{g}}$	全局融合误差协方差矩阵
$\hat{\boldsymbol{X}}_k^{\mathrm{g}}$	全局融合状态估计
$\hat{\boldsymbol{X}}_k^{*}$	全局最优状态估计
$\boldsymbol{\beta}_i$	$n \times n$ 维的时变加权矩阵
$\boldsymbol{P}_k^{(ij)}$	局部滤波器的协方差矩阵
$\boldsymbol{P}_k^{*}$	全局最优状态估计的误差协方差矩阵
$\boldsymbol{D}(t)$	动力学模型误差
$\boldsymbol{X}_{\mathrm{L}_i}^{\mathrm{e}}$	长机在地球坐标系下的坐标
$\boldsymbol{X}_{\mathrm{F}}^{\mathrm{e}}$	僚机在地球坐标系下的坐标
$d_{\mathrm{L}_i\mathrm{F}}$	僚机与长机之间的距离
$\alpha_{\mathrm{L}_i\mathrm{F}}$	长机相对于僚机的视线方位角
$\beta_{\mathrm{L}_i\mathrm{F}}$	长机相对于僚机的视线俯仰角
$\boldsymbol{\Phi}_{k\|k-1}$	状态转移矩阵
T	采样间隔
$\boldsymbol{\Gamma}$	离散时间噪声驱动矩阵
$\boldsymbol{A}_{k\|k-1}^{(i)}$	窗口 N 中第 i 个滤波器的一组历史新息序列
N	窗口长度
$\gamma_k^{(i)}$	新息向量的马氏距离
$\tilde{d}_{\mathrm{L}_i\mathrm{F}}$	长机和僚机之间的相对距离量测值
$\tilde{v}_{\mathrm{L}_i\mathrm{F}}$	长机和僚机之间的相对速度量测值
$\delta d_{\mathrm{L}_i\mathrm{F}}$	长机和僚机之间相对距离的量测误差
$\delta v_{\mathrm{L}_i\mathrm{F}}$	长机和僚机之间相对速度的量测误差
$\tilde{\alpha}_{\mathrm{L}_i\mathrm{F}}$	僚机在载体坐标系下视线方位角的量测值
$\tilde{\beta}_{\mathrm{L}_i\mathrm{F}}$	僚机在载体坐标系下视线俯仰角的量测值

（续表）

符　号	含　义
$\delta\alpha_{L_iF}$	僚机在载体坐标系下视线方位角的量测误差
$\delta\beta_{L_iF}$	僚机在载体坐标系下视线俯仰角的量测误差
$\boldsymbol{D}_{L_iF}^{n}$	导航坐标系下的相对距离真实值
$\tilde{\boldsymbol{D}}_{L_iF}^{n}$	导航坐标系下的相对距离量测值
$\boldsymbol{V}_{L_iF}^{n}$	导航坐标系下的相对速度真实值
$\tilde{\boldsymbol{V}}_{L_iF}^{n}$	导航坐标系下的相对速度量测值
$[\lambda_{L_i}, L_{L_i}, h_{L_i}]$	长机经度、纬度和高度信息的真实值
$[\lambda_F, L_F, h_F]$	僚机经度、纬度和高度信息的真实值
$[\delta\lambda_{L_i}, \delta L_{L_i}, \delta h_{L_i}]$	惯导系统解算的长机经度、纬度和高度信息的误差
$[\delta\lambda_F, \delta L_F, \delta h_F]$	惯导系统解算的僚机经度、纬度和高度信息的误差
$\boldsymbol{C}_e^n$	地球坐标系到导航坐标系的转换矩阵
$\hat{\boldsymbol{D}}_{L_iF}^{n}$	长机与僚机的相对距离在导航坐标系下的计算值
$\hat{\boldsymbol{V}}_{L_iF}^{n}$	长机与僚机的相对速度在导航坐标系下的计算值
$[\hat{V}_{L_i}^{E}, \hat{V}_{L_i}^{N}, \hat{V}_{L_i}^{U}]$	长机 L_i 的速度在导航坐标系下的分量
$[\hat{V}_F^{E}, \hat{V}_F^{N}, \hat{V}_F^{U}]$	僚机 F 的速度在导航坐标系下的分量
$[\delta v_{L_i}^{E}, \delta v_{L_i}^{N}, \delta v_{L_i}^{U}]$	长机的速度解算误差
$[\delta v_F^{E}, \delta v_F^{N}, \delta v_F^{U}]$	僚机的速度解算误差

附录 E

航天篇符号表

航天篇符号表如表 E-1 所示。

表 E-1　航天篇符号表

符　号	含　义
$\boldsymbol{\omega}_{ik}^{j}$	k 系相对于 i 系的旋转角速度在 j 系下的投影
i 系	地心惯性坐标系
e 系	地心地固坐标系
b 系	载体坐标系
g 系	发射坐标系
a 系	发射惯性坐标系
φ	当地水平坐标系的纬度
λ	当地水平坐标系的经度
h	当地水平坐标系的高度
ω_e	地球自转速率
$\boldsymbol{R}_i^j$	i 系到 j 系的坐标转换矩阵
λ_0	飞行器初始经度
φ_0	飞行器初始地理纬度
A_0	飞行器初始方位角
θ^i	i 系俯仰角
ψ^i	i 系偏航角
γ^i	i 系滚转角
$\boldsymbol{\Omega}_{ik}^{j}$	$\boldsymbol{\omega}_{ik}^{j}$ 的反对称矩阵

（续表）

符　　号	含　　义
$\boldsymbol{P}^{\mathrm{i}}$	飞行器在 i 系下的位置
$\boldsymbol{q}_{\mathrm{b}(k)}^{\mathrm{g}(k)}$	g 系下 t_k 时刻的姿态四元数
$\boldsymbol{q}_{\mathrm{b}(k-1)}^{\mathrm{g}(k-1)}$	g 系下 t_{k-1} 时刻的姿态四元数
$\boldsymbol{q}_{\mathrm{g}(k-1)}^{\mathrm{g}(k)}$	g 系下从 t_{k-1} 时刻到 t_k 时刻的变换四元数
$\boldsymbol{q}_{\mathrm{b}(k)}^{\mathrm{b}(k-1)}$	b 系下从 t_k 时刻到 t_{k-1} 时刻的变换四元数
$\boldsymbol{V}_k^{\mathrm{i}(k)}$	t_k 时刻 i 系的惯导速度
$\Delta\boldsymbol{V}_{\mathrm{sf}(k)}^{\mathrm{i}}$	时间段 T 内 i 系的比力速度增量
$\Delta\boldsymbol{V}_{\mathrm{cor/g}(k)}^{\mathrm{i}}$	时间段 T 内 i 系有害加速度的速度增量
$\boldsymbol{\phi}_{\mathrm{ag}}^{\mathrm{g}}(t,t_{k-1})$	与坐标变换矩阵 $\boldsymbol{R}_{\mathrm{g}(t_{k-1})}^{\mathrm{g}(t)}$ 对应的等效旋转矢量
$\boldsymbol{\theta}_{\mathrm{ag}}^{\mathrm{g}}(t,t_{k-1})$	与坐标变换矩阵 $\boldsymbol{R}_{\mathrm{g}(t_{k-1})}^{\mathrm{g}(t)}$ 对应的等效角增量
$\boldsymbol{\Phi}$	$\mathrm{n}(t_{k-1})$ 坐标系到 $\mathrm{n}(t)$ 坐标系的等效旋转矢量
$\boldsymbol{\omega}(\tau)$	$\mathrm{n}(t_{k-1})$ 坐标系相对于 $\mathrm{n}(t)$ 坐标系的旋转角速度
$\Delta\boldsymbol{V}_{\mathrm{rot}(k)}$	速度的旋转误差补偿量
$\Delta\boldsymbol{V}_{\mathrm{scul}(k)}$	速度的划桨误差补偿量
$\Delta\boldsymbol{P}_{\mathrm{rot}(k)}$	位置计算中的旋转效应补偿量
$\Delta\boldsymbol{P}_{\mathrm{scrl}(k)}$	位置计算中的涡卷误差补偿量
$\boldsymbol{S}_{\Delta V(k)}^{\mathrm{b}}$	比力的二次积分增量
$\boldsymbol{\phi}^{\mathrm{g}}$	实际导航坐标系和计算坐标系之间的误差角
$\boldsymbol{\Psi}^{\mathrm{g}}$	$\boldsymbol{\phi}^{\mathrm{g}}$ 的反对称矩阵
$\delta\boldsymbol{g}^{\mathrm{g}}$	发射坐标系由位置误差引起的标准重力误差
$\boldsymbol{X}$	状态向量
$\boldsymbol{G}$	噪声驱动矩阵
$\boldsymbol{W}$	过程噪声矢量
$\boldsymbol{F}$	状态转移矩阵
$\boldsymbol{V}_{\mathrm{I}}$	捷联式惯导系统输出的速度
$\boldsymbol{P}_{\mathrm{I}}$	捷联式惯导系统输出的位置
$\delta\boldsymbol{V}_{\mathrm{I}}$	捷联式惯导系统输出速度时相应的误差
$\delta\boldsymbol{P}_{\mathrm{I}}$	捷联式惯导系统输出位置时相应的误差
$\boldsymbol{V}_{\mathrm{t}}$	飞行器速度真值
$\boldsymbol{P}_{\mathrm{t}}$	飞行器位置真值
$\boldsymbol{V}_{\mathrm{S}}$	卫星导航系统输出的速度

（续表）

符　号	含　义
$\boldsymbol{P}_{\mathrm{S}}$	卫星导航系统输出的位置
$\delta\boldsymbol{V}_{\mathrm{S}}$	卫星导航系统输出速度时相应的误差
$\delta\boldsymbol{P}_{\mathrm{S}}$	卫星导航系统输出位置时相应的误差
$\boldsymbol{Z}_{\mathrm{vp}}$	速度位置量测矢量
$\boldsymbol{p}_{\mathrm{S}}^{\mathrm{e}}$	卫星在地心地固坐标系下的位置矢量
$\boldsymbol{v}_{\mathrm{S}}^{\mathrm{e}}$	卫星在地心地固坐标系下的速度矢量
$\boldsymbol{P}_{\mathrm{S}}$	卫星接收机在发射坐标系下的当前位置
$\boldsymbol{p}_{0}^{\mathrm{e}}$	飞行器发射时刻在地心地固坐标系下的初始位置
λ_0	飞行器初始经度
B_0	飞行器初始纬度
H_0	飞行器初始高度
a_{e}	地球赤道半径
$\boldsymbol{X}_k$	$\boldsymbol{k}$ 时刻的系统状态
$\boldsymbol{\Phi}_{k\mid k-1}$	状态方程的离散化
$\boldsymbol{\Gamma}_{k-1}$	噪声驱动矩阵的离散化
$\boldsymbol{K}_k$	滤波增益矩阵
$\boldsymbol{P}_{k\mid k-1}$	一步预测均方误差矩阵
$\boldsymbol{P}_k$	估计均方误差矩阵
$\hat{\boldsymbol{R}}_{\mathrm{b}}^{\mathrm{g}}$	导航算法计算得到的姿态矩阵
$\tilde{\boldsymbol{V}}^{\mathrm{g}}$	导航算法计算得到的速度
$\tilde{\boldsymbol{P}}^{\mathrm{g}}$	导航算法计算得到的位置
$\hat{\boldsymbol{q}}_{\mathrm{b}}^{\mathrm{g}}$	计算得到的姿态四元数
$\boldsymbol{q}_{\mathrm{b}}^{\mathrm{g}}$	校正后的姿态四元数
$\boldsymbol{Q}_k$	姿态误差 $\boldsymbol{\phi}^{\mathrm{g}}$ 对应的四元数
$\boldsymbol{w}$	系统高斯白噪声
$\delta\boldsymbol{V}^{\mathrm{e}}$	地心地固坐标系下的速度误差
$\delta\boldsymbol{V}^{\mathrm{g}}$	发射坐标系下的速度误差
m_1、m_2	双星星等
$\boldsymbol{v}_1$、$\boldsymbol{v}_2$	双星星等方向矢量
m	合成星星等
$\boldsymbol{v}$	合成星方向矢量
φ_1、φ_2	合成星与双星之间的角距
φ	双星之间的角距

（续表）

符　　号	含　　义
G_{B}	背景亮度
G_{N}	图像噪声
G_{S}	星点亮度
$g_0(x,y)$ 、 $g(x,y)$	星图像素点阈值处理前和处理后的灰度值
$g(x_i,y_i)$	单个星点连通域范围内第 i 个像素点阈值处理后的灰度值
ε	角距测量的不确定度
$\boldsymbol{H}_i$	量测 $\boldsymbol{Z}_i$ 的量测矩阵
$\boldsymbol{V}_i$	量测 $\boldsymbol{Z}_i$ 的量测噪声
$\boldsymbol{R}_k$	量测噪声 $\boldsymbol{V}$ 的方差矩阵
$\boldsymbol{b}_i$	第 i 颗星的方向矢量
$\boldsymbol{r}_i$	第 i 颗星的惯性矢量
$\boldsymbol{X}_k^{(\mathrm{c}i)}$	所有子滤波器的公共状态
$\boldsymbol{X}_k^{(\mathrm{b}i)}$	第 i 个子滤波器的专有状态
$\boldsymbol{B}(\boldsymbol{r},t)$	位置矢量 $\boldsymbol{r}$、时间 t 处的地磁场
$\boldsymbol{B}_{\mathrm{m}}(\boldsymbol{r},t)$	位置矢量 $\boldsymbol{r}$、时间 t 处的地球主磁场
$\boldsymbol{B}_{\mathrm{c}}(\boldsymbol{r},t)$	位置矢量 $\boldsymbol{r}$、时间 t 处的地壳磁场
$\boldsymbol{B}_{\mathrm{d}}(\boldsymbol{r},t)$	位置矢量 $\boldsymbol{r}$、时间 t 处的扰动磁场
λ'	地心球坐标系经度
φ'	地心球坐标系地心纬度
r	地心球坐标系半径
R_{N}	卯酉圈主曲率半径
λ_{t}	椭球坐标系经度
φ_{t}	椭球坐标系地理纬度
h_{t}	椭球坐标系椭球高
a_{t}	WGS-84 给出的长半轴
e_{t}	椭球体偏心率
$\boldsymbol{B}_{\mathrm{mea}}^{\mathrm{b}}$	地磁量测值在 b 系下的投影
$\boldsymbol{R}_{\mathrm{l}}^{\mathrm{b}}$	从 b 系到 l 系的方向余弦矩阵
$\boldsymbol{R}_{\mathrm{m}}^{\mathrm{l}}$	从 l 系到 m 系的方向余弦矩阵
$\boldsymbol{C}_{\mathrm{o}}$	三轴磁力仪的非正交误差矩阵
$\boldsymbol{C}_{\mathrm{s}}$	比例因子误差矩阵
$\boldsymbol{D}_{\mathrm{SI}}^{\mathrm{b}}$	软磁误差
$\boldsymbol{D}_{\mathrm{HI}}^{\mathrm{b}}$	硬磁误差

（续表）

符号	含义
$\boldsymbol{b}_{\mathrm{o}}^{\mathrm{b}}$	磁力仪常值偏置
$\boldsymbol{B}_{\mathrm{d}}^{\mathrm{m}}$	扰动磁场
$\boldsymbol{B}^{\mathrm{m}}$	真实地磁场矢量
φ_{s}	SINS 输出的纬度
λ_{s}	SINS 输出的经度
h_{s}	SINS 输出的高度
φ_{m}	地磁导航系统输出的纬度
λ_{m}	地磁导航系统输出的经度
h_{m}	气压高度计输出的高度
$\boldsymbol{H}(t)$	量测矩阵
$\boldsymbol{V}(t)$	地磁匹配的量测噪声矩阵
q_{ij}	匹配的性能指标
$\boldsymbol{B}^{\mathrm{mea}}$	测量序列
$\boldsymbol{B}_{ij}^{\mathrm{map}}$	在基准地磁图的 (i, j) 位置提取的匹配序列
L	匹配长度
$M \times N$	匹配区域网格数
q_{match}	目标函数
$\boldsymbol{R}(\beta)$	旋转角度为 β 的方向余弦矩阵
θ_{M}	旋转角度范围
$M(\boldsymbol{A}, \boldsymbol{X})$	线段 $\boldsymbol{A}$ 和 $\boldsymbol{X}$ 的距离函数
$\bar{\boldsymbol{t}}$	平移向量
$\boldsymbol{R}$	旋转矩阵
$\dot{\boldsymbol{q}}$	单位四元数
$\boldsymbol{S}$	互协方差矩阵
$\boldsymbol{T}$	刚性变换矩阵
$\boldsymbol{X}_n$	飞行器的 SINS 输出的航迹
$\boldsymbol{Y}_n$	飞行器的真实航迹
$\boldsymbol{Z}^{\mathrm{mea}}$	由地磁传感器测量得到的实时磁测序列
$\boldsymbol{A}_n$	模型数据
$\boldsymbol{A}_{\mathrm{m}}$	匹配点
$\boldsymbol{\phi}$	状态转移矩阵
$\boldsymbol{W}_k$	驱动噪声
$M(x, y)$	地磁强度值

（续表）

符　号	含　义
(x,y)	载体的真实位置
$M_{\mathrm{a}}(x,y)$	在真实位置下地磁传感器的量测值
$M_{\mathrm{m}}(\hat{x},\hat{y})$	根据 SINS 的参考位置从地磁基准图中提取的地磁场强度值
V_{m}	地磁基准图的量测噪声和模型量化噪声
Z	量测量
V_{1}	线性化误差
h_x , h_y	载体所在位置的地磁强度变化斜率
$f(x,y)$	$(\hat{x},\hat{y})$ 位置附近的线性化剖面
d	背景的格网间距
$\bar{Z}$	$M(\hat{x},\hat{y})$ 与 $M_{\mathrm{a}}(x,y)$ 之间的差值
σx	SINS 在 x 方向的最大误差
σy	SINS 在 y 方向的最大误差

反侵权盗版声明

举报电话：（010）88254396；（010）88258888

传　　真：（010）88254397

E-mail：　dbqq@phei.com.cn

通信地址：北京市万寿路 173 信箱

　　　　　电子工业出版社总编办公室

邮　　编：100036